우리가 만드는 동네,
우리를 만드는 동네

Making Our Neighborhoods, Making Our Selves

우리가 만드는 동네, 우리를 만드는 동네

조지 C. 갤스터 *George C. Galster* 지음 | 임업 옮김

한울
아카데미

MAKING OUR NEIGHBORHOODS, MAKING OUR SELVES
by George C. Galster

차 례

제2부 · 우리가 만드는 동네

한국어판 서문

많은 국가에서 도시는 일반 대중과 정부 정책결정자에 의해 거시적 또는 미시적 관점에서 관찰되고 분석된다. 거시적 입장은 전체로서의 대도시 지역을 고려한다. 이 입장은 대도시 지역이 얼마나 빨리 성장하고 어떤 종류의 부를 창출하는지, 장기적으로 볼 때 환경적으로 지속 가능한지에 대해 중요한 질문을 한다. 미시적 입장은 도시의 구성요소인 개별 가구와 건축물에 초점을 맞춘다. 이 맥락에서는 사람들이 어떤 종류의 주택을 수요하는지, 양질의 주택에 거주할 여유가 있는지, 그리고 시간이 지남에 따라 이들 주택의 가치가 상승하는지 등에 관해 의문을 갖는다. 도시화의 거시적 측면과 미시적 측면에 대한 이러한 이원적 초점에 있어서 한국도 예외는 아니다.

하지만 나는 제3의 관점이 마찬가지로 중요하며 간과되어서는 안 된다고 주장하고자 한다. 중간적meso 수준에서의 이러한 분석은 도시 동네에 초점을 맞춘다. 왜 도시 동네에 관심을 가지는가? 이 책은 도시 동네가 우리에게 많은 중요한 방식으로 영향을 미치기 때문에 도시 동네를 더 잘 이해해야 한다고 주장한다. 도시 동네는 우리가 더 큰 세상에 대해 얻는 정보에 영향을 미칠 수 있다. 왜냐하면 도시 동네는 우리와 가까이 살면서 이야기를 주고받는 사람들을 통해 종종 걸러지기 때문이다. 이웃은 정보의 원천일 뿐만 아니라 우리가 얻는 정보의 종류와 그 정보를 판단하는 신뢰성을 걸러낸다. 동네가 우리를 만드는 둘째 방식은 동네가 우리의 태도를 형성하는 것에 의해서이다. 사람들은 자신이 거주하고 있는 동네에 널리 퍼진 사회행동의 지배적인 규범과 규칙을 따르는 경향이 있다. 사람들은 자신이 처한 환경에서 사회적으로 용인될 수 있는 것에 보다 일치하기 위해 자신이 믿는 것을 포기하는 경향이 있다. 동네가 우리에게 영향을 미치는 셋째 방식은 안전에 대한 우리의 지각을 통해서이다. 우리가 지각하는 삶의 질에는 동네 범죄와 밀접히 연결되어 있는 개인의 안전감보다 더 중요한 구성요소는 거의 없다. 동네가 우리에게 영향을 미치는 넷째 방식은 동네가 우리의 신체적, 정신적 건강에 미치는 영향에 의해서이다. 만약 동네가 매우 오염되고, 시끄럽고, 그 밖의 환경 스트레스 요인으로 가득 차 있다면, 우리의 몸은 다중적인 방식으로 해를 입을 것이다. 동네가 우리에게 영향을 미치는 다섯째 방식은 동네가 소득을 얻고 부를 쌓기 위한 우리의 잠재력을 바꾸는 것에 의해서이다. 우리의 이웃은 우리가 새로운 고용 기회를 갖거나 미래에 소득을 올릴 수 있도록 숙련을 쌓는 방식에 관한 정보를 제공할 수 있다. 만약 우리가 운 좋게 주택을 소유하게 된다면, 우리의 부는 해당 주택을 유지하는 데 드는 비용이 얼마인지 그리고 미래에 얼마나 가치평가될 것인지에 의해 영향을 받을 것이다. 물론 그러한 특성들은 해당 주택이 위치하고 있는 동네의 여러 속성에 의해서도 영향을 받는다. 동네가 우리에게 영향을 미칠 수 있는 여섯째 방식은 동네가 우리의 행동을 바꾸는 것에 의해서이다. 동네는 실현 가능하고 가장 바람직한 것으로 생각되는 선택이라는 측면에서 어른들과 특히 아이들에게 영향을 미친다. 이 책에서 설명하는 여러 중요한 메커니즘을 통해, 동네는 젊은이들이 얼마나 많은 교육을 받는지, 얼마나 많이 일을 하는지, 불법행위에 가담하는지, 부부가 되어 아이를 키우기로 선택하는지 그리고 그 시기는 언제인지 등에 영향을 미친다. 동네는 우리에게 이주 많은 강력한 방식으로 영향을 주기 때문에, 한국 사회에서 동네가 사회적 성공과 경제적 성공을 위한 개인의 기회를 형성하는 중대한 힘이라는 점에는 의심의 여지가 없을 것이다. 만약 우리가 모든 시민에게 공정한 기회를 제공하는 사회를 만드는 것에 관심이 있다면, 우리는 도시 동네에 초점을 맞춰야 한다.

만약 동네가 우리를 만드는 데 그렇게 중요하다면, 우리는 동네를 어떻게 만드는가? 이 책은 한국과 같은 현대의 시장 기반 경제가 어떻게 우리의 동네를 만드는지 설명한다. 본질적으로, 우리는 공간상에서 시장이 유도하는 재무적 자원 및 인적 자원의 흐름을 통해 우리의 동네를 만드는데, 이러한 흐름은 가구에 의한 주거 이동성 결정과 개별 주택 소유자 및 개발사업자에 의한 투자 결정의 총합으로 만들어진다. 주택시장은 동네가 만들어지고 진화되도록 이끄는 조종석이다. 주택시장에서 공급과 수요의 상호작용은 거주할 장소를 찾는 가구와 가장 수익성 높은 투자 장소를 찾는 자본 소유자의 선택지를 바꾸는 가격 신호를 만든다. 가구의 이동이 발생함에 따라 우리는 공간상에서 정의되는 점유 패턴을 얻는데, 어떤 동네는 특정한 민족적 특성, 인구학적 특성, 가족 유형 특성, 소득 또는 라이프스타일 특성을 띤다. 동시에, 공간상에서 자본의 이동은 신규건설, 개조, 그리고 때로는 주거용 건물의 붕괴와 철거라는 패턴을 만들어낸다. 동네의 특성이 동네 거주민의 구성과 건물 특성 모두에서 변함에 따라 가격신호가 달라질 것이고, 주택시장에서 현재 행동하고 있는 그 밖의 의사결정자의 지각도 달라질 것이다. 따라서 공간상에서 사람의 이동과 자본의 이동이 바뀔 수 있으며, 궁극적으로 동네 또한 바뀔 것이다. 한국과 같은 현대 시장 경제에서 동네변화를 근본적으로 이끄는 것은 바로 이와 같은 복합적이고 상호적인 과정이다.

시장은 많은 이점을 가지고 있다. 유감스럽게도, 시장은 사회적으로 비효율적이고 사회적으로 불공평한 결과를 초래할 수 있는 특정한 종류의 힘에 취약하다. 동네의 형성과 진화는 시장의 결점이 분명하게 드러나는 영역 가운데 하나이다. 시장은 외부효과, 자기실현적 예언, 전략게임 행동 때문에 동네에 대해 주택유지의 효율적인 공간적 패턴 그리고 민족 및 사회경제적 지위에 따른 인구 분포의 효율적인 공간적 패턴을 만들어내지 못한다. 시장은 또한 그 과정에서 형평성 있는 결과를 달성하지 못한다. 왜냐하면 동네변화는 일반적으로 가장 취약한 시민에게 가장 큰 피해를 입히는 반면, 가장 큰 이득은 일반적으로 가장 높은 경제적 지위에 있는 사람들이 거둬들이기 때문이다. 이러한 시장실패는 공공 정책결정자가 시장에 개입하도록 자극한다.

내가 반드시 강조하는 주의사항은 바로 이 마지막 차원에 있는데, 이 책에서 제시된 동네 정책 처방은 분명히 미국적 풍미를 지니고 있다는 것이다. 나는 내가 개혁하거나 고안하기를 주장하는 특정 프로그램이 한국 정부의 맥락에서도 마찬가지로 합리적일 것이라고 생각하지는 않는다. 의학적 은유로 달리 표현하면, 이 책은 시장 지배적 주택시장을 가진 모든 국가에 대해 일반적으로 유효한 동네 비효율성 및 비형평성에 대한 진단을 제공하지만, 상세한 처방은 특정 국가의 정책 맥락에 맞도록 조정되어야 한다. 그럼에도 불구하고, 나는 정책의 기초가 되는 많은 원리들은 국가 간에 적용될 수 있다고 믿는다.

나는 *Making Our Neighborhoods, Making Our Selves*의 한국어판이 한국의 도시 동네변화의 동태적 과정과 결과를 더 잘 이해하는 데 있어 일반 대중, 학계, 정부 구성원 사이에 널리 퍼져 있는 관심을 자극할 수 있기를 바란다. 특히 이 책에서 인용한 방대한 문헌은 미국과 서유럽에서 나온 것이 압도적으로 많은데, 한국에 기반한 동네 연구의 새로운 물결로 이러한 불균형을 바로잡아야 할 것이다. 이 책에서 제시한 여덟 가지 가설이 그 출발점이다. 이 책이 쓰여진 이후, 동네 연구의 최선두에서 연구되어야 할 기술, 기후, 보건과 관련된 서로 연계되고 점점 더 강력해지는 세 가지 힘이 등장했다. 기술 영역에서는, 소셜 미디어와 부동산 플랫폼을 통해 이루어진 디지털/인터넷 커뮤니케이션의 발전이 동네의 안정성, 동질성, 삶의 질 등에 중대한 함의를 제기한다. 기후 영역에서는, 산불의 심각성과 폭풍 및 해수면 상승으로 인한 홍수의 심각성이 증대함으로 인해 많은 도시들 내에서 동네 간 거주 패턴의 변화를 예상할 수 있다. 보건 영역에서는, 전염성 질병과 공해의 전 세계적 유행이 동네에 미치는 다차원적 영향을 더 잘 이해해야 한다.

이 서문은 연세대학교 임업 교수에게 감사를 표하지 않고서는 마무리될 수 없다. 그는 *Making Our Neighborhoods, Making Our Selves*의 한국어판을 구상한 것과 노고를 아끼지 않고 번역한 것에 대해 충분한 공로를 인정받아 마땅하다. 개인적으로, 나는 임업 교수가 웨인주립대학교Wayne State University에서 박사후연구원으로 있을 때 우리가 처음으로 공동 연구한 이래 거의 20년 동안 그가 베풀었던 우정과 후의에 대해 감사의 마음을 전한다.

들어가면서

삶의 거의 모든 영역에 있어서 동네는 가구, 주택 소유자, 사업체 소유자, 공무원, 주택담보대출기관, 주택보험회사 등과 같은 의사결정자들에게 매우 중요한 위치를 차지하고 있다. 가구들은 동네가 삶의 질과 자녀들의 미래 기회에 영향을 미친다고 믿으며, 할 수만 있다면 형편에 따라 이사를 한다. 주거용 부동산 소유자, 주택담보대출기관, 주택보험회사, 소매업 사업자 등은 동네가 위험조정 재무수익률risk-adjusted rates of financial return에 영향을 미친다고 생각한다. 로컬 공무원들은 시민들이 요구하는 공공서비스의 양, 유형, 품질 등에 동네가 영향을 미치며, 이러한 수요를 어느 정도 충족시킬 수 있는지를 제약하는 과세표준에도 동네가 영향을 미친다고 믿는다. 부동산에서 무엇이 결정적으로 중요한지에 대한 격언으로 잘 알려져 있는 "입지, 입지, 입지Location, location, location"는 이러한 믿음 모두를 간추려서 말해주고 있다.

마찬가지로 일반 대중의 이야기는 일상 경험에서 동네의 중요성을 강조하는 표현들로 가득 차 있다. '도심 쇠락decaying inner city', '상류층 구역upscale quarter', '흑인 게토black ghetto', '슬럼 구역slum area', '소수민족 집단거주지ethnic enclave', '젠트리피케이션 지구gentrifying district', '이민자 지구immigrant barrio', '힙스터 마을hipster village', '전이 구역transitional zone' 같은 용어들은 대도시 지역 내에서 소규모 장소들에 대해 우리가 얼마나 자주 생각하고 있는지를 잘 보여주고 있다.

근시안적 접근의 만연과 그에 대한 하나의 해결책

동네는 수많은 사람들에게 그 중요성 때문에 오랫동안 학술적 연구의 초점이 되어왔다. 실제로 지난 40년 동안 경제학자, 사회학자, 정치학자, 지리학자, 역사학자, 도시계획가들은 도시 동네urban neighborhood와 관련된 쟁점들에 대해 주목할 만한 저서 수십 권과 동료평가 학술지 논문 수백 편을 발표했다.[1] 아쉽게도 그 폭과 깊이에도 불구하고 이 연구들은 주제, 분과학문, 패러다임, 지리적 수준, 인과관계 등 다섯 차원에서 근시안적 접근에 시달려왔다.

주제 측면에서 기존의 학술적 연구는 크게 세 갈래로 나누어 볼 수 있는데, 갈래 하나하나가 중요하기는 하지만 궁극적으로는 완전하지 못하다. 첫째 갈래에 속한 연구들은 동네변화neighborhood change를 가져오는 주된 요인과 그 전개 과정, 이를테면 무엇이 동네에 영향을 미치는지를 설명하고자 한다.[2] 둘째 갈래의 연구들은 거주자의 행동과 삶의 기회에 동네가 영향을 미치는 정도와 수단, 이를테면 동네가 우리에게 어떻게 영향을 미치는지에 초점을 맞춘다.[3] 마지막 갈래의 연구들은 곤궁에 빠져 있는 동네를 활성화하기 위해 하나의 사회로서 우리는 어떻게 성공적으로 개입할 수 있는지, 이를테면 우리에게 더 나은 영향을 줄 수 있도록 어떻게 동네에 영향을 미칠 수 있는지에 관심을 기울인다.[4]

드물기는 하겠지만, 뛰어난 학술적 연구가 되기 위해서는 이들 세 영역 중 둘 이상의 영역을 다루어야 할 것이다. 최근에 사회학자들이 수행한 영향력 있는 두 연구가 바로 이 주목할 만한 범주에 속한다.[5] 패트릭 샤키Patrick Sharkey는 사회경제적으로 혜택 받지 못한 도시 동네의 영향력이 너무나 치명적이어서 1970년대에 거기서 자란 흑인 아이들의 4분의 3이 어른이 되어서도 비슷한 환경에 처하게 될 가능성이 높다는 사실을 발견한다.[6] 세대 간 빈곤의 덫poverty trap을 깨뜨리기 위해 그는 가난한 장소의 근본적인 구조를 바꿀 수 있는 영속성 있는 정책을 주장한다. 로버트 샘슨Robert Sampson은 시카고Chicago에 관한 기념비적인 저서에서 여러 사회적 과정, 이를테면 동네에 대한 집합적 지각collective perceptions을 만들어내고, 가구 이동성 패턴을 통해 동네들을 연결하며, 사회적 효능social efficacy과 같은 동네 수준 조건들의 변화를 발생시키고, 거주자들의 삶의 질과 기회에 영향을 주는 인종적 계층화와 경제적 계층화의 안정적 공간 패턴을 총체적으로 만들어내는 등의 사회적 과정에 대해 깊이 있는 통찰력을 제공한다.[7] 샘슨은 빈곤집중concentrated poverty 장소를 개선해야 할 뿐만 아니라 그러한 시책의 효능성에 영향을 미칠 수 있는 동네들 간의 광범위한 상호 연결을 인식하는 구조적인 도시 동네 정책을 수립해야 한다고 주장한다. 하지만 이 두 권의 저서는 다루고 있는 주제의 범위가 인상적임에도 불구하고, 가구 이동성이나 주택투자 행위에 영향을 미치는 시장의 힘에 대해서는 거의 관심을 기울이지 않는다.[8] 지금부터 살펴보는 것과 같이, 동네변화를 가져오는 주된 요인은 주택시장이며, 주택시장은 대도시 규모이지만 로컬정치관할구역local political jurisdiction과 지역사회 전반에 강력한 연결고리를 구축하고 있다. 소규모 지리공간 내에서의 사회적 과정에 초점을 맞추면 보다 큰 외부적 힘 — 어떤 유형의 사람이 그리고 얼마나 많은 돈과 자원이 특정한 동네로 흘러 들어가는지, 그리고 어떤 종류의 재정적 제약이 이들 중대한 흐름에 대한 지리적 대안을 제약하는지 등에 영향을 미치는 — 을 알아차리지 못하게 된다.

동네에 대한 이전의 거의 모든 연구와 달리, 이와 같은 전체론적holistic 관점에서 나는 여러 사회과학 영역으로부터 제시된 여러 패러다임, 개념, 증거에 의존하면서 다학제적 접근을 시도한다. 특히 신고전경제학으로부터 나는 자본주의 사회에서는 시장이 자신의 이익을 추구하는 사람들의 이동 그리고 대도시 공간 전체에 걸쳐 수익률 주도의 금융 자원의 흐름을 가장 잘 배분하는 장치로서 가격 및 이윤이라는 신호를 만들어낸다는 생각을 출발점으로 삼았다. 지리학으로부터는 공간상의 모든 것은 공간상의 다른 모든 것에 영향을 미치지만 더 가까이 있는 것이 더 큰 영향을 미친다는 금언*을 믿었다. 사회학으로부터는 인종과 계층에 따른 계층화가 계층 간 주된 사회적 단층선social fault line이고 사회적 맥락이 행위에 영향을 미치며 물리적 거리뿐만 아니라 사회적 거리와 문화적 거리도 중요하다는 주장을 폈다. 사회심리학으로부터는 개인이 다른 사람들과 상호작용하면서 자신이 지각하는 현실을 구성한다는 것을 알게 되었다. 행동경제학으로부터는 사람들이 항상 완전한 정보를 가지고 있으면서 합리적이고 극대화를 추구하는 경제인Homo economicus처럼 행동하는 것은 아니며, 대신에 매우 불완전한 정보에 기초하여 때로는 경험이나 직관을 통한 비공식적인 지적 발견 학습에 몰두한다는 교훈을 얻었다. 발달심리학으로부터는 가족처럼 가까이 있는 영향요인들이 아이들이 어떻게 어른으로 자라는 데 영향을 미치는지, 또한 동네 및 더 광범위한 규모의 맥락처럼 멀리 떨어져 있는 영향요인들이 어떻게 결정적으로 중요한지에 대한 핵심을 뽑아냈다.

패러다임에 대해 말하자면, 나는 원형적archetypical 인간에 대해 근본적으로 서로 다르게 이해하는 두 개의 경쟁 학파가 적어도 지난 반세기 동안 사회과학을 두 편으로 나누어 왔다는 것을 잘 알고 있다. 이 중 하나의 학파는 신고전경제학 및 정치학 내 합리적 선택rational choice 학파와 관련되어 있다. 이 학파는 인간을 사전에 정해진 선호를 바탕으로 완전한 정보에 대한 합리적인 평가에 기초하여 선택을 최적화하는, 기본적으로 자신의 이익을 추구하는 원자적인 의사결정자인 것으로 이해한다. 사회학 및 사회심리학과 관련된 다른 학파는 인

* 월도 토블러(Waldo Tobler)의 지리학 제1법칙을 의미한다._옮긴이

간의 선호, 지각, 행동이 그것들이 내재되어 있는 사회 공동체에 의해 깊이 형성되는 것으로 이해하며, 따라서 인간을 이타적이고 완전한 정보를 가지고 있지 못하며 신고전적 의미에서 '비합리적'인 존재로 본다. 이 두 패러다임 모두 불완전하다. 따라서 도시 환경에서의 인간 행동에 대한 폭 넓은 설명을 제공하지 못하는 것은 말할 것도 없고, 개인이 동네에 영향을 미치는 결과로서의 동네 그리고 동네가 개인에게 영향을 미치는 영향요인으로서의 동네를 이해하는 데에도 전혀 만족스러운 기초를 제공하지 못한다. 이 책에서 나는 이러한 양극단의 견해들 사이에서 상식적인 절충안을 명확하게 제시하고자 한다. 사람들은 일반적으로 자신의 목표를 추구하는 데 개인적인 관심을 갖고 있으면서도, 종종 다른 사람들을 고려하는 이타적인 행동을 보이기도 한다. 사람들을 둘러싼 사회적 맥락과 물리적 맥락은 인지적, 지각적, 행동적으로 심오한 방식으로 그들에게 영향을 미친다. 그럼에도 불구하고 사람들이 가지고 있는 예산에 의한 재정적 제약은 시장에 의해 결정된 주택가격과 임대료의 지배적 패턴과 결합하여 그들에게 깊이 영향을 미친다.

분석에 있어서 특정한 지리적 규모를 선택할 때 근시안적으로 접근하는 경우가 흔히 있다. 동네와 관련한 많은 연구들은 동네의 속성, 내부 과정, 동태적 변화에만 초점을 맞추고 있으며, 개인의 행동이 어떻게 동네 수준에서의 집계적 결과들을 가져오는지에 대해서는 거의 고려하지 않는다. 많은 연구들은 동네의 속성이 어떻게 개별 거주자들에게 영향을 미치는지를 두 가지 수준에서 다룬다. 이러한 연구들은 개인의 행동 그리고 궁극적으로는 동네가 어떻게 로컬정치관할구역이나 대도시 범위의 힘들과 연결되는지에 대해서는 거의 고려하지 않는다. 이 책에서 나는 개인, 동네, 관할구역, 대도시 등의 규모에 주목하면서 다층적인 방식으로 명확하게 접근한다. 나는 이들 미시적 수준, 중간적 수준, 거시적 수준을 상호 인과관계의 망으로 연결하는 경제적 힘과 사회적 힘

에 초점을 맞춘다.[9]

마지막으로, 당연시되는 추정된 인과관계의 방향은 동네에 대한 연구에 있어서 근시안적 접근을 가져오는 또 다른 요인이다. 일부 연구는 동네 속성의 묶음을 사전에 정해진 것으로 받아들이는 데서 출발하여 이러한 동네 속성이 개인에게 어떤 영향을 미칠 수 있는지를 탐구한다. 다른 연구들은 개인의 선호, 소득, 정보를 사전에 정해진 것으로 받아들이는 데서 출발하여 그러한 개인들이 다양한 상황에서 어떻게 이동하거나 투자하는지를 살펴본다. 또 다른 연구들은 동네에서의 사회적 상호작용이 어떻게 개인의 선호와 정보를 구체화하는지를 이해하고자 한다. 마지막으로, 일부 연구들은 결국에는 동네변화로 이어지는 개인의 이동성 및 투자 결정의 변동을 야기하는 대도시 지역 규모에서의 충격을 사실로 받아들인다. 이 책에서 나는 이러한 인과적 연결을 모두 살펴볼 것이다. 좀 더 확실히 말하면, 이 책은 기본적으로 순환적 인과관계의 복잡하고 다층적인 패턴에 내재되어 있는 실체로서의 동네를 이해하는 데 관한 것이다.

이 책의 개요

이 책에서 나는 분석틀을 개발하고 증거들을 정리하여 제시함으로써 동네변화의 원인, 본질, 결과를 보다 잘 이해할 수 있게 한다. 그리고 미국의 대도시 지역에서 사회적으로 보다 바람직한 색채를 가진 동네를 만들기 위한 전략을 제시한다. "우리는 동네를 만들고, 동네는 우리를 만든다We make our neighborhoods, and then these neighborhoods make us"라는 명제가 이 책의 기초 역할을 한다. 말하자면, 어디에 살면서 재정적으로 그리고 사회적으로 어디에 투자하는지에 관한 우리의 집합행동collective actions은 우리가 확립한 법률, 시장, 제도의 맥락에서 이루어지는데, 이는 동네가 어떤 속성을 나타낼 것인지 그리고 이러한 속성이 어떻게 전개될 것인지를 결정할 것이다. 하지만 동네가 가지고 있는 다차원적 속성, 이를테면 물리적, 인구학적, 경제적, 사회적, 환경적, 제도적 속성은 우리의 정보, 태도, 지각, 기대, 행동, 건강, 삶의 질, 그리고 재정적 안녕에 크게 영향을 미치며, 우리 아이들의 발달과 우리 가족의 사회적 발전 기회에도 크게 영향을 미친다.

안타깝게도 동네들 간의 인적 자원과 재정적 자원의 흐름을 지배하는 시장 지향적 민간 의사결정자들은 대개 외부효과, 전략게임, 자기실현적 예언 등에서 비롯되는 비효율적 배분 상태에 이르게 된다. 이와 같은 실패로 말미암아 다수의 장소에서 주택투자는 체계적으로 지나치게 적게 이루어지며 인종과 경제적 지위에 따른 거주지 분리는 지나치게 많이 발생한다. 더욱이 사회경제적 지위가 더 낮은 흑인과 히스패닉 가구 및 주택 소유자들은 일반적으로 과소투자, 거주지 분리, 동네 인종구성의 전환 과정과 관련된 재정적 비용 및 사회적 비용을 지나칠 정도로 많이 부담하지만, 상대적으로 자신들의 사회적 편익은 거의 거둬들이지 못한다. 결국 지금의 우리 동네들은 불평등한 기회를 만들어내고 있는 것이다. 동네 맥락neighborhood context이 경제적 집단과 인종적 집단 간에 극심하게 불평등함과 동시에 아이들, 청소년들, 어른들에게 강력하게 영향을 미치기 때문에, 공간은 사회적 발전을 위한 기회의 불평등을 영속시키는 하나의 방식이 된다.

이와 같은 사실상의 시장실패market failures를 해결하기 위해, 나는 주택투자, 경제적 거주지 분리, 인종적 및 민족적 거주지 분리 등의 영역에서 일단의 포괄적인 동네지원 정책과 프로그램을 제시한다. 전략적 표적화strategic targeting의 원리는 내가 주장하는 모든 개입에서 길잡이 역할을 한다. 이들 프로그램은 가구와 주택 소유자의 자발적이지만 유인된 행동을 강조하는데, 이는 주거 선택권을 확대하면서 서서히 미국 동네들의 물리적, 사회경제적, 인종적 지형을 바꿀 것이다. 나는 이들 프로그램이 초당파적인 지지를 이끌어낼 가능성이 있다고 주장한다. 이 책을 통해 그와 같은 계몽된 개입에 대한 확고한 지적 토대와 동기 부여를 제공하는 것이 나의 바람이다.

제 1 부

동네 개념의 전반적 틀 및 정의

제1장

머리말

사실상 미국의 모든 사람들은 동네라고 여길 것 같은 곳에서 자랐거나 살고 있다. 이처럼 친밀하고 익숙함에도 불구하고, 동네를 있게 하고 동네를 변화시키는 힘은 무엇인지, 동네가 우리의 삶에 여러 방식으로 어떻게 영향을 미치는지, 동네와 관련된 이러한 과정이 사회에 유익한지 해로운지, 동네의 성취결과를 개선해야 한다고 생각할 경우 공공정책으로 어떻게 개입할 수 있는지 등에 대해 사람들은 대부분 거의 이해하지 못한다. 이 책에서 나는 이들 차원 모두를 조명했다. 의학적 은유를 사용하여 동네를 '환자'에 비유한다면, 이 책은 질병의 원인을 파악하고, 환자의 상태를 진단하며, 질병이 환자에게 야기하는 결과를 평가하고, 효능 있는 처방을 제시하기 위한 원리들을 개발한다.

좀 더 구체적으로 말하면, 이 책에서 나는 여러 사회과학 분야로부터 반세기 상당의 이론과 증거를 수집함으로써 동네에 관한 근본적인 질문들을 전체론적이고 다학제적인 방식으로 다루고 있다. 동네란 무엇인가? 무엇이 거주자들의 경제적 지위나 인종적/민족적 구성, 물리적 조건, 소매 활동 등의 변화를 야기하는가? 가구들과 주택 소유자들은 어떻게 동네변화에 대한 기대심리 expectations를 형성하여 서로 영향을 미치는가? 동네변화 과정의 특이점은 무엇인가? 동네가 변화할 때 인적자본과 재정적 자본에는 어떠한 결과가 초래되며 누가 그러한 변화의 비용을 지나치게 많이 부담하는가? 황폐화된 동네는 왜 그렇게 많으며 인종적/민족적 또는 경제적 측면에서 다양성을 거의 보여주지 못하는 동네는 또 왜 그렇게 많은가? 동네는 어떤 차원과 어떤 메커니즘을 통해 거주자들에게 영향을 미치는가? 현재 미국의 쟁쟁한 동네들은 사회 전반적인 효율성과 형평성의 관점에서 최적인가? 이러한 질문들을 다루는 데 있어 나는 여덟 가지 명제를 요약하여 도출한다. 그러고 나서 나는 이러한 진단 분석을 바탕으로, 우리가 동네를 어떻게 만들어왔는지와 관련된 가장 중요한 문제 세 가지, 말하자면 물리적 황폐, 경제적 거주지 분리, 인종적/민족적 거주지 분리 등을 다루기 위한 공공정책과 계획처방을 제시한다.

이 책의 구성

나는 동네에 대한 전체론적 관점을 공통적으로 제공하는 다음 두 가지 전제에 기초하여 분석했다.[1] 첫째, 동네라는 현상의 본질과 동태적 과정은 두 행위자 집단, 즉 가구 거주자와 주거용 부동산 소유자/개발사업자가 기본적으로 주도하는 개인행동의 집계로부터 비롯되며, 대도시 규모에서 전적으로 자본주의적 주택시장이 제공하는 가격신호와 제약조건의 틀 내에서 이루어진다. 둘째, 결과적으로 동네의 속성과 동태적 과정은 동네에 거주하고 있는 어른들과 아이들의 지각, 행동, 안녕의 여러 차원, 사회경제적 기회 등에 광범위하게 영향을 미친다. 간단히 말하면, 우리는 동네를 만들고 동네는 우리를 만든다.[2]

다음 두 절에서 나는 이들 전제에 대한 전반적인 틀을 제시한다. 우선 나는 개별 가구의 주거 이동성, 점유형태 선택, 주거용 부동산 투자 결정 등의 행동에 대한 기존 연구를 종합하여 이러한 행동의 결정요인이 무엇인지에 초점을 맞춘다. 그러고 나서 나는 두 의사결정자 집단이 어떻게 행동적으로 연결되어 있는지, 이들의 행동이 합쳐져서 어떻게 동네 수준에서의 성취결과를 낳는지, 결과적으로 이러한 집계적 성취결과가 어떻게 개별 의사결정자와 그 가족에게 다시 반영되어 그들의 지각, 행동, 삶의 질, 장래 기회 등을 형성하는지에 초점을 맞춘다. 내 모형은 개인, 동네, 로컬정치관할구역, 대도시 지역 등 서로 다른 공간 규모를 고려하고, 동네에 영향을 미치는 힘들이 어떻게 상호 인과적이며 자기강화적인 관계의 복잡한 그물로 함께 짜이는지 고려하는 것을 특징으로 한다.

동네 만들기: 주거 이동성, 점유형태 선택, 주택투자 등에 대한 개인의 의사결정

동네변화의 기본 구성요소, 즉 가구의 주거 이동성 및 점유형태 선택 행동, 그리고 주택 소유자의 투자 행동을 이해하기 위해 나는 그림 1.1에서 도식화된 하나의 통합된 틀을 제시한다. 그림 1.1과 후속 그림들에서 직사각형은 특성, 태도, 기대심리, 행동 등을 나타내며, 이들 사이에서 추정된 인과관계는 화살표나 '경로'로 표시된다. 분석을 단순하게 하기 위해 나는 기존의 가구, 주택, 동네의 총량은 사전에 결정되어 있는 것으로 간주한다. 기존 동네와 새로운 동네의 장래 변화에 대한 기대심리가 의사결정 과정의 필수적인 부분이기는 하지만, 아래에서 상세히 설명하는 것처럼, 어디에 거주할 것인지, 소유할 것인지 아니면 임차할 것인지, 주택에 얼마나 많이 투자할 것인지 등을 적극적으로 결정하는 단기short-term 동안 대체로 가구들과 주택 소유자들은 현재 주어진 일련의 기회를 본질적으로 고정된 것으로 받아들인다. 이 장의 뒷부분에서 그리고 특히 제3장에서 나는 신규주택 건설과 비주거용 주택 재개발을 통해 주택재고를 추가하는 것에 대한 장기long-term 결정들을 고려할 것이다.

'순간 촬영'과 같은 단기 관찰 기간 동안 개인, 현재 점유주택, (이웃들과의 상호작용을 포함한) 현재 거주 동네, 예비 주택과 예비 동네, 동네에 재원을 제공하는 관련 민간 또는 공공의 투자 및 정책 등에 대한 객관적인 특성들은 사전에 결정되어 있는 것으로 간주할 수 있다. 이를테면 개별 의사결정자는 그와 같은 특성들을 고정된 값으로 간주할 수 있다. 현재 경험되고 있는 이러한 객관적인 특성들을 바탕으로 개인은 지각perceptions을 구성하고, 믿음을 형성하며, 현재 거주하고 있는 주택과 동네에 대해 (아마도 대안들과 비교하여) 주관적으로 가치평가하고, 동네의 미래에 대한 기대심리를 만들어갈 것이다.[3] 이러한 객관적인 특성들과 주관적인 지각, 믿음, 가치평가, 기대심리 등을 바탕으로 거주가구는 점유하고 있는 주택을 소유할 것인지 아니면 임차할 것인지의 여부와 밀접히 관련된 의사결정을 내림과 함께, 현재의 위치에 계속 머무를 것인지 아니면 이주할 것인지에 대해서도 결정할 것이다. 비슷한 고려사항들에 기초하여, (현재 거주하고 있을 수도 있는) 검토 대상 주택의 소유자는 주택을 팔 것인지, 보유한 채 그대로 유지할 것인지, 부실하게 관리할 것인지 또는 품질을 향상시킬 것인지, 아니면 (극단적으로) 주택을 방치할 것인지를 결정할 것이다. 자가점유의 경우 후자에 대해서도 함께 결정해야 한다.[4]

요약하면, 나는 개인과 맥락이 가지고 있는 몇 가지 뚜렷한 객관적 특성이 개인의 몇몇 주관적 속성에 영향을 미친다는 것을 모형에서 상정하고 있다. 객관적이며 사전에 결정되어 있는 이러한 요소들과 주관적이며 '매개적인' 요소들은 개인의 주거 이동성, 점유형태 선택 및 주택투자 행동 등을 결정한다. 개인과 맥락이 지니고 있는 객관적인 특성들이 이 두 가지 결정에 미치는 인과적 영향은 직접적이거나 간접적일 수 있으며, 매개하고 있는 주관적 요소들에 의해 크든 작든 어느 정도 조정된다. 주거 이동성, 점유형태 선택, 주택 재투자 행동 등에 대해 일반적으로 받아들여지고 있는 연구의 맥락에서, 무엇이 이러한 다양한 요소들을 구성하고 있는지 그리고 이 구성요소들은 어떻게 서로 관계되어 있는지에 대해서는 다음 세 항목에서 상세히 살펴본다.

가구의 주거이동 행동

도시 내 자발적[5] 주거이동에 관한 다섯 가지 이론이 수십 년 동안 학술적으로 경쟁해 왔지만, 이 이론들은 전형적으로 여러 특징을 함께하고 있으며 때로는 이들 사이의 경계도 뚜렷하지 않다.[6] 앞으로 내가 설명하는 바와 같이, 그림 1.1의 인과적 경로는 각 이론을 특징짓고 있다.

첫째, '생애life course' 이론은 가구들이 일생 동안 예측 가능한 패턴으로 이주한다는 것을 사실로 가정한다.[7] 가구들은 그들 생애의 특정 단계와 관련된 현재의 주거소요shelter needs, 예컨대 독신이거나, 기혼이면서 자녀가 없거나, 기혼이면서 어린 자녀가 있거나, 기혼이면서 나이 든 자녀가 있거나 등을 고려하여 자신들의 현재 주거 상황을 평가한다. 새로운 생애 단계가 도래하면 가구들은 일반적으로 현상유지를 하는 것이 더 이상 적절하지 않다고 여기며, 그 결과 주거이동이 일어나게 된다. 생애 이론의 관점에서 보면, 이러한 상황에서는 대개 주택의 특징과 규모가 중요하며 동네 맥락은 덜 중요하다. 이 이론은 그림 1.1에서 경로 E와 경로 B/D-R을 핵심적인 것으로 본다.

둘째, '스트레스stress' 이론은 가구들이 현재의 주거환경과 잠재적 주거환경에 대한 만족도를 비교함으로써 이주 여부를 평가한다는 견해를 취한다.[8] 스트레스는 현재의 주거 만족도와 잠재적 주거 만족도 사이의 차이로 정의되며, 이

그림 1.1 | 개별 가구의 주거 이동성, 점유형태, 주택투자 행동에 대한 객관적·주관적 결정요인

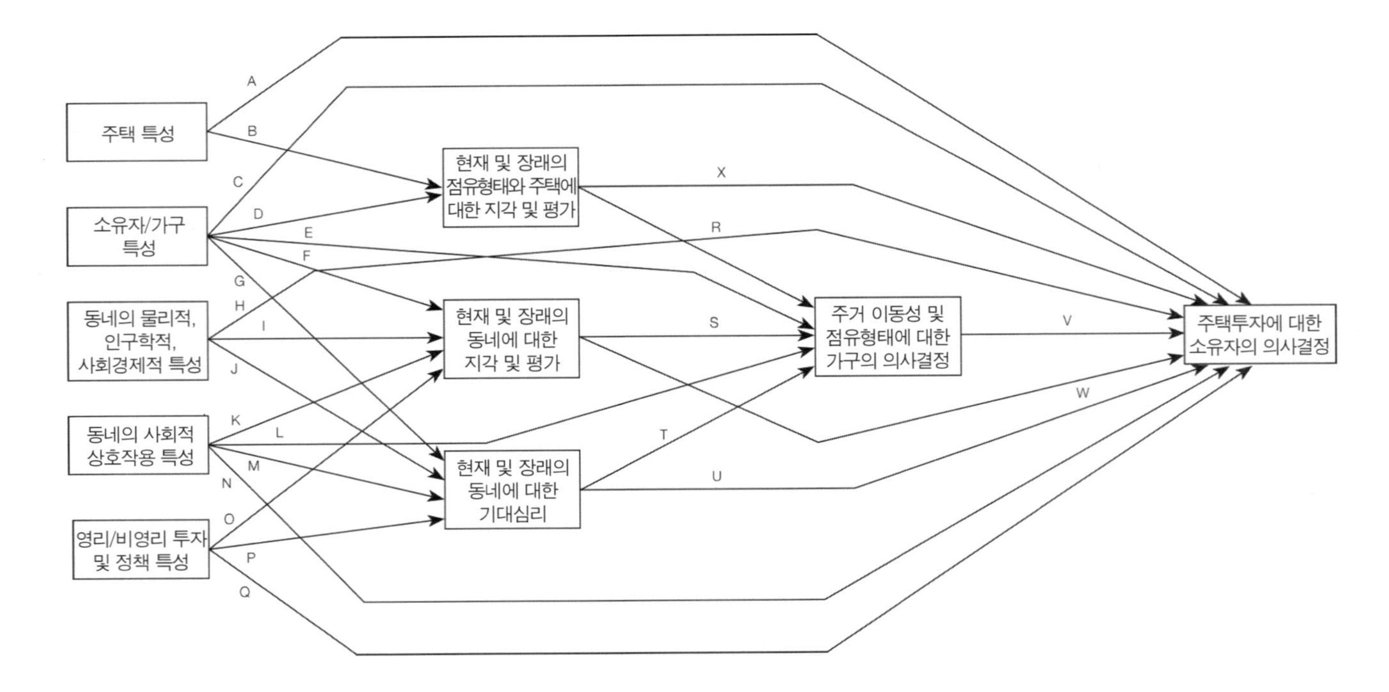

주 확률에 직접적으로 관계되어 있는 것으로 간주된다. 생애주기 전환으로 스트레스가 유발될 수 있지만, 견디기 힘든 사회경제적 구성 또는 인종구성의 전환과 같은 동네 조건도 마찬가지로 스트레스를 유발할 수 있다. 이 이론은 그림 1.1에서 가설화된 핵심 경로들을 확장하여 '생애' 이론에서의 경로뿐만 아니라 경로 F/I/K-S도 포함한다.

셋째 관점인 '불만족dissatisfaction' 이론은 주거 이동성은 불만족의 문턱값이 초과될 때 시작되는 2단계의 과정임을 상정한다.[9] 초기 단계에서 가구들은 소요 및 열망의 측면에서 (주택 및 동네와 관련된 측면을 잠재적으로 포함한) 현재 주거환경의 주요 측면을 평가하며, '주거 불만족'이 높거나 낮은 어떤 절대적인 수준을 산출한다. 가구가 불만족을 충분히 나타낼 경우 이주할 욕구가 생기면서 과정의 둘째 단계로 진입하는데, 여기에는 대안적인 주거입지들을 검토하기 위해 정보를 적극적으로 수집하는 것이 포함된다. 장차 불만족을 어느 정도 덜어줄 재정적으로 실현 가능한 대안을 가구 구성원들이 찾을 수 있다면, 그 가구는 이주를 결정할 것이다. 불만족 이론에서 가구 및 주거 맥락의 특성들은 현재 주거 불만족에 대한 절대 수준의 매개변수를 통해서만 이동 욕구와 행위에 영향을 미친다. 그림 1.1에서 불만족 이론의 경로는 경로 B/D-R과 F/I/K-S뿐이다.

넷째, '불균형disequilibrium' 이론은 가구들이 주거(주택 및 동네) 속성의 '최적' 묶음을 소비함으로써 자신들의 후생을 극대화하고자 한다는 것을 사실로 가정한다.[10] 하지만 가족 상황이나 현재의 주거 상황이 전입 이후 바뀌었을 수 있기 때문에 또는 결과적으로 다른 더 좋은 시장 기회가 생겨났을 수 있기 때문에, 가구들은 주거 속성의 최적 묶음에서 거주하고 있지 않을 수 있다(즉, 불균형 상태에 놓여 있을 수 있다). 가구들이 이사 갈 확률은 현재 및 미래에 실현 가능한 주거 선택대안들 간에 존재하는 그와 같은 불균형 수준과 직접적으로 관계되어 있으며, 주택시장 탐색 비용 및 이주 비용과는 역으로 관계되어 있다. 더 최적이면서 실현 가능한 대안을 찾아내는 것의 기대 편익(후생의 한계이득)이 기대 탐색비용을 초과할 때마다 시장을 탐색하게 될 것이다. 주거이동의 기대 한계편익이 현재 주거 소비의 불균형 정도와 직접적으로 관계되어 있지만, 절대적인 불균형의 내재적 문턱값을 필요로 하지는 않는다. 그럼에도 불구하고, 그림 1.1에서 불균형 이론의 주요 경로는 여전히 B/D-R과 F/I/K-S일 것이다.

다섯째, '순우위 지각perceived net advantage' 접근에서 나는 위의 이론들의 여러 측면을 종합했으며, 장래에 대한 기대심리의 역할을 포함하기 위해 행동심리학에서 이끌어냄으로써 기존 이론들로부터 확장했다.[11] 어떤 특정한 순간에 가구들은 잠재적 이동에 대한 의사결정에 영향을 미치는 일단의 다면적인 확신을 가지고 있는 것으로 볼 수 있는데, 이러한 확신은 현재 및 장래의 (1) 가구 소요 및 열망, (2) 점유하고 있는 위치 및 실현 가능한 대안적 위치에서의 주택 및 동네 특성, (3) 이주와 관련된 재정적 비용 및 기타 조정 비용 등과 관련되어 있다. 현재 및 미래에 대한 확신은 적극적인 시장 탐색에 의해서뿐만 아니라 통근, 대중매체, 대화 등을 통해 소극적으로 획득한 정보에 의해서도 영향을 받는다.[12] 가구의 현재 소요와 열망 그리고 예상 소요와 열망에 대한 확신을 고려하여, 가구는 (현재와 미래 모두에서) 실현 가능한 대안적 입지들 중 어느 것이 장기간에 걸쳐 자신에게 가장 적합한지를 상대적으로 평가할 것이다. 실현 가능한 대안이 불확실성과 시간적 범위에 대해 적절히 조정되어 (조정 비용을 제외한) 소요/열망을 달성하는 데 있어서 장기적인 우위를 분명히 나타낼 때, 이동이 촉발될 것이다. 순우위 지각 이론의 관점에서 볼 때, 그림 1.1에 나타난 이동성에 대한 직접적 및 매개적 인과 경로는 모두 잠재적으로 매우 중요하다.

'생애' 접근을 제외한다면, 주거 이동성에 대한 이들 접근방식 모두가 공통적으로 함축하고 있는 한 가지 의미는 현재 동네에서의 바람직하지 않은 변화는 이주 성향을 증가시킨다는 것이다.[13] 다변량 통계학을 이용한 많은 연구는 이동성에 대한 강건한 예측변수로 몇몇 객관적인 동네지표neighborhood indicators를 확인함으로써 이러한 함의를 뒷받침했다. 여기에는 범죄 증가 및 동네의 물리적 품질저하,[14] 주택 소유율 하락,[15] 흑인 이웃[16] 또는 저소득 이웃의 백분율 증가,[17] 동네 가구들 간 소득 격차 증가 등이 포함된다.[18] 무질서에 대한 지각 또한 이주를 자극하는 강력한 요인이 될 수 있다.[19]

이 책에서 검토한 이론들만큼이나 중요한 사실은, 가구가 현재 거주하고 있는 동네를 떠나기로 결정하면 예비 개별 주택의 특성뿐만 아니라 가구들이 현실적으로 선택할 수 있는 동네의 특성도 가구가 어디로 이동할 것인지를 선택하는 데 영향을 미친다는 것이다. 여론조사에 따르면, 대부분의 미국인들은 안 좋은 동네에 있는 좋은 주택을 선택하는 것보다 좋은 동네에 있는 안 좋은 주택을 선택하는 것을 선호했다.[20] 연구자들이 발견한 바에 따르면, 가구들이 새로운 잠재적인 동네를 고려할 때면 친척과 친구들이 있는 동네에 대개 매력을 느꼈는데,[21] 이들은 주로 경제적 지위가 비슷했으며[22] 인종이나 민족이 동일한 거주자들이었다.[23]

주택 점유형태 선택

가구들이 거주 주택을 소유할 것인지 임차할 것인지를 고려할 때 가늠하는 기본적 요인에 대해서는 이론적 불일치가 훨씬 적다.[24] 가구들은 주택 구입에 필요한 재정적 자원을 이용할 수 있는지 또는 담보대출 신청에 성공할 수 있는지 여부, 즉 장기('항상permanent') 소득, 자산, 부채, 신용등급 등을 우선적으로 고려한다(그림 1.1의 경로 E). 그러고 나서 예비 구입자들은 재무적으로 실현 가능한 유형, 규모, 입지, 특징 등을 지니고 있는 주택을 보유할 때 지속적으로 발생하는 잠재적 비용을 가늠해야 한다. 이러한 비용에는 구조 개선, 유지 및 보수, 지방 재산세, 연방 소득세(지방세 특례 및 주택담보대출 이자 공제), 위험 보험, (해당 주택에 대한 그리고 대체 금융상품 투자에 대한) 자기자본 기대가치 상승이 포함된다. 그림 1.1의 경로 Q를 참조하라. 마지막으로, 가구들은 주택 소유에 대한 비재정적 차원, 즉 주택에 대한 독립적 통제 및 점유 조건에 대해 자신들이 두고 있는 가치를 검토 평가해야 한다(그림 1.1의 경로 E).

점유형태 선택 과정에 대해 앞에서 제시한 요약에서 분명히 해야 할 점은 점유형태 선택은 이동성 및 동네 기대심리와 불가분의 관계에 있다는 것이다.[25] 의사결정자는 구입 고려 중인 주택에서의 거주기간을 예측해야 한다. 가구는 대개 여러 해 동안 머물 계획이 있는 경우에만 주택 구입과 관련하여 적지 않은 현금 지출 비용과 시간 비용을 부담하는 것이 일반적으로 현명하다. 더욱이 예상 거주기간은 예상 주택 자기자본 평가에 영향을 미칠 수 있다. 이와 같이 주거 이동성과 주택 점유형태 사이의 선택이 서로 이어져 있다는 속성 때문에, 그림 1.1에서 나는 이 둘을 동일한 상자 안에 넣어서 나타낸다.

또한 동네에 대한 지각, 가치평가, 기대심리 등이 점유형태 선택 과정에 강력하게 영향을 미친다는 점 역시 분명하다(그림 1.1의 경로 R, S, T). 예를 들어, 어떤 가구가 구입할 수 있는 유일한 주택이 하락세의 쇠퇴하고 있는 동네에 위치해 있다면, 그 가구는 불만족스러운 주거 생활수준에 얽매이게 될 것이라고 지각하고 자신들 주택의 가치 상승도 극히 작을 것으로 예상해서 주택 소유를 단념할 수도 있다. 그렇지 않으면, 주택시장에서 세분화된 특정 부분에 속한 가구는 자신이 원하는 동네에서 임차 선택대안이 거의 없다는 것을 지각할지도 모르는데, 이 경우 주택을 구입하고자 하는 욕구가 힘을 얻을 것이다. 이처럼 주택을 임차할 것인지 구입할 것인지를 정하는 것은 동네가 우리에게 영향을 미치는 여러 방식 중 하나이며, 이 책 전반에 걸쳐 계속해서 설명할 주제이다.

소유자의 주택투자 행동

어떤 특정한 순간에 기존 주택 소유자들이 직면하는 투자 선택대안에는 세 가지가 있다. 건축물의 품질을 향상시키거나, 현재 수준에서 품질을 유지하거나, (소극적으로 부실관리하거나 하나 이상의 소규모 단위로 적극적으로 분할함으로써) 품질을 저하시키는 것이다. 소유자가 전략을 선택하자마자 투자 금액이 결정될 수 있다. 주거용 부동산 투자자 입장에서 이루어지는 그와 같은 의사결정에 관한 지배적 이론이 가정하는 바에 따르면, 투자자들은 현재 및 장래의 재무흐름을 어느 정도 고려하면서 비주택투자 대안들과 비교하여 기대 재무수익률이 (적어도 최대화되지는 않더라도) 만족스러울 만한 방식으로 선택되도록 자극받는다.[26]

주택투자 결정의 시간적 성격과 투자의 지속성 때문에, 소유자의 기대심리가 수행하는 중심적 역할에 일찍이 주의가 집중되었다. 주택개량에 대한 장래비용, 건축물의 감가상각률, 대출자금(즉, 저축의 기회비용)에 대한 이자율, 주변 동네의 여건, 주택가격 인플레이션율 등에 대한 기대심리는 주택에 대한 지출로부터 얻는 지각된 수익에 복합적으로 영향을 미친다. 이들 기대심리 모두 점유주택에서 발생하는 소유자의 순운영소득 그리고 최종적으로 판매될 시점에서의 자산가치를 구체화한다. 그림 1.1의 맥락에서, 직접 경로 A, C, H, Q와 간접 경로 F/I/O–W 및 G/J/P–U는 주거용 부동산 소유자와 관련이 있다. 이들 경로의 인과적 영향에 대해 보다 자세히 살펴보자.

소유자의 투자 행동에 대한 영향

해당 주택의 특성은 관찰된 주택투자 행동에 독립적이고 직접적으로 기여한다(경로 A). 오래된 건축물은 일반적으로 더 빠른 속도로 악화되기 때문에,

소유자는 품질을 일정하게 유지하기 위해 필요한 수리를 더 자주 하게 된다. 구조가 독특한 주택은 정해진 구조물을 변경하는 데 비용이 매우 많이 든다. 예를 들어, 기초가 내려앉은 주택은 2층에 덧붙인 지붕창을 떠받칠 수 있을 것 같지 않으며, 배선이 못쓰게 된 주택에서는 현대식 기기나 냉난방 시스템의 설치가 가능하지 않을 수 있다. 좁은 부지에 단독 차고나 수영장을 추가하는 것은 불가능할 수 있다. 그러나 주택의 물리적 특징을 넘어서서, 주택은 궁극적으로 이러한 종류의 투자를 실현하는 소유자에게 주관적이고 상징적인 의미를 지닐 수 있다(경로 B-X).

주택 소유자의 특성 또한 주택투자 전략의 선택 유형과 그에 할당되는 지출액에 직접적인 영향을 미친다(경로 C). 예를 들어, 저렴하지만 숙련된 노동력(아마도 자기 자신)에 접근 가능한 소유자들은 주택 유지관리 및 보수 비용을 상대적으로 낮게 지각할 가능성이 있다. 물론 그들이 얻는 정보의 특성은 지각과 기대심리를 형성하며, 자료 획득의 방법과 범위는 소유자의 교육, 소득, 나이, 가족 상태 등에 따라 달라진다(경로 D-X, F-W, G-U).[27]

특정 주택이 위치하고 있는 동네의 물리적, 인구학적, 사회경제적 특성은 어떤 유형의 투자 전략을 추구할 것인지에 강력하게 영향을 미친다. 주택의 가치는 해당 주택의 특성과 해당 주택이 위치한 필지에 의해서만 결정되는 것이 아니라 주변 환경의 사회경제적, 인종적, 민족적 구성과 나이 및 가족 상태의 구성, 환경적 어메니티, 로컬 공공서비스 및 기반시설의 품질, 토지이용 패턴, 주택재고의 집계적 조건 등에 의해서도 결정된다(경로 H).[28] 이것은 점진적 투자로부터 소유자가 지각하는 수익이, 시장에 의해 자본화되는 주변 동네의 장래 조건에 의해서뿐만 아니라 현재의 상황에 따라서도 달라질 것임을 의미한다(경로 I-W). 동네의 이러한 물리적, 인구학적, 사회경제적 속성들 또한 장래의 환경 변화에 대한 단서를 제공한다(경로 J-U).[29]

마지막으로, 비영리 및 영리 부문이 제공하는 자원들이 소유자의 주택유지 upkeep에 대한 셈법에 영향을 미칠 수 있다. 예를 들어, 정부는 이러한 목적에 대해 보조금 또는 저금리 대출을 제공함으로써 주택 보수 및 개량공사에 직접적으로 보조금을 지급할 수 있다(경로 Q). 보다 간접적으로, 공공부문의 조치는 소유자가 지니고 있는 지각과 기대심리에 크게 영향을 미칠 수 있으며, 이에 따라 소유자의 후속 투자 활동에 큰 영향을 미칠 수 있다(경로 O-W 및 P-U). 이러한 조치는 실질적이거나 상징적일 수 있다. 실질적 조치의 예로는 동네의 공공공원, 가로, 조명, 학교 등을 개선하는 것, 동네의 로컬 조직 형성을 장려하는 것, 비주거용 토지이용을 허용 또는 금지하기 위해 용도지역을 재설정하는 것 등이 있다. 상징적 조치의 예에는 동네에서 지명된 위원들로 시장의 동네 자문위원회를 구성하는 것, 공식적으로 동네 X 프라이드 위크pride week를 지정하는 것, 각 동네의 경계, 이름, 역사를 알리는 표지판을 설치하는 것 등이 있다. 영리 부문, 특히 로컬 소매부문 또한 동네의 매력도에 상당한 영향을 미칠 수 있으며, 따라서 주택 소유자의 투자 유인책에도 실질적인 영향을 미칠 수 있다.

자가거주자의 투자 행동에 대한 추가적 영향

주택 소유자이면서 또한 거주자인 자가거주자에 대해서는 추가 요인이 작용한다. 이와 같은 경우에서의 투자 결정은 일반적으로 '소비' 차원과 '투자' 차원 모두와 관련되어 있다.[30] 첫째, 건축물의 품질을 유지 또는 개선하는 것은 주택을 소비함으로써 얻는 '효용'이나 후생을 증가시키는 것으로 보일 수 있지만, 이는 달리 지출될 수 있는 소득의 희생을 요구한다. 반면에, 주택의 품질을 낮추는 것은 그와 같은 주택 관련 효용을 희생시키지만 주택 이외의 다른 재화와 서비스에 대해 더 많은 소비를 가능하게 해주는데, 추가적인 소득이 품질저하와 동시에 발생하는 경우에 특히 그렇다. 이러한 경우는 소유자가 임대주택을 하나 이상 만들기 위해 이전의 단독주택을 더 작게 나눌 때 나타날 수 있다. 아마 대부분의 주택 소유자에게 둘째 고려사항은 그와 같은 주택투자 활동의 자산효과일 것이다. 주택 소유자가 주택 패키지가 소비재로서 지닌 통상적인 가치를 넘어 내구성 있는 자산으로서 지닌 가치를 중요시한다면, 주택투자 결정의 셈법은 달라질 것이다. 이를테면, 자신의 주택에 돈을 쓰는 것은 주택의 최종 판매가격을 높이며 따라서 주택 소유자의 자산과 장래의 소비 가능성을 증가시키기 때문에 투자라고 볼 수 있다.

또한 주택 소유자의 결정은 부재소유자보다 더 복잡한 방식으로 시간과 관계되어 있다. 주택에 지출할지 비주택에 지출할지의 선택은 한 시점의 맥락에서는 완전히 이해될 수 없다. 주택에 지출함으로써 주택 관련 소비 서비스의 유익한 흐름이 현재 시기에서 발생할 뿐만 아니라, 주택은 내구재이기 때문에 이후의 기간 동안에는 자산가치의 증대가 발생한다. 특정한 주택투자로 인해 소비와 자산편익이 장래에 어느 정도까지 지속적으로 제공되는지는 건축물의 감가상각률, 주택 소유자의 시간선호율, 동네 조건의 변화 등에 따라 달라진다. 따라서 주택 소유자의 결정에는 현재 시기에서 주택 지출과 비주택 지출에 대해 원하는 혼합을 선택하는 것뿐만 아니라 미래와 비교하여 현재 시기에서 원하는 지출 패턴을 선택하는 것도 포함된다.

자가거주자의 주택투자 결정에서의 시간적 본질에 관한 이러한 논의에는 이와 밀접하게 관련 있는 이동성에 대한 의사결정이 사실상 포함되어 있다. 분명 주택 소유자는 다른 주택으로 이사함으로써 주택 소비량을 조정할 수 있으며, 이는 일반적으로 기존 주택을 판매하는 것과 동시에 발생한다. 그러므로 주택 소유자는 현재 주택에 대해 특정한 투자 전략을 수행함으로써 얻는 후생을 아마도 다른 동네에 있는 별개의 주택으로 이사함으로써 얻을 수 있는 후생과 때때로 대비할 것이다. 기대심리와 이주 계획을 수립한 다음, 주택 소유자는 자신의 재무적 한계와 주택의 구조상 한계로 인한 일단의 제약조건 내에서 주택점유 예상 기간 동안 주택에 지출할지 비주택에 지출할지를 선택한다. 재무적 한계는 초기 재산, 예상 가구소득 흐름, 제도적으로 가해지는 대출 제약 등으로 구성된다(그림 1.1의 경로 C). 주택의 구조상 한계는 물리적 건축물의 다양한 건축적 특성과 기계적 특성으로 구성되는데, 이는 주택개조 비용 대비 주택가치의 점진적 증대 측면에서 대안적인 주택개조 계획을 실현 가능하게 한다(경로 A). 상당 기간 동안 자신의 주택에 머물 계획인 주택 소유자에 비해, 가까운 미래에 이사할 계획인 주택 소유자는 현재의 주택유지 활동의 장기적 결과에 대해서는 걱정을 덜할 것이다. 다시 말해, 주택 소유자들이 현재의 주택유지로 인한 주택소비 증가 흐름의 상당량을 거두기 위해 머무는 것은 아니며, 따라서 그와 같은 양의 주택소비를 떠맡을 가능성은 없을 것이다(경로 V).

물론 동네는, 특정한 물리적 특징을 가지고 있으면서 특정한 유형의 자율적 개인이 거주하며 재원이 유입되는 단순한 장소 그 이상이다. 동네는 또한 이웃들 사이에서 사회적 상호작용이 전형적으로 발생하는 무대이다. 동네에서 사람들은 친구를 사귀고, 집합규범을 따르도록 조장되며, 연대감정을 형성하고, 정보를 전달한다. 부재소유자와 대조적으로 자가거주자의 또 다른 중요한 특징은, 자가거주자는 자신이 투자하는 동네에서 이러한 사회적 차원으로부터 직접적으로 영향을 받는 반면에 부재소유자는 그렇지 않다는 것이다. 이는 동네 사람들이 해당 동네에 거주하는 주택 소유자들의 주택투자 행동에 집합적으로 영향을 줄 가능성을 적어도 가지고 있음을 의미한다(경로 N).[31] 이것은 자가거주자와 부재소유자 사이의 중대한 차이이며, 이러한 차이는 주택투자 행동에서 관찰되는 차이 중 많은 부분을 설명한다.[32]

또한 동네에서 발생하는 사회적 상호작용 차원은 자가거주자에게 간접적으로 세 가지 영향을 미칠 수 있다. 첫째, 이웃하고 있는 주택 소유자들 사이의 친

목적인 대화는 그들의 투자 결정에 영향을 미치는 공통의 지각 형성에 도움이 되는 자료를 공유하기 위한 통로를 제공할 수 있다(경로 K-W). 둘째, 동네에서 발생하는 사회적 상호작용을 통해 개별 소유자는 동네의 다른 모든 주택 소유자가 주택품질 유지라는 동일한 사회적 압력에 아마도 반응하고 있다는 것을 재확인할 수 있다. 그러므로 사회적 응집social cohesion이 강한 동네의 주택 소유자는 동네의 물리적 품질과 주택가치 예측에 대한 기대심리에 있어서 (그리고 시장의 가치평가에 있어서) 낙관적일 가능성이 더 높을 것이다(경로 M-U). 셋째, 동네에서 발생하는 사회적 상호작용은 주택 소유자의 기대 점유기간을 바꿀 수 있다. 다른 모든 것이 동일하다면, 주택 소유자는 강한 사회적 연줄social ties을 통해 자신의 동네에 더 많은 애착을 가지고 있기 때문에 동네 밖으로 이주해서 이러한 연고를 끊으려는 경향이 덜하다(경로 L-V).

우리가 만드는 동네: 개인의 의사결정이 합쳐져 동네의 성취결과를 낳는다

그림 1.1에 요약된 앞에서의 논의는, 동네변화의 동태적 과정neighborhood dynamics을 이해하기 위해서는 집계적인 동네 성취결과를 궁극적으로 결정하는 개별 가구들과 주택 소유자들의 행동을 먼저 이해해야 한다는 전제에 기초했다. 물론 광범위한 시간적 틀에 있어서 개인의 행동과 동네의 집계적인 성취결과는 상호 인과적인 연결을 통해 관계되어 있다는 것을 우리는 알아야 한다. 이를테면 어느 한 기간 동안 개인들의 행위는 있는 그대로 합쳐져서 다음 기간 동안 동네의 전반적인 특성을 결정하며, 결과적으로 이는 이후에 개인의 지각, 행동, 가치평가, 기대심리, 삶의 질 등에 영향을 미친다.[33] 그러므로 개인들의 행동은 동네가 무엇이며 동네는 어떻게 변하는지에 영향을 미칠 뿐만 아니라, 동

그림 1.2 | 개인의 행동과 동네의 성취결과: 순환적 인과과정의 패턴

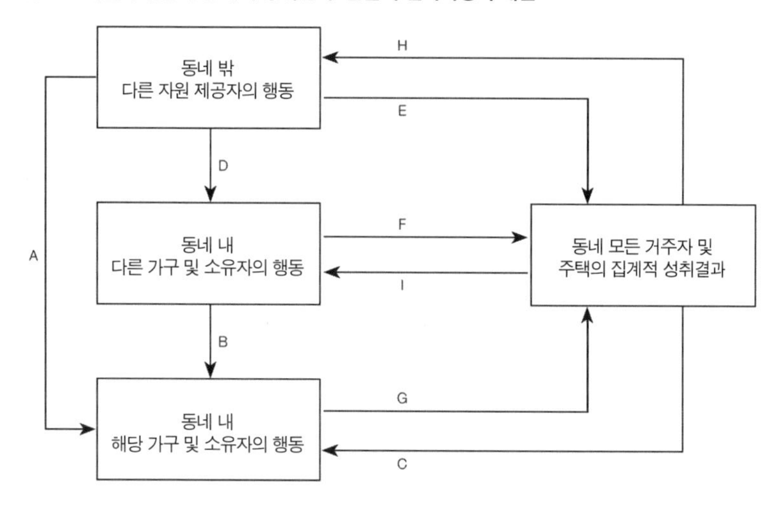

네의 조건 및 안정성 또한 여러 강력한 방식으로 개인에게 다시 영향을 미친다. 그림 1.2는 인과관계의 순환적 패턴에 대한 이러한 핵심 사항을 도식적으로 보여준다.

그림 1.1에 요약된 특정 시점에서는 세 가지의 요소가 해당 동네에 있는 개인(거주가구 및 주택 소유자)의 의사결정에 영향을 미칠 것이다. 여기에는 (1) 해당 동네에 있는 다른 가구들과 소유자들의 집계적 행동(그림 1.2의 경로 B), (2) 공공부문 및 영리부문에 있는 다른 자원 제공자들의 집계적 행동(경로 A), (3) 해당 동네의 현재 집계적 조건과 장래 기대되는 집계적 조건(경로 C) 등이 포함된다. 개인은 개인 특성 및 주거 특성과 결합하여, 앞 절에서 설명된 방식으로 이동성, 주택 점유형태, 주택투자 행동을 결정한다(경로 G). 개인의 이러한 행동과 동시에, 같은 동네에 거주하는 다른 가구들과 주택 소유자들 또한 이동성, 주택 점유형태, 투자 행동을 결정한다(경로 F). 더욱이 개별 주택담보대출기관, 소매부문 개발업자, 공공정책 의사결정자 또한 특정 동네로의 자원 흐름에 영

향을 미칠 의사결정을 한다(경로 E). 이처럼 엄청나게 많은 개인의 행동 의사결정은 거주지 변화 및 부동산 투자 변화가 일어난 이후의 기간 동안 해당 동네가 어떤 특성을 보일 것인지를 집계적으로 결정할 것이다(경로 E, F, G). 그러나 시간이 지남에 따라 명확하게 드러나는 집계적 특성들이 세 가지 유형의 의사결정자들이 가지고 있던 당초의 기대심리를 혼란시킨다면, 의사결정자들은 자신의 행동을 아마 추가적으로 수정할 것이다(경로 H, I, C). 물론 개인의 그와 같은 행동 수정은 결과적으로 동네의 집계적인 성취결과를 바꿀 수 있으며, 순환적인 인과과정은 계속된다.

우리 자신을 만드는 동네

그림 1.2의 경로 I와 C에서 요약된 것처럼, 지금까지 나는 동네 조건이 거주자의 이동성과 점유형태 결정, 그리고 동네에 있는 주택 소유자의 주택투자 결정에 어떻게 영향을 미치는지만 고려했다. 이들 영향요인은 의심할 여지없이 강력하지만, 우리의 동네가 우리에게 어떻게 영향을 미치는지를 완벽하게 보여주는 것은 결코 아니다. 동네가 우리에게 영향을 미치는 데에는 세 가지의 추가 경로가 있다.

첫째, 동네는 우리가 세상에 대한 자료를 어떻게 그리고 어디서 수집하는지, 우리가 그 자료를 어떻게 평가하는지, 우리가 그 자료를 의사결정에 유용한 정보로 어떻게 전환하는지에 직접적으로 영향을 미친다. 나는 제5장에서 동네효과의 이러한 경로를 상세히 살펴볼 것이다. 둘째, 동네는 우리가 노출되어 있는 맥락적 영향요인들을 구체화함으로써 우리의 정신건강과 신체건강에 직접적으로 영향을 준다. 로컬에 있는 학교, 오염, 폭력의 영향이 분명한 사례이다.

마지막으로, 동네는 우리가 어떤 선택대안을 가장 바람직하고 실현 가능한 것으로 지각하는지에 영향을 줌으로써 우리가 일생 동안 습득하는 사회적 존재로서의 인간적 속성에 간접적으로 영향을 미친다. 이러한 방식으로 동네는 출산, 교육, 고용, 불법행위의 영역에서 우리의 의사결정에 영향을 미치며, 따라서 우리 삶의 방향과 과정에 영향을 미친다. 마지막 두 가지 경로는 제8장의 주제이다.

동네에 관한 전체론적, 다층적, 순환적 인과모형

지금까지 우리는 어떻게 우리의 동네를 만들고 우리의 동네는 어떻게 우리 자신을 만드는지에 대한 전체론적 관점의 구성요소를 살펴보았다. 그림 1.3에서처럼, 이러한 연결 관계를 하나의 통합된 방식으로 시각화하는 것이 도움이 된다. 그림 1.3은 내 견해를 명확하게 보여주고 있는데, 동네와 관련된 원인과 결과를 이해하기 위해서는 대도시, 로컬관할구역, 동네, 개인 등 네 가지의 공간적 수준이 상호 인과적 방식으로 연결되어 있는 틀 속에 그것들을 담아야 한다.

앞에서 나는 경로 A, B, C로 나타낸 상호관계를 그림 1.2의 맥락에서 설명했다. 로컬정치관할구역 내 모든 동네의 전체 거주자들이 지닌 집계적 특성과 물리적 특성은 어떤 종류의 서비스와 공공기관(공원, 학교, 방범기관 등)이 요구되는지에 집합적으로 영향을 미칠 뿐만 아니라, 그와 같은 서비스와 기관을 재정적으로 지원할 수 있는 재산세, 소득세, 판매세, 그 외 가능한 지방세 등의 과세 표준에도 영향을 미칠 것이다(경로 D). 반대로, 로컬관할구역이 시민들에게 제공하는 세금/서비스 종합 패키지는 주택의 품질 그리고 해당 로컬관할구역을

그림 1.3 | **동네에 관한 전체론적, 다층적, 순환적 인과모형**

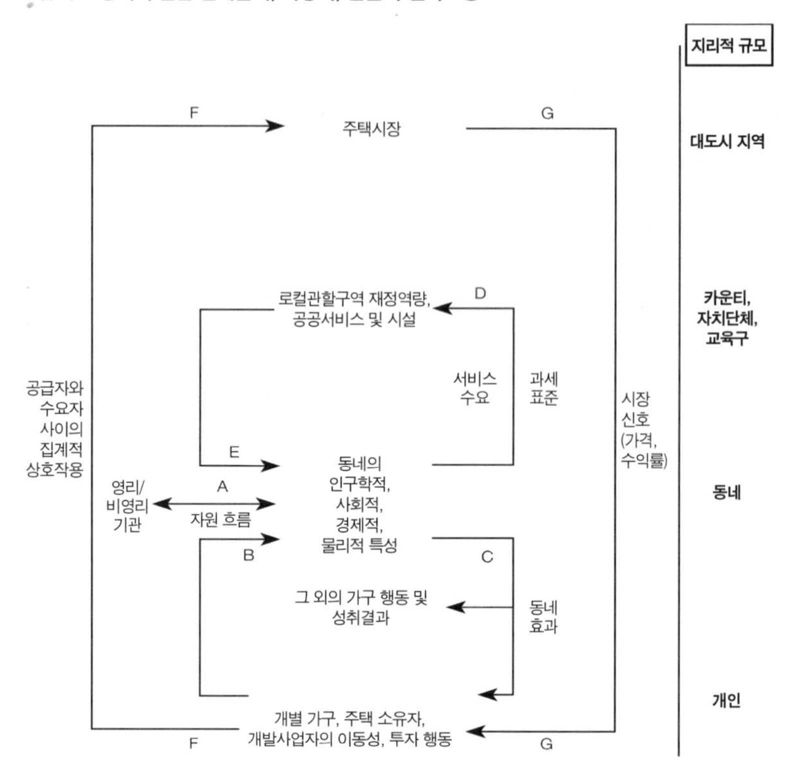

구성하고 있는 동네들의 광범위한 사회적 특성에도 마찬가지로 영향을 미친다(경로 E). 마지막으로, 개별 가구와 주택 소유자는 해당 대도시 전반의 주택시장과 상호 연결되어 있다. 주택 수요자와 공급자가 함께 참여할 때 그들은 '시장을 형성하며'(경로 F), 시장신호는 다시 개인의 이동성, 점유형태, 투자 결정에 영향을 미친다(경로 G). 나는 제3장과 제4장에서 이러한 연결 관계에 대한 분석을 더 자세히 설명한다.

이 책의 계획, 목적, 명제

나는 동네에 관한 근본적인 질문에 대해 일관적이고도 누적적인 방식으로 답하기 위해 이 책을 구성했다. 제2장에서는 동네는 무엇인지, 명확한 경계를 가지고 있는지, 그리고 '동네의 정도degree of neighborhood'는 측정될 수 있는지를 다룬다. 제3장과 제4장에서는 동네의 주택 조건 및 물리적 조건, 거주자의 경제적 지위 또는 인종적/민족적(이후 '인종적') 구성, 소매 활동 등을 변화시키는 것은 무엇인지를 다룬다. 제5장에서는 가구와 주택 소유자는 어떻게 동네 관련 정보를 습득하고, 동네변화에 대한 기대심리를 형성하며, 서로 영향을 주고받는지에 대한 문제를 다룬다. 제6장에서는 동네변화 과정이 특유의 비선형적 방식으로 일어나는지에 대한 문제를 다룬다. 제7장에서는 황폐화된 동네가 왜 그렇게 많은지, 그리고 인종적 또는 경제적 이유로 다양성을 거의 보여주지 못하는 동네는 왜 그렇게 많은지를 다룬다. 제8장에서는 동네가 거주자에게 영향을 미치는 메커니즘을 다룬다. 제9장에서는 동네가 특정한 속성을 나타내면서 특정한 방식으로 변화할 때 인적자본과 금융자본에 어떠한 변화가 발생하는지를 다루며, 동네 과정과 관련된 비용을 불균형적으로 부담하는 사람은 누구인지를 다룬다. 또한 효율성과 형평성에 대한 사회 전반적 관점에서 미국 동네의 현 상태는 최적인지를 검토한다.

이 책의 첫째 주요 목적은 분석틀을 개발하고 사회과학 전반으로부터 증거를 정리하여 독자들이 동네 조건의 기원, 본질, 결과와 그 동태적 과정을 더 잘 이해할 수 있도록 하는 것이다. 이러한 목적을 달성하기 위해 우리는 동네를 어떻게 만들며 동네는 우리를 어떻게 만드는지에 관계된 여덟 가지 핵심적인 명제를 제시한다. 이 명제들은 또한 검정 가능한 가설로 고려될 수 있다.

- 외부에서 초래된 변화: 동네를 변화시키는 대부분의 힘은 해당 동네의 경계 바깥에서, 때때로 대도시 지역 어딘가에서 비롯된다.
- 비대칭적 정보력: 현재 거주하고 있는 동네의 절대적 쇠퇴에 대한 정보는 상대적 쇠퇴나 절대적 향상에 대한 정보보다 거주자 및 소유자의 이동성과 투자 행동을 변화시키는 데 더욱 강력한 것으로 입증될 것이다.
- 인종적으로 코드화된 신호: 동네에 대한 지각과 기대심리를 형성하는 정보의 주요 유형은 거주자 및 주택 소유자의 행동에 영향을 미칠 것이며, 그와 같은 정보의 상당 부분은 해당 동네의 흑인 인구 점유율 및 증가에 코드화되어 있다.
- 문턱효과의 연계: 개인의 이동성 및 주택투자 결정은 해당 동네에 대한 지각 및 기대심리가 임계값을 넘어서자마자 불연속적으로 촉발된다. 이러한 인과적 힘이 임계점을 넘어선 후에야 개인 행위의 집계치가 일반적으로 동네 환경에 큰 변화를 초래한다. 일단 이러한 변화가 시작되면, 동네 조건의 집계적 변화는 또 다른 하나의 임계점을 초과하자마자 시간이 지남에 따라 비선형적 방식으로 진행된다. 동네 조건이 거주자와 주택가치에 미치는 많은 영향은 임계값이 초과될 때 비로소 발생하지만, 결국 이러한 동네 조건의 한계효과는 극단적인 값에서 서서히 약해질 수 있다.
- 비효율성: 동네에서 의사결정자들은 외부효과, 전략게임, 자기실현적 예언 등으로 인해 여러 다양한 활동을 대개 비효율적으로 많이 수행하거나 적게 수행한다.
  - 외부효과: 동네에서 이동성과 주택유지 등에 관한 결정 대부분은 의사결정자들이 일반적으로 고려하지 않는 이웃에게 영향을 미친다.
  - 게임: 일부 의사결정자들이 지각하는 기대보수는 동네의 다른 의사결정자들의 불확실한 행위에 의해 영향을 받을 것이다.

- 자기실현적 예언: 다수의 개별 의사결정자가 동네에 대해 동일한 기대심리를 공유하고 있다면, 그들은 자신의 기대를 실현하는 방식으로 집합적으로 행동할 것이다.

- 비형평성: 비교적 사회경제적 지위가 낮은 가구와 주택 소유자는 일반적으로 동네변화로 인한 재정적 비용 및 사회적 비용을 불균형적으로 많이 부담하는 반면, 동네변화로 인한 편익은 상대적으로 거의 얻지 못한다.
- 다면적 효과 메커니즘: 동네 맥락은 다양한 인과과정을 통해 동네에 거주하고 있는 어른들과 아이들의 태도, 지각, 행동, 건강, 삶의 질, 재정적 안녕 등에 영향을 미친다.
- 불평등한 기회: 동네 맥락은 경제적 집단과 인종 집단에 걸쳐 매우 불평등함과 동시에 아이, 청소년, 어른에게 강력한 영향을 미치기 때문에, 공간은 사회발전에 대한 불평등한 기회를 영속화하는 방식이 된다.

이 책의 둘째 주요 목적은, 미국의 대도시 지역에서 보다 바람직하면서도 다채로운 동네를 왜 그리고 어떻게 만들어야 하는지를 보여주는 것이다. 위의 여덟 가지 명제로 완결되는 진단 분석을 바탕으로, 이 책은 우리의 동네를 미국인 모두에게 보다 공정하고 인정 있으며 생산적인 환경으로 만들기 위해 전략적으로 표적화된 공공정책이 개입할 것을 요구하는 명쾌한 논거를 개발한다. 제10장에서는 전략적 표적화 개입에 대한 중요한 원칙을 제시하는 한편, 우리가 우리의 동네를 어떻게 만들어왔는지와 관련된 가장 중요한 세 가지 문제 — 물리적 황폐, 경제적 분리, 인종적 분리 — 를 다루는 공공정책 및 계획시책에 대한 구체적인 처방을 제시한다. 또한 제10장에서는 '기회의 동네opportunity neighborhoods' — 물리적 품질의 양호함, 안전성, 경제적 및 인종적 차원에서의 다양성, 공공/영리/비영리 기관이 제공하는 자원 등을 갖춘 장소로서의 — 라는 미래를 향해 점진적으로 나아가는, 자발적이지만 유인된 행동에 기초하는 프로그램을 주장한다. 그러한 동네는 '기회 균등'이라는 미국의 약속을 현실로 회복시킬 수 있을 것이고, 탈빈곤 및 도시 경제개발의 새로운 모델을 위한 전달 시스템 역할을 할 수 있을 것이다.

제2장

동네의 의미

이 책은 동네에 관한 것이기 때문에 우선 그 중심이 되는 개념을 정확하게 정의하는 것이 무엇보다 중요하다. 겉보기에 복잡하지 않을 것 같은 이 작업은 학자들이 다루기 힘들 정도로 어려운 것으로 드러났고 어떠한 합의도 이루어지지 않았다. 마크 애버Mark Aber와 마틴 니에토Martin Nieto가 말했듯이, "동네에 대해 학문적으로 관심을 가진 지 거의 100년이 되었음에도 불구하고, 동네를 구성하는 것이 정확히 무엇인지에 관한 질문은 해결되지 않은 채 대부분 미심쩍은 채로 남아 있다."[1]

이 장은 서로 관련된 다음 세 가지 질문을 중심으로 구성되어 있다. 동네는 어떻게 정의되어야 하는가? 동네는 모호하지 않으면서 대체로 합의된 경계를 가지고 있는가? 동네는 정도를 달리하는 하나의 변수로 여겨져야 하는가? 나는 동네를 구성하는 다차원적 속성 패키지의 이질성 때문에, 받아들일 수는 있지만 본질적으로는 모호할 수밖에 없는 하나의 정의를 제시하고자 한다. 나는 장소로서의 동네에 대해 이야기하는 대신, 공간상에서 **동네의 정도**degree of neighborhood를 달리하는 세 가지 특징적 차원, 즉 **합치성**congruence, **일반성**generality, **부합성**accordance이 있다는 아이디어를 제시한다. 한쪽 극단에서, 이 세 가지 차원이 가정하는 값은 중요한 모든 공간 속성과 관련 있는 의사결정자 모두의 관점에서 볼 때 뚜렷하고 분명한 경계를 짓고 있는 원형적 동네를 표시할 수 있다. 정반대의 극단에서, 이 세 가지 차원이 가정하는 값은 의미를 이루는 어떤 동네도 개별 거주자가 지각할 수 있는 특유의 공간 이상으로 해당 지리공간에 존재하지 않는다는 것을 표시한다. 마지막으로, 이 장에서 나는 동네에 관한 이들 척도를 어떻게 경험적으로 평가할 수 있는지를 제시하고, 외부효과 공간 externality space으로서의 동네에 관한 내 개념이 어떻게 동네에 대한 종래의 관점을 넘어서 나아가고 있는지에 대해 생각해 본다.

동네는 어떻게 정의되어야 하는가

도시 사회과학자들은 이 질문에 대해 서로 다르게 답해 왔으며 이 질문은 수십 년에 걸쳐 지속되어 왔다. 대부분의 대답은 순수하게 지리적 관점을 채택했다. 예를 들어, 수잰 켈러Suzanne Keller는 동네를 "물리적이며 상징적 경계를 가지고 있는 장소"로 정의한다.[2] 데이비드 모리스David Morris와 칼 헤스Karl Hess는 "쉽게 걸어 다닐 수 있는 구역으로서 상식으로 알 수 있는 경계를 가진 장소와 사람들"로 동네를 정의한다.[3] 로버트 채스킨Robert Chaskin에 따르면, 동네는 "거주자들이 가까이 함께 있으며 그 안에서의 환경을 공유하는 지리적으로 경계 지어진 단위"이다.[4] 마이클 파가노Michael Pagano는 "적어도 대부분의 사람은 동네란 사람들이 사는 장소이며 보다 개인적인 수준에서는 자신의 집을 둘러싸고 있는 구역이라는 데 동의할 것이다. 동네는 또한 서로 구분 짓는 일종의 경계를 가지고 있는 것으로 가정된다"라고 말한다.[5]

하워드 홀먼Howard Hallman이 동네를 "사람들이 주택에 거주하며 사회적으로 상호작용하는 대도시 지역 내의 한정된 영역"이라고 정의한 것처럼, 학자들은 사회적 관점과 지리적 관점을 통합하려고 시도했다.[6] 도널드 워런Donald Warren은 동네를 "지리적으로 근접한 장소에 거주하고 있는 거주자들 전체의 사회조직"으로 정의한다.[7] 앤서니 다운스Anthony Downs는 "특정한 사회적 관계가 존재하는 지리적 단위"라고 정의한다.[8] 샌드라 숀버그Sandra Schoenberg는 동네의 본질적 의미를 구성하는 특성을 "통상적으로 지정된 경계, 해당 구역과 동일시되는 하나 이상의 시설, 공유하고 있는 공공공간이나 사회연결망에서의 하나 이상의 연줄"이라고 구체화한다.[9]

위의 정의 모두 몇 가지 장점이 있지만 단점 또한 있다. 이들 정의는 동네를 공간적으로 경계 짓는 데 있어 (명시되지 않은 경우) 한정적인 정도를 상정하거나 또는 적어도 해당 공간 내에서 사회적 상호관계의 최소 수준을 상정한다. 더구나 이 정의들은 거주자, 주택 소유자, 공무원, 투자자 등의 관점에서 동네의 품질과 만족도에 분명히 영향을 미치는 로컬 주거환경의 수많은 특징을 전적으로 과소평가하거나 간과하고 있다.

나는 동네를 다음과 같이 정의함으로써 더 잘 이해할 수 있다고 믿는다.

> 동네는 종종 다른 토지이용과 결합되어 있으면서 점유 거주지들의 근접 군집과 결부되어 있는 공간 기반 속성들의 묶음이다.

이 정의는 켈빈 랭카스터Kelvin Lancaster의 연구에 그 지적 연원을 두고 있는데, 그는 (때로는 추상적이지만) 보다 단순한 재화로 구성되어 있는 하나의 다차원적 묶음으로서의 복합상품complex commodity에 대한 개념을 독창적으로 고안해냈다.[10] 여기서 '동네'라는 복합상품을 구성하고 있는 공간 기반 속성들은 다음과 같이 (시간과 공간에 걸쳐 폭넓고 다양한 수준으로) 구성된다.

- 주거용 건물 및 비주거용 건물의 구조적 속성: 유형, 규모, 재료, 설계, 수리 상태, 밀도, 조경 등
- 기반시설 속성: 도로, 보도, 가로경관, 전기·가스·상하수도 서비스 등
- 전체 거주자의 인구학적 속성: 연령 분포, 가족 구성, 인종·민족·종교 집단의 혼합 등
- 전체 거주자의 계층적 지위 속성: 소득, 직업, 교육 구성
- 세금 및 공공서비스 패키지 속성: 과세된 지방세와 관련한 방범, 공립학교, 공공행정, 공원 및 레크리에이션 등의 품질
- 환경적 속성: 토지, 공기, 물, 소음 공해, 지형적 특징, 조망 등
- 근접성 속성: 거리 및 이용 가능한 교통 기반시설에 영향을 받는 요인으로서 고용, 엔터테인먼트, 쇼핑 등 주요 목적지까지의 접근성
- 정치적 속성: 로컬 정치 네트워크가 동원되는 정도, 공간적으로 뿌리 내린 소통 수단이나 선출된 대표자를 통해 로컬 문제에 거주자들이 영향력을 행사하는 정도[11]
- 사회적 상호작용 속성: 동네 안팎의 네트워크, 가구 간 친밀성 정도, 대인관계의 유형 및 질, 거주자들이 지각하는 공통성, 로컬에 기반하고 있는 자발적 결사체에의 참여, 사회화 및 사회 통제력의 강도 등[12]
- 정서적 속성: 장소에 대해 거주자들이 가지고 있는 일체감, 건축물 또는 구역의 역사적 중요성 등

동네라는 묶음을 구성하고 있는 이와 같은 속성들을 하나로 묶는 특징은 공간적으로 기초spatially based되어 있다는 것이다. 어떤 속성이 지니고 있는 특성은 특정 위치location를 구체적으로 명시한 후에야 관찰되고 측정될 수 있다. 이것은 동네가 어떤 속성에 있어서 동질적이라는 것이 아니라 일단 공간이 임의

로 경계 지어지면 분포나 특성을 확인할 수 있다는 것을 의미한다. 더욱이 속성이 공간적으로 기초되어 있다고 말하는 것은 그 속성이 본질적으로 지리공간과 결부되어 있다는 것을 의미하지는 않는다. 일부 속성(기반시설, 지형, 건물 등)은 그렇지만, 다른 일부 속성은 일단 개인들이 공간을 점유하면 순전히 집계적으로 자신들의 집합적 속성을 해당 공간에 부여하는 개인들과 관련되어 있다. 해당 공간이 지니고 있는 이와 같은 보다 일시적인 측면은 동어반복적으로 거주자들(즉, 계층적 지위 특성과 인구학적 특성), 거주자들의 행동(즉, 정치적 특성과 사회적 상호작용 특성), 거주자들의 정서적 애착(즉, 감정적 특성) 등과 관계될 수 있다.

나는 앞에서 언급한 속성들 대부분이 대체로 모든 동네에서 최소한 어느 정도 존재하지만, 구성 속성의 양과 구성 상태가 국가마다 다른 것은 말할 것도 없고 일반적으로 하나의 대도시 지역 내에 있는 동네들 전체에 걸쳐서도 극적으로 다르다는 것을 강조한다. 내가 보기에, 모든 상황에서 동네를 정의하는 단 하나의 필요충분 특성은 '점유 거주지들의 근접 군집'이며, 다른 모든 속성들은 정도에 따라 다를 것이다. 이것은 동네가 구체화하고 있는 속성 패키지에 기초하여 동네를 유형 및 품질에 따라 명확하게 범주화할 수 있음을 암시한다. 물론 이것은 사회지역분석social area analysis의 기본 원리이다.[13] 하지만 나는 그와 같은 전형적인 생각과는 달리 인구학적으로 관련된 속성 및 지위와 관련된 속성의 범위를 넘어 동네를 분류할 수 있는 차원을 확장한다. 핵심 의사결정자들은 해당 공간에 투자하거나 해당 공간으로 이주해 오기 전에 인구학적 속성과 지위 속성 그 이상을 평가하기 때문에, 동네변화를 보다 완전히 이해하고자 한다면 이와 같은 확장이 필요하다.

우리는 물론 상품을 소비하며, 이러한 의미에서 동네도 예외는 아니다. 가구, 주택 소유자, 사업체, 로컬정부 등 네 가지 유형의 이용자들은 동네를 소비함으로써 잠재적으로 편익을 얻는다.[14] 가구들은 주거단위를 점유하고 주변에 있는 사적공간과 공공공간을 이용하는 행위를 통해 동네를 소비함으로써, 주거생활에 대해 어느 정도의 만족감이나 품질을 향유한다. 주거용 주택의 소유자는 해당 위치에서 소유하고 있는 토지와 건물로부터 임대료나 자본이득capital gains을 얻어냄으로써 동네를 소비한다. 사업체는 (상점, 사무실, 공장 등) 비주거용 건축물을 점유하는 행위를 통해 동네를 소비하고, 이를 통해 해당 장소와 관련된 순수입이나 이윤의 특정한 흐름을 얻는다. 로컬정부는 일반적으로 주거용 및 비주거용 부동산에 대한 평가가치에 기초하여 소유자로부터 조세 수입을 얻어냄으로써 동네를 소비하며, 대개 거주자가 지출하는 로컬 소득과 판매세를 통해 동네를 소비한다.

동네는 또한 단순한 소비의 장이 아니라 생산의 장이다. 가장 일상적으로 사용하는 의미에서, 동네는 (대개 로컬 소매 및 상업 부문에서) 고용 장소를 보통 포함하고 있다. '재택근무 사무실' 또한 점점 더 동네에 기반을 둔 생산의 중요한 차원이 되어가고 있다. 물론 학자들은 해당 주택과 그것을 둘러싸고 있는 동네가 거의 틀림없이 모든 것들 중에서 가장 중요한 생산적 활동 — 아이, 청소년, 그리고 성년 초반인 사람이 부모의 품을 떠나기 전에 건강하고 전인격적으로 성장하는 것 — 에 핵심적인 환경이라고 오랫동안 이해해 왔다. 제9장에서 나는 동네가 어떻게 다음 세대를 만드는 데 도움이 되는지에 관해 핵심적으로 중요한 측면을 탐구할 것이다.

동네에는 경계가 있는가

일단 하나의 공간이 임의로 특정되면 공간 기반 속성들을 우리가 명확하게 측정할 수 있다는 사실이 동네가 모호하지 않은 공간적 특성을 지니고 있음을 암시하는 것은 아니다. 동일 공간 규모들 내에서 모든 속성이 균일하게 분포되어 있고 그리고 이 공간 규모들이 크기와 형태가 합치된 경계선으로 구별될 수 있다면, 하나의 동네가 끝나고 다른 동네가 시작되는 장소(이를테면 해당 속성 묶음에 있는 개개의 속성이 바뀐 장소)는 지리적으로 모호하지 않게 표시될 수 있다. 하지만 속성은 종종 지리적 규모에 따라 다르게 나타나며 이러한 지리적 규모는 속성들 간에 매우 다르다. 예를 들어, 건축물의 특성과 거주자의 특성은 수백 피트 너머에서 극적으로 다를 수 있지만, 공립교육의 품질은 초등학교 입학 구역마다 다를 수 있으며, 대기 질은 대도시의 방대한 지역 전체에 걸쳐 사실상 일정할 수 있다.

그러므로 내가 내린 정의는 20세기의 수많은 동네 연구가 추구했던 간절한 희망, 즉 도시 동네에 대해 모호하지 않고 의미 있으며 대체로 사람들이 동의하는 경계를 설정하는 것으로 이어지지는 않는다. 그와 반대로, 내 정의는 어떤 특정 위치는 해당 위치의 속성 묶음이 지닌 서로 다른 각 구성요소와 관련된 서로 다른 수준의 공간적 위계(그리고 잠재적 경계)로 공간에 내포되어 있는 특성들과 관련되어 있음을 시사한다. 따라서 가구, 투자자, 학자들이 특정 동네의 관심 속성에 따라 또는 자신들의 의사결정에 가장 중요한 동네 속성에 따라(또는 같은 뜻으로 동네 유형 분류에 따라) 대도시 공간을 다르게 분석하는 것도 당연하다.[15]

이것이 지닌 함의는 동네에 관한 다층적인 공간적 관점을 제시하고 있는 제럴드 서틀스Gerald Suttles의 개념화와 일치한다.[16] 서틀스는 도시의 가구들은 '동네'의 네 가지 규모를 식별할 수 있다고 주장했다. 가장 작은 규모는 블록면block face인데, 이는 부모가 아무런 감시 없이 아이들이 놀 수 있도록 하는 구역이다. 둘째 수준은 '방어적 동네defended neighborhood'인데, 이는 상호 대립 또는 다른 구역과의 대비를 통해 정의되는 것으로, 공동의 정체성을 가진 가장 작은 구역이다. 셋째 수준인 '유한책임 커뮤니티community of limited liability'는 전형적으로 개인의 사회참여가 선택적이고 자발적인 일부 로컬정부기구의 구역으로 구성된다. 동네의 가장 높은 지리적 단계인 '확장된 유한책임 커뮤니티expanded community of limited liability'는 해당 도시 전체 부문이다.[17] 뒤이은 가구조사 결과에 따르면, 거주자들은 동네의 공간적 수준에 대해 뚜렷하게 인지하는 것으로 나타났는데, 이는 서틀스의 이론과 밀접하게 일치한다.[18] 내가 내린 정의의 맥락에서 나는 거주자들이 동네 속성들에 대해 뚜렷이 구별되는 몇 개의 군집을 지각하고 있으며, 각 군집 내에서 해당 속성들은 대략적으로 합치된 공간들에 걸쳐 동일 해당 규모에서 서로 다르다는 것을 시사하는 것으로 앞에서 말한 내용을 해석한다.

더욱이 이 책의 목적인 동네변화의 이론이나 예측모형을 구성하는 데 있어서 가장 중요한 것은 바로 동네 경계에 대한 이러한 지각perceptions이다. 제3장에서 더 자세히 설명하겠지만, 인적 자원과 재정적 자원의 흐름은 동네를 구성하는 속성들의 저량stock을 만들어내며, 이 흐름은 핵심 행위자들의 지각에 의해 좌우될 것이다. 핵심 행위자들이 자신의 자원 흐름을 어느 정도로 수정할 것인지는 자신이 지각한 동네 경계 설정 내에서 자신과 특별히 관련된 속성들이 변화되었거나 변화되려 한다는 것을 지각하는지 여부에 달려 있을 것이다.

동네에 대해 내가 내린 정의는 동네 외부효과 공간neighborhood externality space의 측면에서 행태적으로 의미 있는 동네에 대한 보완적 설명을 뒷받침한다. 나는 개인의 외부효과 공간을 앞에서 언급한 하나 이상의 공간 기반 속성에 있어서 다른 행위자들(사람, 기관, 정부, 자연 등과 같은)이 일으킨 변화가 후생을 변화시키는 것으로 지각되는 해당 지리적 구역(해당 개인의 거주지나 주택을 포함)으로 정의한다. 이러한 후생(사용가치 및 심리적 또는 재정적 편익)은 해당 개인이 거주하고 있거나 주택을 소유하고 있는 특정 위치에서 비롯된다.[19] 이들 외부효과 공간에는 잠재적으로 정량화될 수 있는 세 가지 차원이 있다.

- **합치성**congruence: 행정 담당자가 설정한 지리적 경계처럼, 한 개인의 여러 외부효과 공간들이 사전에 결정된 특정의 지리적 경계들과 상응하는 정도
- **일반성**generality: 서로 다른 공간 기반 속성들에 대해 한 개인의 여러 외부효과 공간들이 지리적으로 상응하는 정도
- **부합성**accordance: 가까이 있는 서로 다른 개인들에 대해 외부효과 공간들이 지리적으로 상응하는 정도

다음 절에서 나는 이 세 가지 차원을 보다 엄밀하게 전개하고 그림을 이용하여 설명한다. 나는 동네를 외부효과 공간으로 체계화하여 설명하는데, 가까이에서 공간 기반 행위를 통해 특정 개인의 후생에 영향을 미치는 **타인들**에게 초점을 맞춘다는 것에 우선 주목한다. 그렇게 함으로써 나는 문제의 해당 개인이 동네를 형성하는 데 아무런 개인적 효능을 지니고 있지 않다고 암시하는 것은 아니다. 대신에 나는 다중적인 측면에서 동네를 측정하기 위해서는 타인들이 만들어내는 외부효과에 초점을 맞추는 것이 유용하다고 주장한다. 더욱이 나는 해당 개인이 경우에 따라 사회적 상호작용, 집합규범, 다른 사회적 과정 등으로 인해 가까이 있는 타인들의 행동에 영향을 미칠 수 있다는 것을 인정한다. 그럼에도 불구하고, 아래에서 자세히 설명하는 바와 같이, 나는 개인들이 스스로 만든 것이 아닌 외부 자극에 어떻게 반응하는지를 관찰하는 과정에서 동네의 핵심 차원들이 밝혀질 것이라고 믿는다.

외부효과 공간으로서의 동네

여기서 나의 목적은 이를테면 동네 거주자이면서 투자자인 사람들의 지각에 기초한 '실재론적realist'[20] 동네를 새롭게 개념화하여 보여주는 것이다.[21] 나는 개인의 지각들을 집계하여 이들 지각에서의 차이를 정량화할 수 있는 알고리즘을 개발한다. 마지막으로, 나는 이들 개념화와 알고리즘으로부터 뒤따르는 경험적 조사에 기초하여 동네를 조작적으로 그리고 지리적으로 어떻게 명확히 지정할 수 있는지 제안한다. 조작적 명세화는 결과적으로 이론가와 정책결정자 모두에게 관심 있는 가설을 검정하기 위한 많은 새로운 가능성을 열어준다. 다시 말해, 정량화할 수 있고 직접적인 맥락 변화에 대한 행태적 반응을 더 잘 이해할 수 있는 동네 개념을 도출하기 위해 나는 지각적 차원과 공간적 차원을 명시적으로 연결하고자 하며, 그와 같은 맥락적 변화는 결과적으로 동네의 인구학적 속성과 물리적 속성에 있어서 집계적 변화를 만들어낸다.

동네에 대한 나의 접근방식이 이전의 시도들과 근본적으로 다른 점은 연역적이라기보다는 귀납적이라는 데 있다. 이를테면, 지각적으로 의미 있는 방식으로 동네를 명세화하려는 이전의 시도들은 이론적 구성개념으로부터 동네의 지리적 경계를 정확하게 연역할 수 없어서 실패했다. 나는 그와 같은 연역적 접근은 본질적으로 아무런 소용이 없다고 믿는다. 오히려 동네에 대한 이론적 개념화를 의미 있게 함으로써 동네의 지리적 경계 자체가 종속변수가 되는 경험적 검정의 토대를 마련한다. 이러한 방식을 통해 우리는 그와 같은 경계가 존재하는지에 대한 질문을 회피하는 것이 아니다. 오히려 동네의 지리적 경계는 귀납적으로 검정할 수 있는 가설의 대상이 된다. 바로 여기서 동네에 대한 앞에서의 개념적 관점이 작동하기 시작한다. 왜냐하면 한 지역에서 개인들의 지각에 잠재적으로 영향을 미침으로써 동네에 대한 생태학적 관점들 간에 다양한 정도의 일치를 만들어내는 것은 정확히 로컬의 사회적 상호작용, 문화, 정서, 상징 등과 같은 특성이기 때문이다.

나는 동네를 존재하거나 존재하지 않는 일차원적이고 이분법적인 실체로 보지 않는다. 오히려 나는 동네를 집계적으로 정량화할 수 있는 변수로 본다. 합치성, 일반성, 부합성이라는 세 가지 차원은 각각에 있어서 등간 척도interval scales에 따라 그 크기가 측정될 수 있다. 다시 말해, 어떤 구체적인 차원의 동네에 대해 우리는 '해당 동네가 존재하는지' 아니면 '존재하지 않는지'를 고려하는 것이 아니라, 대신에 어떤 특정한 지리공간상에 해당 동네가 존재하는 정도를 고려하는 것이다.[22] 다음 절에서 나는 개인의 외부효과 공간이라는 관념이 어떻게 동네 개념에 대한 기초가 되는지 그리고 동네의 세 가지 차원이 어떻게 측정될 수 있는지를 설명한다.

외부효과 공간의 차원을 개념화하고 측정하기

해당 도시에 위치하고 있는 거주자나 주택 소유자로서의 특정 개인의 관점에서 (위에서 정의하는 것처럼) 맞춤형으로 외부효과 공간을 구체적으로 지정할 수 있다. 이러한 명세화는 특정 변화가 중요한 것으로 지각되고 판단되는 공간에 주의를 기울인다. 다시 말해, 그러한 공간은 개인의 주거환경 품질에 변화를 암시하는 자극이 동네변화에 대한 중요한 행동 반응들, 예컨대 다른 곳으로의 이주, 주택 유지관리의 변화, 주택의 판매, 사회적 상호작용의 양, 유형, 자취의 변경 등에 (충분조건은 아니지만) 필요조건을 제공하는 공간이다. 여기서 변화는 개인에게 외적인external 타인들의 행위로 인해 발생하는 것으로 구체화된다. 이러한 변화는 해당 개인과 타인 사이의 직접적인 시장 거래의 결과 또는 사회적 거래의 결과가 아니다.[23] 나는 개인에게 일어나는 외생적인 변화에 초점을 맞추고 있는데, 왜냐하면 동네변화로 이어지는 그와 같은 외부 자극에 대한 개인의 행동 반응을 분석하고 예측하는 도구로 이러한 설명 방식을 궁극적으로 이용하기 때문이다.[24] 우리는 원칙적으로 모든 종류의 외부효과를 고려할 수 있다. 예를 들어, 블록 공터에 공공 놀이터를 짓거나, 옆집에 다른 인종의 사람이 이사를 오거나, 네 블록 떨어진 곳에 소각장을 새로 건설하거나, 가까운 친구 몇 명이 동네 밖으로 이사 가는 상황을 고려할 수 있다.

개인의 외부효과 공간이 지닌 지리적 경계는 해당 외부효과, 해당 개인의 신념과 태도, 가까이 있는 타인과의 로컬 사회연결망, 일상 통행의 공간적 패턴 등에 대해 더 잘 이해하고 나서야 보다 정확하게 명시될 수 있다. 다시 말해, 외부효과 공간은 개인들이 특정 외부효과를 어떻게 평가하는지, 그들의 동료가 해당 외부효과를 어떻게 평가하는지, 개인이 외부효과의 존재를 일차적으로 직접적 관찰을 통해 인지하는지 아니면 간접적으로 대인 커뮤니케이션을 통해 인지하는지 등의 함수이다.[25] 제5장에서 나는 사람들이 동네에 대한 정보를 어떻게 얻는지에 대해 훨씬 더 깊이 살펴볼 것이다.

우선, 쓰레기의 외부효과를 예로 들어보자. 인근 블록에 쓰레기가 있다면 사람들은 그 사실을 바로 알아차리지 못하거나 신경 쓰지 않을 수 있다. 하지만 쓰레기가 자신의 블록에 있다면 그렇지 않을 가능성이 더 크다. 이 경우 쓰레기에 대한 개인의 외부효과 공간은 블록면으로 구성될 것이다. 이와 비슷하게, 해당 개인이 사회경제적 지위가 낮은 가구의 이주에 대해 민감하게 느끼는 외부효과 공간은 아마 훨씬 더 넓을 것이다. 새로운 쇼핑센터나 공공시설에 대한 외부효과 공간은 훨씬 더 광범위할 수도 있다.[26]

물론 어떤 외부효과가 정확히 언제 주거후생이나 주거용 부동산에 대한 투자 수익에 영향을 미치는 것으로 지각되고 평가될 것인지는 관찰자의 특성에 달려 있다. 예를 들어, 노년 가구, 여성 가구주 가구, 아이가 있는 가구 등은 강력범죄가 가까이에 있다는 데 상대적으로 더 민감할 수 있다. 마찬가지로, 편견이 심한 백인은 관대한 백인보다 새로 이사 온 흑인 거주자에 대해 더 큰 외부효과 공간을 가질 것이다.

거주가구(임차인과 자가소유자 모두)의 경우, 외부효과 공간은 또한 주변 지역의 사회적 특성으로부터 영향을 받을 수 있다. 공간의 사회적 차원 그 자체가 외부효과의 원천일 수 있지만, 공간의 사회적 차원은 또한 개인이 해당 공간에서 특정한 물리적, 인구학적, 사회상호작용적 외부효과를 지각할 가능성에 영향을 미칠 수 있으며, 개인이 그 결과를 평가하는 방식에도 영향을 미칠 수 있다. 예를 들어, 어떤 사람이 공간적으로 밀집된 사회연결망(이를테면 전통적인 소수민족 집단거주지ethnic enclave) 안에 깊숙이 뿌리내리고 있다면, 그 사람은 직접적인 관찰을 통해 지각되지 않았을 수도 있는 공간상에서의 사건들에 대한 많은 간접적인 정보와 해석에 노출될 것이다. 지각된 정보에 대한 개인의 평가 또한 로컬의 사회적 환경에서 일어나는 문화변용acculturation에 따라 달라질 수 있다. 예를 들어, 전문직 지위의 거주자들 사이에서 오랫동안 거주해 왔던 사람은 이를테면 토지이용의 엄격한 분리처럼 '제자리에 있는 모든 것'을 중요시하는 쪽을 더 호의적으로 생각할 수 있다. 따라서 이 사람은 가까이 있는 노동자 계층 거주자들의 가치가 주입된 사람보다 비주거용 토지이용에 대해 공간적으로 더 광범위한 지각적 경계perceptual boundary를 구체적으로 명시할 수 있다. 후자의 이러한 고려사항은 '상징적 공동체symbolic communities'라는 제목하에 포함될 수 있다.[27] 제5장에서 나는 동네의 사회적 상호작용 맥락이 어떻게 거주자의 정보 획득과 평가에 영향을 미치는지에 대해 포괄적 모형을 이용하여 보다 완전하게 분석할 것이다.

그림 2.1은 당면한 쟁점 및 내가 제안한 해답을 예시하는 데 도움이 될 공간

그림 2.1 | **공식 경계 및 두 거주자의 외부효과 공간을 나타낸 가상의 동네**

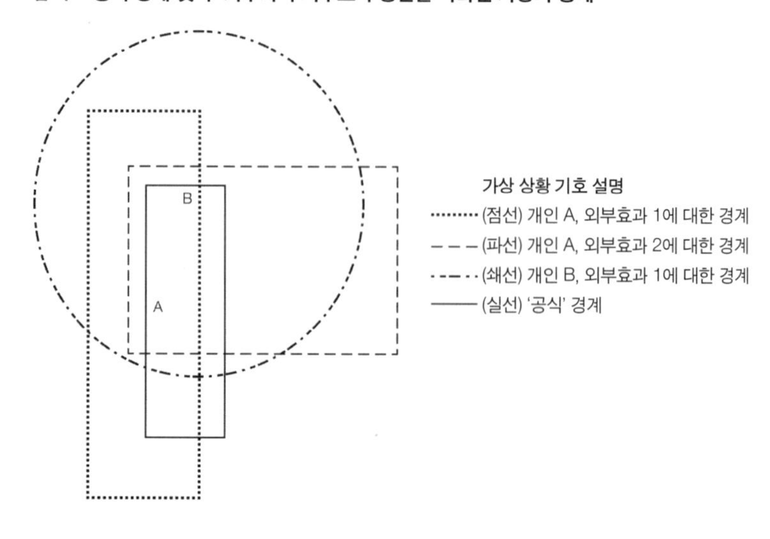

적 배치에 관한 단순화된 가상의 그림을 보여준다. 그림 2.1은 실선의 직사각형으로 정의된 (인구총조사 집계구census tract 같은) 공식적으로 지정된 동네 내의 가까운 위치에 거주하거나 주택을 소유하고 있는 두 사람(가구이거나 주택 소유자일 수 있는 A와 B)을 보여준다. 특정 외부효과의 발생원(#1)에 대한 개인 A의 외부효과 공간은 점선의 직사각형으로 표시되며, 동일 외부효과에 대해 상응하는 개인 B의 공간은 쇄선의 원으로 표시된다. 다른 외부효과(#2)에 대한 개인 A의 외부효과 공간은 파선의 직사각형으로 그려진다. 그림 2.1은 동네의 경계를 정의하는 데 있어서 위에서 논의한 해결 과제를 보여준다. 두 명의 해당 개인은 외부효과 #1이 발생하고 있을 때 자신들이 관련 '동네'라고 여기는 구역에 대해 동일한 지각을 공유하지 않는다. 이 두 공간 모두 행정적으로 정의된 공식적인 동네 경계와 완전히 일치하지는 않는다. 마지막으로, 개인 B는 동일 동네를 모든 맥락에 대해 동일한 방식으로 정의하지는 않는다.

나는 지금부터 개인의(이를테면, 거주자나 주택 소유자의) 외부효과 공간에 대한 세 가지 차원인 합치성, 일반성, 부합성을 측정하는 방법에 대해 보다 자세히 설명하고자 한다.[28] 여기서 나는 단순화된 그림 예시를 통해 이 척도들을 직관적으로heuristically 설명하고, 이 장의 부록에서 각 용어에 대해 보다 수리적이고 정확한 식을 제시한다. 개인적 차원에서의 **합치성**이란 특정 외부효과의 외부효과 공간에 대해 주택 소유자나 거주자의 지각적 경계선이 가로, 지형 특징, 관료적 명령 등에 의해 사전적으로 정의된 어떤 지리적 경계선들 ― 해당 개인이 결부되어 있는 주택을 포함하고 있으면서 명확하게 경계 지어진 공간에 대한 윤곽선을 그리는 ― 과 상응하는 정도를 말한다.[29] 이러한 상응의 정도는 이 두 공간이 겹치는 면적과 이 두 공간이 망라하는 (중복 계산하지 않은) 총면적의 비로 정량화할 수 있다. 집합 용어로 설명하면, 이 두 집합의 교집합과 합집합의 비로 개인의 합치성을 표현할 수 있다. 이 척도의 범위는 (구역이 중첩되지 않을 경우) 최소 0부터 (구역이 완전히 중첩될 경우) 최대 1까지이다.

그림 2.1에서 묘사된 가상의 상황을 이용하여 그림으로 합치성을 설명할 수도 있다. 그림 2.2에서 시각적으로 묘사되는 것처럼, 개인 A의 합치성 척도는 (중복 계산하지 않은) 이 두 공간의 영향 범위에 포괄되는 면적에 대한 이 두 공간이 중첩되어 있는 면적(빗금 그어진 구역의 면적)의 비로 표현될 수 있다.

둘째 개인적 차원인 **일반성**은 개인의 외부효과 공간들이 여러 다른 외부효과들에 걸쳐 상응하는 정도를 의미한다. 일반성 차원을 측정하는 것은 합치성 차원을 측정하는 것과 직관적으로 비슷하다. 일반성이란 (중복을 제외한) 외부효과 조합의 모든 가능한 순열에 대해, 여러 다양한 잠재적 외부효과로 구체화된 외부효과 공간의 쌍들 전체의 영향 범위 면적에 대한 중첩된 면적의 평균 비를 말한다. 일반성은 (외부효과 공간 간 중첩이 전혀 없는 경우) 최소 0부터 (해당 개인에 대한 모든 외부효과에 걸쳐 지각적 공간이 동일한 경우) 최대 1의 값을 가진

그림 2.2 | **합치성 예시**

외부효과 1에 대한 개인 A의 합치성 대 '공식' 구역

합치성 = 두 구역을 합친 전체 영향 범위의 면적
대비 빗금 그어진 구역의 면적 비

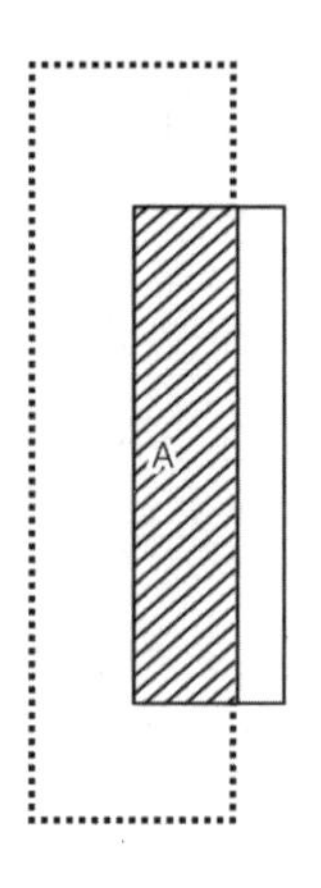

그림 2.3 | **일반성 예시**

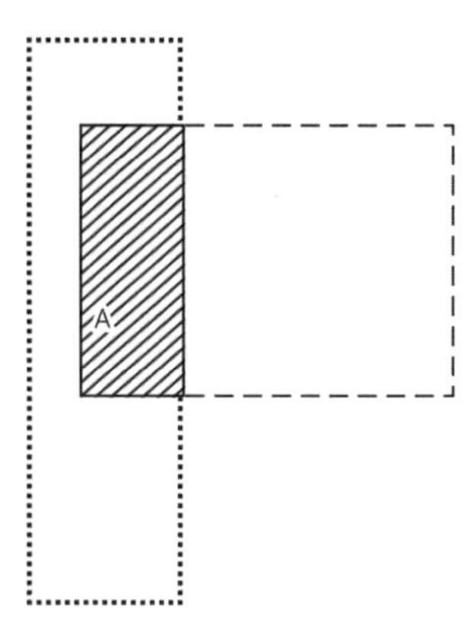

외부효과 1과 2에 대한 개인 A의 일반성

일반성 = 두 구역을 합친 전체 영향 범위의 면적
대비 빗금 그어진 구역의 면적 비

다. 그림 2.3은 일반성 척도를 그림으로 보여준다. 개인 A에 대한 외부효과 1과 2의 일반성은 두 공간이 포괄하는 영향 범위의 면적에 대한 빗금 그어진 구역의 면적 비이다.

셋째 차원은 부합성으로, 특정 외부효과에 대한 모든 관련 개인의 외부효과 공간들이 겹치는 정도를 말한다. 위의 척도들과 마찬가지로, 두 개인의 외부효

그림 2.4 | **부합성 예시**

외부효과 1에 대한 개인 A와 B의 부합성

부합성 = 두 구역을 합친 전체 영향 범위의 면적
대비 빗금 그어진 구역의 면적 비

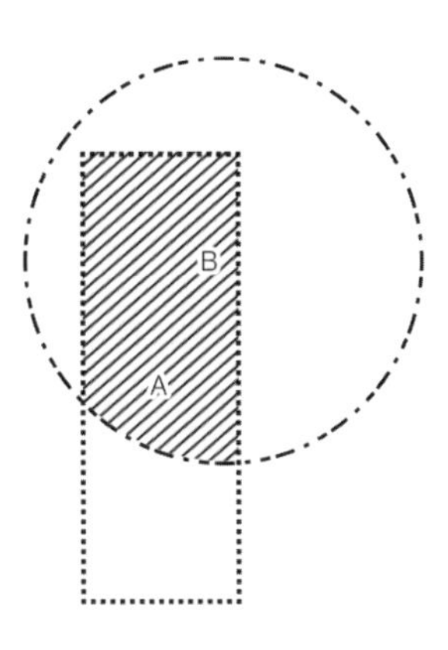

과 공간들이 조합되어 있는 영향 범위의 면적에 대한 중첩되어 있는 구역의 면적 비로 정의할 수 있다. 두 명 이상의 개인에 대한 부합성은 모든 개인들 전체에 걸쳐 그리고 중복되지 않은 이들 비교쌍의 모든 순열 전체에 걸쳐 이들 비의 평균이다. 부합성은 그림 2.4를 이용하여 시각적으로도 설명될 수 있는데, 영향 범위의 면적에 대한 빗금 그어진 구역의 면적 비이다.

자신의 동네에 대해 사람들이 지니고 있는 심상지도mental map에 차이가 있다는 것을 설명할 수 있는 방법이 없기 때문에, 이전 연구들에서는 동네에 대해 지리적으로 조작화한 정의가 일반적으로 모호하게 표현되어 왔는데, 바로 여기서 동네에 대한 개인의 지각들이 개인들을 공간적으로 묶는 것을 통해 집계된다. 이러한 문제는 다음 질문에 초점을 맞춤으로써 피할 수 있다. 동네는 특정 차원에 대해 어느 정도까지 특정 장소에 존재하는가? 이러한 대안적인 초점은 동시에 동네를 집단 수준에서 정의하고 측정하기 위한 기초를 제공한다. 이와 같은 분석은 앞에서 소개한 세 가지 차원인 합치성, 일반성, 부합성 등에 대한 개별 척도를 집계aggregation하는 것을 중심으로 전개될 것이다. 이들 개념을 이용하여 보다 집계적으로 상응하는 기술어를 만드는 일은 개념적으로 복잡하지 않다. 조사 대상인 장소에 거주하고 있거나 주택을 소유하고 있는 다수의 개인 간에 중첩되어 있는 외부효과 공간들에 대해 그 비교쌍들의 평균을 간단히 계산할 수 있으며, 이는 해당 조사에서의 척도와 목적에 비춰 적절한 것으로 볼 수 있다. 이 집계 척도들은 해당 구역에서 (1) 거주자들이 지각한 외부효과 공간이 공식적인 동네 경계에 어느 정도 상응하는지, (2) 거주자들이 모든 외부효과에 대해 동일한 공간을 어느 정도 지각하는지, (3) 특정 외부효과가 영향을 미치는 공간에 대한 거주자들의 지각이 어느 정도 비슷한지를 엄격하게 계량화된 방식으로 말해줄 수 있다.

동네 차원의 측정에 관한 단순화된 예시

지금까지 나는 경험이나 직관을 통해 발견적heuristic이며 시각적인 표현을 이용하여 합치성, 일반성, 부합성 등의 개념을 설명했다. 여기서 나는 거주자나 소유자의 외부효과 공간에 대한 정보를 우리가 얻었을 때, 동네의 세 가지 차원을 집합적으로 어떻게 측정할 수 있는지에 대한 앞의 요점을 보여주는 숫자로 표현된 단순화된 예시를 통해 보충 설명한다. 그림 2.5에 묘사된 가상의 상황을 고려해 보자. 위치 A와 B에 살고 있는 두 거주자는 공식적으로 정의된 동네(실선 경계)에 거주하고 있으며, 그 면적은 189(=7×27, 단위: 100피트)이다. 너무 복잡하지 않게 그리기 위해 나는 단지 세 개의 외부효과 공간만 제시한다. 외부효과 1에 관한 한 거주자 A와 B는 면적 300(=10×30)의 직사각형(점선 경계)으로 표시된 하나의 동일한 외부효과 공간을 공유하고 있다. 거주자 A와 B는 외부효과 2가 영향을 미치는 공간들을 서로 다르게 지각하고 있는데, 거주자 A는 면적 240(=10×24)의 직사각형(파선 경계)을, 거주자 B는 면적

그림 2.5 | **동네의 집계적 합치성, 집계적 일반성, 집계적 부합성에 대한 측정 예시**

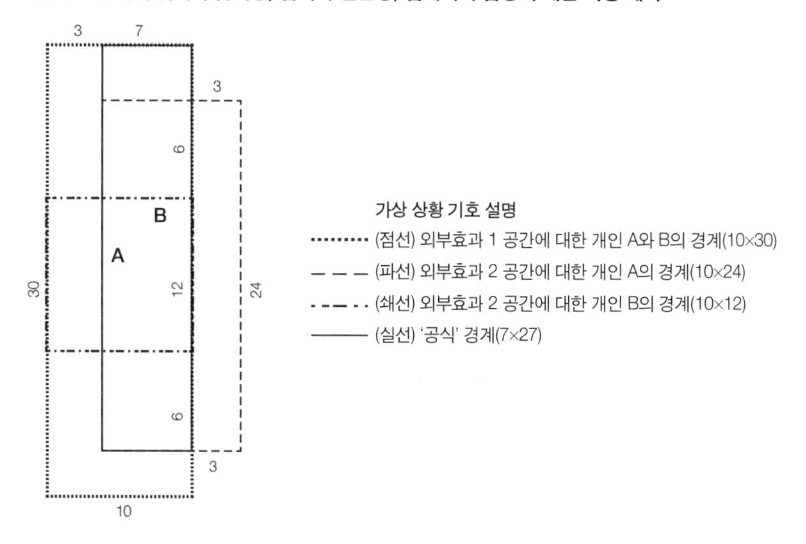

주: A, B는 두 거주자의 위치이며, 숫자는 경계/선분의 길이(단위: 100피트)를 나타냄

120(=10×12)의 직사각형(쇄선 경계)을 외부효과 공간으로 지각한다.

우선 개인 A와 B가 지각하는 (동일) 외부효과 1의 공간과 공식적 동네 간 합치성 측면에서, 중첩 공간은 정확하게 직사각형 모양의 공식적으로 정의된 동네(면적=189)이다. 따라서 두 개인 모두에 대해 외부효과 1에 대한 개인적 합치도는 0.63(=189/300)이다. 개인 A가 외부효과 2의 공간과 갖는 합치도는 0.64이며, 이는 두 공간의 영향 범위의 면적(261=189+[3×24])에 대한 두 공간의 중첩 면적(168=7×24)의 비이다. 개인 B가 외부효과 2의 공간과 갖는 합치도는 0.37로, 이는 두 공간의 영향 범위의 면적(225=189+[3×12])에 대한 두 공간의 중첩 면적(84=7×12)의 비이다. 이 예에서 모든 거주자와 외부효과 유형 전체에 걸쳐 집계적 합치성의 값은 0.57(=[0.63+0.36+0.64+0.37]/4)로서, 개인 수준에서의 네 개 측정값의 평균이다. 있는 그대로 해석하자면, 공식적으로 정의된 동네의 절반보다 약간 더 큰 면적이 해당 장소의 거주자들이 지각하는 외부효과 공간들과 겹친다는 것이다. 이것이 암시하는 바는, 공식적 동네의 거주자들을 예측하거나 영향을 미치는 데 관심이 있을지 모르는 연구자, 계획가, 정책결정자들은 자신들의 공간적 초점을 다른 지리공간에 맞추는 것이 나을 수 있다는 것이다.

위의 예시에 대한 일반성을 계산하는 데 있어서도 비슷하게 접근할 수 있다. 거주자 A의 경우 일반성은 0.45로, 두 외부효과 공간의 영향 범위를 합한 면적(372=300+[3×24])에 대한 두 외부효과 공간 사이의 중첩 면적(168=7×24)의 비이다. 거주자 B의 경우 일반성은 0.40으로, 두 외부효과 공간의 영향 범위를 합한 면적(300)에 대한 두 외부효과 공간 사이의 중첩 면적(120=10×12)의 비이다. 이 동네의 집계적 일반성은 0.425로, 개별 거주자들의 일반성 값의 평균이다. 이 집계 측정값이 말하는 바는, 이 동네의 평균적 거주자는 서로 다른 유형의 관련 외부효과가 영향을 미칠 수 있는 지각된 공간에 있어서 상당한 차이가 있다는 것인데, 이는 교차 외부효과cross-externality 공간의 절반보다 작은 면적이 공유되고 있기 때문이다.

마지막으로, 위의 예시에 대한 부합성도 계산할 수 있다. 거주자 A와 B는 외부효과 1에 대해 동일 공간들을 공유하고 있기 때문에, 해당 외부효과에 대한 부합성은 1이다. 외부효과 2의 경우 부합성은 0.61로, 외부효과 2의 공간들의 영향 범위를 합한 면적에 대한 거주자들이 공유하고 있는 외부효과 2의 공간의 면적(276=240+[3×12]) 비이다. 두 거주자를 평균하면 0.80의 값이 나오는데, 이는 이 동네에 대한 집계적 부합성의 값이다. 이것은 평균적으로 이 동네 거주자들이 자신들 구역의 80%를 공유하고 있는 어떤 특정 외부효과에 대한 공간을 구체적으로 명시하고 있다는 것을 의미하며, 자신들 동네에 영향을 미칠 수 있는 외부효과에 대해 상당히 동질적으로 지각하고 평가한다는 것을 시사한다.

합치성, 일반성, 부합성, 그리고 동네의 본질

이제 우리는 동네가 무엇을 의미하는지 새로운 방식으로 개념화하는 데 필요한 도구들을 가지고 있다. 외부효과 공간이라는 틀 속에서, 동네는 집계적 합치성, 집계적 일반성, 집계적 부합성 등으로 정의되고 측정된다. 각 차원은 특정 지각 집단(들) 및 지각되고 있는 외부효과(들)의 측면에서 결국 명세화될 수 있으며, 이는 연구자의 목표가 무엇이냐에 달려 있다. 일단 이와 같은 상황이 구체적으로 명시되면, 사전에 정의된 지리적 장소 또는 개인들의 집단과 관련되어 있는 동네는 집계적으로 합치성, 일반성, 부합성을 어느 정도 분명히 보여주고 있는지의 측면에서 고찰될 수 있다. 개인들이 속해 있는 사전에 결정된 공간 집합에 대해 만약 (명세화된 특정 외부효과에 대한) 집계적 부합성과 집계적 일반성이 높은 구역이 있다면, 이는 유의미한 동네가 존재할 뿐만 아니라 그 경계선이 개인들 간의 모호함이나 불일치 없이 정의될 수 있음을 암시한다. 하지만 만약 부합성과 일반성이 낮다면, 집합적으로 유의미한 어떤 공간적 동네도 해당 집단에 대해 존재하지 않는다고 우리는 결론지을 것이다. 사전에 결정된 지리적 구역 및 그 안에 있는 개인들에 대해 동네가 분명히 드러나는 정도는 집계적 합치성에 의해 주로 측정될 것이다.[30] 만약 집계적 합치성이 낮다면, 행정적으로 지정된 경계선이 개인들이 지각하는 공간으로서의 동네에 대해 좋은 대리도구가 되지 못한다고 우리는 결론지을 것이다.

외부효과 공간으로서의 동네 개념을 조작화하기

외부효과 공간의 존재

외부효과 공간은 동네를 명료하게 설명하는 데 중심적인 역할을 한다. 따라서 외부효과 공간은 단지 이론적 구성개념이 아니라 하나의 확립된 사실임을 인식하는 것이 중요하다. 제9장에서 상세히 논의하는 바와 같이, 통계적으로 정교한 모형화를 통해 주택시장이 그리고 함축적으로는 현재 및 장래의 거주자들과 주택 소유자들이 마치 외부효과 공간이 존재하는 것처럼 행동한다는 매우 일관되고 강력한 증거를 얻을 수 있다.[31] 이들 문헌에 따르면, 예를 들어 500피트 이내에서 주택이 압류되거나, 방치되거나, 아니면 공터를 활용한 신규건설 프로젝트가 완료될 경우, 주택의 가치(이를테면, 시장 행위자들의 가치평가의 자본화)가 실질적으로 영향을 받는다. 외부효과 발생원에서 퍼져나가는 공간은 3000피트까지 바깥으로 뻗어나갈 수 있다. 유감스럽게도, 이러한 연구들은 앞에서 상세히 기술한 동네의 측면을 측정하는 데 어느 정도까지만 우리를 안내해 줄 수 있을 뿐이다. 왜냐하면 이러한 연구들은 시장 전반의 평균값을 이용하며, 그림 2.1에서 개인 B의 외부효과 1의 공간으로 표현된 것과 같이, 추정된 외부효과 공간이 둥근 모양이라고 암묵적으로 가정하기 때문이다. 이와 같이, 이러한 연구들은 여러 차원에 놓여 있는 동네가 특정한 장소에 어느 정도까지 존재하는지 확인하는 데 필수적인 공간, 개인들, 방향 등에 걸쳐 그 잠재적 이질성을 파악하기 어렵게 한다.

외부효과 공간을 조사하기 위한 경험적 전략

이론적으로 분석한 바에 따르면, 경험적 연구와 계획의 목적에 유용하도록 동네의 개념을 조작적 척도로 바꾸는 방법은 개인들이 자신들의 외부효과 공간을 머릿속에서 어떻게 지도로 그리는지 경계선을 측정하는 것이다. 이와 같은 경험적 조사는 어떻게 수행될 수 있을까?

외부효과 공간 조사의 분석적 이유가 궁극적으로 무엇이냐에 따라, 우선 연구자는 초점을 맞출 사람들이 속해 있는 하나 이상의 특정 집단(들)뿐만 아니라 특정 외부효과(또는 다룰 수 있는 일부 외부효과)를 선택할 필요가 있다. 다시 말해, 동네 외부효과 공간의 성질을 검토 평가할 특정 차원(들)을 구체화해야 한다. 예를 들어, 초점의 범위가 좁은 연구에서는, 사회경제적 지위가 낮은 사람들이 가까운 이웃으로 이사 오는 것에 대해 특정 유형의 가구가 어떠한 행동 반응을 보이는지에 대해 탐색하는 것을 단지 원할 수 있다. 정반대로 보다 광범위한 도시계획 목적을 위해, 연구자는 거주자, 소유자, 부동산 중개업자, 금융기관 임원 등에 의해 지각된 토지이용·용도지역제를 통해 잠재적으로 규제될 수 있는 일단의 포괄적인 외부효과에 대한 보다 일반적인 동네의 특성에 관심이 있을지 모른다.

둘째, 좀 더 어려운 것으로, 연구자는 선택된 개인이 자신의 외부효과 공간(들)을 어떻게 지각하는지를 확인하여 이를 지도로 그릴 필요가 있을 것이다.[32] 여기에는 서베이를 주의 깊게 설계하여 시행하는 작업이 포함되는데, 이는 응답자들이 어떤 외부효과 발생원이 자신에게 영향을 미친다는 것을 어느 정도 거리에서부터 지각하기 시작하는지를 밝히기 위해서이다. 이러한 맥락에서, 가상의 대안적인 상황과 그러한 상황에서 응답자가 가질 것 같은 지각에 대해 질문하거나, 또는 존재하고 있는 특정 외부효과에 대한 실제 지각을 확인하여 응답자와 외부효과(들)의 구체적인 위치를 기록한 후 지각-거리 관계를 추론할 수 있다. 예를 들어, 연구자들은 백인들이 대안적으로 장래에 흑인 이웃이 가까이 있는 것에 대해 어떻게 평가할 것인지를 조사하기 위해 전자와 비슷한 기법을 오랫동안 사용해 왔다.[33] 전자의 접근방식이 가지는 잠재적 약점은 사회적 수용성 편향social acceptability bias이 가상의 상황에 대한 응답에 영향을 미치거나, 또는 응답자가 특정 상황에서 해당 외부효과를 지각하지 못할 경우 가상의 외부효과에 대한 평가는 실제 외부효과에 대한 평가와 일치하지 않을 수 있다는 것이다.[34] 이러한 점에서 후자의 접근방식이 더 낫다고 볼 수 있는데, 존재하고 있는 외부효과에 대해 연구자들이 현재의 지각과 평가를 재기록하기 때문이다. 후자의 접근방식이 가지는 단점은 분석의 범위가 해당 개인들 표본이 현재 지각하고 있는 일단의 외부효과로 제한된다는 것이다. 이들 일단의 외부효과는 지나치게 그 범위가 좁을 수 있으며, 심지어 해당 연구자가 특별히 관심을 가지는 외부효과조차도 어쩌면 배제될 수 있다.

둘째 단계에서 앞의 접근방식 중 어떤 방식을 이용하더라도 그 결과는 표집된 각 개인에 대한 각각의 외부효과 공간을 지도로 그리는 작업일 것이다. 개인들의 외부효과 공간에 대한 이러한 자료를 이용하여 흥미로운 사실을 보여주는 몇 가지 조사를 진행할 수 있다. 만약 연구자들이 자료가 수집된 공간상의 동네에 대해 행정적으로 지정된 특정한 경계선을 주어진 것으로 간주할 경우, 그들은 부록 식 5를 이용하여 각 동네에 대해 일반성에 관한 집계 척도를 계산할 수 있으며, 식 6 또는 식 7을 이용하여 부합성을 적절하게 측정할 수 있다. 하지만 가장 의미 있는 동네 경계선을 선험적으로 지정하고자 한다면, 그 목표는 조사 중인 구역을 망라적이며 상호 배제적으로 분석하고 해석하는 경계선을 지정함으로써, 그 결과 해당 동네들과 거기에 위치해 있는 개인들의 관련 외부효과 공간 사이의 전반적인 합치성의 정도를 극대화하는 것이다. 연구자는 지리정보시스템(GIS) 소프트웨어로 이를 수행할 수 있는데, 반복 절차를 이용하여 집계적 합치성을 극대화하는 경계선을 확인한다. 또한 이 프로그램을 이용하여 합치성을 극대화하는 알고리즘으로부터 도출되는 공간적으로 경계 지어진 동네들 각각에 대해 일반성과 부합성 값을 계산할 수 있을 것이다.

앞의 방법론은 선택된 외부효과 및 집단에 대해 해당 동네가 특정 구역에서 지리적으로 어떻게 보이는지를 연구자에게 밝혀줄 것이다. 덧붙여, 경계선의 사소한 변경이나 명세화된 동네의 개수 변경에 대해 합치성이 얼마나 민감한지를 합치성 극대화 알고리즘으로 수행한 검증을 통해 밝힐 수도 있다. 예를 들어, 우리는 합치성이 극대화되는 최상의 경계선 대신에 이전에 확립된 행정적 또는 전통적 경계선을 채택할 때 합치성의 손실이 얼마나 클 것인지에 특히 관심을 가질 수 있다. GIS 과정을 통해 도출된 동네들을 대상으로 하여 계산된 부합성과 일반성 값 또한 이 동네들이 표본상의 개인들과 여러 다양한 외부효과에 걸쳐 어느 정도로 비슷하게 존재하고 있는지를 연구자에게 말해줄 것이다.[35] 다시 말해, 최댓값의 합치성을 산출하는 경계라고 해서 합치성이 절대적으로 높다는 것을 의미할 필요는 없으며, 부합성과 일반성은 여전히 상대적으로 낮을 수 있다. 그러므로 우리는 조사 중인 모든 장소 또는 일부 장소에 대해 동네가 의미 있는 구성개념인지를 해당 방법론을 통해 검토 평가할 수 있다.

최근 로리 크레이머Rory Kramer는 내가 제시한 외부효과 공간 개념을 적용했는데, 그는 필라델피아Philadelphia에서 인종에 따른 거주지 분리를 유지하는 경계선을 명확하게 하기 위해 사람들이 지리적 공간의 속성들을 어떻게 사용하는지에 대해 경험적으로 분석했다.[36] 크레이머는 커뮤니티 구분의 표지 역할을 하는 '인종 외부효과' 지표들에 있어서 지리적으로 현저히 눈에 띄는 구획점들을 관찰하기 위해 GIS 도구를 사용하여 공간적 경계선을 정의하고 측정하는 혁신적인 방법을 제시한다. 그는 백인 가구들(마찬가지로 흑인 가구들이 아니라면)이 부정적으로 평가한다고 가정하는 하나의 외부효과에 초점을 맞추고 있는데, 그것은 자신의 인종 명칭과는 다른 잠재적 이웃의 인종 명칭이다. 크레이머는 백인들에게 인종 외부효과 공간의 모양에 대해 직접 물어보는 대신, 관찰된 인구 분포를 바탕으로 추론한다. 이를테면, 짧은 거리상에서 이와 같은 대안적 방법으로 측정할 때 백인 거주자들의 백분율이 가파르게 변화하는 곳은 어디에서든지 (부합성 수준이 상당히 높은) 동네 경계가 존재한다는 것이다. 그는 인종에 기반한 일부 동네 경계선들은 시간이 지남에 따라 회복력이 매우 높다는 것이 입증되어 왔음을 확인했으며, 동네 경계선들은 전형적으로 정치 관할구역 경계선이나 자연경관 및 주요 교통 기반시설의 특징과 일치한다는 것을 발견했다. 경험적 조사만큼이나 혁신적인 것은, 크레이머가 이용한 방법이 쉽게 관찰 가능한 전체 거주자들 특성으로 묘사되지 않는 외부효과 공간을 고려할 때에는 적용될 수 없다는 것이다. 이 방법은 또한 인종구성이 비슷한 방대한 대도시 공간에 걸쳐 부합성, 일반성, 합치성 수준에서 있을 수 있는 변이들을 고려하지 않는다.

마지막으로, 내가 제안한 (또는 크레이머가 채택한) 방법론과 전통적으로 이용된 방법론, 이를테면 거주자에게 자신의 동네 경계를 그리게 하거나 이름을 붙이게 하는 방법론 사이의 차이점을 살펴보자.[37] 확실히 후자의 기법은 조작적으로 더 간단하다. 그와 같은 지도들이 확보되면, GIS 기술을 이용하여 부록의 식 6과 3에 따라 부합성과 합치성 계산에 해당 지도들을 각각 적용할 수 있다. 이 작업은 흥미롭고 유용한 정보를 줄 것이다. 하지만 응답자들이 자신의 지도를 만들 때 암묵적으로 어떤 유형의 외부효과를 고려하고 있는지와 관련해서는 여전히 모호할 것이다. 그러므로 심상지도에서 도출되는 함의는 명료하지 않을 수 있다.

동네를 정의하는 종래의 방식에 대해 다시 생각하기

사회적 구성개념으로서의 동네

앞에서의 분석은 '사회적 상호작용의 장' 및 '상징적 커뮤니티'로서의 동네에 대한 종래의 사회학적 개념과 어떻게 조화를 이루고 있는가?[38] 아주 간단히 말하면, 제5장에서 자세히 설명하는 바와 같이, 여기서 사회적 차원은 개인의 외부효과 공간의 윤곽을 그리는 데 도움이 되는 변수variable로 간주된다. 전통과 집합정서에 의해 지정되는 경계들은 때로 외부효과를 지각하기 위한 다이오드diodes*로서의 역할을 할 수 있다. 이를테면, 해당 경계 내에서는 모든 외부효과가 중요하지만, 경계가 존재하지 않는다면 외부효과들이 중요하지 않다. 집단 구성원들이 해당 경계 내에 있는 외부효과의 존재를 어느 정도 인지하는지는 결과적으로 지리적 정보의 망, 이를테면 대인 커뮤니케이션이 공간상에서 얼마나 빠르고 포괄적으로 정보를 전달하느냐에 달려 있다. 마지막으로, 사람들이 해당 경계 내에서 인지한 외부효과를 위협이나 뜻밖의 행운 또는 하찮은 것으로 지각하는지 여부는 해당 구역에서 일어난 집합적 사회화collective socialization에 의해 영향 받는다.

앞에서 (그리고 이 장의 부록에서 보다 정밀하게) 제시된 알고리즘은 사회적 의미에서의 동네가 수행하는 이러한 다양한 역할을 정량적으로 검증하기 위한 틀을 제공한다. 여기서 수많은 잠재적인 연구질문이 제기된다. 사회연결망의 공간적 밀도와 해당 구역의 부합성 및 일반성 사이의 관계는 무엇인가?[39] 앨버트 헌터Albert Hunter가 제안했듯이,[40] 동네 지각이 개인들의 범주 간에 서로 다르

* 한쪽 방향으로 전류가 흐르도록 제어하는 반도체 소자_옮긴이

다면 구체적으로 어떤 특정 집단(나이, 성별, 인종, 사회경제적 지위 등에 따른)이 가장 낮은 수준의 부합성을 뚜렷이 나타내는가?[41] 집단 간에 관찰되는 부합성의 결여 현상은 여러 다양한 유형의 외부효과 공간상에서 끊임없이 지속되는가?

시각적 및 물리적 구성개념으로서의 동네

도시설계가들과 건축가들은 동네의 시각적-물리적 차원에 대해 많은 글을 써왔다. 반세기 전에 출판된 권위 있는 저술들에서,[42] 케빈 린치Kevin Lynch와 제인 제이콥스Jane Jacobs는 사람들이 자신들 도시의 주변 환경을 머릿속에서 어떻게 지도로 그리는지 그리고 해당 물리적 환경의 시각적 특성이 이들 지도의 명료함과 개인들 간의 일관성에 어떻게 영향을 미치는지를 보여주었다. 앨버트 헌터는 동네 경계에 대한 시카고 거주자들의 설명 중 80%가 가로(街路)와 관련이 있다는 것을 발견했다. 이 가로들 중 63%는 공지(空地) 한 블록 내에, 55%는 철로 한 블록 내에 있었다.[43] 리처드 그라니스Richard Grannis가 발견한 바에 따르면, 사회적 상호작용의 밀도는 사람들이 주요 간선도로를 가로질러 건널 필요가 없는 보행자 친화적인 제3종 가로망 'T-커뮤니티'에서 가장 높았다.[44] 이와 같은 T-커뮤니티가 유의미한 동네 경계의 기초를 형성하는 것도 당연하다.

지금 다루고 있는 모형의 맥락에서 볼 때 이러한 연구결과들은 두 가지로 해석될 수 있다. 첫째, 뚜렷이 구별되는 물리적 특징은 사회적으로 상징적인 것만큼이나 외부효과의 근접성, 이를테면 외부효과가 물리적 경계를 넘는지 그렇지 않은지를 개별적으로 판단하는 데 있어서 나름대로 하나의 기준으로 기능할 수 있다. 둘째, 어떤 물리적 장벽은 특정 유형의 외부효과가 진행되는 것을 막을 수 있다. 예를 들어, 가로질러 놓여 있는 철로는 불미스럽고 위험한 행동을 효과적으로 고립시킬 수 있다. 언덕이 중간에 있으면 산업 시설에서 발생하는 소음, 대기, 시각 공해를 덜어줄 수 있다.

아마도 이러한 명제들을 경험적으로 검증할 수 있는지가 더 흥미로울 수 있다. 예를 들어, 케빈 린치의 관점에서 볼 때,[45] '이미지성'이 높은 지역에서는 부합성과 일반성의 정도가 더 클 것인가? 그가 말하는 '에지edges', '경로paths', '랜드마크landmarks', '노드nodes' 등을 만들거나 바꾸는 것을 통해 이들 측정값을 극적으로 증가시키고 본질적으로는 동네를 만들어낼 수 있을 것인가?

동네의 공간적 수준

내가 생각하는 일반성 개념은 제럴드 서틀스가 획기적으로 관찰한 것, 즉 사람들은 동네의 공간적 수준을 네 가지로 뚜렷이 구분하여 인지한다는 것과 관계있다.[46] 나는 이러한 결과들이 여러 다양한 잠재적 변화, 이를테면 물리적, 인구학적, 사회상호작용적 변화를 외부효과 공간의 위계로 범주화하는 것에서 비롯된다고 가정한다. 각각의 공간적 수준에서 고유의 일부 외부효과는 각 개인에 대해 높은 일반성을 나타낼 것이며, 여러 개인에 걸쳐서는 높은 부합성을 나타낼 것이다. 당연히 이것은 동네, 즉 내재된 일단의 공간 기반 속성과 결부된 동네에 관한 나의 설명과 일치한다. 이러한 해석이 얼마나 정확한지에 대해서는 보다 심화된 경험적 검증이 뒤따를 필요가 있다. 서로 다른 공간적 수준에서 높은 수준의 일반성과 부합성으로 군집하고 있는 일단의 외부효과에는 어떤 것이 있는가?

동네의 유형 분류 체계

앞에서의 분석이 시사하는 바는 동네란 합치성, 일반성, 부합성이라는 뚜렷이 구분되는 세 가지 차원에서 서로 달리하는 개념이라는 것이다. 따라서 사회지역분석 또는 주성분분석principal components analysis 및 군집분석cluster analysis을 이용한 그 밖의 범주화 방법과 비슷하게, 이 세 가지 차원에 대한 점수에 따라 실제 도시 공간을 3차원의 매트릭스 내에 배치할 수 있다.[47] 도시 공간을 이렇게 배치함으로써 동네 연구에서 서로 전혀 다른 관점을 통합할 수 있는 잠재적 수단을 얻게 된다. 어떤 한 구역에서 합치성, 일반성, 부합성의 수준이 높은 경우(이를테면, 민족과 사회경제적 배경이 비슷하고, 세대 간 이동성이 거의 없고, 공간적 사회연결망이 밀집되어 있고, 물리적 환경의 '이미지성imageability'이 높은 사람들로 군집되어 있는 경우)를 '도시 마을urban village'이라고 부를 수 있다.[48] 정반대로, 이 세 가지 척도에서 낮은 점수로 특징지어진 구역(이를테면, 빈번히 이사하고 공간적으로 분산된 연결망을 가지고 있으며 겉으로 보기에 다를 바 없는 공간에 거주하는 다양한 배경, 신념, 선호를 가진 사람들)은 배리 웰먼Barry Wellman과 그의 동료들이 '동네의 죽음the death of neighborhoods'이라고 이름 붙인 것에 대한 많은 기초 자료를 제공했다.[49] 이들 양 극단 사이에서 합치성, 일반성, 부합성의 값을 지니고 있는 장소들을 '일반 동네generic neighborhoods'라고 부를 수 있다.

세 가지 차원으로 구성되어 있는 매트릭스 내에 얼마나 많은 동네가 서로 다른 지점에 분포하고 있는지, 시점 간에 그리고 횡단적으로 이러한 분포가 어떻게 변화하는지를 정량적으로 추정함으로써 향후의 연구 영역이 확장될 것이다. 더욱이 이들 지수의 서로 다른 수준은 무엇을 의미하며 얼마나 중요한지에 대해 탐구해 볼 만하다. 합치성, 일반성, 부합성의 특정한 조합 뒤에는 어떠한 유형의 사회적, 경제적, 정치적 실재가 숨겨져 있는가? 이러한 질문은 곧바로 다음의 논의 주제로 이어진다.

동네 맥락에서의 예측 및 정책평가

공간적 변화를 예측하고 필요하다면 변화시킬 수 있기를 원하는 연구자들과 계획가들은 동네를 외부효과 공간으로 체계화해서 설명함으로써 어떤 함의를 얻을 수 있다. 다음 장에서 보다 상세히 설명하는 바와 같이, 어떤 한 구역의 물리적, 인구학적, 사회경제적, 사회상호작용적 특성의 변화는 해당 구역으로 유입되는 가구 및 재정적 자원의 흐름이 변화되는 것에서 비롯된다. 해당 공간에 관심이 있는 거주자, 주택 소유자, 부동산 중개업자, 금융기관 등의 투자 결정과 개인의 이동성이 모두 합쳐져서 이러한 흐름을 좌우한다. 전체 대도시 주택시장에 걸쳐 형성된 가격신호는 이러한 흐름을 이끄는 가장 중요한 정보를 제공한다. 개인의 주거 이동성 또는 투자 행동의 변화는 해당 개인이 결부되어 있는 특정 주택에 영향을 미치며, 따라서 해당 주택이 위치하고 있는 외부효과 공간 내의 타 거주자들과 투자자들에 대해 외부효과를 발생시킬 가능성이 있다. 외부효과 공간 안으로 들어온 사람들에게는 한층 더한 행동 반응이 뒤따를 수 있다.

그러므로 특정 공간에 대해 동네가 어느 정도로 존재하는지를 이해하는 것은 해당 공간에서 일어나는 변화를 이해하고 예측하기 위한 전제조건이다. 예를 들어, 특정 블록 거주자들의 인종구성이 바뀐다면, 인근 블록에 있는 얼마나 많은 거주자가 이것을 자기 동네에서의 변화로 지각할 것인가? 해당 변화에 대한 인지, 해당 변화가 자신의 동네에 있다는 느낌, 해당 변화가 자신의 후생에 영향을 미치는 정도 등에 대해 인접 블록에 있는 거주자들 사이에 커다란 차이가 있다면, 해당 구역이 하나의 인종 집단에서 다른 인종 집단으로 돌발적으로 변화될 가능성은 줄어들 것이다. 그러므로 특정 외부효과의 발생원에 대한 반응을 예측하기 위해서는 부합성이 중요해진다. 외부효과의 여러 유형에 걸쳐 그와 같은 반응 패턴이 비슷한지는 해당 구역에 존재하는 일반성의 정도에 달려 있다.

어떤 한 구역에서 합치성, 일반성, 부합성이 어느 정도인지를 측정하는 것은 로컬에서의 맥락이 가지고 있는 물리적 차원이나 인구학적 차원을 바꾸기 위해 설계된 여러 다양한 공공정책의 영향을 평가하기 위해서도 중요하다. 예를 들어, 계획가들이 특정 블록면을 개조하거나 새로운 공원을 설치하는 것을 고려하고 있다고 생각해 보자. 그러면 이와 관련된 몇 가지 질문은 다음과 같을 것이다. 누가 그와 같은 변화를 자신들 동네에서의 변화로 볼 것인가? 이들은 어떤 지리적 구역에 분포되어 있는가? 이들은 해당 구역의 모든 거주자와 소유자 중에서 얼마나 많은 부분을 대표하고 있는가? 외부효과 공간에 대해 내가 설명한 내용의 측면에서 그와 같은 정책결정들을 이끌어갈 필요가 있다. 이를 위해 특정 외부효과 발생원(이를테면, 개조, 공원 등)에 적용되는 것으로서의 (앞에서 설명한) 합치성 극대화 알고리즘이 만들어내는 동네지도 작성과정을 검토할 필요가 있다. 몇몇 사례연구에서의 함의에 기초해 볼 때, 이 경계선들은 계획가들이 일반적으로 이용하는 경계선과 상당히 다를 수 있다는 데 주목할 필요가 있다.[50] 그와 같은 경계선을 설정한 다음, 계획가는 해당 정책의 효능성 척도의 대리지표를 얻기 위해 이 구역들 내에서 부합성을 측정할 수 있다.

위의 개념들이 현재의 정책적 관심사와 관련될 수 있는 최종적인 방식은 로컬커뮤니티의 정치권력 문제와 관련이 있다. 도시학 분야의 권위자들은 한때 "환경에 대한 미시커뮤니티micro-community 통제에서의 핵심 문제는 거주자들이 일단의 경계선에만 호소할 수 있는 어떤 권위 있는 방법도 없다는 것이다"라고 주장했다.[51] 만약 정치적 이유로 '커뮤니티 만들기'를 원할 경우, 합치성을 극대화하는 경계선 내에서 부합성과 일반성의 기존 수준이 그와 같은 커뮤니티 조직 노력이 가장 바람직한 곳이 어디인지에 대한 지표를 제공할 것이다. 더구나 시간이 지남에 따라 부합성과 일반성이 증가하는지를 추정함으로써 집합정서와 공동 상징성을 동원하려는 그와 같은 노력이 성공했는지를 검토 평가할 수 있다.

결론

내가 제시한 외부효과 공간으로서의 동네 개념은 여러 방식으로 동네에 관한 종래의 관점을 아우르고 발전시킨다. 나는 명확히 정의되지 않은 지리적 장소로서의 동네를 생각하는 대신, 공간상에서 동네의 정도를 달리하는 세 가지 뚜렷한 차원, 즉 합치성, 일반성, 부합성을 구체화한다. 예를 들어, 중요한 모든 공간 속성과 관련된 전체 의사결정자의 관점에서, 명확한 경계를 가진 원형적 동네는 세 가지 차원 모두에서 높은 값을 나타낼 것이다. 하지만 그 밖의 동네들은 하나의 차원 또는 모든 차원에서 낮은 값을 보일 수 있다. 극단적인 경우, 각 개별 거주자가 지각할 수 있는 특유의 공간을 넘어 해당 지리적 공간에 유의미한 동네가 하나도 존재하지 않을 가능성이 있다. 도시 공간에 나타나는 합치성, 일반성, 부합성의 정도를 측정함으로써 우리는 현재의 동네 정도를 정량화할 수 있을 뿐만 아니라 거주자들과 주택 소유자들이 해당 공간에서 지각된 변화에 어떻게 반응할 것인지를 예측하는 능력도 향상시킬 수 있다.

부록

동네의 세 가지 차원에 관한 수리적 표현

여기서 나는 공식을 이용하여 합치성, 부합성, 일반성의 개념을 보다 수리적이고 정확하게 정의하고자 한다. 사전에 결정된 일단의 개인적 특성을 지니고 있으면서 특정 주소에 거주하는 개인 n에서부터 출발하자. 외부효과 공간의 첫째 차원인 개인적 합치성(C_{en})이란 특정 외부효과(e)에 대해 개인 n이 지각하는 외부효과 공간(Y_{en})의 경계선이 사전에 결정된 특정한 지리적 경계선 — n째 개인의 거주 주택을 포함하고 있으면서 뚜렷한 경계로 이루어진 공간(X)의 윤곽을 그리는 가로, 지형 특성, 행정법령 등으로 규정된 — 과 상응하는 정도이다. 수식으로 표현하면, 개인이 지각하는 특정 외부효과 공간과 해당 구역 사이의 합치성은 다음과 같이 명세화될 수 있다.

(1)

$$C_{en} = \frac{(X \cap Y_{en})}{(X \cup Y_{en})}$$

여기서 ∩와 ∪는 집합 부호로 각각 교집합과 합집합을 표시한다. 직관적으로, $X \cap Y_{en}$은 외부효과 e의 영향에 대해 개인 n이 지각하고 있는 지도가 사전에 결정된 구역의 지도와 겹치는 지역의 구역을 나타내며, $X \cup Y_{en}$은 X와 Y가 중첩되지 않는 구역들의 합을 나타낸다. C_{en}값의 범위는 최소 0부터 최대 1까지이다.

개인에 대해 명세화될 수 있는 둘째 차원인 일반성이란 개인 n의 외부효과 공간(Y)이 E개의 서로 다른 외부효과에 걸쳐 상응하는 정도이다. 개인 n의 일반성은 수식으로 다음과 같이 나타낼 수 있다.

(2)

$$G_{En} = \frac{\sum_{e=1}^{E}\sum_{f=1}^{E}\left[\frac{(Y_{en} \cap Y_{fn})}{(Y_{en} \cup Y_{fn})}\right] - E}{2\sum_{e=1}^{E-t} e}$$

직관적으로, G_{En}은 동일 외부효과($e = f$)를 제외한 모든 가능한 외부효과 조합의 순열에 대해, 여러 다양한 잠재적 외부효과에 대해 명시된 외부효과 공간의 영향 범위에 대한 중첩 구역의 평균 비를 나타낸다. G_{En}값은 (총합을 $2\sum_{e=1}^{E-t} e$로 나눔으로써) 최소 0부터 최대 1까지의 범위를 가진다.

이제 개인들의 집계값을 통해 계산할 수 있는 세 가지의 동네 차원을 생각해 보자. 위와 같이, 나는 명확하게 지정된 지도상의 경계선을 가지고 있는 한 도시에 대해 사전에 결정된 지리적 구역 X를 주어진 것으로 간주하는 것에서 시작한다. 이 공간 집합은 구역 X에 살고 있는 특정 수의 거주자(I명), 구역 X에 있는 주거용 부동산 소유자(J명), 부동산 중개업자나 금융기관 직원과 같이 구역 X에 있는 주택에 대해 재정적 이해관계를 가진 사람(K명)으로 구분될 것이다. 이 집단으로부터 우리는 모든 부분집합 또는 일부의 부분집합을 분석의 기초로 선정할 수 있다. 이 집단은 N명의 구성원으로 이루어져 있다고 하자.

이제 해당 집단의 N명의 구성원에 대해 외부효과 e에 대한 공간 X의 집계적 합치성은 식 (1)에서 정의된 개인적 합치성의 합계이다.

(3)

$$C_{eN} = \frac{\sum_{e=1}^{E}\left[\frac{(X \cap Y_{en})}{(X \cup Y_{en})}\right]}{EN}$$

여기서 $N = I, J, K$ 또는 그것의 조합 또는 부분집합이다. 그러므로 특정 외부효과에 대한 집계적 합치성은 외부효과 e에 대한 구성원들의 외부효과 공간에 대해 구역 X에서 외부효과 공간의 영향 범위에 대한 중첩 구역의 비의 집단 평균으로 명세화될 수 있다. 집계적 합치성의 최댓값($C_{eN} = 1$)은 특정 외부효과에 대해 개별 집단 구성원의 지각공간이 사전에 결정된 지리적 구역과 상응할 때 얻어지며, 합치성의 최솟값($C_{eN} = 0$)은 어떤 경우에도 상응하지 않을 때 얻어진다.

하지만 만약 훨씬 더 집계적인 수준의 합치성을 정의하고자 한다면, 우리는 구역 X의 모든 개인과 E개의 모든 외부효과 유형에 대한 합계값을 계산하기 위해 손쉽게 식 (3)을 확장할 수 있다.

(4)

$$C_{EN} = \frac{\sum_{e=1}^{E}\sum_{n=1}^{N}\left[\frac{(X \cap Y_{en})}{(X \cup Y_{en})}\right]}{EN}$$

여기서 $0 < C_{EN} < 1$이고 $N = I + J + K$이다.

더욱이 대상 구역에 거주하거나 투자하는 것을 고려하고 있는 장래의 예비 가구, 주거용 및 비주거용 부동산 소유자, 공공 및 민간기관 투자자의 의도를 고려함으로써 원칙적으로 집계적 합치성을 더욱 확대할 수 있다. 이 경우 필요한 유일한 수정은 외부효과 공간으로 정의된 지점 — 예를 들어, 인구총조사 집계구 중심점centroid — 처럼 개별 실체가 이주 또는 투자를 고려하고 있는 잠재적 입지를 이용하는 것이다. 식 (4)에서 이들 M개의 예비 실체를 포함하고 있는 또 다른 합계 항을 간단하게 추가할 수 있다. 물론 두 유형의 실체, 이를테면 현재 및 장래의 거주자와 투자자 전체에 걸쳐 집계가 이루어짐에 따라 가중치를 어떻게 설정할 것인지의 문제가 발생할 것이다. 해당 외부효과 공간에 대한 집계적 합치성을 정의하는 데 (둘 중 하나라면) 어떤 집단의 지각이 더 중요한가? 실제로는 이러한 문제가 발생하지 않을 수 있는데, 분석자의 입장에서는 이 두 지각 집단을 분리하여 개별적으로 집계적 부합성을 계산하는 데 관심이 있을 것이기 때문이다.

다음으로, 우리는 집계적 수준에서 동네의 둘째 차원인 일반성을 생각해 볼 수 있다. 집계적 일반성이란 식 (2)와 같이 개인들의 외부효과 공간이 E개의 서로 다른 외부효과에 대해 동시에 동일 공간을 차지하는 정도를 N명의 개인에 대해 합계한 집계값이다.

(5)

$$G_{En} = \frac{\sum_{n=1}^{N}\sum_{e=1}^{E}\sum_{f=1}^{F}\left[\frac{(Y_{en} \cap Y_{fn})}{(Y_{en} \cup Y_{fn})}\right] - NE}{2N\sum_{e=1}^{E-1} e}$$

N값은 거주자일 경우 I, 소유자일 경우 J, 그 외의 경우 K, 또는 I, J, K의 조합이다. 따라서 집계적 일반성은 구역 X의 모든 집단 구성원에 대해 합계된 것으로서, 외부효과 공간에 대한 있을 수 있는 모든 양방향 비교쌍의 외부효과 공간의 영향 범위에 대한 중첩 구역의 비의 평균이다. 만약 구역 X의 특정 집단에 속해 있는 각 개인이 모든 외부효과에 대해 동일한 경계선을 지각할 경우(비록 이 경계선들이 개개인마다 동시에 일치할 필요는 없지만), E개의 여러 다양한 서로 다른 외부효과에 대한 구역 X의 일반성은 해당 집단에 대해 최대화될 것이

다($G_{EN}=1$). 만약 특정 외부효과에 대한 모든 개개인의 외부효과 공간이 다른 어떤 외부효과에 대한 외부효과 공간과 중첩되지 않을 경우, 일반성은 최소화될 것이다($G_{EN}=0$).

집계적 차원의 마지막은 부합성이다. 부합성은 특정 외부효과 e에 대해 N명의 모든 개인들의 외부효과 공간들이 중첩하는 정도이며, 다음과 같이 명세화될 수 있다.

(6)

$$A_{eN}=\frac{\sum_{n=1}^{N}\sum_{h=1}^{N}\left[\frac{(Y_{en}\cap Y_{eh})}{(Y_{en}\cup Y_{eh})}\right]-N}{2\sum_{n=1}^{N-1}n}$$

여기서 $N=I, J, K$이거나 그것의 조합들이며 $0<A_{eN}<1$이다. 따라서 특정 외부효과에 대한 부합성은 구역 X에 있는 N명의 집단 구성원들에 대해 외부효과 e의 공간에 대한 모든 가능한 개인 간 양방향 비교쌍의 외부효과 공간의 영향 범위에 대한 중첩 구역의 비의 평균이다.

여기서 분명한 것은, 앞에서 명세화된 C_{EN}, G_{EN}, A_{EN}은 사전에 정의된 어떤 지리적 구역에 대해 존재하고 있는 외부효과 공간 간 집계적 관계의 세 가지 뚜렷한 차원을 측정하는 등간 척도라는 것이다. 그렇기 때문에 기수적cardinal 의미에서 이것들을 비교할 수는 없다. 물론 C_{EN}, G_{EN}, A_{EN} 사이에는 어떤 논리적 연결고리들이 분명히 존재한다. 예를 들어, 부합성 A_{EN}과 일반성 G_{EN}의 극대화는 C_{EN}이 최대화되기 위한 필요조건이지만 충분조건은 아니다. 다시 말해, 사전에 결정된 구역 경계가 모든 외부효과에 대한 외부효과 공간을 정확하게 반영하고 있다는 것에 구역 내 모든 사람이 동의하기 위해서는, 자신들의 외부효과 공간이 모든 사람 그리고 모든 외부효과에 걸쳐 동일하다는 것에도 또한 동의해야 한다. 하지만 그 역은 참이 아니다. 완전한 부합성과 일반성이 존재할 수는 있지만 명세화를 통해 도출된 공통 공간은 공공부문이 설정한 구역의 사전 결정된 경계들과 거의 합치되지 않을 수 있다. 비슷한 논리로, 부합성 A_{EN}과 일반성 G_{EN}의 최소화는 합치성 C_{EN}의 최소화를 위한 필요조건이 아니며 충분조건도 아니라는 것을 입증할 수 있다. 마지막으로, 부합성 A_{EN}과 일반성 G_{EN}은 특정 공간 집합 X에 대해 달성될 수 있는 최대 합치성 C_{EN} 수준에 대한 제약조건으로 작용한다. 일반성 수준에서 정확한 수리적 관계를 명세화할 수는 없지만, 예를 들어 만약 부합성 A_{EN}과 일반성 G_{EN}이 낮을 경우 합치성 C_{EN} 또한 낮은 경향이 있다는 것은 직관적으로 분명하다. 다시 말해, 만약 여러 다양한 개인과 여러 다양한 외부효과에 걸쳐 외부효과 공간이 거의 중첩되지 않는다면, 이 공간들과 구역 X 사이에 일관되게 중첩되는 구역이 많을 수는 없을 것이다.

제 2 부

우리가
만드는 동네

제3장

동네변화의 원천

제1장에서 제시한 바와 같이, 동네가 특정한 물리적, 인구학적, 경제적, 사회적 특성을 나타내는 이유는 무엇인지 그리고 시간이 지남에 따라 이러한 특성이 변화하는 이유는 무엇인지 등에 대해 종합적으로 진단하기 위해서는 다층적이고 상호 인과적인 접근법이 필요하다. 그럼에도 불구하고 보다 상세한 설명을 위해 어떤 특성은 사전에 결정된 것으로 간주하면서 시작할 필요가 있다. 이 장에서 나는 특정 대도시 지역에 대한 분석의 출발점으로 (1) 재정적 자원, 선호, 가구 구성 등을 사전에 결정한 가구들의 분포, (2) 재정적 목표와 수용용적을 사전에 결정한 기존 주거용 부동산 소유자들의 분포 및 사전에 결정된 물리적 특성을 지니고 있는 주택재고의 분포, (3) 재정적 목표와 생산용적을 사전에 결정한 신규 주거용 부동산 개발사업자들의 분포 등을 고려한다. 나는 또한 분석 대상 기간 동안 해당 대도시 지역의 교통 인프라, 고용, 로컬정치관할구역, 환경적 조건 등의 공간 구성이 일정하게 유지된다고 가정한다.

다음에서 설명하는 바와 같이, 나는 우선 상향적 관점에서 여러 힘에 대해 검토한 다음, 지리적으로 하향적 관점에서 검토하고, 다시 되돌아가 다층적 공간 규모에서 순환적 인과 패턴을 강조하는 방식으로 접근하고자 한다. 구체적으로, 나는 주택을 점유하고자 하는 개별 가구들과 재정적 보상을 얻고자 하는 기존 주택 소유자들 사이에서의 시장 상호작용이 어떻게 서로 다른 품질 범위('하위시장submarkets')에 있는 주택의 가격과 임대료('시장평가가치market valuations')를 해당 대도시 전역에 걸쳐 결정하는지를 보여줄 것이다. 이러한 평가가치는 가구가 어떻게 자신을 서로 다른 품질의 주택으로 분류입지sorting하는지에 영향을 미칠 것이다. 시간이 지나면서, 이들 다양한 품질하위시장quality submarkets으로부터 주택 소유자가 얻는 총수익률에 따라 기존 주택 소유자 및 신규주택 개발사업자의 개별적이고 장기적인 투자 결정이 이루어질 것이다. 종합하면, 이러한 의사결정은 기존 주택재고가 어떻게 서서히 변화하는지 그리고 다음 해에 어떤 종류의 신규주택이 건설되는지를 결정할 것이다. 주택 특성에서의 이러한 집계적 변화는 결과적으로 수차례의 주거이동을 가져올 것이고 이를 통해 시장평가가치 및 가구의 입지 배분이 계속해서 변화될 것이다. 하지만 주택은 장소와 연결되어 있기 때문에, 주택의 물리적 특성과 거주자들의 특성이 합쳐져서 동네 특성이 될 것이다. 이러한 동네 특성이 공간적으로 더욱 집결될 때 로컬정치관할구역의 특성이 되며, 이는 재정역량 및 서비스 수요와 밀접한 관련을 지니게 된다.

동네변화를 설명하기 위한 주택하위시장모형의 개요

이 장의 목표는 거주자와 주택 소유자에게 일반적으로 가장 중요한 차원, 이를테면 주택의 물리적 조건과 거주자의 인구학적 및 경제적 특성에 있어서 동네가 왜 변화하는지를 설명하는 모형을 제시하는 것이다. 다른 모든 모형처럼, 주택하위시장모형은 현실로부터 끌어낸 것이기는 하지만 모형을 단순화하는 가정에도 불구하고 강력한 설명력을 가지고 있다. 다음 장들에서 나는 동네변화 과정의 미묘한 차이를 더 잘 이해하기 위해 모형을 단순화하는 몇 가지 가정을 하나씩 완화하고 그 가정에 함축되어 있는 의미를 세밀하게 살펴볼 것이다.

나는 어떤 한 동네의 본질적인 조건은 해당 동네로 드나드는 자원의 흐름이 결정한다고 규정하는 것에서부터 출발한다. '자원'은 거주자, 주거용 및 비주거용 부동산 소유자, 영리기관 및 비영리기관과 정부기관, 그리고 이들이 해당 동네에 투자하는 자금, 노동, 사회자본 등을 의미한다. 만약 전입 거주자의 흐름이 기존 거주자의 풀pool에서보다 특정 민족 집단에서 더 높은 점유율로 나타난다면, 해당 동네의 전반적인 민족 구성은 전입 집단 쪽으로 바뀔 것이다. 만약 주택 소유자가 자신이 소유하고 있는 주택의 재개발에 투자를 많이 하는 것이 수익성이 있다고 결정한다면, 동네 외관은 시각적으로 더 나아질 것이다. 만약 로컬의 종교단체가 방과후 육성 프로그램에 새로 직원을 배정하고자 한다면, 동네의 문화 및 여가 지형은 달라질 것이다. 시에서 운영하는 소방 및 응급의료 서비스 시설이 동네 가까이에 들어선다면, 동네는 더 안전해질 것이다.

하지만 이들 자원의 흐름을 냉철하게 살펴볼 필요가 있다. 자원은 한정되어 있고, 이들 자원을 두고 동네는 서로 경쟁하며, 자원배분은 종종 제로섬zero-sum 결과를 낳는다. 가구가 가장 분명한 예인데, 어떤 순간에도 가구의 수는 한정되어 있으며, 한 번에 하나의 동네에서만 거주할 수(그리고 주거비용, 가게 임대료, 세금 등을 지불할 수) 있다. 마찬가지로, 지방세 수입과 그에 따라 제공하는 서비스는 제한적이며, 어느 한 동네에 서비스를 공급한다는 것은 다른 동네에는 덜 공급한다는 것을 의미할 것이다. 재정적 흐름의 경우가 종종 그러한데, 이는 대도시 지역의 잠재적 주택 투자자들이 얼마나 많은 소득과 부를 소유하고 있는지에 의해 그리고 그러한 투자를 위해 자금을 차입할 수 있는 능력에 의해 제한된다.

그러므로 비유적으로 파이프라인의 맥락에서 동네를 생각해 보는 것이 도움이 된다. 특정 대도시 지역 내에 있는 동네들을 파이프의 연결망(즉, 각 동네들을 서로 연결하고 외부 세계 및 기업, 비영리기관, 정부 등과 같은 주요 자원 원천에 연결하는 파이프 망) 속에 놓여 있는 것으로 상상해 보자. 앞에서 언급한 자원들은 이들 파이프를 통해 흐르며, 각 파이프를 통해 흐르는 자원의 용량은 적절한 밸브들에 의해 제어된다. 이러한 틀 내에서, 동네가 왜 변화하는지를 이해하려면 해당 동네로 들어가는 자원의 흐름이 왜 변화했는지, 다시 말해 밸브가 왜 조절되었는지를 이해해야 한다. 우리는 미국처럼 시장이 지배하는 경제에서라면 그 이유가 무엇인지를 알고 있는데, 그것은 가격 변화가 조절 신호를 보냈기 때문이다. 주택하위시장모형Housing Submarket Model은 이러한 틀에 기반을 두고 있는데, 이 모형은 가장 중요한 자원들의 흐름, 이를테면 주거용 부동산 소유자, 비주거용 부동산 소유자, 지방정부 등에 의한 재정적 투자 및 거주자의 흐름을 바꾸기 위해 품질에 따라 세분화된 대도시 규모의 주택시장 전반에 걸쳐 시장이 어떻게 가격신호를 통해 작동하는지를 보여준다.

개략적으로 말하자면, 이 모형은 대도시 주택시장은 해당 시장을 구성하고 있는 동네들이 어디로 나아갈지를 방향 잡는 조종석이라는 전제에 기초하고 있다.[1] 주택이 이끌고 동네의 여러 다른 측면이 뒤따른다. 경제적, 인구학적, 기술적, 생태적, 정치적 힘, 그리고 대도시 지역 전반에서 작동하는 그 밖의 다른 힘은 현재 및 잠재적 가구와 주거용 부동산 소유자 및 개발사업자에 대한 행동 맥락을 설정한다. 대도시 맥락에서 핵심 요소는 (내가 '품질하위시장'이라고 부르는) 서로 다른 품질 범주에 속하는 주택을 건설하고 유지하는 데 들어가는 비용, 하나의 하위시장에서 다른 하위시장으로 주택을 전환하는 기술적, 재무적, 법적 가능성, 그리고 금융 수단 및 주택 관련 선호에 따른 가구들의 집계적 분포 등이다. 현재 작동 중인 해당 대도시 맥락은 주거용 부동산을 가지고 있는 현재 소유자로 하여금 범주화된 하위시장에 적절한 특정 시장가치에서 임대 또는 매매용으로 주택을 제공하도록 유도함으로써 가격신호를 제공한다. 이러한 가격신호와 함께 대도시 맥락 속에서, 가구는 소유자가 제공하는 주택에 거주하기 위해 특정 하위시장을 선택한다. 특정 품질하위시장 내에서 범주화된 주택은 건축물, 필지, 동네 등의 속성에 있어서 꽤 다른 조합을 만들어낼 수 있지만, 당연히 가구와 소유자는 주택 속성의 여러 조합을 서로 밀접하거나 동등한 '품질'의 대체재로 생각하며, 따라서 해당 시장에서 동일한 가치가 있는 것으로 간주한다.

재무적 수익을 추구하는 주택 소유자('주택 공급자')와 적당한 비용으로 주거 만족과 안정성을 추구하는 가구('주택 수요자')가 상호작용함으로써, 각 주택품질하위시장에서 시장평가가치(임대료, 판매가격)가 도출된다.[2] 결과적으로 이러한 시장평가가치는 주택을 현재 소유하고 있는 사람에게는 재무적 수익률을 결정해 주고, 주택을 새로 건설하거나 비주거용 건축물을 주택으로 용도변경할지도 모르는 사람에게는 재무적 전망에 대한 신호를 준다. 하위시장 간 예상 수익성 패턴을 비교하는 것 또한 기존 주택 소유자에게 신호를 보내는데, 기존 주택 소유자는 해당 주택에 투자를 하거나 회수함으로써 자신이 소유한 주택의 품질하위시장 범주를 의도적으로 바꾸는 것이 더 수익성 있다고 생각할 수 있다.

시간이 지남에 따라 신규주택을 건설하는 사람과 기존 주택을 가지고 있는 소유자 모두의 집계적 의사결정은 품질하위시장들 전체에 걸쳐 주택재고 분포를 점진적으로 변화시킬 것이며, 수익성이 높은 하위시장일수록 더 많은 단위의 주택이 들어설 것이다. 주택재고에 있어서 이러한 물리적 변화가 나타남과 동시에, 가구의 인구학적 및 경제적 특성의 변화도 나타날 것이다. 이러한 특성의 변화는 밀접한 대체관계에 있는 다른 하위시장에 비해, 하나의 하위시장에서 가구의 주거비용 지불의사와 지불능력에 주로 기초하여 해당 가구를 주거기회들 전체에 걸쳐 계속 분류입지할 것이다. 하지만 주택재고와 주거점유 모두 특정 공간에 결부되어 있기 때문에, 시장이 유도하는 이러한 행동은 자원이 대도시 공간 전반에 걸쳐 차등적으로 흐르도록 한다.

동네변화를 근본적으로 이끄는 것은 바로 해당 대도시 주택재고의 물리적 특성과 그에 따른 가구 분류입지의 점진적 상호작용 과정이다. 품질에 따라 세분화된 대도시 주택시장은 사람과 주택투자의 흐름을 직접적으로 결정할 뿐만 아니라, 이러한 흐름은 로컬 소매부문과 공공부문으로부터 유입되는 다른 자원의 흐름에도 간접적으로 영향을 미친다. 이 모형은 가구들 또는 소유자들 사이에서 일어나는 사회적 상호작용으로부터 추상화되며, 다음 장들에서 간략하게 설명될 것이다. 그럼에도 불구하고, 자율적 의사결정자라는 명백하게 비현실적이고 극단적인 이 가정 때문에, 동네변화를 근본적으로 이끄는 대도시 간 시장의 힘에 대해 이 모형이 제공하는 통찰력 있는 수많은 설명의 가치가 훼손되어서는 안 된다.

주택품질하위시장housing quality submarkets이 동네와 동일한 의미를 가지고 있는 것은 아니다. 일반적으로 동일한 품질하위시장으로 범주화된 주택들은 해당 대도시 전역에 걸쳐 여러 위치에 입지해 있으며, 특정 동네 내에는 여러 개의 주택품질하위시장이 있을 수 있다. 그럼에도 불구하고 주택이 원래의 하위시장에서 새로운 하위시장으로 전환되는 과정에서 특정 동네의 주택이 상당 부분을 차지하는 한, 이곳은 해당 주택의 물리적 특성과 거주자의 인구학적 그리고/또는 경제적 특성에 있어서 가시적인 현장 변화를 경험할 것이다. 일상에서는 이러한 변화를 동네 '쇠퇴', '젠트리피케이션', '황폐화', '침입과 계승' 등으로 표현해 왔다.

내 모형에서 특히 두드러지는 중심적인 특징은 하나의 주택품질하위시장에서 초기에 영향을 미치는 외부 충격이 결국에는 다른 하위시장들로 (점점 약해지기는 하지만) 퍼져 나갈 것이라는 점이다. 하위시장들 사이에서 충격이 전달되는 메커니즘에는 다음의 행동들이 포함된다. 즉, 상대적 호감도와 부담가능성affordability에 기초하여 어떤 하위시장을 점유할 것인지 변화시키는 가구의 행동, 더 높은 수익성을 좇아 기존 주택을 다른 하위시장으로 전환하는 기존 주택 소유자의 행동, 그리고 더 높은 수익성을 좇아 자신이 선호하는 새로운 하위시장에서의 목표대상으로 전환하는 신규주택 개발사업자의 행동 등이다. 앞으로 살펴볼 바와 같이, 이러한 행동 모두 하위시장 내의 그리고 하위시장 간의 가격신호에 반응한다. 당연한 귀결로서, 동네변화의 동태적 과정은 가구, 주거용 부동산 소유자, 개발사업자 등이 행하는 개별 행동의 집계적 산물이며, 이들은 대안적인 다른 하위시장에서의 전망에 대한 상대적 가치평가에 기초하여 행동한다는 것을 간파할 수 있다. 동네의 상대적 매력도가 변화하면 자원의 흐름이 변화하며, 이는 절대적 매력도를 변화시킨다.

요약하면, 주택하위시장모형을 통해 우리는 해당 대도시 지역의 주택품질 하위시장들 전체에 걸쳐 새롭고 다양한 수익 잠재력을 창출하는 대도시 전반의 힘들을 살펴본다. 공급자들, 이를테면 기존 주택 소유자, 건설사업자, 개발사업자는 수익성이 가장 높을 것으로 초기에 신호를 받은 하위시장들이 훨씬 더 큰 비중을 차지하도록 주택재고의 품질 구성을 지속적으로 조정함으로써, 변화된 잠재적 힘들이 보내는 가격신호에 반응한다. 주택을 필요로 하는 가구는 현재의 가격신호에 대한 지불의사와 지불능력에 따라 주택재고 사이에서 자신을 분류입지하며, 결과적으로 이는 향후에 공급자들이 얼마만큼 더 큰 수익을 가져다주는 변화를 얻을 수 있는지에 대해 알려준다. 이러한 전환 과정은 특정 하위시장에서 발생하기 때문에, 그와 같은 주택들이 주로 위치해 있는 동네는 물리적 측면과 점유의 측면에서 변화된다. 이러한 변화는 결과적으로 로컬 소매 및 공공서비스 분야의 변화를 야기함으로써 동네에 이차적인 효과를 발생시킨다.

동네변화에 관한 주택하위시장모형

이 절에서 나는 주택 수요자와 공급자의 미시경제적 행동에 근거하여 동네 변화의 '블랙박스'를 조명하기 위해 만들어진 주택하위시장모형을 보다 상세히 전개한다. 단순하지만 탄탄하고 통합적인 설명들을 통해 우리는 동네변화가 왜 일어나는지, 그 과정은 어떻게 전개되는지, 그리고 동네변화가 가구, 부동산 소유자, 동네, 로컬정치관할구역 등에 어떠한 결과를 가져다주는지를 알 수 있다. 독자들은 경제학의 기본 개념에 익숙하며 기초적인 수요-공급 곡선을 능숙하게 다룰 수 있다고 가정된다.

주택품질하위시장

'과일'이라는 것은 식료품점에서 장을 볼 때 그다지 유용한 개념이 아니다. 사과와 오렌지는 둘 다 과일이지만 사과와 오렌지가 같지 않다는 것은 누구나 안다. 사과와 오렌지는 생산비용, 맛, 아마도 파운드당 가격에 있어서도 서로 다르다. 주택도 마찬가지이다. 우리가 '주택'이라고 부르는 모든 것이 동등한 것은 아니다. 그렇기 때문에 우리는 개개의 주택을 서로 다른 '상품'으로 구분할 필요가 있다. 개개의 주택은 사과나 오렌지와 같이 어느 정도 서로 대체재일 수 있기 때문에 분명히 연계되어 있기는 하지만, 이들 개개의 주택상품은 서로 별개의 시장에서 수요되고 공급된다.

이러한 직관적 근거에 따라, 나는 대도시 주택시장을 세분화되고 상호 연계된 일단의 주택하위시장housing submarkets으로 분석해야 한다고 생각한다. 하위시장은 해당 대도시 지역에 있는 모든 주택의 구입 및 임대를 위한 거래가능성 집합을 나타낸다. 수요자와 공급자는 수없이 많은 건축물 및 입지 속성(건물, 획지, 동네 상태 및 지위, 환경, 공공서비스 등)을 비록 다르기는 하지만 상당히 밀접한 대체재로서의 하나의 묶음으로 평가한다. 주택 패키지의 모든 속성을 요약해서 하나로 정리한 단일 차원의 측정지표를 나는 품질quality이라고 부른다. 여기서 말하는 품질은 우리가 일상적으로 사용하는 품질이라는 용어와는 구별되어야 한다는 점에 유의할 필요가 있다. 내가 말하는 품질의 의미는 일반적으로 우리가 (유지, 자재, 공사 등의) 품질이라고 부르는 것을 포함하고 있되 이에 국한되지 않으며, 주택이 지니고 있는 여러 속성의 다차원적 묶음 전체에 대해 시장이 요약하여 평가한 것을 의미한다.

여기서 내가 사용하는 주택품질 개념은 감정평가사가 말하는 '감정가치assessed value'와 비슷하다. 이 개념은 해당 주택이 위치하고 있는 구체적인 동네 및 로컬정치관할구역의 맥락 내에서 건물과 획지의 모든 물리적 특성을 화폐가치로 추정해서 환산하는 공식을 기반으로 해당 주택의 가치를 요약하여 (이 경우 화폐 단위로) 평가한 것이다. 이것은 부동산 경제학자들이 '헤도닉 가치hedonic value'라고 부르는 것, 이를테면 만약 일반 가구가 해당 주택에 거주한다고 할 경우 얼마나 많은 만족감을 얻을 것인지에 대해 시장에 근거한 가치평가와 더 정확히 관계되어 있다.[3] 경제학자들은 시장이 주택의 헤도닉 가치를 평가할 때 사용하는 내재적인 공식을 광범위하게 탐구해 왔다. 그들은 주택 판매가격이나 임대료를 (주택의 경과년수, 욕실 수, 부지면적, 대기오염지수, 동네의 중위소득 등과 같은) 개별 속성들의 잠재가격으로 어떻게 분해할 수 있는지 보여주는 통계 회귀모형을 추정했다.[4] 이들 잠재가격implicit prices은 개별 주택 속성들을 하나의 공통 지수 값으로 집계하는 데 필요한 상대적 가중치를 나타낸다. 일단 모형으로부터 이들 가중치를 확인하면, 뒤이어 어떤 특정 주택의 특성들에 이들 가중치를 적용함으로써 해당 주택품질을 쉽게 추정할 수 있다.

이 과정은 대도시 지역의 주택재고를 하나의 품질 스펙트럼을 따라 배열하는 데 (이론적으로나 실제적으로)[5] 이용될 수 있다. 품질 스펙트럼 내에서 상대적으로 좁은 품질 대역을 나타내는 범위들은 하나의 하위시장 내에 있는 주택들을 구체적으로 보여준다. 이전의 비유로 돌아가면, 각 하위시장은 서로 다른 종류의 과일에 해당한다. 이와 같은 품질 스펙트럼을 정확히 어떻게 별개로 구분된 하위시장으로 분할할 수 있는가 하는 것은 모든 시장 행위자가 동의하지는 않을 수 있는 다소 자의적인 선택이다. 그럼에도 불구하고, 거주자에게 주는 만족감과 공급자에게 발생하는 비용의 측면에서, 특정 범주의 주택은 다른 주택보다 더 밀접한 대체재라는 것에 대해 행태적으로 현시된revealed 시장 합의가 존재한다. 동네변화를 이해하기 위해, 대도시 주택시장을 '저품질', '중간품질', '고품질' 등 세 개의 하위시장으로 충분히 분할할 수 있다. 또한 자가점유owner-occupied와 부재소유absentee-owned를 구분하지 않는 것이 단순화를 위해 유용하며, 가구를 단지 수요자(임차 거주자)로 보고 소유자를 단지 공급자(비거주자)로 보는 것이 더 용이하다.

주택품질과 시장평가가치(다시 말해, 판매가격 또는 계약 임대료)를 구분하는 것이 매우 중요한데, 주택품질과 시장평가가치가 서로 관계되어 있기는 하지만 같은 말은 아니다. 제대로 작동하는 주택시장에서는 주택품질과 시장평가가치가 반드시 완전한 상관관계를 가지는 것은 아니지만 매우 높은 양(+)의 상관관계를 가지고 있을 것으로 예상할 수 있다. 하지만 이들 개념이 얼마나 관계되어 있든 상관없이 주택품질과 시장평가가치는 시간이 지남에 따라 서로 독립적으로 변할 수 있다. 주택의 물리적 품질을 개선하기 위해 소유자는 크게 투자할 수 있지만, 대도시 지역의 경제가 불황에 빠지면 해당 주택의 시장평가가치는 오히려 하락할 수 있다. 그와 반대로, 지역 경제가 호황이거나 주택담보대출을 받기가 쉬워서 부동산 투기가 만연하면, 부실유지로 인해 비교적 낮은 품질의 하위시장으로 품질이 저하되고 있음에도 불구하고 주택의 시장평가가치는 상승할 수도 있다.

주택품질에 관한 내 정의의 또 다른 중요한 측면은, 제2장에서 논의한 바와 같이, 주택품질에는 해당 주택 및 해당 주택이 위치한 획지의 특성뿐만 아니라 동네 및 로컬정치관할구역과 관련된 수많은 속성도 포함되어 있다는 것이다. 이와 같은 설명은 주택품질에 관한 세 가지 중요한 함의를 제공하는데, 내생성endogeneity, 이질성heterogeneity, 외부효과 취약성externality vulnerability 등이 그것이다. 여기서 내생성이 의미하는 바는, 동네의 인구 특성(특히 인종, 민족, 계층 차원에 따른 특성)이 해당 주택을 어떤 순간에도 현재의 주택품질하위시장으로 반복적으로 동일하게 규정하도록 하며, 시간이 지남에 따라 동네의 인구 특성은 해당 동네와 경쟁 동네의 주택 속성과 동네 속성, 그리고 그 전반에 대해 반응한다는 것이다. 여기서 이질성이 의미하는 바는, 동네의 인구 특성(특히 인종, 민족, 계층 차원에 따른 특성)이 '품질'에 어떻게 기여하는지의 측면에 있어서 모든 거주자가 일관되게 생각하지는 않을 수 있다는 것이다. 예를 들어, 자신과 같은 인종이나 계층 집단을 이웃으로 강하게 선호하는 사람은 다른 인종이나 계층 집단의 가구가 이주해 오는 것을 동네 품질을 떨어뜨려 자신이 거주하고 있는 주택의 하위시장 지정을 격하시키는 것으로 생각할 수 있다. 제7장에서 이러한 측면을 보다 깊이 탐구할 것이다. 외부효과 취약성은 해당 동네에서 거주자와 소유자가 인근의 다른 가구들과 소유자들의 이동성 및 주택 재투자 행동에 잠재적으로 영향을 받을 수 있음을 의미한다. 제9장에서 그 함의를 탐구할 것이다. 외부효과 취약성이 의미하는 바는, 자신의 주택을 물리적으로 개조하는 소유자의 의도적인 행위를 통해서뿐만 아니라, 거주자와 어떤 특정 주택의 소유자의 관점에서 볼 때 의도되지도 않고 바람직하지도 않을 수 있는 이웃의 행위를 통해서도 주택의 품질 지정이 바뀔 수 있다는 것이다. 주택을 품질하위시장으로 지정하는 데 있어서 외부적으로 발생된, 의도되지 않은 이러한 형태의 변화를 나는 '소극적 품질저하/품질향상passive downgrading/upgrading'이라고 부른다.

주택시장의 품질 세분화는 두 가지 중요한 특징을 가지고 있다. 첫째, 다른 하위시장에 있는 주택으로 완벽하게 대체될 수는 없기 때문에 각 하위시장 내에서 수요와 공급은 독립적으로 조정될 여지가 있다. 둘째, 하위시장 사이에 어느 정도의 대체 가능성이 있기 때문에 하위시장 또한 서로 연관되어 있다. 이를테면, 가구는 하위시장들 사이에서 옮겨갈 수 있고, 주택 소유자는 자신의 현재 주택을 다른 주택으로 전환할 수 있으며, 신규주택 건설사업자는 주택 건설을 위한 경합 예정지로 하위시장을 생각할 수 있다. 아래에서 보는 것처럼, 주택하위시장은 해당 하위시장 및 다른 하위시장에서의 수요나 공급 변화에 체계적으로 반응하지만, 반응의 패턴과 규모는 품질하위시장들 전체에 걸쳐 동일하지 않다. 어떤 두 개의 하위시장 사이에서 대체 가능성이 클수록(다시 말해, 품질 차이가 작을수록) 하나의 하위시장에서의 변화가 다른 하나의 하위시장에 가져오는 영향은 더 클 것이며, 대체 가능성이 작을수록(다시 말해, 품질 차이가 클수록) 그 영향은 작을 것이다. 품질하위시장이 동일하지 않은 핵심 원인은 다른 하위시장으로 옮겨가는 것을 고려하고 있는 가구의 교차가격탄력성cross-price elasticities(다시 말해, 하나의 하위시장에서 다른 하나의 하위시장으로의 가격 변화에 대한 수요자들의 민감성)의 차이 그리고 (특히 품질저하 대비 품질향상 비용과 관련되거나 신규건설과 용도변경 사이의 혼합과 관련된) 공급 반응의 차이 때문이다.

하위시장에서 어떤 변화가 일어나는지를 이해하기 위해 두 행위자 집단과 두 기간을 고려할 필요가 있다. 두 행위자 집단은 가구('수요자'), 그리고 주택 소유자, 용도변경자, 건설사업자, 개발사업자('공급자') 등이다. '시장기간market period'은 공급자가 주택을 개조하거나 새로 건설한 주택을 시장에 내놓기에는 충분하지 않을 정도로 짧은 기간이다.* 이들 공급 반응은 오직 '중기medium-run period'에서 관련된다. 아래에서는 이 두 기간, 즉 시장기간과 중기 동안 이루어지는 수요자와 공급자의 행동에 대해 논의할 것이다.

시장기간 수요

품질 범위 X에 모두 속해 있는 주택으로 구성된 특정 대도시 주택하위시장에 대해, 비교적 짧은 '시장기간'(이를테면, 1개월) 동안 가구들이 기꺼이 점유할 의사와 능력이 있는 주택의 수량과 그에 대해 부과될 장래 시장평가가치(다시 말해, 구매가격 또는 임대료)[6]를 관계시키는 내재된 함수가 존재할 것이다. '하위시장 X에 대한 총수요' 함수는 대안적인 가상의 시장평가가치 시나리오하에서 해당 주택시장의 개별 가구가 선택할 주택의 총합을 나타낸다. 수요함수란 '소유자가 우리에게 이만큼의 금액을 부과한다면, 우리는 품질 X에 속해 있는 주택을 이만큼 많이 기꺼이 점유할 의사와 능력이 있을 것이다'라는 것처럼 짜여진, 여러 다양한 상황에서 가구가 어떻게 반응할 것인지를 요약적으로 표현한 것으로 생각할 수 있다. 개별 가구는 가구 소득과 부에 따른 재정적 제약 내에

---

* 앨프리드 마셜(Alfred Marshall)은 『경제학원론』(1890)에서 시장균형의 달성을 공급 조건에 따라 시장기간(market period), 단기(short period), 장기(long period) 등 세 개의 기간으로 구분해서 설명한다. 시장기간은 공급이 고정되어 있으면서 수요에 따라 가격이 결정되는 매우 짧은 기간을 말한다._옮긴이

서 (자신들의 선호에 기초하여) 주택 및 비주택 재화 소비의 가장 바람직한 조합을 얻기 위해 어떤 하나의 품질하위시장을 선택한다고 가정된다. 재정적 제약은 다른 모든 조건이 일정하다면 주택가격이 상승함에 따라 더 적은 수량의 주택을 소비하도록 요구할 것이기 때문에, 하위시장의 총수요함수는 해당 하위시장의 주택별 시장평가가치(MV_X)와 가구들이 기꺼이 점유할 의사와 능력이 있는 주택의 수량(Q_X) 사이에서 반비례 관계로 특징지어질 것이다. 하위시장 X의 대표 총수요함수는 그림 3.1에서 D_{X1}로 표시된다.

주택시장 밖에서 결정되는 요인(소득 및 선호 분포, 비주택 재화의 가격)과 주택시장 안에서 결정되는 요인(재정적으로 실현 가능한 대체 하위시장의 시장평가가치)이 특정 품질하위시장의 주택 수요를 결정할 것이다. 첫째, 대도시 전반에 걸쳐 여러 다양한 재정적 수단(소득과 부)을 가지고 있는 가구의 수가 수요를 결정하는 하나의 요인일 것이다. 예를 들어, 하위시장 X의 주택을 소비하기에 적당한 소득을 가진 이주자들이 대도시에 많이 진입한다면, 하위시장 X에서의 수요가 증가할 것이다. 이것은 그림 3.1에서 수요함수를 D_{X1}에서 D_{X2}로 이동시킬 것이다. 만약 X가 높은 품질의 하위시장이고 고용시장의 호조로 임금이 상승함에 따라 대도시 지역의 많은 중간소득 가구가 훨씬 더 부유해질 경우 마찬가지의 효과가 나타날 것이다. 둘째, 대도시 전반에 걸쳐 주택과 관련하여 다양한 선호를 가지고 있는 가구의 수가 수요를 결정한다. 이러한 선호는 대개 가족 상태 및 나이와 관계있는데, 젊은 독신자는 자신의 소득 중 보다 작은 비율을 주택에 투자하기 원한다. 반면 자녀를 가진 중년 부부는 그 반대를 원하기 때문에 다른 모든 것이 일정하다면 자녀를 위해 더 높은 품질의 주택을 선택하는 경향이 있다. 젊거나 자녀가 없는 독신 장년층이 압도적으로 우세한 대도시에서는 자녀를 양육하는 부부가 우세한 다른 비슷한 하위시장에서보다 중간 이하 품질의 하위시장들에 대해 더 많은 수요가 발생할 가능성이 있다. 셋째, 가구가

그림 3.1 | **전형적인 시장기간 수요함수와 공급함수 및 중기 공급함수**

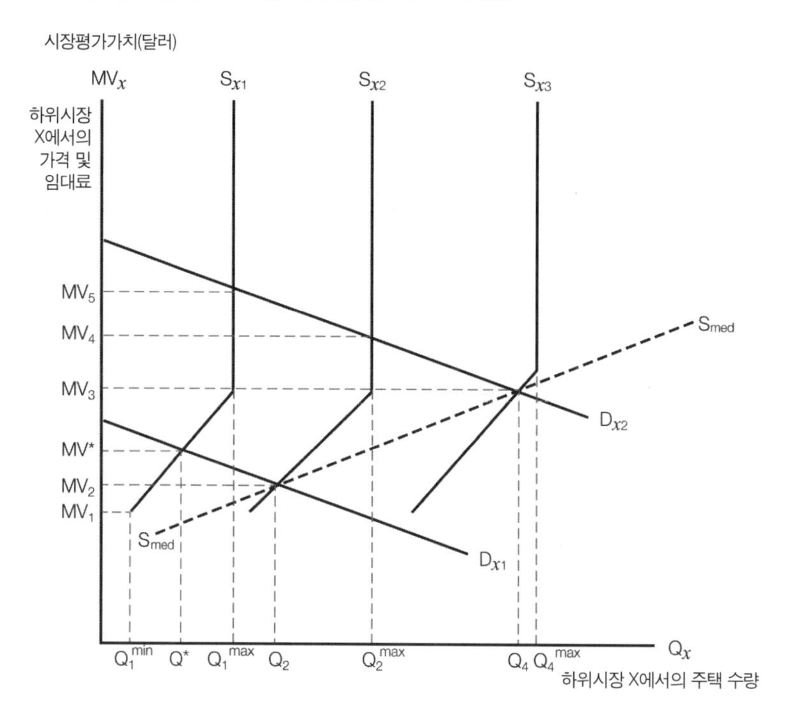

소비할 수 있는 다른 모든(즉, 주택이 아닌) 재화와 서비스의 가격이 주택 수요를 결정한다. 예를 들어, 주택가격과 비교하여 다른 모든 재화와 서비스의 가격이 오르면 당초에 수요가 발생한 하위시장보다 더 높은 품질의 하위시장에 대한 수요가 증가될 것이다. 넷째, 가구들이 하위시장 *X*의 합당한 대체재로 생각하는 다른 주택하위시장의 시장평가가치가 하위시장 *X*에 대한 수요를 결정할 것이다. 예를 들어, 가까운 대체 하위시장 *Y*에서의 시장평가가치가 상승하고 현저히 더 높은 품질을 유지한다면, 하위시장 *Y*에서 주택을 점유하기로 이전에 선택한 일부 가구는 자신의 결정을 변경하여 대신 하위시장 *X*를 점유하려고 할 것이다. 이것은 '하위시장 *X*가 더 높은 금전적 가치를 제공하기' 때문이다.

이처럼 유발된 가구 재배분의 규모는 해당 하위시장들 사이의 대체 가능성이 작을수록(다시 말해, 품질 차이가 작을수록) 더 클 것이다. 수요를 결정하는 넷째 요인은 하나의 하위시장에서 다른 하위시장들로 시장신호를 전달하는 두 메커니즘 중 하나를 제공하기 때문에 동태적 과정을 이해하는 데 특히 중요하다.

특정 하위시장에 대한 수요를 결정하는 이들 요인은 당연히 제1장에서 논의된 주거이동 과정과 기본적으로 연결되어 있다. 언급한 바와 같이, 대도시 내 이동성 관련 이론들 사이에서, 가구들은 자신의 현재 거주지의 적합성과 재정적으로 실현 가능한 대안으로 여기는 다른 거주지의 적합성에 대해 상대주의적으로 판단한다는 데 전반적으로 의견이 일치한다. 앞에서 언급한 수요 결정 요인 측면에서, 가구들은 현재의 소득, 주택선호, 품질 단위당 상대적 시장평가가치 등에 근거하여 하위시장에 대한 주거선택을 한다. 현재 점유하고 있는 주택보다 다른 주택을 더 선호한다면 이주를 결정할 것이다. 바꾸어 말하면, 가구들이 처음에 선호했던 주택 및 동네 패키지를 결국 더 이상 선호하지 않는 것으로 볼 수 있다. 이는 (선호에 영향을 미치는 소득이나 가족 환경의 변동과 같은) 해당 가구 내부의 변화, (해당 가구의 관점에서 바람직하지 않은 방식으로 품질을 떨어뜨리는) 현재 동네의 외부 변화, 또는 (해당 가구의 관점에서 바람직한 방식으로 품질/비용의 비를 향상시키는) 대안적인 동네들의 외부 변화 때문일 수 있다. 그러므로, 제1장에서 강조한 바와 같이, 현재 점유된 동네와 하위시장 그리고 장래에 점유될 동네에서의 상대적 조건이 개별 가구의 주거 이동성에 영향을 미친다. 일단 이동하는 것을 선택하면, 이러한 선택은 하위시장들 전체에 걸쳐 집계됨으로써 시장기간 수요가 결정된다. 다음에서 보는 바와 같이, 시장기간 수요와 시장기간 공급이 함께 만들어내는 가격신호는 장래에 동네 조건을 변화시킬 것이며, 가구들이 일련의 후속적인 조정 작업을 하도록 잠재적으로 자극할 것이다.

시장기간 공급

나는 주택 소유자가 자신의 주택투자 수익률을 극대화하려고 시도하는 것으로 주택 소유자를 모형화한다. 시장기간 공급함수 개념은 단기에 발생하는 주택 소유자들의 집계적 행동을 구체화하여 나타낸다. 나는 공급자에 대한 '시장기간'을 다음과 같이 정의한다. 즉, 해당 주택의 품질하위시장 지정을 바꿀 어떤 중요한 변경을 하기에 지나치게 짧거나 또는 신규주택을 건설하거나 비주거용 주택에서 주거용으로 전환하기에는 지나치게 짧은 시간 간격으로 정의한다. 정의에 따르면, 시장기간은 주택 소유자의 행동을 현재의 어떤 시장평가가치에서 오직 주거용 주택을 제공할 것인지 여부를 선택하는 것으로만 제한한다.[7] 어떤 특정 하위시장 X에 대한 시장기간 공급함수(S_X)는 하위시장 X에서 여러 다양한 잠재적 시장평가가치(MV_X) 그리고 소유자들이 주거용으로 해당 시장에 제공할 기존 주택의 수(Q_X) 사이의 관계를 정의한다. 시장기간 공급함수는 하나의 집단으로서의 주택 소유자들이 다양한 상황에서 어떻게 반응할 것인지를 요약하여 표현한 것으로 생각할 수 있으며, 이는 '만약 우리가 각 주택에 대해 이 정도의 재무적 수익을 얻는다면, 우리는 기꺼이 품질 X의 주택을 주거용으로 (그리고 실제로 점유되기를 바라면서) 이만큼 많이 제공할 것이다'라는 틀로 표현된다.

시장기간 공급함수의 특성을 결정하는 핵심은 '유보가격reservation price', 즉 소유자가 주택을 시장에 내놓도록 유도하는 최소한의 시장평가가치이다. 어떤 하위시장 내의 유보가격은 소유자가 소유하고 있는 해당 주거단위의 비용 특성과 소유자의 기대심리에 따라 달라진다. 비용 결정에 있어서 중요한 요인은 다음 시장기간까지 주택을 계속 비워두는 것의 현재 비용과 대비하여 주택이 점유되도록 하는 것의 상대적인 현재 비용이다. 주택 소유와 관련된 일부 비용, 이를테면 재산세, 보험, 예방적 보수 및 교체, 그리고 아마도 담보대출 상환 등은 주택을 점유하고 있는지 여부에 따라 달라지는 것이 아니다. 다른 비용은 점유 여부에 따라 크게 달라질 수 있다. 빈집의 경우 담보 비용이 더 높을 수 있으며, 점유주택의 경우 관리, 수리, 유틸리티 등과 관련된 비용이 더 높을 수 있다. 점유 비용에 비해 빈집 보유 비용이 높을수록, 해당 주택을 현재의 시장에 주거용으로 기꺼이 제공하려는 소유자의 의사가 더 클 것이며 따라서 유보가격은 더 낮을 것이다. 장래 시장평가가치에 대한 기대심리 또한 유보가격에 영향을 미칠 수 있는데, 낙관적으로 전망할수록 유보가격은 더 높아질 것이다. 관련 하위시장에서 시장평가가치가 가까운 미래에 크게 상승할 것이라고 소유자가 기대한다면, 그는 당분간 시장에서 주택 거래를 보류하고 싶어 할 것이며, 불리한 금융 거래에 자신이 얽히는 것을 원하지 않을 것이다.[8]

어떤 하나의 시장기간 동안 각 소유자는 소유 주택 각각에 대해 유보가격을 정할 것이다. 만약 시장평가가치(MV_X)가 낮다면, 유보가격이 낮은 주택만 점유 목적으로 해당 하위시장에 공급될 것이며, 따라서 제공되는 총수량(Q_X)은 적을 것이다. 만약 시장평가가치가 점점 올라갈 경우, 해당 시장평가가치는 점점 더 많은 주택의 유보가격을 잇따라 초과할 것이며, 이에 따라 총수량은 증가할 것이다. 그러므로 상당한 범위의 잠재적 시장평가가치에 걸쳐, 총수량(Q_X)과 시장평가가치(MV_X) 사이에는 직접적인 관계가 있을 것이다. 그림 3.1에서 시장기간 공급함수 S_{X1}에 대해 시장평가가치 MV_1과 MV_3 사이의 범위를 보기 바란다.

하지만 시장기간 동안 소유자들이 주거용으로 제공할 수 있는 최대 주택 수량과 최소 주택 수량에는 한도가 있다. 최소 주택 수량은 유보가격이 가장 낮은 하위시장에서 소유자들이 보유한 품질 X의 주택 수량(Q_1^{Min})으로 정의된다(그림 3.1의 MV_1). 만약 시장평가가치가 MV_1 이하로 떨어진다면, 시장기간 동안 어느 누구도 주거용 주택을 제공하지 않을 것이다. 시장기간은 주택재고량의 어떤 변경도 허용되지 않는 기간으로 정의되기 때문에, 최대 주택 수량의 경우 시장기간 공급함수는 기존 하위시장 재고량(Q_1^{Max})으로 제한되어야 한다. 그러므로 그림 3.1의 시장기간 공급함수 S_{X1}에 대해 소유자들이 MV_3 이상의 매우 높은 시장평가가치를 누리고 있다고 하더라도, 그들은 하위시장 X에서 현재 소유하고 있는 주택들(Q_1^{Max}) 이상으로 제공할 수는 없을 것이다.

최소 주택재고량, (보유 및 점유의 상대적 비용과 기대심리에 따라 결정되는) 일련의 유보가격, 최대 주택재고량 등은 하위시장의 시장기간 공급함수를 함께 결정한다. 그림 3.1에서 보는 바와 같이, 함수 S_{X1}은 (0부터 MV_1까지) MV_1 이하의 모든 시장평가가치에 대해 공급되는 주택은 없다는 것을 나타낸다. 주거용으로 제공되는 주택의 한정된 수량은 Q_1^{Min}에서 시작한다. 이다음 선분은 시장평가가치 MV_1과 MV_3 사이에 있는 가설적으로 더 높은 여러 시장평가가치에 대해 특정 하위시장에서 주거용으로 제공될 주택의 누적 수량을 주택재고량 Q_1^{Min}에 합한 것으로 정의된다. 하위시장 X에서 소유자들 전체의 유보가격의 분포와 각 소유자가 통제하는 주택의 수량은 정확히 위로 향하는 기울기를 가진 시장기간 공급함수 S_{X1}을 결정한다. 마지막으로, 시장기간 공급함수 S_{X1}은 시장평가가치가 MV_3를 초과할 때 주택재고량 Q_1^{Max}에서 완전비탄력적이 된다.

시장기간 균형

시장기간 수요 D_{X1}과 공급 S_{X1}에 기초하여, 해당 하위시장은 그림 3.1에서 (Q^*, MV^*)로 표시된 균형 상태를 향해 움직일 것이다. 시장기간 균형market-period equilibrium은 시장평가가치 MV^*에 의해 정해지며, 해당 시장평가가치에 대해 하위시장 X에서 가구들이 점유하기를 원하는 주택의 수량과 하위시장 X에서 소유자들이 점유하기를 원하는 주택의 수량은 동일하다. 이러한 균형 상태는 해당 하위시장에서 실제로 점유될 주택의 수량과 그에 상응하는 시장평가가치를 구체적으로 보여줄 뿐만 아니라, 시장기간 동안 빈집이 될 주택의 수량 — 그림 3.1에서 보는 바와 같이 총재고량에서 점유 재고량을 뺀 $Q_1^{Max} - Q^*$ — 도 보여준다. 이것이 직관적으로 말해주는 바는 강력한데, 사람들은 '활황' 상태인 주택시장에서는 공실이 줄어들 것으로 예상할 것이기 때문이다. 이는 그림 3.1에서 시장기간 수요 D_{X1}과 공급 S_{X1}의 결합으로 설명될 수 있는데, 이것은 해당 하위시장에 균형 (Q_1^{Max}, MV_5)를 가져올 것이며 빈집은 발생하지 않을 것이다.

균형은 단순히 주택의 수량과 주택의 시장평가가치를 추상적으로 조합하거나 두 직선의 교점을 시각적으로 나타낸 것이 아니라는 점을 인식하는 것이 중요하다. 좀 더 정확히 말하면, 균형 상태란 가구들과 소유자들의 행동 그 자체가 해당 하위시장을 움직여서 도달하게 되는 상태이다. 시장기간의 수요와 공급이 각각 D_{X1}과 S_{X1}인데 하위시장 X에 있는 모든 소유자들이 시장평가가치 MV_4를 가격으로 매긴다고 할 때, 만약 해당 주택 소유자들이 자신의 주택 모두가 점유될 수 있다고 잘못 추측할 경우 어떤 변화가 일어날지 생각해 보자. 결과적으로, 이 하위시장에서는 어떤 가구도 주택을 점유할 의사가 없거나 점유할 능력이 없을 것이며, 이는 어떤 예비 거주자도 임대 또는 판매 계약을 완성하는 데 동의하지 않을 것임을 명백히 보여준다. 소유자들은 거주자를 끌어들여 수입을 얻기 위한 노력의 일환으로 서로 경쟁하여 시장평가가치를 낮춤으로써 이러한 불안정한 상황에 결국 적응할 것이다. 일단 해당 하위시장에서의 평가가치가 충분히 하락할 경우, 일부 가구는 하위시장을 점유하기 시작할 것이지만, 시장평가가치 MV가 여전히 소유자들의 유보가격보다 높기 때문에 일부 소유주는 여전히 원치 않는 공실을 가지고 있을 것이며 경쟁자들보다 낮은 가격으로 기꺼이 공급하려고 할 것이다. 이 과정은 모든 소유자가 시장평가가치 MV^*에 합의하여 이르렀을 때 비로소 멈출 것이다. 이때 시장평가가치 MV^*에서 자신의 주택이 점유되기를 원하는 소유자들 모두 그렇게 했을 것이다. 하위시장 X의 모든 소유자가 잘못된 정보에 의해 시장평가가치 MV^*보다 낮은 가격을 매기는 비슷한 시나리오를 분명히 생각해 볼 수 있다. 이 경우, 그 결과로 발생한 초과수요는 몇 안 되는 공실에 대해 서로 더 높은 가격을 제시하려고 애쓰면서도 주택을 찾을 수 없는 절망적인 가구들에서 명백히 나타날 것이며, 따라서 해당 시장은 더 높은 평가가치를 감당할 수 있는 운 좋은 소유자에게 신호를 보낼 것이다.

여기서 주목할 점은, 그림 3.1에서 묘사된 함수들을 도출한 수요와 공급에 영향을 주는 일단의 모수parameter를 명세화하면서, 하위시장이 시장평가가치를 향해 움직이는 것으로 균형을 설명한다는 점이다. 수요와 공급을 결정하는 기본적인 모수들이 때로는 끊임없이 변화하고 가구와 소유자는 불완전한 정보를 가지고 있기 때문에, 정확한 균형은 어떤 순간에도 나타나지 않을 것이다. 이 내용은 제5장에서 상세히 논의할 것이다. 그럼에도 불구하고, 이 개념은 동네변화의 동태적 과정을 이해하는 데 있어 우리의 목적에 유용하다. 수요 또는 공급의 이동으로 나타나는 충격이 가구들과 소유자들이 모색하는 균형 목표점을 이동시킴에 따라, 다른 일단의 시장가격 신호(시장평가가치 MV의 변화)가 뒤따를 것이다. 다음에서 자세히 설명하는 것처럼, 이러한 신호는 주택재고의 품질 분포에 장기적인 조정을 촉발할 것이며, 이는 결과적으로 주택조정이 발생한 동네의 물리적 지형 및 거주 지형에 변화를 가져올 것이다.

중기 공급조정

시장기간의 맥락보다 더 긴 시간이 허용된다고 할 때, 대도시의 주택시장과 그 시장을 구성하는 동네들에서 상황은 더욱 흥미로워진다. 시장기간 균형은 특정 하위시장에서 어떤 순간에도 시장평가가치를 구체적으로 명시하며, 이를 통해 시장기간 균형은 주택 소유자들이 자신의 주택에서 벌어들인 절대수익률을 명확히 나타낸다. 이 수익률은 다른 하위시장에서의 수익률 또는 주택부문 외의 투자 수익률보다 더 높거나 더 낮을 수 있다. 공급자는 대개 자신의 자산 포트폴리오에 대한 (위험조정) 수익률을 개선하고자 한다고 볼 수 있기 때문에, 이처럼 수익성에 대한 상대적 비교를 통해 장기 주택공급 결정이 이루어지게 된다. 예를 들어, 기존 주택 소유자는 해당 주택을 다른 품질하위시장으로 전환하는 데 소요되는 초기 비용 및 차등적으로 계속 발생하는 유지 비용을 고려하면서, 기존 주택보다 예상 수익률이 더 높은 다른 품질하위시장으로 해당 주택을 전환하기 위해 주택개조를 의도적으로 원할 수 있다. 어떤 사람은 해당 주택의 잠재적 하위시장과 관계없이 자신의 주택에서 최소한의 예상 수익률조차 확보하지 못할 수 있으며, 그 결과 자신의 주택을 비주거용으로 전환하려고 할 수도 있고 아니면 이를 방치함으로써 주택재고에서 제외하려고 할 수도 있다.[9] 신규주택 건설사업자는 주식과 채권에서 잠재적으로 달성 가능한 수익률을 초과하는 특정 하위시장에서의 수익률을 지각할 수 있고, 그 결과 해당 하위시장의 주택재고를 증가시킬 수 있다. 이러한 여러 다양한 행위는 시간이 지남에 따라 대도시의 품질하위시장들 전체에 걸쳐 주택의 분포를 변경하고 장기 공급 변화를 만들어낸다. 나는 이들 변화가 발생하는 기간을 '중기'라고 부른다.[10] 다음에서는 신규건설과 전환conversion이라는 가장 기본적인 두 가지 유형의 중기 공급조정에 대해 논의한다.

신규건설의 경우, 주택하위시장모형은 건설사업자가 자신의 순자산에 대한 전반적인 수익률을 높일 목적으로 모든 잠재적 하위시장에서 건설할 주택의 수량을 선택할 것이라고 가정한다. 수익률을 추정할 때 건설사업자는 각 하위시장에서 예상되는 재무적 편익과 건설비용을 따져봐야 한다. 주택당 편익(MV_X)은 관련 하위시장 X에 있는 주택의 기대 판매가격(또는 기대 순임대료 흐름)을 할인한 현재가치로 구성된다. 어떤 건설사업자도 현재의 하위시장 균형과 다르게 시장평가가치를 설정할 힘을 가지고 있을 만큼 하위시장(기존 및 신규 주택)의 그렇게 큰 부분을 대표하지 않는다고 가정하는 것이 현실적이다. 주택당 비용(C)은 토지비용 및 건설비용, 하위시장 X에서 신규주택을 유지하는 데 들어가는 비용을 할인한 현재가치, 건설사업자의 자본에 대한 기회비용(즉, 비주택 투자로부터의 수익률) 등으로 구성된다. 나는 MV와 C가 모두 하위시장 품질 X의 단조monotonic(추측컨대 비선형적) 증가 함수라고 가정한다.

건설사업자는 편익과 비용의 차이(기대수익률)가 가장 큰 신규주택 투자를 찾아내기 위해 하위시장들 중에서 선택함으로써 신규주택에 대한 높은 투자수익률을 달성한다. 건설사업자는 이러한 최적 하위시장에서의 수익률이 0보다 크기만 하면(앞에서 언급한 바와 같이, 자본의 기회비용은 이미 비용에 포함되어 있다), 최소한 하나의 신규주택을 건설할 것이다. 조직 역량과 신용 제약은 건설사업자가 수행하는 주택투자 총량을 제한할 것이다. 또한 특정 장소에서 주택투자 총량은 여러 다양한 용도지역제 및 주택법규 규제나 건축허가 제한에 의해 제약될 수 있다.

기존 주택의 소유자는 장기공급 결정을 고려할 때 상당히 다른 제약조건과 비용에 직면한다. 목표하위시장target submarket에 적합한 품질을 생산하기 위해 주택 패키지의 구성요소들을 가장 효율적으로 짜 맞출 수 있는 유연성을 훨씬 더 많이 가지고 있는 건설사업자와 달리, 현재 소유자의 주택자본은 자신이 현재 거주하고 있는 주택과 관련된 일단의 건축물 속성에 이미 묶여 있다. 이러한 속성들 중 일부는 실행 가능성 있게 바뀌지 않을 수 있으며, 그 밖의 다른 속성들은 큰 비용을 들여야만 바뀔 수 있다. 게다가 그러한 속성들은 소유자가 통제할 수 없는 주택묶음의 다른 측면들과 잘 맞지 않을 수 있다. 예를 들어, 매우 황폐한 동네의 주택 소유자는 건축물 자체를 재개발하는 데 상당한 금액을 투자한다고 하더라도 하위시장의 품질(그에 따른 시장평가가치)에 있어서 얼마 안 되는 예상 이득만 얻을 수 있다. 나는 제1장에서 주택 소유자의 주택 재투자 행동에 관해 현재 논의되고 있는 이론들을 자세히 다루었다.

이러한 문제들이 있음에도 불구하고, 기존 주택의 소유자는 각 품질하위시장 X_i에서 자신의 주택에 대해 잠재적으로 여러 선택대안을 가지고 있다.

1. 연관 비용 C_i(품질하위시장 X_i에서 유지비용 지출을 할인한 현재가치와 주택에 체화된 자본의 기회비용의 합)를 사용하여, 기존 주택을 동일 하위시장 X_i로 유지한다.
2. 연관 비용 C_{ij}(현금지출 전환비용, 목표하위시장 X_j에서 유지비용 지출을 할인한 현재가치, 기회비용 등)를 사용하여, 기존 주택을 품질하위시장 X_i에서 (증축, 개량, 강화 등을 통해) 더 나은 품질의 하위시장 X_j로 품질을 향상한다.
3. 연관 비용 C_{ik}(현금지출 전환비용, 품질하위시장 X_k에서 유지비용 지출을 할인한 현재가치, 기회비용 등)를 사용하여, 기존 주택을 품질하위시장 X_i에서 (소극적으로 부실하게 유지하거나 대규모의 주택을 소규모 단위로 세분하는 것을 통해) 더 낮은 품질의 하위시장 X_k로 품질을 저하한다.
4. 연관 비용 C_N(현금지출 전환비용과 기회비용의 합)을 사용하여, 기존 주택을 비주거용 부동산(예: 사무실 또는 소매점)으로 전환한다.

5. 연관 비용 C_A(체화된 자본의 기회비용)를 사용하여, 기존 주택을 방치(소유권 포기, 잠재적으로 점유될 수 있는 주택재고에서 제외)한다.

예상 수익률은 위의 각 선택대안과 관련되어 있다. 선택대안 1에서 3까지 중 최선의 선택을 하기 위해 소유자는 다른 하위시장으로의 모든 잠재적 전환에 대해 한계편익(MV의 변화)과 한계비용(C의 변화)을 비교해야 한다. 현재의 하위시장에서 주택을 유지하는 것과 비교하여, 다른 하나의 하위시장으로 전환하는 것과 관련된 최대 한계순편익이 양(+)의 값일 경우, 소유자는 해당 주택을 전환할 유인을 가질 것이다. 잠재적 수익률이 최고인 하위시장에서조차도 비주거용으로 사용할 때의 수익률이 주택으로 계속 사용할 때보다 더 높은 경우, 비주거용으로 전환하는 것이 더 나은 선택대안이 될 것이다. 다른 어떤 잠재적 용도(주거용으로든 비주거용으로든)로 사용되든지 간에, 해당 건축물 및 상호 보완적 자원의 사용에서 발생하는 수익률이 해당 주택시장에서 해당 주택을 유지하기 위해 최소한으로 필요한 운영 자원들의 기회 수익률opportunity rate of return보다 낮을 경우, 주택을 방치하는 것이 최적의 선택대안일 것이다. 여러 유인 동기에도 불구하고, 기존 주택의 소유자에 의한 이러한 공급 행동은 개인의 수완, 시간, 재정적 자원에 의해, 그리고 여러 다양한 용도지역제 및 주택법규 규제에 의해 제약될 수 있다.

지금까지 나는 다른 품질의 하위시장으로 주택을 전환하기 위해 적극적이고 의도적으로 결정하는 것에 대해서만 논의했다. 하지만 그러한 전환은 소유자의 노력이나 의도 없이 일어날 수도 있다. 나는 이것을 **소극적 전환**passive conversion이라고 부른다. 소극적 전환은 소유자가 통제할 수 있는 범위 밖의 어떤 외부적인 힘이 주택묶음 속성들을 하나 이상 변화시켜 집계적인 품질 등급을 되풀이하여 변경시킬 때 발생한다. 문제의 속성 변경이 해당 주택의 품질하위시장 지정을 바꿀 정도로 충분히 클 경우, '소극적으로 전환된다'. 예를 들어, 주택 주변의 공기 질을 실질적으로 향상시키는 대기오염 방지 캠페인, 자신의 주택이 심각하게 손상되도록 내버려두는 이웃의 많은 소유자, 또는 인근에 고속철도 정거장을 신규로 건설하는 것 등이 포함된다.

총 중기공급 및 일반균형

잠재적인 모든 소극적 전환이 일정하다고 할 때, 건설사업자와 용도변경자의 적극적인 공급조정의 집계가 각 하위시장에 대한 중기공급함수를 정의한다. 중기공급함수의 도출은 '대도시 주택시장 일반균형'이라는 개념, 즉 집계적으로 가구들이 하위시장들을 변경할 유인이 없거나 소유자들 또는 건설사업자들이 하위시장들 전체에 걸쳐 해당 주택재고의 전반적인 분포를 변경할 유인이 없는 상황이라는 개념에 의해 결정된다. 나는 중기공급 조정이 어떻게 일반균형general equilibrium을 가져오는지, 그리고 수요 변화에 의해 촉발된 새로운 일반균형으로의 후속 조정은 중기공급함수를 어떻게 표시하는지 직관적으로 설명할 것이다.

그림 3.1에서 보는 것처럼, 어떤 한 시점에서 품질하위시장 X에 대한 시장기간 공급함수 S_{X1}과 시장기간 수요함수 D_{X1}이 있다고 하자. 또한 현재의 시장기간 균형 (Q^*, MV^*)에서는 다른 하위시장에서 주택 전환 및 신규건설을 통해 얻을 수 있는 예상 수익률보다 해당 하위시장에서 전환 및 신규건설을 통해 얻을 수 있는 예상 수익률이 더 크다고 하자. 이러한 상황은 다른 하위시장에 있는 기존 주택의 소유자가 자신의 주택을 품질 수준 X로 전환하기 위해 개조하도록 유도할 것이다. 이와 유사하게, 어떤 주택법규나 다른 법적 규제로도 신규주택 건설을 막을 수 없으며 다른 어떤 하위시장도 더 높은 수익을 제공하

지 않는다고 가정하면, 신규주택 건설사업자는 건설을 통해 품질하위시장 X에 재고를 더할 것이다. 그림 3.1에서 보는 바와 같이, 이러한 전환 및 건설 반응은 품질하위시장 X에 대한 당초의 시장기간 공급함수의 이동으로 표현되며, 이에 따라 Q_1^{Max}에서 Q_2^{Max}로 그와 같은 주택의 총 가용 재고가 증가할 것이다.

이와 같은 공급량의 증가 때문에 시장기간 균형 시장평가가치는 경쟁적으로 점점 하락하며 그에 따라 하위시장 X에서의 수익률은 감소할 것이다. 하위시장 X로 주택이 계속 전환됨에 따라, 이들 전환된 주택이 비롯된 하위시장(들)에서의 공급은 계속해서 감소함으로써 해당 하위시장에서의 시장평가가치와 수익률을 상승시킬 것이다. 결론적으로, 가장 영향 받기 쉬운(다시 말해, 많은 비용을 들이지 않고 개조된) 주택단위부터 전환됨에 따라 당초의 하위시장으로부터 주택단위를 하나씩 전환하는 데 소요되는 한계비용은 점점 증가할 것이다. 하위시장 X와 인근 대체 하위시장에서의 시장평가가치 조정(그리고 전환의 경우에서의 비용 조정)은 두 가지 형태의 공급을 통해 하위시장 X의 주택재고 증가의 유인을 둔화시키고 결국에는 주택재고 증가를 멈추게 한다. 이러한 중기 시나리오 동안 내내, 가구들은 변화하고 있는 시장평가가치의 차이에 반응하여 최적의 하위시장 선택을 변경해 왔다. (단순화를 위해, 나는 시장기간 수요함수 D_{X1}이 비교적 크게 이동하는 것으로 표현한다.)

가구들이 (더 나은 주택거래를 찾아서) 하위시장을 변경하거나 소유자들 또는 건설사업자들이 하위시장들 전체에 걸쳐 (더 나은 수익률을 찾아서) 주택재고의 전반적인 분포를 변경하려는 더 이상의 유인이 (집계적으로) 없는 지점에 도달했을 때, 대도시 내 일련의 주택하위시장에서 일반균형을 달성할 수 있을 것이다. 하위시장 X에서 이 점은 그림 3.1에서 (Q_2, MV_2)로 표시되며, (조정 후) 관련 시장기간 공급은 S_{X2}로 표시된다. 이 시나리오에서 일련의 하위시장은 완벽하게 조정할 수 있는 시간이 충분하기 때문에, 시장기간 균형 (Q_2, MV_2)는 또한 일반균형점이며 따라서 중기공급함수상의 한 점이다.

중기공급함수 전체를 상세히 설명하기 위해, 품질 X의 주택을 소비하기에 적당한 소득을 가진 가구들이 전입함으로써 기존의 일반균형이 깨진다고 하자. 그림 3.1에서 보는 바와 같이, (다른 모든 하위시장이 초기에 아무런 변화가 없다면) 이것은 하위시장 X에서의 주택 수요를 D_{X1}에서 D_{X2}로 증가시킬 것이다. 주택 공실이 감소하고 시장평가가치가 MV_4까지 상승함에 따라, 하위시장 X에서 수익률은 현저히 높은 수준까지 상승할 것이며, 앞에서 설명한 바와 같이 비슷한 종류의 주택재고 공급조정을 유도할 것이다. 새로운 시장기간 공급함수 S_{X3}에서 구체화된 주택재고 증분과 함께, 그림 3.1에서 새로운 일반균형을 (Q_4, MV_3)로 표시하자(다시 말해, 이 두 일반균형에서 점유 재고는 Q_2에서 Q_4로 증가했으며, 총 가용 재고는 Q_2^{Max}에서 Q_4^{Max}까지 증가했다). 새로운 일반균형이 (Q_2, MV_2)와 (Q_4, MV_3)로 대표되는 것과 같이, 중기공급함수는 (다른 모든 하위시장에서의 초기 시장평가가치가 일정하다면) 하위시장 X에서 외생적 수요 충격에 의해 형성되는 시장평가가치와 수량의 일반균형 쌍들의 궤적이며, 이것은 그림 3.1에서 S_{MED}로 표시된 것처럼 주택하위시장 X의 중기공급함수를 구성한다.

여러 요인이 주택하위시장 중기공급함수의 세부 사항을 결정한다.[11] 신규건설, 품질저하, 품질향상 등 다양한 형태의 중기공급 조정 비용은 특정 하위시장 X에 대한 총공급 민감도, 즉 '탄력성elasticity'에 영향을 준다. 예를 들어, 건설사업자들 사이에서 하위시장 전문화가 거의 이루어져 있지 않고 하위시장 X에서 더 많이 건설하면서 해당 도시 지역에서 건설비용을 크게 올리지 않는다면, 중기공급함수 S_{MED}를 구성하는 중기 신규건설 구성요소는 매우 탄력적이게 될 것이다. 탄력적이라는 것은 시장평가가치가 상대적으로 작은 백분율로 상승할 때 주택재고는 상대적으로 큰 백분율로 증가한다는 것을 의미한다. 이와는 대조적으로, 해당 대도시 지역이 건설 노동, 자재, 토지 등의 가격이 매우 높고 반(反)성장 개발 규제와 결부되어 있다면, 중기공급함수 S_{MED}는 덜 탄력적일 것이며, 따라서 해당 시장이 새로운 하위시장 공급에 반응할 적절한 시간을 가졌다고 하더라도 수요 압력은 시장평가가치를 더 크게 상승하도록 만들 것이다. 마찬가지로, 초기에 품질 X보다 낮은 품질의 기존 주택재고를 값싸게 품질 X로 향상시킬 수 있고 초기에 품질 X보다 높은 품질의 재고를 값싸게 품질 X로 저하시킬 수 있다면(두 경우 모두 평균적으로 봤을 때), 중기공급함수 S_{MED}를 구성하는 총 전환 구성요소는 비교적 탄력적일 것이다. 앞에서 언급한 바와 같이, 이러한 전환비용은 결과적으로 기존 주택재고 고유의 특성에 따라 달라진다. 수십 년 전에 건설된 단일가구의 단독주택 단위들이 지배적인 대도시 지역은, 말하자면 철골 구조와 에너지 효율성 인증으로 최근에 건설된 복층의 여러 단위 건축물이 지배적인 비교 가능한 다른 지역과는 상이한 중기공급 탄력성을 분명히 보여줄 것이다.

중기공급에서 신규건설과 전환이라는 방식의 조합은 모든 하위시장에서 동일하지는 않을 것이다. 오히려 비교적 낮은 품질의 하위시장에서는 전환이 지배적인 경향이 있다. 왜냐하면 주택법규나 용도지역제로 인해 신규주택을 일반적으로 낮은 시장평가가치에서 건설하는 것은 (법적으로 금지되지 않는다면) 사실상 지나치게 많은 비용을 발생시키지만, 주택을 품질저하시키는 것은 대부분의 기존 주택에서 상대적으로 적은 비용을 발생시키기 때문이다. 반대로, 비교적 높은 품질의 하위시장에서는 신규건설이 우세할 것이다. 왜냐하면 현재의 주택선호에서 원하는 주택 속성의 조합을 구현하는 최신 기술을 이용하여 신규건설하는 것보다 기존 주택을 품질향상시키는 것이 일반적으로 더 많은 비용을 발생시키기 때문이다. 하위시장에 따라 전환과 건설 반응의 비율이 중기공급함수 S_{MED}에 서로 다르게 함축되어 구체화되기 때문에, 중기공급 탄력성은 대도시 내 일련의 하위시장 전체에 걸쳐 상이할 것이다.

하위시장 간 조정의 동태적 과정

하위시장 간 동태적 과정은 동네변화의 체계적인 성질을 이해하는 데 필수적이기 때문에, 그 동태적 과정의 속성을 모형에서 강조하는 것이 중요하다. 나는 하위시장들에서 일어나는 이러한 현상을 반응의 '체계적 비일률성systematic nonuniformities'으로 요약하여 설명한다. 다시 말해, 우리는 하나의 하위시장에서 어떤 외생적 충격이 일으키는 반향이 어떻게 일련의 하위시장 전체로 체계적으로 확산되는지 예측할 수 있으며, 이렇게 유발된 반향의 크기는 하위시장들 전체에 걸쳐 체계적이며 비일률적일 것으로 예측할 수 있다. '잔잔한 연못'(즉, 주택 일반균형)의 비유로 그 과정을 설명할 수 있다. 주택하위시장모형은 '돌이 잔잔한 연못으로 떨어지는 것'을 그 '돌'이 맞히는 하위시장에서 수요 또는 공급의 변화로 인해 생기는 불균형으로 본다. 그 결과 '잔물결'이 퍼져나가는데, 해당 하위시장에서 발생하는 이러한 불균형으로 인해 가구들 및 기존 주택의 소유자들은 다른 하위시장들에서의 수요와 공급을 모두 변화시키고 이에 따라 추가적인 반응을 발생시킨다. 이 잔물결은 연못 표면을 가로질러 체계적으로 이동하지만 그 힘은 점점 약해진다. 다시 말해, 원래 영향을 받은 하위시장과 가장 비슷한 품질의 하위시장에 먼저 영향을 미친 다음, 원래 하위시장과 점점 덜 비슷한 품질의 하위시장에 점점 약한 힘으로 순차적으로 영향을 미친다. 결국, 잔물결은 '연못 가장자리'에서 멈춘다. 일련의 하위시장 전체는 단지 약간이라고 할지라도 영향을 받는다.

이와 같은 특별한 동태적 과정은 품질에 따라 세분화된 대도시 주택시장의 수요 측면과 공급 측면 모두에서 비롯된다. 수요 측면에서 보면, 일부 가구는 자신의 초기 하위시장에서 변동된 시장평가가치에 반응하여, 현재 하위시장에서 (또는 현재 하위시장에 막 진입하고 있다면, 다른 선택을 하기 위해) 다소 높거나 낮은 품질의 대체 하위시장으로 전환하도록 유도될 것이다. 이는 하위시장 X의 불균형이 X의 시장평가가치를 변화시키고 다른 가까운 (비슷한 품질의) 대체 하위시장들의 수요에 상응하는 변화로 이어지게 함에 따라, 결과적으로 대체 하위시장들에서의 불균형을 촉발시킨다는 것을 의미한다. 비슷한 품질의 하위시장에서 유발되는 수요 변동은, 외생적 충격으로 인해 가장 큰 타격을 받는 해당 하위시장에서 초기에 존재했던 것보다 시장평가가치의 교란을 더 작게 발생시킬 것이다.[12] 계속해서 점점 더 작아지는 이들 교란은 초기 영향 지점에서 멀리 떨어진 다른 하위시장들에서 또 다른 추가적인 수요 변동을 유발할 것이다.

공급 측면에서 보면, 기존 주택의 소유자는 현재 하위시장에서 어떤 목표하위시장으로 전환할 것인지를 재검토함으로써 하위시장 X의 초기 불균형에 반응할 것이다. 만약 초기 불균형이 하위시장 X의 수익률을 높이고 있다면, 다른 하위시장들에 있는 더 많은 소유자는 이와 같은 새롭게 매력적인 경제적 이득을 얻기 위해 자신의 주택을 하위시장 X로 전환하는 것을 선택할 것이다. 하지만 이러한 전환은 기존 하위시장에서 이용 가능한 공급을 감소시키고, 이로 인한 불균형을 초래한다. 하지만 소유자들은 잠재적 전환비용이 출발하위시장origin submarket과 도착하위시장destination submarket 사이의 품질 차이에 양(+)의 방향으로 관계되어 있음을 알고 있다는 점을 상기할 필요가 있다. 그러므로 하나의 하위시장이 균형 상태에서 벗어나면, 소유자들은 일차적으로 해당 하위시장에서 비슷한 품질의 하위시장으로 또는 비슷한 품질의 하위시장에서 해당 하위시장으로 전환할 것이다. 초기 하위시장의 품질과 많이 동떨어져 있는 하위시장일수록 그와 같은 반응은 점점 약화될 것이다. 어느 경우이든 초기에 영향을 받은 하위시장의 전환가구가 들어가는 (또는 나오는) 하위시장에서의 시장평가가치의 변화는 초기 불균형하에서보다 크지 않을 것이며, 마찬가지로 초기 하위시장의 품질과 동떨어질수록 점점 약화될 것이다. 이와 같은 감쇠효과damping effect는 하위시장에서의 일부 재균형화 반응이 신규건설로부터 야기되는 정도까지 확대될 것이다.

그러므로 주택 수량과 시장평가가치에 있어서 하위시장 간 반향이 점점 더 상이한 품질의 하위시장들에 전달됨에 따라 초기에 충격을 받은 하위시장에 비해 그 반향이 점점 약해진다. 그렇기 때문에 하위시장 간 반향은 기본적으로 비일률적이다. 더욱이 대체 하위시장에서 시장평가가치의 변화에 대해 가구들이 얼마나 반응성 있는지뿐만 아니라 대안적인 이윤 잠재력에 대해 기존 주택의 소유자들이 얼마나 반응성이 있는지도 일련의 하위시장 전체에 걸쳐 동일하지 않기 때문에 하위시장 간 영향은 비일률적이다.[13] 전자는 전형적 거주자들의 소득 및 선호에 있어서의 하위시장 간 차이에 의해 설명된다. 후자의 비일률성은 모든 하위시장에 대해 전환비용에 영향을 주는 각각의 품질 조건에 놓여 있는 기존 주택재고의 특이성(특히 건축물 수명과 속성) 그리고 전환 및 신규건설 반응의 서로 다른 비율에 의해 설명된다.

주택하위시장과 동네변화의 동태적 과정 연결하기

주택하위시장모형의 기초를 다진 다음에, 나는 눈을 돌려 이 모형이 어떻게 동네변화의 원천에 대한 통찰력을 제공하는지 설명한다.[14] 먼저 분명히 해야 할 것은 대도시 내에서 주택하위시장과 동네를 구별하는 것이다. 이 둘의 근본적인 차이는, 하위시장은 대도시의 모든 주택을 추상적이고 비공간적으로 범주화한 것으로서, 주택 속성 묶음을 통해 주택들이 본질적으로 서로 밀접하게 대체될 수 있다는 것이다. 주택시장이 작동하는 곳은 하위시장 '공간'이다. 대도시의 가구, 주택 소유자, 개발사업자 전체가 역동적으로 상호작용함으로써 일련의 하위시장 전체에 걸쳐 시장평가가치, 수익률, 점유 패턴 등을 설정하는 장소가 하위시장 '공간'인 것이다. 시장평가가치와 수익률은 가구들이 특정 품질의 하위시장에 거주하도록 유도하고 소유자들과 개발사업자들이 각 하위시장의 주택 수량을 조정하도록 유도하는 신호를 구성하는데, 이러한 흐름이 동네에 영향을 미치는 원천이다. 제2장에서 살펴보았듯이, 동네는 주택의 군집과 관련되어 있는 공간 기반 속성의 유형적이며 장소구체적인place-specific 묶음이며, 종종 다른 토지이용과 결합된다. 이와 같이 공통의 하위시장 내에 군집된 주택들은 일반적으로 대도시에 있는 많은 동네에 걸쳐 위치한다. 동네는 종종 (항상 그렇지는 않지만) 다른 하위시장 범주 안에 속하는 주택을 그 안에 가지고 있다. 비록 하위시장과 동네가 서로 구별되기는 하지만, 이 두 개념은 불가분의 관계이다. 하나의 주택이 위치하고 있는 해당 동네의 수많은 공간 기반 속성(접근성, 환경의 질, 조세 및 공공서비스 패키지, 지형, 거주자의 집계적 특성, 주거용 및 비주거용 건축물 등)은 해당 주택의 품질하위시장을 정의하는 데 중요한 속성이 된다. 같은 동네 내의 주택은 거의 동일한 공간 기반 속성 묶음을 공유하기 때문에, 해당 주택은 품질에 대해 전반적으로 비슷한 측정치를 되풀이하여 나타낼 가능성이 더 높다.

이러한 차이에 대해 논의한 후, 나는 하위시장 수요곡선 및 공급곡선의 변동이 가구, 주택 소유자, 개발사업자의 선택을 바꾸게 하는 가격신호를 어떻게 보내는지, 그리고 결과적으로 대도시 공간에 걸쳐 가구의 이동 흐름과 주택투자를 변화시킴으로써 동네의 변화로 전환시키는 그와 같은 가격신호를 어떻게 보내는지에 대해 개략적으로 설명한다. 하위시장 공간submarket space에서 동네 공간neighborhood space으로의 이러한 전환을 이해하기 위한 열쇠는, 특정 하위시장의 추상적 공간에 놓인 수요자 가구들이 추상적 공간을 잠재적으로 떠나 특정 공간의 실제 동네에 위치한 주택으로 이동한다는 것을 인식하는 것이다. 이와 유사하게, 해당 하위시장 공간에 있는 주택 소유자와 개발사업자는 그와 같은 실제 동네에 위치해 있는 주택의 품질을 전환할 수 있고 신규주택을 건설할 수도 있다. 인적 자원 및 재무적 자원의 흐름에 있어서 현장의 이러한 가시적 변화는 이 책에서 분석한 동네변화의 두 가지 주요 차원, 즉 거주자들의 전체적인 경제적 구성과 어떤 한 장소의 물리적 특성 및 주택 상태를 잠재적으로 변화시킨다. 결과적으로 이러한 변화는 다음에서 보다 깊이 논의하는 주제인 해당 정치관할구역의 재정 건전성에 영향을 미칠 것이다. 가구와 주택의 이러한 집계적 변화가 특정 동네에서 발생하는 정도는 해당 주택하위시장에서 범주화된 주택의 점유율에 직접적으로 관계되어 있을 것이다.

먼저, 어떤 동네에 있는 가구들의 경제적 특성이 변화한다고 생각해 보자. 만약 한 하위시장에서 수요나 공급의 변화로 인해 해당 하위시장으로 들어오는 전입자들이 현재 거주자들보다 주로 비교적 소득이 낮은 집단에서 들어오는 상황이라면, 해당 하위시장으로 지정된 주택이 많이 있는 특정 동네는 소득하향계승downward income succession을 경험할 것이다. 만약 해당 하위시장에서 반대의 변화가 일어난다면, 가구들의 흐름은 바뀔 것이며 해당 하위시장으로 지정된 주택이 많이 있는 동네는 소득상향계승upward income succession을 경험할 것이다. 여기서 일반적 용어로서 '계승succession'은 (경제적, 인구학적, 인종적, 민족적 등) 어떤 차원을 따라 해당 동네로 들어온 현 전입가구들의 특성이 현 거주자들의 해당 특성과 상당히 다르고, 그와 같은 상태가 지속되면 결국에는 해당 동네의 전반적인 구성이 변화하는 상황을 만들어낸다는 것을 의미한다.

다음으로, 동네의 주택재고 특성이 변화한다고 생각해 보자. 만약 한 하위시장에서 수요나 공급의 변화로 인해 해당 하위시장에서 현 주택 소유자의 다수가 자신의 주택을 더 낮은 품질의 하위시장으로 품질저하downgrade하는 것이 더 수익성이 있다고 생각하는 상황이라면, 이처럼 더 낮은 품질의 하위시장임이 명백히 드러난 해당 동네에서는 바람직하지 않은 물리적 변화를 초래할 것이다. 예를 들어, 소극적 부실유지는 건축물의 가시적인 품질악화에 반영될 것이다. 규모가 큰 단독주택을 작은 아파트로 분할하면 보행 및 차량 통행과 어슬렁거림이 잠재적으로 더 많이 발생할 것이다. 반면에, 만약 해당 하위시장이 품질향상upgrade됨에 따라 매우 큰 잠재적 이윤이 발생할 수 있음을 신호하고 있다면, 이는 해당 하위시장임을 강력하게 대표하고 있는 동네에 물리적 개선을 가져올 것이다. 물론 이 두 가지 변화는 전환된 주택들에 대해 시장평가가치가 달라지고, 이에 따라 이 주택들을 점유하는 가구들의 소득 특성이 달라지는 현상을 동반할 것이다. 그러므로 주택전환은 때로 (반드시 그렇지는 않지만) 소득계층의 전조가 될 수 있다.

만약 한 하위시장에서 수요나 공급의 변화로 인해 신규건설에 대한 동기가 더 높아지면 신규주택이 어디에서 건설되는지에 따라 기존 동네들에서 변화가 일어날 수 있다. 건설에는 공터 '메우기infill'를 하거나 오래된 동네에서 주택 철거 및 재건축을 하는 것 등이 포함될 수 있다. 해당 신규건설이 이들 장소에 대한 이전의 일반 수준보다 더 높은 하위시장 품질을 가지고 있다고 가정할 때, 이것은 영향 받는 동네들의 전체적인 물리적 품질과 소득 특성을 대체로 향상시킬 것이다. 대신에, 신규건설은 완전히 새로운 동네의 창출을 수반할 수 있다. 예를 들면, 여기에는 농지에 대한 새로운 세분화 개발, 방치된 산업용지 구역에서의 주택 재개발, 비주거용 건물의 대규모 단지 주택으로의 전환 등이 포함된다.

로컬 소매부문 및 공공부문에서 동네변화의 동태적 과정의 심화

지금까지 나는 대도시 주택시장에 초점을 맞춰 설명했다. 왜냐하면 주택시장은 사람과 재무적 투자라는 두 가지 가장 중요한 동네 자원의 흐름을 직접적으로 유도하는 가격신호를 만들기 때문에 동네변화의 가장 근본적인 동력이라고 볼 수 있기 때문이다. 하지만 이 지점에서 대도시 주택시장이 로컬 소매부문과 공공부문이라는 두 가지 다른 중요한 부문에서 동네로 유입되는 자원을 어떻게 간접적으로 유도하는지를 설명하기 위해 그 핵심 모형을 확장해 볼 만하다. 로컬 소매부문은 주로 인근 주민에게 서비스를 제공하는 사업을 의미한다. 예를 들면, 세탁소, 모퉁이 술집, 작은 가게, 잡동사니 할인점, 미용실 등을 포함한다. 비록 로컬 소매부문이 모든 동네에 존재하는 것은 아니지만, 우리는 일반적으로 주택품질 묶음에 있어서 그와 같은 바람직한 속성과의 근접성을 고려한다. 더욱이 우리는 로컬 자원부문이 탄탄하다는 것을 인근 주택이 지니고 있는 또 다른 가치 있는 속성, 이를테면 일자리에 쉽게 접근할 수 있다는 이점을 제공하는 것으로 생각할 수 있다. 로컬 공공부문은 해당 동네를 구성요소로 하고 있는 가장 작은 규모의 과세 당국을 의미한다. 예를 들면, 자치단체, 마을, 거주구 등이 포함된다. 분명 로컬 공공부문이 제공하는 공공서비스 및 기반시설의 특성, 그리고 로컬 공공부문이 거기에 대해 부과하는 세금 청구서 또한 주택품질 묶음의 중요한 속성이다.

대도시 주택시장은 가구 가처분소득disposable income의 국지화된 밀도에 영향을 미치고 이를 통해 해당 동네와 인근 동네의 로컬 소매 환경을 형성한다. 가처분소득의 밀도는 해당 구역의 인구밀도와 1인당 소득 또는 부wealth의 산물이다. 특정 동네에서 지배적으로 나타나는 해당 주택하위시장에서의 조정 작업이 만약 개인소득이 매우 높은 거주자들에 의해 이루어지고 고밀도로 건설된 주택으로 특징지어진다면, 로컬 소매부문은 생산품과 서비스에 있어서 다양하고 고급스럽고 물리적으로 잘 유지되며 수익성이 있을 것이다. 이와 대조적으로, 만약 특정 동네에서 지배적으로 나타나는 해당 주택하위시장에서의 조정 작업이 빈곤에 허덕이는 거주자들에 의해 주로 이루어지고 저밀도로 건설된 주택 중 상당수가 비어 있거나 방치된 주택으로 특징지어지는 주거경관을 만들어낸다면, 나머지 로컬 소매부문은 정반대의 특성을 가질 것이다.

대도시 주택시장은 해당 관할구역 전반의 인구밀도, 가처분소득 밀도, 주거용 및 비주거용 부동산의 과세가치 등에 영향을 미치며, 이를 통해 동네에 서비스를 제공하는 로컬 공공부문에 영향을 미친다. 미국 대부분의 로컬관할구역은 재산세, 소득세, 판매세, 유틸리티 소비세, 이용자 요금 등을 통해 세입의 대부분을 거둔다. 소비세와 이용자 요금을 통해 얻은 세입은 해당 관할구역의 인구밀도에 달려 있다. 소득세와 판매세를 통해 얻은 세입은 관할구역의 가처분소득 밀도에 의존한다. 마지막으로, 관할구역의 재산세 과세표준(다시 말해, 해당 관할구역 경계 내의 모든 부동산에 걸쳐 평가된 총가치)은 주거용 부동산과 비주거용 부동산이 얼마나 많은지, 그리고 그 부동산의 시장평가가치가 얼마인지에 따라 달라진다. 앞에서 설명한 바와 같이, 관할구역 내의 많은 동네에서 지배적으로 나타나는 해당 주택하위시장에서의 조정 작업들이 (1) 개인 과세소득이 상당히 많은 거주자, (2) 높은 감정가치를 제공하는 고품질 주택, (3) 판매세 수입 및 높은 부동산 감정가치를 만들어내는 탄탄한 로컬 소매부문 등으로 이루어지는 주거경관을 만들어낸다면, 해당 로컬 공공부문의 재정역량은 강력할 것이다. 이처럼 혜택 받은 관할구역은 그다지 높지 않은 과세율로 다양하고 질 좋은 공공시설 및 서비스를 제공할 수 있는 부러운 위치에 있을 것이다. 이러한 간접적인 방식으로, 로컬 소매부문과 공공부문에서 동네로 유입되는 자원의 흐름은 이전에 거주자 및 주거용 부동산 투자가 유입되었던 흐름

그림 3.2 | 동네의 하향계승, 물리적 쇠퇴, 로컬 소매부문의 쇠퇴, 로컬관할구역 서비스 및 과세표준의 잠식 등에 관한 상호 강화적 순환 과정

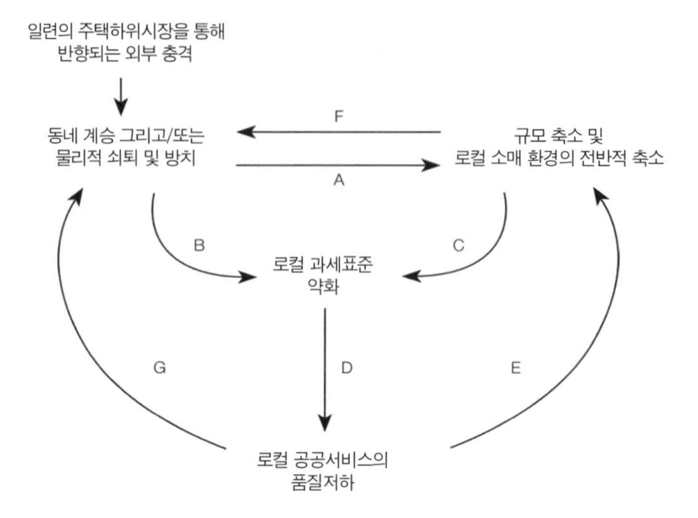

의 결과이며, 둘 다 대도시 전반에서 일련의 주택하위시장의 작동에 의해 결정된다.

이러한 논의로부터, 가구 및 주택투자의 흐름과 로컬 소매부문 및 공공부문에서 비롯되는 자원의 흐름은 서로 관계되어 있을 뿐만 아니라 누적적으로 강화하는 인과관계의 복잡한 망으로 서로 관계되어 있다는 것을 알 수 있다. 그림 3.2는 이러한 관계를 그림으로 보여준다. 그림 3.2는 특정 동네 바깥에서 일단의 대도시 주택하위시장으로 가해지는 충격이 앞에서 설명한 과정을 통해 일련의 반응을 일으킬 것임을 보여준다. 이러한 반응은 동네로 유입되는 인구 및 금융 자원의 흐름 변화를 통해 촉발될 것이다. 그림 3.2의 경우, 이러한 효과는 소득하향계승, 주거용 부동산의 품질저하, 극단적으로는 인구소멸depopulation 및 주택방치abandonment의 형태를 취한다. 가구들의 이러한 동태적 과정은 가처분소득의 밀도를 낮추고 로컬 소매부문을 붕괴시킨다(화살표 A). 해당 관할구역을 구성하고 있는 동네에서 인구, 가처분소득 밀도, 주거용 부동산 가치 등이 매우 심각하게 감소할 경우, 이는 해당 관할구역의 소비세, 판매세, 소득세, 재산세 과세표준을 잠식한다(화살표 B). 동시에, 해당 동네와 로컬관할구역의 소매부문이 붕괴되면 판매세 및 재산세 과세표준을 잠식한다(화살표 C). 결과적으로, 과세표준의 약화는 로컬관할구역이 일부 세입 손실을 충당하기 위해 세율을 인상함과 동시에 공공서비스 및 공공시설물의 범위, 수량, 품질 등을 낮출 수밖에 없음을 의미한다(화살표 D). 이제부터 피드백 효과가 일어난다. 공공서비스/시설물 패키지가 약화될수록 잠재적으로 세율은 더 높아지고, 해당 관할구역에서 로컬 소매부문 사업자는 더 적은 수익을 얻으며, 따라서 로컬 소매부문은 더 빨리 쇠퇴한다(화살표 E). 동시에, 해당 동네에 서비스를 제공하는 로컬 소매부문과 공공부문이 위축되면 해당 동네에 위치한 모든 주택의 품질이 저하되어 비교적 낮은 품질의 주택하위시장으로 떨어지는 경향이 있다(화살표 F와 G). 주택의 '소극적 품질저하'는 주택 소유자들이 의도한 것은 아니지만, 그럼에도 불구하고 그들은 비교적 낮은 품질의 주택하위시장에서 이루어지는 새로운 주택 순위와 관련된 시장평가가치에 있어서 손실을 입는다. 결과적으로, 이는 소유자들의 적극적 품질저하와 가구들의 추가 소득하향계승에 대한 압력을 강화할 것이다. 문제의 주택이 이미 최저품질의 주택하위시장에 속해 있는 극단적인 경우, 피드백 효과와 누적적 동네쇠퇴의 이러한 '악순환'은 일부 소유자로 하여금 어쩔 수 없이 자신의 주택을 포기하도록 만들 수 있으며, 따라서 인근에 있는 모든 주택의 품질은 더욱 낮아질 수 있다.

동네변화에 관한 주택하위시장모형의 예시

지금까지 주택하위시장모형에 포함되어 있는 개념적 요소와 메커니즘에 대해 설명했으므로, 이제 가상적이고 단순화된 시나리오를 분석함으로써 주택하위시장모형이 제공하는 통찰력을 더 잘 이해할 수 있다. 설명을 단순화하기 위해 나는 비교적 높은 품질의 주택 여섯 개로 구성된 하나의 하위시장과, 비교적 낮은 품질의 주택 여섯 개로 구성된 또 다른 하위시장을 지닌 정형화된 대도시 주택시장을 가정한다. 이 두 하위시장의 주택품질은 충분히 비슷하기 때문에, 가구들은 이 두 하위시장을 상당히 밀접한 대체재로 본다. 또한 이 예시에서는 로컬관할구역 1에 두 개의 동네(동네 Z1과 동네 Y1)가 있고, 로컬관할구역 2에 두 개의 동네(동네 Z2와 동네 Y2)가 있으며, 이 두 동네가 함께 대도시 지역 전체를 구성하고 있다고 가정한다. 12개의 주택은 그림 3.3의 상단부에 표시된 것처럼 이들 동네 전체에 걸쳐 위치하고 있다. 정사각형은 비교적 높은 품질의 주택을 나타내며, 원형은 비교적 낮은 품질의 주택을 나타낸다. 이 대도시 지역에는 12개의 가구가 있는데, 여섯 개 가구는 비교적 소득이 높고(H), 나머지 여섯 개 가구는 비교적 소득이 낮다(L). 그림 3.3의 상단부에 묘사된 초기 균형에서, 이 가구들은 주택비용 지불의사 및 지불능력에 따라 동네들 전체에 걸쳐 분류입지한다. H 가구는 모두 (주로 동네 Z1과 동네 Z2에 위치한) 비교적 높은 품질의 주택을 점유하며, L 가구는 모두 (주로 동네 Y1과 동네 Y2에 위치한) 비교적 낮은 품질의 주택을 점유한다. 또한 설명을 단순화하기 위해, 거주자는 모두 임차인이며, 부재소유자는 모두 이 대도시 지역 바깥에 거주하며, 동네의 소득집단 구성은 주택품질을 구성하는 중요한 요소는 아니라고 가정한다.

대도시 주택시장이 초기에 일반균형 상태에 놓여 있다고 생각해 보자. 그림 3.4에서 볼 수 있는 것처럼, 비교적 높은 품질의 주택하위시장과 비교적 낮은

그림 3.3 | **두 개의 동네와 두 개의 로컬관할구역에 입지한 주택 및 가구로 구성된 정형화된 대도시 이중 주택하위시장의 초기 균형과 새로운 균형**

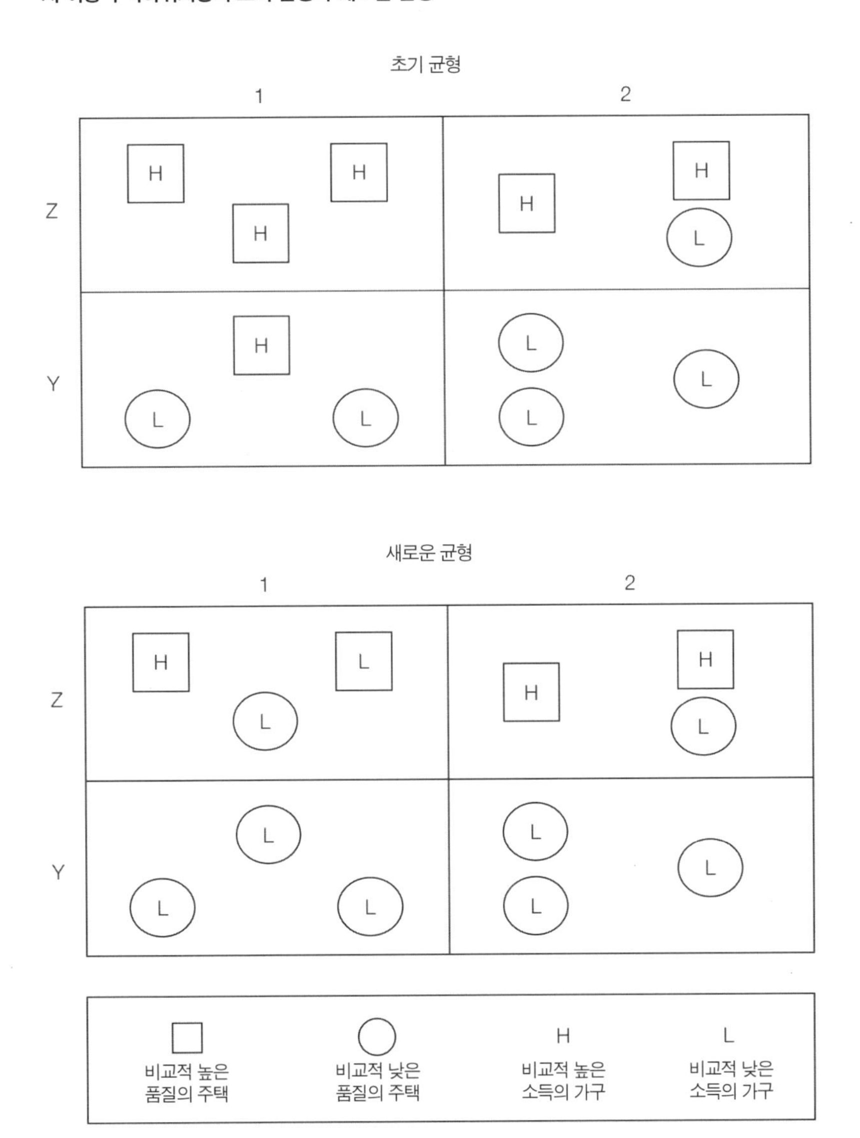

그림 3.4 | **비교적 높은 소득의 고용 감소에 따른 하위시장 조정의 예시**

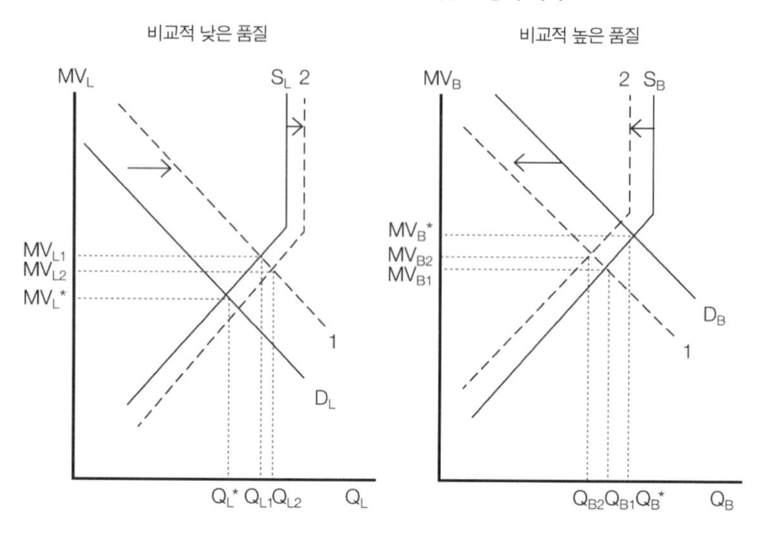

품질의 주택하위시장은 각각 (MV_L^*, Q_L^*)와 (MV_B^*, Q_B^*)에서 균형을 이루고 있다. 이제 우리는 해당 대도시에 대한 외생적 충격이 앞에서 언급한 균형을 깨뜨릴 때 어떤 변화가 일어나는지를 추적한다. 국제무역이나 자동화와 관련된 거대한 경제적 혼란이 비교적 높은 소득의 일자리 절반을 없애버리는 경우가 여기에 해당된다. 불운한 이들 H 가구는 원래의 대도시 지역에 남아 있기는 하지만 이제는 비교적 낮은 소득 수준에서 겨우 자신을 보상해 줄 일자리를 찾는다고 가정하자.

가구의 소득분배가 하위시장 수요의 결정요인이기 때문에, 앞의 예시와 같은 경제적 혼란은 비교적 낮은 품질의 하위시장에서는 수요를 증가시킴과 동시에 비교적 높은 품질의 하위시장에서는 수요를 감소시키는 복합효과를 가져올 것이다. 그림 3.4에서 이러한 첫째 반응은 1로 표시된 수요함수로 이동하는 것으로 묘사되는데, 이것은 비교적 낮은 품질의 하위시장에서는 시장평가가치와 수익률을 높이는 반면, 비교적 높은 품질의 하위시장에서는 시장평가가치와 수익률을 낮춘다.

두 개의 2회차 반응이 일어난다. 새로운 시장기간에서 가구들은 두 하위시장에서의 서로 다른 상대적 시장평가가치에 적응한다. 밀접한 대체재 관계에 있는 하위시장에서의 시장평가가치는 해당 하위시장에서의 수요 결정요인이라는 점을 기억할 필요가 있다. 이것은 비교적 낮은 품질의 하위시장에서의 초기 수요 증가는 이제 다소 누그러질 것이라는 것을 의미한다. 해당 하위시장을 원래 점유하고 있던 비교적 낮은 소득의 일부 가구는 이제 덜 비싸고 비교적 높은 품질의 하위시장으로 올라가는 것이 재정적으로 가능하다고 생각하기 때문이다. 또한 이것은 비교적 낮은 품질의 하위시장에서의 시장평가가치가 더 높아지면 비교적 높은 품질의 하위시장을 원래 점유하고 있던 이전의 고소득 가구 일부가 이주해 나가는 것을 막을 수 있다는 것을 의미하는데, 이들 가구가 이주해 나갈 경우 임대료 절감액이 줄어들 것이기 때문이다. 상대적인 시장평가가치에 반응하여 이루어지는 이와 같은 가구 재배분이 하나의 하위시장에서 다른 하위시장으로 균형을 깨는 충격을 어떻게 전달하는지 그리고 원래의 하위시장에서 그 영향을 누그러뜨리는 데 어떠한 역할을 하는지에 주목할 필요가 있다. 이 두 가지 효과 모두 소득분포의 변화로 인해 발생한 초기의 수요 이동을 완화시킬 것이다. 그림을 단순화하기 위해, 나는 이 두 가지 효과를 구분하지 않고 대신에 새로운 시장기간에서의 균형점 (MV_{L1}, Q_{L1}) 및 (MV_{B1}, Q_{B1})과 관련되어 있는, 그림 3.4에서 1로 표시된 수요함수로 순수요 이동을 설명한다.

주택전환 가구와 개발사업자의 행위로 인해 다른 하나의 2회차 반응이 중기에 걸쳐 발생한다. 비교적 낮은 품질의 하위시장 주택을 공급하는 것이 상대수익률 측면에서 유리하기 때문에, 초기에 비교적 높은 품질의 주택을 보유하고 있던 일부 소유자는 현재 더 높은 수익성을 보이고 있는 비교적 낮은 품질의 하위시장에서 경쟁하기 위해 주택품질을 떨어뜨릴 것이다. 그림 3.4에서 2로 표시된 공급 이동에서 볼 수 있듯이, 이것은 비교적 높은 품질의 하위시장에서 공급량을 감소시키는 것과 동시에, 비교적 낮은 품질의 하위시장에서 공급을 같은 양만큼 증가시키는 효과를 갖는다. 다시 말해, 시장기간 균형점은 두 하위시장에서 모두 이동하는데, 비교적 낮은 품질의 하위시장의 경우 시장평가가치는 하락하고 점유량은 증가하여 (초기 시장기간 (MV_{L1}, Q_{L1}) 대비) (MV_{L2}, Q_{L2})로 이동하며, 비교적 높은 품질의 주택하위시장의 경우에는 시장평가가치는 상승하고 점유량은 감소하여 (MV_{B2}, Q_{B2})로 이동한다. 비교적 낮은 품질의 하위시장에서 신규주택 건설 또한 수익성 있고 허용되는 것으로 입증된다면, 개발사업자들은 새로운 공급함수 2에도 영향을 줄 것이다. 이러한 중기 공급 조정 작업은 이들 두 하위시장에서 주택 소유자들이 얻는 수익률이 새로운 일반균형에서 다시 같아질 때까지 지속될 것이다. 다시 말하면, 주택하위시장은 당초의 수익률을 회복하기 위해 이루어지는 중기공급 조정 작업을 통해, 상대수익률을 변화시키는 충격에 반응한다는 것이 강조될 필요가 있다. 이러한 반응이 하위시장 간 주택전환의 형태를 취할 때, 이는 전환이 예정된 해당 하위시장에서 초기 영향을 완화시키는 역할을 한다. 하지만 이는 전환된 주택이 발생한 전형적으로 비슷한 품질의 하위시장에도 해당 충격을 동시에 전달한다.

우리는 이제 그림 3.3의 가상의 대도시 지도로 돌아가 하단부의 새로운 균형을 살펴봄으로써 이러한 일련의 조정 작업을 동네변화에 관계시킬 수 있다. 예를 들어, 초기의 경제적 혼란으로 인해 비교적 높은 소득의 거주자 여섯 명 중 세 명이, 이를테면 동네 Z1의 거주자 두 명과 동네 Y1의 거주자 한 명이 비교적 낮은 소득집단으로 떨어졌다고 하자. 비교적 높은 품질의 하위시장에서 비교적 낮은 품질의 하위시장으로 수요가 전환됨에 따라 시장평가가치가 전자에서는 하락하고 후자에서는 상승했다. 이제 더 낮아진 소득으로, 동네 Z1 인근 북동쪽 가장자리에 있는 비교적 높은 품질의 주택 점유자는 비교적 낮은 품질의 하위시장이 상대적으로 지나치게 비싸다고 판단하여, 재정적 부담이 더 커질지라도 비교적 높은 품질의 주택을 계속 수요한다. 주택 소유자 두 명은 동네 Z1과 동네 Y1에 있는 비교적 높은 주택품질을 떨어뜨림으로써, 이 두 하위시장 간에 생긴 새로운 수익률 차이에 반응한다. 이와 같은 품질저하를 통해 비교적 낮은 소득 가구가 이들 특정 주택을 점유하는 것이 재무적으로 가능해진다.

동네 Z1과 동네 Y1은 해당 대도시 지역의 경제적 혼란으로 인해 점유 특성 및 물리적 특성이 확연히 달라진다. 두 동네 모두 거주자들의 소득하향계승과 주택재고의 물리적 품질저하를 경험한다. (여기서 그림으로 묘사하지는 않았지만, 아마도 로컬 소매부문에서도 쇠퇴를 겪었을 것이다.) 로컬관할구역 1은 의심할 여지없이 재정역량을 상실한다. 주택재고의 3분의 1이 비교적 낮은 품질의 하위시장으로 품질저하되었기 때문에 재산세 과세표준은 약화되었으며, 따라서 비교적 높은 품질의 하위시장보다 주택당 시장평가가치와 감정가치가 더 낮게 나타날 것이다. 더구나 거주자들 절반의 소득이 줄어들면서 소득세 및 판매세의 과세표준도 낮아질 것이다.

외부에서 초래된 동네변화에 관한 명제

주택하위시장모형은 동네변화의 근본적인 특징 — 즉, 변화는 일반적으로 동네 바깥에서 비롯된다는 것 — 을 여러 방식으로 제시한다. 첫째, 균형을 깨뜨리는 힘의 규모는 동네 수준이 아니라 대도시 전반적인 수준이다. 해당 대도시 지역의 가구의 집계적 특성 — 이를테면 총 가구 수, 나이, 가족 상태, 소득 등 — 이 여러 방식 중 어느 한 방식으로 바뀌면, 하나 이상의 품질하위시장에 대한 수요가 이동할 것이다. 해당 대도시 지역의 주택 소유자 또는 주택재고의 집계적 특성 — 이를테면 주택 소유자의 기대심리, 총 주거단위 수, 건축 수명 및 형태, 주택 건설/전환/보유/운영 비용 등 — 이 여러 방식 중 어느 한 방식으로 바뀌면, 하나 이상의 품질하위시장에 대한 공급이 이동할 것이다. 이러한 변동 모두 동네 규모가 아니라 대도시 수준에서 측정된다. 이들 하위시장을 구성하고 있는 주택들은 해당 대도시 전반에 걸쳐 위치해 있으며, 하나의 동네에만 국한되어 있는 경우는 거의 없다.

둘째, 가구, 주택 소유자, 개발사업자의 행동은 상대적인 비교 작업에 의해 유도된다. 예를 들어, 가구들은 하위시장들 전체에 걸친 상대적 시장평가가치의 변동에 기초하여 하위시장을 (그리고 아마 동네 역시도) 바꿀 수 있다. 이것은 일부 주민이 동네를 떠날 수 있다는 것을 암시하는데, 그것은 동네 품질의 어떤 측면이 절대적으로 변했기 때문이 아니라, 어떤 다른 동네가 상대적으로 더 저렴해졌고, 따라서 '가격에 비해 더 값어치 있어졌기' 때문이다. 이와 비슷하게, 소유자와 개발사업자는 대안적인 하위시장들 사이에서 상대수익률을 비교한다. 이것은 주택 소유자가 주택의 품질을 바꿀 수 있으며 개발사업자는 더 이상 거기에서 건축하기를 원하지 않을 수 있다는 것을 암시하는데, 그것은 동네 품질의 어떤 측면이 절대적으로 변했기 때문이 아니라, 일부 다른 하위시장이 상대적으로 수익성이 더 좋아졌기 때문이다. 보다 구체적으로, 앞에서 제시한 가상의 사례는 이 점을 뚜렷하게 보여준다. 동네 Z1과 동네 Y1은 '뭔가 잘못되었기' 때문에 쇠퇴한 것이 아니었다. 오히려 외부의 경제적 혼란이 만들어낸 파장이 동네들 전체를 휩쓸었고, 결국 이로 말미암아 동네의 품질이 상대적으로 그리고 절대적으로 저하된 것이었다.

마찬가지로, 문제의 특정 동네 외부에 있는 다른 종류의 힘은 사람과 자본이 유입되는 목적지로서의 해당 동네를 상대적으로 더 매력적이거나 덜 매력적으로 만들 수 있다. 이 외부적인 힘은 셀 수 없을 만큼 많은데, 몇 가지 예시만으로도 충분하다. 교외의 새로운 '가장자리 도시edge city'에서 고용이 급격히 확대되면 대도시 지역 전체에 걸쳐 많은 동네의 상대적 접근성이 변화되어, 어떤 동네는 거주하거나 투자하기에 더 매력적으로 되고 다른 동네는 덜 매력적으로 될 것이다. 만약 '입국항port-of-entry'인 도시 동네로 유입되던 국제 이민자의 이전의 큰 흐름이 전쟁이나 국내의 반이민정책에 의해 막힌다면, 그와 같은 동네에 대한 수요는 감소할 것이다. 만약 개발사업자들이 몇몇 오래된 동네의 품질과 비슷한 품질의 교외 토지구획에 신규주택을 많이 건설한다면, 오래된 동네에 있는 일부 가구는 신규주택이 공급되는 교외 동네로 관심을 옮길 것이다. 만약 어떤 동네에 심각한 자연재해가 닥치면, 가구들은 살던 곳을 등지고 떠날 것이며, 이에 따라 시장가치가 올라가고 공실이 줄어들며 수익률이 올라갈 것이다. 그러면 주택재고에 더 많은 자본투자가 촉진되어, 결국에는 해당 대도시 지역에 있는 다른 동네들과의 균형이 깨질 것이다.

이 모든 과정은 다음과 같은 이 책의 첫째 근본적인 명제로 이어진다.

- 외부에서 초래된 동네변화에 관한 명제: 동네를 변화시키는 대부분의 힘은 해당 동네의 경계 바깥에서, 종종 대도시 지역 내 어딘가에서 비롯된다.

결론

주택시장에서 일어나는 일은 대도시 전반의 규모에서 작동하며, 기본적으로 동네변화를 초래한다. 나는 품질로 세분화된 일련의 하위시장이 서로 연결되어 있는 것으로 주택시장을 모형화한다. 각 하위시장은 '주택'이라는 범주 내에서 뚜렷이 구별되는 특징적인 상품 유형을 대표한다. 각 하위시장 내에서 수요와 공급은 독립적으로 조정될 수 있다. 그러나 결정적으로 하위시장들은 또한 가구, 기존 주택을 소유하고 있거나 전환하는 사람, 신규주택 건설사업자 등의 행위로 서로 연관되어 있다. 초기에 하나의 하위시장에 영향을 미치는 인구학적, 경제적, 생태적, 기술적 영역에서의 외생적인 힘과 충격은 잠재적으로 일련의 하위시장 전체에 걸쳐 체계적이지만 일률적이지 않은 반향을 결과적으로 초래하는 신호를 만들어낸다. 수요자와 공급자의 하위시장 간 조정 작업의 동태적 과정은 근본적으로 거주자의 인구학적 및 사회경제적 구성과 주거 건축물의 물리적 특성에서의 현실적인 변화로 나타난다. 그와 같은 변화가 수많은 동네 전체에 걸쳐 지속적이고 일관적으로 일어난다면, 로컬 소매부문에서 그리고 로컬 공공부문이 제공하는 서비스에서 변화가 일어나는 2차 효과가 있을 것이다. 결과적으로 이러한 영향은 상승작용적으로 피드백되어 동네변화의 초기 자극을 강화한다.

제4장

동네의 품질저하와 품질향상

이 장은 제3장에서 제시한 대도시 주택하위시장모형을 적용하여 동네 쇠퇴 및 활성화의 원천, 동태적 과정, 결과 등을 이해하기 위한 진단틀로서 대도시 주택하위시장모형의 검정력을 보여준다. 동네의 품질저하(주택재고의 물리적 악화와 가구의 소득하향계승 간 조합)와 품질향상(품질저하와 정반대의 조합) 모두 공통의 주택하위시장 분석틀하에 포괄되지만, 여기서는 이 둘을 분리하여 다룬다. 이 두 과정 모두에 대해, 나는 당초에 중기균형 상태에 있던 대도시 주택시장에 어떤 외부 충격이 가해지는 것에서 시작하는 정형화된 이론 실습으로부터 출발한다. 그런 다음 그 충격이 일련의 하위시장 전체에 걸쳐 어떻게 퍼져나가는지를 추적한다. 이러한 충격은 동네 및 동네를 둘러싸고 있는 로컬정치 관할구역에서 변화를 발생시키는 가구 및 주택투자의 공간적 재배분을 수반한다. 이들 예시적인 시나리오에서는 이전의 장에서 소개한 것과 동일한 하위시장 설명 그림을 이용한다.[1] 이론적으로 설명한 후, 나는 모형의 예측 결과가 어떻게 실제 현실과 잘 부합하는지에 대해 쇠퇴 및 활성화의 원형으로서 디트로이트Detroit와 로스앤젤레스Los Angeles의 실례를 보여줄 것이다. 나는 주택하위시장모형의 한계에 대해 논의하는 것으로 이 장을 마무리하는데, 이는 모형을 단순화하기 위해 설정한 가정들이 점차적으로 완화되는 다음 장들로 가는 다리 역할을 할 것이다.

동네 품질저하의 원천과 동태적 과정

하향여과의 개념

동네 쇠퇴neighborhood decline는 흔히 '하향여과downward filtering'라는 용어와 관련되어 있다. 안타깝게도, 여과라는 용어를 사용하는 연구자들만큼이나 여과에 대한 관점도 많다.[2] 연구자들은 여과를 주택의 시장가치, 주택품질 간 가구의 이동, 주택품질의 분포 등에서의 변화로 다양하게 이해해 왔다. 다행히도 주택하위시장모형은 우리가 주택하위시장모형의 관점을 통해 이해하는 바와 같이 동네 품질저하라는 상위 개념하에서 여과에 대한 모든 개념을 파악하여 통합할 수 있는 포괄적 틀을 제공한다. 어떤 의미에서, 우리는 여과에 관한 이러한 서로 다른 모든 설명을 주택하위시장모형에 의해 드러나는 동네변화의 동태적 과정의 서로 다른 측면들로 이해할 수 있다.

앞 장에서 살펴보았듯이, 각 하위시장에서의 균형 시장평가가치는 해당 하위시장의 시장기간 수요와 공급의 상호작용을 통해 달성되며, 수요함수와 공급함수를 결정하는 요인이 변화될 때 균형 시장평가가치도 변화될 것이다. 일련의 하위시장 전체에 걸쳐 시장평가가치 및 관련 수익률이 서로 다르게 변화함에 따라, 앞에서 언급한 여과의 차원들을 구성요소로 하는 몇 가지 조정 작업이 이루어진다. 예를 들어, 상대적 시장평가가치가 특정 하위시장에서 (수요 감소나 공급 증가 또는 둘 다로 인해) 하락하는 경우, 이전에 비교적 낮은 품질의 하위시장에서 주택을 점유했던 일부 가구가 기꺼이 더 나은 품질의 하위시장으로 올라갈 수 있을 것이다. 이를 '가격여과price filtering'라고 부른다.[3] 상대적 시장평가가치의 하락은 또한 해당 하위시장의 일부 소유자가 수익률을 개선하기 위해 주택의 품질을 향상 또는 저하시키도록 유도할 것이다. 이를 '주택여과dwelling filtering'라고 부른다. 전환된 주택들이 공간적으로 집중될 경우, (해당 주택 패키지를 구성하는 건축물이 아닌) 전반적인 주택 패키지의 품질이 그 결과로 발생하는 외부효과에 의해 영향을 받기 때문에, 동일 동네의 가구들은 '소극적으로 여과'될 수 있다. 이들 중기수요 및 중기공급 반응은 다른 시장, 특히 가장 비슷한 품질의 하위시장의 균형을 깨뜨리고, 이에 따라 시장평가가치 및 수익률 조정, 가구 이동, 주택품질 전환 등 '여과와 비슷한' 동태적 과정을 더욱 촉발시킨다. 따라서 주택품질 차이가 커짐에 따라 조정 작업은 해당 하위시장 집합체 전체로 차츰 약화되면서 확산된다. 현장에 있는 거주자와 주택 소유자는 이러한 변화를 동네의 품질저하로 인식한다.

동네 품질저하의 메커니즘: 개별적 반응

앞에서 언급한 여과의 다차원적 측면을 보다 명확하게 설명하기 위해, 단순화된 가상 시나리오를 고려해 보자. 일반균형 상태에 있는 대표적인 대도시 주택시장에서 출발하자. 그러고 나서, 일련의 고품질 하위시장에서 상당히 많은 신규건설이 투입되어 균형이 깨지는 상황을 생각해 보자. 이러한 신규건설은 건설사업자의 비용 절감에 의해 유발될 수 있으며, 이로 인해 건설사업자는 기존의 고품질 주택의 소유자와 성공적으로 경쟁할 수 있고, 비주택투자(상존하는 주택투자 기회비용)보다 더 높은 수익률을 얻게 된다. 새로 건설되는 주택이 비슷한 품질의 오래된 주택보다 거래우위를 점할 것으로 예상되는 한에서는,

건설사업자의 투기적 동기 또한 주택 건설을 초래했을 수 있다. 이 시나리오가 암시하는 바는 대도시 주택시장의 중기공급 탄력성이 상대적으로 높다는 것, 즉 주택재고가 크게 증가되도록 유도하기 위해서는 시장평가가치가 약간만 상승해도 된다는 것이다.

이 충격이 기존의 고품질 주택 소유자에게 어떠한 영향을 미칠지 예측할 수 있다. 기존 주택단위의 소유자가 건설사업자들로부터 직면하는 경쟁이 심화되면, 시장평가가치 및 관련 수익률이 감소하고 공실이 증가할 것이다. 일부 소유자는 자신의 주택을 비교적 낮은 품질의 하위시장으로 하향전환할 유인을 가질 것이다. 이러한 적극적 품질저하가 공간적으로 집중되어 인근 주택에 상당한 부정적 외부효과가 발생할 경우, 소유자는 자신의 주택이 비교적 낮은 품질의 하위시장으로 소극적으로 하향전환되는 것을 알 수 있다.[4] 이와 같은 주택품질의 적극적 저하와 소극적 저하가 뒤따름에 따라, 소유자들에 의해 전환된 새로운 하위시장에서는 시장평가가치가 떨어질 것이고, 동시에 소유자들에 의해 전환된 당초의 하위시장에서는 시장평가가치가 올라갈 것이다. 물론 도착하위시장destination submarket에서 일어나는 신규건설은 이러한 하락효과를 더욱 부채질할 것이다. 앞에서 언급한 것과 같은 이유로, 비교적 낮은 품질의 하위시장의 일부 소유자 또한 의도적이든 의도적이지 않든 간에 자신들 주택의 품질을 저하시킬 것이다. 주택품질을 전환시키는 반응을 통해 도착하위시장에서 균형을 깨뜨리는 것과 동시에, 출발하위시장origin submarket에서 균형을 되찾아가는 이러한 과정은 추가적인 반향 과정이 되풀이되면서 계속된다. 연속적인 각각의 되풀이 과정에서 교란의 크기는 점점 작아지는데, 이는 궁극적으로 각 하위시장에서 해당 재고에 더해진 총 증가분이 품질저하에 따른 총 손실분보다 더 커질 것이기 때문이다. 고품질 하위시장에서 여하튼 비교적 낮은 품질의 하위시장으로 품질을 저하시키는 일련의 연속적이면서 계속 감쇠하는 변동의 '잔물결효과ripple effect'는 원칙적으로 결국에는 최저품질의 하위시장에까지 영향을 미치며, 해당 하위시장의 시장평가가치도 저하시킨다. 이러한 상황에서 최저품질의 하위시장의 일부 소유자는 자신의 변변찮은 수입에 비해 견딜 수 없을 만큼의 높은 비용을 안고 있으면서 계속적으로 운영 적자를 낼 것이기 때문에 자신의 주택을 어쩔 수 없이 포기해야 할 것이다.[5] 예를 들어, 주택 유지관리 및 재산세 납부를 미룸으로써 필연적인 사태를 미리 막아보려는 단기적 노력은 세금 압류나 건물 및 안전 위반의 가능성만 재촉할 뿐이다.

주택전환 반응이 체계적이지만 일률적이지 않게 진행되는 동안, 가구들이 주택에 재배분되는 과정이 동시에 일어날 것이다. 매 단계 연속적인 공급 증대의 단기적 영향이 하위시장에서 감지됨에 따라, 이전에 다소 낮은 품질의 하위시장을 점유했던 일부 가구는 이제 상대적으로 저렴하고 비교적 높은 품질의 하위시장으로 상향 이동하도록 유도될 것이다. 당초의 품질하위시장에서 소비하기에 적합한 비교적 높은 소득의 가구는 하향전환이 예정된 품질하위시장에서 소비하기에 적합한 비교적 낮은 소득의 가구로 대체되기 때문에, 물리적으로 품질이 저하된 주택의 점유 특성 또한 변화할 것이다.

하위시장들 전체에 걸친 총체적 영향: 그림을 이용한 설명

우리는 그림 4.1에 묘사된 세 개의 하위시장 시나리오를 이용하여 앞에서 언급한 개별 소유자 및 가구 행동의 집계적인 결과를 분석할 수 있다. 설명을 단순화하기 위해, 대도시 지역의 기존 주택재고를 고품질(H), 중간품질(M), 저품질(L) 등 세 개의 품질하위시장으로만 분류할 수 있다고 가정하자. 각 하위시장에서 당초의 시장기간 (일반균형) 수요함수와 공급함수는 아래첨자 1로 표시된다. 또한 신규건설 충격으로 인해 고품질 임대 하위시장의 재고가 S_{H1}에서 S_{H2}

그림 4.1 | **주택하위시장모형을 이용한 동네 품질저하 예시**

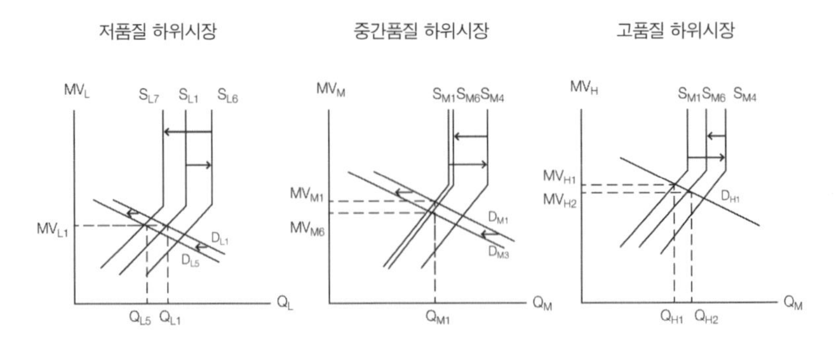

로 초기에 증가했다고 가정하자. 그 결과 고품질 하위시장에서의 시장평가가치가 경쟁적으로 하락하고, 공실은 증가하며, 수익률은 하락한다.

이제 우리는 가구 및 기존 주택 소유자의 반응을 체계적으로 살펴볼 수 있다. 당초 중간품질 하위시장을 점유했던 일부 수요자는 이제 고품질 하위시장에서 소비하는 것이 바람직하고 재정적으로 더 실현 가능하다는 것을 알게 된다. 이제 가치가 비교적 낮게 평가된 대체 하위시장으로의 전환은 그림 4.1에서 D_{M3}로의 수요 감소와 당초의 수요 D_{H1}을 따라 움직이는 수요량(즉, 점유량)의 증가로 표시된다.

고품질 하위시장에서의 수익률 하락은 고품질 하위시장에서 중간품질 하위시장으로 일부 품질저하를 촉발하는데, 이는 고품질 하위시장에서의 공급을 S_{H4}로 감소시키고(원래 위치로 되돌아감) 중간품질 하위시장에서의 공급을 S_{M4}로 확대시킨다. 이러한 재고 조정을 통해 고품질 하위시장에서의 시장평가가치는 초기의 균형으로 되돌아가고, 중간품질 하위시장에서의 시장평가가치는 더욱 낮아진다. 균형을 깨뜨리는 충격으로 인해 발생한 해당 하위시장에서의 수익률 교란 상황은 이제 더 이상 균형 상태에 놓여 있지 않은 비슷한 품질의 하위시장으로 관심을 돌리게 하는 신호이다.

결과적으로, 중간품질 하위시장에서의 시장평가가치 하락은 당초 저품질 하위시장에서 소비하는 일부 임차인으로 하여금 중간품질 하위시장으로 상향 이동하도록 유도할 수 있다. 따라서 중간품질 하위시장에서의 수요량을 증가시키고 저품질 하위시장에서의 수요는 D_{L5}로 감소시킬 수 있다. 이러한 가구 조정 과정은 이전에 비교적 높은 품질의 하위시장에서 진행되었던 과정과 아마도 양적으로는 아니지만 질적으로는 흡사할 것이다.

중간품질 하위시장에서 수익률이 상대적으로 낮아짐에 따라, 비록 더 작아진 규모이기는 하지만, 주택품질저하의 둘째 움직임이 발생할 것이다. 이는 중간품질 하위시장에서의 공급을 S_{M6}로 감소시키고 동시에 저품질 하위시장에서의 공급을 S_{L6}로 증가시킨다. 중간품질 하위시장에서의 수익률이 원래 수준으로 되돌아옴에 따라, 중간품질 하위시장에서 품질 하향전환의 흐름은 멈추고 균형 상태는 다시 달성될 것이다.

이제 그러한 교란은 저품질 하위시장으로 옮겨진다. 이전의 중간품질 주택단위의 소유자들이 공급 측면에서 경쟁을 심화함과 동시에, 저품질 하위시장에서는 수요가 약화된다. 비록 저품질 하위시장에서 시장평가가치가 이제 떨어졌지만, 조금 더 나은 주택으로 당장 이동할 여유가 있는, 훨씬 더 낮은 품질의 하위시장을 현재 점유하고 있는 가구는 당연히 이제는 없다.[6] 경쟁력 없는 저품질 주택단위의 소유자들은 결국 자신의 주택을 방치하지 않을 수 없을 것이다. 이것은 저품질 하위시장에서 공급을 S_{L7}으로 감소시켜 다시 균형 상태가 달성되도록 한다. 저품질 주택을 여전히 보유하고 있는 소유자들은 새로운 균형 상태를 달성하는 데 적절한 수익(즉, 대안적인 비주택투자 수익에 맞먹는 수익)을 얻고 있다. 이는 소유자들이 저품질 주택을 여전히 보유하고자 한다면 저품질 하위시장에서의 시장평가가치가 거의 원래 수준으로 되돌아가야 한다는 것

을 의미한다.[7]

동네 및 로컬관할구역에 대한 하향여과의 결과

주택하위시장모형이 시사하는 바에 따르면, 주택여과는 가구의 후생과 주택의 품질에 영향을 미치는 방식으로 일어난다. 하위시장을 전환함으로써 시장평가가치의 초기 하락에서 혜택을 본 일부 가구의 관점에서 보면, 해당 가구는 더 나은 주택으로 '상향여과filter up'할 수 있었다. 품질저하된 개별 주거단위의 관점에서 보면, 해당 주택의 품질 및 현재 주택서비스를 제공받는 고객의 경제적 지위 측면 모두 '하향여과filter down'되었다. 하지만 여기서 더 중요한 것은 동네 및 로컬정치관할구역의 시각에서 본 관점이다.

이 시나리오에 있어서 신규건설이 어디에서 일어났는지가 해당 동네의 일부 관점에 영향을 미친다. 미국 대도시 개발의 표준이 그러했던 것처럼 만약 도시화된 가장자리에 위치한 미개발 토지가 대부분 신규건설 현장이라면, 우리는 그곳에 새로운 동네가 들어왔다고 말할 수 있다.[8] 당초 비교적 높은 품질의 많은 주택이 비교적 낮은 품질의 하위시장 범주로 품질저하가 되어버린 오래된 동네의 관점에서 보면, 이전의 점유자보다 더 낮은 소득을 가진 가구에 의해 점유되어(다시 말해, 소득하향계승되어) 오히려 지금은 더 낮은 품질의 주택으로 동네가 이루어져 있는 한, 그 동네는 '하향여과'되었다. 다른 동네는 주택품질 전환이 일어나지 않았더라도 하향여과되었다. 해당 하위시장 전반의 시장평가가치 하락에 반응하여, 이전의 거주자들보다 소득이 약간 더 낮은 가구 중 다수가 이동한 위치라는 점에서, 해당 동네는 소득하향계승을 분명하게 보여주었다. 가장 심각한 동네 품질저하는 주택방치가 집중된 곳에서 일어났다.

로컬관할구역의 관점은 세 하위시장에서 기존 주택의 위치에 대해 우리가 어떻게 가정하느냐에 따라, 그리고 고품질의 신규건설이 어디에서 발생하느냐에 따라 크게 달라진다. 논의를 단순화하기 위해, 고품질 하위시장에 있는 기존의 모든 주택과 신규건설된 주택은 도시화된 구역의 가장자리에 위치해 있는 교외 관할구역 내의 동네에 위치한다고 가정하자. 중간품질 하위시장에 있는 기존의 모든 주택은 오래된, 교외 관할구역 중심부inner-ring에 있는 동네에 위치해 있다. 저품질 하위시장에 있는 기존의 모든 주택은 중심도시central city 관할구역에 있는 동네에 위치해 있다.

이 시나리오에서, 교외 관할구역의 전체 거주자의 수는 당초의 고소득 거주자를 모두 유지하는 가운데 소득이 약간 낮은 거주자 일부가 더해지면서 증가할 것임을 쉽게 알 수 있다. 총 가처분소득의 증가는 해당 관할구역 로컬 소매부문의 성장을 촉진할 것이다. 일부 오래된 주택은 고품질에서 중간품질로 떨어지면서 감정가치가 낮아지겠지만, 고품질의 신규주택이 더 많이 건설될 것이다. 이 가상의 교외 관할구역에서는 소득세, 판매세, 재산세 과세표준 모두 상승할 것이다. 이를 통해 자기강화적 '선순환virtuous cycle'이 촉발될 것이다. 해당 관할구역의 재정역량이 향상되면 거주자에게 보다 매력적인 세금 및 서비스 패키지를 제공할 수 있어 해당 관할구역에 있는 모든 주택재고의 품질과 시장평가가치를 높일 수 있고, 그에 따라 관할구역 내 모든 동네를 소극적으로 품질향상시킬 수 있다. 결과적으로, 더 비싼 주택은 훨씬 더 높은 소득을 가진 고객을 장래에 끌어들일 것이며, 이는 소매부문의 강화, 과세표준의 상승, 관할구역 내 동네 지위의 향상 등으로 확산될 것이다.

정형화된 교외 관할구역 중심부에서는 이것이 잘 되지 않을 것이다. 신규주택도 건설되지 않을 것이며, 기존 주택의 일부는 저품질 하위시장으로 품질저하될 것이다. 또한 일부 동네에서 더욱 낮은 소득계승이 이루어질 것이지만, 가구의 수는 줄어들지 않을 것이다. 하지만 거주자들의 총소득이 그다지 많지 않다는 특성 때문에 로컬 소매부문은 다소 쇠퇴할 수 있다. 따라서 해당 관할구역에서는 모든 형태의 과세표준이 낮아질 것이다.

중심도시 관할구역은 가장 극적인 쇠퇴를 보인다. 주택재고 중 일부는 방치될 것이며, 주변 동네의 소극적인 품질저하가 동시에 일어날 것이다. 주택방치로 인해 인구가 줄어들고 해당 관할구역의 총 가처분소득이 감소할 것이다. 로컬 소매부문의 쇠퇴가 뒤따를 것이다.[9] 해당 도시의 소득세, 판매세, 재산세 과세표준이 심각할 정도로 약화될 것이 분명하다. '악순환vicious cycle'이 시작될 것이다. 해당 도시는 공공서비스를 축소하고 아마도 세율을 증가시킬 수밖에 없을 것이다. 둘 중 하나는 해당 도시 경계 내에 위치한 주택하위시장의 품질과 시장평가가치를 떨어뜨리고 그에 따라 해당 도시를 구성하고 있는 동네들을 소극적으로 품질저하시킬 것이다. 수익률이 더 낮아지면 주택 소유자가 자신의 주택을 방치할 가능성이 높아질 것이고 주택을 방치할 수 있는 수단을 가진 가구는 관할구역에서 계속 빠져 나가 과세표준을 더욱 약화시킬 것이다.

동네 품질향상의 원천과 동태적 과정

동네 품질향상의 메커니즘: 개별적 반응

앞에서 설명한 동네 품질저하 시나리오에서, 동네 품질저하의 근본적인 동인은 대도시 주택시장의 취약한(즉, 기존 주택 소유자에게는 그다지 이익이 되지 않는) 조건임을 확인했는데, 이 경우 동네 품질저하는 예상 순가구 증가율을 초과한 투기적 신규건설에 의해 야기된 것이었다. 그러한 상황에서, 기존 주택재고의 일부 소유자는 보다 높은 수익률을 좇아 자신의 주택을 비교적 낮은 품질의 하위시장으로 품질저하시킨다. 이는 품질저하된 주택이 위치한 동네의 물리적 품질을 떨어뜨리고 전반적인 거주자 소득 특성을 약화시키는 결과를 가져온다. 최저품질의 하위시장이라는 극단적인 상황인 경우, 일부 소유자는 자신의 주택을 방치하지 않을 수 없었고, 이로 인해 동네의 품질이 심각하게 저하되었으며 비교적 형편이 나은 가구의 선택적 인구감소가 초래되었다.

동네 품질향상 시나리오에서는 이러한 동태적 과정이 완전히 바뀌어서 나타난다. 근본적인 동인은 중간품질 또는 고품질 주택에 대한 강력한(즉, 점점 수익성이 높아지고 팽창하는) 시장이며, 이는 저품질 또는 중간 이하 품질인 기존의 오래된 주택재고가 가지고 있는 일부 매력적인 지리적 특성 또는 주택 고유의 특성과 결부되어 있다.[10] 수요 주도적이면서 경색되어 있는 시장 상황에서, 입지가 좋은 중간 이하 품질인 주택의 소유자들은 고소득 고객이 점유하기에 적합하도록 자신들 주택의 품질을 상향할 유인을 가질 것이다. 동시에, 중간품질 및 고품질의 하위시장 주택의 개발사업자들은 (공터에 또는 기존의 거주용 또는 비거주용 건축물을 철거한 후에) 빈 공간 채우기infill 건설을 함으로써 또는 비거주용 건축물(예를 들어, 창고, 소매상점, 공장 등)을 주거 용도로 전환함으로써 이들 매력적인 입지를 이용하도록 장려될 것이다.

이러한 공급 반응을 관찰해 보면, 개별 가구는 이제 대도시 공간 전체에 걸쳐 자신을 서로 다르게 구분하여 분류입지할 것이다. 중간소득 및 상위소득 가구들은 주택재고 상향전환과 빈 공간 채우기 건설이 일어난 보다 매력적인 입지에서 이제 자신에게 더 알맞고 자신이 원하는 주택 선택대안을 가질 것이다. 하지만 비교적 낮은 소득의 가구들은, 자신들이 떠날 수밖에 없었던 이전의 입지에서 그리고 (적어도 단기에서는) 도처에서, 자신이 가지고 있는 선택대안이 더 제한적이고 더 비싸다고 생각하게 될 것이다. 늘 그렇듯이 대부분의 저소득 가구들은 그다지 많지 않은 자금 때문에 저품질 하위시장에만 국한되지만, 해당 하위시장의 지리적 분포가 서서히 변화함에 따라 이제는 재입지해야 한다. 기존의 중간품질 및 고품질 하위시장 주택의 소유자들은 계속해서 증가하는 수익률에 만족할 것이고 그 결과 자신의 주택을 저소득 가구의 수요를 충족시키기 위해 품질저하할 생각을 하지 않을 것이다. 대신에 극히 낮은 가치의 획지에 위치해 있으면서 주택법규를 가까스로 충족시키는 중간 이하 품질의 주택을 건설함으로써 이윤 창출의 잠재력을 찾는 사람들은 바로 개발사업자들일 것이다. 이러한 주택은 유해한 비주거용 토지이용으로 심하게 오염된 도심 지역에서 또는 일자리나 편의시설로부터 멀리 떨어진 변두리 준교외 지역에서 전형적으로 나타날 것이다.

하위시장들 전체에 걸친 총체적 영향: 그림을 이용한 설명

우리는 그림 4.2에 묘사된 세 개의 하위시장 시나리오를 이용하여, 앞에서 언급한 개별 소유자 및 가구 행동의 집계적인 결과를 분석할 수 있다. 설명을 단순화하기 위해, 앞에서와 같이 대도시 지역의 기존 주택재고를 고품질(H), 중간품질(M), 저품질(L) 등 세 개의 품질하위시장으로 분류할 수 있다고 가정하자. 각 하위시장에서 당초의 시장기간 (일반균형) 수요함수 및 공급함수는 아래첨자 1로 표시된다. 덧붙여, 이전 사례와 더욱 뚜렷이 대조하기 위해 대도시 지역의 주택 공급 탄력성은 낮다고 가정한다. 이것은 (지형적 특징 때문에, 또는 공공용지 유보지이기 때문에, 또는 두 가지 모두의 이유 때문에) 개발될 수 없는 많은 양의 토지 때문일 수도 있고 직간접적으로 성장을 제한하는 로컬 공공정책 때문일 수도 있다.[11]

이 사고실험에서는, 특히 저품질 및 중간품질의 주택이 주로 저품질 주택으로 현재 구성되어 있는 대도시 지역의 일부 오래된 구역에 위치할 경우, 이러한

그림 4.2 | **주택하위시장모형을 이용한 동네 품질상향 예시**

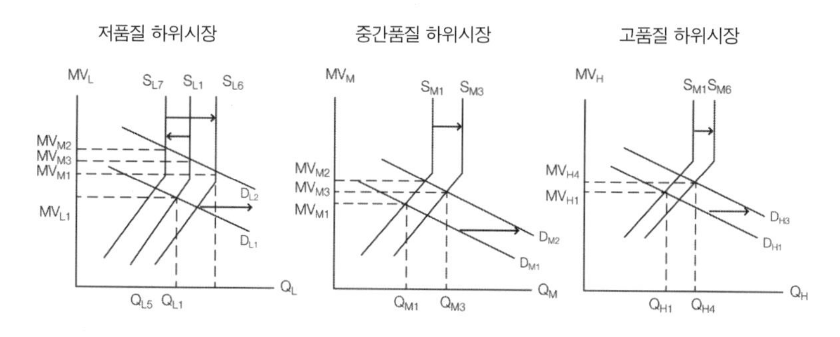

주택을 수요하는 가구의 수가 증가함에 따라 균형이 깨진다는 것을 상정한다.[12] 이러한 이중 충격은 그림 4.2에서 하위시장 수요가 D_{L2}와 D_{M2}로 증가한 것으로 나타나며, 시장평가가치(판매가격 및 임대료)는 각각 MV_{L2}와 MV_{M2}로 상승한다. 주택 공급자들은 비교적 낮은 소득 가구의 수요보다는, (종종 일자리나 생활편의시설에 가까운 도심 근처의) 매력적인 장소에서 중간품질의 주택을 찾고자 하는 사람들의 수요에서 발생하는 수익률 상승 잠재력에 더 빠르게 반응할 것이다. 그러면서 이러한 매력적인 위치에 있는 저품질 주택의 소유자 일부는 자신의 주택을 중간품질 수준으로 향상시키기 위해 자신의 주택에 투자할 것이다. 다른 개발사업자들은 그와 같은 저품질 주택을 구입해서 철거한 다음 그 부지에 원래보다 종종 더 높은 밀도로 재건축하는 것이 수익성이 더 높다는 것을 알게 될 것이다. 그림 4.2에서 S_{L3}로 이동하는 것으로 나타나는 것처럼, 이 두 행위 모두 저품질 주택의 공급을 감소시키는 순효과를 가지고 있다. 그뿐만 아니라 저품질 하위시장에 있는 잔여 주택의 시장평가가치도 MV_{L3}로 상승시킨다. 이러한 행위는 이전에 저품질 주택이 지배했던 이들 매력적인 도심 위치에 있는 공터나 비주거용 부지에서의 빈 공간 채우기 건설과 결합되어, S_{M3}

로 표시된 것처럼 중간품질 하위시장에 가용한 공급을 증가시킬 것이다. 하지만 중기공급 탄력성이 낮다는 점을 고려할 때, 이러한 공급 반응은 상대적으로 미온적일 것이며, 시장평가가치는 MV_{M3}로 약간 진정될 뿐일 것이다. 오래된 건축물의 재개발 및 철거, 환경 복원, 빈 공간 채우기 건설 등이 일반적으로 미개발지에서의 신규건설보다 더 비싼 선택대안이라는 점을 고려해 보면, 이처럼 공급 탄력성이 낮다는 가정은 상당히 합리적이라고 볼 수 있다.

한편, 저소득 가구들은 힘든 상황에 처해 있다. 저품질 주택의 총재고는 줄어들었고, 잔여 주택은 상당히 더 비싸다. 임차 가구들은 여기서 몇 가지 선택대안을 가지고 있는데, 이들 대안 모두 만족스럽지 못하다. 임차인들이 주택을 점유할 수 있다면, 그들은 소득 중 더 많은 부분을 임대료로 지불할 것이라고 예상할 수 있다. 현재 과밀된 환경에 처해 있음에도 불구하고, 어떤 사람들은 임대 지출을 분담하기 위해 룸메이트나 심지어 다른 가족과 같은 집에 살 수도 있다. 다른 어떤 사람들은 독립가구로 지내는 것을 포기하고 대신에 친구나 가족과 함께 살기 위해 이사를 들어갈 수도 있다. 또 다른 사람들은 한층 더해 자신을 노숙자로 생각할지도 모른다.

그럼에도 불구하고, 일부 주택 공급자에게는 중간 이하 소득의 이들 가구가 잠재적 이윤 기회임을 나타낸다. 앞에서 설명한 바와 같이, 이들 일부 주택 공급자는 해당 대도시 지역에서 가장 매력적이지 않은 공간 틈새에 위치한 저품질 신규주택 건설사업자일 가능성이 가장 높을 것이다. 신규건설이 진행됨에 따라, 신규건설은 그림 4.2의 S_{L4}로 저품질 주택 공급을 증가시키는 효과를 가져올 것이다. 또한 대도시 지역 주택 공급이 비탄력적이라고 가정함으로써, 우리는 이러한 반응이 상대적으로 크지 않으며 시장평가가치를 MV_{L4}로 겨우 조금 완화시킬 것이라고 예상할 것이다.

고품질 하위시장에 영향을 미치는 어떠한 외생적인 수요 충격도 설정하지 않는 것으로 이 시나리오를 시작했지만, 수요 충격은 내생적으로 발생할 가능성이 있다. 시장평가가치가 중간품질 하위시장에서 MV_{M2}로 상승함에 따라, 이전에는 중간품질 주택에서 거주하기로 선택했을 일부 가구가 이제는 대신에 고품질 하위시장에서 소비하기로 결심할 수 있다. 그 가구들은 이 두 개의 하위시장을 상대적으로 밀접한 대체재로 생각할 수 있기 때문에, 그들은 이제 '가격에 합당한 가치'를 더 잘 제공하는 시장으로 옮겨가고, 따라서 수요를 D_{H3}로 증가시킨다. 고품질 주택 소유자에게 가능해진 개선된 수익률은 매력적인 교외 동네나 도심에 있는 고상한 동네에 그와 같은 주택이 신규건설되도록 유도함으로써, 공급을 S_{H4}까지 끌어올릴 수 있다.

모든 하위시장이 다시 균형을 이루게 되었을 때, (매력적이고 도심에서 가까운 지역에서는) 중간품질의 주택재고가 증가했고, (덜 매력적인 주변 지역에서는) 저품질의 주택재고가 다소 작은 규모로 증가했으며, 고품질의 주택재고는 훨씬 더 작은 규모로 증가했다는 것이 분명하다. 이전의 일부 저품질 주택은 품질이 향상되었으며, (품질에 따라 위치가 다르기는 하지만) 모든 품질 수준에서 신규건설이 진행되었다. 공급이 비탄력적이라는 맥락에서 수요가 증가한 것으로부터 예상되는 것처럼, 일련의 해당 하위시장 전체에 걸쳐 시장평가가치가 (반드시 동일한 크기는 아니지만) 상승했다. 이것은 모든 주거용 부동산 소유자의 수익률이 원래보다 더 높아졌다는 것을 의미한다.[13]

동네 및 로컬관할구역에 대한 상향여과의 결과

앞의 시나리오가 보여준 동네변화의 동태적 과정의 핵심을 일반적으로 '젠트리피케이션gentrification'이라고 부른다. 원래 중간 이하 소득의 가구들이 점유하는 저품질 주택으로 특징지어지던 동네는 고소득 거주자들이 이용하기 위해 재개발되었는데, 이는 다른 동네가 아닌 이 동네의 입지가 고소득 가구들이 기꺼이 초과금액을 지불할 수 있을 만큼 뛰어난 무엇인가를 지니고 있었기 때문이다. 이것은 직장과의 근접성, 교통, 여가 활동, 역사적으로 특별한 의미가 있는 동네 설계나 건축 양식 등이었을 수 있다. 매력의 원천이 무엇이든 이들 동네는 주거환경의 전반적인 물리적 품질과 거주자들의 전반적인 소득 특성 모두에서 상향여과를 보여주었다. 이러한 동네 품질향상에 수반되는 결과는 공공정책에 의한 어떤 개입도 배제된 채 원래의 저소득 거주자들이 쫓겨나는 것이다. 이러한 비자발적 이주는 직접적으로 그리고 간접적으로 진행된다. 거주자들은 자신이 살고 있는 건물이 재개발되거나 철거되기 전에 비워져야 할 경우 직접적인 이유로 쫓겨날 수 있다. 거주자들은 간접적인 이유로 쫓겨날 수도 있는데, 동네가 문제의 획지 주변을 개선함으로써 해당 소유자에게 소극적으로 이익이 돌아가는 품질 개선사항을 반영하기 위해 임대료나 재산세 평가액을 감당할 수 없는 수준으로 상승시킬 경우이다. 로컬 소매부문이 재화와 서비스를 덜 매력적이고 감당할 수 없는 가격으로 전환하거나, 기존 거주자들을 불편하게 만드는 방식으로 동네 문화가 서서히 변화하는 경우, 간접적으로 쫓겨나는 현상이 추가적으로 발생할 수 있다.

이러한 시나리오에 나타난 동네변화의 둘째 동태적 과정은 저소득 가구들의 요구에 부응하는 새로운 동네가 형성되는 것이다. 앞에서 설명한 바와 같이, 이들 새로운 동네는 해당 대도시 지역의 가장 매력적이지 않은 틈새 공간 및 변두리에서 기본 수준의 품질로 만들어진다. 따라서 이러한 젠트리피케이션 시나리오는 대도시 전반의 주택 수요와 비탄력적 공급 반응의 맥락에서 중간소득 가구와 저소득 가구가 거주하는 장소 모두에서 지리적으로 재배치되는 결과로 이어진다.

이러한 점진적인 지리적 변화는 로컬관할구역의 재정 건전성에 있어서 상응하는 변화를 초래한다. 저품질 주택(그리고 아마도 공터나 활용도가 낮은 비주거용 부동산)에 거주하는 저소득 거주자를 중간품질 주택에 거주하는 중간소득 가구로 궁극적으로 대체하는 로컬관할구역은 재산세, 판매세, 소득세 과세표준을 분명히 높일 것이다. 중간 이하 품질의 주택에 대한 신규건설을 정면으로 감당하는 변두리 관할구역은 재정적으로 쉽지 않을 것이다. 이들 신규주택과 거주자들이 제공하는 추가적인 세금 수입은 관련 기반시설과 학교 개선 및 지속적인 공공서비스에 소요되는 더 높은 비용을 상쇄하기에 충분하지 않을 수 있다.

동네의 품질저하 및 품질향상: 디트로이트와 로스앤젤레스의 사례

앞에서 언급한 가상의 두 시나리오에서 주택하위시장모형이 예측한 결과는, 지난 25년 동안 그 맥락 및 역사가 이들 시나리오와 밀접하게 일치하는 두 대도시 지역인 디트로이트와 로스앤젤레스의 자료와 비교했을 때 주목할 만할 정도로 정확한 것으로 입증된다.[14]

대도시 주택 수요 및 공급 조건

디트로이트 지역의 주택 개발사업자들은 지나치게 많은 수량의 고품질 및 중간품질 주택을 너무나 기꺼이 건설하고자 했는데, 이는 그림 4.1의 정형화된 형태와 같이 하향여과 과정을 촉발시켰다. 디트로이트 지역은 특색은 없지만 물이 잘 드는 평원 지대이며, 분절되어 있으면서 친성장적인 정치관할구역 구조를 가지고 있다. 지역의 계획기관은 무능해서 노골적으로 권장하지는 않았지만 고삐 풀린 투기적 개발을 허용해 왔다.[15] 이매뉴얼 새에즈Emmanuel Saiz는 디트로이트의 중기 주택 공급 탄력성이 1.24로 상당히 높은 것으로 추정했는데, 이는 역사적으로 봤을 때 주택가격이 1% 오를 때마다 주택단위를 1.24% 더 공급해 왔다는 것을 의미한다.[16]

1950년 이래 매 10년 동안 디트로이트 지역의 개발사업자들은 필요 가구의 순성장보다 더 많은 주택을 건설해 왔다. 예를 들어, 1990년부터 2010년까지 디트로이트 대도시 지역의 신규주택 건설은 이 기간 동안 가구 수가 겨우 4.3% 증가했음에도 불구하고 1990년 주택재고의 20.1%까지 크게 팽창한 것으로 나타났다. 디트로이트 개발사업자들은 이윤을 낼 수 있었기 때문에 과잉공급을 한 것인데, 그들이 이윤을 낼 수 있었던 것은 그들의 새로운 교외 토지구획이 대부분의 오래된 주택재고와 맞붙었을 때 중간소득 및 (점점 더) 높은 소득의 점유자를 얻기 위한 경쟁에서 대개 이겼기 때문이다. 디트로이트 지역의 가구 수는 신규주택의 공급 수량보다 더 느리게 증가했기 때문에, 이전에 오래된 주택에 거주했던 거주자들은 필연적으로 이들 신규주택의 일부를 점유했다. 거주자들이 이주해 나감에 따라, 이들이 거주했던 주택은 다른 가구들, 즉 자신이 현재 거주하고 있는 주택보다 새로 가용한 주택을 더 선호하는 것으로 지각한 가구들로 대체되었다. 이러한 하향여과 과정이 계속 진행됨에 따라, 결과적으로 가구들은 해당 대도시 지역에서 가장 경쟁력이 낮은 주택에서 이주해 나가게 되었고, 말 그대로 이 주택들의 시장평가가치가 얼마나 많이 낮아졌는지에 관계없이 이 주택들을 점유할 사람은 아무도 남지 않게 되었다. 디트로이트 지역의 주택 과잉공급은 고속도로 건설이나 소매 및 산업 개발로 인해 상대적으로 적은 수량의 주택이 멸실되는 것을 제외하고 거의 동등한 수량의 주택을 중복적으로 제공했다. 소유자들은 남아도는 주택의 일부를 비주거용으로 전환했지만, 대부분은 공실이 되었고 부실하게 유지되었으며 결국에는 소유자에 의해 방치되었다. 점점 악화되어 수년이 지난 후, 이들 버려진 많은 주택은 대

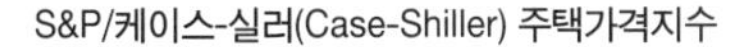
그림 4.3 | **디트로이트와 로스앤젤레스의 주택가격 상승 추이(1991~2016)**

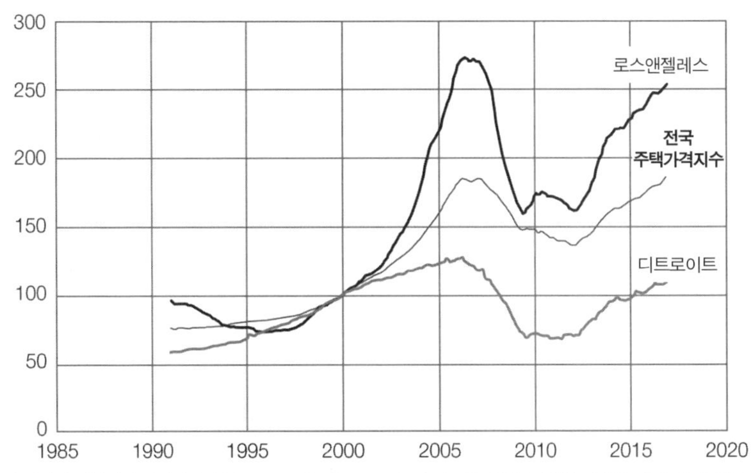

각 지역의 반복매매 주택가격지수(repeat sales home price index)는 2000년 1월 가격을 기준(=100)으로 하여 작성되었다.
출처: Federal Reserve Economic Data, https://fred.stlouisfed.org.

체로 철거되거나 방화되거나 못쓰게 되었다.[17] 디트로이트 대도시에서는 2010년까지 1990년에 존재했던 주택재고의 9.4%가 사라졌다. 이와 같이 수요의 힘이 약하고 공급 탄력성이 높다는 맥락에서 예상할 수 있듯이, 디트로이트 지역의 주택가격 상승은 1991년부터 대침체Great Recession 이전인 2006년까지 최고치였다. 1990년대 후반의 경제 호황기에 디트로이트의 주택가격이 재빨리 오르기는 했지만, 21세기 들어 전국 평균보다 느리게 상승했으며 침체 전후 기간 동안 로스앤젤레스보다 훨씬 더 느리게 상승했다. 그림 4.3을 참조하라.

로스앤젤레스의 지역 맥락은 많은 점에서 디트로이트와 상당히 달랐다. 디트로이트 지역과 달리, 로스앤젤레스 대도시 지역은 1990년부터 2010년까지 가구 수에 있어서 18.3%의 강력한 성장세를 보였다. 새라 모호터Sarah Mawhorter는 이러한 수요 압력에 대해 심층적으로 분석한다.[18] 국제 이민이 성장의 주요 원동력이던 이전 시대와 달리, 이 기간 동안 로스앤젤레스의 주택 및 인구 통계를 지배한 것은 새로운 가구로서의 밀레니얼 세대의 출현이었다. 이 코호트는 주택 수요 증가에 있어서 하위시장 간 패턴을 형성하는 두 가지 뚜렷한 요소를 가지고 있는데, 그것은 바로 (백인이 아닐 가능성이 더 높은) 대학 학위가 없는 사람들과 (백인일 가능성이 더 높은) 대학 학위가 있는 사람들이다. 대학 학위가 없는 사람들은 실질소득에서 상당한 감소를 겪었다. 따라서 앞의 정형화된 시나리오에서와 같이 이러한 인구학적 압력은 비교적 낮은 품질 및 중간품질의 하위시장에 대한 수요를 동시에 증가시켰다.

이러한 수요 증가에 대한 공급 측면의 대응을 이해하기 위한 맥락으로서, 로스앤젤레스 지역은 바다, 사막, 가파른 산맥 등 신규건설을 위한 개발 가능한 토지로서는 상당한 지형적 제약에 직면했다.[19] 게다가 일부 로컬관할구역은 주택 건설에 한도를 두는 방법을 채택했고, 오래된 동네에서 고밀의 빈 공간 채우기 건설 사업은 종종 상당한 저항을 불러 일으켰다.[20] 이매뉴얼 새에즈에 의하면, 로스앤젤레스 지역의 주택 공급 탄력성은 카운티에 따라 다르지만 전반적으로 여전히 비탄력적이다. 로스앤젤레스 카운티의 탄력성 0.63은 95개 지역 표본 중에서 둘째로 낮고, 벤투라Ventura 카운티의 탄력성 0.75는 여덟째로 낮으며, 리버사이드-샌버나디노Riverside-San Bernardino 카운티의 탄력성은 0.94로 열여덟째로 낮다.[21] 1990~2010년 동안 주택재고는 급증하는 수요에 발맞춰 18.5%까지 순팽창했다. 하지만 그림 4.3에서 보듯이 개발사업자들은 가격이 상당히 오른 후에야 신규주택을 비탄력적으로 공급했다. 2011년 침체의 최저점에서조차도 로스앤젤레스 대도시 지역의 집값은 2000년보다 63%나 높은 수준을 유지했다. 반면, 2011년 전국 평균 주택가격은 2000년보다 37% 더 높았을 뿐이고, 디트로이트 지역은 2000년보다 30% 더 낮았다. 2016년 말까지 로스앤젤레스의 주택가격은 2000년보다 153% 더 반등했다. 전국과 디트로이트의 비교 수치는 각각 86%와 9%에 불과했다.[22] 로스앤젤레스의 강력한 주택 수요 및 비탄력적 공급 대응, 디트로이트의 취약한 주택 수요 및 탄력적 공급 대응, 그 결과는 극적으로 달랐다.

동네 및 로컬관할구역에 대한 결과

앞에서 언급한 바와 같이, 디트로이트라는 대도시 규모의 주택시장에서 일어난 동태적 과정은 가장 경쟁력이 취약한 주택이 위치한 동네에서 가장 두드러지게 동네 품질이 저하되는 놀라운 사례를 보여주었다. 일부 가구가 상향여과할 수 있었던 것과 동시에, 신규 주택, 중간품질 주택, 고품질 주택의 끊임없는 과잉공급은 이들 하위시장에 있는 노후주택을 가격 면에서 (그리고 소유자가 주택품질을 적극적으로 떨어뜨림에 따라 결과적으로는 품질 면에서) 하향여과되도록 했다. 이들 가구는 (기존 주택의 가격이 충분히 하락했거나 일부 주택이 더 낮은 품질과 가치로 하향됨에 따라) 이전에는 감당할 수 없었던 동네에 진입하면서, 원래 거주자의 관점에서 볼 때 소득하향계승을 가져왔다. 궁극적으로 이러한 '이동의 연쇄chain of moves'는 교외 변두리 동네에서 비교적 높은 품질의 신규주택이 건설되고, 중간품질의 기존 동네에서 노후주택의 품질이 악화되며, 그리고 디트로이트시 내에 압도적으로 많이 위치해 있으면서 가장 위험하고 품질이 악화된 동네에 있는 열등한 주택이 공실되는 과정을 연결시켰다. 디트로이트에 있는 그와 같은 주택의 소유자들은 구매자 부족으로 인해 자신의 주택가치가 서서히 떨어지고 공실이 증가함에 따라 자신의 아파트로부터 거둬들일 수 있는 임대료가 줄어들었고, 그로 인해 자신의 주택을 유지하고 개선하는 데 오히려 투자를 덜 하는 쪽으로 상당히 분별 있게 결정했다. 결과적으로, 호가나 임대료를 아무리 낮춰도, 유지비 지출을 아무리 줄여도, 그리고 재산세 납부를 아무리 오랫동안 회피해도, 가만히 있으면 있을수록 더 많은 손해를 보게 되었다. 재무적으로 합리적인 주택 소유자들은 어느 순간 자신의 주택에서 손을 뗐다. 이들 주택 중 다수는 불에 탔고, 종종 재미나 보험사기를 위해 저질러지는 방화의 희생물이 되었다.[23] 에리카 랠리Erica Raleigh와 나는 빈집과 버려진 집이 디트로이트에서 일어나는 동네 범죄의 주요 요인이라는 것을 알아냈다.[24] 따라서 도시 환경이 황폐되고 범죄가 격화됨에 따라 동네의 소극적 품질저하는 가속화되었다. 결국 시는 버려진 집들을 철거해야 했고, 디트로이트시의 주택 재고는 1990년 이후 14.8%까지 감소했다.

2009년 디트로이트시는 시 경계 내에 있는 주거 획지 34만 3000개 모두를 대상으로 서베이를 실시했다. 그 결과는 내막을 잘 모르는 사람들에게도 명백한 사실을 숫자로 보여주었는데, 빈 땅이 주거 획지의 27%(9만 개 이상)를 구성하고 있었다.[25] 2014년도에 실시된 후속 서베이에 따르면, 4만 개 이상의 건축물이 붕괴된 상태였고, 또 다른 3만 8000개는 붕괴 징후가 있었으며, 7만 2000개는 당장 철거가 필요한 것으로 나타났다.[26] 교외 주변부의 주택건설 과잉으로 인해 수십 년에 걸쳐 지속적으로 진행된 동네 품질저하 과정은 말 그대로 디트로이트의 많은 동네를 사라지게 만들었으며, 이러한 결과는 주택하위시장모형의 예측과 잘 부합한다.

도시 전반의 특징적인 주택시장 수요 압력과 주택 공급 탄력성에 비추어 볼 때, 로스앤젤레스시의 동네변화에 대한 설명 역시 크게 다를 바 없다. 로스앤젤레스의 동네들은 디트로이트처럼 1990년 이래 가구의 4분의 1과 주택의 15%를 잃는 대신, 8.3% 더 많은 가구와 8.8% 더 많은 주택으로 넘쳐났다. 주택하위시장모형 분석에 의해 예측된 바와 같이, 주택 품질향상은 21세기 첫 10년 동안 로스앤젤레스에서 동네변화의 동태적 과정을 지배하는 패턴이었다. 로버트 샘슨, 재러드 섀크너Jared Schachner, 로버트 메어Robert Mare는 로스앤젤레스 카운티 동네들의 거주자 중위소득이 국민소득 5분위에 따라 어떻게 평가되는지 순위로 매겨 10년간의 변화를 조사했다.[27] 그들은 2000년에 가장 낮은 소득 5분위에 속한 동네들 중 31%가 2010년에는 보다 높은 5분위에 올랐다는 것을 보여주었다. 당초 2분위, 3분위, 4분위에 속한 동네들의 경우, 이 척도에 따라 순위가 상승된 백분율은 각각 39%, 36%, 24%인 것으로 나타났다. 이들 동네 모두 분명히 소득상향계승을 경험했다.

자신이 태어나고 자란 지역에서 대학까지 마친 많은 밀레니얼 세대가 가정을 꾸리고, 그 결과로 지역 주택가격의 경로가 1997년부터 전환되면서, 개발사업자들은 로스앤젤레스 도심 근처에 고밀의 신규주택을 건설하고 기존의 비주거용 건축물을 중간품질의 주거용으로 전환하는 것이 수익을 얻을 수 있는 기회임을 알게 되었다. 또한 개발사업자들은 직장과 대중교통에 대한 접근성이 좋고 사회경제적 수준 및 교육 수준이 더 높은 중간품질의 핵심 동네에 있는 건물을 덜 튀는 방식으로 개조했다. 새라 모호터는 대학 교육을 받은 밀레니얼 세대가 대학 학위가 없는 사람들을 대체하면서 소득상향계승이 집중적으로 일어난 곳이 바로 이들 동네라는 것을 보여주었다.[28] 대학 학위가 없는 사람들은 결국 로스앤젤레스 동부의 주변부에 있는 중간 이하 품질의 동네들을 불균형적으로 점유하게 되었다.

디트로이트와 로스앤젤레스의 로컬 소매부문은 해당 도시를 구성하고 있는 동네에 살고 있는 거주자의 밀도와 소득 특성의 변화에 대해 이해하기 쉬운 방식으로 대응했다. 디트로이트에서는 하향여과로 인해 도심부의 인구가 감소하고 부유한 가구들이 선택적으로 전출함으로써, 로컬 소매 및 상업 부문에서 부수적인 손실이 발생했다. 도심지에서부터 거의 도시 경계까지 대부분의 예전 주요 상업 가로를 따라 끝없이 길게 늘어서 있는 버려진 소매점과 공터보다 디트로이트에서 더 극적이고 침울한 풍경은 찾아보기 힘들었다. 1992년부터

2007년 대침체 직전까지 디트로이트는 소매업 사업체의 13%, 소매업 고용의 41%를 잃었다. 반면, 로스앤젤레스의 경우 동네의 빈 공간 채우기 및 품질향상은 소매업 덕분인 것으로 드러났다. 1992년부터 2007년까지 로스앤젤레스 소매업 사업체는 3% 증가했고 소매업 고용은 7% 증가했다.[29]

앞에서 언급한 동네의 인구밀도 및 고용, 동네 내 주택의 시장평가가치, 거주자의 소득 특성 등에서의 변화는 두 사례연구 도시의 재정역량이 어떻게 변화되었는지를 예측할 수 있도록 했다. 주거용 및 비주거용 부동산의 총가치 감소, 소매업 고용 감소, 가처분소득이 높은 거주자 수의 감소는 재산세, 소득세, 공과금 등의 수입에 의존하는 디트로이트에 끊임없이 긴축재정이라는 제약을 가했다.[30] 세율을 올렸음에도 불구하고 디트로이트의 총수입은 급격히 감소했다. 인플레이션 조정 부동산의 총가치는 1958년 최고치 이후 79% 하락했으며, 소득세 수입의 가치는 1972년 최고치 이후 76% 하락했다. 이러한 만성적 수입 부족으로 인해 디트로이트는 제공 서비스의 품질, 수량, 범위를 손질할 수밖에 없었다. 하지만 세율을 동시에 인상하면서 서비스 규모를 축소하는 전략으로는 지불불능을 피하기에 역부족이었다. 2013년 7월, 디트로이트시는 미국 역사상 '연방 파산법' 제9장의 파산(지방자치단체 및 공공기관의 파산)을 선언한 가장 큰 자치단체가 되었다.[31]

이와 대조적으로, 로스앤젤레스시는 극히 중요한 재산세 및 판매세 과세표준의 모든 측면, 이를테면 주거용 및 비주거용 부동산 가치, 소매업 고용, 거주자의 가처분소득 등에서 성장을 경험했다. 로스앤젤레스는 이러한 재정역량을 강화함으로써 재정 지불능력을 유지하면서도 시민들에게 더 많은 돈을 쓰고 개인 세금을 상대적으로 낮게 유지하는 호사스러움을 누렸다. 자치단체의 주요 재정지표를 비교 설명하면 이해하기 쉬울 것이다. 1992년 로스앤젤레스의 1인당 지출은 디트로이트보다 8% 적었지만 2014년까지 디트로이트보다

10% 더 많이 지출했다.[32] 2014년 로스앤젤레스의 재산세는 실효재산세율이 단지 28%에 불과했음에도 불구하고 디트로이트보다 1인당 42% 더 많은 수입을 거뒀다.[33] 아직 상환하지 못한 1인당 시 채무의 변화는 이들 두 도시의 재정 상황 변화를 요약해 보여준다. 1992년 로스앤젤레스의 1인당 채무는 디트로이트보다 40% 많았지만 2014년에는 디트로이트보다 42%나 적었다.

동네의 품질저하 및 품질향상: 요약 및 함의

주택하위시장모형은 대도시 지역의 주택재고를 품질하위시장들로 분할하는데, 해당 품질하위시장에서 평가된 주택 패키지의 품질은 건축물 자체의 특징뿐만 아니라 동네의 물리적 조건, 거주자의 사회경제적 지위, 공공서비스 등의 공간적 특징도 반영한다. 이들 특징은 가구, 기존 주택의 소유자, 신규주택 개발사업자의 행동과 관련되어 있으며 궁극적으로는 일련의 하위시장 전체에 영향을 미치는데, 주택하위시장모형은 이들의 행동을 모형화한다. 주택하위시장모형은 주택의 하향여과 또는 상향여과 과정을 다음과 같이 뚜렷이 구별되는 세 가지 요소, 즉 품질하위시장 간 상대적 시장평가가치의 변화, 상이한 소득을 가지고 있는 가구들의 하위시장 점유 패턴의 변화, 상이한 품질의 하위시장으로 의도적으로 품질을 저하시키거나 향상시키는 것을 포함하는 기존 주택 소유자들의 공급 행동의 변화 등과 관련시켜 설명한다.

고전적 하향여과 시나리오에 따르면, 신규주택 수요를 초과하여 중간품질부터 비교적 높은 품질까지의 신규주택 건설이 급증하면, 기존 재고가 목표품질하위시장의 신규 재고로 부분적으로 대체되고, 일련의 하위시장 전체에 걸쳐 품질저하를 심화시키는 (일률적이지 않은) 유인이 발생하며, 궁극적으로는 가장 경쟁력 없는 주택재고가 방치되도록 부추겨질 것이다. 단기적으로, 이러한 과정은 품질전환과 신규건설을 통해 주택재고가 순증가하는 하위시장에서 시장평가가치를 떨어뜨릴 것이고, 따라서 잠재적으로 일부 가구가 더 나은 품질의 주택을 점유할 수 있도록 할 것이다. 특정 품질의 주택에 대한 시장평가가치가 하락하고 기존 주택이 비교적 품질이 낮은 주택으로 품질저하됨으로써 해당 동네에서는 소득하향계승이 일어날 것이다.

고전적 상향여과 시나리오에 따르면, 직장 및 도심 편의시설 근처의 위치 좋은 곳에 자리 잡고 있으면서 중간품질부터 비교적 높은 품질까지의 주택에 대한 수요가 증가하면, 주택가격이 상승하고 이에 따라 주택 공급 조정 과정이 이루어진다. 인기 있는 동네에서 기존의 비교적 낮은 품질 주택의 소유자들은 자신이 가지고 있는 재고의 품질을 향상시켜서 비교적 높은 소득의 새로운 고객의 필요에 부응하는 것이 자신의 재무적 이익에 부합한다는 것을 알게 될 것이다. 빈 공간 채우기 주택 건설 사업 또는 이전에는 비주거용이었던 건축물의 용도를 변경하고자 하는 개발사업자들 또한 마찬가지일 것이다. 이는 해당 동네 주택재고의 물리적 특성 및 재정적 특성뿐만 아니라 거주자의 소득 (그리고 아마도 나이와 인종적) 특성, 그리고 관련 로컬 소매부문의 성격과 범위도 전환되는 결과를 가져올 것이다. 선택된 핵심 동네에서 이루어지는 이러한 소득상향계승은 비교적 높은 소득의 일부 가구 간 경쟁이 심하지 않은 상황에서, 이들 장소에 이전에 거주했거나 이전부터 거주해 왔을 비교적 낮은 소득 가구들이 공간적으로 재배분되는 것과 관련되어 있다. 또한 이와 같은 비교적 낮은 소득 가구들로부터 야기되는 지속적인 주택 수요는 공급 측면의 조정 작업을 발생시킬 것인데, 이는 덜 매력적인 다른 일부 동네의 기존 주택을 품질저하하는 형태를 취하거나 해당 지역에 있는 가장 매력적이지 않은 장소에 저품질의 주택을 건설하는 형태를 취할 것이다.

이러한 분석적 예측은 로컬의 계획가와 정책결정자에게 중요한 의미를 가진다. 제9장에서 보다 상세히 설명하는 바와 같이, 동네변화의 과정과 최종적인 결과 상태는 사회적 관점에서 볼 때 효율적이지도 형평적이지도 않다. 동네 품질저하의 동태적 과정의 경우, 그 결과는 해당 대도시 지역 내 가장 경쟁력이 낮은 동네에서 주택방치에 동반되는 심각한 사례들과 함께, 해당 대도시 지역 전반에 걸친 주택의 물리적 악화, 주택의 시장평가가치 손실, 기존의 광범위한 동네에서의 소득하향계승 등이다. 이는 신규건설을 통해 상쇄되지 않고 그와 같은 품질저하가 발생하는 모든 관할구역의 재정역량을 동시적으로 약화시킨다. 디트로이트의 사례연구가 생생하게 보여주듯이, 오래된 동네의 안정성, 그리고 모든 자치단체의 삶의 질과 재정 실행능력에 대한 함의는 명백하다.[34] 동네 품질향상의 동태적 과정의 경우, 그 결과는 주택의 물리적 개조, 빈 공간 채우기 건설, 이전의 비거주지 용도변경, 선택된 일단의 위치 좋은 핵심 동네에서의 주택 시장평가가치 상승 및 소득상향계승, 그리고 로스앤젤레스의 사례에서 알 수 있듯이 주변 관할구역에 대한 재정역량의 동시적 강화 등이다. 하지만 이러한 과정은 비교적 낮은 소득의 가구들로 하여금 해당 대도시 지역 내 거주하는 장소에서 쫓겨나게 하거나 다른 곳으로 벗어나게 하며, 기존 동네에서 다른 종류의 조정 작업(그리고 아마 새로운 동네 건설)을 유도하는데, 그 결과는 결코 바람직스럽지 않다.

주택하위시장모형의 수정

제3장에서 개발되어 이 장에서 적용된 주택하위시장모형은 주택시장, 주택시장 내 행위자의 행동, 동네의 변화경로에 영향을 미치는 비경제적 요인 등에

대해 단순화된 많은 가정을 제시한다. 이해를 어렵게 하는 복잡한 문제들이 더 많아지기 전에, 주택하위시장모형의 구조와 작동 원리에 주목하는 것이 적절하다. 하지만 인정하다시피 단순화된 내 접근법에 대해 빌 로이Bill Rohe와 켄 템킨Ken Temkin은[35] 가치 있는 일련의 미묘한 수정 및 추가 사항을 제시했다. 실제로 이러한 건설적인 제안은 내가 다음 장에서 핵심 분석적 관점을 어떻게 풍부하게 할 것인지에 대한 지침을 제공한다.

첫째, 주택하위시장모형은 자가거주자를 부재소유주나 임차인과 구분하지 않는다. 어떤 점유형태로 동네가 구성되어 있는지는 분명 중요하다. 자가거주자와 임차인은 이동성의 정도가 다른데, 소유자는 점유가 안정적이며 이동 시 거래비용이 높기 때문에 이동 횟수가 상대적으로 적다. 자가거주자는 다른 모든 조건이 일정하다면 주택에 돈과 시간을 투자할 가능성이 더 높고, 부재소유주보다 덜 '시장투자 지향적'일 것이다. 왜냐하면 자가거주자에게 주택은 투자이기만 한 것이 아니라 소비의 원천이기도 하기 때문이다. 게다가 주택이 잘 유지되도록 행동해야 한다는 동네 내에서의 사회적 압력은 자가거주자에게 더 많은 영향을 미칠 수 있다.[36]

둘째, 로컬 정치에서 영향력을 가진 세력이 때때로 동네변화의 동태적 과정에 큰 영향을 미칠 수 있지만 주택하위시장모형은 이를 강조하지 않았다. 그림 1.3을 둘러싼 논의에서 인정한 바와 같이, 로컬정부 등 로컬 정치세력은 동네로 유입되는 자원의 흐름에 직간접적으로 영향을 미치는 공공서비스, 편의시설, 규제 등의 중요한 원천이다. 이러한 흐름의 기초를 이루고 있는 더 큰 규모에서의 정치경제는 이 모형의 범위를 벗어난다.[37] 물론, 하향적인 영향력과 풀뿌리 정치활동은 로컬 공공부문에서 공급되는 이들 자원에 영향을 미친다. 해당 지역 내에서 (더 나은 공공서비스나 새로운 시설과 같은) 어메니티 또는 (유해한 오염 배출 시설의 입지와 같은) 디스어메니티disamenities의 배분에 영향을 미치기 위해 동네가 어느 정도로 계획할 수 있는지는 해당 동네의 안정성과 품질에 영향을 미칠 것이다.

셋째, 주택시장 바깥의 영리기관과 비영리기관이 동네의 건전성을 구성하는 중요한 요소일 수 있지만 주택하위시장모형은 마찬가지로 그림 1.3의 맥락에서 언급했듯이 그 어느 것도 고려하지 않았다. 예를 들어, 동네로 유입되는 자원의 흐름에 주택담보대출기관, 보험회사, 종교단체, 자선재단, 기타 주요 기관이 어느 정도로 영향을 주는지가 결정적일 수 있다.[38]

넷째, 주택하위시장모형은 동네에서 작용할 수 있는 사회적 힘과 하위문화적 힘을 간과했다. 사회연결망, 거주자가 가지고 있는 장소애착place attachment의 상호 수준, 역사, 장소의 상징성 등은 전출이동성, 주택유지, 범죄예방, 동네에 유익한 행동에 대해 가구가 지니고 있는 성향 등에 '비경제적' 차원을 제공할 수 있다. 아래에서는 정보 수집 및 상호작용적 의사결정(제5장)에 관계된 동네의 사회적 힘이 어떠한 역할을 수행하는지, 그리고 동네가 거주자의 행동과 결과에 영향을 미치는 사회적 메커니즘(제8장)은 무엇인지에 대해 폭넓게 논의할 것이다.

다섯째, 주택하위시장모형은 가구의 소득과 주택선호를 제외하고서는 어떤 점에서든 가구를 구분하지 않았다. 하지만 우리는 성별, 인종, 민족, 종교, 장애, 가족 상태, 혼인 상태, 성적 지향 등과 관련된 여러 다른 특성이 가구가 어디에 거주할 것인지에 영향을 미친다는 것을 알고 있다. 예를 들어, 소수인종 및 소수민족이 주택거래와 자금조달에서의 차별로 인해 방해 받는다면, 그들이 시장신호에 반응해 이동할 가능성은 적을 것이다. 제7장에서는 경제적으로 그리고 인종적으로 거주지가 분리된 동네로 이르게 하는 힘을 심층적으로 탐구할 것이다.

여섯째, 주택하위시장모형은 시장신호에 대한 조정 작업이 가지는 불완전한 속성을 자세히 다루지 않았다. 이 모형은 거주자, 부동산 소유자, 그 밖의 의사결정자가 새로운 시장신호에 대해 반응하는 데 있어서 양질의 정보와 상대적 수월함을 가지고 있으며 따라서 하위시장 내에서 그리고 하위시장 간에 원활한 조정 과정을 만든다는 것을 암묵적으로 가정했다. 제5장에서는 이 가정을 완화하고, 불완전 정보, 게임행동, 자기실현적 예언 등에 기초하여 주택시장 결정이 일반적으로 어떻게 이루어지는지 보여줄 것이다. 제6장에서는 그와 같은 과정이 어떻게 비선형적이고 불연속적이며 문턱 형태의 조정 과정을 만들어낼 수 있는지 탐구할 것이다.

주택하위시장모형은 다른 모형들과 어떻게 비교되는가

주택하위시장모형의 핵심 요소를 제시하고 디트로이트와 로스앤젤레스의 상징적인 대표 동네 같은 현실 세계 동네에서의 실제 변화를 분석하기 위해 이 모형을 어떻게 사용할 수 있는지 살펴보았다. 이제 주택하위시장모형을 동네 변화의 동태적 과정에 대한 대안적인 관점과 비교하는 것이 적절할 것이다. 동네변화를 설명하는 데 가장 널리 알려진 세 가지 접근법은 '침입과 계승', '생애주기', '여과'라고 말할 수 있다.[39]

침입-계승 접근방식invasion-succession approach은 시카고대학교 사회학과 교수들에게 그 뿌리를 두고 있는데, 그들은 1920년대와 1930년대에 동네의 사회경제적 변화 및 인구학적 변화의 패턴을 체계적으로 탐구했으며 식물생태학으로부터 유사점을 도출한 인과적 요소를 상정했다.[40] 이들의 관점에 따르면, 도시 내 일련의 동네 전체에 걸쳐 일어나는 변화는 해당 도시 바깥이나 농촌 지역에서 도시 중심부 근처의 비교적 낮은 품질의 구역으로 유입되는 상대적으로 낮은 소득 가구의 전입(또는 '침입')에 의해 근본적으로 발생했다. 그 결과 이 구역들에서 주택이 물리적으로 부족해짐에 따라 오랫동안 거주한, 형편이 좋은 거주자들은 핵심 길목 동네의 주변부에 위치한 비교적 약간 높은 품질의 동네로 밀려 나갔다. 시간이 지남에 따라, 이 과정은 중심부 동네의 원주민 대부분을 밀어내면서 새로운 집단의 '계승'으로 이어졌을 것이다. 물론, 연못 표면 전체로 퍼져나가는 잔물결처럼, 밀려난 각 집단은 결과적으로 중심부를 중심으로 해서 끊임없이 확대해 가는 일단의 동심원(또는 퇴거 과정이 방향을 띠고 있다면, 파이 모양의 쐐기)을 형성하면서 동네에 '침입'하고 결국에는 '계승'할 것이다. 이러한 관점에서, 동네변화는 인근 동네에서 사회경제적으로나 인구학적으로 상이한 집단으로부터 발생하는 인구증가 압력에 기인하며, 이는 검토 대상 동네에서 발생한 공실 주택으로 해당 집단이 압도적으로 유입됨에 따라 분명하게 나타난다.

생애주기이론life-cycle theory은 동네가 순차적으로 예측 가능한 단계를 거치는 까닭에, 살아 있는 모든 유기체와 핵심적인 방식에 있어서 비슷하다고 주장한다.[41] 이러한 관점에서 보면, 새로운 동네가 태어나고('출생'), 상당 기간 동안 활력 있고 활기찬 상태를 유지하다가('청년'), 노화의 징조를 보이면서 매력을 잃기 시작하고('성숙'), 쇠퇴하고 시대에 뒤지면서('중장년'), 마침내 포기하는('죽음') 단계로 옮겨가는데, 이는 철거와 재건('재탄생')을 위한 발판이 된다. 동네 생애주기의 각 단계는 거주자, 주택 상태, 주택 소유자의 투자 등과 같은 일단의 기술어로 구별되지만, 그 인과적 힘은 명시적으로 고려되지 않는다. 이 접근방식의 보다 현대적인 형태인 '빈티지모형vintage model'은 훨씬 더 경제적 목적에 맞춰져 있다. 빈티지모형에 따르면, 건물이 쇠퇴하고 쓸모없어지는 이러한 자연스러운 경향은 소유자로 하여금 이를 방지하기 위해 더 많은 보상 투자를 하도록 할 것이고, 따라서 이들 주택이 유지될 가능성은 낮으며 빈 공간 채우기 신규건설을 위해 철거될 가능성이 높다.[42] 이러한 관점에서, 동네 내에 있는 주택의 수명 특성은 동네의 운명을 거침없이 몰아간다.[43]

마지막으로, 전통적인 여과모형filtering models에서는 주택이 노후화되면서 대도시 내 다른 곳에 건설된 고품질 신규주택으로 인해 경쟁력이 낮아지기 때문에 주택가치가 하락하는 것으로 본다.[44] 이전의 점유자보다 소득이 연이어 더 낮은 집단들은 가구소득에 비해 자신의 주택가치가 하락함에 따라 자신의 주택을 점유한다.[45] 이러한 관점에서 볼 때, 동네변화는 주로 해당 동네의 바깥 또는 멀리 떨어져 있는 곳에서 이루어지는 신규건설로부터 비롯되며, 그곳에 있는 오래된 주택재고는 경쟁에서 살아남을 수 없다.

주택하위시장모형과 비교하여, 이들 고전 이론은 세 가지 중요한 측면에서, 즉 동네변화의 방향, 동네변화의 원인, 그리고 시장 등에서 더 근시안적이다. 이들 모형 모두 해당 장소가 방치되고 결국에는 재건축될 때까지 (주택의 가치나 품질 그리고/또는 해당 거주자의 사회경제적 지위 등에서) 쇠퇴를 향해 거침없이 나아가는 단일 방향의 과정으로 동네변화를 인식한다. 이와 비슷하게, 이 세 가지 이론은 각각 동네변화가 저소득 인구의 증가, 주택의 노후화, 신규주택 건설이라는 단일 원인을 가지고 있다고 본다. 마지막으로, 이 모든 관점은 시장 과정을 부분적으로만 인식한다. 침입-계승 접근방식은 수요 측면에 초점을 맞추고 있으며, 다른 두 이론은 공급 측면에 초점을 맞추고 있다. 세 이론 중 어느 이론도 수요와 공급의 상호작용에 의해 주택시장 가격이 어떻게 결정되는지 그리고 개별 가구와 투자자가 일련의 가격과 수익률에 어떻게 반응하는지 등에 대해 충분히 고려하지 않는다.

이와 같은 근시안적 접근으로 인해, 고전 이론들은 오늘날 미국 대도시 지역에서 쉽게 관찰할 수 있는 동네변화의 복잡한 패턴을 설명하는 데 있어서 확고한 능력을 가지고 있지 못하다. 침입-계승 모형은 비교적 낮은 소득의 거주자가 대규모로 유입되고 있는 도시들에서 거주지 패턴에 어떤 일이 일어나는지에 대해 합당한 설명을 제공할 수는 있지만, (샌프란시스코San Francisco처럼) 어떤 한 도시가 고소득 이주자를 많이 끌어들이거나 (디트로이트처럼) 어떤 한 도시가 중간소득 인구를 내보내고 있을 때 어떤 일이 일어날 것인지를 이해하는 데에는 거의 도움이 되지 않는다. 생애주기모형은 일부 동네의 일반적인 진행 경로에 대해서는 잘 기술할 수 있지만, 서로 다른 단계가 얼마나 오랫동안 지속되는지, 동네가 특정 단계에서 보내는 시간에 어떤 요인이 영향을 미칠 수 있는지, 그리고 '죽음' 전의 단계들은 되돌려질 수 있는지에 대해서는 침묵하고 있다. 이러한 접근방식은 (보스턴Boston의 비컨 힐Beacon Hill 또는 시카고의 골드 코스트Gold Coast처럼) 동네가 만들어진 후 한 세기 이상이 지났음에도 여전히 활력이 넘치고 살기 좋은 장소로 남아 있는 동네에 대해서는 설명할 수 없다. 그뿐만 아니라 젠트리파이어들이 고급 구역으로 품질을 향상시키는, '약간 구식'이지만 괜찮은 품질의 동네에 대해서도 예측하지 못하는데, 젠트리파이어들은 자신의 주택재고가 시대에 뒤떨어진 것이 아니라 '건축적 특성이 풍부하고' 편의시설 및 일자리에 가까이 있는 것으로 생각한다. 여과모형은 가구 구성을 초과해 신규주택이 건설되는 것으로 특징지어지는 대도시의 맥락에서, 동네 쇠퇴에 대해 만족스러운 설명을 하고 있기는 하지만 대안적인 많은 맥락을 다룰 수는 없다. 여기에는 (로스앤젤레스와 같이) 신규건설을 앞지르는 급격한 인구증가, (시애틀Seattle과 같이) 오래된 동네 근처의 핵심 위치에서 발생하는 엄청난 수의 신규 고용 기회, (영스타운Youngstown과 같이) 대도시 지역 대다수 가구의 대폭적인 소득 감소 등의 시나리오가 포함된다. 이와 대조적으로, 나는 주택하위시장모형이 대도시 주택시장의 수요 및 공급 측면의 필수적인 특징을 기술하는 광범위한 실제 맥락 또는 예측 맥락을 손쉽게 다룰 수 있다는 것을 보여주었으며, 어떤 종류의 동네가 물리적 품질과 사회경제적 점유 특성을 변화시킬 것인지에 대해 예측했다.

결론

대도시 주택하위시장모형은 어떤 면에서 단순하기는 하지만, 동네 쇠퇴 및 활성화의 근본적 원천, 동태적 과정, 결과 등을 이해하는 데 강력한 설명틀을 제공한다. 이 모형은 동네변화의 동태적 과정을 이해하기 위한 이전의 접근법들보다 훨씬 덜 근시안적이다. 이처럼 대도시 주택하위시장모형은 오늘날 목격하고 있는 다양한 변화에 대해 보다 강력한 설명력을 제공한다. 이 모형은 대도시 주택시장 전체에 영향을 미치는 힘에 대한 주택시장의 반응에 기초하여, 가구 및 주택 소유자에 의한 개별 이동성 및 투자 행동이 집계화될 경우 어떻게 동네의 품질저하(주택재고의 물리적 쇠퇴와 가구의 소득하향계승의 조합)와 품질향상(그 반대의 조합)으로 귀결되는지를 보여준다. 디트로이트와 로스앤젤레스의 사례를 이해하는 데 이 모형을 응용하는 것은 모형의 유용성을 입증해 줄 뿐만 아니라 중요한 통찰력도 강화해 준다. 다시 말해, 일단의 특정 동네에 어떤 일이 일어나고 있는지를 이해하려면 해당 대도시 규모에서 일단의 전체 동네를, 그리고 동네를 구성하고 있는 주택하위시장들에 영향을 미치는 외부의 힘을 고찰해야 한다. 주택하위시장모형을 기초로, 이후의 장들에서는 서론에서 모형의 핵심을 견지하기 위해 설정한 몇 가지 단순화된 가정을 완화시킴으로써, 동네를 분석적으로 이해하기 위한 힘을 어떻게 보강할 수 있는지 보여줄 것이다.

제5장

기대심리, 정보, 탐색, 동네변화

제2장에서 나는 동네란 종종 다른 토지이용과 결합되어 있으면서 점유 거주지들의 근접 군집과 결부되어 있는 공간 기반 속성들의 묶음이라고 정의했다. 이러한 공간 기반 속성은 그 지속성에 있어서 서로 상당히 다르다는 사실로부터 함의를 이끌어내는 것이 여기서 중요하다. 지형적인 어떤 특징처럼, 일부 속성은 사람들이 느끼는 시간이라는 관점에서 영구적이며 크나큰 변동을 일으키지 않는다. 하수도 및 상수도 시설과 건물은 일반적으로 세대를 거쳐 지속된다. 어떤 한 지역의 세금 및 공공서비스 패키지, 인구학적 및 사회경제적 상태와 같은 그 밖의 다른 특성들은 몇 년의 기간에 걸쳐 눈에 띄게 변할 수 있다. 해당 지역의 사회적 상호관계 또한 상당히 급격하게 변할 수 있다. 이것이 의미하는 바는, 현재 및 장래의 가구 및 주거용 부동산 투자자의 관점에서 볼 때 바람직한 동네를 정의하는 핵심 특징 중 일부는 장기간 동안 일정하게 (따라서 예측 가능하게) 유지될 수 있다고 여겨지지만, 다른 많은 특성은 그렇지 못하다는 것이다. 이것은 지속성이 비교적 낮은 이들 특징이 장래에 어떻게 변화할 것인지에 대한 의사결정자의 기대심리expectations가 장기간에 걸쳐 동네에서의 이동성, 재무적 투자, 심리적 투자 등에 대한 선택을 결정하는 데 중요한 역할을 할

것임을 시사한다.

유감스럽게도 해당 동네에서 지속성이 비교적 낮은 특징들에 대한 이러한 기대심리는 적어도 다섯 가지 이유로 인해 본질적으로 수많은 불확실성으로 가득 차 있다. 첫째, 동네에 어떤 일이 일어날 것인지는 영향 받기 쉬운 수많은 속성에서의 잠재적 변화의 함수이며, 그 각각의 속성은 정도의 차이는 있지만 장래에 어떻게 될지 쉽게 가늠할 수 없다. 사려 깊은 의사결정자는 뚜렷이 구별되는 여러 동네 측면에 대한 기대심리를 형성한 다음, 개별 속성의 예측된 변화가 집계적으로 어떤 최종 변화를 가져오는지에 대한 기대심리를 간략히 형성할 것이다.

둘째, 전형적으로 해당 동네에는 다양한 유형과 동기를 가진 많은 가구와 주거용 부동산 소유자가 존재한다. 이들의 집계적 행동은 장래의 많은 동네 속성을 형성하는 데 중요하지만, 특히 전략게임과 같은 사회적 상호작용에 의해 어느 정도 영향을 받는다고 할 때, 그러한 행동을 정확하게 예측하는 것은 매우 어렵다. 여기에 대해서는 나중에 살펴볼 것이다.

셋째, 지역경제, 기술혁신, 인구, 이민, 정부정책, 예측불허의 자연 등에 관계된 대도시 지역 전반의 불확실한 충격은 대도시 내 모든 동네 간 자원의 흐름에 영향을 미칠 것이다. 따라서 특정 동네의 미래에 대한 기대심리를 형성하는 데 유용한 기초 자료는 훨씬 더 광범위한 실질적인 영역으로 확장되어야 하며, 단순히 해당 동네 자체에 대한 지표에 국한되지 않아야 한다. 앞에서 나는 이 점을 외부에서 초래된 동네변화에 관한 명제로 요약했다.

넷째, 외부에서 초래된 동네변화에 관한 명제는 기존 거주자나 소유자 측이 가지는 불확실성에 대한 필연적 이유를 제공한다. 다시 말해, 예비 전입자, 투자자, 개발사업자는 일반적으로 특정 동네의 속성 집합이 지니고 있는 본질적이고 절대적인 특성에 기초해서 가치를 평가할 뿐만 아니라, 경쟁 동네의 속성과 비교하는 것에 기초해서도 가치를 평가할 것이다.[1] 아마도 가장 분명한 예는 지위status 차원일 것이다. 특정 동네 가구들의 절대적인 소득 수준이 상승할 수 있다. 하지만 해당 대도시에 있는 다른 모든 동네에서 적어도 그만큼 상승하고 있다면, 해당 동네의 상대적 순위가 상승하지는 않기 때문에 그 동네의 지위 속성에 대한 외부인들의 평가에 아무런 변화가 없을 것이다. 근접성, 학교 품질, 공공안전 같은 그 밖의 다른 속성에 대해서도 비슷한 주장을 할 수 있다. 결론은 대규모 건설이나 재개발 사업을 통해 새로운 동네가 생겨날 때 그리고 기존의 경쟁 동네가 소유자들의 투자나 투자회수에 의해 완전히 탈바꿈될 때 특정 동네의 상대적 매력이 변화할 수 있다는 것이다. 이것은 가구와 투자자의 불확실성을 증가시키는데, 해당 동네에서 절대적 변화가 일어나는 동안 전체 공간에서는 서로 다른 상대적 시장 가치평가가 자원의 흐름을 바꿀 것이기 때문이다. 그러므로 특정 동네의 미래에 대한 기대심리를 형성하기 위한 기초로서 관련 정보는 해당 동네만의 규모보다 훨씬 더 광범위한 지리적 규모와 관련된다.

다섯째, 동네 속성의 현재 및 미래 추세에 대한 정확한 자본가치를 산출하기 위해 의사결정자들은 주택시장에서 정해진 시장가치에 한가롭게 의존할 수 없다. 동네를 구성하는 공간 기반 속성은 시장이 해당 속성을 정확하게 어느 정도까지 평가할 수 있는지에 있어서 서로 차이가 있다. 잠재적 소비자들이 상품에 대한 정보에 근거하여 입찰을 제안하기 위해서는 해당 상품의 수량과 품질 그리고 해당 상품을 소비함으로써 얻을 수 있는 편익 등에 대해 어느 정도의 정보를 가지고 있어야 한다. 부동산시장은 건축물의 크기와 특징, 접근성, 세금 및 공공서비스 패키지, 거주자의 인구학적 및 사회경제적 지위 구성, 오염 등과 같은 수많은 공간 기반 속성에 대해 이 기준을 충족할 것이다.[2] 하지만 현 자가점유자들은 이러한 조건 중 일부에 있어서 로컬의 추세에 대한 '내부' 정보를 가지고 있을 것이며, 그들은 시장 우위를 점하기 위해 이를 활용할 것이다.[3] 더욱이 시장은 동네에서 이루어지는 대부분의 사회적 상호작용 차원의 가격을 정확히 매길 수 없는데, 이는 예비 입찰자가 사전에 사회적 상호작용 차원의 가치를 평가하기 어렵기 때문이다. 동네에서 이루어지는 사회적 상호작용이 특유하면서도 개인화되어 있다는 사실이 의미하는 바는, 예비 전입자들은 오랜 기간 거주한 후에야 자신이 어떻게 '적응'할 것인지 확인할 수 있다는 것이다. 한 가지 시사점은, 장기간 거주한 투자자들은 사회적 상호작용 차원에 대해 자신이 평가한 가치를 (긍정적으로 또는 부정적으로) 이미 자본화했기 때문에, 해당 동네에 대한 장기 거주 투자자의 시장평가가치(제3장의 용어로 '유보가격')는 예비 거주자 및 예비 투자자와 상당히 다를 수 있다. 그러므로 장기간 거주한 투자자들은 긍정적인 사회적 환경의 가치를 평가할 때 시장 외부의 힘에 대해 강하게 저항할 수 있으며, 부정적인 사회적 환경의 가치를 평가할 때에는 높은 가격을 더 쉽게 제시하는 신규 소유자 및 신규 거주자에 의해 결국에는 대체될 수 있다. 또 다른 함축적 의미는, 동네는 현 거주자, 소유자, 시장 중개자가 우선적 구매자와 전입자에게 특권적인 정보를 전달함으로써 내부자 거래의 모습을 보이는 경향이 특히 있다는 것이다.

정확한 기대심리가 결정적으로 중요하다는 사실은 기대심리의 불확실성이 크다는 사실과 결부되어 실질적이고 장기적인 위험으로 해석된다. 왜냐하면 일단 동네에서 이동성 및 재정적 투자에 대한 결정이 이루어지고 나면 쉽사리 또는 간단히 되돌릴 수 없기 때문이다. 주택을 점유하거나 소유하기로 결정하는 것은 상당한 정도의 현금 지출과 어쩌면 심리적 거래비용을 수반하는데, 대부분의 가구와 투자자는 이러한 비용이 자주 발생하는 것을 몹시 꺼린다. 건축물 및 기반시설에 대한 대규모의 많은 투자는 장기간에 걸친 긴 수명을 가지고 있으며 공간적으로 고정되어 있다. 동네선택 및 주택투자의 높은 불확실성/높은 위험성의 본질은 제6장에서 논의될 문턱효과 같은 동네변화와 관련된 일부 속성에 대해 중요한 함의를 가진다.

이 장에서는 동네변화를 이해하는 것이 확실히 중요하기 때문에, 가구, 주택 소유자, 개발사업자가 불확실성의 조건하에서 어떻게 정보를 획득하고, 기대심리를 형성하고, 위험을 평가하고, 궁극적으로 선택을 하게 되는지에 대해 탐구한다. 다음으로, 나는 이러한 과정에 관한 개념적 모형을 제시한다.[4] 그러고 나서 나는 사람들이 어떻게 기대심리를 형성하고 결정을 내리는지, 그리고 그에 따른 동네변화 과정에 대한 함의는 어떻게 끌어낼 수 있는지에 대한 경험적 연구결과를 종합한다.

동네 정보의 획득에 관한 모형

개요

내 모형은 인간행동에 관한 전체론적 관점, 즉 인간행동은 (사회적 지위 및 문화적 규범과 같은) 외적인 힘과 (충동 및 소요와 같은) 내적인 힘에서 비롯된다는 관점에 기초하고 있다. 이들 두 유형의 힘은 사람들이 자신과 세상에 대한 감각 자료를 처리하고, 믿음을 형성하고, 어떤 행동 결정에 도달하는 정도와 방식을 형성한다. 사람들은 사물이나 사건에 부여하는 의미에 기초하여 행동한다. 이러한 의미는 개인적으로 지각되는 것이기 때문에 고유하며, 사회적으로 상호작용되는 것이기 때문에 공통적이다.[5] 그러므로 모든 사람은 일반적 의미에서 '자료 획득자이자 처리자'로 간주될 수 있지만 자료를 수집, 해석, 평가하고 자료에 반응하는 방법은 모든 사람에게 동일하지 않으며, 동일한 개인에게조차 모든 상황에서 일정하지 않다. 어떤 경우 사람들은 최적에 가까운 결정을 내리기 위해 상당히 고심하는데, 그들은 어떤 상황에 대한 전문적 지식을 얻기 위해 그리고 증거를 냉정히 평가하기 위해 노력한다. 다른 상황에서 사람들은 비공식적으로 그리고 감정적으로 평가되는 불충분한 정보로 겉으로 보일 수 있는 것에 기초하여 서둘러 결정을 내린다. 대니얼 카너먼Daniel Kahneman의 말에 따르면, 사람들은 어떤 때는 '느리게 생각'하고 어떤 때는 '빠르게 생각'한다.[6] 두 유형 모두 동네에 대한 기대심리를 형성하는 데 어느 정도 관여할 가능성이 있지만, 주거 이동성 및 투자 행동과 관련된 중요한 위험은 매우 커서 대부분의 사람은 이 과정에서 '느린 사고'를 채택할 것이다. 그럼에도 불구하고, 사람들의 믿음과 행동은 변덕스럽지 않은데, 대체적으로 사람들은 경험적으로 증명될 수 있는 잠재적인 일관성을 보여준다. 다음에 제시된 모형은 각양각색의 사람들 속에서 이러한 규칙성을 이해할 수 있는 틀을 제공한다.

나는 앞에서 소개한 논의를 그림 5.1을 이용하여 도식적으로 요약한다. 그림 5.1이 시사하는 바는, 로컬 및 대도시 주택시장에 대해 주요 의사결정자(가구 또는 투자자)가 가지고 있는 정보의 본질이 여러 동네에 대한 그들의 믿음과 기대심리에 영향을 미친다는 것이다. 결과적으로, 이러한 믿음과 기대심리는 이동할 것인지, 만약 이동한다면 어디로 이동할 것인지, 소유하고 있는 동안 현재의 주택품질을 유지하거나 변화시킬 것인지, 현재의 주택을 팔 것인지, 현재의 주택을 방치할 것인지, 다른 동네에 있는 주택을 선택할 것인지, 신규건설 주택이나 이전에 비주거용으로 사용되었던 건축물의 용도변경에 투자할 것인지 등에 대한 결정에 영향을 미칠 것이다. 제3장과 제4장에서 살펴보았듯이, 이러한 행동은 집계적으로 대도시 공간 전체에 걸쳐 가구와 재정적 자원 흐름의 패턴을 결정하고, 단계적으로 일어나는 일련의 동네변화와 함께 개인의 삶의 질과 기회, 주택 투자자의 수익률, 로컬 소매사업자와 정치관할구역의 재정

그림 5.1 | **주택 탐색, 정보 취득, 이동성, 투자, 동네변화에 관한 포괄적인 틀**

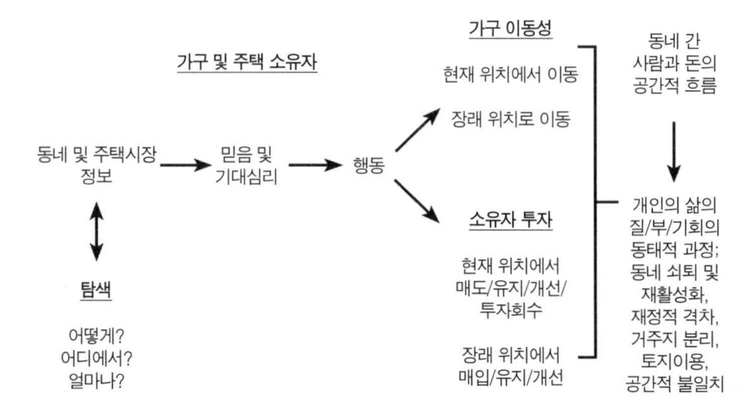

건전성에 있어서 부수적인 변화를 만들어낼 것이다.

주택시장 탐색은 이와 같은 도식적 묘사에서 중요한 위치를 차지하고 있다. 나는 주택시장 탐색을 다음과 같이 정의한다.

> 대도시 주택시장(즉, 현재 또는 장래에 점유되는 동네, 현재 또는 장래에 소유되거나 점유되는 주거용 부동산, 또는 대도시 주택시장의 일부 또는 전체에 영향을 미칠 수 있는 그 밖의 잠재적인 외부 충격)의 다중적 특성에 관한 자료를 적극적이고 의도적으로 획득하는 행위

주택시장 탐색 과정에 관해 앞에서 체계적으로 기술한 내용을 '신고전주의적neoclassical' 및 '행태주의적behaviorist' 관점으로 분석할 수 있다. 간단히 말해, 신고전주의적 입장은 사전에 결정되고 고정되어 있는 주택선호에 기초하여 탐색자가 완전한 정보를 바탕으로 최적화하는 것을 상정하는 반면, 행태주의적 입장은 탐색 과정에서 발견된 것에 따라 영향을 받을 수 있는 선호를 가진 탐색

자가 부분적 정보에 기초하여 대략적이면서 발견적heuristic 행동을 하는 것으로 본다.[7] 나는 주로 후자의 관점에서 설명하기는 하지만, 이 두 관점을 모두 종합하고자 한다. 나는 정보 획득의 범위를 의도적이고 적극적인 주택 탐색 이상으로 확장하며, 믿음과 기대심리를 형성할 뿐만 아니라 탐색 과정 자체를 촉발하고 공간적으로 구체화하는 데 있어서 소극적으로 획득된 정보의 중요한 역할을 강조한다. 이러한 의미에서, 나는 주택시장 탐색을 정보 획득이라는 보다 큰 과정에 있어서 내생적인 것으로 간주하며, 그림 5.1에서 양쪽으로 향한 화살표로 설명한다.

개념적 모형

그림 5.2는 개인의 정보 획득, 처리, 행동 반응에 관해 제안된 개념적 모형을 보여준다.[8] 이 모형은 개인이 어떤 결정을 내리는 근거로서 자신이 원하는 대로 이용할 수 있는, 적극적으로 획득한 자료와 소극적으로 획득한 자료를 구별하는 것에서 출발한다. 사람들은 당연히 탐색 과정을 통해 적극적으로 획득한 자료를 만들어낸다. 반면, 소극적으로 획득한 자료는 삶의 과정에서 의도하지 않게 획득한 다른 모든 자료이다. 다음에서 더 자세히 설명하는 것처럼, 사람들은 다양한 수단을 통해 적극적으로 그리고 소극적으로 획득되는 자료를 얻을 수 있다.

당연히, 인간은 감각 정보로 구성되어 있는 엄청난 양의 기초 자료에 노출된다. 그와 같은 자료로 인해 믿음과 기대심리가 혹시라도 바뀔 수 있기 전에, 사람들은 세 단계의 인지적 처리, 즉 구문론적syntatic, 의미론적semantic, 화용론적pragmatic 단계를 거쳐야 한다.[9] 그림 5.2의 상단을 참조하라. 먼저 사람들은 자료가 주의를 기울일 만한 가치가 있는지를 구문론적 성분으로 평가하는데, 이

그림 5.2 | **개인의 정보 획득 및 처리 과정과 행동 반응에 관한 개념적 모형**

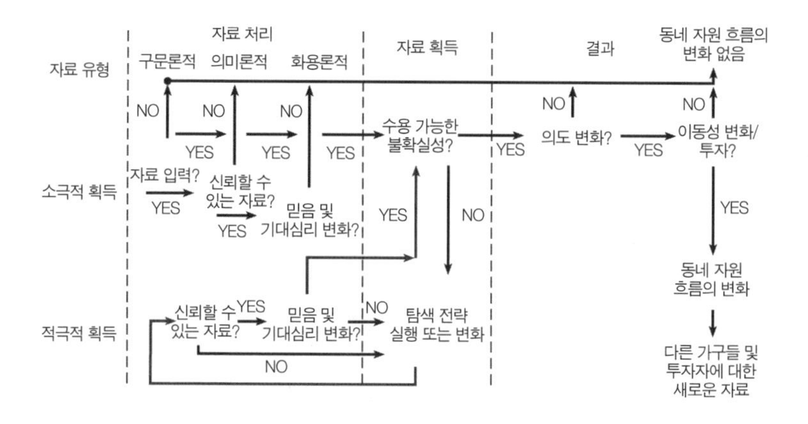

를테면 자료가 잠재적으로 정보를 전달하는지 아니면 단지 '무의미한 정보'인지에 대한 평가이다. 대상물에 관한 '자료'는 대상물 그 자체가 아니다. 대상물에 대한 사람들의 지각과 해석이 자료이다. 따라서 해당 개인의 '상황에 대한 정의'는 사회적으로 형성되기 때문에 주관적이면서 관계적이기도 한데, 이 점에 대해서는 다시 살펴볼 것이다. 구문론적 단계는 자료에 대한 해석적 여과장치의 역할을 할 뿐만 아니라 사람들이 지각할 수 있는 자료의 양과 유형을 조정하는 조절적 여과장치의 역할도 한다. 사람들은 다양성, 학습, 혁신을 잠재적으로 제공하는 새로운 자료를 받는 데 개방되는 것 그리고 개인의 정체성을 유지하는 데 필요한 기억, 전통, 결속을 위협할 수 있는 자료를 차단시키는 것 사이에서 균형을 잡으려고 노력한다.[10] 추가적인 자료에 개방되거나 폐쇄되는 것 사이의 관계는 개인의 상황, 지각된 내용의 본질, 그 내용을 전달하는 형태 등에 따라 맥락적으로 달라진다.

자료가 구문론적 단계를 지나면 사람들은 그 자료를 잠재적으로 유용한 것으로 판단하며, 그런 다음 자료의 신뢰성credibility을 의미론적 단계에서 평가한다. 신뢰성은 어떤 것이 참인지에 대해 해당 개인이 평가한 확률 그리고 새로 획득한 자료를 이용하여 그것이 참인지에 대해 평가한 값 간 차이의 함수이며, 이는 해당 자료의 특성, 자료의 출처, 해당 개인 등과 관련된 일단의 촉진 요인에 의해 매개된다.[11] 만약 이들 사이에 차이가 전혀 없다면, 해당 자료는 이전의 믿음을 단지 재확인하는 것이기 때문에 개인은 새로 획득한 자료를 타당한 것으로 여길 것이다. 만약 차이가 최대인 다른 극단적인 경우라면, 개인이 가지고 있던 이전의 관점과 비교해 볼 때 자료는 '현실과는 완전히 동떨어진 관점'을 제공하고 있기 때문에 개인은 해당 자료를 타당하지 않은 것으로 여길 것이다. 어느 정도의 차이가 존재하는 경우, 자료가 사실과 일치하는지에 대한 지각은 자료가 전달되는 순서의 논리, 자료가 호소하는 감정(이를테면, 긍정 대 불안), 자료의 내용이 암묵적인지 명시적인지, 그리고 자료가 해당 개인의 관점에서 더 중요한 믿음에 적용되는지 등에 의해 영향을 받을 것이다. 마찬가지로, 사실과 일치하는지에 대한 지각은 아래에서 더 상세히 전개하는 것처럼 그것이 전달되는 매체에 달려 있다. 마지막으로, 사고력, 쉽게 믿는 경향, 자존감 등과 같이, 자료를 받아들이는 해당 개인의 특성이 자료의 수용에 영향을 미칠 수 있다.

만약 자료가 타당하다고 평가되면, 개인은 자료가 자신이 이전에 가지고 있던 믿음과 기대심리를 바꾸게 하는지, 다시 말해 자료가 유용한 정보를 전달하는지에 대해 화용론적으로 묻는 것으로 나아간다. 변화는 (이전에 알려지지 않았던 가능성이나 새로운 속성을 추가하면서) 관련 믿음의 집합을 확대하거나 또는 관련 믿음의 집합 내에서 개인이 가지고 있는 믿음의 강도를 달리함으로써 일어날 수 있다. 두 가지 결과가 있을 수 있다. 하나는 타당한 정보의 수용을 통해 확신을 강화하거나 이전에 가지고 있던 약한 믿음을 굳건히 하는 것이다. 이 경우 화용론적 결과는 믿음의 집합과 관련된 불확실성이 감소하는 것이다. 그와 같은 상황에서 사람들은 더 이상 확증 자료를 찾으려고 하지 않을 것이며, 대신에 자신의 의도와 행동에 대해 강화된 믿음의 함의가 무엇인지 파악하는 데 관심을 가질 것이다.

화용론적으로 가능한 또 다른 결과는 새롭고 타당한 정보가 불확실성을 증가시키는 방식으로 이전의 믿음을 약화시키거나 새로운 가능성을 불러일으킬 수 있다는 것이다. 이 경우 의사결정자는 그 결과로 발생하는 불확실성이 견딜 만한지에 관해 의심해야 한다. 그러한 불확실성을 견딜 수 없다면, 해당 개인은 적극적인 탐색을 시도할 것이다. 그림 5.2의 하단을 참조하라.[12] 소극적으로 획득한 자료와 비슷하게, 개인은 적극적으로 획득한 자료를 의미론적이고 화용론적인 처리 과정에 적용한다. 그와 같은 새로운 자료가 믿음을 바꾸거나 강화하는 데 있어서 신뢰할 수 없거나 효과적이지 않은 것으로 판명될 경우, 의사결정자는 적극적 탐색을 계속하고 탐색 전략을 바꿀 필요가 있을 것이다. 일단의 믿음과 기대심리는 적극적 탐색을 통해 충분히 뒷받침되는 것이기 때문에, 적극적 탐색이 최종적으로 불확실성을 상당히 감소시킬 때에만 개인은 적극적 탐색을 멈출 것이다.

이 시점에서 의사결정자는 현재의 행동 방침이 지지되고 있다는 것을 느낄 것이며, 따라서 방침을 바꿀 의향은 전혀 없을 것이다. 반면에 의사결정자가 재무적, 신체적, 심리적, 법적, 그리고 그 밖의 한계들로 인해 원하는 선택을 하는 데 제약을 받는다면, 일단의 새로운 믿음과 기대심리를 통해 의향을 바꿀 수는 있지만 관련 행동을 바꾸지는 못한다. 개인은 자신이 의도하는 변화가 오직 실현될 수 있는 경우에만 주거 이동성 또는 투자결정을 바꿀 것이다. 그와 같은 결정은 해당 개인의 출발동네origin neighborhoods와 도착동네destination neighborhoods의 조건을 한계적으로 바꿀 것이며, 다른 사람에 의해 반복될 경우 이들 장소의 전반적인 조건을 좌우하는 전체 자원 흐름을 바꿀 것이다. 물론 한번 실행되면,

이들 변경된 결정과 흐름은 다른 의사결정자가 처리할 새로운 자료를 제공하면서 잠재적으로 연쇄적인 효과를 가져올 수 있다. 그림 5.2의 우측을 참조하라.

정보의 다중적 차원

이와 같은 틀을 구성함으로써, 사람들이 자료를 얻는 다수의 잠재적 출처에 대해 보다 깊이 있게 살펴볼 수 있는데, 이는 정보 획득이 다차원적으로 묘사될 수 있다는 생각으로 이어지기 때문이다. 그림 5.3을 참조하라. 그림 5.3은 자료를 독립적인 네 가지 차원, 다시 말해 자료를 누가 획득하며, 자료가 어떤 매체를 통해, 어떤 공간에서, 어떻게 획득되는지 등에 따라 유용하게 범주화할 수 있음을 보여준다. 이 중 두 가지 차원은 이미 소개된 바와 같다. 즉, 동네에 거주하는 가구와 동네에 있는 주택의 소유자는 소극적으로 그리고 적극적으로 정보를 획득하는 행위자의 두 핵심 집단을 구성한다.

셋째 차원은 자료가 잠재적으로 전달되는 서로 배제적이지 않은 매체를 나타낸다. 개인은 세상을 직접 관찰할 수 있다. 아니면 개인은 친지(친척이나 친구), 비전문가(이미 알고 있는 동료 및 익명의 개인 간 연줄), 부동산 전문가(중개업자, 개발사업자, 소유주뿐만 아니라 특정 주제에 전문 지식을 가진 모든 사람) 등과의 개인 간 접촉을 통해 관련 자료를 얻을 수 있다. 이러한 접촉은 대면 대화의 형태 또는 전화나 전자 매체를 통해 전송되는 형태를 취할 수 있다. 마지막으로, 개인은 일반적으로 신문, 텔레비전, 라디오, 인터넷 등과 같은 다양한 비인격적인 인쇄물 또는 전자 매체로부터 자료를 얻는다. 이들 각각의 자료 출처는 해당 개별 취재자가 누구냐에 따라 그 진실성에 대한 지각이 상당히 다를 수 있다. 사람들은 일반적으로 정보가 '바로 자신의 눈앞에' 있을 때 타당한 것으로 평가하며, 또한 신뢰할 수 있는 전문가에 의해 제공될 때 타당한 것으로 평가한

그림 5.3 | **정보의 다차원적 속성**

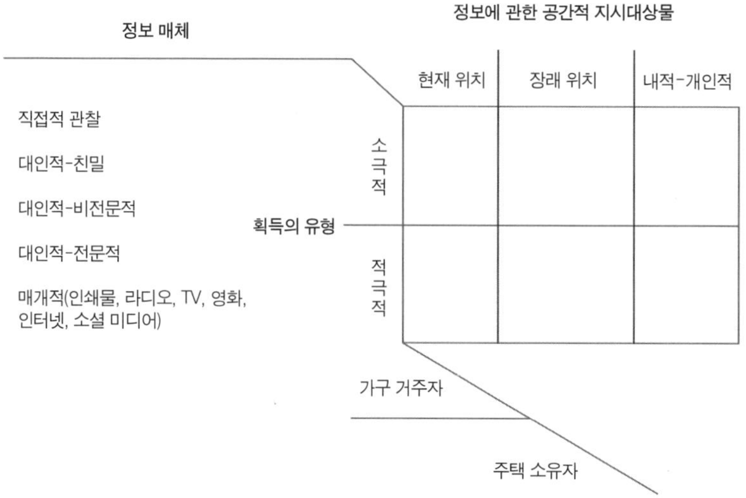

정보 매체

직접적 관찰

대인적-친밀

대인적-비전문적

대인적-전문적

매개적(인쇄물, 라디오, TV, 영화, 인터넷, 소셜 미디어)

정보에 관한 공간적 지시대상물

현재 위치

장래 위치

내적-개인적

획득의 유형

소극적

적극적

가구 거주자

주택 소유자

다. 그 밖의 출처들로부터 얻은 자료가 가지는 힘은 출처의 신뢰도가 어떻게 지각되느냐에 따라 달라질 것이다.

넷째 차원은 획득한 정보에 관한 공간적 지시대상물spatial referent을 나타낸다. 새로 획득한 자료는 개인 또는 해당 개인의 가구에 적용될 수 있으며, 주택 선호 또는 주택비용 지불능력의 변화와 같이 주거 이동성이나 투자 셈법에 잠재적으로 영향을 미치는 내부적 변화에 관한 정보를 제공할 수 있다. 아니면 자료는 특정 장소와 관련될 수 있는데, 이동 또는 투자에 대한 대안적 목적지가 될 수 있는 현재의 주택 및 동네와 그 밖의 주택 및 동네가 여기서 주된 관심사가 될 수 있다. 후자의 두 경우와 같이, 공간적으로 관계된 자료 범주는 특히 동네와 관련이 있다.

비록 이 네 가지 차원은 개념적으로 구별되고 독립적이지만, 실제로 사람들은 아마 특정 조합만 관찰할 것이다. 예를 들어, 대부분의 내부적-개인적 정보는 직접적 관찰을 통해 소극적으로 획득되지만(예를 들어, 상사가 큰 폭의 급여 인상을 알려줄 때), 경우에 따라서는 전문가(예를 들어, 의사)와의 접촉을 필요로 하는 적극적 탐색을 수반할 수 있다. 마찬가지로, 부동산 전문가의 서비스를 얻어내는 것과 관련된 적극적 탐색을 통해 현재와 장래의 동네에 관한 정보를 얻을 수 있을 것이다.

동네변화를 이해하는 것과 관련된 정보가 네 가지 차원에 걸쳐 다양한 특징을 가지고 있다고 상정하는 것은 개인이 그러한 차원의 단 한 가지 조합만을 이용하여 정보를 찾는다는 것을 의미하지는 않는다. 그와 반대로, 그림 5.2에 요약된 바가 강조하는 것과 같이, 적극적으로 획득한 정보를 궁극적으로 자극하는 것은 소극적으로 획득한 정보이다. 더욱이 일반적인 정보 획득에 있어서 여러 다양한 매체는 소극적으로 획득한 정보와 적극적으로 획득한 정보 모두를 전달할 것이다.

정보 획득 및 동네효과에서의 공간 편향

그림 5.3과 같이 도식화하여 살펴봄으로써, 이제 정보 획득을 특징짓는 공간 편향spacial biases에 관한 흥미로운 함의를 파악할 수 있게 되었다. 첫째, 평범한 일상생활 과정 동안 개인이 접하게 되는 공간은 직접적인 관찰을 통해 소극적으로 획득한 자료의 지리공간적 궤적을 형성할 것이다. 그러므로 개인들은 자신의 일상적인 활동 공간을 구성하고 있는 동네, 이를테면 현재 거주지는 물론이고 일자리, 사회화, 예배, 오락, 취미 행위 등의 현장이 위치해 있는 동네에 관해 더 잘 알게 될 것이다. 소극적으로 획득한 정보는 적극적으로 추가적인 정보를 획득하기 전에는 과도한 불확실성을 낳고 있음이 틀림없기 때문에, 후속

적인 탐색 역시 이러한 불확실성을 줄이는 수단으로서 동일 공간에 초점을 맞출 것이다. 오랜 경험적 연구들이 실제로 확인한 바에 따르면, 동일 대도시 주택시장 내에서 가구들이 행하는 대부분의 적극적인 주택 탐색은 이전의 주거지와 상대적으로 가까운 곳을 대상으로 하거나 아니면 자신의 일상적 활동 공간에 기반을 두고 있었다.[13]

둘째, 친밀하고 비전문적인 대인관계를 통해 소극적으로 그리고 적극적으로 획득한 정보는 자신들이 접촉하는 사람들의 일상적인 활동 공간을 부분적으로 재현하기 때문에 공간적으로 선택적일 것이다. 다시 말해, 친척, 가까운 친구, 직장 동료, 개인이 속해 있는 조직의 구성원 등은 각자의 거주지에 대한 정보를 가장 풍부하게 제공할 것이다.[14] 물론 이 두 과정이 얼마 안 되는 동네 표본에 대한 정보를 어느 정도 생산하는지는 해당 개인의 일상적 활동 공간의 공간적 범위 그리고 일차적인 일단의 대인관계에 따라 달라진다. 극단적으로, 대도시 지역에서 규칙적으로 통행하고 마찬가지로 통행이 잦은 동료들에게 둘러싸여 있는 사람들, 이를테면 '도시 전체를 자신의 집처럼 여기는cosmopolitan' 사람들은 한정적이면서 공간적으로 선택적인 자료로 인해 자신의 동네선택 범위를 제한받지 않을 것이다. 그와는 정반대로, 인생 전체를 자신의 동네에 갇혀 있다시피 보내면서 오직 이웃하고만 교제하는 '편협하고 지방적인parochial' 사람들은 다른 장소에서의 거주 기회에 대한 정보를 거의 갖지 못할 것이다. 스테파니 델루카Stefanie DeLuca와 그녀의 동료들은 이처럼 한정된 사회공간적 세계가 저소득 소수인종 가구들의 주택시장 탐색을 공간적으로 제한하는 데 특히 중요하다는 것을 발견했다.[15]

지리공간은 게다가 또 다른 더 깊숙한 방식으로 정보 획득 과정에 관여한다. 현재 거주하고 있는 동네 내에서 개인의 사회적 상호관계는 적극적으로 획득한 자료와 소극적으로 획득한 자료의 구문론적 처리 및 화용론적 처리에 영향을 미칠 수 있다. 이웃들은 거주자와 교제함으로써 거주자로 하여금 어떤 자료 출처가 신뢰할 수 있는지에 관한 집합규범collective norms을 받아들이도록 하고 특정 자료가 해당 집단의 확고한 믿음을 확인하거나 부인하는지에 근거하여 그것이 어느 정도 진실성을 갖는지에 관한 집합규범을 받아들이도록 할 수 있다. 예를 들어, 새로운 자료가 해당 동네의 특징적인 측면에 대해 오랫동안 확고하게 유지해 온 믿음과 모순될 때, 이웃들은 해당 동네의 두드러진 특징의 변화에 대해 개인이 직접적으로 관찰한 것에 관해 재빨리 이의를 제기할지도 모른다. 아니면, 이웃들은 자신들이 과거에 활용한 정보 출처를 이용해 개인이 적극적으로 탐색하도록 제안할 것이며, 그렇게 함으로써 이웃들은 자신들이 지각한 것을 해당 개인이 추인하는 방식으로 탐색하게 함으로써 해당 개인이 수집하는 자료를 편향되게 만들 수 있다. 다른 경우에서, 개인은 자신에게 맞닥뜨려진 새로운 자료의 신뢰성과 잠재적 중요성에 대해 독립적으로 평가하려고 시도하는 대신에, 해당 동네의 '무리본능herd mentality'에 따르는 것이 확실히 편하다는 것을 발견할지도 모른다.

앞에서 설명한 바는 동네가 세상에 대해 우리가 갖고 있는 정보에 영향을 줌으로써 '동네가 우리를 만드는' 첫째 방식을 보여준다. 동네는 우리가 소극적으로 정보를 획득하는 일상적 활동 공간을 구성하고 있는, 중대하지만 가변적인 요소로 역할한다. 동네 내의 사회적 상호작용 과정은 우리가 소극적으로 그리고 적극적으로 정보를 획득할 때 어떤 출처를 신뢰하는지에 대해, 그리고 새로운 정보가 우리의 믿음과 기대심리를 바꾸는 것을 정당화하기에 충분한지를 평가할 때 어떤 종류의 기준을 적용하는지에 대해 한층 더 영향을 미칠 수 있다. 그러므로 동네는 인간 행위의 원인이자 결과이다. 동네는 공간상에서 사람과 재정적 자원의 흐름을 이끄는 결정을 추동하는 믿음과 기대심리에 영향을 미치는데, 결과적으로 이러한 흐름이 동네에 영향을 미친다.

정보 및 동네변화 과정에 관한 행동경제학적 함의

이제 다음과 같은 질문을 던질 수 있다. 모형의 구문론적, 의미론적, 화용론적 단계를 통과한 후에는, 어떤 유형의 정보가 거주자와 투자자로 하여금 자신의 행동을 바꾸도록 만들 가능성이 가장 높은가? 행동경제학에서 수집된 증거는 두 가지 강력한 시사점을 제공한다. (1) 현재 거주하고 있는 동네에 대한 정보는 장래에 거주할지 모르는 동네에 대한 대등한 정보보다 더 강력하며, (2) 현재 거주하고 있는 동네가 쇠퇴하고 있음을 가리키는 정보는 동네가 개선되고 있다는 대등한 정보보다 더 강력하다.

알렉스 마시Alex Marsh와 케네스 기브Kenneth Gibb는 주택 탐색과 동네변화의 동태적 과정을 이해하는 데 도움을 줄 수 있는 행동경제학 분야의 경험적 발견을 매우 유용하게 종합하는 데 기여했다.[16] 여기서 특히 중요한 점은 다음과 같다.

- 현상유지 편향status quo bias: 사람들은 자신이 전망한 것이 설령 더 큰 이득을 가져다준다고 해도 자신이 알고 있는 것을 선호한다.
- 손실회피loss aversion: 사람들은 이득을 얻는 것보다 동일한 크기의 행복감이나 돈을 잃는 것에 더 많은 절대적 가치를 둔다.
- 경험효용 대 전망효용experienced versus prospective utility: 아직 경험하지 않은 대안이 가져다주는 행복감은 변동되기 더 쉽기 때문에, 사람들은 그 대안에 대한 가치를 낮게 평가한다.[17]
- 닻 내림 효과anchoring: 두 대안 중 어느 하나도 기준점이 되지 않는 경우와는 대조적으로, 어떤 절대적 가치가 두 대안 중 하나와 결부될 때 사람들은 두 대안 사이의 차이를 과소평가한다.

• 하향추세 회피downward trend aversion: 점점 더 나아지는 결과와 점점 더 나빠지는 결과가 동일한 크기의 총가치를 지닌다고 하더라도, 사람들은 점점 더 나아지는 결과를 선호한다.

현상유지 편향, 경험효용 대 전망효용, 닻 내림 효과 등이 함께 작용함으로써, 현재 거주하고 있는 동네에 대해 가지고 있는 정보는 대안이 되는 동네에 대해 가지고 있는 동등하게 타당한 정보보다 이동성 및 투자 행동의 변경에 관해 보다 강력한 예측지표가 된다. 다른 동네의 주택에 가상적으로 거주하거나 투자하는 것은 본질적으로 더 위험해 보일 것이다. 왜냐하면 다른 동네의 현재와 미래 상황이 현재 거주하고 있는 동네보다 덜 확실해 보이기 때문이다. 그러므로 새로운 대안이 월등히 우수한 선택대안이라는 것이 보증되는 경우에만, 해당 대안의 위험조정 프리미엄은 가구가 그곳으로 이동하도록 유도하거나 투자자가 거기서 주택을 구매하도록 유도하기에 충분할 것이다. 하지만 사람들은 관련 현상유지 가치에 기초한 닻 내림 효과로 인해 해당 선택대안의 프리미엄을 부분적으로 가치 절하할 것이며, 따라서 이동이나 투자 변경을 촉발하는 데 있어서 대안이 되는 동네에 대한 정보의 영향력을 더욱 약화시킬 것이다.

손실회피 및 하향추세 회피는 현재 거주하는 동네의 쇠퇴를 가리키는 정보가 현재 거주하는 동네가 개선되고 있다는 대등한 정보보다 행태적으로 더욱 강력할 것임을 의미한다. 다소 높은 사회경제적 지위를 가진 거주자들이 이주해 오면서 주택가치가 상승하고 있다는 것을 현재의 가구와 투자자들이 새로운 정보를 통해 이제 지각한다면, 그들은 매우 행복해할 것이다. 하지만 그들은 해당 동네에 계속해서 거주하거나 재투자하려는 이전의 결정을 바꾸지 않을 것이다. 그와 반대로, 사회경제적 지위 및 주택가치가 약화되고 있다는 대등한 새로운 정보는 다른 장소로 이동하려는 의도를 촉발할 가능성이 높으며,

만족도 및 수익률 손실이 발생하기 전에 해당 주택을 처분하고 다른 장소에서 주택을 구매하려는 의도를 촉발할 가능성이 높다.

비대칭적 정보력에 관한 명제

의도와 행동을 변화시키는 데 어떤 종류의 정보가 가장 강력할 것 같은지에 대해 행동경제학에서 얻은 이 두 가지 교훈을 결합한다면, 우리는 이 책의 둘째 주요 명제를 추론할 수 있다.

- 비대칭적 정보력에 관한 명제: 현재 거주하고 있는 동네의 절대적 쇠퇴에 대한 정보는 상대적 쇠퇴나 절대적 향상에 대한 정보보다 거주자 및 소유자의 이동성과 투자 행동을 변화시키는 데 더욱 강력한 것으로 입증될 것이다.

달리 말하면, 맥락 변화에 대한 정보(즉, 개인의 개별적 환경 외부의 정보)는 사람들이 자신의 동네에서 이주해 나가거나 아니면 투자회수하도록 '밀어내는' 작용을 할 정도로 더 강력하다. 이와 대조적으로, 현재 거주하고 있는 동네를 단지 상대적으로 덜 매력적으로 만드는 다른 동네의 우수한 장래 선택대안에 관한 새로운 정보는, 다른 모든 것이 동일할 경우, 사람들을 '끌어당길' 가능성이 상대적으로 낮다. 물론 현재 거주하는 동네가 절대적으로 개선되고 있다는 새로운 정보는 이동성이나 투자 행동에 별다른 영향을 미치지 않을 것이다. 이 명제가 시사하는 바는, 가구들이 동일하게 비싼 인근의 다른 동네의 물리적 조건이 이제는 훨씬 더 우수할 정도로 개선되었다는 정보에 반응해 떠날 가능성보다, 자신이 거주하는 동네에서 절대적으로 악화되고 있는 외부적 조건에 관한 정보에 반응해 떠날 가능성이 더 높을 것이라는 점이다. 주택 소유자가 새로운 정보에 기초하여 자신이 거주하는 주택의 절대수익률이 곧 하락할 것으로 예상한다면, 다른 장소에서 훨씬 더 나은 수익률에 대한 새로운 정보에 반응해 투자를 축소하기보다는 자신이 거주하는 주택의 품질을 떨어뜨림으로써 투자를 축소할 가능성이 더 높을 것이다. 제3장과 제4장에서는 조정 과정에서의 비대칭성에 대해 언급하지 않았는데, 이들 장에서 다루었던 주택하위시장모형에 이 명제가 어떻게 미묘한 차이를 더하는지 주목할 필요가 있다. 이 명제는 가구와 주택 소유자를 하나의 하위시장에서 다른 하위시장으로 '밀어내기' 위해 작동하는 하위시장의 힘이 그들을 하나의 하위시장에서 다른 하위시장으로 '끌어당기기' 위해 작동하는 하위시장의 힘보다 더 빈번하고 양적으로 상당할 수 있다는 점을 시사한다.

유감스럽게도, 비대칭적 정보력에 관한 명제를 뒷받침하는 증거는 아주 조금밖에 없다. 주거 만족도 및 도시 내 이동성에 관한 오랜 문헌은 암시적으로 이 명제를 뒷받침한다. 의심할 여지없이, 이러한 연구에 따르면 가구들은 불만족스러워하고, 이주 의향을 드러내며, 또한 악화되고 안전하지 않으며 열등한 사회경제적 지위의 사람들이 거주하는 것으로 지각되는 동네에서 대개 이주해 나간다.[18] 하지만 이러한 연구들은 현재 거주 동네 조건의 변화를 일반적으로 측정하지 않고 있을 뿐만 아니라(수준만 측정할 뿐이다), 경쟁 동네들 사이에서 지표를 비교하지도 않는다. 예외적인 두 연구를 제외하면, 이들 연구는 주거 만족도를 형성하고 의사결정을 촉발하는 데 있어서 기대심리가 수행하는 역할(이 주제에 대해서는 뒤에서 다룰 것이다) 또한 고려하지 않는다. 클래런스 월독Clarence Wurdock은 백인 가구들이 자신의 동네가 5년 내에 흑인들로 50% 이상 점유될 것으로 예상했을 때 이주해 나갈 계획을 세울 가능성이 더 높다는 것을 발견했다.[19] 개리 헤서Garry Hesser와 나는 사람들이 미래의 주택가치 상승에 대해 비관적으로 전망할수록 동네를 더 빨리 떠나려고 한다는 것을 확인했다.[20]

동네변화 기대심리의 형성에 대한 핵심 지표

앞에서 나는 특정 동네에 대한 사람들의 기대심리가 동네 전체에 걸쳐 자원의 흐름을 좌우하는 가구 및 투자자의 의사결정에 필연적으로 영향을 미치는 데에는 설득력 있는 많은 이유가 있다고 주장했다. 이 장의 다음 절에서, 나는 사람들이 이러한 기대심리를 형성하기 위한 노력으로 어떻게 자료를 수집하는지에 관한 모형을 제시했으며, 이러한 시도를 통해 어떠한 지리공간에 대해 어떠한 종류의 일반적인 정보가 가장 중요할 것 같은지에 관한 함의를 제시했다. 이제 우리는 동네의 미래를 예측하는 데 있어서 어떤 특정한 자료 영역이 특히 강력한 것 같은지 살펴본다.

예측적 동네지표 통계모형으로부터 도출된 증거

동네변화에 관한 예측적 통계모형 구축과 관련된 이전의 경험적 연구의 대부분은 인구총조사 자료를 이용하여 특정 인구총조사 집계구 특성의 10년간 변화를 모형화했다. 회귀모형 구축을 통한 이러한 시도는 초기년도에 측정된 동네지표가 동네의 결과지표의 10년 후 변화와 어떻게 관련되는지를 구체화했다.[21] 지금까지 이 분야의 가장 세련되고 설득력 있는 예는 존 히프John Hipp의 연구인데, 그는 동네에서 강력범죄율이나 재산범죄율이 높을수록 빈곤집중은 더 심해지고 거주자 교체는 더 많아지며 소매부문은 더 약해지고 10년 후 흑인 인구 점유율은 더 높아진다는 것을 발견했다.[22]

이러한 선구적 노력은 장기적인 동네변화에 대한 우리의 이해를 형성하는 데 매우 가치 있지만 10년 간격으로 구분된 자료들은 미세한 시간에 걸쳐 있는 동태적 과정을 고려할 때 그만큼 많은 제약도 가한다. 10년간의 변화가 해당 기간 동안 어느 정도로 일정했는지는 정확히 확인할 수 없다. 이는 문제의 해당 현상이 문턱점threshold point이나 다른 비선형적nonlinear 조정을 보일 때 특히 중대하다. 여기에 대해서는 다음 장에서 살펴볼 것이다. 더욱이 이러한 연구들은 해당 10년의 초기년도에 측정된 동네지표가 분석 대상 기간 전에 발생한 내생적endogenous 예측지표이거나 해당 동네의 이전의 추세와 허위적spurious 상관관계를 지닌 지표라는 것과는 반대로, 오히려 외생적exogenous 예측지표라는 상당히 성립하기 힘든 가정에 기초한다.[23]

이와 대조적으로, 최근의 연구들은 보다 동태적인 모형을 구축하면서 새롭게 이용 가능한 연간, 분기별, 심지어 월별 동네지표 관측치들을 이용하고자 시도한다. 피터 태티언Peter Tatian과 나는 젠트리피케이션에 관한 최초의 예측적 통계 위험모형hazard model을 개발했는데, 이 모형은 컬럼비아특별구District of Columbia에 있는 사회경제적으로 혜택 받지 못한 동네들에서 거듭되는 큰 폭의 주택가격 상승에 관한 것이었다.[24] 우리는 동네 주택가격 상승의 시작을 가리키는 주요 예측지표가 (1) 2년 전에 해당 동네의 주택과 콘도미니엄을 구매하기 위해 주택담보대출을 받은 사람들의 소득 수준, 대출 거절률, 히스패닉 백분율, (2) 이전 2년 동안 주택가격이 급격히 상승했던 동네들과의 인접성, (3) 1년 전 해당 동네의 주택 및 콘도미니엄 판매율 등이라는 것을 확인했다.

재클린 황Jackelyn Hwang과 로버트 샘슨 또한 2007년부터 2009년까지 시카고 동네에 대한 풍부한 자료를 활용하여 젠트리피케이션 현상을 모형화했다.[25]

그들은 동네에 흑인 및 히스패닉 거주자들의 집중이 문턱점을 지나면서 비교적 높은 소득의 주로 백인 가구들의 유입을 저지한다는 것을 발견했다. 비록 무질서disorder에 대한 객관적인 측정도구는 저지효과deterrence effect를 보여주지 않았지만, 무질서에 대한 지각은 비슷한 저지효과를 가지고 있었다. 존 히프, 조지 티타George Tita, 로버트 그린바움Robert Greenbaum이 수행한 로스앤젤레스 주택시장의 모형화로부터는 보완적인 연구결과가 도출되었다.[26] 그들은 동네의 재산범죄율과 강력범죄율이 증가하면 그다음 해에 주택 회전율이 증가하지만(그리고 강력범죄의 경우에는 주택가치가 하락하지만), 그 반대의 경우는 그렇지 않다는 것을 확인했다.

세 가지 정교한 계량경제학적 종단분석은 범죄가 궁극적으로 예측적인 동네지표가 아닐 수 있지만 주택압류는 약간의 시차 후에 인근에서 더 많은 범죄로 이어진다는 것을 보여주었다. 잉그리드 엘런Ingrid Ellen, 조해나 레이코Johanna Lacoe, 그리고 클로디아 섀리진Claudia Sharygin은 뉴욕시New York City에서 압류가 추가적으로 한 건 증가할 경우 그다음 분기에 해당 블록면에서 전체 범죄가 3% 더 발생했으며, 강력범죄는 거의 6% 더 발생했고 공적 불법방해범죄는 3% 더 발생한 것을 발견했다.[27] 찰스 카츠Charles Katz, 대넬 월리스Danelle Wallace, E. C. 헤드버그E. C. Hedberg는 애리조나주 글렌데일Glendale에서 추가적인 압류 한 건에 대해 향후 3~4개월 동안 12건 이상의 재산범죄가 발생하고 인구 1000명당 세 건 이상의 강력범죄가 발생하는 누적적인 영향이 있다고 밝혔다.[28] 소냐 윌리엄스Sonya Williams, 낸디터 버마Nandita Verma, 그리고 나는 시카고를 대상으로 한 분석에서 주택압류는 다른 여러 동네지표(재산범죄 및 강력범죄, 주택구입 담보대출의 총액 및 평균, 소규모 기업 대출 등)보다 시간적으로 앞서는데 그 반대의 경우는 일어나지 않는다는 것을 발견했다. 이와 대조적으로, 다른 모든 지표는 시간적으로 복잡한 상호관계 패턴을 보였으며, 많은 경우에 상호 인과

적임을 암시했다.[29]

요약하면, 시간적 순서(따라서 암묵적으로는 인과성의 방향)를 주의 깊게 설정하고 있는 통계적 모형화 시도들은 동네로 유입되는 자원의 후속적인 흐름을 강력하게 예측할 수 있는 힘을 가진 두 개의 동네지표, 즉 압류주택과 범죄를 일관되게 강조한다. 이러한 흐름을 통제하는 의사결정자들은 압류와 범죄에 대해 자신이 획득한 정보를 이용하여 자신의 지각, 기대심리, 궁극적으로는 행동을 형성하는데, 유감스럽게도 우리는 이러한 사실을 앞의 연구들로부터 오로지 추론에 의해서만 밝힐 수 있다.

동네에서의 지각 및 기대심리 형성에 관한 서베이 증거

그 밖의 연구는 가구와 투자자가 자신의 동네에 대한 지각과 기대심리를 형성할 때 어떤 자료 영역에 초점을 맞추는지에 대해 개인을 대상으로 한 서베이를 통해 보다 직접적으로 조사했다. 동네에 대한 기대심리를 명시적으로 조사한 유일한 연구에서, 개리 헤서와 나는 미니애폴리스Minneapolis와 오하이오주의 작은 마을인 우스터Wooster의 주택 소유자들을 인터뷰했다. 우리는 그들이 거주하고 있는 동네의 주택가치와 삶의 질의 미래 변화에 대해 그들 자신이 가지고 있는 개별적인 기대심리를 측정했으며, 그런 다음 그것들의 관계를 그 밖의 지각 및 객관적 동네지표와 통계적으로 관련시켰다. 해당 동네의 최근 추세에 대해 주택 소유자 자신이 가지고 있는 주관적인 느낌과 비교해 볼 때, 동네의 물리적, 인구학적, 사회경제적 특성에 대한 객관적 지표의 현재 수준은 일반적으로 위의 두 유형의 기대심리를 반영한 약한 예측지표라는 것을 발견했다. 이 두 유형의 기대심리는 상당히 독립적인 것으로 판명되었으며, 무엇보다 뚜렷이 구별되는 일단의 예측지표임을 보여주었다. 예를 들어, 일부 백인 주택 소유자는 흑인 이웃의 비율이 더 높다는 것을 주택가치 상승에 대한 보다 비관적인 전망의 근거로 여겼지만, 이것이 일반적인 동네 삶의 질에 관한 백인 주택 소유자의 기대심리에 영향을 미치지는 않았다.[30] 이러한 연구결과는 동네에 관한 새로운 정보가 가구의 만족이나 이주 의향을 변화시키지 않으면서 소유자의 투자 행동의 조정을 촉발할 수 있으며 그 반대의 경우도 가능하다는 것을 시사한다. 중요한 것은, 동네 맥락의 사회적 상호작용의 차원이 주택 소유자의 기대심리를 형성하는 데 결정적인 것으로 판명되었다는 점이다. 개인적 및 집합적 수준에서의 동네 일체감의 정도와 사회통합의 정도 모두 주택가치 변화에 대한 낙관론에 크게 영향을 미치는 요인이었다. 아마도 이것이 시사하는 바는, 응집력 있는 동네에 강한 일체감을 지닌 주택 소유자라면 집합적으로 해당 지역이 가치를 약화시킬 수 있거나 전략게임에 덜 민감한 요소를 물리치는 데 성공할 것이라고 믿는다는 점이다. 이것은 정책 제안의 맥락에서 제10장에서 논의할 주제이다. 마지막으로, 다른 모든 조건이 일정할 경우, 중장년층 주택 소유자들은 다른 연령 집단보다 주택가치 상승에 대한 기대심리가 훨씬 더 비관적이었다. 이러한 결과는, 현재의 주택시장에 대해 신뢰할 만한 많은 양의 정보를 얻을 가능성이 가장 낮고 따라서 미래에 대한 확신이 상대적으로 약한 사람이 더 큰 비관론에 치우쳐 있을 것이라는 가설과 일치한다.

서베이에 기초한 몇몇 다른 연구는 동네의 현재 조건에 대한 지각의 근거를 조사했다. 기대심리와 뚜렷이 구별되기는 하지만, 지각과 기대심리는 아마 매우 높은 상관관계가 있을 것이다.[31] 리처드 톱Richard Taub, 가스 테일러Garth Taylor, 그리고 얀 더넘Jan Dunham은 시카고 지역 주택 소유자들을 인터뷰하면서, 해당 동네에 대한 지각과 기대심리, 그리고 주택에 대한 그들의 재투자 가능성에 대한 정보를 끌어냈다.[32] 이들의 연구가 확인한 바에 따르면, 주택 소유자들은 범죄가 증가하거나 흑인 거주자 비율이 증가하고 있다고 지각함에 따라 자신들 동네의 시장 경쟁력에 대해 염려하게 되었고, 이는 결과적으로 주택 소유자들로 하여금 주택에 투자할 가능성을 감소시키는 한편 이주해 나가려는 의향은 강화시켰다. 이들의 연구는 백인뿐만 아니라 흑인 및 히스패닉 주택 소유자에 의한 인종적 코드화racial encoding의 명확한 증거도 발견했다. 다시 말해, 흑인 거주자의 백분율이 높다고 지각할수록 범죄 문제에 대한 지각도 더 커졌다.

링컨 퀼리언Lincoln Quillian과 데바 페이저Devah Pager는 시카고, 볼티모어Baltimore, 시애틀을 대상으로 한 서베이 분석에서, 범죄 지각 및 인종구성 사이에 보완적 관계가 있다는 것을 발견했다.[33] 이들이 관찰한 바에 따르면, 응답자들은 앞에서 설명한 모형이 예측한 것 — 개인적 경험(즉, 범죄 피해)에서 조금씩 얻은 정보와 범죄에 대한 경찰의 공식 통계 — 에 근거해 자신들 동네의 안전성을 평가했다. 더욱 의미 있는 것은, 응답자들의 개인적 특성과 함께 해당 동네의 공식적인 범죄율, 사회경제적 구성, 라티노 거주자의 백분율, 동네의 물리적 외관, 동네 무질서의 정도 등을 통제한 후에도 응답자들은 이웃이 젊은 흑인 남성인 백분율이 높을수록 자신의 동네를 덜 안전한 것으로 생각했다는 것이다. 놀랍게도, 안전성에 대한 이러한 인종적으로 차별화된 지각은 백인과 흑인 모두에게 유지되었다.

안전성에 대한 지각을 더욱 깊이 탐구하는 과정에서, 우리는 공공장소의 낙서나 어슬렁거리는 청소년 집단과 같이 무질서에 대한 지각이 범죄에 대한 지각의 핵심적인 예측지표라는 것을 알게 되었다. 시카고를 대상으로 한 웨슬리 스코건Wesley Skogan의 연구는 동네 무질서에 대한 거주자들의 지각, 동네가 안전하지 않다는 그들의 믿음, 그리고 그에 뒤따르는 투자회수 및 이주 행동 사이에 강한 관계가 있으며, 이들 모두는 동네 쇠퇴의 누적적 악순환으로 이어진다는 것을 확인했다.[34] 로버트 샘슨과 스티븐 로든부시Stephen Raudenbush는 시카고를 대상으로 한 다른 서베이 자료를 이용하여 이러한 믿음을 형성하는 데 사용되는 정보를 더 깊이 파고들었다.[35] 그들은 예상한 바와 같이 무질서에 대한 거주자들의 지각이 무질서의 몇 가지 지표에 대한 객관적 관찰자들의 시각적 평가와 긍정적으로 관련되어 있다는 것을 발견했다. 놀라운 것은, 해당 동네의 흑인 및 가난한 거주자의 백분율이 흑인 및 백인 거주자 모두에게 훨씬 더 강력한 예측지표인 것으로 입증되었다는 점이다.

마지막으로, 계층적 및 인종적 차원이 다르게 그려진 동네 모습을 담고 있는 영상물을 이용하여 혁신적인 방식으로 수행된 서베이 연구는, 특별히 범죄와 무질서에 초점을 맞추지는 않았지만 디트로이트와 시카고의 백인들이 흑인 거주자 동네를 어떻게 부정적으로 정형화하는지를 깊이 있게 보여주었다. 마리아 크라이선Maria Krysan, 믹 쿠퍼Mick Couper, 레이놀즈 팔리Reynolds Farley, 그리고 타이론 포먼Tyrone Forman은 인종적으로 혼합된 집단이나 흑인 이웃만 등장하는 시나리오에 비해 영상물에 오로지 백인 이웃만 등장했을 때 백인들이 동네를 훨씬 더 '호감 가는' 것으로 지각했다는 사실을 발견했다.[36]

인종적으로 코드화된 신호에 관한 명제

앞에서 언급한 연구결과들은 얼마나 많은 도시 거주자가 자신들 동네의 무질서, 안전, 경쟁 등의 전망에 관한 정보를 얻는지에 대해 대체로 동의하며, 흑인 거주자의 점유율을 대리지표로 사용한다.[37] 결정적으로, 단순한 인종적 편견 이상의 것이 이러한 현상을 낳는 것으로 보인다. 흑인들은 종종 백인들만큼이나 동네에 대한 인식을 형성하는 데 있어서 흑인 인구구성에 의해 영향을 받을 가능성이 있기 때문이다. 이러한 연구결과는 흑인 빈곤의 집중에 대한 낙인찍기stigmatization와 관련된 이전의 믿음이, 현재 거주 동네의 무질서 및 범죄의 '객관적' 지표에 대해 백인과 흑인 거주자들이 관찰한 자료를 보완한다는 것을 강력하게 시사한다. 달리 말하면, 인종과 관련된 사회적 구성개념은 이동성 및 재무적 투자에 명백히 영향을 미치는 동네의 주요 특징에 대한 지각과 관련된 정보를 제공한다.

일부 다른 연구는, 측정하기 더 어려울 수 있는 그 밖의 여러 다양한 동네 속성에 대한 간편한 대리변수 역할을 인종구성이 한다는 점을 뒷받침한다. 데이비드 해리스David Harris에 따르면, 동네의 흑인 인구 백분율은 낮은 주택가치와 관련되어 있는데, 왜냐하면 흑인 인구 백분율은 주로 상대적으로 소득 수준이 낮고 제대로 교육 받지 못한 인구의 대리변수 역할을 하기 때문이다.[38] 또 다른 연구에서 해리스는 흑인 거주자의 백분율이 높은 동네에서는 거주자들이 왜 만족하지 못하는지에 대해 비슷한 결론을 도출한다.[39] 잉그리드 굴드 엘런Ingrid Gould Ellen은 이 문제를 종합적으로 분석한다.[40] 그녀는 동네의 물리적 조건, 사회경제적 구성, 그리고 흑인 및 기타 소수인종 거주자의 전반적인 백분율 등이 통제된 경우에도, 백인 주택 소유자들은 흑인 인구가 최근 증가하고 있는 동네에 대해 덜 만족해하고, 그 동네를 떠날 가능성은 더 높으며, 그 동네로 이주해 올 가능성은 더 낮다는 것을 발견했다.[41] 그녀는 백인 주택 소유자들이 최근의 상당한 흑인 인구의 증가를 미래의 동네 쇠퇴의 예측지표로 이용한다고 추론한다.

이와 관련된 모든 증거는 셋째 명제로 이어진다.

- 인종적으로 코드화된 신호에 관한 명제: 동네에 대한 지각과 기대심리를 형성하는 정보의 주요 유형은 거주자 및 주택 소유자의 행동에 영향을 미칠 것이며, 그와 같은 정보의 상당 부분은 해당 동네의 흑인 인구 점유율

및 증가에 코드화되어 있다.

결론

동네가 왜 변화하는지를 이해하려면 가구와 주택 소유자가 동네에 대한 자신의 지각과 기대심리를 어떻게 형성하는지를 이해해야 한다. 이것은 사람들이 어떻게 자료를 얻고 처리하며 믿음을 형성하는지에 대한 본질을 탐구해야 한다는 것을 시사한다. 여기서 사회심리학과 행동경제학은 주목할 만한 통찰력을 제공한다.

첫째, 소극적으로 획득한 정보는 주택시장 및 동네에 관한 정보를 적극적으로 탐색할 수 있는 기초를 제공하기 때문에, 의사결정자들이 가지고 있는 정보의 양과 믿음의 확실성은 특징적인 공간적 배열 형태를 띨 것이다. 이와 같은 지리공간적 구성은 개인의 일상적 활동 공간과 거의 일치할 것이다.

둘째, 동네 자체는 우리가 소극적으로 정보를 획득하는 일상적 활동 공간을 이루고 있는 (가변적이기는 하지만) 중요한 구성요소를 제공한다. 동네 내의 사회적 상호작용 과정은 우리가 소극적으로 그리고 적극적으로 정보를 획득할 때 어떤 출처를 신뢰하는지, 그리고 새로운 정보가 우리의 믿음과 기대심리의 변화를 보증하기에 충분한지를 평가할 때 우리가 어떤 종류의 표준을 적용하는지를 더욱 구체화할 수 있다. 그러므로 동네는 우리가 무엇을 믿는지의 측면에서 '우리를 만들도록' 도와주고, 결과적으로 우리가 집합적으로 '동네를 만드는' 주거 이동성 및 투자 결정에 영향을 미친다.

셋째, 증거가 시사하는 바에 따르면, (1) 현재 거주하고 있는 동네에 대한 정보가 다른 잠재적 동네에 대한 대등한 정보보다 더 강력하며, (2) 동네가 쇠퇴하고 있음을 보여주는 정보가 현재 거주하고 있는 동네가 개선되고 있음을 보여주는 대등한 정보보다 행동을 바꾸는 데 더 강력하다. 나는 이것을 비대칭적 정보력에 관한 명제라고 요약한다.

넷째, 통계학적 연구에 따르면, 주택압류 및 범죄 증가는 동네 건전성에 관한 여러 다양한 지표에 있어서 미래의 동네 쇠퇴를 강력하게 예측한다. 거주자들을 대상으로 한 서베이는 마찬가지로 해당 동네에 대한 믿음과 만족감을 형성하는 데 있어서 지각된 범죄 및 무질서의 설명력을 보여준다. 하지만 공식 통계와 같은 '객관적' 자료뿐만 아니라, 동네에 대한 지각된 인종적 맥락 또한 이러한 지각에 영향을 미친다. 백인 거주자와 흑인 거주자 모두에 대한 상당한 양의 정보는 해당 동네의 흑인 인구 점유율 및 그 변화 속에 코드화되어 있으며, 이것은 인종적으로 코드화된 신호에 관한 명제로 요약된다.

제6장

동네의 비선형 문턱효과

동네에 개입할 때 해당 동네가 어떻게 반응하는지는 커뮤니티 개발, 경제적 및 인종적 지위에 따른 거주지 통합, 주거 관련 삶의 질, 지원주택assisted housing 등의 영역에 있어서 계획가와 정책결정자에게 중요한 관심사이다. 모든 동네가 선형적(즉, 비례적) 방식으로 반응한다면, 어디에서, 어떻게, 얼마나 개입할 것인지에 대한 계획가와 정책결정자의 의사결정은 비교적 간단할 것이다. 그와 같은 시나리오에서는, 어떤 종류의 프로그램에 의해 유발되는 투입물이 한 단위 증가(예를 들어, 주택 재개발 보조금 1달러 추가, 특정 경제적 및 인종적 지위의 가구 1단위 추가, 부담가능주택 1단위 추가)함에 따라 일정한 양의 프로그램 산출물이 발생할 것으로 기대된다. 이러한 산출물은 (예를 들어, 민간자금의 주택 재개발이나 가구의 경제적 독립성 강화처럼) 바람직한 것일 수도 있고, (예를 들어, 인근 주택의 가치 하락이나 가구 전출의 유발처럼) 바람직하지 않은 것일 수도 있다. 이는 해당 개입의 규모나 개입의 특정 위치 맥락과는 상관없이 사실일 것이다. 유감스럽게도 세상은 그렇게 단순하지 않다.

동네와 관련되어 있는 여러 다양한 영역은 비선형효과nonlinear effect 또는 문턱효과threshold effect로 특징지어진다. 비선형 및 문턱 관계는 동네가 개인들에

그림 6.1 | **비선형효과와 문턱효과에 관한 예시**

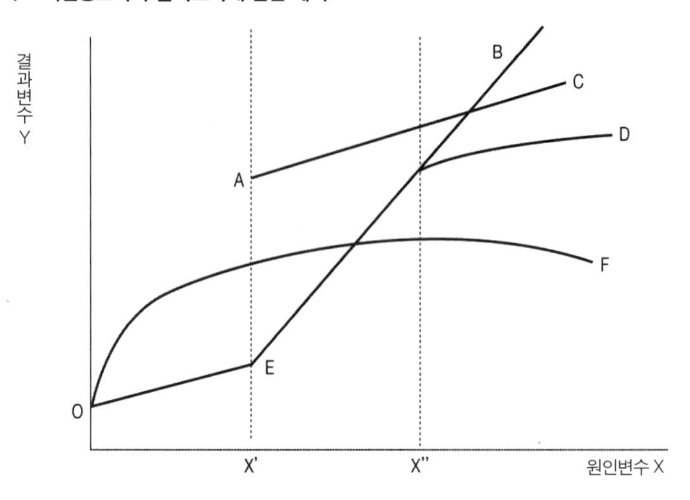

게 미치는 영향에 의해서뿐만 아니라 집계적으로 동네변화를 일으키는 힘에 의해서도 나타난다. 비선형효과는 어떤 원인변수의 한계적 변화가 (관심 결과변수에 대해) 발생시키는 영향의 크기가 해당 변수의 값에 따라 달라지는 인과적 관계이다. 그림 6.1은 예시적인 비선형관계 *OF*를 시각적으로 설명해 준다. 이 경우 변수 *X*의 양(+)의 한계효과는 *X*값이 작을 때 더 크고 *X*값이 커질수록 감소하다가 *X*가 충분히 크면 결국에는 음(-)의 값이 된다. 문턱효과는 인과적 영향의 크기가 어떤 임계점(들)을 지나서 극적으로 변화하는 특별한 종류의 비선형적 관계이다. 문턱 관계는 그림 6.1에서 선분 *OEB* 또는 선분 *OED*와 같이 수학적으로 연속함수이거나 또는 선분 *OE*와 선분 *AC*와 같이 불연속 관계일 수 있다. 점 *X′*은 임계점을 나타내며, 점 *X″*은 *OED* 관계에 대한 둘째 임계점을 나타낸다.

동네와 관련되어 있는 문턱효과에 대한 관심은 단순히 지적 호기심 때문만은 아니다. 이와는 반대로, 문턱효과의 존재는 동네 활성화 및 거주자 다양화 정책을 위한 사회적 정당성 그리고 그러한 정책의 전략적 수립 등에 대해 강력한 함의를 가지고 있다. 예를 들어, 만약 동네에 거주하고 있는 '사회경제적 취약 집단disadvantaged group'의 백분율과 사회적 문제 행동의 총발생률 사이에 선형적(즉, 비례적) 관계가 있다면, 사회경제적 취약 인구의 공간적 재배치는 그 자체로서는 사회 전체에 걸쳐 그와 같은 문제 행동의 총발생률에 있어서 최종적인 변동을 초래하지는 않을 것이다. 대신에, 사회경제적 취약 인구의 공간적 재배치는 제로섬 방식으로 한 동네에서 다른 동네로 문제 행동을 지리적으로 재배분하는 결과를 가져올 뿐일 것이다. 하지만 만약 이러한 관계가 해당 동네에서 사회경제적 취약 인구의 임계량을 초과된 뒤에야 나타나는 부정적인 사회적 행동으로 특징지어진다면, 상이한 결론이 뒤따를 것이다. 이것이 함의하는 바는, 공리주의적 기초에서 집계적 사회후생의 순증가(즉, 파레토 개선Pareto improvement)는 동네의 '사회적 혼합social mix' 전략을 통해 동네의 구성요소를 이 문턱값 아래로 유지하는 것을 목표로 하는 정책에서 비롯될 수 있다는 것이다. 다시 말해, 한 동네는 다른 동네를 끌어들이지 않고서도 '활성화'될 수 있다는 것이다. 또 다른 예시로, 황폐화된 동네에서 민간 재투자에 대한 임계점이 존재한다는 것은, 희소한 공공 활성화 자원을 전략적으로 표적화하여 이들 임계점을 초과하도록 함으로써 공공투자를 지렛대 삼아 민간투자에 영향을 줄 수 있다는 것을 의미한다. 나는 다음 장에서 이 점에 대해 보다 정밀하게 설명하고 분석할 것이다.

가구 및 주거용 부동산 소유자의 개별 이동성 및 투자 행동은 종종 비선형효과와 문턱효과를 명확히 보여주며, 이는 결과적으로 동네변화의 동태적 과정에 있어서 집계적으로 비선형적인 반응을 일으킬 것이다. 반대로, 동네 특성의 변화는 개별 거주자의 광범위한 행동에 비선형적이고 임계점이 작용하는 방식으로 종종 다시 영향을 미칠 것이다. 이 장에서 나는 우선, 이론적으로 특정 맥락에서 외부 자극에 대해 개인이 나타내는 비선형적 반응의 다양한 행동 메커니즘을 제시한다. 이것은 동네 조건이 비선형적 방식으로 개인의 행동에 어떻게 영향을 미칠 수 있는지 그리고 그와 같은 행동이 결과적으로 집계적 동네지표에 있어서 비선형적 변화를 어떻게 발생시킬 수 있는지를 이해하기 위한 기초를 제공한다. 동네는 주거 이동성, 주택투자, 교육 정도, 출산, 고용, 그리고 그 밖의 다양한 영역과 관계되어 있는 개인의 행동에 영향을 미치는데, 그 방식은 종종 문턱 형태의 관계로 나타난다. 나는 이를 입증하는 기존의 경험적 연구들을 종합한다. 그러고 나서 나는 동네 인종구성, 빈곤, 사회경제적 취약성 등의 동태적 과정과 관련된 비선형효과를 검토하고, 이들의 변화가 범죄 및 주택가치에 있어서 동네의 전반적인 변화와 어떻게 관련되어 있는지를 살펴본다. 나는 지원주택의 입지로부터 야기되는 동네 주택가치 및 범죄에 대한 문턱효과의 증거를 검토한다. 마지막으로, 나는 이를 종합하는 수단으로 '문턱효과의 연계에 관한 명제'를 제시한다.

비선형효과 및 문턱효과의 행동 메커니즘

동어반복적으로, 동네에서 집계적 인구 특성의 변화란 세 개의 주민 집단 중 하나 이상의 집단에서 일어나는 변화, 다시 말해 해당 동네에서 나가는 전출자의 수와 구성, 해당 동네로 들어오는 전입자의 수와 구성, 그리고 일정 기간 동안 해당 동네에 남아 있는 거주자 특성의 변화 등을 의미할 것이다. 이와 비슷하게, 개별 소유자들의 투자 행동 집계는 해당 동네에 있는 주택의 물리적 조건 특성을 결정할 것이다. 몇몇 모형, 이를테면 사회화, 게임, 용인, 전염, 수확체감 등에 따르면, 이들 집단을 구성하고 있는 개인의 행동은 비선형효과 그리고

/또는 문턱효과를 명확하게 드러내는 방식으로 영향을 받을 수 있다. 집합적 사회화 모형, 게임 모형, 용인 모형 등을 통해서는 전출 행동을 분석할 수 있고, 게임 모형, 용인 모형을 통해서는 전입 행동을 분석할 수 있으며, 집합적 사회화 모형, 게임 모형, 전염 모형, 수확체감 모형 등을 통해서는 남아 있는 거주자의 행동을 분석할 수 있다. 그리고 집합적 사회화 모형, 게임 모형을 통해서는 소유자의 투자 행동을 분석할 수 있다.

집합적 사회화 모형

집합적 사회화 모형collective socialization models은 사회적 상호작용이 개인의 태도, 가치, 행동을 형성하는 데 발휘하는 잠재적 역할에 초점을 맞춘다.[1] 집합적 사회화 접근방식의 핵심 원리는 충분히 강력한 사회집단은 다른 사람들에게 해당 집단의 관습, 규범, 행동 등을 따르도록 영향을 줄 수 있다는 것이다. 하지만 그와 같은 영향은 (1) 개인이 해당 집단과의 사회적 접촉에 참여하는 정도, 그리고 (2) 해당 집단이 자신의 입장에 순응하도록 하기 위해 경쟁집단이 할 수 있는 것보다 더 강력한 위협이나 유인책을 행사하는 정도까지만 발생할 수 있다. 이 두 가지 전제조건은 임계점의 존재를 암시한다. 순응성conformity을 강요하는 데 있어서, 다시 말해 해당 집단의 다른 구성원과 행동이나 생각을 같이하도록 강요하는 데 있어서 대인접촉이 중요하다고 가정한다면, 해당 집단을 구성하는 개인들이 도시 공간상에 드문드문 흩어져 있는 경우, 접촉에 참여할 수 있는 다른 사람들에게 자신의 입장을 효과적으로 전달하거나 또는 자신을 따르도록 압력을 많이 행사할 가능성은 낮을 것이다. 사전에 정의된 하나의 동네에 대해 어떤 한 집단이 상당한 임계량에 도달했을 때에만 그 집단은 다른 거주자들의 행동을 형성하는 데 효과적일 것이다. 이 임계점을 지나서 해당 집단에 더 많은 구성원이 유입됨에 따라, 해당 집단을 따르지 않은 사람들을 제재하는 힘은 아마 비선형적으로 커질 것이다. 특히 이러한 현상은 해당 집단의 지위가 그 지역에서 표준적일 만큼 지배적이 될 때 일어날 가능성이 높다. 집합적 사회화 논리의 사회학적 예시로는 윌리엄 줄리어스 윌슨William Julius Wilson의 주장을 들 수 있는데, 임계량 수준의 중산층 가정들이 도심지역을 떠남에 따라 남아 있는 저소득 흑인들은 이전의 지배적인 계층이 제공했던 긍정적 역할모델로부터 점점 더 고립된다는 것이다.[2] 나는 경제적 사회화와 집합적 사회화의 힘이 어떻게 자가거주자의 주택투자 행동에 영향을 미치는지에 대한 모형을 개발했다.[3] 사회적으로 결속력이 강한 동네에서 다른 거주자들과 밀접한 동질감을 갖고 있는 주택 소유자는 사회적으로 용인될 수 있는 주택유지에 관한 집단규범에 맞춰 주택투자 결정을 조정해야 한다는 강력한 집단적 압력에 직면할 것이며, 그렇지 않으면 잠재적인 사회적 제재에 직면할 것이다. 하지만 이러한 영향력은 집합적 응집의 임계점 그리고 동네에 대한 주택 소유자의 일체감의 임계점을 모두 넘어선 후에야 분명히 나타날 것이다.[4]

이처럼 다양한 집합적 사회화 과정은 사람들이 그 과정을 집합적 사회통제의 감소라고 여길 때 문턱 관계를 형성할 수 있다. 예를 들어, 공공 무질서와 폭력의 양이 증가하는 동네에서는 거주자가 공공공간에 들어가는 것, 심지어 공공공간에 있는 것을 두려워할 수 있다. 이로 인해 집합효능collective efficacy에 의해 생성되는 억지력이 약해지고 반사회적 행동의 발생률이 가속화된다.[5] 임업Up Lim과 나는 이 과정이 어떻게 비선형적인 동네 범죄의 동태적 과정으로 이어질 수 있는지에 대한 수리적 모형을 개발했다.[6]

게임 모형

게임 모형gaming models의 핵심 원리는, 많은 의사결정 상황에 있어서 대안적 행동 방침의 비용과 편익은 불확실하며 이러한 비용과 편익은 다수의 의사결정자가 어떻게 여러 다양한 대안을 선택하는지에 달려 있다는 것이다. 다시 말해, 특정 개인의 기대보수expected payoff는 해당 개인이 의사결정하기 전에 먼저 의사결정을 내리는 다른 사람의 수나 비율에 따라 달라진다. 그러므로 관찰된 사전 행위의 임계량이라는 개념은 이러한 유형의 모형에서 핵심적이다. 잘 알려진 용의자의 딜레마prisoner's dilemma는 가장 단순한 형태의 게임 모형이다. 토머스 셸링Thomas Schelling은 이른바 다자간 용의자의 딜레마에서 비롯되는 보다 정교한 집합행동collective behavior 모형을 개발했다. 셸링은 두 명 이상의 의사결정자(이를테면, n)가 있는 상황으로 확장시켜서, 적어도 k명의 개인이 자신이 선호하지 않는 대안을 선택하고 나머지는 그와 같은 선택을 하지 않을 경우, 그들 모두가 자신이 선호하는 대안을 선택했을 때보다 더 많은 이득을 얻는 k명의 사람이 존재한다고 주장한다. 만약 그 숫자가 k보다 적다면 이것은 사실이 아니다. 그러므로 비록 해당 집단과는 상관없이 자신의 선호를 따르는 무임승차자에 대해 분개할지 모르지만, k명의 참여자는 임계점, 다시 말해 해당 집단의 참여자에게 이득이 될 수 있는 가장 작은 집단의 크기로 해석될 수 있다.[7]

마크 그래노베터Mark Granovettter는 전체 거주자에 있어서 개별적으로 정의되는 임계점의 분포 집계로부터 도출되는 다른 유형의 집합행동 게임 모형을 고안했다.[8] 그래노베터는 특정 의사결정자의 경우 순기대편익이 순기대비용을 초과하기 시작하는 임계점이 있다고 주장했다. 그와 같은 임계점의 빈도 분포에서 시작하여, 그래노베터는 각각의 의사결정을 내리는 최종 또는 '균형값'의 숫자를 도출했다. 이들 분포 중 하나 이상에서 약간의 부분적 변경이 발생함에

따라 동네에 있는 개인의 집계적 행동에 큰 변화가 발생했다.[9]

나는 자가소유자의 주택 재투자 행동에 관한 모형을 개발했는데, 이 모형을 통해 맥락에 의존하는 여러 다양한 종류의 게임 행동을 예측할 수 있다.[10] 이 모형은 주택의 소비 측면과 자산 측면에 대한 주택 소유자의 선호, 동네의 초기 품질, 그리고 주택 소유자의 기대심리가 동네의 질적 변화를 수반하는지 아니면 단지 주택가격 변화만 수반하는지 등으로부터 시작한다. 자가소유자의 주택 재투자 행동 모형은, 모든 주택 소유자는 주택의 소비 측면에 가치를 두며 동네의 품질을 거주 적합성에 영향을 미치는 중요한 요인으로 본다고 가정한다. 결과적으로, 주택유지에 대한 지각된 소비 가치와 동네의 품질 변화에 대한 낙관적 전망은 직접적으로 관련될 것이다. 이 모형은 또한 주택 소유자가 주택을 구입했을 때 자신이 예상한 것보다 훨씬 적은 자본이득을 주택을 팔아서 얻을 수 있다고 지각할 때, 주택 자산 측면에 부과되는 부담이 엄청나게 증가한다고 가정한다. 만약 주택 소유자가 현재 기대하고 있는 자본이득과 당초 기대했던 자본이득이 일치하지 않는 동네에 거주한다면, 지금까지와는 상당히 다른 반응이 예측될 수 있다. 주택 인플레이션에 대한 낙관적 전망은 주택 소유자로 하여금 추가적인 주택유지 노력을 거의 기울이지 않고서도 자신의 자본가치 상승 목표를 쉽게 달성할 수 있다는 확신을 갖게 할 수 있다. 주택가격 상승에 대한 비관적 전망은 주택 소유자로 하여금 최소한의 이득을 지키기 위해 주택유지 노력을 강화하도록 유도할지 모른다. 하지만 비교적 높은 품질의 동네에서는 주택 소유자는 주택시장의 단기적 변동에 관계없이 최소한의 자본이득에 대한 기대심리가 충족될 것이라고 확신할 수 있다. 결과적으로, 그와 같은 상황에서 주택가치에 대한 기대심리는 주택 소유자의 유지 행동에 거의 영향을 미치지 않을 수 있다.

용인 모형

용인 모형tolerance models의 핵심 원리는, 이웃들로부터 관찰된 집계적 행동(또는 외부 사건)이 용인할 수 있는 수준 이상으로 바람직하지 않은 동네 속성을 불러일으킬 경우 주거환경 속에 있는 의사결정자가 여기에 반응할 것이라는 것이다. 게임 모형에서와 달리, 용인 모형에서는 불확실성이 중요한 역할을 하지 않는다. 주거 이동성에 적용되는 가장 단순한 용인 모형은 문턱 형태의 관계가 존재한다는 것을 암시한다. 제1장에서 요약한 바와 같이, 이동성에 관한 몇몇 이론은 (불만족, 스트레스, 불균형 등으로 다양하게 분류될 수 있는) 가구의 심리 상태를 기술하는 어떤 수치가 임계값을 초과할 때, 이동하려는 의도 또는 적극적 주택시장 탐색이 갑작스럽고 불연속적인 방식으로 뒤따를 것이라는 생각에 의존한다.

용인 모형의 좀 더 정교한 형태는 문제의 부정적인 동네 속성이 임계점에 도달하자마자 내생적이고 자동적으로 계속되는 전출 과정이 어떻게 일어나는지를 보여준다. 어떤 동네에 있는 가구가 촉발 속성에 대해 상이한 용인 수준을 가지고 있으면서, 해당 동네의 개인 임계점이 초과될 때 그것을 가장 견디지 못하는 개인이 동네를 떠나는 것으로 맨 먼저 반응할 경우, 이러한 과정이 촉발된다. 원인이 되는 동네 속성의 추가적 변화가 최저 용인 수준을 가진 사람이 최초 사건에 반응해 취한 행동 과정에서 비롯된 경우, 해당 동네 속성의 새로운 수준은 이제 최저 용인 수준을 가진 나머지 가구의 용인 임계값보다 클 수 있다. 예를 들어, 이것은 비교적 낮은 소득의 가구 또는 소수인종 가구가 최근에 해당 동네를 떠난, 용인 수준이 가장 낮은 사람의 주택을 점유하는 형태를 취할 수 있다. 이러한 과정은 그 과정이 끝날 때까지 전출 이동성을 통해 새로운 일련의 속성 변화 및 가구 조정 작업으로 계속될 수 있다. 극단적으로, 어떤 한 동네의 원래 거주자가 모두 떠나버리는 것으로 반응했을 때 이 과정은 끝날 수 있다. 용인 모형의 이론적 전개가 동네 인종구성의 변화에 초점을 맞추고 있지만, 인구구성과 관련된 다른 종류의 동네 속성에 대한 용인으로 확장하는 것도 복잡하지는 않다.[11]

전염 모형

전염 모형contagion models의 핵심 원리는, 의사결정자가 이웃 동료 중 일부가 비규범적 행동을 보이는 커뮤니티에 살고 있을 경우, 의사결정자 스스로 이러한 행동을 채택할 가능성이 더 높을 것이라는 점이다. 이런 방식으로 사회문제는 동료 영향을 통해 확산되면서 전염될 수 있다. 조너선 크레인Jonathan Crane* 은 사회문제의 발생과 확산을 설명하기 위해 수리적인 전염 모형을 제안했다.[12] 크레인의 전염 모형에 담겨진 핵심적인 의미는 특정 전체 거주자들에게서 사회문제가 발생하는 데에는 임계점이 있다는 것이다. 어떤 사회문제가 발생하는 정도가 임계점 아래로 유지된다면, 해당 문제가 만연하는 정도는 상대적으로 낮은 수준의 균형점을 향해 떨어질 것이다. 하지만 사회문제가 발생하는 정도가 임계점을 넘어선다면, 점점 더 많은 개인이 문제 행동에 관여함에 따라 해당 사회문제는 '유행병처럼 번지는' 방식으로 폭발적으로 퍼져 나갈 것이다. 크레인은 사회문제의 유행에 대한 동네의 민감성을 결정하는 두 가지 조건을 가정했는데, 바로 사회문제 발생에 대해 개별 거주자가 지니고 있는 위험도의 분포 및 동료 영향에 대한 개별 거주자의 민감성이다.[13]

---

* 원서에는 랜달 크레인(Randall Crane)으로 잘못 기재되어 있어 바로잡았다._옮긴이

수확체감 모형

수확체감 모형diminishing-returns models의 핵심 전제는, 어떤 행동에 관여하는 것에 대한 지각된 순편익 그리고 그 행동에 관여할 가능성은 해당 동네의 집계적 특성이 변화함에 따라 내생적으로 변화하는 하나 이상의 힘과 관련되어 있다는 것이다. 해당 동네에서 발생하는 지각된 순편익과 집합적 사회화의 힘이 관련되어 있는 한, 이들 모형에는 일부 공통점이 있다.[14] 그럼에도 불구하고, 집합적 사회화와는 관계없는 독립적인 추가적 힘이 있을 수 있다. 예를 들어, 집합효능의 잠식으로 인해, 한 개인이 재산범죄에 연루될 가능성은 동네 빈곤율이 증가함에 따라 높아질 수 있다. 하지만 동시에 재산범죄에 적합한 목표물(주택, 상점, 개인)의 수가 서서히 감소하기 시작하거나 아니면 다른 범죄자와의 경쟁이 더 치열해지면, 개인이 재산범죄에 연루될 가능성은 감소하는 율로 증가할 수 있다. 이 두 가지 힘 모두 범죄로부터의 한계수익이 체감하는 것으로 지각하도록 유도하며, 따라서 그와 같은 행동이 증가하는 것을 지연시킬 수 있다.[15]

개인 간 관계의 이질성

동네와 관련된 비선형적 관계에 대한 이론적 논의는, 일반적으로는 비선형적 관계가 그리고 특별히는 임계점들이 서로 다른 맥락에 있어서도 유사한지의 여부를 고려하지 않고서는 불완전할 것이다. 이론에 따르면, (1) 동네 맥락의 특정한 속성에 노출되고 있는 개인들의 구성적 차이, (2) 상승적이거나 그 반대일 수 있으면서 동시에 적용되는 동네 맥락의 그 밖의 속성에의 노출, (3) 개인이 행하는 잠재적 완충 행위 등의 이유로, 서로 다른 맥락에서는 비선형적

관계 및 임계점이 유사하지 않다고 한다.[16]

앞에서 언급한 것처럼 비선형효과가 개인에게 미치는 영향에 대한 동네 내 사회적 상호작용 메커니즘을 주의 깊게 고찰하면, 비선형적 관계는 성별, 소득, 나이, 교육, 민족, 그리고 아마도 그 밖의 특성에 따라 이질적일 가능성이 있다는 것을 알 수 있다. 사회화, 용인, 전염 등의 메커니즘은 사람들이 (1) 동네에서 상당한 시간을 보내고, (2) 사회적 상호작용에 있어서 국지적으로 지향되어 있으며, (3) 이러한 영향으로부터 스스로를 고립시킬 수 있는 충분한 자원을 집결시키지 못하는 등의 정도까지만 그 효과를 가진다. 앞에서 언급한 거주자들의 특성은 이 세 가지 조건 모두에 잠재적으로 영향을 미칠 수 있다. 예를 들어, 여성의 행동을 엄격하게 감시하는 전통적이며 가부장적인 규범을 가진 지역에서 국지적인 사회적 통제를 하는 것은 동네 사회화 효과 또는 전염 효과로부터 여성을 잠재적으로 고립시키며 동네에서 여성이 보내는 많은 시간을 아무런 의미가 없게 만들 것이다.[17] 이는 여성에 대한 임계점이 더 높다는 것을 암시한다. 육아 책임을 지고 있는 여성, 중장년층, 그리고 비교적 낮은 소득의 거주자는 해당 동네에 더 많은 관심을 기울이는 더욱 밀집된 관계망을 만들어나갈 가능성이 더 높다.[18] 이와 같은 관계는 그들이 사회화 및 전염이라는 힘에 더 취약할 것이기 때문에 그들에 대한 임계점이 더 낮다는 것을 암시한다. 연구자들은 자신들이 측정한 임계값이 암묵적으로 어떠한 차이가 있는지에 대해 명시적으로 조사하지는 않았지만,[19] 비실험적 및 실험적 연구의 증거가 실제로 시사하는 바에 따르면 서로 다른 동네효과 메커니즘은 서로 다른 집단 전체에 걸쳐 서로 다른 다양한 특징을 가지고 있을 수 있다.[20]

서로 다른 맥락에서는 비선형적 반응과 임계점이 유사하지 않을 것이라고 추론하는 둘째 이유는, 사람들이 동네의 다른 속성과는 별개로 동네의 특정 속성을 경험하는 것은 아니기 때문이다. 왜냐하면 동네 노출은 여러 차원과 함께 본질적으로 '묶여 있기' 때문이다. 동네의 다른 조치들에 동시에 노출될 경우, 상승적 상호작용을 통해 특정 노출에 대한 기대 반응이 강화될 수 있다. 달리 말하면, 동네 영향의 서로 다른 차원들은 덧셈이 아니라 곱셈의 관계일 수 있다. 한 가지 유추해 볼 수 있는 것은, 검토 중인 해당 동네 영향에 대한 해결책이 있을 수 있다는 것이다. 그 해결책이란 특정 노출에 대한 기대 반응을 상쇄하는 동네의 다른 측면에 노출시키는 것이다.

비선형적 관계에 있어서의 이질성을 예측하는 마지막 근거는 해당 동네에서의 잠재적 완충력이다. 사람들, 그들의 가족, 또는 그들의 커뮤니티는 기대 반응을 상쇄하는 방식으로 해당 동네 특성에 반응할 수 있다. 거주자들은 개별적으로 그리고 집합적으로 작용력을 잠재적으로 가지고 있기 때문에, 그들은 부정적 동네효과를 상쇄하는 보상적 행동에 관여할 수 있다. 예를 들어, 나쁜 역할모델의 청소년이 동네 놀이터를 이용하고 있을 때 부모는 자신의 아이가 집 밖에 나가지 못하게 할 수 있다.[21] 그와 같은 완충 행위는 문턱값의 임계점을 올리는 역할을 할 것이다.

동네에 대한 개인의 비선형적 행동 반응에 관한 증거

다수의 경험적 연구에 따르면, 종종 문턱값은 동네가 어떻게 주거 이동성, 주택투자, 교육 정도, 출산, 고용, 그 밖의 다양한 영역과 관련된 개인의 행동에 영향을 미치는지를 특징짓는다. 유감스럽게도, 이러한 연구들 중 어떤 연구도 앞에서 언급한 메커니즘 중 어떤 메커니즘이 주로 작동하는지를 직접 검증하지는 않는다. 연역적으로 추론해 보면, 이는 행동 분야에 따라 서로 다른 메커니즘이 작동할 수 있음을 의미한다.

가구 이동성 행동

여기서 가장 오래 지속되어 온 일단의 입증 근거는 '인종 티핑racial tipping' 문헌으로 불려온 것으로, 흑인 이웃의 수나 점유율이 증가할 때 백인 가구의 이동성이 어떻게 반응하는지를 설명한다. 동네 인종구성의 전환에 관한 연구가 종종 진행되어 왔지만,[22] 다른 잠재적 원인에 비해 이동성의 주요 동인으로서 인종구성을 따로 떼어내어 비선형적 관계를 검증한, 개별 백인 가구에 대한 연구는 거의 없었다. 주목할 만한 예외로, 카일 크라우더Kyle Crowder는 한 해 동안 해당 동네에 있는 소수인종 가구의 백분율과 이듬해 동안 백인 가구가 그 동네를 떠날 확률이 동네 평균소득 및 자녀와 장기 거주자가 있는 가족의 점유율을 통제하더라도 분명히 비선형적인 방식으로 강하게 관계되어 있다는 것을 발견했다.[23] 전형적인 백인 가구가 백인만 거주하는 동네에서 이사 나갈 기준 확률은 0.07이었다. 이 확률은 소수인종 거주자의 백분율이 30%까지 상승하는 동안 0.10까지 꾸준히 증가했고, 31%에서 60%까지의 범위에서는 거의 일정하게 유지되었다. 그러고 나서 소수인종 거주자가 99%인 동네에서는 0.12까지 다시 지속적으로 증가했다. 만약 백인의 소득이 더 높고 백인만 배타적으로 거주하는 동네가 있는 대도시에 백인이 거주하고 있었다면, 소수인종 이웃의 백분율이 어떠하든 백인이 이주해 나갈 가능성은 더 높았을 것이다. 흥미롭게도, 소수인종 가구의 구성(흑인, 히스패닉, 또는 아시아인의 혼합)은 이러한 기본적인 관계에 영향을 미치지 않았으며, 이전의 흑인 거주자 백분율의 증가 또한 영향을 미치지 않았다. 이러한 결과는 비선형적 관계에 관한 용인 모형을 뒷받침한다.

몇몇 다른 연구는 잠재적 도착동네의 다른 특징을 통제한 상태에서 도착동네의 인종구성이 어떻게 비선형적 방식으로 선택에 영향을 미치는지 조사했다. 잉그리드 엘런은 백인이나 흑인이 해당 동네에 현재 거주하고 있는 흑인 인구의 백분율에 기초하여 공실 주택을 점유하는지를 분석했다.[24] 그녀는 집을 구하는 (백인이 아니라) 흑인이 공실의 임대주택이나 판매주택으로 이사하는지 여부에 상관없이 매우 비선형적인 관계가 있다는 것을 확인했다. 동네 흑인 거주자의 백분율이 0%에서 10%까지 상승함에 따라 흑인 점유 확률이 크게 증가했으며, 11%에서 50%까지의 범위에서는 거의 증가하지 않다가, 그보다 더 높은 백분율에서는 다시 크게 증가했다. 해당 공실 주택을 백인 가구가 이전에 점유했을 경우에는 흑인 거주자가 10%인 동네에서 주택 구매자에게 비선형적 관계가 특히 극적이었던 반면, 해당 공실 주택을 흑인 가구가 이전에 점유했을 경우에는 흑인 거주자가 50%인 동네에서 주택 구매자에게 비선형적 관계가 특히 두드러졌다. 후자의 연구결과는 야니스 이오아니데스Yannis Ioannides와 제프리 제이블Jeffrey Zabel의 연구결과와 일치한다. 그들은 중위소득, 주택 소유율, 교육 정도 등 그 밖의 동네 특성을 통제했을 때, 비백인 거주자의 백분율이 높을수록 비백인 가구를 전입자로 점점 더 끌어들이며, 동네의 비백인 가구 백분율이 50%를 초과하면서부터는 이주 목적지로서의 한계적 매력이 더욱 강력해진다는 것을 발견했다.[25] 최근 링컨 퀼리언은 엘렌, 이오아니데스, 제이블이 관찰한 비선형적인 인종 이동 패턴을 확인하기는 했지만, 출발동네와 도착동네 사이의 거리가 통제될 때 그 패턴은 덜 비선형적이라는 데 주목했다.[26] 또한 퀼리언은 어떤 한 동네를 선택할 확률이 해당 가구의 소득과 해당 동네의 중위소득 사이의 절대적 차이와 강한 반비례 관계이지만 한계변화율은 체감한다는 것을 발견했다. 이동 목적지 연구에서 얻은 이러한 연구결과들은 또한 비선형적 관계에 관한 용인 모형을 뒷받침한다.

주택 소유자의 투자 행동

리처드 톱, 가스 테일러, 그리고 얀 더넘은 시카고 지역의 주택 소유자들을 인터뷰하면서 동네에 대한 주택 소유자들의 지각 및 기대심리와 주택 재투자 가능성에 관한 정보를 끌어냈다.[27] 그들은 자신들이 개별 주택 소유자의 '투자 문턱값'이라고 이름 붙인 것을 찾아냈다. 투자 문턱값이란 특정 주택 소유자가 자신의 주택에 기꺼이 투자하기 전에, 해당 동네에 있는 주택에 실제로 투자하고 있어야 하는 타 주택 소유자의 백분율이다. 이러한 투자 문턱값은 가구 환경 및 동네 맥락에 따라 달랐다. 비교적 높은 소득 및 확대가족 가구의 문턱값은 더 낮았으며, 오래되고 노후화된 동네에 있는 가구일수록 문턱값이 더 높았다. 하지만 후자의 동네 범주 내에서는 주택 소유자의 인종별 및 동네별로 뚜렷한 차이가 있었다. 백인들은 자신들의 노후화된 동네가 주로 백인에 의해 점유되어 있다고 지각했을 때조차도, 자신의 집에 재투자하기 전에 평균적으로 자신들 이웃의 절반 이상이 그들 자신의 주택에 재투자할 것을 요구할 것이다. 이와 같은 맥락에서, 흑인 및 히스패닉 주택 소유자의 경우 그에 상응하는 수치는 겨우 3분의 1에 불과했다. 흥미롭게도, 모든 인종은 해당 동네가 인종적으로 혼합되어 있다고 지각했을 때 더 높은 투자 문턱값을 보였는데, 평균적으로 백인의 경우 4분의 3의 문턱값을, 그리고 흑인과 히스패닉의 경우 2분의 1의 문턱값을 보였다. 또한 이들의 연구결과에 따르면, 주택 소유자 표본의 단 36%가 자신들 블록의 어느 누구도 이전 2년 동안 주택을 개선하지 않고 있었다고 지각했을 때 자신들 주택의 품질을 상당히 개선했으며, 반면 65%는 자신들 블록의 타 소유자들이 주택을 개선하고 있었다는 것을 지각했을 때 자신들 주택의 품질을 개선했다.

개리 헤서와 내가 오하이오주 미니애폴리스와 우스터의 주택 소유자들로부터 수집한 증거들은 동네 내에서 집합적 사회화의 동태적 과정으로 만들어진 문턱값이 존재한다는 사실을 강력하게 뒷받침해 준다.[28] 이웃에 대한 주택 소유자의 일체감 정도는 주택유지 행동에 대해 매우 큰 설명력을 가지고 있지만, 이것은 주택 소유자가 이웃 대부분이 동일한 연대감정을 공유하는 응집력 강한 동네에 거주하고 있을 때에만 그렇다. 응집력 없는 동네의 평균적인 주택 소유자들과 비교했을 때, 자신의 이웃과 매우 친밀한 일체감을 가진 응집력이 가장 강한 동네의 주택 소유자들은 매년 주택유지에 28%에서 45% 이상의 비용을 지출했다. 이 경우 주택 외부에 결함이 있을 가능성은 66% 더 낮은 것으로 나타났다. 하지만 문턱 관계라는 주제와 가장 관련 있는 것은, 이웃에 대한 주택 소유자 자신의 일체감이든 해당 동네의 집합적 연대감 수준이든 간에 독립적으로 행동에 영향을 미치지는 않았다는 점이다. 오히려 주택유지 노력이 증가하기 전에 개인적 일체감과 집합적 일체감이 동시에 임계값을 넘어설 필요가 있었다.[29] 이러한 연구결과 및 톱Taub과 그의 동료들의 연구결과는 모두 그래노베터의 게임 문턱 모형과 일치한다.

고용, 교육, 출산, 인지적 성취결과

토머스 바타니안Thomas Vartanian의 연구와 브루스 웨인버그Bruce Weinberg, 퍼트리샤 레이건Patricia Reagan, 그리고 제프리 얀코Jeffrey Yankow의 연구는 동네 빈곤율과 개별 거주자의 다양한 성취결과의 확률 사이에 문턱 형태의 관계가 있다는 것에 대해 일관된 증거를 보여준다.[30] 동네 빈곤율이 빈곤기간 지속 및 복지의존과 같은 바람직하지 않은 결과에 독립적으로 미치는 양(+)의 영향은 해당 동네의 빈곤율이 약 20%를 넘지 않는 한 존재하지 않는 것으로 나타났으며, 그 후 동네 빈곤율이 대략 40%에 도달할 때까지 외부효과가 급격히 증가

그림 6.2 | **동네빈곤이 개인의 경제적 성취결과에 미치는 영향에 대한 증거 요약**

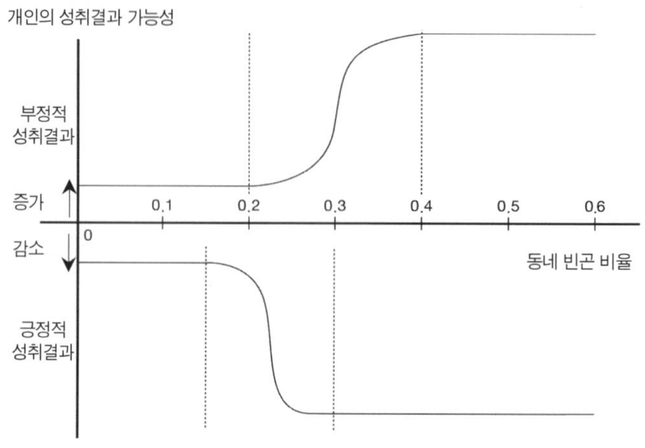

자료: Vartanian(1999a; 1999b); Weinberg, Reagan, and Yankow(2004)에 기초해 필자가 작성.

했지만 빈곤 인구가 뒤이어 계속해서 증가하더라도 대폭적인 한계효과는 없었다. 마찬가지로, 근무 시간, 시간당 임금, 총소득 같은 긍정적인 성취결과를 방해하는 데 동네 빈곤율이 미치는 독립적인 영향은 해당 동네의 빈곤율이 약 15%를 넘어서지 않는 한 존재하지 않는 것으로 나타났으며, 그 효과는 동네 빈곤율이 대략 30%에 도달할 때까지는 급격하게 증가했지만 빈곤 인구가 뒤이어 계속해서 증가하더라도 한계효과는 전혀 없는 것으로 나타났다. 이러한 증거는 이중문턱dual-threshold 관계가 있음을 보여주는데, 나는 그림 6.2에서 이것을 포괄적으로 요약하여 설명한다. 하위 문턱의 존재는 사회적 전염 모형과 집합적 사회화 모형을 뒷받침하며, 둘째 문턱은 해당 행동이 동네에서 규범화됨에 따라 이러한 힘이 가지고 있는 한계영향이 서서히 약해진다는 것을 시사한다.[31]

조너선 크레인*의 연구, 그레그 덩컨Greg Duncan과 그의 동료들의 연구, 린지 체이스-랜스데일Lindsay Chase-Lansdale과 그녀의 동료들의 연구 등은 개인의 성취결과와 동네 내 부유한 거주자의 백분율 사이에 문턱 형태의 관계가 있다는 것을 밝히고 있다.[32] 유감스럽게도 이들 연구 모두 동네가 어느 정도 부유한지에 대한 임계점을 찾아내고 있기는 하지만 그 값에 있어서는 차이가 있다. 크레인은 부유한(즉, 전문관리직 종사자인) 이웃의 점유율에 있어서 전염과 같은 효과가 중고등학교 퇴학 및 10대 출산 모두에 대해 영향을 미친다는 강력한 증거를 발견했다. 백인과 흑인의 경우 부유한 이웃의 점유율 5%에서 임계점이 확인되었으며, 그보다 낮은 점유율에서는 중퇴율이 마치 전염병이 유행하는 식으로 치솟았다. 이러한 문턱효과는 흑인 여성보다 흑인 남성에게서 더 극적이었다. 크레인은 부유한 이웃의 백분율이 낮을 때에는 흑인 여성과 백인 여성의 10대 출산율에 대한 임계점이 비슷하다는 것을 관찰했다.[33] 덩컨과 그의 동료들은 교육 정도에 대해 부유한 이웃의 백분율과는 양적으로 다른 비선형적 동네효과가 있음을 발견했다.[34] 그들은 부유층의 긍정적 효과는 동네에서 부유층 백분율이 전국 평균을 넘어섰을 때 극적으로 더 강해진다는 것을 확인했다. 체이스-랜스데일과 그녀의 동료들은 부유한 이웃의 백분율이 청소년의 지적 발달 및 행동 발달에 관한 여러 다양한 테스트 점수와 어떻게 관련되어 있는지 조사했다. 그들은 가족의 영향을 통제한 후, 부유한 이웃의 백분율이 제25백분위수보다 크고 제75백분위수보다 작을 때에만 부유한 이웃의 백분율이 흑인 아이들과 여자 아이들에 대해 더 높은 지적 기능작용 점수와 긍정적으로 연관되며, 다른 아이들의 경우에는 그 효과가 선형적이라는 것을 발견했다. 이들 연구 모두 두 가지의 해석과 일치하는데, (1) 부유한 전문직 이웃의 점유율이 임계점 아래로 떨어질 때 유행병과 같은 전염 과정이 유지되며, (2) 특정한 부정적 행동은 단념시키고 긍정적 행동은 장려하는 집합적 사회규범은 해당 동

* 원서에는 랜달 크레인(Randall Crane)으로 잘못 기재되어 있어 바로잡았다._옮긴이

네에서 부유한 전문직 이웃 집단의 점유율이 임계점을 넘어선 후에만 유지된다는 것이다. 기본적인 차이는 이 임계점이 낮은지(크레인에 따르면 5%), 중간 정도인지(체이스-랜스데일과 그녀의 동료들에 따르면 25%), 상당히 높은지(덩컨과 그의 동료들에 따르면 50%)에 달려 있다.

개인의 성취결과에 영향을 미치는 동네효과에 관한 그 밖의 연구들 또한 문턱 관계라는 개념을 뒷받침해 주고 있지만, 동네 빈곤율이나 부유한 사람들의 백분율을 지표로 채택하고 있지 않기 때문에 위의 연구들과 직접 비교할 수는 없다. 루스 로페즈 털리Ruth Lopez Turley는 청소년의 행동 및 심리 테스트 점수가 동네의 중위가족소득과 어떻게 관계되어 있는지 분석했다.[35] 그녀는 청소년의 자존감이 중위동네소득과 긍정적으로 관련되어 있지만 한계변화율은 체감한다는 것을 밝혀냈다. 애나 샌티아고Anna Santiago, 리사 스택Lisa Stack, 재키 컷신저Jackie Cutsinger, 그리고 나는 저소득 라틴계 및 흑인 청소년의 중고등학교 학업성취도와 동네의 사회적 취약성 지수 사이의 관계를 분석했다.[36] 우리는 청소년의 유급 위험과 그들이 노출되어 있는 동네의 사회적 취약성 정도 사이에 양(+)의 관계가 있으며, 동네의 사회적 취약성 지수가 평균값을 넘어설 때 이러한 관계가 훨씬 더 강해지는 것을 발견했다. 털리와 내 동료들의 연구결과가 암시하는 바는, 청소년의 경제적 환경을 개선시키는 것은 초기에 사회경제적으로 취약한(즉, 소득이 더 낮은, 부유한 거주자가 더 적은) 동네 환경에 처해 있는 청소년에게 훨씬 더 큰 영향을 미친다는 것이다. 이러한 연구결과는 크레인의 연구 및 체이스-랜스데일과 그녀의 동료들의 연구와 전반적으로 일치한다. 하지만 두 연구 모두 (덩컨과 그의 동료들의 연구처럼) 채택된 동네지표의 평균값보다 낮거나 높은 데서 뚜렷하게 나타나는 관계를 검증했을 뿐이기 때문에 임계점의 정확한 값에 대한 길잡이를 제공하지는 않는다.

비선형적 동네변화의 동태적 과정에 관한 증거

앞 절에서 나는 개인을 대상으로 관찰한 행동 및 발달 관련 성취결과에 동네 특성이 미치는 비선형적 효과를 확인한 연구들을 살펴보았다. 이제 나는 동네의 집계적 특성을 변화시키는 힘이 비선형적 방식으로 진행되는지를 탐구한 연구들에 주목할 것이다. 연구자들은 인종구성, 빈곤율, 범죄율, 주택가치 등의 영역에서 비선형적 동네변화의 동태적 과정을 관찰해 왔다.

인종 티핑

인구총조사 집계구의 다양한 특성이 이후 10년 동안 어떻게 변화하는지 예측하는 일부 연구는 인구총조사 1개년 동안 측정된 집계구의 특성 사이에 존재하는 비선형적 관계에 대해 조사한다.[37] 인종구성 변화의 동태적 과정의 영역에서, 많은 경험적 연구는 비록 보편적인 티핑 포인트가 존재하지는 않지만 문턱 형태의 관계가 동네 인종구성의 전환을 특징짓는다는 것을 확인했다.[38] 예를 들어, 데이비드 카드David Card, 알렉상드르 마스Alexandre Mas, 그리고 제시 로스스타인Jesse Rothstein은 동네 인구 중 백인 점유율의 10년간 변화와 시작년도 소수인종 백분율 사이의 관계에 있어서 '티핑 포인트tipping point'라고 부르는 뚜렷한 변환점을 발견했다. 그들은 114개 대도시 지역 전체에 걸쳐 소수인종 백분율의 평균값은 13%이지만 불연속점의 값은 소수인종 백분율 5%에서 20%까지의 범위에 있다는 것을 발견했다. 그들은 1970~1980년과 1990~2000년의 분석 기간 사이에 이러한 티핑 포인트들이 눈에 띄게 변하지 않았으며, 동네의 소수인종 인구구성이 이들 티핑 포인트에 영향을 미치지도 않았다는 것을 발견했다. 하지만 그들은 일반사회조사General Social Survey에서의 응답에 근거하여, 인종적으로 더 관용적인 백인들이 거주하고 있는 대도시 지역에서 티핑 포인트가 더 높다는 것을 알아냈다.

나는 클리블랜드Cleveland에 대한 보완적인 결과를 찾아냈는데, 동네의 백인 인구 특성에 따라 대도시 지역 전체에 걸쳐서뿐만 아니라 도시 내에서도 티핑 포인트가 달라진다는 것이었다.[39] 백인이 주로 거주하고 있는 동네에서 이후 10년 동안 백인 가구가 이주해 나가는 속도의 급증을 촉발한 흑인 거주자 백분율의 임계값은 2%에서 47%까지 다양했는데, 이는 인종적 태도와 관련되어 있는 백인 거주자의 사회경제적 및 인구학적 특성에 따라 다르게 나타났다. 이러한 집계적 연구와 더불어 인종구성에 반응하는 개인의 이동성에 관해 앞에서 언급한 연구들은 비선형적 반응에 대한 용인 모형을 강력하게 지지한다.

동네 젠트리피케이션

하나 이상의 비선형적 과정에 의한 동네의 소득상향계승의 동태적 과정을 특징지을 수 있는 몇 가지 증거가 있다. 재클린 황과 로버트 샘슨은 2007년에서 2009년까지의 기간 동안 시카고 동네들의 젠트리피케이션 결정요인을 이례적으로 많은 예측변수를 이용하여 조사했다.[40] 그들은 동네의 흑인 점유율이 40%를 넘으면 젠트리피케이션의 가능성이 상당히 줄어든다는 것을 발견했다.

동네 투자회수

몇몇 연구는 동네에서 주거부문으로 유입되는 민간 자원의 여러 측면을 탐구한 뒤 문턱효과가 있음을 밝혀냈다. 라이 딩Lei Ding은 대침체 기간 동안 디트로이트에 있는 동네 전체에 걸쳐 신규 주택담보대출을 조사했다.[41] 그는 디트로이트 동네의 거의 3분의 1이 주택담보대출 신용을 얻는 데 상당한 어려움을 겪었다는 것을 발견했는데, 이는 이전에 주택담보대출 융자로 판매된 주택이 극히 적었고 압류가 집중적으로 이루어졌다는 사실과 관련된 정보 외부효과 때문이었다. 인구총조사 집계구당 전년도 주택담보대출 건수가 다섯 건 이하일 때 주택담보대출 신청이 거부될 확률은 32% 증가했다. 제니 슈에츠Jenny Schuettz, 비키 빈Vicki Been, 그리고 잉그리드 굴드 엘런은 2000년에서 2005년까지의 기간 동안 뉴욕시에서 압류의 집중과 인근의 주택가치에 대한 부정적 영향 사이에 강한 문턱 관계가 있다는 것을 발견했다.[42] 문턱효과의 영향은 세 개 이상의 압류주택이 250피트에서 500피트 사이의 거리 내에 있을 때와 여섯 개 이상의 압류주택이 501피트에서 1000피트 사이의 거리 내에 있을 때 나타났는데, 전자의 경우 주택가치 손실이 3.3%이고 후자의 경우 2.8%인 것으로 나타났다. 혜성 한Hye-Sung Han은 1991년부터 2010년까지 볼티모어를 대상으로 버려진 주택이 인근의 주택가치에 미치는 영향을 조사했다.[43] 250피트 내에 버려진 주택의 수가 두 개 이상일 때에만 인근의 주택가치에 영향을 미치는 것으로 관찰되었으며, 버려진 주택의 수가 14개를 넘어서면 한계효과는 크게 떨어지는 것으로 나타났다.

동네 빈곤율 증가

로베르토 쿠에르치아Roberto Quercia, 알바로 코르테스Alvaro Cortes, 그리고 나는 동네 빈곤율의 10년간 변화를 예측하면서 비선형적 관계가 있는지를 탐색했다.[44] 우리는 동네 빈곤율이 약 54%를 넘어설 때 문턱효과가 뚜렷이 나타나는 것을 확인했다. 해당 임계점보다 높은 동네의 경우, 이후 10년 동안 빈곤율이 급격히 증가했지만, 빈곤율이 낮은 동네의 경우 상대적으로 안정적인 하나의 패턴을 보였다.[45] 또한 우리는 동네에서 전문직이나 관리직에 종사하지 않는 근로자의 백분율이 약 4분의 3이 되는 임계점을 넘어섰을 때 이것이 해당 동네의 빈곤율 증가를 예측하는 강력한 변수로 작용하는 것을 발견했다. 임계점이 20%에서 25%의 범위에 있다는 이러한 발견은, 학교 중퇴, 10대 출산, 인지장애 등과 관련된 개인의 성취결과와 동네에서 부유한 거주자의 점유율 사이에 존재하는 문턱 관계에 대해 크레인, 덩컨과 그의 동료들, 체이스-랜스데일과 그녀의 동료들 등이 앞에서 제시된 결과값들 사이에서 중간 정도에 해당하는 추정치를 보여준다.[46] 다시 한번 말하자면, 동네 전반에 걸쳐 이들 바람직하지 않은 개인적 성취결과가 증가함으로써 빈곤가구의 전입과 비빈곤가구의 전출이 선택적으로 강화되고, 그 결과 시간이 지남에 따라 이들 동네에 빈곤이 집중될 것이라고 기대할 수 있다.

범죄율과 동네빈곤

일부 연구는 동네빈곤 및 사회경제적 취약 척도와 범죄 사이의 관계를 조사했다. 먼저 강력범죄에 초점을 맞춘 로런 크리보Lauren Krivo와 루스 피터슨Ruth Peterson은 오하이오주 콜럼버스Columbus의 전체 동네들을 빈곤율에 따라 세 개의 범주, 즉 20% 미만의 낮은 빈곤율, 20%에서 39%까지의 높은 빈곤율, 그리고 40% 이상의 극심한 빈곤율 등으로 구분한 다음 범죄율과의 상관관계를 조사했다.[47] 그들은 범죄 예측변수인 빈곤율에 따라 뚜렷하지만 때로는 일관적이지 않은 비선형적 관계가 있음을 확인했다. 동네의 사회경제적 취약에 대한 다중항목 지수multi-item index의 경우, 동네의 강력범죄율과 세 개 범주의 사회경제적 취약 지수 사이에 계속적으로 증가하는 양(+)의 관계가 있었다. 빈곤율의 경우, 빈곤율 0%에서 39% 사이의 범위에서 일정한 양(+)의 관계가 있었으나 일단 빈곤율이 39%를 넘어서면 더 이상의 관련성은 없었다.

랜스 해넌Lance Hannon은 뉴욕시에서 동네 살인율의 결정요인을 조사했다.[48] 크리보와 피터슨처럼, 살인율과 동네의 사회경제적 취약 지수 사이에는 증가하는 율로 증가하는 양(+)의 한계 관계가 있으며, 이는 흑인이 주로 거주하는 동네에서 특히 강하다는 것을 발견했다.[49] 또한 크리보와 피터슨처럼, 해넌은 동네 빈곤율이 20%의 임계점을 넘어서면 빈곤율이 증가함에 따라 강력범죄가 증가한다는 증거를 확인했다. 하지만 크리보와 피터슨과 달리, 해넌은 동네 빈곤율이 증가함에 따라, 심지어 40%를 넘어섰을 때조차도 살인은 계속해서 증가하는 율로 증가한다는 것을 발견했다.

존 히프와 대니얼 예이츠Daniel Yates는 25개 도시의 동네들을 대상으로 범죄 패턴과 빈곤율에 대해 연구했는데, 이들은 때때로 상충되는 이러한 결과에 대한 잠재적인 해답을 제시했다.[50] 이들에 따르면, 살인율의 임계점은 동네 빈곤율이 약 10%일 때였으며 범죄율은 빈곤율이 약 25%일 때까지 빠르게 증가했으나 빈곤율이 40%를 넘어서는 동네에서는 그 관계가 사실상 사라져버렸다. 하지만 모든 강력범죄를 결합한 지수는 동네빈곤의 모든 수준에서 양(+)의 방향이지만 한계 체감하는 관계를 보여주었으며, 빈곤율이 40%를 넘어서는 동네에서는 기본적으로 아무런 관계가 없었다.

앞에서 언급한 연구들은 재산범죄도 조사했는데, 그 결과는 다소 달랐다. 재산범죄에 대한 크리보와 피터슨의 연구는 문턱을 암시하는 뚜렷한 비선형적 관계가 있음을 보여주었다.[51] 빈곤율이 20%에서 39%인 동네와 빈곤율이 39%를 넘어서는 동네 사이에는 큰 차이가 없었지만, 두 동네 모두 빈곤율 20% 미만의 낮은 빈곤 동네보다는 적어도 20% 이상의 재산범죄율을 보여줌으로써, 임계값이 대략 동네 빈곤율 20%가 될 것임을 암시했다. 동네의 사회경제적 취약 지수를 사용했을 때에도 그 결과는 마찬가지였다.

하지만 히프와 에이츠는 이러한 문턱 관계를 재산범죄와 동네빈곤에 대해 반복하여 조사하지는 않았다.[52] 대신에 그들은 빈곤이 40%를 넘어설 때까지는 동네빈곤이 증가함에 따라 재산범죄율이 꾸준히 감소하는 율로 증가하다가 그 관계가 근본적으로는 사라진다는 것을 발견했다. 이러한 연구결과는 오스틴 Austin과 시애틀을 대상으로 한 랜스 해넌의 연구결과와 일치했다.[53]

요약하면, 동네 수준에서의 범죄율과 박탈 사이의 집계적 관계에 대한 연구에 따르면, 비선형성이 존재하지만 어떤 유형의 범죄가 측정되는지에 따라, 그리고 동네 조건을 빈곤율 또는 빈곤 및 다른 지표를 포함한 보다 광범위한 사회경제적 취약 지수로 측정하는지에 따라 비선형성의 정확한 본질에 대해서는 일관적이지 않다고 결론짓는다. 강력범죄, 특히 살인이 극적으로 증가하기 시작하는 (10~20% 범위에 있는) 빈곤율 임계값이 존재하는데, 이것은 집합적 사회화 모형과 일치하는 것처럼 보인다. 하지만 극도로 높은 동네 빈곤율에서는 강력범죄 또는 재산범죄와의 관계가 매우 약해지는데, 이는 수확체감 모형을 암시한다.

주택가치와 동네빈곤 증가

재키 컷신저, 론 맬러거Ron Malega, 그리고 나는 모든 대도시 지역의 주택시장이 10년이라는 기간 동안 어떻게 동네빈곤의 증가에 반응했는지를 조사했다.[54] 첫째 핵심적인 발견은 동네빈곤 증가에 대한 반응이 해당 동네의 10년 기간 시작 시점의 빈곤율에 결정적으로 달려 있다는 것이었다. 다시 말해, 주택가치와 아파트 임대료의 하락은 빈곤이 근소하게 증가한 후에 시작되었으며, 초기 빈곤 수준이 높을수록 이후 더 빠르게 하락했다. 둘째 핵심적인 발견은 주택가치와 임대료가 하락하기 시작하는 임계점이 일관되게 빈곤율 10%에서 20%까지의 범위에 있다는 것이었다. 10년 기간의 시작 시점에서 가난한 사람이 살고 있지 않은 동네는 빈곤율이 11%를 넘어설 때까지 주택가치의 하락을 보이지 않았거나, 빈곤율이 18%를 넘어설 때까지 임대료의 하락을 보이지 않았다. 빈곤율이 5%에서 시작하는 동네는 빈곤율이 10%를 넘어섰을 때 비로소 주택가치의 하락이 두드러지게 나타났으며, 임대료의 하락은 빈곤율이 훨씬 더 높을 때 나타났다. 마지막으로, 빈곤율이 10%에서 시작하는 동네는 뒤이어 계속되는 빈곤율 증가로 주택가치와 임대료의 하락을 겪기 시작했다. 이러한 결과들은 앞에서 제시한 주택 소유자의 유지관리 행동에 대한 게임 모형의 이론적 예측과 일치한다. 하지만 증거에 따르면, 임계값을 넘어선 동네빈곤의 증가에 대한 주택시장의 반응은 수확체감을 따르는 것으로 나타났다. 10년 기간의 시작 시점에서 이미 빈곤율이 적어도 20%인 동네는 빈곤이 더욱 증가함에 따라 주택가치와 임대료의 가속적인 증가가 감소하는 것을 보여주었다. 하지만 이는 빈곤집중이 굳어짐에 따라 누그러지기 시작했으며, 동네 빈곤율이 40%에 도달할 때까지 주택가치와 임대료에 대한 부정적인 한계효과는 감소하고 있었다. 나는 그림 6.3에서 이 결과들을 시각적으로 요약하여 보여준다. 마지막 핵심 결과는 자가점유된 재고의 가치가 임대료보다 빈곤율의 증가에 더 민감하다는 것이었다.

제프리 민Geoffrey Meen이 수행한 영국 부동산시장에 대한 보완적인 횡단분석은 주목할 만하게 비슷한 비선형적 반응 메커니즘을 보여주었다.[55] 그는 동네의 평균 주택가격과 박탈(경제적, 사회적, 물리적 문제에 대한 다중항목 지수) 수준 사이에 (그림 6.3에서 묘사된 것처럼) 음(-)의 로짓 모양 관계를 발견했다. 어떤 대도시 지역 내에서 평균 주택가격이 가장 높은 동네의 평균 주택가격 대비 어떤 한 동네의 평균 주택가격의 비는 박탈 수준이 낮은 대도시들 사이에서는 거의 차이가 없었으나, 박탈 수준 평균값에서 표준편차 1 이내인 대도시 지역에서는 그 비가 급격히 하락하기 시작했다. 하지만 일단 동네가 사회경제적으로 극도로(이를테면, 최상위 10분위수로) 취약해지면, 주택의 상대적 가치가 뒤이어 계속해서 하락하지는 않았으며 해당 동네는 가격 서열의 최저점에 도달했다.

민의 분석과 내 분석 모두 주택시장이 일단 임계점을 넘어서면 이 지점을 지나 매우 높은 박탈 수준에서 한계효과가 결국 감소함으로써 주택시장의 반응이 비선형적으로 나타나지만, 주택시장은 동네빈곤과 사회경제적 취약의 증가를 틀림없이 부정적으로 자본화한다는 것을 보여준다.[56] 우리는 이 두 연구를 통해 동네의 어떤 조건이 이러한 가격효과를 만들어내는지 정확히 확신할 수는 없다. 하지만 이 장에서 제시된 다른 증거에 기초하여, 세 가지 요인이 이러한 '이중문턱' 결과를 함께 만들어낸다고 가정하는 것이 타당하다. 이 세 가지 요인은 (1) 비교적 낮은 소득의 이웃에 대한 비빈곤 가구들의 (지위 불일치를 이유로 한) 혐오, (2) 그와 같은 동네에 의해 촉발된 문제 행동(예를 들어, 앞에서 논의한 바와 같이, 실업, 복지의존, 강력범죄 등)에 대한 가구들의 혐오, (3) 자신이 소유하고 있는 주택의 유지관리 수준을 낮추고 적극적으로 품질을 저하하며 극단적인 경우에는 자신의 주택을 방치하는 소유자들 등이다. 동네빈곤이 개인의 경제적 성취결과, 동네의 강력범죄율, 주택가치 등에 어떻게 관련되어 있는지에 대해 연구결과들이 주목할 만하게 일관적인 결론을 제시하고 있기 때문에, 나는 여기서 둘째 요인이 우위에 있다고 주장한다. 그림 6.2와 그림 6.3의 하단 패널을 비교함으로써 이러한 점을 시각화할 수 있다. 이 모든 영역에 있어서 다양한 '동네 문제'가 뚜렷이 드러날 듯한 빈곤율 임계값이 분명히 존재하며, 이러한 동네 문제는 주택가치와 임대료에 부정적으로 자본화된다는 것을 상기할 필요가 있다. 더욱이 동네빈곤이 전문직/기술직에 고용된 거주자의 백분율에 반비례적으로 관련되어 있는 한, 빈곤율 임계값을 넘어서면 학교 중퇴, 10

그림 6.3 | **동네의 주택가치와 빈곤율 간 관계**

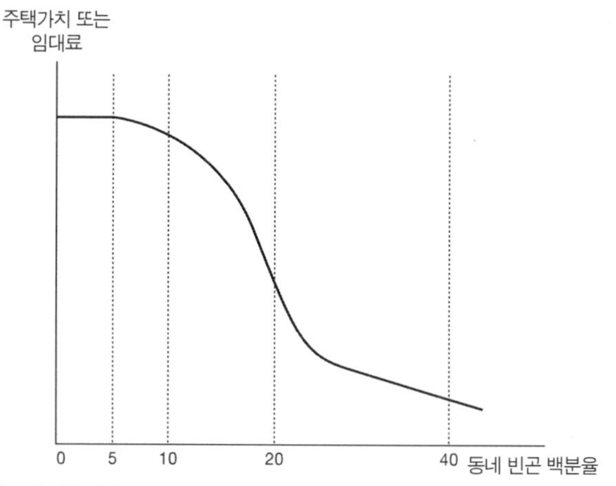

주: 척도에 맞춰 그린 것은 아님.
자료: Galster, Cutsinger, and Malega(2008); Meen(2005)에 기초해 필자가 작성.

대 출산, 그 외 인지장애 및 행동장애를 발생시킬 가능성이 더욱 높아질 수 있다. 하지만 개별 거주자들의 이러한 문제 행동에 더해 강력범죄와 재산범죄의 집계적 패턴은 동네빈곤이 매우 높은 수준에서 한계적 관계가 체감하는 것을 분명히 보여준다. 다시 말해, 이는 그림 6.3에 요약된 주택가격 및 임대료의 관찰 패턴과 잘 부합한다.

지원주택 및 동네 주택가치와 범죄

방법론적으로 엄격한 몇몇 통계적 연구는 동네에서 부담가능주택affordable housing이 증가함에 따라 인근 주택가치가 비선형적으로 영향을 받는지를 조사했다.[57] 에이미 슈워츠Amy Schwartz, 잉그리드 굴드 엘런, 그리고 이온 보이쿠Ioan Voicu는 뉴욕시의 부담가능주택 신규건설 프로젝트에 초점을 맞췄다. 이들은 이러한 개발로 인해 상당한 정도의 긍정적 가격 영향이 발생한다는 것과 일치하는 증거를 확인했는데, 그 영향은 2000피트까지의 거리에 걸쳐 점점 약화되었다.[58] 신규주택이 집중될수록 긍정적 스필오버가 더 크게 발생했지만 그 크기는 수확체감하는 것으로 나타났다. 하지만 맥락 또한 중요했는데, 신규주택 각 단위의 긍정적인 한계영향은 가난한 동네일수록 더 크게 나타났다.[59]

애나 샌티아고, 로빈 스미스Robin Smith, 피터 태티언 등의 동료와 함께, 나는 콜로라도주 덴버Denver에 있는 공공주택을 대상으로 분산방식 공공주택scattered-site public housing의 가격 영향을 연구했는데, 일반적으로 이들 주택은 압류처분 시 단독주택의 취득 및 뒤이은 재개발을 통해 개발되었다.[60] 1000피트에서 2000피트 범위 내에서 그와 같은 부지들에 근접해 있다면, 그렇지 않을 경우 예측되는 주택가격보다 일반적으로 더 높은 것으로 나타났다. 하지만 내포되어 있는 영향의 크기와 방향은 해당 동네 내에 분산 배치된 시설물의 집중 및 동네 하위시장의 상태에 따라 결정된다는 것을 명확히 입증했다. 임계량보다 더 많은 공공주택 부지나 주거단위가 동네에 입지해 있을 때 주택가격의 영향이 음(-)이 되는 문턱 패턴이 있었다. '재집중'으로 인한 이러한 취약성은 동네 가치가 비교적 낮은 동네에서 가장 심각했으며, 특히 이들 동네에서 주택 소유자들은 자신의 삶의 질에 대한 취약성을 지각하고 있었다. 표 6.1의 왼쪽 열에서 나는 이러한 비선형적 결과의 세부 사항을 제시한다.

우리는 또한 메릴랜드주 볼티모어 카운티의 주택선택바우처Housing Choice Voucher(이전의 섹션 8) 임대보조금 프로그램이 주택가격에 미친 영향을 조사했다.[61] 바우처를 이용한 전입 임차인들은 자신이 입지한 평균적 동네에서 2000피트 이내에 있는 단독주택의 가격에 아무런 영향을 미치지 않았다. 하지만 한 번 더, 관계의 크기와 방향은 동네의 맥락과 바우처 보유자가 집중된 정도 간의 상호작용에 달려 있었다. 반경 500피트 이내에 세 개보다 많은 바우처 이용 가

표 6.1 | 지원주택의 문턱 주택가치의 영향에 대한 통계적 추정치 요약

동네 맥락	분산방식 공공주택 (덴버)	주택선택바우처(섹션 8) (볼티모어 카운티)
비교적 높은 가치, 비교적 낮은 취약성	**긍정적** 영향: 5개 이하의 부지가 1000~2000피트 이내에 있을 경우	**긍정적** 영향: 3개 이하의 부지가 500피트 이내에 있을 경우
	부정적 영향: 1개보다 많은 부지가 1000피트 이내에 있거나 5개보다 많은 부지가 1000~2000피트 이내에 있을 경우	**부정적** 영향: 3개보다 많은 부지가 500피트 이내에 있을 경우 (최대 관찰 수=4)
비교적 낮은 가치, 비교적 높은 취약성	**긍정적** 영향 작음: 4개 이하의 부지가 1000~2000 피트 이내에 있을 경우	**부정적** 영향: 어떤 부지도 2000피트 이내에 있을 경우. 영향의 규모는 부지의 수가 증가함에 따라 커짐
	부정적 영향: 4개보다 많은 부지가 1000~2000 피트 이내에 있을 경우	동일한 수의 섹션 8 임차인이 더 적은 수의 부지에 있는 경우 영향이 약간 완화됨

자료: Galster et al.(1999); Galster, Tatian, and Smith(1999); Santiago, Galster, and Tatian(2001).

구가 집중하지 않는 한, 바우처 이용 가구들이 동네 가치가 더 높은 동네로 전입하는 것은 (거의 틀림없이 해당 카운티의 바우처 프로그램에 참여하기 위해 요구되는 건축물의 재개발로 인해) 인근의 주택가격을 더 높이는 결과를 가져왔다. 하지만 소유자들이 동네 쇠퇴를 가져오는 힘에 더 취약하다고 느끼는, 비교적 동네 가치가 낮게 평가되고 비교적 빈곤율이 높은 동네에서는 어떤 추가적인 바우처 가구도 주택가격에 나쁜 영향을 미쳤다. 표 6.1의 오른쪽 열에서 나는 이러한 비선형적이고 상황에 따라 달라질 수 있는 결과를 보다 상세히 제시한다.

주의 깊게 연구된 최근의 두 연구는 바우처 보유자의 집중이 동네의 범죄율에 어떤 영향을 미치는지 탐구했다.[62] 수전 팝킨Susan Popkin과 그녀의 동료들은, 재개발 노력의 일환으로 원래의 주택들이 철거된 시카고와 애틀랜타Atlanta에서 이전에 공공주택 임차인이었던 사람들을 이주시키기 위해 바우처를 사용하는 것이 범죄를 야기하는 결과를 발생시키는지 조사했다.[63] 그들은 바우처 보유자의 집중으로 인한 문턱효과가 있다는 강력한 증거를 발견했으며, 이는 범죄 및 도시의 유형에 따라 다른 것으로 나타났다. 시카고의 경우, 다른 모든 것이 일정하다고 했을 때, 바우처를 이용해 이주한 가구의 수가 분기 시작 시점에 (1000가구당) 두 가구에서 여섯 가구 사이인 동네는 바우처를 이용해 이주한 가구가 전혀 없는 동네보다 해당 분기 동안 강력범죄율과 재산범죄율에서 5% 더 높았다. 하지만 바우처를 이용해 이주한 가구의 수가 1000가구당 6가구에서 14가구 사이에 있는 더 높은 임계점에 도달할 때까지, 이 이주 가구들은 시카고의 경우 총기 관련 범죄에 있어서 그리고 애틀랜타의 경우 재산범죄 또는 강력범죄에 있어서 아무런 영향을 미치지 못했다.

리아 헨디Leah Hendey, 수전 팝킨, 크리스 헤이즈Chris Hayes, 그리고 나는 시카고의 주택선택바우처 프로그램이 범죄에 미치는 영향에 대한 보완적인 연구를 수행했다.[64] 분기 시작 시점에 바우처 보유자의 집중이 1000가구당 68가구를 넘어설 경우(즉, 인구의 약 7%일 경우), 바우처 보유자들이 한 분기 동안 동네로 이주해 오는 속도의 증가는 오로지 그다음 분기 동안 발생한 재산범죄율의 증가와 긍정적으로 관련되어 있다는 것을 발견했다. 이와 대조적으로, 시카고 동네에서는 바우처 보유자의 집중 및 강력범죄율의 후속 변화와 관련된 어떤 임계점 또는 비선형적 패턴도 확인할 수 없었다.

요약하면, 지원주택의 영향에 관한 연구로부터 도출한 증거는 내가 이전에 설명한 패턴을 추가적으로 확인해 준다. 비교적 높은 범죄율 및 비교적 낮은 주택가치와 같은 부정적 동네 반응은 일단 임계 빈곤율을 넘어선 후에만 일어날 수 있다. 지원주택 정책을 통해 동네에 사회경제적으로 취약한 가구들이 더 많이 위치해 있는 경우, 해당 동네의 초기 빈곤 수준이 높을수록 해당 임계값이 초과되기 전에 추가될 수 있는 취약 가구의 수는 더 적어진다.

문턱효과의 연계에 관한 명제

이 장에서 나는 동네변화가 일어나는 동태적 과정의 많은 영역에서 비선형적이며 전형적으로 문턱 형태와 같은 관계가 나타난다는 것을 보여주었다.[65] 이러한 증거를 전체론적으로 종합한 결과는, 동네의 거주자들과 주택 소유자들에 대해 특정 임계점이 초과할 경우 동네 조건이 급격하게 그리고 실질적으로 바로 변화할 것임을 시사한다. 하지만 변화된 이들 동네 조건이 거주자들의 행동에 영향을 미치려면, 그러한 조건들 자체가 그 밖의 다른 임계점을 넘어서야 한다. 나는 이것을 이 책의 넷째 주요 명제로 요약한다.

- 문턱효과의 연계에 관한 명제: 개인의 이동성 및 주택투자 결정은 해당 동네에 대한 지각 및 기대심리가 임계값을 넘어서자마자 불연속적으로 촉발된다. 이러한 인과적 힘이 임계점을 넘어선 후에야 개인 행위의 집계치가 일반적으로 동네 환경에 큰 변화를 초래한다. 일단 이러한 변화가 시작되면, 동네 조건의 집계적 변화는 또 다른 하나의 임계점을 초과하자마자 시간이 지남에 따라 비선형적 방식으로 진행된다. 동네 조건이 거주자와 주택가치에 미치는 많은 영향은 임계값이 초과될 때 비로소 발생하지만, 결국 이러한 동네 조건의 한계효과는 극단적인 값에서 서서히 약해질 수 있다.

결론

비선형적인 문턱 관계는 동네 맥락에서 공통적으로 나타나며, 동네가 개인에게 미치는 영향 및 동네변화의 원인 모두에 관계되어 있다. 사회화, 게임, 용인, 전염, 수확체감* 등과 관계된 강화 과정이 종종 혼합되어 이러한 관계를 만들어낸다. 개인 수준에서 백인 가구가 동네 밖으로 이주할 가능성은 소수인종 백분율 그리고/또는 백분율의 증가에 대한 임계값이 초과된 후에 극적으로 증가한다는 증거가 있다. 또한 어떤 인종의 가구가 동네 안으로 이주할 가능성은 매우 비선형적인 방식으로 도착동네의 인종구성에 관계되어 있다. 이와 비슷하게, 이웃 주택 소유자들의 임계값이 이미 초과되어 그들이 자신의 주택에 재투자하지 않는 한, 주택 소유자는 자신의 주택에 재투자하지 않을 것이다. 동네의 사회경제적 취약성, 빈곤율, 부유층 백분율 등은 개인이 여러 다양한 경제적, 사회적 행동에 관여할 가능성에 비선형적인 방식으로 종종 영향을 미친다. 당연히 개인행동의 이러한 기초로 인해 동네 수준에서 빈곤율의 변화는 비선형적인 동태적 과정을 보이며, 결과적으로 동네 범죄율과 주택가치에 비선형적인 반응을 발생시킨다. 비선형적인 문턱효과가 존재한다는 사실은 제9장과 제10장에 제시된 동네 재활성화 및 거주자 다양화 정책의 사회적 근거 및 전략적 체계화에 강력한 함의를 가지고 있다.

---

* 원서에는 용인(tolerance)이 중복 기재되어 있어 바로잡았다._옮긴이

제7장

계층 및 인종에 따른 동네 거주지 분리

미국 대도시의 경관이 지니고 있는 가장 분명하고 오래가는 특징 중 몇몇은 누가 어디에 살고 있는지에서 나타나는 극명한 차이이다. 동네에 살고 있는 모든 주민은 전형적으로 하나의 지배적인 인종 또는 민족 집단(이하 '인종')으로 구성되며, 좁은 범위의 소득 및 부(이하 '계층')를 나타낸다. 동네 내에서 볼 수 있는 이러한 동질성은 동네들 사이에서 볼 때에는 지리적인 거주지 분리 segregation 패턴으로 이어진다. 제8장과 제9장에서 설명하는 것처럼, 인종 및 계층에 따른 거주지 분리는 그 존재가 명백한 만큼이나 그 영향력도 치명적이다. 여기서 내가 첫째 목적으로 삼는 것은 인종 및 계층에 따른 동네 거주지 분리의 상태를 실증하고, 동네가 주로 하나의 집단에 의한 점유에서 다른 하나의 집단에 의한 점유로 어떻게 전환하는지 설명하는 것이다. 둘째, 나는 인종 및 계층에 따른 동네 거주지 분리의 원인을 전체론적으로 지각할 수 있는, 대도시 구조 및 인과적 힘에 관한 개념적 모형을 개발하는 것을 목표로 한다.

우선, 동네변화에 관한 주택하위시장모형에 좀 더 현실성을 더하는 관점에서 이 주제를 고려하는 것이 다시 한번 도움이 된다. 이 장에서 나는 이전의 가정들, 즉 (1) 주택품질에서 동네 인구 구성요소에 대한 선호는 가구들 사이에서 동질적이다, (2) 주택 탐색의 결과는 인종 중립적이다, (3) 주택에 대한 지불의사 및 지불능력은 정보의 제약하에서 항상 자유롭게 행사될 수 있다, (4) 주택공급자는 수익성이 가장 높다고 판단하는 어느 범주의 품질하위시장이든 어디서나 개발할 수 있다 등의 가정들을 완화한다. 첫째 가정의 완화에 대해 살펴보면, 현재 동네의 인종, 민족, 소득집단 구성은 '품질'로서 서로 다르게 잠재적으로 평가되며, 특정 가구의 인종, 민족, 소득에 따라 달라진다. 그러므로 일반적으로 정의된 주택품질하위시장 내에서의 분류입지는 해당 동네에서 주택재고를 점유하고 있는 가구의 동질성을 더 많이 추구하는 가구들에 의해 발생할 수 있다. 둘째와 셋째 가정의 완화에 대해 살펴보면, 나는 주택을 구하는 소수인종 사람에게 주어질 수 있는 주택 및 동네 선택대안을 제약하는 불법적인 차별행위가 있을 수 있다는 점을 여기서 허용한다. 마지막으로, 해당 관할구역 내에서 개발될 수 있는 주택의 유형 및 품질을 토지이용 규제를 통해 제한하고, 이를 통해 규제가 없는 시장에서 만들어질 수 있는 것보다 더 동질적인 하위시장의 공간적 군집 그리고 궁극적으로는 소득집단들을 만들어내는 데 있어서 로컬정부의 역할을 살펴볼 것이다.

계층 및 인종에 따른 거주지 분리: 추세 및 현황

계층에 따른 거주지 분리

학술 연구와 대중 매체에서 상세히 기록하고 있는 가구 소득 및 부의 불평등이 전국적으로 증가하는 추세는 서로 다른 소득집단의 가구들이 서로 떨어져 사는 정도가 증가하고 있는 추세와 매우 흡사하다.[1] 경제적 거주지 분리가 어떻게 측정되든지 간에, 그 추세는 1970년대 이래 소득에 따른 거주지 분리의 정도에 있어서 일정하지는 않더라도 극적인 증가를 보여준다.[2] 예를 들어, 숀 리어든Sean Reardon과 켄드라 비쇼프Kendra Bischoff는 중위소득이 해당 대도시의 중위소득보다 적어도 50% 이상인('매우 부유한') 동네 또는 해당 대도시의 중위소득보다 50% 미만인('매우 빈곤한') 동네에 살고 있는 가족들의 비율을 이용하여, 미국에서 가족이 경제적 지위에 따라 계층화되어 있는 커뮤니티에 거주하고 있는 정도에서의 변화를 밝혔다.[3] 그들은 2012년 미국 가족의 34%가 매우 부유하거나 매우 빈곤한 동네에 살고 있다는 것을 발견했는데, 이는 1970년에 관찰된 수치인 15%보다 두 배 이상 높은 것이다.[4] 소득집단의 양극단을 고려하지 않더라도 동네 간 소득 격차의 규모는 상당하다. 예를 들어, 스튜어트 로즌솔Stuart Rosenthal과 스티븐 로스Stephen Ross는 전국 대도시 동네 분포에서 제75백분위에 있는 동네의 중위소득이 제25백분위에 있는 동네의 중위소득보다 55% 더 많다는 것을 보여주었다.[5]

소득에 따른 동네 거주지 분리가 전반적으로 증가하는 추세임에도 불구하고, 평균적인 미국 동네에서는 상당한 정도의 소득 다양성이 여전히 남아 있다. 앞에서 언급한 양극단에서는 이보다 덜하지만 말이다. 동료인 제이슨 부저Jason Booza, 재키 컷신저와 함께, 나는 2000년을 대상으로 대도시 동네들을 여러 개의 중위소득 범위로 범주화한 다음 이들 대도시 동네가 경제적으로 어떻게 구성되어 있는지 탐구했다.[6] 매우 가난한 저소득층 동네(즉, 중위소득이 해당 지역 중위소득의 50% 미만인 동네)에서는 거주자의 59%가 해당 지역 중위소득의 50% 미만의 소득을 가졌고, 거주자의 19%는 해당 지역 중위소득의 50%에서 80% 사이에 있었으며, 거주자의 8%는 해당 지역 중위소득의 80%에서 100% 사이에 있었다. 거주자의 단 14%만 해당 지역보다 더 많은 소득을 얻었다. 양극단의 다른 한 쪽인 매우 부유한 고소득층 동네(즉, 중위소득이 해당 지역 중위소득의 150%가 넘는 동네)에서는 거주자의 62%가 해당 지역 중위소득의 150%가 넘는 소득을 가졌고, 거주자의 11%는 해당 지역 중위소득의 120%에서 150% 사이에 있었으며, 거주자의 7%는 해당 지역 중위소득의 100%와 120% 사이에 있었다. 해당 대도시 중위소득보다 소득이 더 적은 거주자는 단 20%였다. 중간 정도 소득의 동네(즉, 중위소득이 해당 지역 중위소득의 80%에서 100% 사이에 있는 동네)에서는 다양성이 상당히 더 높았는데, 미국 주택도시개발부Housing and Urban Development(HUD) 지침에서 지정한 여섯 개의 소득집단 각각이 전체 인구의 적어도 12%를 구성하고 있었으며, 어떤 소득집단도 22%를 넘어서지는 않았다. 우리는 또한 '양극화된 동네bipolar neighborhoods'라고 부르는 현상이 급격히 심화되는 것을 확인했는데, 양극화된 동네란 해당 지역 중위소득의 50%보다 적게 버는 가족들과 150%보다 많이 버는 가족들이 함께 압도적으로 우세한 동네를 의미한다.[7] 동시에, 우리는 또한 소득집단의 다양성이 가장 큰 동네, 즉 중위소득이 중간 범위에 있는 동네의 수가 두드러지게 감소하고 있는 것을 강조했다.[8]

보다 동질적으로 부유한 동네의 성장이 경제적 거주지 분리의 증가에 중요하게 기여하지만,[9] 이 문제에 대한 공적 관심의 대부분은 공간적으로 집중된 사회경제적 취약성의 증가에서 비롯된다. 폴 자고프스키Paul Jargowsky는 일련의 보고서에서 빈곤율 40% 이상인 동네에 살고 있는 미국인 비율의 추세를 상세히 제시했다. 그는 1970년부터 1990년까지 빈곤집중이 상당히 증가했으며, 1990년대 번영기 동안에는 그러한 동네의 수가 감소했지만, 대침체로 인해 2000년 이후부터는 빈곤집중이 다시 상당히 크게 증가했다는 것을 보여주었다.[10] 2000년 이후 극단적으로 빈곤한 동네의 수는 75% 이상으로 증가했으며, 그러한 동네에 살고 있는 미국인의 수는 720만 명에서 1380만 명으로 증가했는데, 이는 90% 이상 증가한 것으로 놀랄 만한 수치였다.[11]

동네 계층구성 전환

이와 관련해 중요한 문제는 소득에 따른 동네 거주지 분리의 패턴이 시간이 지남에 따라 지리공간 전체에 걸쳐 어느 정도로 안정적인가 하는 것이다. 다시 말해, 동네의 경제적 특성이 일반적으로 장기간에 걸쳐 일정하게 유지되는가 아니면 소득상향계승 및 소득하향계승이 통상적으로 일어나는가 하는 문제이다. 답은 동네의 경제적 지위와 그 변화를 어떻게 측정하는지, 어떤 기간과 어떤 유형의 동네를 고려하는지에 달려 있다.[12] 어떻게 측정하든지 간에, 동네의 부유함과 사회경제적 취약성의 양극단에서 보다 안정적이기는 하지만 동네 지위에 상당한 정도의 유동적 변화가 있다는 것이 일반적인 패턴이다. 얼마나 많은 유동적 변화가 있을지는 해당 10년의 기간, 대도시의 규모, 그리고 해당 기간 동안 특정 대도시 지역의 전반적인 경제 상황 등에 따라 다를 것이다.

스튜어트 로즌솔은 1970년부터 2000년까지 모든 대도시 동네들을 조사한 결과, 평균적으로 빈곤율이 15% 미만인 동네들 사이에서 안정성stability이 가장 높다는 사실을 발견했는데, 1970년에 해당 범주에 있던 동네 중 81%가 2000년까지 동일한 범주에 머물러 있었다.[13] 빈곤율이 45%가 넘는 동네 중에서는 43%의 동네가 1970년과 2000년 사이에 여전히 동일한 범주에 남아 있었다. 빈곤율이 중간 수준인 동네들은 덜 안정적이었는데, 이 동네들 중 약 60%는 2000년까지 1970년의 절대빈곤 상태를 유지하지 않았다. 로버트 샘슨, 재러드 섀크너, 그리고 로버트 메어는 로스앤젤레스 카운티의 동네들을 분석했는데, 양극단에서의 상대적 안정성은 대도시 전반의 경제 상황에 달려 있다고 말한다. 중위소득으로 측정된 가장 빈곤한 5분위에 속한 동네의 97%가 1990년부터 2000년까지의 기간 동안 해당 범주에 그대로 머물러 있었지만, 2000년부터 2010년까지 이들 동네 중 68%만 이 범주에 남아 있었다. 가장 부유한 5분위에서 시작하는 동네의 70%가 1990년부터 2000년까지의 기간 동안 해당 범주에 그대로 머물러 있었지만, 2000년부터 2010년까지 이들 동네 중 87%가 이 범주에 남아 있었다.[14] 하지만 이러한 변화를 한정된 개수의 소득 범주로 살펴볼 경우, 특히 극빈층 범주에서 시간의 경과에 따라 발생하는 동네 상태의 변동성 variability을 과소평가하게 된다. 나는 로베르트 쿠에르치아, 알바로 코르테스, 론 맬러거 등의 동료들과 함께, 10년간 5%p 이상의 절대적 변화를 이용하여 동네 상태의 변화를 확인했다. 이를 통해 우리는 빈곤율이 40% 이상인 동네 중 대략 3분의 1이 이후 10년 동안 안정적 상태를 유지하거나 상향계승을 경험하거나 하향계승을 경험했다는 것을 발견했다.[15]

스튜어트 로즌솔은 이 주제에 관해 가장 장기적인 관점을 취했는데, 35개의 대도시 지역 전체에 걸쳐 반세기 동안의 동네변화를 분석했다.[16] 그는 1950년부터 2000년까지 평균적으로 동네의 (전체 표본에 대한) 중위소득이 10년당 절대값으로 12%에서 15%까지 변화했다는 점에서, 이 기간 동안의 변화는 정상이라고 결론지었다. 하지만 상대적 중위소득의 동일 사분위에 여전히 남아 있는 동네들은 양극단에서 훨씬 더 흔히 찾아볼 수 있었다. 1950년에 최저 소득 사분위에 속해 있는 동네의 34%와 최고 소득 사분위에 속해 있는 동네의 44%가 2000년에도 그대로 남아 있었으며, 중간에 있는 두 개의 사분위에 대한 수치는 대조적으로 26~27%에 불과했다. 상대적 위치가 크게 변화하고 있는 이들 동네 중, 소득 분포 하위 절반에 속해 있는 대부분의 동네는 소득 분포에서 위치가 상승하는 경향이 있었던 반면, 상위 절반에 속해 있는 동네의 대부분은 소득 분포에서 위치가 하락하는 경향이 있었다.[17]

아마도 가장 두드러진 유형의 동네 계층구성 전환은 '젠트리피케이션'이라고 불리는 것으로, 사회경제적 지위가 더 높은 많은 가구가 비교적 낮은 소득의 가구가 주로 거주하는 동네로 이주하는 과정이다.[18] 학자들은 젠트리피케이션이라는 용어를 서로 다르게 사용해 왔는데, 잉그리드 엘런과 라이 딩은 미국 대도시 지역에서 지난 30년 동안 일어난 젠트리피케이션 현상의 함축적 의미를 명료하게 묘사하는 흥미로운 설명을 제공한다.[19] 그들은 도심의 저소득 동네(대도시 지역의 동네 소득분포에서 중위가구소득이 제40백분위수를 밑도는 인구총조사 집계구)의 지위가 10년 동안 해당 대도시 지역의 지위와 비교할 때 어느 정도로 크게 향상되었는지(즉, 특정 지표에 대한 해당 대도시의 평균 대비 해당 동네 평균의 비가 10%p 이상 증가했는지) 조사했다. 1980년대 동안 이들 동네의 약 9%가 상대적 중위소득의 상당한 증가를 경험했으며, 1990년대와 2000년대 동안에는 이 수치가 14%까지 증가했다. 대학 교육을 받은 사람의 점유율로 측정했을 때 그 변화는 훨씬 더 일반적인 것으로 보인다. 1980년대에는 저소득 동네의 약 27%에서 대학 교육을 받은 거주자의 상대적 점유율이 크게 증가한 것으로 나타났으며, 이 수치는 1990년대에는 25%로 소폭 감소했지만 2000년대에는 35%까지 증가했다.

몇몇 연구자는 다양한 유형의 동네 계층구성 전환class transition의 빈도를 기술하는 것 외에도, 정교한 다변량 모형을 이용하여 그와 같은 변화를 가져오는 예측변수를 조사했다. 스튜어트 로즌솔은 동네의 주택재고가 오래될수록 그리고 해당 주택재고가 보조주택subsidized housing으로 더 많이 대표될수록 동네의 경제적 지위가 하락할 가능성이 더 커진다는 것을 보여주었다.[20] 1970년대와 1980년대 패턴에 대한 몇 가지 분석에 따르면, 흑인 거주자의 백분율이 높을수록 해당 동네의 평균 소득 수준은 감소할 것이라고 예측되었지만 이 관계는 최근 들어 뒤바뀌었을 수 있다. 더구나 이러한 관계는 히스패닉 동네 구성에 대해서는 성립하지 않을 것으로 보인다.[21] 또한 주택압류가 많을수록 그리고 임대주택의 백분율이 높을수록 동네의 경제적 지위는 하락할 것으로 예측된다.[22]

인종에 따른 거주지 분리

미국의 동네 전체에 걸쳐 경제적 불평등은 종종 인종적 및 민족적 불평등과 중첩된다.[23] 일반적으로 이용되는 다양한 척도에 따르면,[24] 1970년부터 흑인/백인 거주지 분리는 꾸준히 감소해 왔지만 흑인과 비히스패닉 백인의 거주지 분리는 많은 대도시 지역에서 매우 높은 수준을 유지하고 있다.[25] 2010년 평균적인 대도시 흑인 가구는 흑인이 41%이고 백인이 40%인 동네에 살았다. 흑인과 백인의 공간적 분포에서 균질성evenness 측정값이 대부분의 지역에서 흑인과 백인의 지리적 상이성dissimilarity에는 여전히 미치지 못하지만, 그와 반대로 백인에 대한 히스패닉 및 아시아계의 공간적 분포에서 균질성 측정값은 시간이 지남에 따라 거주지 분리의 수준이 근소하게 증가하고 있음을 보여준다. 히스패닉 및 아시아계의 거주지 고립성isolation 또한 시간이 지남에 따라 증가해 왔으며, 이는 이들 두 집단 인구의 급격한 성장과 일치한다. 2010년 평균적인 대도시 히스패닉 가구는 히스패닉이 42%이고 백인이 40%인 동네에 살았으며, 아시아계 가구의 경우 히스패닉이 18%이고 백인이 52%인 동네에 살았다.[26]

이들 수치가 극명한 만큼, 아이들에 대해서는 훨씬 더 극적인데, 아이들의 경우 어른들보다 인종에 따른 거주지 분리가 더 심하다. 앤 오언스Ann Owens는 2010년 100대 대도시 지역에서 평균적인 흑인 아이는 백인 아이가 22%뿐이고 흑인 아이가 절반인 동네에서 살고 있는 반면, 평균적인 흑인 어른은 어른의 33%가 백인이고 46%가 흑인인 동네에 살고 있다는 것을 보여주었다.[27] 평균적인 히스패닉 아이는 히스패닉 아이가 55%이고 백인 아이가 25%인 동네에 살고 있었으며, 평균적인 히스패닉 어른은 어른의 45%가 히스패닉이고 35%가 백인인 동네에 살고 있었다.

동네 인종구성 전환

미국 동네의 인종구성이 일반적으로 해당 대도시 지역의 인종구성을 대표하지 않는다는 것은 분명하지만, 다양한 인종으로 구성된 동네의 사례는 분명히 존재한다. 고무적인 것은, 인종적으로 다양한 동네의 수가 증가하고 있으며 시간이 지남에 따라 동네의 다양성이 보다 안정적인 경향을 보인다는 것이다. 잉그리드 엘런, 케런 혼Keren Horn, 캐서린 오리건Katherine O'Regan은 1990년부터 2010년까지의 대도시 동네를 조사한 결과, 통합된integrated 것으로 볼 수 있는 동네(즉, 소수인종이 적어도 인구의 20%를 구성하는 동네)의 점유율이 20년의 기간 동안 20% 조금 못 미치는 수준에서 30%가 약간 넘는 수준까지 증가했다는 것을 발견했다.[28] 이러한 증가는 통합되고 있는 동네의 수가 처음으로 약간 증가했기 때문이었는데, 또한 해당 기간 동안 통합을 계속 유지해 온 동네의 점유율이 더 크게 증가했기 때문이기도 했다. 실제로 통합의 안정성이 특징적이었는데, 1990년과 2000년 사이의 경우 통합된 동네의 77%가 여전히 그 상태를 유지했으며, 2000년부터 2010년까지는 이 백분율이 82%까지 치솟았다. 이전 10년의 기간 동안 소수인종 거주자가 더 크게 증가한 동네는 소수인종 집중 지역에 더 가까이 입지해 있었으며, 자녀가 있는 주택 소유자가 더 많은 동네는 통합된 상태를 안정적으로 유지할 가능성이 더 낮았다.[29]

통합을 북돋우는 전형적인 주거 이동성 동력은 주로 백인이 점유한 동네로 이주해 오는 소수인종 가구였다. 결국에는 더 통합적으로 바뀐 백인 거주 동네는 백인 거주자, 주택 소유율, 중위소득 등에서 약간 더 낮은 백분율로 10년을 시작했으며, 소수인종이 주로 거주하는 지역과 다소 더 가까웠다. 또한 엘런, 혼, 오리건은 백인의 전입이, 비교적 소득이 낮은 동네이면서 임대주택 위주이고 중심도시에 있는 소수인종 동네를 통합하는 힘으로 작용할 가능성이 가장 높다는 것을 보여주었다. 후자의 이동성 패턴은 급격히 가속되고 있는 것으로 보인다. 엘런과 딩은 최근 수십 년 동안 (주로 소수인종에 의해 점유된) 중심도시의 저소득 동네의 수가 증가하고 있는 가운데, 대도시 지역에서 저소득 동네의 백분율에 비해 백인 거주자의 백분율이 크게 (즉, 10%p 이상) 증가한 것을 보여주었다.[30] 1980년대에는 그와 같은 저소득 소수인종 동네 중 약 5%에서만 백인 거주자의 상대적 비율이 크게 증가했으며, 1990년대에는 7%까지 약간 증가했지만 2000년대에는 16%까지 급증했다.

계층 및 인종에 따른 동네변화의 동태적 과정

동네의 계층 및 인종 특성에 관한 앞에서의 설명에 따르면, 거주지 분리가 집계적으로는 일반적이지만 많은 개별 동네는 인구구성에서 상당히 많은 변화를 끊임없이 경험한다는 것이 분명하다. 왜 이러한 동네 인구 변화 과정이 일어나는지, 안정적 혼합 대신 왜 때로는 한 집단이 다른 집단을 전면적으로 대체하는지는 상당히 많은 연구의 주제가 되어왔다. 한편으로, 동네 계층 또는 인종 변화의 과정은 믿을 수 없을 만큼 단순한데, 전입자의 구성이 전출자의 구성과 일치하지 않는다면 집계적 수준에서 동네의 구성은 변할 수밖에 없다. 이러한 과정을 대단히 흥미롭게 만드는 것은 해당 동네의 집계적 구성이 전입자 및 전출자 구성 모두에 부분적으로 영향을 미칠 것이라는 점이다. 그러므로 사람들의 이러한 흐름은 내생적이다. 왜냐하면 사람들은 동네 인구구성에 반응하고 또 그렇게 반응함으로써 해당 동네 인구구성을 변화시키기 때문이다. 해당 동네의 주택을 놓고 서로 경쟁하는 집단들이 동네의 집계적인 계층구성 및 인종구성에 대해 비슷한 가치를 두지 않을 수 있기 때문에 집단들의 혼합은 안정적이지 않을 수 있다. 이 절에서는 동네 전환neighborhood transition 과정에 관한 단순 모형을 제시함으로써 이러한 점을 명확히 하고 그 중요성을 입증하고자 한다.[31]

동네의 인구구성이 왜 바뀌는지 이해하기 위해서는 누가 이주해 나가는지보다 누가 이주해 오는지에 근본적으로 초점을 맞추어야 한다.[32] 간단한 사고실험을 통해 이 문제의 핵심을 충분히 설명할 수 있다. 집단 *X*와 *Y*가 현재 혼합되어 거주하고 있는 어떤 가상적인 동네를 생각해 보자. 이제 만약 집단 *X*의 구성원들만 해당 동네에서 생겨나는 모든 빈집을 앞으로 무한정의 기간 동안 점유한다면, 일부 빈집이 집단 *Y*의 구성원들에 의해 발생되는 한 그 동네는 집단 *X*의 거주자들이 점점 더 큰 점유율로 대표되는 것으로 변화할 수밖에 없다. 동네가 그 구성을 변화시키는 속도는 유입과 유출의 특성이 서로 일치하는지의 여부에 의해 영향을 받겠지만 동네의 최종적인 운명은 그렇지 않을 것이다. 따라서 동네 인구구성 전환 모형은 어느 집단(들)이 전입자의 흐름을 구성할 가능성이 가장 높을 것인지에 궁극적으로 기초해야 한다.

지불의사모형The Willingness to Pay Model은 이를 달성하기 위한 단순하지만 강력한 방법을 제공한다.[33] 가장 단순한 형태로, 지불의사모형은 서로 다른 두 개의 계층 또는 인종 집단이 동질적인 품질의 주택을 포함하고 있는 가상적인 특정 동네의 주택을 놓고 서로 경쟁하고 있다고 가정한다. 주택에 대한 구매력 및 선호 그리고 해당 동네의 주거 구성이 집단 내에서는 동질적이며 집단 간에는 동질적이지 않다고 가정된다. 완전한 정보를 가지고 있으며 차별이 없는 세계에서는, 해당 동네의 어떤 주택 공실도 기꺼이 더 많은 금액을 지불할 의사가 있는 집단 구성원 누구에게나 배분될 것이다.[34] 동질적인 집단의 각 구성원은 해당 동네의 대안적인 각각의 계층구성이나 인종구성에 대해 해당 가구가 동네의 빈집을 점유하기 위한 지불의사와 지불능력이 얼마나 있는지를 보여주는 암묵적인 '지불의사' 함수를 가지고 있다고 볼 수 있다. 이들 대안적 인구구성 사이에서 나타나는 지불의사 금액의 차이는 집단 내 가구들이 가지고 있는 공통적인 선호를 드러내는 것으로, 선호된 해당 인구구성에 대해 이러한 선호의 강도와 직접적으로 관련해 더 많은 금액을 지불할 의사가 있다는 점을 분명히 보여줄 것이다. 동네 인구구성이 일단 일정하게 유지된다면, 가상적인 동네에서 대표되는 주택품질하위시장의 총공급 및 총수요 특성은 특정 집단의 전형적인 구성원이 기꺼이 지불할 의사가 있는 금액에 영향을 미칠 것이다. 예를 들어, 만약 해당 집단의 인구가 급격하게 증가하고 있고 문제의 목표하위시장이 대도시 지역 전체에 걸쳐 비탄력적으로 반응하고 있다면, 해당 동네에 있는 어떤 빈집에 대해서도 지불의사 금액의 수준이 조금씩 상승할 것이다.

지불의사모형에 관한 그림은 동네의 변화 및 동네 인구 다양성의 결여를 설명하는 데 통찰력을 제공한다. 동질적인 품질의 주택을 포함하고 있는 가상적인 하나의 동네에서 출발하자. 이 동네를 두고 경쟁하는 두 가구 집단 *X*와 *Y*가 있다. 그림 7.1의 가로축은 이 동네에 거주하고 있는 이 두 집단의 가능한 조합을 나타내며, 세로축은 지불의사 금액을 나타낸다. 집단 *X*의 모든 구성원은 '그다지 높지 않은 수준의 통합modest integration', 즉 이웃으로 집단 *Y* 구성원이 20% 그리고 집단 *X* 구성원이 80%로 구성되어 있으면서, 이들 구성원은 이웃으로서 자신의 집단이 더 큰 백분율이기를 원하는지 더 작은 백분율이기를 원하는지에 대한 욕구가 그다지 크지 않다고 가정하자. 이와 대조적으로, 집단 *Y*의 모든 구성원은 자신들 이웃의 인종구성이나 계층구성에 무차별적이라고, 즉 집단 *X* 이웃과 집단 *Y* 이웃은 완전대체재라고 가정하자. 이 마지막 두 가정이 의미하는 바는, 집단 *X*의 구성원들은 해당 동네의 80%가 집단 *X*를 나타낼 경우 가장 많은 금액을 지불할 의사가 있지만, 집단 *Y*의 구성원들의 경우 해당 동네의 인구구성에 상관없이 그들의 지불의사 금액에는 아무런 차이가 없다는

그림 7.1 | **동네 인구구성에 대한 지불의사모형 및 모형의 안정성**

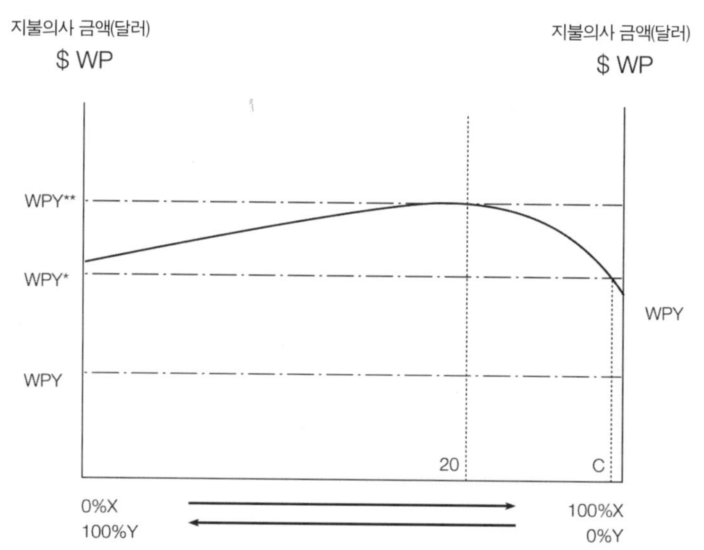

자료: Schnare and MacRae(1978); Colwell(1991); Card, Mas, and Rothstein(2008)에 기초해 필자가 재구성.

것이다.

초기에는 집단 *X*만 동네에 거주하고 있었다고 하자. 이 상황에서는 집단 *Y*로부터의 경쟁이 거의 없을 것이다. 이는 아마 해당 지역에서 집단 *Y*의 구성원 수가 얼마 되지 않거나, 집단 *Y*의 구성원들이 해당 동네의 주택에 입찰할 것을 고려하기에 수입이 충분하지 않거나, 아니면 집단 *Y*의 구성원들이 다른 동네에 있는 주택에서 만족해하며 거주하고 있기 때문일 것이다. 이와 같은 초기 상황에서는 공실이 나올 때마다 더 높은 금액을 제시하는 입찰자가 집단 *X*에서 나타날 것이다. 왜냐하면 (그림 7.1에서 *WPX*로 표시된) 집단 *X*의 지불의사함수가 (*WPY*로 표시된) 집단 *Y*의 지불의사함수보다 우세하기 때문이다. 전입자 모두 집단 *X*의 구성원일 것이며, 해당 동네의 인구구성은 집단 *X*와 동질적인 상태로 유지될 것이다.

이제 시간이 지나 집단 Y의 상황이 바뀜에 따라 이 동네에 대한 집단 Y의 구성원 간 경쟁이 심화되어 지불의사 금액 WPY^*로 구체화되었다고 가정해 보자. 이 경우 집단 X가 100%일 때 지불의사 금액 WPY^*가 WPX보다 더 높기 때문에 집단 X로만 이루어진 동네에서 발생한 공실은 집단 Y의 구성원에 의해 채워질 것이다. 또한 집단 Y는 동네가 최종적으로 C%의 집단 X와 (100 − C)%의 집단 Y의 거주자로 혼합된 것으로 여겨질 때까지 그다음 공실을 계속해서 채울 것이다. 만약 이 두 지불의사함수를 형성하는 집계적인 개인 상황, 인구 및 경제적 조건, 주택시장 여건 등이 일정하게 유지된다면, 해당 동네는 이 인구구성 상태에서 안정적으로 혼합되어 무한정 유지될 것이다. 두 집단 X와 Y는 집단 X의 인구가 C%인 동네에서 발생하는 공실을 놓고 벌이는 경쟁에서 이길 확률이 서로 같다. 임의로 해당 전입자가 집단 X의 구성원인 것으로 판명될 경우, 해당 동네에서 집단 X의 비율은 C를 초과할 것이며 따라서 집단 Y의 구성원은 그다음 공실에 대한 입찰에서 이김으로써 C에서 안정성을 되찾을 것이다. 만약 전입자가 집단 Y의 구성원이라면 그 반대 결과가 나타날 것이다. 하지만 지불의사 금액 WPY의 수준이 계속 상승한다면, 해당 동네에서 집단 Y의 점유율도 상승할 것이다. 결국 이러한 특별한 경우에 불안정성의 문턱값(즉, 티핑 포인트)인 WPY^{**} 수준까지 지불의사 금액이 상승하여 해당 점유율은 20%에 도달할 것이다. 동네의 인구구성과 상관없이 집단 Y의 구성원이 향후의 공실을 차지하기 위해 집단 X보다 더 많은 금액을 계속해서 입찰함에 따라, 지불의사 금액 WPY에서 더 이상으로 상향 이동한다는 것은 해당 동네가 집단 Y의 구성원에 의해서만 계속해서 점유되는 방향으로 갈 것임을 의미할 것이다.[35]

모형을 단순화시키는 여러 가정에도 불구하고, 지불의사모형은 동네에서 집단들의 다양성이 안정적일 것이라는 전망에 관해 몇 가지 현실성 있는 일반화를 보여준다. 특정 동네에서 집단들의 실질적인 다양성이 오랜 시간에 걸쳐 안정적으로 유지될 확률은, 해당 집단 중 하나 이상의 집단이 어떤 특성을 분명하게 나타내는 정도에 이를 때까지 높아질 것이다. 이러한 특성에는 (1) 자신의 집단이 더 큰 점유율을 가지는 것에 대해 훨씬 더 많은 금액을 지불하기를 꺼리고, (2) 하나의 집단이 우위를 차지하는 동네 대신에, 다양성이 있는 동네에 대해 훨씬 더 많은 금액을 기꺼이 지불하고자 하며, (3) 특정 동네에 지배적인 주택하위시장(들)을 두고 서로 경쟁하는 가구의 수가 급격히 변화하지 않고, (4) (제5장에서 논의된) 공간 편향 또는 불법적인 차별 장벽으로 인해 해당 동네의 주택에 대한 입찰 과정에서 실제보다 체계적으로 과소대표되지 않는 것 등이 포함된다.

집단들의 거주지 분리가 어떻게 동네 인구구성에 대한 선호에 의해서만 추동되는, 규제 없는 주택시장 배분 과정의 균형 결과일 수 있는지를 설명하는 개념적 모형 및 시뮬레이션 모형을 개발하려는 수많은 시도가 지난 반세기 동안 있었다.[36] 최신 세대의 행위자 기반agent-based (셀룰러 오토마타cellular automata) 컴퓨터 모형은 거주지 분리의 집계적인 복잡성 패턴이 대도시의 정형화된 맥락 내에서 작동하는, 단순하면서 행위자 수준의 일단의 사회동태적 과정으로부터 어떻게 발생할 수 있는지 보여주었다.[37] 하지만 이러한 결과는 논리적으로 필연적이지 않으며, 구체적으로 명시되어 있는 정형화된 선호의 속성에 따라 달라진다. 이는 엘리자베스 브루흐Elizabeth Bruch와 로버트 메어에 의해 설득력 있게 입증되었는데, 이들은 모의실험된 개인이 소수인종일 때의 모든 선택대안보다 다수인종일 때의 모든 선택대안을 똑같이 더 선호할 때 상당한 정도의 거주지 분리가 발생한다는 것을 보여주었다.[38] 하지만 이들의 모의실험 결과에 따르면 자신과 동일한 집단의 이웃에 대한 선호가 더 미세한 단계로 구성되어 있는 대안이 채택될 때, 거주지 분리가 훨씬 더 낮은 것으로 나타났다. 마지막으로, 여론조사에서 드러난 인종 선호의 범위와 가능한 한 일치하는 선호 구조가 모의실험되었을 때에는 사실상 어떤 거주지 분리도 나타나지 않았다.[39]

가구들이 대도시 공간에 걸쳐 자신들을 분류입지할 때 나타나는 상호작용적인 동태적 과정은, 정형화된 선호에 기초한 모의실험 결과보다 또는 이처럼 복잡한 선택 문제의 한 측면만 설명할 수 있는 것보다 훨씬 더 다면적이고 함축적임이 분명하다. 다음에서 나는 동네 계층구성 및 인종구성의 이면에 있는 모든 주요 인과적 힘을 종합하고, 그 힘들이 어떻게 종종 상호 강화적인 방식으로 서로 연결되어 있는지에 대해 설명하는 개념적 모형을 제시한다.

계층 및 인종에 따른 동네 거주지 분리의 구조적 모형

이질적이며 다수의 요소로 이루어진 다중적인 인과적 힘들을 독립적으로 고려해 볼 때, 이러한 힘들이 계층에 따른 거주지 분리와 인종에 따른 거주지 분리를 결정한다. 전체론적으로 고려해 볼 때, 이러한 힘들의 대부분은 두 유형의 거주지 분리에 대해 동일하며 일부는 뚜렷이 구별되지만 상호 연관되어 있다. 보다 근본적으로, 설명력 있는 일부 힘은 내생적인데, 그러한 힘들 자체가 해당 대도시 지역에 존재하는 거주지 분리의 정도에 의해 영향을 받으며, 거주지 분리의 두 형태 자체가 서로를 강화시키고 있다.[40] 나는 하나의 공통의 틀로 종합하기 전에 연구자들이 진척시켰던 계층 및 인종에 따른 거주지 분리의 직접적 원인 각각을 설명함으로써 이러한 전체론적 모형을 제시하고자 한다.[41] 나는 이와 같은 독창적이며 전체론적인 틀을 구성하는 것이 매우 효과적이라고 믿는데, 이러한 틀은 거주지 분리의 두 형태가 미국의 동네에서 왜 그렇게 오래 지속되는 특징이었는지를 설명하는 데 도움이 되기 때문이다.[42]

계층에 따른 거주지 분리의 직접적 원인

가구들의 경제적 지위에 따라 특징지어지는 거주지 분리에는 일곱 가지의 뚜렷한 직접적 원인이 있다.[43] 첫째, 가구들은 직장 통근시간과 주택소비에 대한 상대적 가치평가에 부분적으로 기초하여 입지를 선택할 것이다. 에이커당 토지가치가 더 높게 매겨지는 고용 군집의 지리적 패턴에 직면할 경우, 주거입지를 선택하는 가구는 통근시간을 주거비용(따라서 소비할 수 있는 수량)과 절충해야 한다. 서로 다른 소득집단이 이 두 요소의 상대적 가치를 평가하는 방식에 있어서 상당한 차이가 있다면, 그들은 고용 근접성에 따라 공간적으로 분류입지하는 경향이 있을 것이다.[44] 그림 7.2의 경로 C를 참조하라. 물론, 첫째 직접적 원인은 기존의 주택개발 패턴, 구체적인 위치에 따른 어메니티와 디스어메니티, 로컬정치관할구역에 대한 고려 등에는 아무런 주의를 기울이지 않는다. 나는 이러한 차원을 아래에서 강조한다.

둘째 직접적 원인은 얀 브루크너Jan Brueckner와 스튜어트 로즌솔이 제시한 입장인데, 주택재고의 경과년수에 따른 계층 분류입지이다. 다른 모든 것이 동일할 경우 오래된 주택일수록 (규모는 더 작고, 시스템과 어메니티는 쓸모없으며, 건강 및 안전은 위협받고, 유지는 형편없는 등) 일반적으로 품질이 더 낮고 동일한 품질을 유지하기 위해 더 많은 비용이 든다고 가정할 때, 비교적 높은 소득의 집단은 신규주택이 있는 입지에 대해 비교적 낮은 소득의 집단보다 더 높은 가격을 부를 것이다. 도시의 유서 깊은 중심부에서 바깥쪽을 향해 주택이 일정한 시간적 패턴으로 건설되어 왔기 때문에, 새로 건설되는 주택일수록 도시화된 지역의 가장자리와 더 가까운 곳에 입지할 가능성이 더 높다. 예외는 오래된 주택의 대규모 철거나 복구가 일어나는 도심 재개발 지역이다.[45] 그림 7.2의 경로 F를 참조하라.

그림 7.2 | **계층 및 인종에 따른 동네 거주지 분리의 구조적 모형**

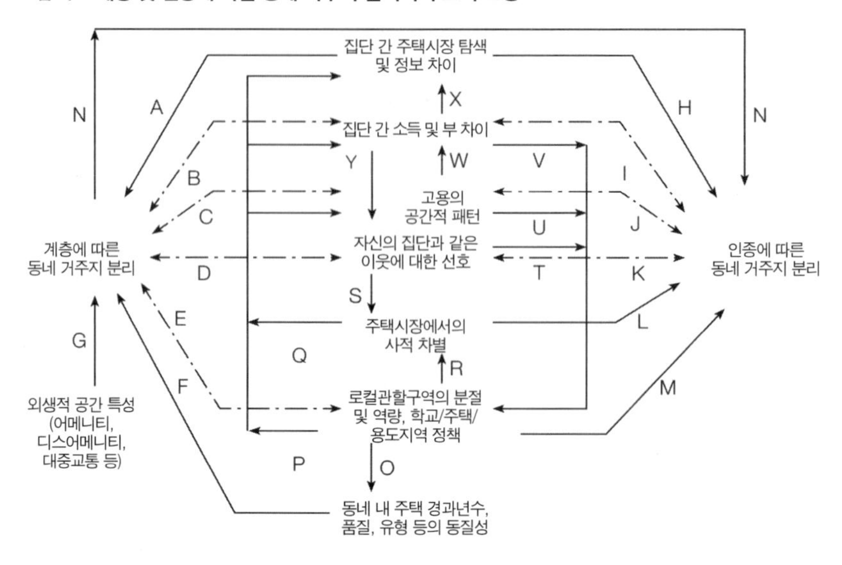

셋째 직접적 원인은, 서로 다른 계층의 가구는 특정 대도시 지역에 걸쳐 지리적으로, 종종 특유의 방식으로, 여러 다양한 자연적 속성 및 인공적 속성에 대한 지불의사 금액이 서로 다를 것이라는 점이다. 어느 집단이 궁극적으로 이러한 속성들에 가까이 거주하고 있는지가 이들 속성에 아무런 영향을 주지 않는다는 점에서, 이러한 속성들은 사전에 결정되어 있는 것으로 볼 수 있다. 경치 좋은 수변과 매력적인 지형적 특징, 그리고 공원이나 역사적으로 중요한 건축물이 모여 있는 장소처럼, 인간이 만들어낸 명소는 상위소득 가구의 정착을 끌어당기는 자석 역할을 할 수 있는데, 이는 그와 같은 사치재에 대한 수요의 소득탄력성이 더 크기 때문이다.[46] 그와 반대로, 특별한 것이 없는 자연적 특징, 공공편의시설의 부재, 극심한 오염의 집중 등으로 특징지어진 지역은 비교적 높은 소득의 집단이 회피할 것이며, 가장 저렴한 거처만 겨우 구입할 수 있는 가구에게 잔여 공간으로 남겨질 것이다.[47] 대중교통 연결로 가까이 있는 입지 또한 여기에 관련되어 있는데, 이러한 편의성이 시간에 더 높은 가치를 두는 부자에게 상대적으로 더 매력적인지 아니면 차량이 없는 가난한 사람에게 더 매력적인지는 그다지 명확하지 않다.[48] 그림 7.2의 경로 G를 참조하라.

넷째 직접적 원인은, 특정 가구가 동네를 점유함에 따라 내생적으로 발생하는 동네 관련 어메니티와 디스어메니티이다.[49] 자신과 비슷한 사람과 어울리는 것을 선호하는 가구는 자신의 집단이 실제보다 과소 대표되는 것 외에는 똑같은 동네보다 자신의 소득집단이 지배적인 동네에서 살기 위해 더 많은 금액을 지불할 의사가 있을 것이며, 따라서 도시 내에서의 이동성을 선택할 것이다.[50] 자신의 자녀가 적절한 또래집단을 가지는 것을 선호하기 때문에, 상위소득의 부모는 같은 동네와 학교에서 비슷한 계층적 지위를 가진 부모들과 함께 모여 살 것이다.[51] 만약 비교적 낮은 소득의 집단이 해당 동네에서 (범죄와 같은) 부정적인 외부효과를 발생시키고 따라서 삶의 질을 떨어뜨리며 다른 거주자로 하여금 사회적으로 문제가 되는 행동을 하도록 부추기는 것으로 생각된다면 ─ 이는 제8장에서 상세히 다룰 주제이다 ─ 비교적 높은 소득의 가구는 비교적 낮은 소득의 집단이 집중해서 살고 있는 동네를 회피하려고 할 것이다.[52] 그림 7.2의 경로 D를 참조하라.

다섯째 직접적 원인은, 대부분의 미국 대도시 지역이 자치단체, 타운, 교육구 같은 여러 로컬정치관할구역으로 분절fragmentation되어 있는 것과 관련 있다. 찰스 티부Charles Tiebout는 로컬에서 공급되는 공공서비스와 시설 및 이러한 서비스와 시설의 특정 구성에 대해 서로 다른 계층이 세금으로 얼마나 많이 지불할 의사가 있는지에 대한 선호가 서로 다른 한, 집단들은 세금/서비스 패키지의 강도 및 다양성에 따라 관할구역들 전체에 걸쳐 분류입지할 것이라고 주장했다.[53] 이것은 동료효과peer effects에 대해 염려하는 학령기 아동을 가진 부모에게 특히 중요할 수 있다.[54] 서로 다른 구성을 가진 그와 같은 관할구역의 수가 많을수록, 관할구역 내 계층 동질성은 더 커지며 대도시 공간상에서 계층 분리는 더 심해질 것이다.[55] 교육구를 통합할 것인지, 마그넷 스쿨magnet school*을 설치할 것인지, 아니면 교육구 간 교차등록을 허용할 것인지 등과 같이, 학교와 관련된 그 밖의 로컬 정책은 학교의 경제적 구성과 동네 사이의 연결을 강화시키거나 약화시킴으로써 계층에 따른 거주지 분리의 원인이 될 수도 있다. 그림 7.2의 경로 E를 참조하라.

여섯째 직접적 원인은, 어떤 특정 동네에서든 기존 주택재고가 품질에 있어서 (제3장에서 채택하기 시작한 가장 광범위한 의미의 품질에서) 일반적으로 상당히 동질적이라는 것이다. 이러한 동질성은 (고층 건물을 떠받치는 기반암의 이용가능성과 같이) 특정 유형의 주택건설의 실현 가능성 및 비용, 동질적인 구획 개발에서의 규모의 경제economies of scale, 그리고 건설업자-개발사업자의 지리적 틈새 전문화niche specialization 등의 측면에서의 구체적인 입지별 차이 때문에 발생한다.[56] (제3장에서 설명한 바와 같이) 서로 다른 주택품질하위시장에 대한 지불의사와 지불능력에서의 계층 간 차이 때문에 어떤 한 동네가 오직 하나의 품질하위시장으로 구성된 주택재고에 의해 지배된다면 그 동네는 좁은 범위의 소득집단에 의해 점유될 것이라고 예상할 수 있다. 특별한 경우, 공공 또는 그 밖의 보조주택 단지의 대규모 개발은 소득 자격조건의 한계 때문에 제한적인 소득 범위 내에 있는 가구에 의해서만 점유되는, 주택의 공간적 동질성을 만들어낼 수 있다.[57] 그림 7.2의 경로 F를 참조하라.

마지막 직접적 원인은 주택시장 정보에서의 공간 편향으로, 여기에 대해서는 제5장에서 자세하게 논의했다. 이러한 편향이 암시하는 바는, 일단 특정한 지리적 패턴으로 자리 잡자마자 현재의 거주지 분리 패턴을 영속화시키는 방

---

* 다른 지역 학생들을 유치하기 위해 일부 교과목에 대해 특수반을 운영하는 대도시 학교_옮긴이

식으로 소득집단이 주택과 동네 사이를 이동하는 경향이 있다는 것이다. 그림 7.2의 경로 A를 참조하라.

물론, 앞에서의 모든 논의는 해당 대도시 지역의 가구 간 경제적 여력에 있어서 작지 않은 차이가 있다고 가정한다. 분명히 가구들 사이의 소득 및 부의 불평등 정도는 대도시 지역들 전체에 걸쳐 일정한 것이 아니며, 하나의 대도시 지역 내에서 오랜 시간에 걸쳐 일정한 것도 아니다. 계층 간 불평등이 클수록 위의 모든 힘들은 거주지 분리를 발생시키는 데 더욱 강력할 가능성이 있다. 그림 7.2의 경로 B를 참조하라.

인종에 따른 거주지 분리의 직접적 원인

인종에 따른 거주지 분리의 직접적 원인에는 여섯 가지가 있는데, 그중 다섯 가지는 계층에 따른 거주지 분리의 맥락에서 논의된 대응 원인과 밀접하게 관계되어 있다.[58] 실제로, 첫째 원인은 계층에 따른 거주지 분리 그 자체이다. (거주지 분리의 원인과 상관없이) 소득집단에 따라 거주지가 분리되며 소득 및 부의 분배에 있어서 인종 간 차이가 뚜렷하기 때문에, 계층에 따른 거주지 분리는 사실상 인종에 따른 거주지 분리를 발생시킬 것이다.[59] 그림 7.2의 경로 N과 I를 참조하라.

인종에 따른 거주지 분리의 둘째 직접적 원인은 일자리의 공간적 분포에서의 인종 간 차이이다. 대도시 지역 내 일자리의 위치 그리고 각 위치에서 노동력을 구성하고 있는 특정 개인을 고정된 것으로 간주한다면, 근로자는 통근과 관련된 현금지출 및 시간비용을 줄이기 위해 사전에 결정되어 있는 근무지의 주변에 모이려는 경향이 있을 것이라고 추론할 수 있다. 백인보다 훨씬 더 높은 비율의 모든 소수인종이 중심도시에서 고용되어 있기 때문에, 두 인종 집단의 구성원이 통근을 똑같이 싫어한다고 가정할 때 거주지 패턴은 이러한 차이를 반영하고 있을 것이라는 결론에 이르게 된다.[60] 그림 7.2의 경로 J를 참조하라.

셋째 직접적 원인은 동네의 인종구성에 대한 선호이다. 주택구입 지불의사에 관한 여론조사[61]와 통계적 연구[62] 모두 대부분의 흑인 및 히스패닉 가구는 인종 간 비율이 대략적으로 동일한 동네를 가장 선호하는 반면, 백인은 백인 비율이 압도적으로 높은 동네를 일반적으로 더 선호한다는 것을 일관되게 보여준다. 앞에서 상세히 논의한 바와 같이, 선호들의 이러한 조합이 동태적으로 어떻게 그리고 어느 정도까지 거주지 분리로 이어지는지는 명확하지 않다.[63] 더구나, 제5장에서 논의한 바와 같이, 흑인이 주로 거주하는 동네에 대해 백인이 표현하는 혐오감은 그러한 장소에 대해 백인이 지니고 있는 고정관념과 관련되어 있을 수 있다. 그림 7.2의 경로 K를 참조하라.

넷째 직접적 원인은 주택 소유자 그리고 부동산 중개업자 같은 민간 주택시장 중개업자 또는 민간 주택담보대출기관에 의한 차별 행위이다. 마저리 오스틴 터너Margery Austin Turner와 그녀의 동료들은 진행 중인 일련의 대응조사자matched-tester 연구에서 주택시장 차별을 전국 수준에서 상세히 살펴봤다.[64] 차별 행위가 없다면 비소수인종 동네로 기꺼이 이주할 의사와 능력이 있는 소수인종 사람이 이러한 차별 행위 때문에 이주를 거부당할 경우 또는 동네 통합이 이러한 차별 행위 때문에 더 오래가지 못할 경우, 이러한 차별 행위는 거주지 분리를 유발할 수 있다.[65] 전자의 행위에는 '바람 잡기steering'*와 '이주거부exclusion' 같은 행위가 포함되며,[66] 후자에는 '으름장거래blockbusting'**와 '겁주기panic peddling'*** 등이 포함된다.[67] 실제로 소수인종이 차별에 직면할 확률은 백인

---

* 부동산 중개업자가 흑인에게 백인 지역의 주택을 고의로 보여주지 않는 행위_옮긴이

** 부동산 중개업자가 인종적 편견을 이용하여 주택을 싸게 구입한 뒤 비싸게 전매하는 행위_옮긴이

*** 소수인종 구성원이 해당 동네의 주택을 구입할 가능성이 높다고 믿게 하여 불안감을 조성함으로써 이웃 사람들이 자신의 주택을 판매하도록 유도하는 행위_옮긴이

이 대다수 점유하고 있는 동네의 주택을 확보하려고 할 때 훨씬 더 높은 것으로 보인다.[68] 또한 소수인종이 주택담보대출 융자에 거절될 경우(또는 단지 덜 유리한 조건으로 주택담보대출 융자를 제공받을 경우), 소수인종은 자가점유가 압도적이면서 주로 백인에 의해 점유될 수 있는 동네로 이주할 수 없게 된다.[69] 그림 7.2의 경로 L을 참조하라.

다섯째 직접적 원인은 공공기관 및 정부기관에 의한 인종차별 행위와 정책이다. 더글러스 매시Douglas Massey와 그 밖의 연구자들은 연방 주택담보대출 보증기관과 공공주택청이 널리 퍼뜨린 20세기 중반의 추악한 분리주의segregationist 정책의 역사를 실증했다.[70] 명시적으로 차별적인 로컬정부의 여러 다양한 종류의 행위 또한 전국에 걸쳐 거주지 분리를 강화했다.[71] 비록 현 시점에서 이 요인의 범위가 어느 정도인지를 수량화하는 것은 어렵지만, 로컬정부의 공정주택fair housing 위반을 겨냥한 연방정부의 주기적인 소송 제기는 이 문제가 과거의 일로 치부되지 않았음을 시사한다. 불법행위가 없는 경우에서조차 학교와 관련된 로컬 정책들 — 교육구들을 통합할 것인지, 마그넷 스쿨을 설치할 것인지, 아니면 교육구 간 교차등록을 허용할 것인지 등과 같은 — 은 학교의 인종구성과 동네 사이의 연결을 강화시키거나 약화시킴으로써 인종에 따른 거주지 분리의 원인이 될 수 있다. 그림 7.2의 경로 M을 참조하라.

인종에 따른 거주지 분리의 마지막 원인은 자신과 동일한 인종 집단 구성원이 거의 살지 않는 동네에 존재하는 주택 기회에 관한 잘못된 정보이다.[72] 앞에서 언급한 정보 획득 과정에서의 공간 편향 때문에, 소수인종 가구는 백인이 주로 거주하고 있는 동네의 삶의 질과 상대적 주거비용에 대해 충분하지 못하고 정확하지 않으며 편향된 정보를 가지고 있을 수 있으며, 그 반대의 경우도 마찬가지이다.[73] 두 집단의 구성원이 가지고 있는 정보가 그다지 많지 않아 두 집단 모두 다른 집단이 거주하고 있는 동네의 삶의 질을 체계적으로 과소추정하고 주거비용을 과대추정할 경우, 그들은 자신의 인종 집단 구성원이 거주하고 있는 동네에서 주택 선택대안을 찾으려고 할 것이다. 그림 7.2의 경로 H를 참조하라.

직접적 원인 간의 상호작용

지금까지 나는 거주지 분리의 직접적 원인들이 마치 서로 독립적인 것처럼 열거했다. 분명히 그렇지는 않다. 먼저, 부담가능주택 및 토지이용 용도지역제 패턴에 관한 로컬관할구역 공공정책의 역할을 살펴보자. 극단적으로, 관할구역은 공공 및 그 외 형태의 보조주택을 허용하지 않을 수 있고, 단독주택은 대규모 부지에 건축하도록 명령할 수 있으며, 따라서 해당 관할구역 전체에 걸쳐 높은 주거비용 범위를 초래할 수 있다. 비록 극단적인 경우보다는 덜 배타적이지만, 대규모의 용도지역을 특정 유형의 주택 건축물만을 위해 지정하는 관할구역은 어떤 동네 내에서든 주택가치의 동질성을 증가시킬 것이다.[74] 그림 7.2의 경로 O를 참조하라. 비주거용 토지이용 용도지역제 및 (개발부담금, 조세경감, 환경규제 등의) 기업유치 정책에서의 지역 간 차이 또한 해당 대도시 지역의 고용의 공간적 패턴에 영향을 미칠 것이다. 특히 건강, 교육, 여가, 안전 등과 관련된 공공서비스 품질에서의 지역 간 차이는 궁극적으로 해당 지역에서 집단 간 소득 및 부의 차이의 원인으로 작용할, 아이들의 인적자본 개발 능력에서의 차이를 초래할 것이다. 그림 7.2의 경로 P를 참조하라. 마지막으로, 로컬 공공서비스 품질에서의 그와 같은 차이는 인종차별을 조장할 수 있는데, 부동산 중개업자는 주택을 구하는 백인에게 "서비스와 학교 수준이 떨어진다"라는 구실을 대면서 인종적으로 다양한 관할구역에서 멀어지도록 바람을 잡는 근거로 그와 같은 몹시 부당한 구별 짓기를 이용할 수 있기 때문이다.[75] 그림 7.2의 경로 R을 참조하라.

주택시장 및 주택담보대출시장에서의 차별은 그 희생자인 소수인종에게 (정보 및 금전의 형태로) 직접적 불이익을 가한다. 존 잉거John Yinger가 설명한 바와 같이, 차별로 말미암아 탐색을 통해 얻을 수 있는 정보의 양과 질이 떨어지고 그에 따라 기존의 소비자잉여consumer surplus에서 연간 수십 억 달러로 추정되는 불이익이 발생하기 때문에, 차별은 소수인종이 해당 주택시장에서 탐색을 통해 얻는 순편익을 감소시킨다.[76] 소수인종은 주택을 임대하거나 주택담보대출 신용을 확보하는 데 차별적인 조건에 직면할 경우 추가적인 재무적 불이익을 무리하게 요구받을 것이다.[77] 그러므로 차별은 이러한 방식으로 정보 및 경제적 측면 모두에서 인종 간 격차의 원인이 된다. 그림 7.2의 경로 Q를 참조하라.

주로 자신과 동일한 경제 집단 또는 인종 집단으로 구성되어 있는 이웃을 선호하는 것 또한 다른 직접적 원인들에 영향을 미친다. 만일 고객이 암묵적인 인종차별의 벽을 허물려고 시도하는 중개업자 누구에게든 대갚음할 수 있는 강한 인종적 편견을 가지고 있다고 부동산 판매 중개업자가 지각한다면, 그 중개업자는 현재 또는 장래의 백인 고객층이 거주할 동네 빈집을 소수인종 고객에게 보여주기를 꺼릴 수 있다.[78] 이와 비슷하게, 대형 아파트 건물 소유자가 동질적인 고객에 대해 현재의 백인 임차인이 장래 소수인종 임차인보다 더 높은 프리미엄을 지불할 의사가 있다고 지각할 경우, 그는 백인 고객의 선호에 맞추면서 소수인종 임차인은 배제하려는 강력한 경제적 동기를 가질 것이다. 그림 7.2의 경로 S를 참조하라. 자신과 동일한 계층이나 인종의 사람과 어울리는 것을 강하게 선호할 경우 로컬정치관할구역의 분절의 형성과 유지가 촉진되는데, 이들 관할구역은 배제적인 교육, 주택, 용도지역 정책을 법으로 규정함으로써 동질적인 커뮤니티를 보다 효과적으로 이루어낼 수 있기 때문이다. 그림 7.2의 경로 T를 참조하라.

거주자의 주거선호 그리고 거주지 분리의 그 외 직접적 원인은 로컬정부의 특징에 공동으로 영향을 미친다. 운 좋게 고소득 거주자 특성 및 높은 비주거용 과세표준을 보유한 관할구역은 부러워할 만한 재정역량을 가지게 될 것이다. 그림 7.2의 경로 V와 U를 참조하라.

대도시 지역에서 일자리의 공간적 패턴은 소득과 부에서의 인종 간 차이에 영향을 미칠 수 있다. 존 케인John Kain의 잘 알려진 '공간적 불일치 가설spatial mismatch hypothesis'에 따르면, 대부분의 소수인종이 거주하고 있는 장소와 가장 적합한 숙련 고용의 증가가 위치해 있는 장소가 공간적으로 서로 분리되고, 소수인종 구직자가 전형적으로 활용하는 비공식적이면서 공간적으로 제약된 일자리 탐색 기술과 결합됨으로써 소수인종 집단의 고용 기회는 줄어든다.[79] 그림 7.2의 경로 W를 참조하라.

마지막으로, 경제적 여력에서의 집단 간 차이는 주택시장 탐색의 성격, 범위, 방식 등에 영향을 미칠 것이다. 비교적 높은 소득의 가구는 수준 높은 부동산 전문가와 전자 정보 출처에 더 잘 접근할 수 있다. 제5장에서 설명한 바와 같이, 소득 집단은 사회연결망 및 일상 활동 공간에서의 차이 때문에 소극적으로 수집하는 주택시장 정보의 공간적 패턴에서도 차이가 있다. 그림 7.2의 경로 X를 참조하라. 더욱이 소득 및 부에서의 집단 간 차이가 커질수록 사회경제적 지위의 격차가 확대되어 자신과 비슷한 사람과 어울리려는 경향을 더욱 강력하게 조장할 것이다. 소비 패턴에서의 집단 간 차이가 클수록 해당 집단은 공통점이 더 적다고 지각할 것이다. 그림 7.2의 경로 Y를 참조하라.

상호 강화적 인과관계

거주지 분리의 여러 다양한 직접적 원인은 서로 관련되어 있을 뿐만 아니라,

거주지 분리의 결과 자체는 이러한 여러 요인에 결과적으로 다시 영향을 미친다. 이러한 여러 관계의 복잡하고 상호 강화적 패턴인 '누적적 인과관계cumulative causation'는 우리 사회에서 거주지 분리의 영속성을 설명하는 데 도움을 준다. 이러한 핵심적인 상호 강화적 관계는 그림 7.2에서 양쪽 화살표로 표시되어 있다.

첫째, 사전에 결정되어 있는 집단 간 소득 및 부의 차이는 결과적으로 계층 및 인종에 따른 거주지 분리를 발생시킬 뿐만 아니라, 두 형태의 거주지 분리 모두 시간이 지남에 따라, 심지어 세대에 걸쳐서도 이러한 차이를 영속화하고 확대시키도록 작용한다. 그림 7.2의 경로 B와 I를 참조하라. 이러한 거주지 분리의 '동네효과neighborhood effects'가 작동하는 다중적 메커니즘 그리고 이러한 효과가 상당히 크다는 것을 보여주는 증거는 제8장과 제9장의 주제가 될 것이다.

둘째, 일자리의 지리적 패턴은 종사자가 어디에 거주할 것인지에 영향을 미칠 뿐만 아니라, 동네의 거주지 분리가 확고해지면 일자리의 공간적 분포도 이에 반응하여 변화할 것이다. 제3장에서 논의한 바와 같이, 로컬 소매활동의 총량과 성격 그리고 관련 일자리는 주변에 살고 있는 거주자들의 경제적 특성에 맞춰 서서히 변화할 것이 분명하다. 소득하향계승을 보여주는 동네의 경우, 은행이 현금자동인출기로, 고급식당이 패스트푸드점으로, 와인전문점이 주류가게로, 의상전문점이 염가판매점으로 대체되는 등 인근 소매환경이 탈바꿈되는 것을 틀림없이 경험할 것이다. 제4장에서 디트로이트 사례를 통해 살펴본 바와 같이, 극단적으로 빈곤이 집중되면 로컬 소매환경은 사실상 사라질 수도 있다. 또한 소매부문은 소수인종이 집중되어 있는 환경에 서비스를 제공하는 틈새시장niche market으로 적응될 수 있다.[80] 대체로 모든 유형의 고용주는 자신이 더 '호감을 가지는'(즉, 백인 부자) 고객과 종업원을 끌어들이고 유지할 것이라고 한층 더 밝게 전망하면서 자신의 사업체를 이전하여 입지할 것이다.[81] 보다 미묘한 방식으로, 동네의 계층구성 및 인종구성은 로컬커뮤니티에서 성공적인 창업가가 배출될 가능성에 영향을 미칠 수 있는데, 이는 티모시 베이츠Timothy Bates가 설명한 바와 같이, 동네의 계층구성 및 인종구성은 창업가가 접근할 것으로 기대할 수 있는 자금조달, 훈련, 잠재적 시장 등에 영향을 미칠 것이기 때문이다.[82] 그림 7.2의 경로 C와 J를 참조하라.

셋째, 동네의 계층구성 및 인종구성에 대한 선호는 개인으로 하여금 특정 거주지를 선택하도록 만들 뿐만 아니라, 그와 같은 선호가 처음 형성되고 지속적으로 강화되는 것은 그 자체로 주거환경의 부차적인 결과이기도 하다. 거주지 분리는 사회적 선호를 형성하고 보존하는 데 핵심적이다. 예를 들어, 백인들이 백인이 지배적으로 많이 거주하는 동네를 선호하는 것에 대해서는 20세기 도시 인종 역사의 부수적인 산물로 이해해야 한다. 한 세기 이상 지속되어 온 인종에 따른 거주지 분리, (특히 북부의) 도시 내 흑인 인구의 전례 없는 성장과 더불어, 다수의 사적 및 공적인 차별적 행동, 제도적 관행, 그리고 법률 등에 의해 명시적으로 시행된 인종에 따른 거주지 분리가 이러한 역사를 특징짓는다. 이처럼 흑인 인구가 거주지 제약을 받고 있었지만 그 수는 증가하고 있었기 때문에, 흑인에게 '열려 있는' 게토와 몇 안 되는 인접 동네에 자신의 주택 수요를 집중시키는 경향이 있었으며, 이는 전형적으로 비양심적인 '으름장거래업자blockbusters'의 행위를 통해 이루어졌다. 으름장거래업자의 위협 전술, 부동산 중개업자의 바람 잡기, 대출기관의 거래위험지구 설정redlining* 등과 더불어, 억눌려 있던 흑인의 수요가 넘쳐나면서 백인이 모두 차지하고 있던 동네가 흑인이 전부 차지하는 동네로 빠르게 바뀌었다.[83] 그렇다면 대다수의 백인이 여전히 통합을 의심스럽게 바라보는 것은 당연하다. 케네스 클라크Kenneth Clark가 경험적으로 보여주는 인종 및 계층에 따른 거주지 분리의 극단적인 경우에

* 대출기관이 지도에 빨간 줄을 그어 저소득층이 거주하는 특정 지역을 표시해 놓고 대출 조건을 불리하게 적용하는 관행_옮긴이

서, 독특한 방식의 말투, 복장, 사회적 상호작용 등으로 '게토 하위문화ghetto subculture'가 나타날 때 통합에 대한 이러한 의심이 부추겨진다.[84] 좀 더 일반적으로, 고든 올포트Gordon Allport와 토머스 페티그루Thomas Pettigrew가 경험적으로 보여주는 바와 같이, 다른 집단과의 주거접촉이 제한되어 있는 분리된 환경에서 거주하는 경우에는, 자신과 비슷한 계층 및 인종의 사람과 어울리려는 경향인 동종선호homophily preferences에 의문을 제기하거나 이를 바꿀 가능성이 낮을 것이다.[85] 그림 7.2의 경로 D와 K를 참조하라.

마지막으로, 로컬정치관할구역의 조치와 역량은 계층에 따른 거주지 분리의 원인으로 작용할 뿐만 아니라 결과적으로 계층에 따른 거주지 분리에 의해 주도되기도 한다. 윌리엄 피셜William Fischel이 보여준 바와 같이, 로컬정치관할구역에 의해 공표되는 교육정책, 주택정책, 토지이용 용도지역제 정책 등은 해당 지역의 지배적인 집단의 정치적 이익을 반영하며, 그 영향력을 강화하지 않는다면 보존하는 방식으로 작용할 것이다. 비교적 높은 소득의 거주자는 낮은 소득의 거주자보다 재산세, 판매세, 소득세 과세표준에 있어서 1인당 기여가 더 많을 것이며, 또한 1인당 자치단체 부담 비용은 더 적을 것이다. 그러므로 예를 들어 상위소득의 교외지역은 자신의 동질성, 정치적 지배력, 재정역량 등을 보존하기 위해 강력한 배타적 용도지역제 정책을 시행하는 경향이 있을 것이다.[86] 그림 7.2의 경로 E를 참조하라.

결론

경제적 계층에 따른 거주지 분리와 인종 및 민족에 따른 거주지 분리는 미국 동네의 독특한 특징으로 흔히 여겨져 왔다. 두 가지 모두 독특한 방식으로 전개되어 왔지만, 이 장에서 나는 동네의 이러한 양상이 근본적으로 서로 연결되어 있다는 것을 보여주고자 했다. 왜냐하면 이러한 양상은 공통적인 몇 가지 직접적 원인을 공유하고 있고, 직접적으로 서로 영향을 주고받으며, 상호 강화적인 인과적 연결의 복잡한 그물망에서 핵심적인 교점이기 때문이다. 계층 및 인종에 따른 거주지 분리의 이러한 누적인과모형은 이 책의 핵심 주제인 '우리가 만드는 동네, 우리를 만드는 동네'를 가장 강력한 방식으로 표현하고 있다. 이러한 전체론적 묘사는 경험적 함의를 분명히 가지고 있는데, 최근의 경험적 연구에 의해 도출된 결과에 따르면, 계층에 따른 거주지 분리가 더 많이 나타나는 대도시 지역일수록 인종에 따른 거주지 분리 또한 더 많이 나타나고 있다.[87]

제 3 부

우리를 만드는 동네

제8장

동네가 개인의 사회경제적 성취결과에 미치는 영향

제5장에서 나는 동네가 우리에게 영향을 미치는 하나의 주요 방식을 설명했다. 그와 같은 방식을 통해 동네는 궁극적으로 우리의 주거 이동성과 주택 재투자 행동에 영향을 미치는 지각과 기대심리를 형성한다. 이 장에서 나는 동네가 우리를 만드는 훨씬 더 중요한 방식에 대해 살펴본다. 이를테면 어른과 아이의 사회경제적 성공 가능성을 형성하는 방식으로 동네가 어떻게 그들에게 직접적으로 그리고 간접적으로 영향을 미치는지로 관심을 돌린다. 나는 먼저 동네 맥락, 개별 거주자의 태도, 행동, 속성, 그리고 사회적 성공 기회 사이의 관계를 보여주는 개념적 모형을 제시한다. 다음으로, 나는 동네 맥락이 우리에게 영향을 미치는 메커니즘 문제와 관련된 이론과 증거를 상세히 분석한다. 마지막으로, 나는 사회경제적 성공 가능성에 기여하는 개인의 다양한 성취결과에 동네효과가 인과적으로 어느 정도의 영향을 미치는지를 그럴듯하게 측정하는 최신의 정교한 통계적 연구로부터 도출된 증거를 간략하게 검토한다.

공간적 맥락의 차이가 어떻게 사회경제적 성취결과의 불평등을 발생시키는지에 관한 개념적 모형

개략적으로 말하자면, 내가 제시하는 개념적 모형이 주장하는 바는, 다중적인 규모들(동네, 관할구역, 대도시 지역 등)에 걸쳐 있는 지리적 맥락의 차이 — 내가 '공간적 기회구조'라고 부르는 것 — 가 개인이 달성할 수 있는 사회경제적 성취결과에 다음 두 가지를 변화시킴으로써 영향을 미친다는 것이다.

1. 대상 기간 동안 개인이 지니고 있는 속성들로부터 얻게 될 보수
2. 일생 동안 개인이 소극적으로 그리고 적극적으로 획득할 속성들의 묶음

첫째 메커니즘의 경우, 공간적 기회구조는 매개요인mediating factor으로 작용하는데, 개인이 지니고 있는 개별 속성의 묶음을 해당 개인의 주거, 일자리, 일상적 활동 공간 등의 지리적 위치에 따라 좌우되는 성취지위achieved status로 전환시킨다. 둘째 메커니즘의 경우, 공간적 기회구조는 시간이 지남에 따라 다음의 세 가지 방식으로 개인이 계발하는 속성의 묶음에 영향을 미치는 변경요인modifying factor으로 작용한다. 첫째, 공간적 기회구조는 개인이 환경오염 물질이나 폭력에 노출되는 것과 같이 자유의지를 거의 또는 전혀 행사할 수 없는 개인적 속성에 직접적으로 영향을 미친다. 둘째, 공간적 기회구조는 무엇이 가장 바람직하고 실현 가능한 선택대안이라고 지각하는지에 영향을 미침으로써 개인이 상당한 자유의지를 행사하는 개인적 속성에 직접적으로 영향을 미친다. 공간적 기회구조는 (1) 개인이 직면하는 선택대안들에 어떤 정보가 제공되는지, (2) 해당 정보가 이들 선택대안으로부터 발생하는 보수payoffs에 대해 객관적으로 무엇을 말해주는지, (3) 해당 정보가 해당 개인에 의해 주관적으로 어떻

게 평가되는지 등에 영향을 미침으로써, 개인적 속성에 직접적으로 영향을 미친다. 일생 및 세대 전체에 걸쳐 확장될 수 있는 누적적으로 상호 강화적인 과정에 있어서, 생애 초기의 이러한 의사결정은 사람들의 사회경제적 성취지위 및 이후 생애 의사결정을 서로 다른 경로의존적path-dependent 궤도로 이끈다. 셋째, 아이와 청소년의 경우, 공간적 기회구조는 보호자의 자원, 행동, 태도 등에서의 변화를 유발함으로써 그들의 속성에 간접적으로 영향을 미친다.

개요 및 정의

여기서 나는 개인들이 배태되어 있는 공간이 어떻게 그들의 사회경제적 성취결과에 영향을 미치는지를 이해하는 데 초점을 맞춘다. 나는 공간이 가지고 있는 이러한 측면을 **공간적 기회구조**spatial opportunity structure라고 개념화하는데, 공간적 기회구조란 지리적으로 연계되어 있으면서 사람들의 사회경제적 지위 성취에 중요한 역할을 하는 시장, 제도, 서비스, 그 밖의 자연적 및 인위적 시스템을 말한다.[1] 공간적 기회구조에는 노동시장, 주택시장, 금융시장, 형사사법체계, 교육체계, 보건체계, 교통체계, 사회서비스체계, 자연환경, 건조환경, 공공기관과 민간기관의 자원 및 서비스, 사회연결망, (집합규범, 역할모델, 또래 등) 사회화 및 사회통제의 힘, 로컬정치체계 등이 포함된다. 사회경제적 성취지위를 나는 소득, 부, 직업 성취 등으로 이해한다.

제1장에서 소개했듯이, 공간적 기회구조의 다양한 요소는 서로 다른 공간 규모에서 작동하며 여러 공간 규모 전체에 걸쳐 차이가 있다. 이러한 차이는 적어도 세 개의 서로 다른 공간 규모에서 나타난다. 동네 간에는 안전, 자연환경, 또래집단, 사회통제, 시설, 사회연결망, 고용 접근성 등에서 차이가 발생한다. 로컬정치관할구역은 제각기 보건, 교육, 여가, 안전 등의 프로그램이 서로 다

르다. 대도시 지역들 전체에 걸쳐서는 여러 유형의 일자리들의 위치 및 관련 임금, 근로조건, 숙련요건 등이 다르며, 개인의 성공 기회에 영향을 미치는 주택조건 및 그 밖의 시장조건 등에 있어서 차이가 있다.[2] 물론 가장 작은 동네의 규모는 더 큰 동네의 규모 모두에 포개져 들어가기 때문에, 이들 공간의 모든 속성은 제2장에서 자세히 설명한 바와 같이 각각의 특정 주거 위치에 결부되어 있다. 그러므로 우리는 이들 모두를 **동네효과**neighborhood effects라고 여길 수 있다. 나는 여기서 동네효과라는 용어를 이러한 의미로 사용한다.

나는 공간적 기회구조를 직접적으로 그리고 간접적으로 '기회를 구조화'함으로써 사회경제적 성취결과에 영향을 미치는 것으로 생각한다. 특정 기간 동안 공간적 기회구조는 일단의 개인적 속성이 어떻게 사회경제적 지위의 성취 측면에 있어서 성과를 거두는지에 직접적으로 영향을 미친다. 보다 긴 시간에 걸쳐, 공간적 기회구조는 개인이 해당 기회구조에 가져오는 일단의 속성에 간접적으로 영향을 미친다. 이러한 간접적 영향 중 일부는 그 효과를 얻는 데 개인의 자유의지가 거의 또는 전혀 필요하지 않다. 여기에는 자연환경, 건조환경, 사회환경 속에 살면서 소극적으로 얻을 수 있는 정신건강 및 신체건강의 측면, 그리고 사람들이 어떤 정보를 받고 그것을 어떻게 평가하는지에 영향을 미치는 집합규범 및 로컬네트워크 등이 포함될 것이다. 아이와 청소년의 경우, 그 밖의 간접적 효과는 해당 가구에서 감당하게 되는 자원 및 양육행동에 영향을 미치는 보호자에게 작용함으로써 발생한다. 최종적인 간접적 영향은 인지적 숙련 개발 및 학업성취, 위험행동, 결혼, 출산, 경제활동참가, 불법행위 등에 관계된 의사결정과 관련되어 있는 개인의 의지 형성에 강력한 영향을 미침으로써 발생한다. 이들 영역에 관한 의사결정은 우리 사회에서 사회경제적 성취결과를 결정하는 데 매우 중요해서 나는 이를 **생애 의사결정**life decisions이라고 부른다. 아래에서는 경험이나 직관을 통한 발견적 모형heuristic model을 이용하여 이들 개념과 관계를 상세히 설명한다.

사회경제적 성취지위에 관한 발견적 모형

그림 8.1은 동네효과가 어떻게 성취지위의 불평등에 대한 기초를 제공하는지를 이해하기 위한 개념적 틀을 시각적으로 보여준다. 가장 기본적이고 명백한 관계에서 출발해 볼 때, 개인의 속성은 사회경제적 성취지위를 나타내는 표시물을 만드는 데 근본적인 역할을 할 것이며, 이는 그림 8.1의 경로 A로 표현된다. 문제의 개인들이 어른들이라면, 그들의 성취에 영향을 주는 현재 속성 묶음에서 나타나는 개인 간 차이는 동일 시점에서 측정된 그들의 사회경제적 성취지위의 실질적인 차이를 설명해 줄 것으로 기대할 수 있다. 문제의 개인들이 아이들이라면, 현재 속성은 그들이 어른이 되었을 어느 시점에서 나타날 장래 사회경제적 성취지위를 (비록 정밀성이 낮기는 하지만) 예측해 줄 것이다. 일부 개인적 특성은 임신 및 출산과 같은 통제 불가능한 변화와 관련되어 있기 때문에 해당 개인의 일생 동안 본질적으로 고정되어 있다. 그와 같은 고정된 속성에는, 예를 들어 유전자 서명, 출생 장소 및 연도, 그리고 해당 개인의 부모와 조상이 가지고 있는 (모든 특성은 아니지만) 여러 특성이 포함된다. 그 밖의 개인적 특성은 일생 동안 더 쉽게 영향 받을 가능성이 있다. 그림 8.1의 경로 B에 묘사된 바와 같이, 어떤 특성은 부모의 자녀 양육 활동을 통해 습득되는 것처럼 소극적으로 획득될 수 있다. 일단 획득되고 나면 이들 속성은 (이를테면, 신체장애 또는 범죄 기록과 같이) 더 이상 쉽게 변할 수 없지만, 쉽게 영향을 받을 수 있는 그 밖의 속성은 해당 개인이 수행한 이전의 의사결정 및 행위의 산물일 것이다. 이는 그림 8.1의 경로 C로 묘사된다. 내가 앞에서 생애 의사결정이라고 불렀던 일부 의사결정은 성취지위 결과를 달성하기 위한 진로를 설정하는 데 특히 중

그림 8.1 | 개인의 사회경제적 성취지위에 있어서 공간적 기회구조의 근본적 역할에 관한 발견적 모형

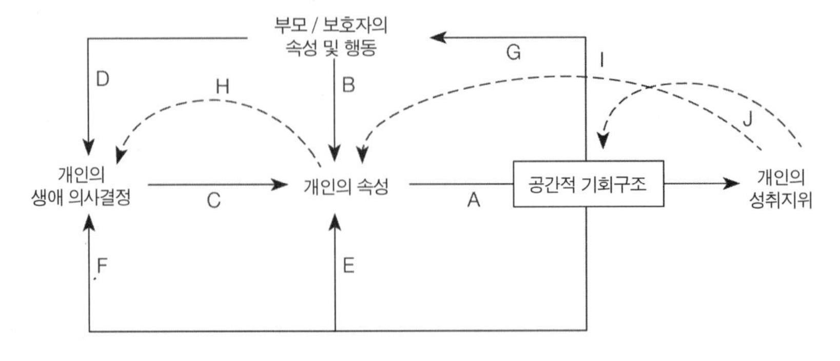

요하다.[3] 여기에는 취업, 범죄, 자녀 양육, 인지적 숙련 및 직업적 숙련, 학력, 흡연, 음주, 약물 남용 및 기타 건강 측면, 사회연결망 등과 관련된 행위가 포함된다. 물론, 그림 8.1의 경로 D로 표현되는 것처럼, 삶에 관한 특정 의사결정 상황에서 개인이 취하는 규범, 열망, 정보, 자원 등은 현재 그리고 아마도 그의 삶에서 부모나 보호자가 더 일찍 제공한 다중적인 투입요소들에 의해 크게 영향을 받는다.

개인적 속성과 성취지위 사이의 매개요인으로서의 공간적 기회구조

여기서 나는 이들 고정된 속성 및 가변적 속성 모두 사전에 결정된 것으로 간주하며, 따라서 현재 해당 개인이 배태되어 있는 동네 공간이 수행하는 중요한 역할 하나를 분리해 낼 수 있다. 나는 공간적 기회구조가 개인의 현재 특성과 그의 사회경제적 지위 성취결과 사이에서 매개요인mediator으로 작용한다고 상정한다. 그림 8.1의 경로 A를 참조하라. 개인적 속성을 성취지위로 전환하는 과정에서, 공간적 기회구조가 개인적 속성을 평가하는 방식은 대도시 지역들 내에서 극적으로 서로 다르다. 이것은 개인의 거주지, 근무지, 일상적 활동 공

간에 따라 그와 같은 성취의 가능성이 높아지거나 낮아진다는 것을 의미한다. 몇 가지 예시가 이러한 사실을 잘 설명해 준다. 고용주의 관점에서 볼 때 잠재적 취업자가 가장 매력적인 속성을 지니고 있다고 하더라도, 해당 잠재적 취업자가 잠재적 근무지에서 멀리 떨어져 거주하면서 신속하고 확실한 통근 통행 수단을 찾을 수 없다면, 그는 높은 소득을 얻지 못할 수 있다. 실력이 떨어지는 교사와 파괴적이고 폭력적인 또래로 구성되어 있으면서 자원이 부족하고 제대로 운영되지 않는 학교는, 학생의 호기심과 타고난 지능을 언어 및 수리 능력으로 발전시키지 못하며, 궁극적으로는 졸업을 결정한 학생에게 시장 경쟁력 있는 학력을 제공해 주지 못할 것이다. 경제활동 경험이 거의 또는 전혀 축적되어 있지 않은 사람의 경우, 주류 노동시장에서 무시된 자신의 속성 중 일부(이를테면, 현재 지향성, 폭력에 대한 강한 선호)를 불법 또는 지하 시장이 지배하는 동네가 호의적으로 평가할 것이라고 여길 수 있다. 가부장적 규범과 엄격한 성역할에 대한 집합적 사회화가 지배하는 동네에 배태되어 있는 여성은 가장 생산적인 개인적 속성과 학력조차도 더 큰 사회에서의 사회경제적 성취로 전환시킬 수 없을 것이다.

개인적 속성의 변경요인으로서의 공간적 기회구조

앞에서 언급한 매개요인으로서의 공간적 기회구조의 효과가 강력한 만큼, 공간적 기회구조는 시간이 지남에 따라 개인적 속성의 소극적 및 적극적 획득을 통해 그리고/또는 변경을 통해 세 가지 뚜렷한 방식으로 강력한 영향력을 행사한다. 첫째, 환경적 노출을 통해 공간적 기회구조는 개인이 자신의 의지대로 거의 또는 전혀 실행할 수 없는 일부 속성에 직접적으로 영향을 미친다. 둘째, 공간적 기회구조는 개인이 생애 의사결정을 하는 과정에서 가장 바람직하고 실행 가능한 선택대안이 무엇인지를 지각하는 데 영향을 미침으로써 자신의 의지대로 충분히 실행할 수 있는 속성에 직접적으로 영향을 미친다. 셋째, 아이와 청소년의 경우, 공간적 기회구조는 보호자의 자원, 행동, 태도 등에 있어서 유발된 변화를 통해 그들의 속성에 간접적으로 영향을 미친다. 나는 이제 그림 8.1에 그려진 경로 E, F, G에 대해 자세히 설명하고자 한다.

각자의 개인적 속성을 형성하는 과정이 의식적으로 선택되지 않았고 해당 개인에 의해 관찰될 수 없다고 하더라도, 동네의 물리적 및 사회적 환경은 각자의 개인적 속성을 지속적으로 형성한다. 이는 그림 8.1의 경로 E로 표현된다. 자연과학 및 사회과학 문헌으로부터 가져온 몇 가지 사례가 이를 잘 설명해 준다. 예를 들어, 우리는 대기오염과 건강상태가 관련이 있다는 것을 안다.[4] 오래된 주택재고가 있는 동네에서 찾아볼 수 있는 납은 아이들의 인지 기능 및 주의력에 영구적인 손상을 야기한다.[5] (희생자로서 또는 목격자로서) 폭력에 노출되면, 다른 무엇보다 학업성취도에 지장을 주는 것으로 알려져 있는 신체적, 정신적, 정서적 반응을 불러일으킨다.[6]

앞에서 언급한 바와 같이, 개인은 자기 자신의 생애 의사결정을 통해 자신의 속성을 변경할 수 있다. 공간적 기회구조는 무엇이 가장 바람직하고 실행 가능한 행동 방침인지에 관한 개인의 지각을 구체화함으로써 그러한 결정에 영향을 미칠 수 있다. 그림 8.1의 경로 F는 이러한 관계를 보여준다. 공간적 기회구조는 (1) 개인의 선택대안들에 대해 어떤 정보가 제공되는지, (2) 이들 선택대안으로부터 얻는 보수에 대해 해당 정보는 객관적으로 무엇을 보여주는지, (3) 해당 정보는 해당 개인에 의해 어떻게 주관적으로 평가되는지 등에 영향을 미침으로써 이러한 생애 의사결정에 영향을 미친다. 주거이동 및 투자 행동을 하게끔 만드는 태도 및 기대심리를 형성하기 위해 가구 및 주택 소유자가 이용하는 정보의 맥락에서, 나는 이러한 과정을 제5장에서 상세히 설명했다. 공간적 기회구조에 관계된 정보에 관해서도 비슷한 과정이 작동한다. 그러므로 예를 들어 로컬네트워크는 기회집합과 관련해 개인이 접근할 수 있는 정보의 양과 질에 영향을 미칠 수 있다.[7] 윌리엄 줄리어스 윌슨의 '사회적 고립social isolation' 개념은 사회경제적 취약이 집중되어 있는 소수인종 동네와 관련 있는데, 이는 고용 기회에 대한 정보를 상실한 로컬네트워크를 잘 보여준다.[8] 이들 네트워크 내에서 작동하는 집합규범 또한 어떤 정보 전달 수단이 기회구조에 대해 가장 신뢰할 수 있는 자료 출처로 고려되는지에 중요한 영향을 미칠 수 있다. 동네나 학교의 친구들, 역할모델, 그리고 그 밖의 집합적 사회화의 힘은 개인의 규범과 선호에 영향을 미칠 수 있으며, 그럼으로써 다양한 생애 의사결정과 관련된 지각된 장래 보수를 변화시킬 수 있다.

마지막으로, 공간적 기회구조는 보호자의 자원, 태도, 건강, 양육 행동 등을 형성함으로써, 아이와 청소년이 나타낼 속성에 간접적으로 영향을 미친다. 이는 그림 8.1의 경로 G로 묘사된다. 경로 E와 F에 대한 논의에서, 나는 공간적 맥락이 개인의 속성에 어떻게 영향을 미칠 수 있는지에 대한 다양한 메커니즘을 설명했다. 여기서 나의 요점은, 그와 같은 사람들이 마침 아이와 청소년의 보호자라고 할 경우, 공간적 기회구조가 그들의 보살핌을 받는 아이와 청소년에게 그 효과를 전달하는 과정에서, 바로 그들이 매개자가 된다는 사실에 주목하는 것이다. 예를 들어, 부모의 (정신적 및 신체적) 건강과 (경제적 및 사회적) 자원은 아이가 여러 영역에서 어떻게 성장하는지에 심오한 영향을 미친다는 충분한 증거가 있다.[9] 그러므로 앞에서 모형화된 인과적 과정 중 어떤 하나의 과정을 통해 공간적 기회구조가 이들 영역 중 어떤 하나의 영역에 영향을 미칠 경우, 그다음 세대에 대한 간접적인 인과 사슬의 연결고리가 만들어질 것이다. 연구자들이 관찰한 이러한 인과적 관계의 또 다른 형태는, 보호자들은 자신의 아이가 활동하고 있는 것이 틀림없는 공간적 맥락에 대한 자신들의 지각에 반응하여 양육 방식을 바꾼다는 것이다.[10]

피드백 효과

개념적 모형을 완성하기 위해, 나는 그림 8.1에서 점선으로 표시된 몇 가지 피드백 효과를 고려한다. 일단 개인이 특정 생애 의사결정을 하면, 관련 속성은 해당 개인의 '이력서'의 일부가 된다(그림 8.1의 경로 H). 속성의 포트폴리오에 있어서 이러한 변화는 문제의 생애 의사결정이 무엇인지에 따라 개인의 장래 기회에 영향을 미칠 것이며, 어쩌면 돌이킬 수 없을지도 모른다. 학력 사항을 취득하는 것은 분명 개인이 실현할 수 있는 일단의 기회에 있어서 평생에 걸친 변화를 가져다준다. 중죄로 유죄 판결을 받는 것 또한 마찬가지이다. 분명하지는 않지만, 이전의 생애 의사결정은 개인의 열망, 선호, 평가틀에 다시 영향을 미칠 수 있다. 예를 들어, 아이를 키우기로 한 이전의 결정은 위험한 기업가적 모험이나 불법행위 가담에 대한 반감을 강화할 수 있다. 마찬가지로, 장기 일자리를 구하기로 한 이전의 선택이 거듭 좌절된다면, 미래를 위해 인적자본 개발에 투자하고자 하는 의사와 행정 당국에 대한 존경심이 약화되며, 기회집합 내의 실현 가능한 선택대안에 대해 비관적으로 재평가하는 것으로 이어질 수 있다. 범죄조직 활동에 가담하기로 한 이전의 결정으로 인해, 해당 개인은 일단의 생애 의사결정 내에 있는 많은 선택대안에 대한 자신의 평가를 바꿀 수도 있는 태도 및 열망 규범에 노출될 수 있다.

사회경제적 지위를 나타내는 표시물(소득, 부, 직업)의 측면에 있어서 특정 시기까지 무엇을 성취했는지 또한 두 가지의 피드백 효과를 만들어낸다. 우선, 성취지위의 정도는 특정 속성을 획득하는 것에 대한 재정적 제약의 정도를 변화시킴으로써 해당 개인이 장래에 계발할 속성의 묶음에 영향을 미친다. 이것은 그림 8.1에서 경로 I로 나타낼 수 있다. 예를 들어, 생애의 어떤 시기까지 축적된 부가 많을수록 사람들은 더 우수한 훈련 및 자격 사항을 얻을 수 있고, 더 나은 건강을 유지할 수 있으며, 돌봄제공자를 고용하여 그에게 육아 책임의 일부를 맡김으로써 취업에 대한 제약으로부터 벗어날 수 있다. 사람들은 직장에서 다양한 정보 출처, 집합규범, 동료효과, 역할모델 등에 노출되는데, 이는 직업에 따라 달라질 것이다.

마지막으로, 그리고 아마도 가장 근본적으로, 그림 8.1에서 경로 J로 묘사되는 것처럼, 성취지위는 개인이 어떤 공간적 기회구조에 직면하는지에 영향을 미친다. 주택보조금을 받지 않는 미국의 대부분의 가구의 경우, 그들이 경험할 동네 특성과 공간적 기회구조의 관련 특성은 주택에 대한 그들의 지불능력에 따라 달라질 것이다. 제3장에서 모형화한 것처럼, 소득 및 부에 기초한 거주지 분류입지 과정은 시장이 주요 자원배분 기능을 수행하는 경제에서 일어날 것으로 기대된다. 생산품 및 서비스에 대한 지불능력은 학교, 교통체계, 소매 쇼핑, 근무지 등과 상호 연결되어 작용함으로써 공간적 기회구조의 다른 측면에 어느 정도 노출될지를 결정할 것이다. 가장 큰 재정적 수단을 가지고 있는 가구들은 해당 공간적 기회구조 내에서 자신들이 거주하면서 일상 활동을 수행하기에 가장 적합한 곳이라고 지각하는 장소를 선택하는데, 물론 이러한 장소는 다른 모든 조건이 일정할 경우 가장 높은 가격이 매겨져 있다. 제7장에서 설명했듯이, 부유한 사람들이 자신들의 이익을 충족시키기 위해 로컬관할구역을 정치적으로 지배할 수 있다면, 이들 공간에 대한 재정적 배타성은 다양한 용도지역 규정과 그 밖의 개발제한 규제에 의해 부추겨질 수 있다. 성취지위의 다른 한쪽 극단에서는, 시장 지배력이 거의 또는 전혀 없는 가구들이 자연스럽게 슬럼, 게토, 길거리 등 공간적 기회구조 가운데에서 가장 싼 값에 남겨진 고립지대로 밀려난다.

누적인과 및 경로의존

앞에서 살펴본 모형은 사회경제적 지위의 성취와 관련된 과정이 시간이 지남에 따라 누적적이고 경로의존적이며 전형적으로 상호 강화적이라는 점을 분명히 하고 있다. 어느 시점에서 측정되든 개인이 지니고 있는 속성은 자신이 과거에 경험했던 동네에 의해 형성되며, 이전의 생애 의사결정 및 보호자의 행위에 동네가 영향을 미침으로써 직접적으로 그리고 간접적으로 형성될 것이다. 더 나아가 현재 지니고 있는 일단의 속성은 생애 의사결정에 있어서 지각된 선택대안 및 관련 기대보수를 제약한다(정도의 차이는 있을지라도 속성 묶음 및 과거의 사회경제적 성취결과에 따라 달라진다). 예를 들어, 고등학교를 중퇴하고 중죄를 저질러 징역을 산 사람은 대학원을 졸업하고 한 번도 법을 어겨본 적이 없는 사람보다 장래에 더 높은 사회경제적 지위를 얻기 위한 선택대안을 훨씬 더 적게 가지고 있을 것이다. 게다가 (전일제 근무와 같이) 이들이 공유하는 어떤 비슷한 생애 의사결정 선택대안과 관련된 재무적 기대보수는 상당히 다를 것이다. 결과적으로 기회에 있어서 현재의 이러한 개인 간 차이는 장래에 두 사람을 서로 다른 경로의 생애 의사결정으로 이끌 것이다. 생애 기간 동안에 이러한 상호 강화적인 일련의 연속적인 결정을 추동하는 것은 앞에서 언급한 바와 같이 어느 동네에 접근할 수 있는지에 영향을 미치는 재무적 효과이다. 젊었을 때 상당히 높은 지위를 성취한 사람은 공간적 기회구조에서 더 특권적인 장소를 차지할 수 있으며, 그럼으로써 자신과 자녀에게 훨씬 더 나은 속성과 기회를 제공할 수 있다. 이는 결과적으로 훨씬 더 생산적인 생애 의사결정을 낳을 것이다.

공간적 기회구조의 진화

앞에서의 설명은 공간적 기회구조의 주요 동인인 주택시장을 사전에 결정된 것으로 간주한다. 개별 의사결정자의 관점에서 이는 합리적이라고 볼 수 있다. 물론 보다 장기적인 일반균형의 관점에서 보면, 주택시장과 공간적 기회구조는 모든 거주자가 대도시 지역 전체에 걸쳐 주택 수요자로서의 자신을 어떻게 분류입지해 왔는지에 부분적으로 반응하면서, 주택시장 개별적으로 그리고 공간적 기회구조 전반적으로 끊임없이 진화하고 있다. 제7장에서 상세히 설명하고 분석한 것처럼, 이러한 분류입지 과정은 인종 및 계층에 따른 거주지 분리를 상당히 많이 발생시켰다. 다음 장에서 나는 그 밖의 여러 맥락적 지표에서 나타나는 동네 간 커다란 차이를 상세히 설명할 것이다. 공간적 기회구조에 영향을 미치는 이 모든 힘을 고려하는 것은 이 모형의 범위를 넘어서는 것이다. 그럼에도 불구하고 몇 가지 예시적인 언급이 필요하다.

새로운 기술이나 국제무역으로 야기된 산업 재구조화와 같이, 일부 공간적 기회구조의 변화는 가구의 행동에 외생적일 수 있다. 하지만 이전 시기의 기회구조에 의해 초래된 대도시 지역 내 가구들의 집계적 행동은 다른 변화에 내생적으로 영향을 미칠 수 있다. 예를 들어, 동네에 있는 공립학교의 수준이 뒤떨어져 있으면 좋은 기량과 훌륭한 경력을 얻기 위한 아이들의 능력이 제약될 수 있다. 하지만 많은 부모가 정치 과정에 참여하기로 결정한다면, 결과적으로 재정적 자원이 재분배됨으로써 해당 로컬 학교의 수준이 개선될 것이다. 해당 구역에 거주하고 있는 학부모의 교육 배경 또한 학교 성취결과에 중요한 제약요소가 된다. 더 나은 교육을 받은 부모는 지적으로 더 자극적인 가정환경을 만들고 숙제를 끝마치는지 더 잘 지켜보면서 학교에서 진행되는 것에 더 많은 관심을 보이기 때문에, 교실환경의 질은 모든 학생에게 향상될 것이다. 만약 더 나은 교육을 받은 부모가 상대적으로 수준이 떨어지는 공립학교 교육에 대한 반응으로 해당 구역을 떠나거나 아이들을 사립학교에 입학시킨다면 공립학교 교육시스템에 남아 있는 모든 부모는 더 빠듯한 제약조건하에 놓이게 된다. 또 다른 예로, 주택 개발사업자는 공간적 기회구조에 배타적인 틈새 장소를 만들어내는 고품질의 신규 구획을 조성함으로써, 상당한 지위를 성취한 부모의 요구에 부응할 수 있다. 이렇게 되면 이들 틈새 장소는 거기에 살고 있는 아이들의 성공을 북돋워주는 매우 다양한 매력적인 편의시설과 공공서비스를 제공할 수 있다.

그러므로 공간적 지위경쟁 과정에서 성공한 사람들은 진화하는 공간적 기회구조 내에서 상대적으로 더 좋은 동네를 차지하기 위한 그다음 과정에서 보다 나은 재정적 위치에 있게 된다. 그럼으로써 그들과 그들의 자녀들이 이러한 성공을 영속화할 확률을 높이는 한편, 시간이 지남에 따라 공간적 기회구조 그 자체를 변화시키는 시장의 힘을 창출한다. 그와 반대로, 젊었을 때 지위를 거의 성취하지 못한 사람들은 여러 측면에서 열등하고 가장 값싼 동네로 밀려나는데, 거기서 그들은 그 결과로 생긴 기회집합에 의해 유도되어 자신의 열등한 지위를 영속시키는 경향이 있는 생애 의사결정을 내린다. 보다 큰 사회에 의해 '사회문제'로 간주되는 이러한 의사결정 중 일부가 낮은 지위의 사람들이 거주하고 있는 틈새 장소에 집중될 때, 보다 큰 기회구조는 여러 방식으로 변형될 것이다. 재정적 수단을 지닌 사람들은 사회경제적 취약이 집중된 동네와 학교를 떠나며, 이는 동네와 학교가 만들어내는 로컬 소매부문과 초보적인 일자리 기회를 약화시킨다. 이와 같은 이동은 로컬정치관할구역의 재정역량을 압박하여 공공서비스를 감축할 수밖에 없게 한다. 제3장과 제4장에서 설명한 바와 같이, 이와 같은 방식으로 공간의 쇠퇴와 개인의 빈곤화라는 악순환적 자기강화 과정이 특정 장소에서 만들어질 수 있다.

공간적 기회구조에 관한 발견적 모형 요약

그림 8.1에서 묘사된 틀 내에서, 공간이 어떻게 현재의 불평등에 대한 기초로서뿐만 아니라 세대 간 불평등을 영속화하는 데에도 중대한 역할을 하는지 이해하는 것은 어렵지 않다. 어른이 되면서 일찍이 최고의 지위를 성취한 사람

들은 누적인과 및 경로의존성을 통해 자신들의 지속적인 성공 가능성을 높이고 자녀들에게 이러한 성공을 재현할 높은 가능성을 제공하는 기회구조가 갖춰진 동네에 공간적으로 자리 잡을 수 있다. 시간이 지남에 따라 공간적 기회구조는 결과적으로 가장 높은 지위를 성취한 사람들을 더욱 이롭게 하는 방식으로 진화된다. 이와는 대조적으로 별로 가진 것 없이 출발한 사람들은, 패트릭 샤키가 역설한 것처럼, 지리적으로 그리고 사회경제적으로 늘 그렇듯이 '꼼짝없이 제자리에 묶이게' 된다.[11]

동네효과의 메커니즘

동네 맥락의 전반을 아우르는 그림 8.1의 모형을 이용하여, 우리는 이제 동네 맥락의 다양한 차원이 거주자에게 영향을 미치는 바로 그 수단들을 보다 깊이 있게 탐구할 수 있다. 동네 맥락과 개인의 행동 및 건강 관련 성취결과 사이에 있을 수 있는 인과적 관계에 대해 학술적으로 많은 연구가 진행되어 왔다.[12] 종종 이들 연구는 잠재적 메커니즘을 서로 다르게 이름 붙여 분류하지만, 이론적으로 근본적인 인과적 경로가 어떻게 작동하는지에 대해서는 대체로 합의하고 있다. 유감스럽게도, 어떤 메커니즘이 경험적으로 가장 강력하게 뒷받침하는지에 대한 합의는 없다. 이것은 아마도 어떤 메커니즘이 지배적인지가 연구 대상인 개인 및 성취결과의 유형에 따라 좌우되기 때문일 것이다. 이 절에서, 나는 동네 맥락과 개인의 행동 및 건강 관련 성취결과 사이에 있는 15개의 잠재적인 인과적 경로를 하나씩 열거하면서 사회학적 관점과 역학적epidemiological 관점을 모두 종합한다. 나는 이 분야를 탐구하는 데 있어서 경험적으로 해결해야 할 과제를 분명히 하기 위해 약리학적인 '투약-반응' 유추를 이용하여 동네효과 메커니즘의 차원을 새롭게 개념화한다. 그리고 나서 동네효과 메커니즘과 관련된 경험적인 연구들을 살펴보고, 지배적 메커니즘의 작동에 대해 잠정적인 결론을 도출한다.

동네효과는 개인들에게 어떻게 전달되는가

나는 사회과학 및 역학 분야의 서로 이질적인 문헌을 종합함으로써 15개의 뚜렷이 구별되는 유형의 관계를 확인한다. 나는 이 15개의 동네효과 메커니즘을 사회적 상호작용, 환경, 지리, 제도 등 네 가지의 개괄적인 부문으로 분류하는 것이 가장 유용하다고 생각한다.[13]

사회적 상호작용 메커니즘

사회적 상호작용 메커니즘은 동네에 내생적인 사회적 과정을 말한다.

- 사회적 전염: 이웃 또래와의 접촉을 통해 행동, 열망, 태도 등이 변화될 수 있다. 특정 조건하에서 이러한 변화는 '전염병'과 비슷하게 연쇄적으로 확산되는 동태적 과정의 성격을 띨 수 있다.
- 집합적 사회화: 개인은 동네의 역할모델과 그 밖의 사회적 압력에 의해 전달되는 로컬 사회규범을 따르도록 권장될 수 있다. 최소 문턱값 또는 임계량에 도달하고 나서, 규범이 해당 동네의 다른 사람들에 대해 주목할 만한 결과를 초래할 수 있다는 것이 이와 같은 사회화 효과를 특징짓는다.
- 사회연결망: 이웃을 통해 전달되는 다양한 종류의 정보와 자원이 개인에게 영향을 미칠 수 있다. 이러한 연결망에는 '강한 연줄strong ties'이나 '약한 연줄weak ties'이 포함될 수 있다.

- **사회적 응집 및 통제:** 동네의 사회 무질서 및 그 반대인 '집합효능'[14]의 정도는 거주자의 다양한 행동 및 심리적 반응에 영향을 미칠 수 있다.
- **경쟁:** 특정 로컬 자원은 한정되어 있으며 순수 공공재는 아니라는 전제하에, 사회적 상호작용 메커니즘은 동네 내에 있는 집단들이 이들 자원을 놓고 서로 경쟁할 것이라고 가정한다. 그 결과는 제로섬 게임이기 때문에, 거주자 집단이 이러한 경쟁에서 '이기는' 데 최종적으로 성공하는 것이 이들 자원에 대한 거주자들의 접근 및 그에 따른 기회에 영향을 미칠 수 있다.
- **상대적 박탈:** 사회적 상호작용 메커니즘은 사회경제적으로 성공을 거둔 거주자들이 덜 부유한 이웃들에게 불편함을 가져다주는 원천일 것임을 시사한다. 덜 부유한 이웃들은 성공한 사람을 질투심을 가지고 바라보며 자신의 상대적 열등감을 불만족의 원천으로 지각할 수 있다.
- **부모의 매개:** 동네는 (여기 있는 모든 범주하에 열거된 어떤 메커니즘을 통해서든) 부모의 신체적 및 정신적 건강, 스트레스, 대처 능력, 효능감, 행동, 물질적 자원 등에 영향을 미칠 수 있다. 결과적으로, 이들 모두는 보호자가 아이를 양육하는 가정환경에 영향을 미칠 수 있다.

환경적 메커니즘

환경적 메커니즘은 거주자들의 행동에 영향을 미치지 않으면서 그들의 정신적 또는 신체적 건강에 직접적으로 영향을 미칠 수 있는 자연적 및 인위적 동네 속성을 말한다. 사회적 상호작용 메커니즘의 경우에서처럼, 환경적 범주 또한 다음과 같은 특징적인 형태를 나타낼 수 있다.

- **폭력 노출:** 사람들이 자신의 재산이나 사람이 위험에 처해 있다는 것을 알

아차리면, 기능 장애를 일으키거나 행복감을 해칠 수 있는 심리적 및 신체적 반응에 시달릴 수 있다. 만약 그 사람이 부당하게 희생되었다면 이러한 결과는 훨씬 더 확연하게 나타날 것이다.

- 물리적 환경: 건조환경의 물리적 상태가 쇠락하면(이를테면, 훼손된 건축물 및 공공 기반시설, 쓰레기, 낙서 등), 거주자들에게 무력감과 같은 심리적 영향을 줄 수 있다. 소음은 '환경 과부하' 과정을 통해 스트레스를 유발하고 판단을 내리지 못하게 할 수 있다.
- 독성 노출: 사람들은 동네의 현재 및 과거의 토지이용과 그 밖의 생태학적 조건 때문에 유해한 대기오염, 토양오염, 수질오염 물질에 노출될 수 있다.

지리적 메커니즘

지리적 메커니즘은 대규모의 정치적 및 경제적 요소와 관련하여 오직 공간상의 위치로 인해 거주자들의 생애 과정에 영향을 미칠 수 있는 다음과 같은 동네 양상을 말한다.

- 공간적 불일치: 특정 동네는 거주자들의 숙련에 적합한 일자리 기회에 대한 접근성(공간적 근접성 측면에서의 접근성 또는 교통 네트워크로 매개된 것으로서의 접근성)이 거의 없을 수 있으며, 이로 인해 거주자들의 고용 기회가 제한될 수 있다.
- 공공서비스: 일부 동네는 한정된 과세표준 자원, 무능력, 부패, 그 밖의 운영상의 문제 때문에 질 낮은 공공서비스 및 시설을 제공하는 로컬정치관할구역 내에 위치할 수 있다. 결과적으로 이는 거주자 개인의 계발 및 교육 기회에 악영향을 미칠 수 있다.

제도적 메커니즘

마지막 범주인 제도적 메커니즘은, 일반적으로 동네에 거주하지는 않으면서 동네에 있는 중요한 제도적 자원을 통제하거나 동네 거주자들과 필수적 시장 사이의 상호 연결을 통제하는 사람들의 행동을 포함한다.

- 낙인: 힘 있는 기관 행위자나 민간 행위자는 현 거주자들에 대해 가지고 있는 일반 대중의 고정관념에 근거하여 동네를 낙인찍을 수 있다. 그 밖의 경우, 이러한 행위는 동네의 역사, 동네의 환경적 또는 지형적 불리함, 주택의 형태, 규모, 유형, 또는 상업지구 및 공공공간의 상태 때문에, 동네의 현재 거주자들 전체와는 무관하게 발생할 수 있다. 이와 같은 낙인은 직업 선택대안 및 자존감과 같이 다양한 방식으로 거주자들의 기회를 줄일 수 있다.
- 로컬 제도적 자원: 일부 동네는 자선단체, 정부로부터 보조금을 받는 보육시설, 복지기관, 무료 진료소 등과 같은 고품질의 민간, 비영리, 자선 기관 및 조직에 거의 접근할 수 없다. 이러한 기관 및 조직의 부재는 거주자 개인의 계발 기회에 악영향을 미칠 수 있다.
- 로컬 시장 행위자: 주류 판매점, 신선식품 시장, 패스트푸드 음식점, 불법 마약 시장 등과 같이, 동네 거주자들의 특정 행동을 장려하거나 단념케 할 수 있는 특정 민간 시장 행위자의 분포에 있어 공간적으로 상당히 큰 차이가 있을 수 있다.

동네효과의 메커니즘 규명 및 측정에서의 개념적 쟁점

나는 여기서 투약-반응dosage-response이라는 약리학적 은유를 이용하여 개념적 쟁점을 다음과 같이 표현함으로써 동네효과의 메커니즘을 잘 드러낼 수 있을 것으로 생각한다. 동네에 투여되는 특정 '투여약물'의 어떤 성분이 개인에게서 관찰되는 '반응'을 야기할 수 있는가? 믿을 수 없을 만큼 단순한 이 질문에 답하는 데 있어서 해결해야 할 문제가 매우 많은데, 여기서 나의 목적은 주요 문제 중 몇 가지를 제시하는 것이다.[15] 동네 맥락의 양상이 왜 거주자에게 영향을 미치는지를 깊이 이해하고자 한다면, 우리는 동네 투여약물의 구성, 투여, 반응 등 전반을 아우르는 세 개의 항목하에 열거된 17개의 질문에 궁극적으로 답해야 한다.

동네 투여약물의 구성

해당 투여약물을 구성하는 '유효성분'은 무엇인가? 동네 내부의 사회적 상호작용, 환경적 조건, 지리적 속성, 동네 외부의 제도적 추진 요인의 반응 등의 측면에 있어서, 해당 공간과 관련되어 있는 어떤 요소가 인과적 요인이며, 그 요인은 어떻게 정확하게 측정될 수 있는가? 실제처럼 동네가 인과적 속성의 다차원적 패키지라면, 우리는 해당 패키지의 각 부분을 직접 확인하고 측정해야 한다.

동네 투여약물의 투여

이 영역에서는 다음의 몇 가지 질문에 답해야 한다.

- 빈도frequency: 투여약물은 얼마나 자주 투여되는가? 예를 들어, 특정 형태의 사회적 상호작용은 단지 드물게 발생하는 것인가 아니면 대기오염의 경우처럼 매번 들이마시는 동안 노출이 일어나는 것인가?
- 지속기간duration: 일단 투여가 시작되면 투여약물은 얼마나 오랫동안 지속되는가? 공공서비스의 제공이나 편의시설의 부재와 같은 투여는 언제나 존재할 수 있는 반면, 특정한 사회적 상호작용의 경우 지속되는 기간에 있

어 크게 다를 수 있다.

- 강도intensity: 투여약물의 양은 얼마인가? 독소는 얼마나 농축되어 있는가? 로컬서비스는 얼마나 취약한가? 사회적 상호작용 원인의 경우, 빈도, 지속기간, 강도 등의 질문에 대한 답은 해당 개인이 '일상 활동'을 하는 동안 동네 안에서 그리고 집 밖에서 얼마나 많은 시간을 보내는지와 관련되어 있을 것이다.
- 일관성consistency: 투여될 때마다 동일한 투여약물이 적용되는가? 기상 조건이나 하루 중 시간에 따라 오염물질이나 부당한 희생에 대한 위협이 매일 달라지는가?
- 궤적trajectory: 시간이 지남에 따라 해당 거주자에 대한 투여의 빈도, 지속기간, 강도 등은 증가하는가, 감소하는가, 아니면 일정하게 유지되는가? 상승 궤적에 있는 개인은 '면역되기' 때문에 더 적은 효과를 보이는가, 아니면 저항력이 '소진되기' 때문에 더 강한 효과를 보이는가?
- 공간적 범위spatial extent: 투여약물은 어느 정도의 크기로 일정하게 유지되는가? 투여의 빈도, 지속기간, 강도, 일관성 등은 피험자가 거주지에서 벗어나 이동할 때 얼마나 급격하게 쇠락하는가? 이와 같은 경사곡선은 거주지로부터 멀어짐에 따라 서로 차이가 나는가?
- 수동성passivity: 투여약물이 효과를 나타내기 위해서는 거주자들의 인지적 또는 신체적 행위가 필요한가? 해당 효과가 전달되기 위해 거주자들은 어떤 활동이나 행동에 관여할 필요가 있는가, 또는 그와 같은 활동이나 행동에 대해 작용하는 힘들을 인지까지도 할 필요가 있는가? 로컬에서 일어나는 내생적인 사회적 상호작용의 경우 그 답은 아마 '그렇다'일 것이지만 다른 메커니즘 범주의 경우에 있어서는 그렇지 않을 것이다.
- 매개mediation: 해당 거주자는 직접적으로 약물을 투여받는가 아니면 간접적

으로 투여받는가? 예를 들어, 동네에 의해 직접적으로 영향을 받는 부모는 동네 영향을 매개함으로써 아이들이 간접적으로 영향을 받도록 할 수 있다.

동네 투약-반응 관계

이 영역에 있어서도 몇 가지 쟁점이 제기될 필요가 있다.

- 문턱값thresholds: 약물투여의 어떤 한 차원에서의 변화와 그에 따른 반응 사이의 관계가 비선형적인가? 투여량이 한계적으로 변화함에 따라 그 효과가 비한계적으로 나타나는 임계점이 있는가?
- 시기선택timing: 투여약물에 대한 반응은 즉각적으로 나타나는가, 상당한 시간이 흐른 후에 나타나는가, 아니면 누적적으로 투여된 후에야 나타나는가? 예를 들어, 어떤 동네로 이주해 오자마자 낙인이 찍힐 수도 있지만, 로컬 내 여가시설이 부족해서 생기는 건강 약화는 시간이 훨씬 지나서야 나타날 수도 있다.
- 지속성durability: 투여약물에 대한 반응은 무한정 지속하는가, 아니면 서서히 또는 빠르게 약화하는가? 예를 들어, 납 중독으로 인한 발육 손상은 회복할 수 없다.
- 일반성generality: 약물투여에 대한 예측 가능한 반응이 많이 있는가 아니면 단 하나만 있는가? 또래들은 청소년 행동에 매우 폭넓게 영향을 미칠 수 있는 반면, 어떤 환경 독소는 건강에 미치는 영향이 상당히 좁게 한정될 수 있다.
- 보편성universality: 약물투여의 어떤 한 차원에서의 변화와 그에 따른 특정 반응 사이의 관계가 아이의 발육 단계, 인구학적 집단, 사회경제적 집단에 걸쳐 비슷한가? 동네에 투여되는 동일 약물은 그 약물에 노출된 사람들의 발달 상태 또는 사회경제적 지위에 따라 다른 반응을 야기할 수 있다.

- 상호작용interactions: 해당 투여약물에 대한 기대 반응을 강화하는 동네 안팎의 다른 처치들의 약물 또한 투여되고 있는가? 동네의 여러 차원은 그 결과에 있어서 덧셈 관계가 아니라 곱셈 관계이다.
- 해독제antidotes: 해당 투여약물에 대한 기대 반응을 중화하는 동네 안팎의 다른 처치들의 약물 또한 투여되고 있는가? 예를 들어, 동네에 새로운 진료소와 복지시설을 설치함으로써 거주자들의 건강을 증진시키려는 노력은 동네의 환경오염이 심해질 경우 실패할 수 있다.
- 완충제buffers: 사람들 그리고 그들의 가족이나 커뮤니티는 기대 반응을 중화하는 방식으로 해당 투여약물에 반응하고 있는가? 거주자들은 개별적으로 그리고 집합적으로 잠재적인 힘을 지니고 있다. 그렇기 때문에 어떤 폭력적인 아이가 근처 놀이터를 이용하고 있는 동안 부모들은 자신의 아이를 집에 머물도록 하는 것과 같이, 부정적 동네효과를 상쇄시키는 보상적 행동을 할 수 있다.

과거에 대한 조사 응답 및 그 한계

앞의 질문들에 답함으로써 지배적인 동네효과 메커니즘이 어떻게 작동하는지를 밝히기 위해 사회과학자들은 두 가지 광범위한 종류의 접근방법을 채택했다. 첫째 접근방법은 동네 내 사람들의 사회적 관계와 네트워크 그리고 동네에 대한 비거주자의 의견 등에 관한 현장 인터뷰 연구로 구성되어 있으며, 수집된 자료에 대한 양적 분석과 질적 분석 모두를 포함하고 있다. 둘째 접근방법은 서로 다른 동네지표들이 아이들, 청년들, 어른들의 다양한 개인적 성취결과와 어떻게 관련되어 있는지에 관한 모형을 추정하는 다변량 통계 연구로 구성되어 있다.

현장 인터뷰 연구는 잠재적 메커니즘을 직접 관찰하고자 한다. 이러한 맥락에서 수많은 사회학적 및 인류학적 연구가 있어 왔지만, 이 연구들은 질적 속성을 지니고 있으며 다른 메커니즘은 배제한 채 전형적으로 일단의 메커니즘에만 초점을 맞추고 있다. 그렇기 때문에 대안적인 원인의 상대적 영향력을 포착해 내는 능력에는 종종 한계가 있다. 그럼에도 불구하고, 특정 잠재적 원인을 배제할 수 있도록 해주는 몇몇 연구결과는 흥미로운 사실을 보여주고 있으며 주목할 만하게 일관적이었다. 더욱이 이러한 방식의 연구는 투여약물의 유효성분, 수동성, 매개, 완충 등과 같이 위에서 언급한 여러 질문을 탐구하는 데 더 적합하다.

다변량 통계 접근방법은 관찰된 통계적 패턴으로부터 동네효과 메커니즘에 대한 추론을 이끌어내고자 한다. 그것은 마치 의사가 환자의 증상 및 부분적이고 제대로 측정되지 않은 의료기록에만 기초하여 서로 다른 진단을 내리는 것과 비슷한 문제를 가지고 있다. 잘 알려진 한 가지 추론적 견해는, 만약 동네를 기술하는 특정 요인이 거주자의 성취결과에 대해 통계적으로나 경제적으로 더 유의한 예측변수인 것으로 판명된다면, 해당 요인은 어떤 근본적인 과정이 지배적인지를 암시해 줄 수 있다는 것이다. 예를 들어, '해당 동네의 가난한 거주자 백분율' 변수는 저소득 거주자의 성취결과를 예측하는 회귀모형에서 통계적으로 유의하지 않은 것으로 나타났지만 '해당 동네의 부유한 거주자 백분율' 변수는 통계적으로 유의한 것으로 나타났다고 생각해 보자. 이것은 (동료효과처럼) 가난한 집단으로부터 발생하는 부정적인 사회적 외부효과가 아니라 (역할모델처럼) 부유한 집단으로부터 발생하는 긍정적인 사회적 외부효과가 존재했다는 것을 암시할 것이다. 안타깝게도, 연구결과들을 살펴보면 일반적으로 계수값이 그와 같은 명확한 결과를 보여주지는 않는다. 더욱이 대부분의 통계 연구는 경제학적 또는 인구학적 집단에 따라 연구결과를 세분화시키지 않기 때문에 여기서는 거의 도움이 되지 않는다. 예를 들어, 여러 다양한 소득집단에서 표본 추출된 청년층에 대해 추정된 회귀모형으로부터 해당 동네의 빈곤가구 백분율과 개인의 고등학교 중퇴 가능성 사이에 부정적 상관관계가 있다는 연구결과를 어떻게 해석해야 하는가? 가난하지 않은 청년층이 역할모델을 통해 가난한 청년들에게 긍정적인 영향을 미치고 있다고 추론할 수는 없다. 종종 채택되는 둘째 추론적 견해가 근거로 삼는 가정은 동네의 사회적 외부효과의 서로 다른 유형은 사회경제적으로 혜택 받지 못한 거주자의 백분율 또는 혜택 받은 거주자의 백분율과 외부효과의 발생량 사이의 관계에 뚜렷한 함수적 형태가 존재한다는 것이다. 예를 들어, 제6장에서 설명한 바와 같이, 집합적 사회규범과 사회적 통제는 해당 동네에서 이러한 효과를 발생시킨다고 생각되는 전체 거주자 집단의 문턱값 크기가 달성된 후에만 작동하기 시작할 것이다. 동네지표와 개인의 성취결과 사이의 관계를 연구하기 위해 사용되는 통계 절차를 통해 비선형적 관계를 추정할 수 있는 경우, 우리는 이와 같은 논리를 이용하여 동네효과의 근본적인 메커니즘에 대한 함의를 이끌어낼 수 있다. 안타깝게도, 제6장에서 설명한 바와 같이, 동네지표와 개인의 여러 다양한 성취결과 사이의 비선형적 관계를 분석한 경험적 연구는 거의 없다. 더욱이 문턱값과 그 밖의 특징적인 비선형적 관계를 관찰할 때에도 단지 하나의 인과적 메커니즘만 고유하게 존재하는 것으로 인정할 필요는 없다.

다음으로, 나는 앞에서 언급한 동네효과의 메커니즘에 해당하는 문헌을 고찰하고,[16] 관련 있는 두 가지 접근방식으로부터 얻는 증거에 집중할 것이다. 하지만 경험적 증거에 눈을 돌리기 전에, 어떤 연구도 잠재적인 일련의 인과적 메커니즘들에 대한 앞의 질문들 중 하나 또는 두 개 이상을 살펴보지는 않기 때문에, 동네효과 메커니즘에 관한 확정적이고 포괄적인 연구는 존재하지 않는다고 말하는 것에서부터 시작한다.[17] 실제로, 연구자들은 이론적 연구나 경험적 연구에서 대부분의 질문들을 명시적으로 다루지 않았다. 따라서 동네효과 메커니즘에 관한 나의 결론은 잠정적인 것으로 다루어져야 한다.

동네효과의 사회적 상호작용 메커니즘에 관한 증거

사회적 전염과 집합적 사회화

수많은 통계적 연구는 사회경제적 취약 동네에 거주하는 청소년들의 사회적 관계를 상세히 조사했다.[18] 이들 연구는 일탈한 또래집단의 영향력과 청소년의 학업성적, 정신건강, 반사회적 행동, 학업성취, 약물남용 사이의 연결고리를 확인했다.[19] 보스턴의 저소득 동네 청소년에 대한 앤 케이스Ann Case와 로런스 카츠Lawrence Katz의 연구는 통계적 편향을 피하기 위한 정교한 시도 때문에 주목할 만하다.[20] 이들은 저소득 가구의 청소년들 사이에서 동네 또래가 미치는 영향력은 범죄, 약물남용, 저조한 경제활동참가 등을 포함한 여러 다양한 부정적 행위를 예측하는 강력한 변수임을 확인했다. 노스캐롤라이나주의 자연실험natural experiment 자료를 통해, 스티븐 빌링스Stephen Billings, 데이비드 데밍David Deming, 스티븐 로스는 인종과 성별이 동일한 또래들이 서로 1킬로미터 이내에 떨어져 거주할 때 청소년 범죄행동에 대한 동료효과가 발생한다는 것을 확인했다.[21] 이들의 연구는 사회경제적으로 혜택 받지 못한 청소년 이웃들 사이에서 동료효과 및 역할모델링이 종종 부정적인 사회적 외부효과를 발생시킨다는 것을 시사한다.[22]

하지만 그와 같은 부정적 사회화가 비교적 높은 소득 가구의 청소년이 있을 때 어느 정도까지 줄어들 것인지는 명확하지 않다. 제임스 로즌바움James Rosenbaum과 그의 동료들은 빈곤집중 동네의 공공주택에 거주하고 있는 흑인 가족과 관련된 일련의 연구를 수행했다. 이 연구들은 고트로Gautreaux 공공주택 차별 소송에 대해 법원이 명령한 개선책의 일환으로 시카고와 그 교외에 백인이 대다수 거주하고 있는 동네의 아파트를 찾는 데 (임대바우처와 상담 등의) 지원을 받은 흑인 가족을 대상으로 했다.[23] 로즌바움은 이와 같은 이주를 통해 흑인 어른들과 아이들이 얻을 수 있는 편익 가운데 가장 낙관적인 그림 중 하나를 제시한다. 하지만 새로 이주해 온 사람들과 원래 거주자들 사이에 사회적 교류나 네트워킹이 많이 이루어지고 있는지는 발견하지 못한다. 로즌바움은 고트로 프로그램에 참여하고 있는 가족에게 긍정적인 성취결과를 발생시키는 데 중간계층 교외 환경에서의 역할모델과 사회규범의 중요성을 대신 강조하는 것으로 결론짓는다.[24] 하지만 이러한 낙관적인 결론은 최근의 질적 사례연구에 의해 도전 받았는데, 젠트리피케이션이 일어나고 있는 동네[25]와 재개발된 공공주택 부지에 조성된 혼합소득 동네[26]에서 상위소득과 하위소득 흑인 사이의 역할모델링이 제한적으로 이루어지는 것으로 나타났다.

사회적 전염social contagion 및 집합적 사회화collective socialization 메커니즘 모두 문턱 개념을 암묵적으로 내포하고 있는데, 이러한 문턱 개념은 동네 맥락 측정값과 조사 대상 개인의 성취결과 확률 사이의 비선형적 관계를 반영하는 회귀분석에 기초한 연구를 통해 확인될 수 있다. 나는 제6장에서 이러한 증거를 살펴봄으로써 사회적 전염 및 집합적 사회화 과정을 한층 더 지지할 것이다.

사회연결망

현장 증거에 기초한 몇몇 질적 연구는 미국 도시 지역에 거주하는 흑인들의 사회연결망social networks을 조사했다.[27] 이 연구들에 따르면, 개인소득을 통제했을 때 빈곤집중 지역에 거주하는 사람들은 일반적으로 자신들과 같은 가구들의 범위 내에 더 고립되어 있었으며 외부와의 친밀한 연줄, 특히 직업을 가지고 있거나 제대로 교육 받은 사람들과의 연줄은 거의 없었다. 가난한 동네의 흑인 여성들이 맺고 있는 사회적 관계의 총량, 폭, 깊이가 특히 약해진다. 미국에서 빈곤율이 높은 지역의 구직자들은 잠재적인 일자리에 관한 정보를 종종 이웃에게 의존하기 때문에, 그러한 상황은 자원이 부족한 사회연결망으로 간주될 수 있는 사회경제적 취약 장소에서 동네효과가 발생할 때가 무르익은 것처럼 보인다.

통계적 연구들은 미국에서 일자리를 찾는 것에 관한 한 동네효과의 사회연결망 메커니즘이 실제와 일치한다는 가설을 더욱 뒷받침한다. 복지수혜welfare participation는 다른 복지수혜자들과의 지리적 근접성에 의해 증가하는 것으로 보이는데, 가까이 있는 다른 복지수혜자들과 서로 뜻이 통할 때 특히 그렇다.[28] 또한 동일한 인구총조사 기초단위구census block에 사는 사람들은 동일한 기초단위구에서 일하는 경향이 있는데, 일자리에 대한 정보를 교환할 때 매우 국지적으로 상호작용하기 때문이다. 이는 심지어 개인적 특성을 통제할 때조차도 그렇다.[29] 이러한 사회학적 현장 증거와 일치되게 상호작용은 보통교육을 함께 받은 개인들 사이에서 더 강하다.[30]

또한 사회경제적으로 취약한 미국 동네에 구축되어 있는 사회연결망은 그 영향력이 매우 커서 사람들이 이사를 가버린 후에도 깨어지기 어렵다는 것을 시사하는 증거도 있다. 하비어 더 수자 브리그스Xavier de Souza Briggs는 1990년대 뉴욕주 용커스Yonkers에서 법원이 명령한 분산방식 공공주택 탈분리desegregation 프로그램에 참여한 흑인 및 히스패닉 청소년들의 사회연결망을 조사했다.[31] 그는 연결망의 다양성이나 연결망을 통해 제공되는 도움의 유형에 있어서 백인 중간계층 동네의 주택단지로 이사 온 청소년들과 가난하고 거주지 분리된 동네의 전통적인 공공주택에 남아 있는 청소년들 사이에 차이가 거의 없다는 것을 발견했다. 백인 중간계층 동네의 주택단지로 이사 온 청소년 집단은 더 부유하고 인종적으로 다양한 지역에 거주함으로써 얻을 수 있는 어떠한 편익도 지렛대로 이용하지 않았으며, 전형적으로 그들의 사회적 연줄은 자신들의 분산방식 주택단지에 거주하고 있는 동일한 인종 및 계층의 범위 안에 머물렀다. 그 밖의 연구들에 따르면, 시카고의 기회를 찾아 이주하기Moving to Opportunity 공개실험에 참여한 가정들은 빈곤율이 낮은 동네로 상당히 멀리 이사 온 후까지도, 이전에 살았던 가난에 시달리는 동네와 사회적 연줄을 친밀하게 유지할 가능성이 높았다.[32] 그러한 가정들 중 절반 이상은 그들의 사회연결망이 새로운 동네가 아니라 다른 어떤 곳에 위치해 있다는 것을 말해주었다.

미국을 대상으로 한 현장 연구의 대부분은 보완적인 관점을 제공한다. 이 연구들은 동일 동네 또는 동일 주택단지 내에서조차 서로 다른 경제적 집단의 구성원들 사이에서 일어나는 사회적 상호작용이 상당히 제한적이라는 것을 일관되게 보여준다.[33] 비교적 지위가 낮은 집단의 구성원들은 자신들의 '약한 연줄'을 확장하고 자신들의 연결망의 자원 생산 잠재력을 향상시키기 위해 종종 근접성의 이점을 활용하지 않으며, 대신에 자신들의 연결망을 종종 자신들 집단의 가까운 구성원들로 한정한다.

사회적 응집 및 통제

로버트 샘슨과 그의 동료들은 여러 연구에서 사회적 통제 메커니즘의 중요성을 강조한다.[34] 사회경제적으로 취약한 동네의 효과를 이해하기 위해서는 취약 동네의 사회적 조직 정도를 이해해야 한다. 사회적 조직social organization은 거주자들의 행위를 에워싸고 있는 커뮤니티 규범, 가치, 구조 등의 맥락을 의미하는데, 샘슨은 이를 '집합효능collective efficacy'이라고 부른다. 샘슨의 연구는 동네가 무질서하고 사회적 응집social cohesion이 결여되어 있을 때 정신적 고통 및 범죄 행위가 더 많이 발생한다는 것을 경험적으로 보여주었다.[35] 또한 사회적 통제 및 무질서가 청소년이 성취하는 일련의 결과에 잠재적으로 영향을 미친

다는 것을 시사하는 연구도 있다.[36]

마지막으로, 애나 샌티아고와 나는 저소득층 부모들에게 자신의 아이에게 영향을 미치는 동네효과의 주요 메커니즘이 무엇이라고 생각하는지를 질문함으로써 이 문제에 대한 색다른 관점을 제공했다.[37] 압도적인 다수(24%)가 규범 및 집합효능의 결여를 언급했다. 반면 또래(12%), 폭력 노출(11%), 제도적 자원(3%)은 훨씬 적게 언급했다. 흥미로운 점은, 응답한 부모의 3분의 1은 자신들의 아이가 너무 어리거나 자신들이 그 영향으로부터 아이를 보호할 수 있다고 생각하기 때문에 동네는 아무런 효과를 미치지 않는다고 말했다는 것이다.

경쟁 및 상대적 박탈

(앞에서 언급한) 미국의 통계적 증거가 강력히 시사하는 바에 따르면, 대부분의 성취결과 영역에 있어서 부유한 거주자는 상대적으로 덜 부유한 이웃에게 긍정적 외부효과를 전달한다. 하지만 중등교육 영역에 있어서, 부유한 가정의 학생들이 벌이는 치열한 경쟁이 소득이 비교적 낮은 가정의 학생들에게 일부 부정적인 성취결과를 발생시킬 수 있다는 경고성의 증거가 있다.[38] 질적 증거의 경우 일관적이지는 않지만, 몇몇 사례연구는 상위소득의 젠트리파이어들이 소득이 비교적 낮은 원래 거주자들을 해치는 방식으로 종종 자원을 동원하고 경쟁할 수 있다는 것을 보여준다.[39]

부모의 매개

부모의 정신건강 및 신체건강, 대응 기술, 효능 감지, 자극에 대한 감수성, 양육방식, 사회심리경제적 자원 등이 아이의 발달 방식에 크게 작용한다는 데 동의하지 않는 사람은 거의 없을 것이다. 따라서 어떤 인과적 메커니즘에 의해서든 위의 요소 중 어떤 하나의 요소가 동네에 의해 심각하게 영향을 받는다면,

비록 이 경우 아이들에 대한 동네효과가 간접적이기는 하지만 아이의 성취결과에 영향을 미칠 가능성이 있다.[40] 예를 들어, 다음 절에서 살펴보는 바와 같이, 어떤 동네는 부모들을 훨씬 더 높은 스트레스에 노출시키며, 결과적으로 이는 아이에게 나쁜 영향을 미친다.[41] 하지만 그와 같은 동네들은 스트레스의 부정적인 효과를 완화시키는 기능을 하는 사회적 지원의 정도에 있어서도 서로 다를 수 있다. 또 다른 예로, 반응적 양육과 온정적 양육, 처벌적 양육과 통제적 양육 등과 관련된 양육방식은 동네의 사회경제적 취약의 여러 측면에 걸쳐 서로 다르다.[42] 결과적으로 그와 같은 차이는 다른 성취결과 중에서도 청소년의 심리적 디스트레스distress와 관련되어 있다.[43] 마지막으로, 동네가 위험할수록 여러 차원에 있어서 가정학습 환경의 질이 더 낮으며, 그 결과 읽기능력, 언어능력, 내면화 문제행동 점수 등이 더 낮아진다.[44]

동네효과의 환경적 메커니즘에 관한 증거

사회과학자들은 환경적 효과의 메커니즘으로서 폭력에 대한 노출을 폭넓게 연구해 왔다. (뉴욕주) 용커스 가족 및 커뮤니티 서베이The Yonkers (New York) Family and Community Survey 및 기회를 찾아 이주하기 공개실험은 부모가 인식하는 환경적 요소의 중요성을 강력하게 지지했는데, 이들 프로그램에 참여하는 주된 이유로 대부분의 공공주택 가정이 안전 문제를 언급했기 때문이다.[45] 기회를 찾아 이주하기 실험의 가장 중요한 결과 중 하나는, 위험하고 빈곤율이 높은 동네에서 더 안전한 동네로 이사한 부모들과 아이들이 스트레스의 대폭 감소와 그 밖의 심리적 혜택을 경험했다는 것이다.[46] 다른 연구는 목격자나 희생자로서 폭력에 노출된 청소년과 어른들은 스트레스 증가 및 정신건강 쇠약을 경험한다는 것을 보여주었다.[47] 스트레스가 심해짐에 따라 결과적으로 흡연과 같이 건강에 좋지 않은 스트레스 완화 행동이 일어나며,[48] 장기적으로는 신체 면역 체계의 효능이 감소될 수 있다.[49] 여러 연구는 폭력에 대한 노출을 공격적 행동 및 사회인지 악화와 연결시켰지만 이러한 관계는 부모의 스트레스 수준에 의해 크게 매개되는 것으로 보인다.[50]

연구자들은 노후화된 주택[51] 및 주변 소음 수준[52]과 같이 동네의 물리적 환경의 몇 가지 측면이 건강에 영향을 미치는 부정적인 효과를 강조했다. 다른 연구자들은 동네의 물리적 설계(보도, 로컬 토지이용의 혼합, 컬드색* 등의 부재)가 거주자의 운동량에 영향을 줄 수 있으며, 결과적으로 이는 비만율 및 그 밖의 건강상의 성취결과에 영향을 준다고 주장했다.[53] 기회를 찾아 이주하기 실험 결과에 따르면, 사회경제적으로 취약한 동네에서 빈곤율이 낮은 동네로 이사한 사람들은 비만율이 낮아졌으며, 이는 동네 환경에서 특정되지 않은 물리적 특성이 작용하고 있다는 견해를 뒷받침한다.[54]

마지막으로, 동네에 잠재적으로 존재하는 여러 독성 오염물질은 다양한 생리학적 반응을 일으켜 거주자들의 건강을 해칠 수 있다.[55] 역학적 연구들은 이들 건강상의 성취결과가 얼마나 광범위할 수 있는지에 대한 실례로서 대기오염이 높을수록 수명이 줄어들고, 유아 및 성인 사망 위험이 높아지며, 병원 방문이 많아지고, 출산 결과가 좋지 못하며, 천식 질환이 증가하는 등 이들 사이에 강한 연관성이 있다는 것을 확인했다.[56] 대기오염은 학생들의 시험성적을 떨어뜨리고, 장기적으로는 중등과정 후의 학업성취 및 수입을 낮추는 것으로 나타났다.[57] 유해 폐기물('브라운필드'**) 현장과의 근접성은 암과 다른 질병으

---

* 컬드색(cul-de-sac)은 주로 주택단지에 설치되는 도로의 유형으로, 단지 내 도로를 막다른 길로 조성하고 끝부분에 차량이 회전해서 나갈 수 있도록 회차 공간을 만들어주는 기법을 말한다. 통과 교통을 배제하여 소음을 줄이고 안전을 제고하는 한편 주민의 편의를 도모하기 위해 사용한다._옮긴이

** 브라운필드(brownfield)는 오염된 상태로 방치되거나 충분히 활용되지 않아서 재개발 대상으로 전락한 건물 또는 부동산을 뜻한다._옮긴이

로 인한 높은 사망률과 관련되어 있었다.[58] (가정이나 인근 산업 현장에서 이전에 사용되었고 납을 기본 성분으로 하는 변질된 페인트의 잔류물이 일반적으로 초래하는) 소량의 납 중독조차도 정신발달, 지능지수, 행동 등의 영역에 있어서 유아 및 아동에게 해를 끼친다는 것을 보여주었다.[59]

동네효과의 지리적 메커니즘에 관한 증거

수많은 연구는 직장과의 접근성에 있어서 인종 간 차이의 문제('공간적 불일치spatial mismatch' 가설)를 조사했다.[60] 문화기술지ethnographies 연구들에 따르면, 저소득 청소년들은 시간제 고용으로부터 (돈을 벌고 어른의 감독을 받으며 규칙화된 일정을 가짐으로써) 큰 혜택을 얻을 수 있지만 일반적으로 그와 같은 직업은 그들 동네에 거의 없다.[61] 그럼에도 불구하고, 대부분의 대도시 지역에서 이러한 공간적 불일치는 동네에서의 사회적 상호작용 차원보다 경제적 성취결과에 덜 중요하다는 통계적인 증거가 상당히 많다.[62]

동네효과의 제도적 메커니즘에 관한 증거

다수의 연구는 서로 다른 동네에 제공되고 있는 공공 및 민간의 제도적 자원의 방대한 차이를 상세히 기술하고 있다.[63] 이 주제에 대해서는 논쟁이 상당히 많지만, 측정 가능한 교육 자원과 학생들의 수행성과의 몇몇 측면이 높은 상관관계를 가지고 있다는 데에는 의견이 일치하는 것처럼 보인다.[64] 어린아이들의 다양한 지적 능력 및 행동 능력을 형성하는 데 있어 수준 높은 보육시설이 효과적이라는 것이 입증되었음에도 불구하고, 많은 저소득 동네에는 수준 높은 보육시설이 심각하게 부족하다.[65] 소득이 비교적 낮은 커뮤니티 또한 의료시설 및 의사에 대한 접근 측면에서 불리한 상황에 처해 있다.[66] 그럼에도 불구하고, 그 밖의 연구는 가난한 커뮤니티를 위해 일하는 기관의 본질적인 활동이 어떻게 사람들의 기대 및 삶의 기회에 중요한 영향을 미치는지를 보여주었다.[67] 더구나 많은 저소득 부모는 로컬 자원의 부족이 아이에게 악영향을 미칠 수 있다고 믿으며,[68] 동네 밖에서 그와 같은 자원을 찾음으로써 이러한 부족을 종종 대신 메우려고 애쓰는 것이 분명하다.[69]

또한 많은 부류의 시장 행위자들의 근접성이 동네 거주자들의 건강 관련 행동에 영향을 미치는데, 이들의 분포가 공간적으로 크게 차이가 있다는 것을 보여주는 증거는 상당히 많다. 예를 들어, 몇몇 연구는 슈퍼마켓[70]과 주류 판매점[71]의 입지에 있어서 뚜렷이 구별되는 특징적인 인종 및 계층 패턴이 있다는 것을 상세히 보여주었다. 하지만 그와 같은 맥락적 차이와 개인의 식습관, 소비 패턴, 건강 사이에 설득력 있는 인과적 연결고리를 정량화하는 것은 어려운 것으로 판명되었다.[72] 비슷한 맥락에서, 몇몇 질적 연구는 장소에 기초한 지역 낙인찍기가 발생한 사례들을 상세히 다루었지만, 이러한 낙인찍기를 아직 개인의 성취결과에 통계적으로 관계시키지는 않았기 때문에 동네효과 메커니즘의 범위와 영향력을 정량화하는 것은 어렵다.[73]

동네효과 메커니즘의 증거에 관한 종합

앞에서 논의한 증거는 동네효과가 지닌 다양한 메커니즘의 상대적 중요성에 대해 무엇을 시사하는가? 학술적으로 충분히 정립되지 않은 상태이며 그 주제의 복잡성으로 인해 여기서 확고한 결론을 도출하기는 어렵다는 필수적인 주의사항과 함께, 나는 잠정적으로 다음의 아홉 가지 결론을 제시한다.

첫째, (일반적으로 히스패닉 및 특히 흑인이 많이 거주하는 동네처럼) 빈곤집중이 높은 동네일수록 동네의 응집 및 비공식적인 사회적 통제의 구조는 더 약하다는 일관된 통계적 연구가 있다. 결과적으로, 이러한 상황은 청소년 비행, 범죄행위, 정신적 디스트레스의 증가와 같은 부정적인 결과와 관련 있지만 노동시장 성과와 같은 다른 중요한 성취결과와는 연결시키지 않았다. 하지만 이들 연구에 있어서, 동네 내 사회적 통제 및 응집의 수준이 고려된 후에도 앞에서 언급된 빈곤집중 동네는 아이 및 어른의 다양한 성취결과와 그 관계성을 계속 유지하고 있다. 분명히 이 메커니즘 이상이 작동하고 있다.

둘째, 동네 빈곤율이 비선형적 문턱효과와 같은 방식으로 다양한 성취결과와 일관되게 관계되어 있다는 사실은 사회적 전염(또래) 또는 집합적 사회화(역할모델, 규범) 형태의 인과적 연결 관계가 발생하고 있음을 시사한다. 사회경제적으로 취약한 일부 집단은 그렇지 않은 집단보다 이러한 맥락에 더 쉽게 영향을 받을 수 있는 것처럼 보이기 때문에 선택성 또한 관련되어 있을 수 있다. 나는 후자의 두 대안이 각각 기여한 부분을 증거를 이용하여 명확하게 구별할 수 있다고는 생각하지 않는다.[74]

셋째, 부유한 이웃의 존재는 겉으로 보기에 사회적 통제 및 집합적 사회화 메커니즘을 통해 작동하면서 덜 부유한 이웃에게 긍정적 외부효과를 제공하는 것처럼 보인다. 이와 대조적으로, 부유한 사람과 가난한 사람 사이의 사회연결망 및 또래 영향은 이러한 맥락에서 영향력이 큰 것으로 보이지 않는다. 부유한 이웃과 가장 강하게 관련된 개인 성취결과는 사회경제적으로 취약한 이웃과 가장 강하게 관련된 성취결과와는 다른 것처럼 보인다. 비록 정확한 문턱값이 명확하지 않고 고려 중인 성취결과가 무엇인지에 따라 달라질 가능성이 있지만, 마찬가지로 여기서도 문턱값을 시사하는 일관된 증거가 있다. 결국 대부분의 증거가 가리키는 바에 따르면, 어떠한 메커니즘이 작동하든지 간에 사회경제적으로 혜택을 받은 이웃이 취약한 개인에게 미치는 영향은 사회경제적으로 혜택 받지 못한 이웃이 미치는 영향보다 절대적인 값으로 더 작다는 것이다.

넷째, 중등교육 영역을 제외하고 경쟁이나 상대적 박탈relative deprivation 메커니즘이 소득이 비교적 낮은 개인에게 유의미한 방식으로 작동한다는 것을 시사하는 증거는 거의 없다.

다섯째, 연구에 따르면 일정 동네 내에서 하위 소득과 상위 소득 가구들 또는 아이들 사이에 사회적 네트워킹이 상대적으로 거의 없는 것으로 일관되게 나타났으며, 인종 차이가 관련될 경우 이러한 사회적 네트워킹의 결여는 더 심각해진다. 그러므로 사회경제적으로 혜택 받은 이웃들이 그렇지 못한 이웃에게 유익한 '약한 연줄'을 만들어내는 형태의 동네효과를 지지하는 연구는 거의 없다.

여섯째, 로컬의 환경적 차이는 상당히 큰 것처럼 보이며 정신건강 및 신체건강에 있어서 주목할 만한 차이를 만들어낼 가능성이 있다. 어린이, 청소년, 성인이 환경오염 물질과 폭력에 노출되면, 이는 그들의 건강에 가장 확실한 결과를 초래한다. 연구자들은 건강이 교육적, 행동적, 경제적 성취결과에 미치는 영향들의 장기적인 결과를 적절하게 탐구하지 못했다.

일곱째, 직장 접근성과 관련된 지리적 격차가 모든 대도시 지역에서 개인의 노동력 및 교육적 성취결과를 설명하는 데 중요한 역할을 얼마나 많이 하는지 분명하지 않다.

여덟째, 의심할 여지없이 (특히 공립학교 교육과 관계된) 로컬 기관의 질 및 로컬 시장 행위자에 있어서 차이가 존재한다. 안타깝게도, 이러한 잠재적인 제도적 인과 메커니즘들에서의 측정된 차이와 개인의 광범위한 성취결과 사이의 관계에 대한 설득력 있는 통계 모형은 드물다.

마지막으로, 동네 맥락의 사회적 상호작용의 차원, 환경적 차원, 지리적 차원, 제도적 차원이 부모에게 미치는 효과가 결합되어 아이 및 청소년에게 발생하는 간접적 효과는 아마도 상당할 것이다. 이는 광범위한 성취결과에 영향을 미칠 가능성이 있지만 그러한 성취결과를 포괄적으로 측정하려는 시도는 없었다.

요약하면, 여러 종류의 동네효과가 동시적으로 작용하지만 그러한 효과의 상대적 중요성은 특정 상황의 상세 사항에 달려 있다고 결론짓는 것이 가장 합리적이다. 어떤 메커니즘이 지배적인지는 문제의 성취결과 영역, 그리고 해당 개인의 나이, 성별, 경제적 자원 등에 따라 달라질 수 있을 것이다.[75]

사회경제적 성취결과에 영향을 미치는 동네효과의 크기에 관한 증거

개인을 둘러싸고 있는 동네 맥락의 독립적인 인과적 효과에 대해 편의되지 않은 유의미한 추정치를 얻는 것은 악명 높을 만큼 도전적인 과제이다.[76] 그렇지만 이와 같은 학술적인 영역에 있어서 가장 논쟁적인 측면은 아마 지리적 선택편의selection bias 문제일 것이다.[77] 여기서 가장 중요한 문제는, 개인들이나 부모들은 자신들 가구의 장래 성공 가능성을 높이는 것을 목표로 특정 유형의 장소로 이사 가거나 이사 온다는 것이다. 제1장에서 논의한 바와 같이, 연구자들은 주거선택에 관한 다수의 가구 예측변수를 손쉽게 측정할 수 있으며 따라서 통계적으로 통제할 수 있다. 하지만 가구들은 그 자체의 사회경제적 성공 가능성 또는 그 자녀의 사회경제적 성공 가능성과 관련된 측정되지 않은 동기, 행동, 숙련 등을 지니고 있을 수 있기 때문에, 그리고 연구자들이 통계적으로 통제할 수 없는 이들 측정되지 않은 특성의 결과로서의 동네를 선택하기 때문에 문제가 발생한다. 어른들 또는 그들의 자녀에 대한 성취결과와 동네 조건 사이에서 관찰되는 어떤 관계라도 이러한 체계적인 공간 선택spatial selection 과정 때문에 편의될 수 있다.[78] 회의론자들은 해당 개인이 거주하고 있는 동네의 독립적인 인과적 영향이 아니라 측정되지 않은 개인 속성들이 해당 관찰된 관계를 추동한다고 당연히 주장할 수 있다.

공간적 맥락의 인과적 영향 추정에 대한 세 가지 접근방법

지리적 선택편의 문제에 대응해 채택되는 일반적인 경험적 접근방법에는 세 가지가 있다. 가장 일반적인 접근방법은 개인 및 개인의 공간적 맥락을 포함하고 있으면서 관찰에 기초를 둔 (실험적으로 생성되지 않은) 종단자료longitudinal datasets에 응용되는 다양한 계량경제학적 기법으로 구성된다. 덜 일반적인 다른 두 접근방법은 동네에 가구들을 준(準)무작위로quasirandomly 배정하거나 무작위로 배정하기 위해 자연실험이나 실험설계를 이용한다.

관찰자료에 기반한 계량경제학적 모형

공간적 맥락효과에 관한 대부분의 연구는 정상적인 주택시장 거래와 관련된 현실적인 이동성 요인 때문에, 다양한 장소에 거주하고 있는 개별 가구들에 관한 서베이나 행정기록에서 수집된 관찰자료observational data를 이용했다. 지리적 선택편의를 극복하기 위해 일부 연구는 다음의 접근방법 중 하나 이상을 이용한다.[79]

- 종단자료에 기초한 차분모형difference models: 성취결과와 공간적 맥락 둘 다에 있어서 두 기간 사이의 차이를 측정함으로써, 관찰되지 않은 시간불변의time-invariant 개인 특성으로부터 발생하는 편의를 감소시킬 수 있다.[80]

- **종단자료에 기초한 고정효과모형**fixed-effect models: 개별 관찰점에 대한 더미변수는, 지리적 선택과 성취결과 둘 다를 야기할 수 있는 관찰되지 않은 시간불변의 모든 개인 특성에 대한 대리변수 역할을 한다.[81]
- **공간적 맥락 특성에 대한 도구변수**instrumental variables: 분석 대상인 지리적 특성과 상관되어 있지만 개인에 외생적인 속성에 따라서만 달라지며, 따라서 관찰되지 않은 특성과는 상관되어 있지 않은 대리변수가 고안될 수 있다.[82]
- **동일 블록의 거주자들**: 관찰되지 않은 개인 특성에 대한 주거 분류입지가 인구총조사 기초단위구 수준에서는 거의 일어나지 않는다면, 매우 국지화된 이들 이웃 사이에서의 연결망 영향에서는 지리적 선택편의가 없을 것이다.[83]
- **성과의 발생 시기**: (학업성취도 시험과 같이) 분석 대상 성과가 발생한 후에 (공공주택단지와 같이) 경계가 명확히 설정된 어떤 장소로 이사 오는 개인들은, 해당 성과가 발생하기 직전에 동일한 장소로 이사 오는 개인들과 관찰될 수 없는 공통의 특성을 공유할 가능성이 있다. 따라서 두 집단의 성취결과를 비교함으로써 해당 장소의 단기 효과를 측정할 수 있다.[84] 이와 비슷하게, 동일 동네를 이전에 선택한 가정의 자녀 표본에 대한 인터뷰 평가와 비교하여 개별적인 동네 성과의 발생 시기 차이를 활용함으로써 선택편의 문제를 해결할 수 있다.[85]
- **성향점수 매칭**propensity score matching: 개인들의 비슷한 주거이동 행동을 예측하는 관찰 가능한 여러 다양한 특성에 대해 밀접하게 매칭되어 있는 개인들은, 관찰될 수 없는 특성에 대해서도 잘 매칭되어 있을 가능성이 있다. 따라서 그러한 특성들의 공간적 맥락과 개인의 성취결과에서 나타나는 차이의 매칭값을 비교함으로써, 편의되지 않은 인과적 증거를 얻을 수 있을

것이다.[86]

- 처치 역확률 가중치inverse probability of treatment weighting: 성향점수 매칭과 마찬가지로, 처치 역확률 가중치는 처치 상황에 대한 선택모형을 이용하여 한 개인이 관찰된 처치 상태에 놓여 있을 확률을 예측한다. 그러고 나서 연구자는 관찰될 수 있는 가능한 한 많은 특성에 대해 처치집단과 통제집단이 균형을 이루는 가중 유사표본weighted pseudosample을 구성한다. 처치 역확률 가중치는 여러 시점에서 처치 상황에 대한 선택을 모형화함으로써, 시간이 지남에 따라 변화하고 해당 처치에 내생적일 수 있는 관찰된 교란요인이 존재하는 상황에서 시간에 걸쳐 처치효과의 불편추정량unbiased estimator을 얻도록 해준다.[87]
- 비이동자들: 외생적인 동네변화가 분석 기간 동안 이동하지 않은 개인들의 서로 다른 성취결과를 어떻게 유도하는지를 분석함으로써 이동성 선택 문제의 일부를 거의 틀림없이 피할 수 있을 것이다.[88]
- 형제 비교sibling comparisons: 형제는 관찰되지 않은 일단의 동일한 가구 특성에 의해 영향을 받는 것으로 추측할 수 있는데, 연구자는 형제 간 성취결과 및 동네 경험의 차이를 측정함으로써, 관찰되지 않은 시간불변의 부모 특성으로부터 발생하는 편의를 감소시킬 수 있다.[89]

관찰자료에 대한 이러한 계량경제학적 해결책 어느 것도 아무런 문제가 없는 것은 아니다. 예를 들어, 차분모형은 성취결과 변수의 변이를 축소시킴으로써 통계적 검정력을 감소시키며, 두 시점 간 변화 관계는 초기 시점의 조건과 독립적이라고 가정한다. 고정효과모형은 패널 기간 동안의 모든 시점에 대해 관찰되지 않은 특성의 묶음을 개별 더미변수가 적절히 포착하며 이 묶음의 효과는 패널 기간 동안 일정하게 유지된다고 가정한다. 도구변수는 타당성 있고 강력해야 하는데 쉽게 충족되지 않는 요건이다. 미시 규모의 연구들은 소규모의 지리공간에서만 작동하는 동네효과 메커니즘에 한정되며, 관찰되지 않은 특성에 대한 주거 분류입지가 해당 규모에서는 전혀 일어나지 않는다고 가정한다. 성과 발생 직전과 직후 언제 이동할지 그 시기 선택에 의존한다는 것은 성과에 노출된 후 맥락효과가 신속하게 작동한다는 것을 가정한다. 성향점수 매칭과 처치 역확률 가중치는 개인에 대한 관찰할 수 없는 특성과 관찰할 수 있는 특성 사이에 강한 관계가 있다는 가정을 필요로 한다. 이동하지 않는 개인들은 관찰되지 않은 특성에 기초하여 주거를 선택한다는 것을 보여주는 것일 수 있다. 동네 노출에 있어서 형제 간 차이는 매우 작을 수 있는데 이는 통계적 검정력을 약화시킬 수 있다.

준무작위배정 자연실험

무작위배정처럼 보이는 가구들의 주거입지에 대한 비시장적 개입을 가끔 관찰할 수 있다. 미국의 경우, 그와 같은 실험은 일반적으로 법원 명령 인종 탈분리 공공주택 프로그램,[90] 지역 공정분담주택fair-share housing 요건,[91] 또는 분산방식 공공주택 배정 등에 기초해 왔다.[92] 캐나다와 유럽의 경우, 그와 같은 실험은 사회주택social housing에 세입자를 배정하거나[93] 특정 장소에 난민을 배치하는 것 등을 포함해 왔다.[94]

이러한 자연실험은 입지에 있어서 상당한 정도의 외생적 편차를 실제로 제공할 수 있지만, 연구자들은 지리적 선택 문제를 완전히 피하지는 못할 것이다. 대부분의 경우 프로그램 담당 직원이 배정하며, 프로그램 참여자들은 초기 배치와 후속 배치 모두에서 자신이 선택하는 입지에 있어서 상당한 정도의 선택의 자유를 가지고 있다. 더욱이 프로그램에 임대바우처 사용이 포함되어 있는 경우, 누가 적격 입지의 임대용 빈집을 찾아 필요한 기간 내에 임대계약 체결에 성공하는지에 있어서 선택성selectivity 문제가 있을 것이다. 이러한 다양한 잠재적 선택 과정을 통해, 빈곤율이 낮은 동네에서 끈질기게 사는 데 성공한 저소득 가정들이 특히 동기부여되고 역량이 풍부해지며 용기를 가질 가능성이 높아지는데, 이러한 속성들은 연구자들에 의해 불완전하게 측정되기는 하지만 해당 가정들이 공간적 맥락에 상관없이 성공하는 데 도움이 될 것이다. 표집된 가정들이 준무작위로 배정된 주택에서 다른 위치로 즉각 이동한다면 추가적인 경험적 문제가 발생할 수 있는데, 이로 인해 이들 가정은 정연하게 짜인 맥락에 노출되는 것이 최소화되며 이동 그 자체가 연구를 방해할 수 있기 때문에 결과를 혼동시킬 가능성이 있다. 처음에 배정된 장소에 누가 머무르고 누가 이사가는지에 있어서 선택이 작용하기 때문에, 시간이 지남에 따라 입지의 무작위성이 점점 약해질 수 있다. 결국, 이용 가능한 민간 임대주택 및 정부 지원주택의 입지 때문에, 연구 참여자들이 이동하거나 배정되는 장소의 범위에 제한이 있을 수 있으며, 따라서 맥락효과context effects를 확인하기 위한 통계적 검정력이 감소될 수 있다.

무작위배정 실험

많은 연구자들은 지리적 선택편의를 가장 잘 피하기 위해 무작위배정random assignment 실험법을 지지한다. 개인이나 가구를 서로 다른 지리적 맥락에 무작위로 배정하는 실험설계를 통해 성취결과에 관한 자료를 생성하는 것은 이론적으로 선호되는 방법이다. 이와 관련하여, 기회를 찾아 이주하기Moving to Opportunity (MTO) 공개실험은 동네효과의 크기에 대한 결론을 도출하기 위한 연구로서 종래부터 화제가 되어왔다.[95] MTO 연구설계는 (1) 바우처를 받지는 않지만 사회경제적으로 취약한 동네의 공공주택에 머무르는 통제집단, (2) 아무런 제한사항이 없는 임대바우처 수령자, (3) 빈곤율 10% 미만의 인구총조사 집계구로 이

사해서 적어도 1년 동안 거주해야 하는 임대바우처 및 이주지원 수령자 등 세 개 집단 중 하나에 자발적으로 참여하는 공공주택 거주자들을 무작위로 배정했다.

공간적 맥락효과에 대한 확실한 시험으로서 MTO의 검정력에 대해 상당한 논쟁이 있어왔다.[96] 이 논쟁은 다섯 가지 영역에 초점을 맞추고 있다. 첫째, MTO가 참여자들을 처치집단에 무작위로 배정했지만, (해당 실험집단의 최대 빈곤율을 제외하고) 바우처 보유자들이 초기에 거주한 동네의 특성들뿐만 아니라 세 집단 전체 참여자들이 나중에 이동한 동네의 특성들을 무작위로 배정하지는 않았다. 따라서 관찰되지 않은 특성에 기초한 지리적 선택 문제가 어느 정도까지 지속되는지에 대해 상당한 의문이 여전히 남아 있다. 둘째, MTO는 큰 효과를 관찰하기에 충분할 만큼 오랫동안 어떤 집단도 동네 조건에 노출시키지 않았을 수 있다. 셋째, MTO는 사회경제적으로 취약한 동네에서 어린 시절을 보낸 실험집단 성인 참여자들에게 잠재적으로 오래 지속되고 지워질 수 없는 발달효과를 간과했다. 넷째, 실험집단 MTO 이동자들조차 취약집중 동네 주변에 있는 흑인 거주 동네에서 거의 벗어나지 않았으며, 학교의 질과 일자리의 접근성에 있어서 별로 크지 않은 변화만 달성한 것으로 보인다. 따라서 그들은 지리적 기회구조에 있어서 크게 향상된 경험을 하지 못했을 수도 있다. 이러한 이유로, MTO는 그 이론적 기대와 통념에도 불구하고 사회경제적으로 복합적인 혜택을 받은 동네에 장기간 거주하는 것이 저소득 소수집단 가정에게 미치는 잠재적 영향에 대해 결정적인 증거를 제공하지 못했을 수 있다.

요약하면, 공간적 맥락의 효과를 측정하는 데 대한 세 가지의 광범위한 접근방법 중 어느 것도 아무런 한계를 가지고 있지 않거나 확실하게 우월한 것으로 판명되지 않았다. 그럼에도 불구하고, 전체로서 그와 같은 접근방법은 당면한 주제에 대해 지금까지 가장 강력한 인과적 증거를 제공한다. 그러므로 다음의 문헌 고찰에서 나는 앞에서 언급한 접근방법 중 하나 이상을 채택하고 있으면서 오직 방법론적으로 엄격한 이들 연구로부터 도출한 결과를 종합할 것이다.

개인에게 영향을 미치는 동네효과에 관한 과학적 연구의 종합

나는 사회경제적 기회와 밀접하게 관련되어 있는 성취결과 영역, 즉 (1) 위험행동, (2) 인지능력과 학업성취, (3) 10대 출산, (4) 신체건강 및 정신건강, (5) 경제활동참가 및 소득, (6) 범죄 등으로 나누어 고찰한다.[97] 우선 관련 문헌이 매우 광범위하고 다양하며 복잡하기 때문에, 나는 인과적 효과를 추정하기 위해 앞에서 언급한 기법 중 하나를 이용하는 연구에 국한하여 종합할 것이다. 그뿐만 아니라, 연구결과를 낱낱이 검토하거나 상충되는 연구결과를 모순되지 않게 맞추지 않을 것이며, 수리적인 형식의 어떤 메타분석meta-analysis도 시도하지 않을 것이다. 그 대신 나의 목표는 다음과 같이 단순하다. 나는 각 성취결과 영역에 있어서 (적어도 일부 집단의 개인들에 대해) 공간적 맥락의 적어도 일부 측면이 가지는 실질적이고 통계적으로 유의한 효과를 발견한 방법론적으로 엄격한 연구와 그러한 효과를 발견하지 못한 연구를 대조할 것이다.

위험행동

위험행동의 경우, 지리적 선택 문제를 극복하기 위해 앞에서 언급한 계량경제학적 접근방법을 필요로 하는 맥락효과에 관한 여섯 개의 연구가 수행되었으며, 대부분의 이들 연구는 다양한 위험행동에 대한 효과를 확인했다.[98] 위험행동과 관련한 무작위 또는 준무작위 동네배정 접근방법에 관한 두 개의 연구 사례가 있다. 위험행동에 영향을 미치는 강한 맥락효과가 두 연구 모두에서 나타나지만, 맥락효과는 성별, 민족, 발생 시기 등에 따라 다르게 나타난다. 초기의 MTO 연구결과가 제시한 바에 따르면, 빈곤율이 비교적 낮은 동네에 거주할 경우 여자 아이들의 위험행동율과 남자 아이들의 약물 사용이 크게 감소했다. 하지만 위험행동이 처음에 감소한 이후, 빈곤율이 비교적 낮은 동네에 살고 있는 남자 아이들의 경우 처음 이사 온 후 4년에서 7년까지 위험행동에 다시 관여할 가능성이 더 높은 것으로 나타났다.[99] 공개실험 프로젝트가 끝날 무렵, 빈곤율이 낮은 동네에 배정된 여자 아이들은 심각한 행동장애를 가질 가능성이 더 낮았다. 하지만 보다 심각한 반사회적 행동에 있어서는 집단 간 유의한 차이가 없었다. 애나 샌티아고와 그녀의 동료들이 덴버를 대상으로 자연실험을 수행한 자료를 분석한 결과에 따르면, 동네 맥락의 다중적인 차원(특히 안전, 사회적 지위, 민족 및 출생 구성)에 누적적으로 노출되면 비록 민족 간에 상당히 다르게 나타나기는 하지만 청소년들이 가출을 하거나, 공격적이고 폭력적인 행동을 하거나, 마리화나를 사용하기 시작하는 등의 위험이 발생하는 것으로 나타났다.[100]

인지능력과 학업성취

해외 연구들에 대한 최근의 메타분석 그리고 미국 문헌에 대한 종합적 고찰의 결론에 따르면, 동네효과가 인지능력, 학업수행성과, 학업성취 등의 향상에 상당히 크게 영향을 미친다.[101] 나는 동네효과의 크기가 개인 및 집단에 따라 다를 수 있다는 점에 서둘러 주목하고 있지만, 방법론적으로 정교하게 수행된 연구들을 검토한 결과에 따르면 비슷한 결론에 도달한다.

지난 20년 동안 연구자들은 동네효과에 대한 증거를 검토 평가하기 위해 인지능력에 대한 척도를 자주 사용해 왔지만,[102] 이 중 소수의 연구만 선택편의 문제를 해결하기 위한 방법을 강구해 왔다. 두 연구는 가난한 동네로의 선택 문제를 모형화한 다음, 동네빈곤에 장기간 노출되는 것이 인지능력 발달에 어떠한 영향을 미치는지를 처치 역확률 가중치를 이용하여 확인했다. 시카고의 자료를 이용하여 로버트 샘슨, 패트릭 샤키, 그리고 스티븐 로든부시는 취약집중 동네에 거주할 경우 몇 년이 경과한 후 읽기능력과 언어능력이 크게 떨어진다는 것을 발견했다.[103] 패트릭 샤키와 펠릭스 엘워트Felix Elwert는 소득동태패널연구Panel Study of Income Dynamics의 전국 자료를 이용하여, 가구들이 연이은 세대에 걸쳐 동네빈곤에 노출될 경우 전반적인 읽기능력 및 응용문제능력 시험에서 아이들의 성취도가 표준편차의 2분의 1 이상으로 감소한다는 것을 발견했다.[104] 샤키는 집 근처에서 최근에 일어난 살인 사건에 아이들이 노출될 경우 읽기, 언어, 응용문제 시험에서 흑인 아이들의 성취도가 표준편차의 3분의 1 이상까지 떨어진다는 것을 발견했다.[105] 후속 연구에서 샤키와 그의 동료들은 최근 인근에서 일어난 살인 사건에 아이들이 노출될 경우 어휘평가 시험의 성취도에 있어서 비슷한 효과가 있으며, 충동조절 및 주의력 평가에 대해서도 마찬가지의 효과가 있다는 것을 발견했다.[106]

MTO 공개실험 증거는 복잡하면서 엇갈리는 연구결과를 보여준다. 실험이 시작되고 몇 년이 지난 후, 그리고 10년에서 15년이 지난 후, 전체 표본에 대한 개입은 인지능력 평가에 아무런 영향을 미치지 않았다.[107] 하지만 실험이 시행된 지 4년에서 7년 후까지 모든 도시에 걸쳐 흑인 아이들의 읽기 평가에 대해 긍정적인 효과가 발생했다.[108] 빈곤율이 낮은 동네에서 더 오랜 기간 동안 남아 있던 가정 중에서 남자 아이와 여자 아이 전체 표본에 대해 읽기 및 수학 점수가 향상되었다.[109] 마지막으로, 볼티모어와 시카고의 대상지 아이들에게는 강력한 긍정적 인지효과가 발생했지만, 이러한 효과는 시카고 표본에 대해서만 10년에서 15년까지의 기간 동안 지속되었다.[110]

학업 성취결과 및 교육 수준에 대한 연구 또한 풍부하다. 많은 연구가 앞에서 언급한 하나 이상의 계량경제학적 기법을 이용하여 관찰자료 집합으로부터 인과적 추정치를 구했다.[111] 예외적인 두 개의 연구만 제외하면 이 연구들은 다양하게 측정된 학업 성취결과에 대해 거주지의 강력한 동네효과가 존재한다는 것을 발견했다.[112]

자연실험에 기초한 수많은 연구 또한 이러한 성취결과 영역에 있어서 실제적으로 중요하다. 여기에는 고트로와 용커스의 법원 명령 거주지 탈분리 공공주택 프로그램,[113] 공공주택 활성화 노력,[114] 계층 혼합형 용도지역제inclusionary zoning 명령,[115] 주택 및 교육 통합지원 프로그램,[116] 공공주택 배정[117] 등에 기초한 자료가 포함된다. 이 같은 수많은 준(準)자연실험에서 동네효과가 전혀 관찰되지 않은 경우는 단 하나의 사례밖에 없었지만,[118] 그 밖의 연구에서 관찰된 몇몇 효과는 성별 및 민족에 따라 다르게 나타났다.

대학 진학에 관한 MTO의 최근 증거는 교육 수준에 영향을 미치는 동네효과에 관한 논의와 관련 있다. 라지 체티Raj Chetty, 너새니얼 헨드런Nathaniel Hendren, 그리고 로런스 카츠가 MTO 자료를 재분석한 결과에 따르면, 빈곤율이 비교적 낮은 동네로 이주한 경우, 빈곤율이 낮은 동네로 이동했을 당시 13세 미만이었던 아이들의 대학 진학률이 나이가 그보다 더 들어서 이주한 실험집단 아이들 또는 다른 MTO 연구 집단의 아이들에 비해 크게 높아지는 것으로 나타났다.[119]

10대 출산

단지 두 연구만 앞에서 언급한 통계 기법을 사용하여 청소년 출산 패턴 및 동네 맥락에 대한 관찰자료를 교란시키는 잠재적인 지리적 선택편의 문제를 해결했는데, 이 두 연구는 동네효과의 중요성에 대해 상충되는 결론을 도출한다.[120] 자연실험 및 무작위배정 실험으로부터 도출된 증거는 더 일관적이다. 애나 샌티아고와 나는 동네효과의 강도가 성별 및 민족에 따라 달라지기는 하지만, 10대에 출산하거나 아버지가 될 위험이 더 큰 곳은, 재산범죄율이 더 높고 직업적 신망은 더 낮으며 라틴계 인구의 백분율이 더 높은 동네라는 것을 발견했다.[121] MTO 공개실험 결과에 따르면, 빈곤율이 낮은 동네로 부모가 이동한 실험집단의 여자 아이들은 새로운 동네에서 보다 안전함을 느끼며 일찍이 성적 활동을 갖는 것에(결국에는 조기 임신 및 출산에) 압박감을 덜 느끼는 것으로 나타났다.[122] 13세가 되기 전에 빈곤율이 낮은 동네로 이주한 MTO 실험집단의 일부 아이들에 대해 앞에서 언급한 체티, 헨드런, 그리고 카츠가 분석한 결과에 따르면, 이 아이들은 실제로 한부모가 될 가능성이 더 낮은 것으로 나타났다.[123]

신체건강 및 정신건강

일부 연구는 앞에서 언급한 통계 기법들을 사용했는데, 다소 일관성이 없기는 하지만 건강에 대해 강력한 맥락효과가 있음을 밝혀내지 못하는 결과를 산출하는 관찰자료에 이 기법들을 적용했다.[124] 성향점수 매칭 방법에 기초한 세 개의 연구는 동네에 대한 서로 다른 척도를 사용하여 소수집단의 유아 사망률에 영향을 미치는 뚜렷한 효과가 전혀 또는 거의 없다는 것을 보여주었다.[125] 하지만 역확률 가중치 방법에 기초한 그 밖의 연구는 동네빈곤과 사망률이 뚜렷한 비선형적 방식으로 관련되어 있지만,[126] 건강 및 장애에 관해 스스로 평가한 결과에 대해서는 일관된 효과가 없다는 것을 발견했다.[127] 마지막으로, 고정효과모형을 이용한 연구는 동네의 사회경제적 취약이 건강, 정신건강, 신체기능 등에 관해 스스로 평가한 결과나 신체활동의 양에 아무런 영향을 미치지 않는다는 것을 확인했으며, 대신에 건강이 나쁜 사람일수록 사회경제적으로 더 취약한 동네를 선택한다는 증거를 확인했다.[128]

MTO의 무작위배정 실험 증거 역시 엇갈리기는 하지만 일부 건강 관련 성취결과에 동네효과가 영향을 미친다는 것을 보여준다. 분석 결과에 따르면, 빈곤율은 서로 다른 동네에 배정된 집단들 사이에서 아동 천식 발생률에 대해서는 유의미한 차이가 없었지만, 성인 비만과 당뇨병 발생률에 대해서는 효과가 있었으며, 어른들과 아이들 사이의 스트레스 수준은 빈곤율이 낮은 동네에 처음 배정된 사람들 사이에서 훨씬 더 낮았다.[129] 정신건강에 대해서는 동네효과가 있는 것으로 나타났으나 그 크기와 방향은 다양했으며, 배정 후 측정 시차, 성별, 나이 등에 따라 다른 것으로 나타났다.[130] 하지만 빈곤율이 낮은 동네에서 상당 기간 거주한 MTO 실험집단의 일부 가구의 경우 건강 관련 편익이 훨씬 더 큰 것으로 보인다.[131]

건강 관련 성취결과와 관련된 몇몇 자연실험은 적어도 선정된 건강지표에 대해 동네효과가 있다는 것을 발견했다. 데버라 코언Deborah Cohen과 그녀의 동료들은 인과관계를 확인하기 위한 전략으로 1992년도 로스앤젤레스 폭동에 따른 동네 술집 밀도에 있어서의 외생적인 충격을 이용했으며, 이러한 폭동이 동네 성병 발생률에 큰 영향을 미쳤다는 것을 발견했다.[132] 마크 보터버Mark Vortuba와 제프리 킹Jeffrey King은 고트로 공공주택 이주 프로그램 자료를 분석했다.[133] 그들은 저소득의 젊은 흑인 남성들이 교육을 더 많이 받은 사람들이 거주하고 있는 동네로 이주했을 때, 그렇지 않은 동네로 이사한 저소득의 젊은 흑인 남성들에 비해 모든 원인에 의한 사망률과 살인으로 인한 사망률이 낮아졌다는 것을 확인했다. 마지막으로, 애나 샌티아고와 나는 덴버 공공주택 자연실험 자료를 이용하여 아동 및 청소년의 몇 가지 건강 문제(천식, 비만)의 진단 결과에 대해 동네효과가 강력하다는 것을 발견했지만, 그 관계는 성별과 민족에 따라 종종 달랐으며 어떤 경우에는 비선형적 문턱값이 나타나기도 했다.[134] 예를 들어, 천식 문제는 재산범죄가 더 많이 발생하고 직업적 신망이 더 낮으며 대기오염의 농도가 더 높은 동네에 거주하고 있는 저소득 소수인종 집단의 아이들에게서 더 일찍 발생했다. 우리는 또한 동네 맥락의 몇 가지 측면(특히 안전, 신망, 태생 및 민족 혼합, 신경독소 오염)이 흑인 및 라틴계 저소득층 아이가 신경발달장애(정신지체, 학습장애, 발달지연, 자폐증, 주의력결핍장애 및 주의)로 진단받는 데 강력하고 강건한 예측력이 있다는 것을 발견했다.[135]

경제활동참가 및 소득

대부분의 연구자는 비실험적 관찰 자료집합에 대해 앞에서 언급한 계량경제학적 기법 중 하나를 이용할 때 노동시장 성취결과에 대한 동네효과가 있다는 것을 발견한다.[136] 몇몇 연구자 또한 자연실험에서 존재하는 준무작위 배정을 이용하여 이러한 효과를 탐구했다.[137] 한 개 연구를 제외한 모든 연구[138]에서는 어른 및 10대의 노동시장 성취결과의 몇 가지 척도에 대해 동네효과가 강력하게 영향을 미친다는 증거를 확인한다.

MTO 자료를 이용한 사실상 모든 연구에서는 10대 또는 어른의 노동시장 성취결과에 대해 실질적인 영향을 미치는 단기적 또는 장기적 맥락효과를 발견하지 못했다.[139] 하지만 주목할 만한 세 가지 예외가 있다. 수전 클램펫-룬드퀴스트Susan Clampet-Lundquist와 더글러스 매시, 그리고 마저리 터너와 그녀의 동료들은 빈곤율이 낮은 동네에 상당한 기간 동안 거주한 MTO 실험집단의 일부 가구를 분석했는데, 실험집단 가구의 어른들에게서 나타난 고용 및 소득 성취결과가 통제집단 가구의 어른들보다 훨씬 높다는 것을 확인했다.[140] 체티, 헨드런, 그리고 카츠는 앞에서 언급한 연구에서 13세가 되기 전에 빈곤율이 낮은 동네로 이주한 MTO 실험집단 아이들이 나중에 13세가 된 후에 이주한 실험집단의 아이들 또는 다른 연구집단의 아이들보다 어른이 되었을 때 현저하게 높은 소득을 보여주고 있다는 것을 관찰했다.[141]

범죄

최근에 수행된 여섯 개의 연구는 동네 맥락이 범죄행위에 (성별에 따라 이질적인 경우) 강한 인과적 영향을 미친다는 것에 관해 일관되고 설득력 있는 인과적 증거를 제공한다. 마크 리빙스턴Mark Livingston과 그의 동료들은 시차와 동네 고정효과를 이용하여 스코틀랜드 글래스고Glasgow의 우편번호구역들에 거주하고 있는 범죄자의 점유율이 지닌 효과를 확인했다.[142] 그들은 어떤 한 분기 동안 범죄를 저지르는 거주자가 동네에서 차지하는 점유율이 높을수록 그다음 분기에 초범으로 저지르는 강력범죄 및 재산범죄가 거주자들 사이에서 발생할 확률이 높은 것으로 예측된다는 것을 발견했다.

네 가지의 자연실험이 여기서 관련이 있다. 덴버의 공공주택 배정의 준무작위성을 이용하여 애나 샌티아고와 나는 비록 성별에 따른 영향이 있음에도 불구하고, 직업적 신망이 더 낮고 재산범죄율이 더 높은 동네일수록 저소득 라틴계 및 흑인 청년이 폭력행위에 가담할 위험이 더 크다는 것을 발견했다.[143] 애나 필 댐Anna Piil Damm과 크리스천 더스트먼Christian Dustmann은 난민을 위한 덴마크의 분산정착 정책을 이용하여 도시의 특성이 청소년 범죄행위에 미치는 인과적 영향을 확인했다.[144] 이들은 어떤 한 도시에 해당 가정이 배정된 한 해 동안 그 도시에서 범죄로 유죄판결을 받은 15세에서 25세 사이의 사람들의 점유율이, 젊은 (여성이 아닌) 남성 난민이 나중에 (특히 강력범죄나 나이가 더 어린 10대에 대한) 범죄로 유죄판결을 받을 확률을 증가시키는 데 강력한 영향을 미친다는 것을 발견했다. 게이브리얼 폰스 로저Gabriel Pons Rotger와 나는 코펜하겐Copenhagen의 사회주택에 대한 외생적 배정을 이용하여, 배정 당시에 해당 주택단지 거주자들의 약물범죄 전과와 관련된 특성이 이후 2년 동안 15세에서 25세 사이의 개인이 재산범죄와 약물범죄를 저지르는 확률에 영향을 미치는 강력한 인과적 효과가 있다는 것을 확인했다.[145] 스티븐 빌링스, 데이비드 데밍,

그리고 스티븐 로스는 노스캐롤라이나주 메클런버그Mecklenburg 카운티의 14세 학생들에 대한 자연실험 자료를 이용하여, 범죄행위에 영향을 미치는 맥락효과는 학교 또래들이 1킬로미터도 떨어져 있지 않은 이웃일 때 발생하며, 그 효과는 이웃이 같은 학년일 때 더 강력하다는 것을 보여주었다.[146]

마지막으로, 남성의 범죄행위에 영향을 미치는 맥락효과에 대해 일부 신중한 증거가 MTO로부터 도출된다. 맥락효과의 영향에 대한 초기의 평가는 빈곤율이 낮은 동네에 무작위로 배정된 가정의 소수집단 남성들은 체포되는 횟수가 더 적었다는 것을 분명히 보여주었다.[147] 하지만 이러한 효과는 시간이 지남에 따라 약해졌고 심지어 역전되기도 했다.[148]

연구결과 요약

표 8.1은 적어도 일부 범주의 개인에 대해 공간적 맥락이 가지는 실질적이고 통계적으로 유의한 효과를 확인한 방법론적으로 엄격한 연구 및 그와 같은 효과를 확인하지 못한 연구에 대한 앞에서의 분석 결과를 성취결과 영역별로 요약하고 있다. 이는 동네 맥락의 어떤 측면이 가장 강력한지는 성취결과에 따라 그리고 해당 개인의 성별 및 민족에 따라 다르지만, 각각의 모든 성취결과 영역에서 증거가 수적으로 많다는 것은 동네 맥락의 여러 다양한 측면이 사회경제적 기회와 관련된 개인의 광범위한 성취결과에 대해 인과적으로 큰 영향을 미치고 있다는 것을 분명히 보여준다.[149]

다면적 동네효과에 관한 명제

나는 이 장에서 제시한 이론과 증거를 바탕으로 다섯째 주요 명제를 도출

표 8.1 | 개인의 성취결과 영역별 동네효과에 대한 인과적* 분석으로부터 도출된 결론 요약

적어도 하나의 성취결과에 대해 유의한 효과를 확인한 연구	아무런 효과를 확인하지 못한 연구
위험행동	
Ahern et al. 2008; Cerda et al. 2010; Nandi et al. 2010; Sanbonmatsu et al. 2011; Cerda et al. 2012; Gibbons, Silva, and Weinhardt 2013; Santiago et al. 2017	Novak et al. 2006; Jokela 2014
학업성취 및 교육 수준	
Rosenbaum 1995; Duncan, Connell, and Klebanov 1997; Vartanian and Gleason 1999; Crowder and South 2003; Clampet-Lundquist 2007; Fauth, Leventhal, and Brooks-Gunn 2007; Galster et al. 2007a; DeLuca et al. 2010; Schwartz 2010; Sharkey and Sampson 2010; Jargowsky and El Komi 2011; Sharkey et al. 2012, 2014; Casciano and Massey 2012; Santiago et al. 2014; Gibbons, Silva, and Weinhardt 2014; Carlson and Cowan 2015; Chetty, Hendren, and Katz 2015; Galster, Santiago, Stack, and Cutsinger 2016; Galster, Santiago, and Stack 2016; Tach et al. 2016; Galster and Santiago 2017a, 2017b	Plotnick and Hoffman 1999; Ludwig, Ladd, and Duncan 2001; Jacob 2004; Sanbonmatsu et al. 2006, 2011; Kling, Liebman, and Katz 2007; Gibbons, Silva, and Weinhardt 2013; Weinhardt 2014
10대 출산	
Harding 2003; Popkin, Leventhal, and Weismann 2010; Sanbonmatsu et al. 2011; Santiago et al. 2014; Chetty, Hendren, and Katz 2015; Galster and Santiago 2017b	Plotnick and Hoffman 1999
신체건강 및 정신건강	
Leventhal and Brooks-Gunn 2003; Cohen et al. 2006; Vortuba and King 2009; Glymour et al. 2010; Ludwig et al. 2011; Sanbonmatsu et al. 2011; Do et al. 2013; Kessler et al. 2014; Moulton, Peck, and Dillman 2014; Santiago et al. 2014	Schootman et al. 2007; Hearst et al. 2008; Johnson et al. 2008; Jokela 2014
경제활동참가 및 소득	
Rosenbaum 1991, 1995; Rubinowitz and Rosenbaum 2000; Edin, Fredricksson, and Åslund 2003; Weinberg, Reagan, and Yankow 2004; Dawkins, Shen, and Sanchez 2005; Cutler, Glaeser, and Vigdor 2008; Bayer, Ross, and Topa 2008; Clampet-Lundquist and Massey 2008; Galster et al. 2008; Åslund and Fredricksson 2009; Damm 2009, 2014; DeLuca et al. 2010; Galster, Andersson, and Musterd 2010, 2015, 2017; Musterd, Galster, and Andersson 2012; Sari 2012; Sharkey 2012; Turner et al. 2012; Hedman and Galster 2013; Damm 2014; Galster, Santiago, and Lucero 2015a, 2015b; Chetty, Hendren, and Katz 2015; Galster, Santiago, Lucero, and Cutsinger 2016; Chyn 2016; Galster and Santiago 2017a	Plotnick and Hoffman 1999; Ludwig, Duncan, and Pinkston 2005; Katz, Kling, and Liebman 2001; Ludwig, Ladd, and Duncan 2001; Ludwig, Duncan, and Hirschfield 2001; Orr et al. 2003; Oreopoulos 2003; Bolster et al. 2007; Kling, Leibman, and Katz 2007; Propper et al. 2007; Ludwig et al. 2008; van Ham and Manley 2010; Sanbonmatsu et al. 2011; Ludwig 2012
범죄	
Katz, Kling, and Liebman 2001; Ludwig, Duncan, and Hirshfeld 2001; Livingston et al. 2014; Santiago et al. 2014; Damm and Dustmann 2014; Rotger and Galster 2017; Billings, Deming, and Ross 2016	Kling, Ludwig, and Katz 2005; Sanbonmatsu et al. 2011

* 인과적 추정치를 타당성 있게 산출하는 정량적 기법을 이용. 상세한 내용은 본문 참조.

한다.

• 다면적 동네효과에 관한 명제: 동네 맥락은 다양한 인과적 과정과 경로를 통해 동네에 거주하고 있는 어른들과 아이들의 태도, 지각, 행동, 건강, 삶의 질, 재정적 안녕, 삶의 전망 등에 강력하게 영향을 미친다.

결론

동네는 우리 개개인의 사회경제적 성취결과에 영향을 줌으로써 우리를 만든다. 동네는 직접적으로 그리고 간접적으로 이러한 기회들을 구조화한다. 동네는 우리의 개인적 속성이 성취지위에 있어서 어떤 결실을 맺을 것인지에 직접적으로 영향을 주며 우리가 체현하는 속성에 간접적으로 영향을 미친다. 이러한 간접적 효과 중 일부는, 환경오염과 폭력에 대한 노출처럼 또는 우리가 어떤 정보를 받아들이고 그 정보의 가치를 어떻게 평가하는지에 영향을 주는 집합규범 및 로컬네트워크처럼, 획득하려는 개인의 자유의지를 거의 또는 전혀 필요로 하지 않는다. 아이들의 경우, 그 밖의 간접적 효과는 동네가 보호자에게 미치는 영향을 통해 발생한다. 최종적인 간접적 효과는 주요 생애 의사결정에 관여된 개인의 자유의지를 형성하는 것에 의해 발생하는데, 동네는 사람들이 무엇을 실현 가능하고 바람직한 선택대안으로 지각하는지에 영향을 미친다. 동네는 사회적 상호작용의 영역, 환경적 영역, 지리적 영역, 제도적 영역 등에 있어서 상호 배제적이지 않은 매우 다양한 메커니즘을 통해 우리의 생애기회에 이러한 직간접적 효과를 발생시킨다. 인과적 효과를 확실히 밝혀내고 있는 연구들로부터 산출된 압도적으로 많은 경험적 증거가 말해주는 것은, 동네가 우리의 정신건강 및 신체건강, 우리의 인지발달, 그리고 교육, 출산, 일, 범죄 등과 관련된 우리의 행동에 심대한 영향을 미친다는 것이다. 하지만 이들 효과는 상황에 따라 크게 달라지는 것으로 보인다. 이들 효과의 크기와 주요 인과적 메커니즘은 개인의 성별, 나이, 사회경제적 지위, 그 밖의 다른 측면들, 그리고 고려 대상인 성취결과 영역이 무엇인지에 따라 달라진다.

제9장

동네, 사회적 효율성, 사회적 형평성

지금까지 나는 동네가 무엇인지, 동네는 왜 그리고 어떻게 존재하게 되는지, 동네는 왜 특정한 속성을 보이는지, 동네는 시간이 지남에 따라 왜 변화하는지, 결과적으로 동네는 왜 그리고 어떻게 개인들과 그들 개인이 유권자로 있는 로컬정치관할구역에 영향을 미치는지를 탐구했다. 이 장에서 나의 분석은 규범적 방향으로 옮겨져 동네변화의 과정과 그 과정이 낳는 성취결과가 사회적으로 어느 정도 바람직한지에 관심을 기울인다. 나는 (1) 동네가 상태들 사이에서 이행하면서 겪는 주로 시장 주도적인 과정(즉, 동태적 관점)과 (2) 동네가 특정 순간에 보여주는 인구 및 주택재고 특성(즉, 정태적 관점)이 사회 전반적인 관점에서 우리가 바라는 최선인지에 대해 묻는다. 여기서 '사회'라는 것은, 해당 대도시 지역에 거주하고 있는 전체로서의 모든 거주자를 의미하지만 그 규범적인 쟁점은 크고 작은 지리적 실체의 거주자들과 분명히 관련되어 있다.

나는 사회후생의 두 가지 측면인 **효율성**efficiency과 **형평성**equity을 정태적 관점과 동태적 관점 모두에서 고려하여 분석할 것이다. 나는 전통적인 공리주의적 입장을 사회적 효율성의 기준으로 채택하는데, 이 입장은 해당 대도시 사회의 전체 가구들 총합으로 자체 평가되는 후생의 증진을 추구한다. 나는 후생

well-being을 물질적 소비의 함수일 뿐만 아니라 심리적 속성(이를테면, 정체성, 존중, 효능, 목적의식) 및 사회학적 속성(이를테면, 사랑, 지위, 긍정, 커뮤니티)의 함수인 것으로 간주한다. 우리는 영향을 받는 사람들이 어떻게 대안들을 정량적으로 평가할 것인지에 대해 확신할 수 없다. 그렇기 때문에 대안적인 시장 관련 성취결과나 정책 선택대안 중 일부 경우에 있어서 사회적 효율성이 어떠한지를 명확히 평가할 수 없다는 것은 분명하다. 더욱이, 우리는 의사결정자가 그와 같은 평가를 사회적 수준으로 집계하는 과정에서 그것을 어떻게 비교 검토할 것인지에 대해 확신할 수 없다.[1] 하지만 이는 실제 상황 또는 계획된 상황에서 누군가는 이득을 보고 누군가는 손실을 입는 경우에만, 그리고 의사결정자가 이러한 이득과 손실을 어떻게 해서든지 측정하고 요약하여 사회후생social well-being의 집계적 변화를 계산해야 하는 경우에만 문제가 된다. 어떤 상황에서는 누군가는 손실을 입지만 다른 누군가는 아무런 보상적 이득을 얻지 못하며(따라서 효율성이 저하되며), 다른 상황에서는 누군가는 이득을 보지만 다른 누군가는 이를 상쇄시키는 손실을 입지 않는다(따라서 효율성이 향상된다)는 것을 분명히 판단할 수 있을 때, 우리는 이와 같은 어려운 문제를 피해갈 수 있다.[2] 다행스럽게도 이와 같은 명백한 상황이 동네 맥락에서 종종 발생한다.

형평성 기준이 의미하는 것은, (정태적 또는 동태적 관점에서) 해당 동네 상황이 사회경제적으로 혜택을 덜 받은 시민들, 특히 유색인종이나 비교적 소득이 낮은 시민들의 후생을 어느 정도로 불균형적으로 증진시키는지에 관한 것이다. 나는 형평성에 관한 이러한 정의가 자의적이며, 보편적으로 통용될 가능성이 낮다는 것을 알고 있다. 그럼에도 불구하고 이것은 미국공인계획가협회American Institute of Certified Planners가 직업윤리 강령에서 표명하고 있는 명시적인 규범이며 개인적으로도 동의하는 규범이다. 분명한 것은, 순전히 사회경제적으로 취약한 사람들에게 초점을 맞춰 설명함으로써, 사회경제적으로 더 많은 혜택을 받은 가구들의 후생이 절대적으로 감소했을 때조차도 사회경제적으로 취약한 가구들이 편익을 얻는 상황을 공정하다고 판단할 것임을 은연중에 암시한다는 것이다. 물론 이것이 사실일 필요는 없다. 효율적이면서도 형평성 있는 상황, 즉 사회경제적으로 혜택 받지 못한 사람들이 이득을 얻고 사회경제적으로 혜택 받은 사람들은 손해를 보지 않는 (또는 아마 마찬가지로 이득을 얻는) 상황이 의심할 여지없이 존재하기 때문이다.

이 책 전체에 걸쳐, 나는 대도시 공간상에서 일어나는 가구 및 재정적 자원의 흐름으로부터 동네변화의 동태적 과정이 발생한다는 틀을 구성했다. 미국의 경우, 시장에서 작용하는 힘과 그 힘이 만들어내는 가격신호가 이러한 흐름을 결정하는 주요 요인이다. 적어도 애덤 스미스Adam Smith 이래 신고전경제학 패러다임 내에서는, 완전한 정보를 가지고 있으면서 완전경쟁적인 시장 맥락은 (마치 '보이지 않는 손'에 이끌리는 것처럼) 대중에게 가장 효율적인 상태에 자동적으로 도달하도록 해줄 것이라는 오랜 믿음이 있다. 경제에 관한 이상화된 추상적 관념 내에서 이것은 사실일지도 모른다. 현실 속 동네의 경우, 이것은 명백히 사실이 아니다. 이 장에서 나는 동네변화를 이끄는 시장 과정과 그 결과로 나타나는 동네 조건이 왜 매우 비효율적이며 비형평적인지를 설명할 것이다.

사회적 비효율성: 정태적 관점

개요 및 주요 개념

사회적 비효율성은 대도시 공간 전체에 걸친 가구 및 재정적 자원의 분포에 있어서 주로 동네 외부효과 및 전략게임으로 인해 발생한다.[3] 동네의 맥락에서 우리는 이들 주요 요인을 다음과 같이 정의할 수 있다.

동네 외부효과

개인, 가구, 기업, 기관 등에 의해 수행되면서 특정 장소에 결부된 활동이나 비활동과 관련된 의사결정은 인근에 주택을 소유하고 있거나 거주하고 있는 사람들에게 편익이나 비용을 발생시키지만, 해당 의사결정자는 그에 대한 보상을 받거나 비용을 부담하지 않는다. 비효율성inefficiency은 이러한 상황에서 발생하는데, 의사결정이 문제의 의사결정자 및 해당 주택과 관련된 모든 이웃에 걸쳐 발생하는 편익과 비용의 집계에 기초하는 것이 아니라 해당 행위자가 지각하는 편익과 비용에만 기초하기 때문이다. 전체로서의 사회는 동네에 파급되는 긍정적 편익을 전달하는 행위(이를테면, 블록 순찰 자원봉사자나 노후주택을 수리하는 주택 소유자)에 대해 결국 충분한 자원을 할애하지 않을 것이다. 이것은 이러한 자원을 통제하는 행위자가 특별히 이타적이지 않는 한, 서로 개별적인 상태에 있는 자신에게 무엇이 최선인지를 결정할 때 이러한 외부 편익을 자신의 사적인 의사결정 셈법에 고려하지 않기 때문에 발생한다. 그와 반대로, 사회는 동네에 부정적인 부수 효과를 일으키는 지나치게 많은 행동(이를테면, 공공장소의 만취자나 주택을 방치하는 주택 소유자)에 자원을 허비할 것인데, 이는 행위자가 자신의 사적인 의사결정 셈법에 이러한 외부 비용을 고려하지 않기 때문이다. 요컨대, 외부효과를 발생시키는 행동은 (시장가격에 의해 유도되든 그렇지 않든 간에) 사회적으로 최적의 산출량 및 관련 자원배분에 도달하기 위한 분권화된 자율적 의사결정이 실패했음을 나타낸다. 긍정적 외부효과를 발생시키는 행동을 추구하는 데에는 우리 사회의 모든 종류의 자원이 불충분하게 충당되며, 부정적 외부효과를 발생시키는 행동에 대해서는 그 반대이다. 물론 동어반복적으로 동네 맥락에서 개인의 행동은 아주 가까이에서 일어나기 때문에, 아래에서 설명하는 것처럼 그러한 환경은 의미 있는 여러 종류의 외부효과를 발생시키기에 매우 좋은 조건이다.

전략게임

서로 관계된 행위자들 각자의 편익 그리고/또는 비용이 그들의 행위의 집계에 따라 달라지는 상황에서, 관련된 모든 행위자는 자신이 예측한 불확실한 장래 행동에 기초하여 장래의 목표를 달성하기 위해 행동한다. 전형적으로 게임 상황은 사회의 자원배분에 대해 준(準)최적의suboptimal 결과를 발생시킨다. 왜냐하면 모든 행위자가 공동의 행동을 취한다면 그들 모두가 집합적으로 이득을 얻을 것이라는 사실에도 불구하고, 각 행위자는 서로 고립적인 상태에서 보수적이 되기로, 그리고 다른 행위자들의 '앞에 서서' 가장 공격 받기 쉬운 입장에 자신을 두지 않기로 결정하기 때문이다. 그러므로 예를 들어 젠트리피케이션이 일어나고 있는 도시 동네로 최근에 이사 온 중간계층 부모는 기본적으로 자신의 자녀를 로컬에 있는 공립학교에 입학시키고 싶어 할 수도 있지만, 해당 학군의 다른 중간계층 부모가 어떻게 하는지에 대한 확신이 없을 경우 주저할 수도 있다. 동네에 있는 사업주는 자신이 다른 사업주의 소매점 가로미화 계획에 '무임승차'할 수 있다고 생각할 경우, 소매점 가로미화 계획에 자발적으로 참여하는 것을 그만둘 수 있다. 두 경우 모두에서 관련 당사자 모두가 동일하게 보수적인 전략적 방식으로 행동한다면, 그들은 모든 사람이 완벽한 선견지명과 상호의존에 대한 확신으로 자신의 행동을 조정할 경우에 발생할 수 있는 우월 상황을 저버릴 것이다. 요컨대, 전략게임적 고려에서 나오는 행위는 (시장가격에 의해 유도되든 그렇지 않든 간에) 사회적으로 최적의 산출량 및 관련 자원배분에 도달하기 위한 분권화된 자율적 의사결정이 실패했음을 나타낸다. 동네 맥락에서 많은 개별 행위에 대한 보수payoffs는 매우 불확실할 수도 있는 이웃의 상응하는 행위에 크게 좌우된다. 그렇기 때문에 아래에서 설명하는 것처럼 이러한 상황은 전략게임 행동이 야기하는 상당한 정도의 비효율성을 발생시키기에 매우 좋은 조건이다.

주택 소유자의 투자 행동에서의 비효율성: 이론

아래에서 간략히 살펴보는 것처럼, 동네의 주거용 부동산 소유자들은 해당 부동산뿐만 아니라 인근의 다른 부동산에도 재무적으로 영향을 미치는 다수의 잠재적 행위를 할 수 있다. 이러한 긍정적 외부효과와 부정적 외부효과는 주택 및 획지에 얼마나 많은 자금이 투자되는지, 소유자가 대지를 포함한 건물을 점유하는지, 해당 부동산이 비주거용으로 전환되거나 완전히 방치되어야 하는지 등과 관련된 의사결정에서 비롯한다. 모든 경우에 있어서, 비효율성을 야기하는 외부효과의 본질은 비슷하다. 개별 소유자는 자신의 관점에서 무엇이 재무적으로 가장 타당한지를 평가하면서, 영향을 받는 모든 당사자의 편익과 비용을 설명할 때 무엇이 사회적으로 타당한지는 대부분 간과한다.

두 가지 가설적인 예를 통해 충분히 설명될 수 있다. 첫째 사례의 경우, 소유자는 자신의 주택의 품질을 향상하는 데 5만 달러를 투자하는 것이 주택가치를 상승시키는 측면에서 가치 있는지 스스로에게 물어볼 수 있다. 만약 할인된 미래가치로 예상 주택가치의 증가가 단지 4만 달러로 평가된다면, 1만 달러의 손실이 발생할 것이기 때문에 소유자는 아마 해당 투자에 착수하지 않을 것이다. 가설적인 이러한 예에서 이기심에 기초한 합리성이 간과하고 있는 것은, 해당 주택 소유자가 자신의 주택의 품질을 향상할 경우 이웃하고 있는 10채의 주택 각각이 2000달러의 가치를 얻을 수 있다는 것이다. 그러므로 사회의 관점에서 볼 때, 해당 주택 소유자와 다른 주택 소유자들이 집계적으로 6만 달러(즉, 4만 달러+[10×2000달러]) 가치의 이득을 거둬들일 것이기 때문에, 해당 주택 소유자는 주택품질을 향상하는 데 5만 달러를 투자해야 한다. 여기서 현실적인 문제 — 시장에 기초한 분권화된 자원배분 메커니즘의 실패와 같은 — 는 사회적 편익에 있어서 추가적인 2만 달러는 해당 의사결정자의 외부에 있으며, 따라서 해당 의사결정자는 자신의 주택에 자원을 투자함으로써 '옳은 일 하기'를 실행하지 않는다는 것이다. 자원배분이 적절히 이루어지지 않는 것을 극복하기 위해 (2만 달러의 외부효과 수혜자들에 대해 1만 1000달러의 세금을 부과한 다음, 그 돈을 장래에 주택품질을 향상시키는 소유자에게 보조금의 형태로 제공하는 것과 같은) 일종의 집합적 조직화 메커니즘이 고안되어야 한다.

둘째 사례의 경우, 소유자는 임대용 부동산에 대한 장기 현금 흐름과 씨름하고 있다. 해당 주택이 분류되어 있는 하위시장에서 시세가 하락함으로 인해 소유자는 해당 주택을 계속 운영하는 데 필요한 최소 비용을 감당할 수 있을 만큼의 충분한 임대료를 징수할 수 없다는 것을 알게 된다. 만약 실현 가능한 모든 비용 절감 조치에도 불구하고 아무런 재무적 완화책도 마련되지 않는다면, 자포자기한 소유자는 현재의 월 1000달러의 순손실을 감당할 수 없다고 판단할지도 모르며, 따라서 그는 주택유지 및 세금, 보험, 그리고 아마 주택담보대출에 대한 지출을 일시적으로 모두 중지하고, 불가피하게 압류나 차압이 될 때까지 자신이 얻을 수 있는 모든 것을 해당 주택에서 최대한 '짜낼' 것이다.[4] 아래에서 상세히 살펴보는 것과 같이, 투자하지 않기로 한 이러한 선택의 사회적 비효율성은 주택의 부실유지 및 결과적으로 일어날 방치가 이웃 부동산의 가치를 크게 떨어뜨린다는 사실에 기초한다. 만약 외부효과로 인한 이들 손실의 집계적인 가치가 월 1000달러보다 더 큰 것으로 입증된다면, 사회적 비효율성이 발생했다는 것은 명백하다.

전략게임은 또한 주택투자를 왜곡된 방식으로 유도하는 데 중요한 역할을 할 수 있다. 해당 동네의 다른 투자자들이 미래에 무엇을 할 것 같은지에 대해 주택 소유자가 갖는 기대는 자신의 주택투자를 결정하는 데 의심할 여지없이 중요한 역할을 한다. 왜냐하면 주택 소유자들은 서로 연결되어 있는 상호의존적인 외부효과의 그물망을 잘 알고 있기 때문이다. 어떤 한 소유자가 주택유지 및 주택개량에 점진적으로 일부 투자함으로써(또는 투자하지 않음으로써) 거둘 것으로 예상할 수 있는 재무적 보수는 분명 인근 주택 소유자들의 투자 집계액에 의해 상승작용적으로 영향을 받는다. 유감스럽게도, 특정 소유자에게는 다른 투자자들의 행동이 일반적으로 확실하게 예측될 수 없다. 따라서 전략적으로 행동해야 하는 상황이 만들어진다.

주택 소유자들은 어떤 종류의 전략을 채택하는가? 고전적 게임이론의 틀에서 오랜 전통적인 관점은 '최대최소minimax'의 동기를 상정한다. 다시 말해, 소유자들은 자신을 중대한 잠재적 손실에 노출시키는 선택대안을 피하고, 최악의 상황에서도 자신의 최대 예상손실이 최소화되는 방식으로 선택하려고 항상 시도할 것이다. 실제적인 측면에서 이러한 전략은 로컬의 시장 환경이 불확실할 때 주택을 제대로 관리하지 않거나 불필요한 수리나 손질을 자제하는 것을 의미한다. 왜냐하면 제대로 관리하지 않기로 마찬가지로 선택한 이웃들에 대해서는 어떤 다른 전략도 취약할 수 있기 때문이다. 제6장에서 설명했듯이, 행동으로 옮기기 전에 다른 사람이 어떻게 하는지 '기다려보자'는 이러한 경향이 재투자 문턱값의 기초가 된다. 물론 누구든지 해당 동네의 다른 모든 사람이 '남보다 앞서' 재투자하는 위험성 있는 행동을 취하기를 기다린다면, 그러한 재투자는 전혀 일어나지 않을 것이다. 재투자 문턱값의 분포는 위험성에 대해 서로 다른 허용 범위와 결부되어 있다고 보는 것이 보다 현실적인데, 이 경우 일부 소유자가 재투자한다고 하더라도 다른 많은 소유자는 다른 사람이 한 대로 따라 하지 않을 가능성이 있다. 두 결과 모두 비효율적인데, 소유자들이 모두 집합적으로 재투자할 경우 모든 소유자의 개별적 수익과 집계적 수익이 최대가 될 것이기 때문이다. 개별 의사결정자 각자에게는 합리적으로 보이는 행동이 의도와는 반대되는 집단 성취결과를 초래하는 전략 상황의 유형을 전략게임 문헌에서는 '용의자의 딜레마'라고 부른다.

주택 소유자의 투자 행동에 있어서의 비효율성: 증거

외부효과

주택 소유자의 행동과 관련된 부정적 동네 외부효과와 긍정적 동네 외부효과를 정량화하는 견고한 경험적 연구들이 있다. 주택 유지관리의 직접적인 조치와 인근 주택의 가치를 연관 짓는 연구는 거의 없었지만,[5] 동네에 있는 노후주택으로 인해 주택 소유자들은 주택의 미래가치 상승을 더 비관적으로 본다는 것이 오랫동안 관찰되어 왔다.[6] 주택가격에 관한 대부분의 연구는 세금이 체납되거나 압류되어 공실이거나 또는 버려진 주택들이 미치는 영향에 초점을 맞춰왔으며, 이러한 주택들은 부정적 외부효과를 발생시키는 가시적인 품질악화를 분명히 나타낸다는 가정에 기초하고 있다. 상당히 많은 연구들로부터 도출되는 일관된 결론에 따르면, 외부효과는 주택가치에 심각한 손해를 끼치며 이러한 손해는 노후주택이 없어지지 않고 그대로 있을수록 커지지만 거리가 멀어짐에 따라 점점 약화된다는 것이다. 세금 체납주택의 효과에 대한 연구는 약 500피트 이내에 있는 그와 같은 모든 개별 체납주택에 대해 주택 판매가격이 1~2% 하락한다는 것을 보여준다.[7] 압류주택의 영향을 조사한 결과에 따르면, 인근의 모든 개별 압류주택에 대해 주택 판매가격이 비슷하게 1~2% 하락했는데 250피트 이내에서는 251~500피트에서보다 대략 두 배 정도 큰 효과가 있었다.[8] 그러나 특히 압류주택이 전매되는 데 시간이 오래 걸리고 압류주택의 집중이 문턱값을 넘어서는 경우, 부정적 효과는 멀리 3000피트까지 나타났다.[9] 마지막으로, 인근의 버려진 주택이 주택가격에 미치는 부정적인 영향에 대한 연구는 그 영향의 크기에 대해 덜 일관적이다. 500피트 이내에 있을 경우 주택 판매가격 하락폭의 추정치는 1~9%이며,[10] 버려진 주택이 판매된 주택과 인접해 있을 경우 그 추정치는 최대 22%까지인 것으로 나타났다.[11] 버려진 주택으로 인한 부정적 외부효과 또한 거리가 멀어짐에 따라 점점 약화되는 것으로 나타났지만, 특히 주택이 3년 이상 방치되었을 경우 작지 않은 효과가 1500피트까지나 멀리 나타나는 것으로 확인되었다.[12]

몇몇 연구는 주거용 부동산의 개량공사와 관련된 강력한 긍정적 외부효과를 확인했다. 두 연구는 생애 최초 주택 구매자를 위한 보조주택과 관련된 신규 빈 공간 채우기infill 건설 사업에 의해 발생되는 상당한 정도의 긍정적 동네 외부효과를 정량화한다. 그중 한 연구는 신규 건축물 150피트 이내에서는 주택가치가 주택당 평균 8% 증가하며, 151~300피트 이내에서는 2% 증가한 것을 확인했다.[13] 다른 한 연구는 500피트 이내에서는 빈 공간 채우기 주택의 가치가 6% 이상 상승하거나 501~2000피트 이내에서는 약 3% 상승하는 등 훨씬 더 광범위한 규모로 영향을 미친다는 것을 확인했다.[14] 버지니아주 리치먼드Richmond의 동네 활성화 종합 전략에 대한 두 개의 독립적 평가가 관찰한 바에 따르면, 가치가 올라간 부지에서 1000피트씩 멀어질수록 이들 외부적 영향의 크기가 대략 절반씩 떨어졌지만 토지가치 및 주택가치는 상당히 크게 파급되었다.[15] 또 다른 연구는 추가적인 한 단위의 주택 개보수 허가가 150피트 이내에 있는 다른 주택의 최종 판매가격을 1.8% 인상시킨 것으로 추정했다.[16]

다른 연구들은 자신의 주택 내에 거주하고 있는 소유자들이 발생시키는 긍정적 외부효과의 가치를 정량화한다. 에드워드 콜슨Edward Coulson과 그의 동료들은 어떤 하나의 주택이 부재자 소유에서 거주자 소유로 전환되면 주변의 평균적인 동네에서 가격이 5.5% 올라간다는 것을 확인했다.[17] 이러한 외부효과는 전체 주택 소유율이 80% 미만인 동네에서 훨씬 더 강할 수 있었다.[18] 베브 윌슨Bev Wilson과 샤킬 빈 카심Shakil Bin Kashem은 어떤 한 인구총조사 집계구의 주택 소유율이 10%p 증가하면 그 곳의 주택가치는 1.6% 이상 상승할 것이라고 추정했다.[19]

또 다른 연구 흐름은 주택판매 및 담보거래의 수행과 관련된 정보 외부효과를 조사한다. 가까운 과거의 일정 기간 동안 동네의 주택담보대출 규모가 클수록 현재 주택가치 평가와 관련된 불확실성은 감소하며, 따라서 대출자들은 관찰 가능한 위험을 더 잘 식별할 수 있게 되고 해당 동네에서의 대출금 총공급을 증가시킬 수 있게 된다.[20] 그러나 개별 대출자의 대출금 덕분에 그 이전 주택의 판매가 가능해지면 이는 누구나 아는 공개적인 정보가 되고 모든 대출자들은 그 정보로부터 이득을 보기 때문에, 개별 대출자는 시장가치를 더 잘 이해하는데 도움이 되는 대출거래를 촉진하기 위한 충분한 유인을 가지고 있지 않다. 이러한 정보 외부효과가 야기하는 비효율성은 시장거래가 극히 적은 동네의 경우 특히 심각할 수 있다. 예를 들어, 디트로이트 대도시 지역에서는 30% 이상의 동네가 동네 주택 판매가격에 관한 정확한 정보의 부족으로 인해 최근의 경기침체 이후 대출이 악영향을 받은 것으로 추정되었다.[21] 이러한 대출 부족은 주택 가치상승 및 판매 가능성을 저해하고, 이는 결과적으로 이와 같은 영향을 받는 지역의 소유자들이 자신의 주택에 투자하려는 의욕을 꺾게 만들었다.

전략게임

동네에서의 전략게임에 대한 경험적 문헌은 상대적으로 빈약하지만 두 연구가 주목할 만하다. 리처드 톱, 가스 테일러, 그리고 얀 더님은 일리노이주 와키건Waukegan과 시카고의 주택 소유자들을 대상으로 서로 다른 상황에서 주택 소유자들이 주택 재투자 행동을 어떻게 하는지에 관한 서베이로부터 전략게임 행동에 관한 흥미로운 사실을 추론해 냈다.[22] 와키건 표본에 따르면, 주택 소유자의 14%는 게임에 참여하지 않았다. 대신에 그들은 자신의 이웃 누구도 재투자하고 있지 않았음에도 불구하고 지난 2년 동안 재투자에 '앞장섰다'. 그와는 정반대로, 주택 소유자의 30%는 '무임승차자' 전략을 폈는데, 자신의 이웃 모두가 재투자하고 있었음에도 불구하고 투자에 관여하지 않았다. 나머지 소유자들은 무임승차 전략에서 '군중추종crowd-following' 전략으로 전환하는 지점에서 중간 단계의 문턱값을 보여주었다. 시카고를 대상으로 한 톱과 그의 동료들의 연구결과에 따르면, '나쁜 상황을 최대한 잘 활용하기'와 '좋은 상황을 기회로 삼기'라고 주택 소유자들이 이름 붙인 뚜렷이 다른 전략이 있었으며,[23] 주택 소유자들이 노후화된 동네의 주택을 소유하고 있는지 아니면 관리가 잘된 동네의 주택을 소유하고 있는지에 따라, 그리고 주택 소유자들이 주택가치의 동향에 만족하고 있는지 아니면 만족하고 있지 않은지에 따라 이들 전략이 달라지는 것으로 나타났다. 노후화된 환경에 있는 주택 소유자들(흑인과 백인 모두)의 경우, 주택가치 상승에 대한 만족은 무임승차하려는 성향을 증가시켰는데, 이는 주택품질을 향상시키지 않고서도 자본이득을 충분히 얻을 수 있다는 명백한 지표로 보인다. 그러나 주택가치 상승에 대한 불만족은 주택 소유자들이 무임승차 전략에 참여하려는 성향을 감소시켰는데, 그들에게 투자는 나쁜 상황을 최대한 잘 활용하기 위해 주택의 소비가치를 높이는 수단으로써 더 잘 이해되었다. 비교적 좋은 품질의 동네의 경우, 전략상 반대 방향으로의 변화는 주택가치 상승에 대한 만족과 상이하게 관련되어 있었다. 이러한 맥락에서, 가치 상승에 대한 만족이 클수록 주택투자로부터 발생하는 재무적 수익이 향상되기 때문에 주택 소유자는 다른 사람들도 마찬가지로 투자할 것으로 기대하며, 따라서 안전하게 투자할 수 있다는 주택 소유자의 확신이 증가하게 된다.

요약하면, 톱, 테일러, 그리고 더넘은 전략게임 실제의 상황 적응적인 본질을 분명히 보여주었다. 노후화된 동네에서는 가격 상승의 강도가 클수록 주택 소유자들의 문턱값이 높아지며, 관리가 잘된 동네에서는 그 관계가 반대로 된다.

미니애폴리스와 오하이오주 우스터의 주택 소유자들을 대상으로 개리 헤서와 함께 수행한 내 연구에 따르면, 노후화된 동네에서 동일한 상황 적응적 패턴이 있는 것으로 나타났다.[24] 주택의 자본이득에 대해 가장 비관적인 그와 같은 상황에 있는 주택 소유자는 건물 외부 유지를 위한 투자를 크게 늘렸다. 주택 소유자의 재산 증식 계획이 근거로 삼고 있는 최소 수용 문턱값 아래로 자본가치가 떨어질 것으로 예상될 때 주택자산의 가치 증가에서 얻는 후생 수준이 급격히 증가한다고 가정함으로써, 경향에 맞지 않는 이러한 행동이 이해될 수 있다고 우리는 주장했다. 그와 반대로, 가치가 낮은 동네의 주택 소유자들은 무임승차자 전략을 채택하고 외부 수리를 지연함으로써 주택가치 상승에 대한 더 낙관적인 전망에 반응했는데, 그들은 자신의 주택을 덜 유지관리하는 동안에도 자신의 기대 재산 목표치를 달성할 수 있다고 믿는 것처럼 보였다. 하지만 톱, 테일러, 그리고 더넘과 달리, 우리는 중간품질 및 고품질 동네의 주택 소유자 사이에서는 주택가치 상승에 대한 기대심리와 투자 행동 사이에 아무런 관계가 없다는 것을 관찰했는데, 이는 주택 소유자들이 여하튼 자신의 주택으로부터 수용 가능한 최소한의 자본이득 일부를 얻을 것이라고 확신했기 때문인 것으로 보인다.

헤서와 나는 투자 패턴과 향후 동네의 삶의 질에 대한 서로 다른 기대심리가 보여주는 확정적인 전략적 행동 또한 관찰했다.[25] 모든 종류의 동네에 걸쳐, 동네의 질적 변화에 대한 기대심리가 낙관적일수록 주택 재투자가 실질적으로 더 많이 이루어졌다. 예를 들어, 가장 낙관적이지만 다른 비슷한 주택 소유자와 비교했을 때, 가장 비관적인 주택 소유자들은 자신의 주택에 매년 비용의

61%를 덜 지출했으며, 주택 외부의 하자 발생률은 0.14% 더 높게 나타났다. 이러한 결과는 사람들이 하는 대로 따라 하는 다양한 군중추종 전략게임을 분명히 보여준다. 주택 소유자들이 자신의 지역의 품질이 향상되고 있다고 지각한다면, 그들은 추세를 따라 움직일 것이며 자신의 재투자 행동을 강화할 것이다. 비관적으로 전망할 경우에는 그 반대의 현상이 나타날 것이다. 이러한 보수적인 전략, 다시 말해 '투자하기 전에 다른 사람들이 무엇을 하는지 기다려보기' 전략은 제5장에서 논의한 것처럼 손실회피나 현상유지 편향과 관련된 행동경제학의 발견과 일치한다. 또한 자신의 낡은 주택을 보수하는 인근 소유자들 사이에 내생적이고 상호 강화적인 관계가 있음을 밝혀낸 공간계량경제모형과도 일치한다.[26]

주택투자 비효율성의 요약 척도

공리주의적인 사회적 효율성 관점에서 무엇이 바람직할 것인지와 비교해서, 지금까지 나는 외부효과와 전략게임이 결합됨으로써 개별 주택 소유자들이 자신의 주택에 투자 행동을 거의 하지 않거나 자신의 주택에 대한 투자회수를 의미하는 행동을 지나치게 많이 하는 방향으로 치우친다고 주장했다. 달리 말하면, 동네의 물리적 품질을 좌우하는 통상의 시장 주도적 과정은 우리 사회가 기꺼이 지불하고자 하는 것에 견주어 볼 때 지나치게 많은 하위품질의 동네와 지나치게 적은 상위품질의 동네의 패턴을 만들어낼 가능성이 있다. 제이컵 빅도어Jacob Vigdor는 동네 품질에 대한 가구의 지불의사를 측정하고 관찰된 동네 품질 변화에 수반되는 실제 주택가격 변화와 비교함으로써 이러한 결론에 대한 명확한 지지를 보여주었다.[27] 그는 동네 활성화와 관련된 가격 상승은 그와 같은 품질향상에 대해 대부분의 가구가 기꺼이 지불하고자 하는 금액보다 작으며, 동네 쇠퇴의 경우에는 그와 정반대의 관계가 성립한다는 것을 확인했다.

가구의 이동성 행동에 있어서의 비효율성: 이론

이동성 관련 외부효과의 유형

가구들이 동네로 이사 오거나 이사 가기로 결정할 때, 아마 가구들은 (거주자의 삶의 질에 영향을 미치면서) 직접적으로 일어나는, 그리고 (거주자와 외부 당사자 모두의 행위에 영향을 미치면서) 간접적으로 일어나는 몇 가지 유형의 외부효과를 발생시킬 것이다. 직접적으로는, 인구학적, 인종적, 또는 계층적 특성이 뚜렷이 다른 가구가 이전에 점유했던 주택에 거주하고 있는 가구의 행동은 이러한 특성에 가치를 두는 이웃들에게 외부 편익이나 비용을 발생시킬 것이다. 예를 들어, 동종선호, 다시 말해 자신과 비슷한 사람과 어울리는 것을 선호하는 기존의 이웃들은 (예를 들어, 동일한 인종이거나 소득을 가진) 비슷한 가구가 이사 오는 것이 그들 스스로 평가한 주거생활의 질을 향상시키기 때문에 자신에게 긍정적 외부효과를 발생시키는 것으로 지각할 것이다. 그와 반대로, 이사 온 가구가 동네의 인종적 또는 계층적 다양성을 증가시킨다면, 이것은 보다 동질적인 이전의 동네 구성을 선호하는 거주자들 사이에서 사회적 응집과 신뢰를 감소시키는 형태로 사회적으로 부정적인 외부효과를 발생시킬 수 있다.[28]

간접적 외부효과는 동네 거주자들과 외부 당사자들 모두에 의해 이루어지는 유도된induced 행동 변화로 분명하게 나타난다. 거주자들의 이동성 선택과 삶의 선택 모두 영향을 받을 수 있다. 전자의 경우, 원래의 구성원 일부를 다른 동네로 이사 가게 하는 방식으로 동네의 집계적 인구 속성을 조금씩 변화시키면, (앞에서 언급한) 현재의 가구들 및 잠재적 가구들이 산정하는 삶의 질 평가치를 바꿀 수 있다. 이것은 해당 가구들에게 이러한 '강제된 이사'와 관련된 추가적인 재무적, 시간적, 심리적 비용을 부담 지운다. 후자의 경우, 가구 이동성의 간접적 외부효과는 동네의 구성이 그곳에 거주하고 있는 어른들과 아이들의 행동에 영향을 주기 때문에 발생한다. 제8장에서 설명한 바와 같이, 동네에 거주하고 있는 모든 사람은 수많은 사회적 상호작용 메커니즘을 통해 (교육, 출산, 범죄 등) 거주자들의 생애 의사결정에 영향을 미칠 수 있다. 하지만, 거듭 말하자면, 역할모델이나 취업 정보의 통로 제공과 같이, 개별 가구가 동네의 다른 사람들을 위한 사회적 상호작용 환경을 형성하는 데 미칠 수 있는 영향은 의사결정의 셈법과는 무관하다. 하지만 이것은 동네에 거주하고 있는 사람들의 변화와 연관된 사회적으로 비효율적인 결과를 추론하는 데 또 하나의 근거를 제공한다.

또한 동네 거주 인구의 변화는 잠재적 이주 가구, 잠재적 주택 투자자, 대출기관, 보험회사, 부동산 중개업자 등과 같은 외부 당사자의 동네 평가치를 바꿀 수 있으며, 그럼으로써 공간상에서 자원의 흐름이 바뀔 수 있다. 예를 들어, 특정 대도시 주택시장에 있는 상당수의 가구와 자산 관리인들이 이주해 오는 가구의 유형을 '달갑지 않게' 여긴다면, 문제의 동네에 대해 그들이 지각하는 동네 품질은 떨어질 것이며 따라서 해당 동네는 시장평가가치의 동반 하락을 겪을 것이다. 동네의 주택 소유자들은 이를 동네 밖에서의 반응이 야기한 부정적인 재무적 외부효과로 지각할 것이다.

앞에서 언급한 간접적 외부효과에 대한 논의는 동네의 인구학적 속성과 물리적 속성이 시간에 걸쳐 상호 인과적이라는 것을 의미한다. 어떤 하나의 속성이 변화하면 하나 이상 유형의 가구들과 투자자들의 행동이 변화될 수 있으며, 이는 결과적으로 다른 속성의 변화를 계속해서 강화하는 것으로 이어진다. 이러한 행동과 관련된 외부효과는 그 과정이 문턱값을 넘어설 경우 특히 심할 것이다. 동네선택에 관한 개별 가구의 원자적 의사결정은, 동네에서 작동하고 있거나 잠재적으로 작동하고 있는, 다른 가구들의 행동에 대한 장기적인 결과를 발생시키기 때문에, 사회적으로 비효율적인 결과가 분명히 나타난다.

외부효과의 폭넓은 다양성과 직접적 및 간접적 영향 외에도, 주택투자 행동에서 발생하는 외부효과와 가구 이동성 행위에서 발생하는 외부효과 사이에는 효과의 이질성이라는 또 다른 중요한 차이가 있다. 동네에 있는 (그리고 그 점에 있어서 더 큰 사회에 있는) 사실상 모든 거주자들과 소유자들은 주택방치를 자신들에게 비용을 부과하는 것으로 지각할 것이다. 동네 가구구성의 변화에 대해서는 그렇지 않다. 유형 X 가구는 유형 X 가구가 그 동네에서 차지하는 백분율이 증가하는 것을 좋게 평가할 수 있지만, 유형 Z 이웃은 그와 반대로 평가할 수 있다. 문제를 더욱 복잡하게 만드는 것은 외부효과가 동네 가구 집단들 사이에서 (집단의 선호에 따라) 양쪽 방향으로 진행될 수 있다는 것이다. 이 경우 효율성의 관점에서 사회적으로 바람직할 수 있는 것은 집단 사이에 부정적 외부효과와 긍정적 외부효과가 상쇄되어 최종적으로는 해당 동네에 긍정적인 것으로 귀결되는 상황일 것이다.

물론, 다른 이웃이 이주해 옴으로써 발생하는 부정적 외부효과에 시달린다고 믿는 사람은(특히 이 사람의 소득 수준이 더 높고 그가 인종이나 민족적 차별에 속박되어 있지 않을 경우) 그 동네를 떠날지도 모른다. 그러므로 오늘날 우리가 사는 동네에서 우리가 관찰하는 거주 패턴의 일부는 이웃 간 부정적 외부효과를 피하고자 하는(그리고 가능하다면 긍정적 외부효과를 경험하고자 하는) 가구들에 기인하는 것이다. 제7장에서 상세히 살펴본 것처럼, 인종 및 소득에 따른 거주지 분리는 미국 대부분의 동네에서 지배적인 인구 패턴을 구성한다. 여기서 핵심적인 질문이 제기된다. 이와 같은 분리된 패턴은 사회적 관점에서 효율적인가?

답은 동네 안에 있는 집단들 사이에서 일어나는 외부효과의 본질 그리고 동네 안으로의 자원 흐름을 통제하는 외부 당사자들에 의해 유도된 행동 변화로 나타나는 간접적 외부효과의 본질 모두에 달려 있다. 우리는 두 가지 이유로 이 두 가지 유형의 과정을 구별해야 한다. 첫째, 효율성은 영향을 받는 모든 집단의 거주자들의 후생을 고려할 것을 요구하기 때문에, 동네 내부의 잠재적인 사회적 외부효과에 대한 보다 포괄적인 분석이 필요하다. 예를 들어, 사회경제적으로 혜택 받지 못한 개인이 사회경제적으로 혜택 받은 자신의 이웃에게 부담지우는 부정적인 사회적 외부효과는, 반대 방향으로 진행될 수 있는 긍정적인 사회적 외부효과보다 더 클 수 있음을 고려해야 한다. 만약 그렇다면, 두 집단이 완벽하게 거주지 분리되어 있을 때 가장 높은 값을 가리킬 수 있는 (공리주의와 같은) 사회적 가중치 체계를 쉽게 그려볼 수 있다. 둘째, 장소를 기반으로 한 낙인찍기와 그 결과로 야기된 자원의 제약이라는, 오직 동네 밖에서의 과정만 작동한다면, 사회경제적으로 혜택 받지 못한 집단과 혜택 받은 집단 간에 동네 안에서 이루어지는 사회적 상호작용과 관련된 잠재적인 제로섬 또는 네거티브섬의 측면에 대해서는 신경 쓸 필요가 없을 것이다. 그와 반대로, 외부 사람들이 낙인찍기를 그만두도록 하기 위해 동네에 있는 사회경제적으로 취약한 사람들의 점유율을 낮춤으로써 인구구성을 바꾸는 것은, 누구에게도 비용을 충당시키지 않으면서 이전에 낙인찍힌 동네에 거주하는 모든 사람들의 후생에 순이득을 발생시킬 것이다. 다음에서는 거주지 분리의 비효율성 또는 효율성을 어떻게 평가할 수 있는지에 관한 이론적 모형을 토대로 이러한 주장을 체계적으로 자세히 설명하고 해석할 것이다.

사회적으로 효율적인 동네 인구구성 모형

결론에 있어서 일반성을 잃지 않으면서도 설명을 단순화하기 위해, 나는 몇 가지 가정을 한다. 첫째, 우리가 가정하는 가설적인 사회는 일반적으로 '사회경제적으로 혜택 받은 집단advantaged(A)'과 '사회경제적으로 혜택 받지 못한 집단disadvantaged(D)'으로 이름 붙여진 두 개의 집단으로 범주화되는 가구들로 구성되어 있다. 우리가 무엇을 근거로 가구들을 집단 A와 집단 D로 분류하는지는 이 분석에서 중요하지 않다. 소득, 인종, 이민자 지위 등이 현재의 국가적 맥락에서 가장 관련성 높은 근거일 수 있다. 둘째, 동네에 있는 다양하게 혼합되어 있는 집단으로부터 발생하는 외부효과를 검토 평가할 때, 이러한 특성들은 해당 기간 동안 변하지 않는다.[29] 셋째, 집단 내 모든 가구는 동네 내 외부효과를 발생시키거나 동네 내 외부효과의 영향을 받는 정도에 있어서 동일하다. 넷째, '사회'는 사전에 결정된 경계선과 주택재고를 가진 두 개의 동네로 구성되어 있는데, 모든 주택은 두 집단 모두에게 똑같이 부담 가능하고 개조 가능하며 매력적이다. 마지막으로, 나는 동네들 사이에서 외부효과가 공간적으로 확산되지 않으며 모든 외부효과는 동네 안에서 일어난다고 가정한다.

조사 대상 동네에 있는 집단 A와 집단 D의 가구들이 다양하게 혼합되어 있음으로써 발생하는 모든 유형의 직간접적 동네 내 외부효과(즉, 삶의 질, 재무 상태, 사회적 관계, 행동 등의 변화)를 지수 I로 요약하자. 이 지수는 (0으로 정규화된) 기준 상태와 비교하여 (바람직한 순(純)외부효과의 경우) 양(+)의 값과 (바람직하지 못한 순외부효과의 경우) 음(-)의 값을 가질 수 있다. 지수의 전체 값(I_T)은 두 동네 모두에 걸쳐 집단 A 가구들의 배치로 발생하는 순외부효과(I_A)와 두 동네 모두에 걸쳐 집단 D 가구들이 발생시키는 순외부효과(I_D)의 합이다. 일반성을 잃지 않으면서, 나는 I_T 함수를 어느 한 동네에 있는 집단 D에 속한 가구들의 백분율(%D)이라는 측면에서 표현한다. 이는 해당 동네에서 집단 A에 속한 가구들의 구성 백분율이 (100−%D)라는 것을 의미한다. 다른 동네에서는 이 백분율이 반대로 적용된다. 사회적 효율성의 개선은 I_T의 개선과 관련되어 있다.

다음의 분석은 본질적으로 비교정태적comparative-static인데, 나는 가설적인 이들 두 동네 전체에 걸쳐 집단 A와 집단 D에 속한 가구들의 기존 배치를 변환하는 동태적 과정이 아니라 새로운 여러 다양한 배치를 고려한다. 다시 말해,

나는 모든 사례에 있어서 동일한 수의 고정된 가구가 있는 두 개의 동일한 동네들 전체에 걸쳐, 고정된 수의 집단 A와 집단 D 가구들의 여러 대안적인 배치에 대한 사회적 효율성의 결과를 비교 분석한다. 아래의 논의는 그림을 이용하여 설명하는 방식으로 진행되며, 이에 대응하는 수리적 설명은 제9장 부록에서 제시한다. 이들 기초가 확립된 상태에서, 나는 앞에서 그리고 제8장에서 제시한 동네 내 사회적 외부효과의 여러 유형을 빠짐없이 대표하는 10개의 대안적인 사례에 주목한다.

사례 1: 집단 D는 모든 이웃에 대해 일정한 크기의 부정적 한계외부효과 β를 발생시키며, 집단 A는 모든 이웃에 대해 일정한 크기의 긍정적 한계외부효과 φ를 발생시킨다.

사례 1은 동네 외부효과의 영향이 집단 A와 집단 D에 속해 있는 가구들에게 동일하게 전달되는 '집합적 사회화collective socialization'라는 동네효과 메커니즘의 한 형태를 설명한다. 예를 들어, (정의에 따르면, 특정 동네에 있는 집단 A 가구를 대체하는) 집단 D의 추가적인 개개의 가구는 또 하나의 부적절한 역할모델을 제공하거나 모든 이웃을 불법행위에 끌어들이려고 하거나 공공연히 폭력행위에 관여시킬 수 있으며, 그 결과 모든 이웃이 자신의 집 밖으로 나서는 것을 두려워한다. 아니면 집단 D의 추가적인 가구는 단순히 자신의 존재가 모든 이웃의 성취지위에 나쁜 영향을 미치는, 낙인찍힌 거주자로 똑같이 간주될 수 있다. 이와 대조적으로, 해당 동네에서 집단 D 가구를 대체하는 집단 A의 추가적인 개개의 가구는 주류 문화를 실제 행동으로 보여주거나 집합효능을 증진시키는 행동에 관여하는 식으로 모든 이웃에게 긍정적인 사회화 영향을 미칠 수 있다.

가설적인 이 사례에서 두 대표적인 동네 중 어느 한 동네에 대한 외부효과 함수는 그림 9.1과 같이 묘사될 수 있다. 이는 다른 한 동네에서의 외부효과 함수

그림 9.1 | **동네 내 한계외부효과가 일정한 가설적 상황에서의 사회적 효율성: 사례 1**

사례 1: 집단 A는 모든 이웃에 대해 0보다 큰 일정한 크기의 한계외부효과 φ를 가지고 있으며, 집단 D는 모든 이웃에 대해 0보다 작은 일정한 크기의 한계외부효과 β를 가지고 있다

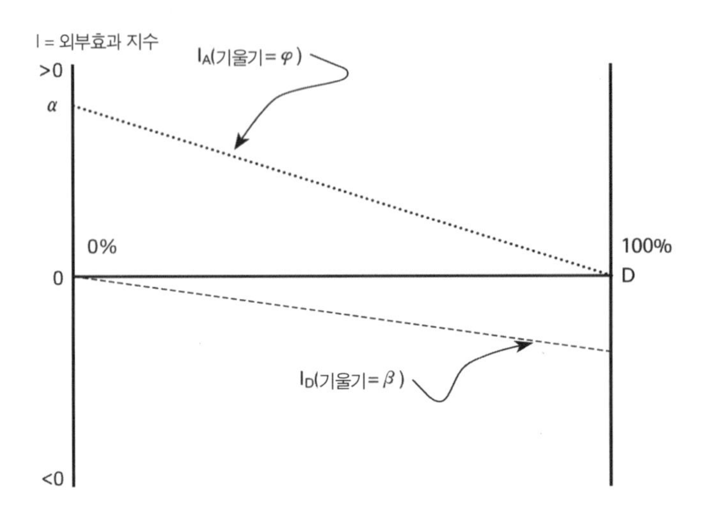

가 거울에 비친 모양과 같다. 그림 9.1은 해당 동네에서 집단 D와 집단 A 두 집단과 관련된 외부효과 지수 I에 대한 집단 D 가구의 백분율(%D) ― 암묵적으로, 집단 A 가구의 백분율은 (100－%D) ― 을 나타내며, 동네 내 외부효과가 전혀 없는 기준 상황이 0으로 표시되도록 정규화했다. 집단 D 가구의 점유율 0을 나타내는 원점은 왼쪽에 있으며, 집단 A 가구의 점유율 0을 나타내는 원점은 오른쪽에 있다. 집단 D 가구가 발생시키는 외부효과의 관계는 I_D로 표시되는데, (집단 D 가구가 존재하지 않을 때 어떤 외부효과도 발생시킬 수 없기 때문에) 왼쪽 원점에서 시작하여 음(-)의 기울기(=β)를 가지는 직선이며, 이는 집단 D 가구가 하나씩 추가될 때 해당 동네의 집합적 후생 수준은 β만큼 감소한다는 것을 보여준다. 집단 A 가구가 발생시키는 외부효과의 관계는 I_A로 표시되는데, (집단 A 가구가 존재하지 않을 때 어떤 외부효과도 발생시킬 수 없기 때문에) 오른쪽 원점

에서 시작하여 올라가는 기울기(=φ)를 가지는 직선이며, 이는 집단 A 가구가 하나씩 추가될 때 해당 동네의 집합적 후생 수준은 φ만큼 증가한다는 것을 보여준다.

이러한 가정하에, 아마도 뜻밖의 결과는 동네 안에서나 동네들 사이에서 이루어지는 집단들의 어떤 혼합도 (다시 말해, 실현 가능한 최대의 거주지 분리에서부터 실현 가능한 최대의 거주지 혼합에 이르기까지) 정확하게 동일한 총량의 외부효과를 발생시킬 것이며, 따라서 우리가 제시한 기준에 비추어볼 때 동일하게 효율적이라는 것이다.[30] 직관적으로 설명하면 다음과 같다. 집단 D의 어떤 가구를 한 동네에서 다른 동네로 맞바꾸면, 출발동네에서 집단 D 가구가 발생시키는 외부효과의 지수 I_D가 β만큼 감소하고 도착동네에서는 β만큼 증가함으로써 정형화된 우리 사회에 대해 집계적으로 순변화는 전혀 없을 것이다. 집단 A 가구를 맞바꿀 때에도 비슷하게 설명할 수 있는데, 집단 A 가구 하나가 추가되는 동네에서 발생하는 한계이득 φ는 집단 A 가구 하나가 빠져 나가는 동네에서 발생하는 한계손실 φ로 상쇄될 것이다. 이러한 결론은 집단 A 또는 집단 D가 긍정적 외부효과 또는 부정적 외부효과를 발생시킨다고 가정되는지 또는 아무런 외부효과도 발생시키지 않는다고 가정되는지에 상관없이 유지되며, 해당 집단의 외부효과가 한계적으로 일정하기만 하면 효율성은 동네 인구구성에 의해 영향 받지 않을 것이라는 점에 주목하라.

사례 2: 집단 D는 (%D로 표현되는) 문턱값 X를 넘어서면서 모든 이웃에 대해 일정한 크기의 부정적 한계외부효과 β를 발생시킨다.

여기서는 '전염적/사회규범적epidemic/social norm' 메커니즘에 의해 동네의 한계외부효과가 일정하지 않으며, 오히려 동네 외부효과를 발생시키는 집단이 임계값을 넘어서자마자 동네 외부효과가 시작된다. 여기에 대해서는 제7장을

그림 9.2 | **동네 내 외부효과에 문턱값이 있는 가설적 상황에서의 사회적 효율성: 사례 2, 3, 4**

사례 2: 집단 D는 모든 가구들에 대해 문턱값 X에서 0보다 작은 한계외부효과 β를 가지고 있다

사례 3: 집단 A는 모든 가구들에 대해 문턱값 Y에서 0보다 큰 한계외부효과 φ를 가지고 있다

사례 4: 위의 경우 모두에 해당한다

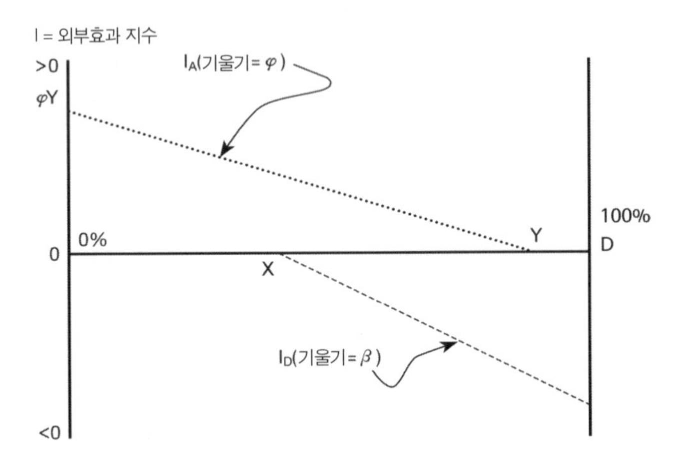

참조하라.[31] 이 경우 대표 집단 D의 동네 외부효과 함수는 그림 9.2의 I_D로 나타날 것이다. 집단 D 가구의 백분율이 문턱값 X를 넘기고 나서야 외부효과가 분명하게 나타나며, 그 이후에는 집단 D 가구가 추가될 때마다 일정한 크기의 부정적 한계외부효과가 가해진다.[32] 여기서 분명한 점은, 개개의 모든 동네에서 집단 D 가구의 백분율 %D가 전체 가구의 X% 또는 그 이하로 유지될 수 있으면 어떤 동네에서도 부정적 외부효과가 없을 것이기 때문에 효율성은 극대화될 것이라는 사실이다. 하지만 이것은 문턱값 X와 집단 D 가구의 상대적 백분율에 따라 가능하지 않을 수 있다. 집단 D로 대표되는 가구의 전체 가구 백분율이 X보다 클 경우, 전반적인 I_T의 감소는 정확하게 X%의 집단 D 가구들을 가능한 한 많은 동네에 배치하고 나머지 집단 D 가구들은 나머지 다른 동네들 전체에 걸쳐 어떤 방식으로든 배치함으로써 최소화될 것이다. 따라서 사례 1

과 달리 부정적 동네 외부효과에 대해 문턱값이 존재할 때, 효율성의 입장에서 동네가 희망하는 가구구성에 대한 함의가 매우 명확한데, 이러한 희망 가구구성에서는 가능한 한 많은 동네에서 나타나는 부정적 외부효과 발생 집단의 백분율 상한이 기본적으로 존재한다는 것이다. 만약 문턱값 X와 전체 가구에서 집단 D가 차지하는 백분율이 작을 경우, 효율성은 상당한 정도의 거주지 분리를 수반한다. 이는 집단 A가 압도적으로 거주하고 있는 다수의 동네로 입증될 것이며, 개개의 동네에는 불과 얼마 안 되는 수의 집단 D 가구만 있을 것이다. 하지만 문턱값 X와 전체 가구에서 집단 D의 점유율이 (단순화된 사례에서의 집단 D처럼) 50%일 경우, 효율성은 모든 동네에서 이 두 집단이 동일하게 혼합되어 있어야 함을 암시할 것이다.

사례 3: 집단 A는 문턱값 Y를 넘어서면서 모든 이웃에 대해 일정한 크기의 긍정적 한계외부효과 φ를 발생시킨다(여기서 문턱값 Y는 긍정적 한계외부효과 φ가 지속되는 동네에서의 최대 %D로 정의된다).

사례 2와 반대로, 여기서는 '전염적/사회규범적' 메커니즘에 의해 집단 A 가구가 최소 문턱값 Y%를 초과할 경우 모든 이웃에 대해 긍정적 외부효과를 발생시킨다(다시 말해, %D가 [100 − Y]% 아래로 떨어지는 경우와 같은 조건이다). 문턱값을 지나면서 사회적으로 바람직한 집합적 사회화 과정이 뒤따른다는 점을 제외하고는, 여기서 사회규범의 전달 과정은 앞의 사례 2에서 설명한 것과 동일한 방식으로 작동한다.

효율성 분석은 위와 같이 이루어진다. 그림 9.2의 I_A 함수를 참조하라. 긍정적 외부효과의 합을 극대화하기 위해서는, 집단 A 가구가 문턱값보다 낮게 대표되는 동네가 없도록 해야 한다. 집단 A의 문턱 집중 수준보다 낮은 동네에 거주하고 있는 집단 A 가구들은 사회적 효율성 관점에서 볼 때 '제대로 이용되지 못한 채 허비되고' 있는데, 이 정도의 집중 수준에서는 집단 A의 어떤 가구도 긍정적 외부효과를 발생시키지 못할 것이기 때문이다. 따라서 최적의 배치는 집단 A의 문턱 집중 수준을 초과하는 동네에 집단 A 가구가 가능한 한 많이 거주하도록 하는 것이다. 이것은 더 이상 추가적으로 배치될 집단 A 가구가 없어질 때까지 집단 A 가구로 동네를 완전히 채우는 것을 의미한다. 나머지 가구는 어떤 방식으로든 나머지 동네에 걸쳐 배치될 수 있을 것이다. 사례 3의 이러한 일단의 가정은 극단적으로 분리된 상태가 효율적이라는 것을 암시한다.

사례 4: 집단 D는 문턱값 X를 넘어서면서 모든 이웃에 대해 일정한 크기의 부정적 한계외부효과 β를 발생시키며, 문턱값 Y보다 작으면서 $Y > X$일 때 집단 A는 모든 이웃에 대해 일정한 크기의 긍정적 한계외부효과 φ를 발생시킨다(여기서 문턱값 Y는 긍정적 한계외부효과 φ가 지속되는 동네에서의 최대 %D로 정의된다).

여기서 나는 '전염적/사회규범적' 메커니즘의 관점에서 사례 2와 사례 3을 결합함으로써, 서로 다른 가구 유형이 서로 다른 문턱점에서 일어나는 (크기가 반드시 동일하지는 않지만) 상쇄적인 외부효과를 발생시킨다는 가정의 함의에 주의를 기울인다. 그림 9.2가 다시 적용되며, 집단 D가 발생시키는 외부효과 함수 I_D와 집단 A가 발생시키는 외부효과 함수 I_A 모두 작동한다.[33]

발생하고 있는 두 외부효과의 상대적 크기에 따라 효율성 분석의 결과는 달라진다. 이와 같은 상황에서, 두 문턱값 사이의 범위에 있는 가구 혼합에서의 동네 간 차이는 일정한 크기의 I_T를 발생시키는데, 두 함수를 합한 순한계외부효과는 (사례 1의 논리를 따라) 상수이기 때문이다. 달리 말하면, 두 문턱값을 초과한 동네들 간에 집단 A와 집단 D 가구를 맞바꾸는 것은 (그리고 가설적인 재배치 후에도 계속해서 맞바꾸는 것은) 효율성에 있어서 아무런 순변화를 가져오지 않을 것인데, 도착동네에서의 이득이 출발동네에서의 손실을 정확하게 상쇄할 것이기 때문이다. 하지만 하나 또는 다른 하나의 문턱값을 넘어서지 못할 때, 그와 같은 거주지 혼합 상태가 거주지가 보다 많이 분리된 선택대안보다 더 우월할 것인지는 외부효과의 두 모수 φ와 β의 상대적 크기에 관한 더 많은 정보 없이는 확인될 수 없다.

다음과 같은 사고실험을 생각해 보자. 만약 거주지가 보다 많이 분리된 동네(즉, 문턱값 X보다 작은 %D 값을 가진 일부 동네와 문턱값 Y보다 큰 %D 값을 가진 다른 동네)가 만들어지도록 하기 위해 이들 거주지 혼합 동네(즉, 그림 9.2에서 문턱값 X와 Y 사이에 있는 %D의 값을 가진 동네) 중 일부 동네 안에 있는 몇몇 가구를 재배치하고자 한다면, 효율성에 어떤 일이 일어날까? 집단 A가 발생시키는 긍정적 외부효과가 집단 D가 발생시키는 부정적 외부효과보다 훨씬 더 크다면, 문턱값 X보다 작은 %D 값을 가진 일단의 동네에서는 (집단 D 거주자의 백분율이 문턱값 X보다 낮을 것이기 때문에) 집단 D가 발생시키는 상쇄적인 부정적 외부효과 없이 이제 더 높은 백분율의 집단 A 거주자들과 관련되어 발생한 긍정적 외부효과가 엄청나게 증가할 것이다. 이와 대조적으로, 문턱값 X보다 큰 %D 값을 가진 일단의 동네에서는 이제 더 높은 백분율의 집단 D 가구와 관련되어 발생한 부정적 외부효과가 일부 증가할 것이며, (집단 D 가구의 백분율이 문턱값 $(100-Y)$보다 낮을 것이기 때문에) 집단 A가 발생시키는 상쇄적인 긍정적 외부효과는 없을 것이다. 만약 정말로 $|\varphi| > |\beta|$라면, 긍정적 한계외부효과를 발생시키는 일단의 동네에서의 이득은 부정적 외부효과를 발생시키는 동네들에서의 손실을 상쇄할 것이며, 따라서 혼합된 동네를 거주지 분리 수준이 더 높은 동네로 전환하는 것이 사회적으로 보다 효율적일 것이다. 사례 3의 논리에 따라, 집단 A 가구를 완전히 거주지 분리된 동네로 가능한 한 많이 배치한 다음 (수리적으로 가능하다면) 문턱값 X를 초과하는 숫자가 최소가 되도록 집단 D 가구를 나머지 모든 동네들 간에 배치한다면 효율성은 극대화될 것이다.

만약 외부효과의 상대적 크기에 대한 가정을 서로 맞바꿔서 사고실험을 다시 한다면 결론은 그 반대가 된다. 만약 $|\varphi| < |\beta|$라면, 지금은 집단 A가 더 높은 점유율을 가지고 있지만 이전에는 문턱값보다 낮은 수준이던 일단의 동네에서의 이득은 다른 일단의 동네에서의 손실을 상쇄하지 못할 것이며, 따라서 혼합된 동네가 거주지 분리 수준이 더 높은 동네로 전환되지 않도록 하는 것이 사회적으로 보다 효율적일 것이다. 사례 2의 논리에 따라, 문턱값 X보다 집중 수준이 낮은 집단 D 가구를 가능한 한 많이 배치한 다음 (수리적으로 가능하다면) 문턱값 Y를 초과하는 숫자가 최대가 되도록 나머지 모든 동네들 간에 집단 A 가구를 배치한다면 효율성이 극대화될 것이다. 물론, 두 모수의 절대값이 정확하게 같고 따라서 모든 배치가 똑같이 효율적인 것도 수리적으로 가능하다.

사례 5: 집단 D는 집단 D 이웃에 대해서만 체증하는 부정적 한계외부효과를 발생시킨다.

여기서 모형화된 외부효과는 '선택적 사회화selective socialization' 과정으로 간주될 수 있다. 이 과정에서 집단 D의 어느 한 가구가 영향을 미칠 것으로 가정되는 부정적인 효과는 그 동네에 있는 (집단 A 가구가 아니라) 집단 D의 다른 가구들에 의해서만 감지될 것이다. 이것은 아마 집단 D의 다른 가구들이 이러한 효과에 더 취약할 수 있기 때문이거나 집단 D 가구들의 사회연결망이 그 집단 내에서 동질적이면서 집단 A의 다른 어떤 가구도 포함하고 있지 않기 때문이다. 여기서 집단 D의 추가적인 한 가구가 발생시키는 부정적 외부효과는 동네에 있는 집단 D 가구의 수에 따라 비선형적으로 증가하는데, 이는 집단 D의 추가적인 한 가구가 발생시키는 외부효과에 의해 영향을 받는 집단 D 이웃이 더 많기 때문이다. 따라서 부정적 한계외부효과는 β%D로 표현될 수 있다. 집단 A 가구는 이러한 외부효과의 전달자나 수신자로서는 무관하다고 가정되는데, 이것은 집단 A 가구가 집단 D를 포함하고 있는 사회연결망을 거의 가지고 있

그림 9.3 I **동네 내 한계외부효과가 가변적인 가설적 상황에서의 사회적 효율성: 사례 5, 6, 7**

사례 5: 집단 D는 이웃하고 있는 집단 D에 대해서만 0보다 작은 외부효과를 발생시킨다(I_D)
사례 6: 집단 A는 이웃하고 있는 집단 D에 대해서만 0보다 큰 외부효과를 발생시킨다(I_A)
사례 7: 집단 D는 이웃하고 있는 집단 D에 대해서만 0보다 큰 외부효과를 발생시킨다(I_D')

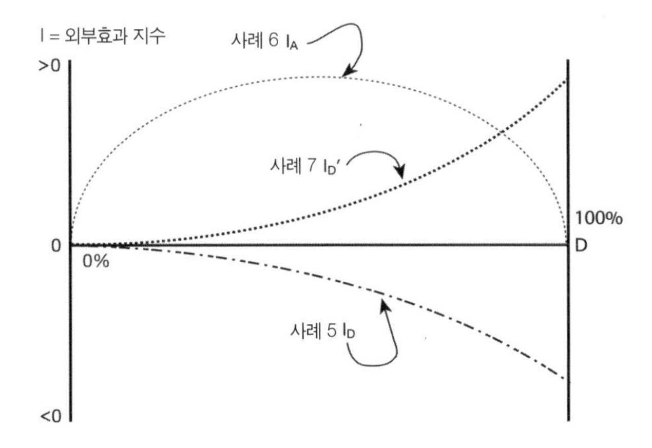

지 않기 때문이거나 또는 집단 A 가구가 사회연결망으로부터 사회적 거리가 멀기 때문이다. 그림 9.3은 한 동네의 집단 D에 대한 비선형적 외부효과 함수 I_D'를 보여주고 있다. 이 경우 집단 D의 모든 가구를 모든 동네에 걸쳐 균등하도록 가능한 가장 작은 백분율로 배치한다면, 집단 D 가구가 스스로 만들어내는 총 부정적 외부효과는 최소화될 것이다. 다시 말해, 부정적 외부효과는 집단 D 가구를 하나 더 추가함에 따라 비례적으로 증가하는 것 이상으로 증가하기 때문에, 가장 효율적인 해결책을 도출하려면 사회는 집단 D 가구를 가능한 한 가장 낮으면서 균등한 집중 수준, 즉 전체 거주가구에서 집단 D 가구가 차지하는 백분율과 동일한 수준으로 분산시켜야 한다. 집단 D 가구가 전체 거주가구에서 차지하는 백분율이 작다면, 이러한 결과는 집단 A 가구가 각각의 모든 동네를 압도적으로 점유하고 있을 때 효율성이 분명하게 나타날 것임을 시사한다. 반면에, 집단 D 가구가 (단순화된 모형에서처럼) 거주가구의 절반을 대표한다면, 이러한 결과는 균등하게 혼합된 동네가 전반적으로 가장 효율적일 것임을 시사한다.

사례 6: 집단 A는 집단 D 이웃에 대해서만 체증하는 긍정적 한계외부효과를 발생시킨다.

여기서는 '선택적 사회화' 메커니즘에 의해, 집단 A의 각 가구가 발생시키는 외부효과(φ)가 해당 동네에 있는 (집단 A의 다른 가구들이 아닌) 집단 D의 각 가구에게 이득을 준다. 이는 집단 A의 각 가구가 집단 D의 모든 가구에게 가치 있는 행동 역할모델을 제공하는 상황을 나타내는 것일 수 있다. 이것은 집단 A의 다른 가구들과는 무관한데, 이는 이들이 이미 이러한 행동을 보여주고 있기 때문이다.[34] 그림 9.3은 특정 동네에 대한 해당 외부효과 함수 I_A를 보여준다. I_A 함수는 역-U 자 모양을 띠는데, 이는 결국 해당 동네에서 집단 A의 더 많은 가구들이 외부효과로부터 이득을 얻기 위해 집단 D 가구의 수를 감소시킴에 따라 부정적인 한계효과를 야기하기 때문이다. 효율성 문제가 시사하는 바는, 사례 5에서와 같이, 최대 수준의 긍정적 외부효과는 집단 A와 집단 D 가구의 거주지 혼합 수준이 모든 동네들에 걸쳐 균등할 때 (그리고 전체 가구들에서 두 집단의 점유율이 동일할 때) 발생한다는 것이다. 직관적으로 설명하면 다음과 같다. 집단 A와 집단 D가 공통적으로 혼합되어 있는 상태에서 출발하여, 만약 두 동네가 집단 A와 집단 D의 일부 가구를 맞바꾼다면, 집단 D 가구를 잃는 동네에서 발생하는 긍정적 외부효과의 이득은 집단 D 가구를 얻는 동네에서 발생하는 긍정적 외부효과의 손실보다 적을 것이다.

사례 7: 집단 D는 집단 D 이웃에 대해서만 체증하는 긍정적 한계외부효과를 발생시킨다.

이러한 형태의 '사회연결망social network' 메커니즘은 우리가 '집단 친밀감group

affinity'이라고 부르는 것을 설명해 주고 있다. 이 사례에 내포된 견해는 집단 D의 더 많은 가구가 공간적으로 무리지어 모일 경우 집단 내에서 보다 강한 사회적 연줄을 형성하고 가치 있는 문화자본을 쌓을 수 있다는 것이다. 예를 들어, 이러한 공간은 새로 입국한 이민자들의 '소수민족 집단거주지'를 대표할 수 있다. 여기서 총 긍정적 외부효과는 동네에 있는 집단 D 가구의 수가 증가함에 따라 비선형적으로 증가하는데, 이러한 외부효과를 발생시키거나 이러한 외부효과에 영향을 받는 집단 D 이웃이 더 많기 때문이다. 이 사례에서 집단 A 가구는 외부효과의 전달자나 수신자로서는 무관하다. 그림 9.3은 I_D'로 표시하고 있는 집단 D의 외부효과 함수를 보여준다. 여기서 효율성 문제는 사례 5에서의 결론과는 반대로 귀결된다. 전체 거주가구에서 집단 D 가구가 차지하는 백분율과는 관계없이, 이 경우 거주지 분리는 효율적이다. 사회는 집단 D가 거주하고 있는 동질적인 동네에 집단 D 가구를 가능한 한 많이 배치할 경우, 집단 D 가구를 전체 동네들에 걸쳐 더 작은 백분율로 배치하는 것보다 더 높은 수준의 I_T를 달성할 것이다. 집단 D 이웃이 추가되면서 발생하는 한계편익은 집단 D 가구가 더 많을 경우 증가한다. 그렇기 때문에 그러한 가구는 항상 가장 높은 수준의 %D 값을 가진 동네에 최대 100%까지 추가되어야 한다.

사례 8: 집단 A와 집단 D는 자신과 같지 않은 이웃에 대해서만 체증하는 긍정적 한계외부효과를 발생시킨다.

이러한 형태의 '사회연결망' 메커니즘은 우리가 '사회적 응집social cohesion'이라고 부르는 것을 설명해 주고 있다. 이 관점에서는, 어느 한 집단의 행동이나 태도에 본질적으로 좋거나 나쁜 것이 없을 수도 있지만, 동네 맥락에서 두 집단 간 사회적 상호작용은 보다 큰 사회적 가치를 가지고 있다. 왜냐하면 사회적 상호작용이 집단 간 사회자본을 형성하기 때문이다. 다시 말해, 모든 참여자가

그림 9.4 | **동네 내 한계외부효과가 선택적이며 가변적인 가설적 상황에서의 사회적 효율성: 사례 8, 9**

사례 8: 집단 A와 집단 D는 자신과 같지 않은 이웃에 대해서만 0보다 큰 외부효과를 발생시킨다

사례 9: 집단 A와 집단 D는 자신과 같지 않은 이웃에 대해서만 0보다 작은 외부효과를 발생시킨다

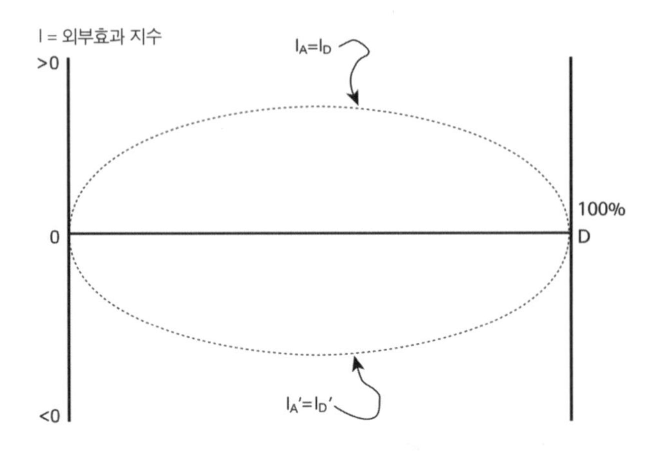

함께 거주할 때 (용인이나 공감과 같이) 상호적이고 평등한 긍정적 외부효과가 발생한다. 이것이 바로 '접촉 가설contact hypothesis'의 핵심이다.[35] 그림 9.4는 이 사례에 해당하는 항등적인 외부효과 함수 I_D와 I_A를 보여준다. 효율성의 관점에서 보면, 이것은 사례 6과 유사하다. 여기서 집단 A와 집단 D 둘 다 한계편익이 해당 동네에 있는 다른 집단의 한계편익에 비례하는 긍정적 외부효과를 발생시킨다. 앞에서와 같이, 이것이 의미하는 바는 전체 거주가구에서 집단 A와 집단 D 가구가 차지하는 백분율과 관계없이, 효율성을 극대화하기 위해서는 가능한 한 많은 동네에서 집단 A와 집단 D 가구가 동일한 점유율로 혼합되어야 한다는 것이다.

사례 9: 집단 A와 집단 D는 자신과 같지 않은 이웃에 대해서만 체증하는 부정적 한계외부 효과를 발생시킨다.

여기서 나는 '경쟁competition'이라는 동네효과 메커니즘을 모형화하는데, 이 메커니즘은 두 집단이 동종선호, 즉 자신과 비슷한 사람들과 어울리는 것을 선호한다고 가정하는 것과 형식적으로 동등하다. 이 경우 두 집단의 각 구성원은 해당 동네에 다른 한 집단의 구성원이 존재함으로써 불편함을 경험한다. 그림 9.4는 두 집단 공통의 외부효과 함수 I_D'와 I_A'를 보여준다. 이것은 사례 8의 반대 경우로서 분석되며, 여기서 두 집단 A와 D는 외부효과의 한계편익이 해당 동네에 있는 다른 한 집단의 한계편익에 비례하는 긍정적 외부효과 대신에 부정적 외부효과를 발생시킨다. 사회적 효율성 관점에서 보면, 가능한 한 적은 수의 동네에서 혼합되어야 하며 오히려 집단 A와 집단 D 가구는 전체 거주가구에서 각각이 차지하는 백분율과 관계없이 완벽하게 분리되어야 한다는 결론이 도출된다.

사례 10: 집단 D가 문턱값 Z를 초과할 경우, 집단 D는 모든 이웃(집단 A와 집단D)에 대해 일정한 크기의 일시불적인 부정적 외부효과 β를 발생시킨다.

사례 10은 '동네 낙인찍기neighborhood stigmatizing' 메커니즘이라고 볼 수 있다. 외부 시장이 집단 D에 대해 고정관념을 가지고 있다면, 해당 외부 시장은 집단 D가 Z% 이상의 가구를 구성하고 있는 동네의 누구에게나 부정적 반응을 일으킬 수 있으며 해당 동네로 다른 자원이 유입되는 것을 제한할 수 있다. 어떤 의미에서 다른 사람들이 이런 식으로 고정관념을 갖는 것이 집단 D 가구의 잘못은 아니지만, 이러한 외부효과가 궁극적으로는 해당 동네 밖에서 발생하는 것이라고 하더라도, 집단 D 가구가 실제로 이러한 외부효과의 원천인 것처럼 모형화하는 것이 적절하다. 나는 이것을 %D가 일단 문턱값 Z를 초과하면 불연속적으로 발생되는 일정한 크기의 일시불적인lump-sum 외부효과 β로 모형화한다(그림 9.5의 I_D를 참조하라).[36] 사례 10에서는 집단 D 가구들이 낙인찍기의 문턱값 Z를 초과하여 집중하는 것을 막는 것이 확실히 더 효율적이다. 집단 D가 전체 가구 중 차지하는 백분율이 낮거나 또는 문턱값 Z가 큰 경우, 이는 당연히 수리적으로 실현 가능할 수 있다. 그렇지 않은 경우, 가능한 한 많은 동네들이 문턱값 Z를 초과하지 않도록 집단 D 가구를 배치하는 것이 보다 바람직하다. 그 결과 집단 D의 나머지 가구의 배치 모두 똑같이 효율적일 것이다. 이러한 효율적 배치가 거주지가 혼합된 동네를 만드는지 아니면 거주지가 분리된 동네를 만드는지 여부는 문턱값 Z의 크기와 전체 거주가구에서 집단 D가 차지하는 백분율에 달려 있다. 만약 집단 D와 집단 A 둘 다 50%라면, 모든 동네가 집단 D와 집단 A 가구를 50%씩 가져야 한다. 문턱값 Z가 전체 가구에서 집단 D가 차지하는 백분율에 비해 낮은 경우, 많은 동네에서는 오직 Z%의 집단 D 가구와 대부분의 집단 A 가구가 있을 것이다.

요약하면, 앞에서 명확히 설명한 것처럼, 전체 거주가구 집단들의 동네 간 대안적 분포를 비교하여 살펴본 바에 따르면 사회적 효율성은 거주가구 집단들이 자신들 집단의 구성원들 및 다른 집단의 구성원들에게 전달하는 외부효과의 본질에 결정적으로 좌우된다는 것이다. 사회적 효율성이 가장 큰 동네 인구구성에 대해 설명한 앞의 열 가지 사례가 가진 함의에 대한 간략한 요약은 표 9.1의 둘째 열을 참조하라. 산술적으로 실현 가능한 정도의 완전한 거주지 분리와 완전한 거주지 혼합 모두 잠재적으로 사회적으로 효율적인 결과로 나타나는데, 이는 (전체 거주가구에서 집단이 차지하는 백분율뿐만 아니라) 동네 내 외부효과의 본질에 대한 가정에 달려 있다. 따라서 집단 간 외부효과의 어떤 패턴이 오늘날 미국의 맥락에서 지배적으로 나타나는지를 확인하는 것은 중요한 경험적 문제가 된다.

그림 9.5 l **동네 외부효과가 문턱값 초과 후 일정한 수준의 낙인을 발생시키는 가설적 상황에서의 사회적 효율성: 사례 10**

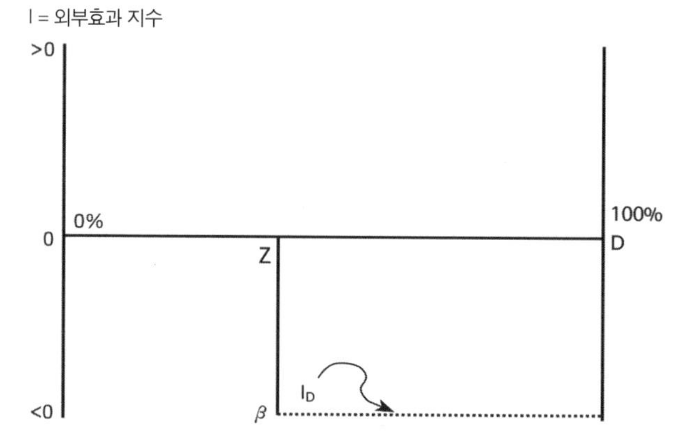

가구의 이동성 행동에서의 비효율성: 증거

제6, 7, 8장에서 나는 앞에서의 가설적인 사례들 중 어떤 것이 미국 대부분의 동네의 현실에 가장 밀접하게 부합하는지를 평가하는 것과 관련된 증거를 이미 제시했다. 따라서 여기서는 그것을 간략히 요약한다. '사회경제적으로 혜택 받은'과 '사회경제적으로 혜택 받지 못한'이 일반 명칭처럼 쓰였던 앞에서의 이론적 논의에서와는 달리, 여기서는 해당 동네의 경제적 구성 및 인종적 구성과 관련된 증거를 구별하는 것이 중요하다.

서로 다른 경제적 집단 간 외부효과

제8장에서 나는 사회적 상호작용이라는 동네효과 메커니즘을 검토함으로써, 경제적으로 취약한 집단의 구성원들 사이에서 발생하여 동료효과와 집합

표 9.1 | 집단 A와 집단 D에서 비롯되는 (괄호 안에 표시된) 대안적 동네효과 메커니즘으로부터 발생하는 동네 인구구성 함의에 대한 요약

동네 외부효과 또는 효과의 유형(괄호 안에 표시)	전체 동네들에 걸쳐 사회적으로 가장 효율적인 배치
1. 모든 이웃에 대해 D<0, 모든 이웃에 대해 A>0; 두 집단 모두 일정한 크기의 한계효과 (집합적 사회화)	어떤 방식으로든 배치된 가구; 동일한 사회적 효율성을 가진 대안적 배치
2. 문턱값 X를 넘어서면서 모든 이웃에 대해 D<0 (전염적/사회규범적)	집단 D 가구를 문턱값 X보다 작은 동네에 가능한 한 많이 배치; 나머지 집단 D의 배치는 관련 없음
3. 문턱값 Y를 넘어서면서 모든 이웃에 대해 A>0 (전염적/사회규범적)	집단 A 가구를 문턱값 Y보다 큰 동네에 가능한 한 많이 배치; 나머지 집단 A의 배치는 관련 없음
4. 문턱값 X를 넘어서면서 모든 이웃에 대해 D<0; 문턱값 Y를 넘어서면서 모든 이웃에 대해 A>0	집단 A의 외부효과가 집단 D의 외부효과보다 클 경우, 집단 A 가구를 문턱값 Y보다 큰 동네에 가능한 한 많이 배치; 집단 D의 외부효과가 집단 A의 외부효과보다 클 경우, 집단 D 가구를 문턱값 X보다 작은 동네에 가능한 한 많이 배치
5. 다른 집단 D에 대해서만 D<0; 비례적 (선택적 사회화)	집단 A 와 집단 D가 동일하게 구성된 모든 동네 (=전체 거주가구 중 집단 A 및 집단 D의 점유율)
6. 집단 D에 대해서만 A>0; 비례적 (선택적 사회화)	집단 A 와 집단 D가 동일하게 구성된 모든 동네 (=전체 거주가구 중 집단 A 및 집단 D의 점유율)
7. 다른 집단 D에 대해서만 D>0; 비례적 (사회연결망)	집단 D 가구를 가능한 한 많이 100%D 동네에 배치; 나머지 동네에는 실현 가능한 가장 높은 %D
8. 다른 이웃에 대해 D>0 및 A>0; 비례적 (사회연결망)	가능하다면, 집단 D가 있는 어떤 동네에도 동일한 백분율의 A와 D; 나머지 동네에는 가능한 한 동일한 백분율의 A와 D
9. 다른 이웃에 대해 D<0 및 A<0; 비례적 (경쟁; 상대적 박탈)	집단 D 가구를 가능한 한 많이 100%D 동네에 배치; 집단 A 가구를 가능한 한 많이 100%A 동네에 배치
10. 문턱값 Z를 넘어서면서 모든 이웃에 대해 일정한 크기의 D<0 (낙인찍기; 제도적 자원)	집단 D 가구를 문턱값 Z보다 작은 동네에 가능한 한 많이 배치; 나머지 집단 D의 배치는 관련 없음

주: 부등호 표시는 사회경제적으로 혜택 받은 가구 집단 A 또는 사회경제적으로 혜택 받지 못한 가구 집단 D로부터 발생하는 동네 내 외부효과의 가정치가 양(+)의 값인지 음(-)의 값인지를 나타냄.

적 사회화를 통해 분명히 나타나는 부정적 행동의 외부효과에 대한 강력한 증거가 있다는 결론을 내렸다. 결정적으로, 제6장에서 설명한 바와 같이, 전형적으로 이러한 효과는 가난한 사람들의 집중이 임계 문턱값(즉, 15~20% 빈곤율)을 초과한 후에 사회적 전염의 형태를 취한다.[37] 이 문턱값을 초과하여 발생한 (폭력적 또는 불법적 활동에 관여하는 것과 같은) 많은 행동은 경제적으로 취약한 이웃과 경제적으로 혜택 받은 이웃 모두에 대해 부정적 외부효과의 영향을 미친다고 가정하는 것이 타당하다.

추가적인 증거에 따르면, 가난한 개인들은 또한 경제적으로 더 많은 혜택을 받은 이웃 가까이에 거주함으로써 절대적으로 이득을 얻을 것이다. 경제적으로 혜택을 받은 이웃이 제공하는 역할모델 및 (보다 높은 수준의 공공안전으로 입증되는) 사회적 통제는 우수한 공공서비스 및 제도적 자원과 함께, 사회경제적으로 혜택 받은 집단에서 비롯되는 동네 내 긍정적 외부효과의 메커니즘일 가능성이 더 높을 것으로 보인다.[38] 제8장에서 살펴본 바와 같이, 몇몇 무작위배정 실험 및 자연실험은 이러한 긍정적 외부효과가 경제적으로 혜택 받은 가구들 사이에서 거주하는 가난한 가정의 어린아이들에게 특히 강력할 수 있음을 보여주었다.[39] 제6장에서 살펴본 증거에 따르면, 구체적인 문턱값 모수를 확실하게 알 수는 없지만 이러한 긍정적 외부효과가 발생하기 위해 요구되는, 사회경제적으로 혜택 받은 가구들의 동네 집중의 문턱값이 있을 수 있다.

종합적으로, 앞의 증거는 (1) 경제적으로 혜택 받지 못한 가구들이 일단 동네 집중의 문턱값을 초과하면 모든 이웃에 대해 부정적 외부효과를 발생시키며, (2) 경제적으로 혜택 받은 가구들은 일단 동네 집중의 문턱값을 초과하면 모든 이웃에 대해 긍정적 외부효과를 발생시킨다는 것을 강력하게 시사한다. 이와 같이, 이러한 증거는 앞의 사례 4(그림 9.2)에서 설명된 맥락을 분명하게 가리킨다. 하지만 해당 문턱값을 넘어서면서 발생되는 두 개의 한계외부효과는 그림과 같이 비례적이지 않을 수 있다. 안타깝게도, 이용 가능한 증거로부터 어느 한계외부효과가 더 큰지에 대한 결론을 도출하는 것은 어렵다. 내가 보기에, 사회경제적 취약의 집중과 관련된 다양한 문제는 미국 사회에서 우리가 직면한 가장 많은 비용을 치러야 하는 문제 중 일부이다. 이러한 관점이 지닌 논리적 함의는 명확하다. 빈곤집중의 문턱값 15~20%를 초과하는 미국의 많은 동네의 현재 패턴은 사회적으로 비효율적이다. 그 패턴은 빈곤이 철저하게 분산된 패턴을 보여주는 동네들 전체에 걸쳐 있는 경제적 집단의 대안적 분포에 의해 발생되는 것보다 더 빠른 속도로 사회 전체적으로 비생산적이고 문제가 있는 행동을 발생시킨다.

여기서 사회적 비효율성은 얼마나 큰가? 내 동료 재키 컷신저, 론 맬러거와 함께 나는 동네 빈곤율의 10년 변화와 그에 따른 주택가치 및 임대료 변화 사이의 인과관계에 대해 추정한 계량경제학적 모형의 모수값을 이용하여 추정치의 하한값을 제시했다.[40] 우리는 다음의 두 조건이 충족되도록 전체 거주가구들이 가설적으로 재배치될 경우 100개의 가장 큰 대도시 지역의 동네에 대한 주택가치와 임대료가 전체적으로 어떻게 변화할지를 모의실험했다. 첫째, 1990년에 빈곤율 20%를 초과한 모든 인구총조사 집계구의 빈곤율이 2000년까지 20%로 감소했다. 둘째, 오직 빈곤율이 최저인 인구총조사 집계구만 가난한 거주가구가 추가적으로 배치되었으며, 각 집계구의 빈곤율은 최대 5%p까지 증가되었다. 우리는 이 사고실험에서 자가점유의 주택가치가 놀랍게도 4210억 달러(기준년도인 1990년 금액으로 측정했을 때 13%) 더 높았으며, 다른 모든 조건이 일정하다면 월 임대료는 전체적으로 4억 달러(1990년 금액으로 측정했을 때 4%) 더 높았다는 것을 확인했다.

서로 다른 인종적 집단 간 외부효과

제7장에서 논의한 바와 같이, 주택에 대한 지불의사에 관한 여론조사 및 통계 연구에 따르면 대부분의 흑인 및 히스패닉 가구는 인종 비율이 거의 동일한 동네를 선호하는 것으로 일관되게 나타난다. 외부효과의 관점에서 볼 때, 이러한 증거는 소수인종이 압도적으로 점유하고 있는 동네에 거주하는 흑인 및 히스패닉 가구는 적어도 해당 동네가 상당한 정도의 인종 다양성을 보여주는 시

점까지 새로운 백인 이웃이 긍정적 외부효과를 전달한다고 본다는 것을 시사한다. 소수인종에게 긍정적 외부효과를 제공하는 인종적으로 보다 통합된 환경에 대한 이러한 지각은, 백인에 대한 흑인의 주거노출 증가(다시 말해, 거주지 분리의 감소)와 흑인 청소년의 고등학교 중퇴율 감소 사이의 타당성 있는 인과관계를 실증하는 두 개의 계량경제학적 연구로부터도 뒷받침된다.[41] 이 증거는 앞의 사례 6(그림 9.3)에서 유형적으로 제시한 선택적 사회화 메커니즘과 가장 일치한다.

이와 대조적으로, 제7장에서의 동일한 증거는 대부분의 백인은 일반적으로 백인이 압도적으로 거주하는 동네를 선호한다는 것을 보여준다. 개별 소수인종에 대해 백인이 가지고 있는 부정적 고정관념을 드러내는 여론조사가 시사하는 바는, 백인은 그다지 낮지 않은 점유율의 흑인이나 히스패닉 이웃이 자신에게 부정적 외부효과를 발생시키는 것으로 지각하고 있다는 것이다. 이러한 해석은 또한 (제5장에서 논의한 것처럼) 흑인이 압도적으로 거주하는 동네와 관련하여 백인이 가지고 있는 비관적 기대심리와 일치하며, (제7장에서 논의한 것처럼) 백인이 압도적으로 거주하는 동네에 더 많은 금액을 지불하고자 하는 백인의 의사와도 일치한다. 마지막으로, 앞에서 언급한 인종 '티핑'에 관한 문헌들은 흑인에 의해 발생되는 부정적 외부효과의 크기는 티핑 포인트가 가까워짐에 따라 한계적으로 증가하다는 것을 강력히 시사한다. 이러한 일련의 증거는 모두 문턱값 %D가 초과된 후에 집단 D 가구들이 오직 집단 A 가구에게만 부정적 외부효과를 선택적으로 점점 더 많이 발생시키는 모형을 가리킨다. 이것은 문턱값이 추가된 앞의 사례 5와 유사하다.

그러나 추가적인 증거는 또 다른 부정적 외부효과 과정 또한 포함되어 있다는 것을 시사한다. 애나 샌티아고와 내가 수행한 최근의 연구에 따르면, 소수인종이 압도적으로 거주하는 동네에서 자란 것과 관련된, 저소득 흑인 및 히스

그림 9.6 | **현재의 상황을 대표하는 외부효과 조합에서의 사회적 효율성**

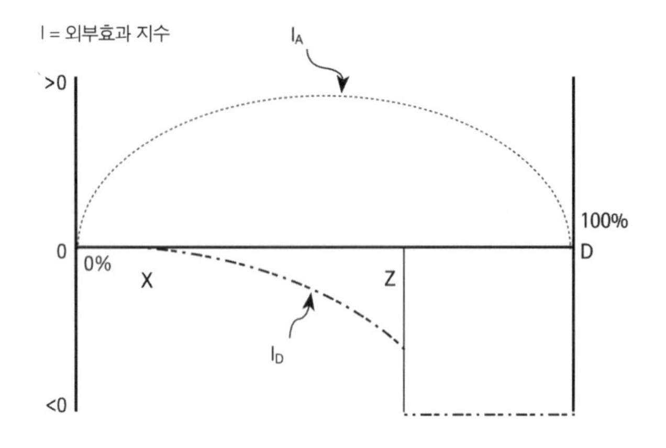

패닉 청소년들의 다양한 부정적 성취결과는, 인종구성 그 자체로부터 주로 발생하는 것이 아니라, 좀 더 정확히 말하면 공공안전, 도시 서비스, 그리고 해당 장소로 유입되는 공공기관의 투자로부터 비롯되는 것으로 나타났다.[42] 그러므로 사회경제적으로 혜택 받지 못한 (소수인종) 거주자들의 문턱값은 이러한 낙인찍기 메커니즘과 관련되어 있으며, 또한 집단 A와 집단 D 가구에게 똑같이 해를 끼치는 외부적 힘으로부터 자원 흐름을 변경시키는 것과 관련되어 있다고 받아들이는 것이 타당하다. 따라서 또 하나의 정형화된 적절한 모형은 사례 10이다.

앞의 두 문단의 주장을 결합하면 그림 9.6에서 I_D로 묘사된 집단 D(소수인종) 가구에 대한 합성된 외부효과 함수가 산출된다. 문턱값 X를 초과한 다음, 앞에서 설명한 이유로 외부효과 함수는 체증하는 음(-)의 기울기를 가정한다. 하지만 %D가 낙인찍기의 둘째 문턱값 Z를 초과한 다음, 일시불적인 크기의 부정적 외부효과가 기본 함수에 추가된다. %D가 문턱값 Z보다 큰 범위에서, 집단 D의 집중 수준이 추가적으로 증가할 때 이론상으로나 증거상으로나 부정적 외부효과가 체증적으로 증가할 것이라고 믿을 이유는 거의 없다. 따라서 나는 단순화를 위해 이 부분을 수평선으로 묘사한다.

요약하면, 증거는 그림 9.6에서 묘사된 동네 내 인종적 외부효과 모형을 시사하고 있다. 여기서 다음과 같은 두 가지 결론을 도출할 수 있다. 그림 9.6에서 도출할 수 있는 첫째 결론은, %D<*X*인 동네가 %D>*Z*인 동네보다 (더 높은 긍정적 순외부효과를 발생시키는) 더 효율적인 대안을 제공한다는 것이다. 다시 말하면, 집단 D 가구가 소수(*X*<50%)인 동네는 집단 D가 압도적 다수(%D>*Z*)를 구성하는 동네보다 사회적으로 더 효율적이다. 둘째 결론은, 가구들의 가장 효율적인 배치는, 한 가지 예외를 제외하고는, 모든 동네가 동일한 인구구성(전체 거주가구에서 집단 A와 집단 D가 차지하는 백분율이 동일한 인구구성)을 가질 때라는 것이다. 실현 가능한 최고 수준의 인종적 혼합에서 나타나는 사회적 효율성에 대한 이러한 주목할 만한 결론은, 상쇄 관계에 있는 긍정적 외부효과와 부정적 외부효과의 상대적 규모, 문턱값의 크기, 두 집단의 상대적 인구 규모 등의 폭넓은 범위 내에서 상당히 일반적으로 유지된다. 이는 세 가지의 대안적 상황을 통해 충분히 설명될 수 있다.

첫째, 해당 대도시 지역의 가구들에서 집단 D가 차지하는 백분율이 매우 낮아서 모든 동네가 문턱값 *X*%보다 낮은 동일한 집중 수준에서 집단 D 가구를 수용하는 것이 수리적으로 실현 가능한 상황을 고려해 보자. 이 상황에서, 앞의 사례 6과 비슷하게, 우리는 동일한 인종구성을 가진 모든 동네가 가장 효율적일 것이라는 결론을 내릴 것이다. 이와 같은 분포에서 출발하여, 집단 D 가구의 백분율이 어느 한 동네에서는 증가하고 다른 한 동네에서는 감소하도록 집단 D의 일부 가구를 재배치하는 사고실험을 생각해 보자. 함수 I_A가 볼록한 곡선 모양이라고 할 때, %D가 증가하고 있는 동네에서 발생하는 이득이 %D가 감소하고 있는 동네에서 발생하는 손실보다 작을 것이기 때문에, 이와 같은 재배치는 총 긍정적 외부효과를 분명히 감소시킬 것이다. 만약 이와 같은 재배치를 통해 예전 동네에서의 %D가 문턱값 X를 넘어서 증가하면, 이러한 이득은 훨씬 더 작아질 수(아마 음(−)이 될 수도) 있을 것이다.

둘째, 해당 대도시 지역의 가구들에서 집단 D가 차지하는 백분율이 충분히 커서 모든 동네가 문턱값 X와 Z 사이에 있는 동일한 집중 수준 %D에서 집단 A와 집단 D를 수용하는 것이 수리적으로 실현 가능한 상황을 고려해 보자. 이 상황은 함수 I_D의 작용으로 더 복잡해 보이지만 결론은 같다. 따라서 해당 대도시의 모든 동네가 혼합 수준이 동일한 상태에서 벗어나면 전반적인 효율성은 감소한다. 이는 함수 I_A와 I_D에 대해 앞에서와 같이 수행되는 비슷한 사고실험으로부터 추론될 수 있으며, 앞의 사례 5와 사례 6에서 제시한 논리와 일치한다.

셋째, 해당 대도시 지역의 가구들에서 집단 D가 차지하는 백분율이 매우 커서 모든 동네가 문턱값 Z보다 큰 동일한 집중 수준 %D에서 집단 A와 집단 D를 수용하는 것이 수리적으로 실현 가능한 상황을 고려해 보자. 여기서는, 모든 동네에서 %D가 문턱값 Z보다 크다는 조건을 유지하는 대안적인 동네 배치에 대한 사고실험적인 비교를 통해, 모든 동네에 걸쳐 혼합 수준이 동일한 상태는 전반적인 효율성을 최대화한다는 것을 다시 한번 밝혀낼 것이다. 하지만 문턱값 Z에서 함수 I_D의 불연속성과 함께, %D가 문턱값 Z 아래로 떨어지는 일부 동네를 포함하는 가설적인 배치 또한 비교해야 한다. 낙인찍기로 인해 문턱값 Z에서 발생하는 부정적 외부효과(해당 동네가 %D를 낮춤으로써 발생하는 이득)가 긍정적 외부효과(해당 동네가 %D를 높임으로써 발생하는 손실)의 한계손실과 비교하여 클 경우, 집단 A와 집단 D가 동일하게 구성되어 있는 두 동네를 하나는 %D가 문턱값 X보다 작고 다른 하나는 원래보다 %D가 큰 동네로 대체함으로써 효율성이 향상될 수 있다. 이러한 조건하에서 사회적 효율성은 집단 D와 집단 A 가구가 동일하게 구성된 일단의 동네에 집단 D 가구를 가능한 한 많이 배치하고, 집단 D의 나머지 가구는 (%D가 문턱값 Z보다 큰) 집단 D 가구와 집단 A 가구가 동일하게 구성된 다른 일단의 동네에 배치함으로써 최대화될 수 있을 것이다.

요약하면, 동네 내 인종적 외부효과에 기초를 둔 경험적 기반의 분석이 시사하는 바에 따르면, 사회적으로 가장 효율적인 동네 배치에는 가상적으로 대도시의 모든 동네가 동일한 인종구성을 가지고 있으면서 대도시 전체의 인종적 집단 구성과 거의 일치하는 상황이 포함될 것이다. 함축적으로, 대도시에서 우리가 관찰하는 인종에 따른 거주지 분리의 지배적 패턴은 사회적으로 비효율적임에 틀림없다. 안타깝게도, 사회과학자들은 이러한 비효율성이 어떻게 드러나야 하고 어떻게 밝혀져야 하는지에 대해 의견이 일치하지 않는다. 따라서 거주지 분리가 우리 사회에 어느 정도의 불이익을 발생시키는지에 대한 경험적 합의도 전혀 이루어져 있지 않다. 세 영역에서의 증거를 고려해 보자.

첫째, 비슷한 경험적 접근을 취하고 있는 두 연구는 백인이 (단지 소수인종에 대해 상대적이라는 것 대신에) 절대적인 측면에서 인종에 따른 거주지 분리로부터 이득을 얻는지에 대해 서로 다른 결론에 도달했다. 잉그리드 엘런, 저스틴 스틸Justin Steil, 그리고 호르헤 드 라 로카Jorge De la Roca는 인종적으로 거주지가 많이 분리된 대도시에 거주하고 있는 개별 백인 가구는 거주지가 분리되어 있지 않은 대도시에 거주하고 있는 백인보다 임금이 더 높고 대학 졸업률도 더 높으며 더 높은 지위의 직업을 얻는다는 것을 발견했다.[43] 이와 대조적으로, 그레고리 액스Gregory Acs, 롤프 펜덜Rolf Pendall, 마크 트레스콘Mark Treskon, 그리고 에이미 커레Amy Khare는 흑인과 백인뿐만 아니라 히스패닉과 백인 간 분리 또한 백인 가구의 중위가구소득이나 1인당 소득과 전혀 유의하게 관련되어 있지 않다는 것을 발견했다.[44] 더구나 흑인과 백인 사이의 거주지 분리 수준이 높을수록 백인들 사이에서 학사학위 취득률은 낮았고 대도시 전체 살인율은 더 높았다. 아마도 이것은 모든 집단에게 비용을 부과했을 것으로 추측된다. 이들은 또한 백인의 중위소득, 1인당 소득, 대학 졸업률 등과 대도시의 경제적 거주지 분리 사이에 어떤 유의한 연관성도 발견하지 못했다.[45] 하지만 이들은, 아래에서 자세하게 설명하는 바와 같이, 거주지 분리로 인해 소수인종이 상당한 피해를 입는다는 것을 확인했다. 따라서 이들의 연구결과가 시사하는 바는, 거주지 분리는 사회 구성원의 일부는 손실을 보는 반면 아무도 이득을 얻지 못하기 때문에 비효율적이라는 것이다.

둘째, 몇몇 연구에 따르면 인종적으로 다양한 동네가 부정적인 사회적 조건들에 대한 일부 척도에 대해 더 높은 점수를 보이는데, 이것은 거주지 분리의 비효율성에 반대되는 것으로 주장될 수 있을 것이다. 예를 들어, 존 히프는 주택 및 사회경제적 특성이 비슷한 동네가 인종적 다양성이 더 높을 경우 범죄율이 더 높다는 것을 발견했는데, 그는 이것을 상대적 박탈감이 높아진 데 따른 결과로 본다.[46] 로버트 퍼트넘Robert Putnam은 인종적으로 다양한 동네에서는 사회자본의 수준이 더 낮다는 것을 관찰했다.[47] 안타깝게도, 인과관계에 관한 이러한 연구들은 전체 동네에서의 패턴을 관찰한 것일 뿐이어서 이전 장에서 논의한 선택적 이동성으로 인한 편의를 배제할 수 없다. 그렇기 때문에 이들 연구의 결론은 확정적이지 않다.

인종에 따른 거주지 분리의 사회적 비효율성과 관련된 증거의 셋째 영역은 다른 인종 집단에 대한 노출로부터 발생하는 부정적 외부효과에 대한 백인들의 지각이 사회적으로 받아들여질 수 있는 것으로서 또는 결코 변치 않는 것으로서 아무런 의심 없이 받아들여져야 하는 것인지에 대한 질문이다.[48] 접촉의 결과로 집단 사이의 편견이 감소할 경우, 사회경제적으로 혜택 받은 집단과 혜택 받지 못한 집단 모두 같은 동네에서 함께 거주하는 것으로부터 편익을 얻을 수 있다는 증거는 상당히 많다.[49] 미국을 대상으로 한 많은 연구는 민족 집단 간 관용 및 그에 따른 사회적 접촉이 동네 내 노출이 증가함에 따라 확대되며, 젊었을 때 사회적 접촉이 일어날 경우 특히 그렇다는 것을 관찰했다.[50] 이른바 '접촉 가설'은 동네에서 상당한 정도의 인종적 다양성으로부터 발생하는 부정적 외부효과에 대한 백인들의 지각이 바뀔 수 있다는 것을 시사한다. 만약 다양성이 더 높은 동네와의 경험을 통해 백인들의 편견이 시간이 지남에 따라 사라질 수 있다면, 이것은 인종에 따른 거주지 분리가 사회적으로 비효율적인 결과라는 결론을 향한 증거를 바꾸는 데 결정적인 영향을 미칠 것이다.

사회적 비효율성: 동태적 관점

바로 앞 절에서, 나는 시장실패를 초래하는 전략게임과 외부효과 때문에 발생한 지나치게 적은 주택투자와 지나치게 많은 소득 및 인종에 따른 거주지 분리의 사회적 비효율성 패턴을, 동네의 정태적 묘사를 통해 어떻게 확인할 수 있는지 살펴보았다. 이제 나는 비효율성 분석의 초점을 옮겨서 동네가 일단의 인구학적, 경제적, 물리적 특성을 다른 일단의 특성으로 이행시키는 **동태적 과정**에 주의를 기울인다. 다시 한번, 나는 자율적이고 시장 유도적인market-guided 동태적 과정이 이번에는 **자기실현적 예언**self-fulfilling prophecies 때문에 사회적 관점에서 비효율적이라고 결론지을 것이다. 동네 맥락에서 자기실현적 예언은 개인이 두려움에 대한 예상에 근거하여 거주지 이동 또는 주택투자와 관련된 의사결정을 하는 것으로 시작하는 과정이다. 유감스럽게도 동네의 다른 많은 의사결정자들이 똑같이 행동한다면, 이러한 행동들의 집계는 모두가 우려하는 사건의 시작을 알릴 것이다. 이것은 집합적 비합리성collective irrationality의 전형적인 예인데, 자율적인 개인의 관점에서는 합리적인 행동인 것이 집합적으로 동일 행동에 관여할 때에는 비합리적인 것으로 드러난다. 연구자들은 거주지 이동 및 주택 재투자 행동의 영역에서 이러한 자기실현적 예언을 상세히 잘 설명하고 있다.

인종구성과 관련된 기대심리는 이러한 자기실현적 예언을 많이 이끌어낸다. 백인들 그리고 종종 흑인들이 동네에서 흑인 인구의 점유율이 상당히 높거나 크게 증가하는 것을 삶의 질 및 주택가치 하락의 전조로 본다는 것을 가리키는 강력한 증거에 대해서는 제5장의 인종적으로 코드화된 신호에 관한 명제에서 살펴보았다. 다수의 현재 거주자 및 소유자가 자신의 주택에 과소투자하거나 또는 동네를 떠나는 근거로 이 지표를 사용할 때, 그들은 자신들이 비관적으로 예상했던 바로 그 인종적 그리고 아마도 계층적 계승을 촉진할 것이다. 로버트 샘슨과 스티븐 로든부시는 이러한 동태적 과정의 극적인 사례를 제시했다.[51] 그들은 백인 거주자들, 특히 재정적으로 형편이 더 나은 사람들이 무질서disorder의 수많은 객관적인 지표들이 통제되었을 때조차 흑인 거주자의 점유율이 더 높은 동네에서 무질서를 더 많이 지각한다는 것을 관찰했다. 결과적으로, 이들이 투자를 회수하고 동네를 떠남에 따라 더 많은 무질서가 시작될 가능성이 더 많다. 리처드 톱, 가스 테일러, 그리고 얀 더님은 비슷한 과정을 상세히 설명했다.[52] 그들은 백인들이 흑인 거주자들의 전입이 증가하고 있다는 것을 알아차리면 동네의 공공안전과 경쟁력이 서서히 약화될 것이라고 예상하고, 이로 말미암아 주택유지 활동을 줄인다는 것을 관찰했다.

하지만 동네에서 비효율적인 자기실현적 예언이 만들어지는 데 인종 변화에 대한 기대심리가 요구되는 것은 아니다. 자신들 동네의 장래 삶의 질에 대해 비관적으로 예상하는 소유자들은 주택을 유지하기 위한 투자를 줄일 것이고 이는 그들이 두려워했던 동네 쇠퇴를 재촉할 것이다.[53] 요약하면, 동네변화의 동태적 과정은 개별 의사결정자 중 어느 누구도 바라지 않는 성취결과를 만들어내는, 집합적으로 비합리적인 행동을 종종 구체화한다.

사회적 비형평성: 정태적 관점

주거용 부동산에 대한 비효율적으로 낮은 수준의 투자 그리고 인종 및 소득에 따른 높은 수준의 동네 거주지 분리가 그 비용을 미국의 모든 집단에 걸쳐 균등하게 부과하는 것은 아니다. 그와는 반대로, 이러한 비용은 비교적 낮은 소득 및 소수집단 가구와 같이 전통적으로 우리 사회에서 사회경제적으로 가장 혜택 받지 못한 집단이 불균형적으로 부담한다.[54]

소수민족에 대한 거주지 분리의 부정적 결과에 대한 연구는 사회과학적으로 오래되고 빼어난 역사를 가지고 있다.[55] 지난 수십 년 동안, 학자들은 인종에 따른 거주지 분리가 성취결과에 있어서 인종 간에 어느 정도로 다양한 격차를 발생시키는지에 대해 타당성 있는 인과적 추론을 가능하게 하는 정교한 통계 모형을 개발해 왔다.[56] 이러한 연구들은 거주지 분리가 흑인과 히스패닉에게 지우는 사회경제적 비용과 건강상의 비용이 상당하고 대략 동등한 정도라는 것을 확인했다. 저스틴 스틸, 호르헤 드 라 로카, 그리고 잉그리드 엘런은 25세부터 30세까지의 젊은 성인 소수집단 개인들이 입은 이러한 손해의 대략적 크기에 대한 최근의 추정치를 제공한다.[57] 흑인의 경우, 흑인과 백인 간 대도시 내 거주지 분리에 대한 상이성dissimilarity 지수의 표준편차가 1만큼 증가할 때, 고등학교 졸업 확률이 백인에 비해 1.4%p(다시 말해, 이들 집단 간 평균 차이의 20%) 감소하는 것으로 나타났다. 히스패닉과 백인 간 상이성 지수의 표준편차가 1만큼 증가할 경우, 히스패닉의 고등학교 졸업 확률이 백인에 비해 3%p로(다시 말해, 집단 간 평균 차이의 33%로) 훨씬 더 크게 감소하는 것으로 나타났다. 이와 비슷하게, 거주지 분리에 있어서 이와 같은 증가는 대학교를 마칠 확률을 흑인의 경우 4.8%p까지, 히스패닉의 경우 4.6%p까지(백인 집단과의 평균 차이는 각각 21%와 19%이다) 감소시키는 것으로 나타났다. 흑인과 히스패닉 모두 한부모가족 어머니인 상태, 학교 중퇴와 동시에 무직인 상태, 소득 등에서의 인종 간 격차와 인종에 따른 거주지 분리 사이에 똑같이 강한 관계가 있음을 보여준다.[58]

이와 대조적으로, 경제적 거주지 분리에 있어서 대도시 간 차이가 개인의 사회경제적 성취결과의 차이에 어느 정도로 원인이 되는지 그리고 이들 관계가 인종에 따라 어떻게 달라질 수 있는지에 대한 인과적 증거는 훨씬 적다. 여기서 모든 횡단 연구는 본질적으로 기술적descriptive이다.[59] 라지 체티, 너새니얼 헨드런, 패트릭 클라인Patrick Kline, 그리고 이매뉴얼 새에즈는 대도시의 여러 다른 특성을 통제했을 때 경제적 거주지 분리의 수준이 높은 대도시에서 자란 아이일수록 자신의 부모의 경제적 지위에서 더 올라가지 못할 가능성이 있다는 것을 발견했다.[60] 브라이언 그레이엄Bryan Graham과 패트릭 샤키는 다른 자료집합과 척도를 사용하여 비슷한 결론을 도출한다.[61] 그레고리 액스, 롤프 펜덜, 마크 트레스콘, 그리고 에이미 커레는 대도시의 다른 특성을 통제했을 때 경제적 거주지 분리의 수준이 낮은 대도시의 흑인일수록 1인당 소득, 중위가구소득, 학사학위 취득률이 유의미하게 더 높다는 것을 관찰했다.[62] 개인의 성취결과와 다른 사회경제적 집단에 대한 동네 수준에서의 노출에 관한 통계적 연구들(제8장에서 요약한 '동네효과' 문헌)은 경제적 거주지 분리가 발생시키는 비형평성에 관한 실질적이고 그럴듯한 인과적 증거의 대부분을 우리에게 제시한다.

인종에 따른 거주지 분리와 경제적 거주지 분리의 상승작용으로 인해, 동네의 물리적 쇠퇴, 경제적 박탈, 소수인종 인구구성 등은 미국 대도시의 특징적인 공간적 합치성을 보여준다. 흑인과 히스패닉은 평균적으로 동네의 물리적 취약과 사회경제적 불이익에 백인보다 훨씬 더 높은 빈도로 노출되며, 심지어 그들이 백인과 비슷한 소득을 가지고 있을 때조차도 그렇다.[63] 최근의 인구총조사 자료를 이용한 여러 연구는 보완적인 방식으로 이러한 결론을 확인시켜 준다. 존 로건John Logan은 모든 대도시 동네에 걸쳐 평균적인 흑인이 평균적인 백인보다 77% 더 높은 동네 빈곤율에 노출되어 있으며, 평균적인 히스패닉은 평균적인 백인보다 62% 더 높은 동네 빈곤율에 노출되어 있다는 것을 보여주었다.[64] 동네 빈곤율 노출에서의 인종 간 격차는 가난한 소수인종의 경우 훨씬 더 컸으며, 흑인과 히스패닉의 경우 각각 102%와 85%인 것으로 나타났다.[65] 폴 자고프스키는 가난한 흑인의 25%와 가난한 히스패닉의 17%가 극빈율 40% 이상인 동네에 거주하는 데 비해, 가난한 백인의 경우 단지 7%만 극빈율 40% 이상인 동네에 거주한다는 것을 상세히 보여주었다.[66] 이와 같은 극적인 동네 비형평성은 소득분포 전체에 걸쳐 확장된다. 패트릭 샤키는 가구소득이 10만 달러 이상인 흑인이 소득 3만 달러 미만의 백인 가족보다 더 높은 수준의 불이익을 받는 동네나 그 인근에 살고 있다는 것을 확인했다.[67] 숀 리어든, 린지 폭스Lindsay Fox, 그리고 조지프 타운젠드Joseph Townsend는 1만 1800달러를 버는 평균적인 백인 가구, 4만 5000달러를 버는 평균적인 히스패닉 가구, 그리고 6만 달러를 버는 평균적인 흑인 가구에 대한 동네의 경제적 조건이 같다는 것을 보여주었다.[68]

앞에서 말한 것처럼, 동네의 사회경제적 취약에 대한 노출에 있어서 거주지 분리에 의해 유발된 차이가 결국 인종 및 계층에 기초한 개인의 사회경제적 성취결과의 불평등으로 이어진다는 것은 매우 분명하다.[69] 하지만 이와 같은 비형평적인 격차에 대해 이러한 효과를 만들어내는 것은 정확히 무엇인가? 미국 동네의 물리적, 인구학적, 경제적 특성의 분리된 패턴 때문에 사회경제적으로 혜택 받지 못한 이들 가구가 짊어지는 불공정한 부담의 다섯 가지 범주를 아래에서 간략히 살펴본다.[70]

하위문화 적응

비교적 낮은 소득 집단과 소수인종 집단의 공간적 고립은 특징적인 하위문화적 태도, 행동, 말투의 개발을 조장하거나 허용할 수 있으며, 이것은 객관적인 의미에서 비생산적이기 때문에 또는 장래의 (일반적으로 비교적 높은 소득의 백인) 고용자들에 의해 비생산적이라고 지각되기 때문에 주류 직업 세계에서의 성공을 방해할 수 있다. 거주지 분리는 저소득 및 소수인종 아이들이 노동시장에서 '소프트 스킬soft skills'로 평가되는 숙련을 습득하는 것을 더 힘들게 만든다.[71] 이러한 가치 있는 숙련, 특히 의사소통 및 대인 관계의 방식은 주로 백인 중산층 문화에 널리 퍼져 있는 사회적 패턴에서 비롯된다. 대신에 이 아이들은 (멋진 자세를 취하는 것과 같이 그리고 무시당한다고 느꼈을 때 과민반응을 보이는 것과 같이)[72] 거리에서는 자신에게 도움이 될 수 있지만 전통적인 직장에서는 방해가 되는 새로운 패턴을 만들지도 모른다.[73]

더 높은 가격으로 인한 부의 축적 감소

로컬 소매부문 및 금융서비스부문의 특성상 저소득 및 소수인종 커뮤니티에 거주할 때 돈이 더 많이 들기 때문에, 저소득 및 소수인종 커뮤니티에서 부wealth가 박탈된다. 이들 커뮤니티에서는 주로 대형 슈퍼마켓이 부족하기 때문에 식료품에 대해 더 비싼 가격을 지불한다.[74] 가난한 동네와 주로 흑인이 거주하는 동네의 슈퍼마켓 수는 부유한 동네와 백인 동네에 있는 슈퍼마켓 수의 대략 절반 정도이다.[75] 사회경제적으로 취약한 동네에서 주류 금융서비스업이 철수함에 따라 생긴 공백은, 급여담보 대부업체, 수표 환전소, 임차형 구매 물품점, 전당포 등을 포함한 비주류 금융부문에 의해 채워졌다.[76] 은행이 잘 갖추어져 있는 커뮤니티에서는 보통 무료인 서비스에 대해, 급여담보 대부업체와 수표 환전소에 지불하는 수수료는 연간 수십억 달러에 달한다.[77] 추정치에 따르면, 수표 환전 서비스를 정기적으로 이용하는 평균적인 전일제 근로자가 만약 당좌예금 계좌를 가지고 있음으로써 그 수수료를 절약했다면 평생 동안 36만 달러의 부를 얻었을 것이라고 계산된다.[78] 더 높은 이자율의 비우량 주택담보대출subprime mortgage은 소수인종 주택 구매자의 신용점수가 충분한 근거를 제시해 주지 못할 때조차 종종 그들에게 슬그머니 판매된다.[79] 최근의 한 연구가 추정한 바에 따르면, 볼티모어의 흑인 동네와 동일한 품질의 백인 동네에 있는 동등한 자격을 갖춘 백인 대출자와 비교해 볼 때, 볼티모어의 흑인 동네에 거주하는 흑인 대출자는 인종적으로 서로 전혀 다른 패턴의 주택담보대출의 순결과로서 6.4% 더 높은 월 주택담보대출 비용(결과적으로, 대출 만기 30년 동안 약 1만 6000달러)을 지불했다.[80] 주택과 자동차에 대한 보험담보는 저소득 및 소수인종이 거주하는 동네에서 더 비싸다.[81] 저소득 동네에서 이들 초과비용의 결합 효과는 가난한 사람의 소득의 약 4분의 1을 빼앗아간다고 추정되었는데,[82] 흑인이나 히스패닉이 해당 동네에 압도적으로 많이 거주하고 있다면 아마 그 효과는 훨씬 더 클 것이다.

열등한 품질의 공공서비스와 기관

비교적 낮은 소득 및 소수인종 가구들은 비교적 높은 소득 및 백인 가구들로부터 거주지가 분리되어 있을 뿐만 아니라, 경제적 쇠퇴 및 인구감소와 빈곤의 집중까지 더해져서 재정적으로 더 많은 압박을 받고 있는 별개의 자치단체들에 불균형적으로 거주한다. 이것이 의미하는 바는, 열등한 품질의 공공서비스와 높은 세율이 함께하는 상태는 그와 같이 사회경제적으로 취약한 가구들이 직면한 골치 아픈 상황일 수 있다는 것이다. 더구나 비교적 낮은 소득 및 소수인종 가구들은 공공서비스 및 기관에 있어서 관할구역 간 극심한 비형평성뿐만 아니라 관할구역 내의 비형평성 또한 과도하게 감당하고 있다. 많은 연구들은 관할구역 간에 그리고 관할구역 내의 서로 다른 동네에 제공하는 공공 및 민간의 제도적 자원에서 나타나는 매우 큰 차이에 대해 상세히 설명했으며,[83] 그와 같은 기관들은 동네효과가 발생하는 중요한 메커니즘으로서의 역할을 하고 있다는 데 의견이 일치하고 있다.[84] 예를 들어, 측정 가능한 교육 자원들은 공간 전체에 걸쳐 서로 매우 다르며 학생들의 수행성과가 가진 몇 가지 측면과 밀접히 관련되어 있다.[85] 흑인, 히스패닉, 그리고 경제적 지위가 낮은 학생들은 일반적으로 낮은 품질의 학교 자원에만 접근할 수 있다. 1999~2000년에 평균적인 흑인 또는 히스패닉 공립 초등학교 학생은 가난한 학생들이 65% 이상인 학교에 다녔는데, 이는 평균적인 백인 아동이 다니는 공립학교에서 가난한 학생들이 단지 30%인 것과 비교된다.[86] 어린아이들에게 다양한 지적능력과 및 행동역량을 형성하는 데 있어서 보육시설의 효과성이 입증되었음에도 불구하고, 많은 저소득 및 소수인종 동네에서는 양질의 보육시설이 심각하게 부족했다.[87] 또한 비교적 낮은 소득의 커뮤니티들은 의료시설 및 의사에 대한 접근 측면에서 불리한 입장에 있다.[88] 분명한 사실은, 많은 저소득의 소수인종 부모들은 로컬에서 제도적 자원이 부족한 것이 자신의 아이들에게 부정적인 영향을 미친다고 믿으며,[89] 종종 동네 바깥에서 그와 같은 자원을 찾음으로써 이러한 결점을 보완하려고 노력한다는 것이다.[90]

오염과 폭력에 대한 노출의 유해함

물리적 환경과 사회적 환경은 다중적인 경로를 통해 건강에 영향을 미칠 수 있으며, 인종과 소득으로 구별된 동네들에 걸쳐 질병률과 사망률에 있어서 매우 큰 격차를 초래할 수 있다.[91] 첫째, 부실하게 관리된 주택은 물리적 위험 문제(예를 들어, 전기시스템 과부하, 난방 결함, 계단 및 난간 파손), 공기 흡입, 곰팡이, 기생충 감염, 납 독소 등과 관련된 역학적 문제,[92] 그리고 개인적 효능 감소 등을 야기할 수 있다.[93] 둘째, 소수인종이나 비교적 낮은 소득의 가구가 주로 거주하고 있는 동네는 대기오염의 농도가 더 높으며 유독성 폐기물 부지에 노출되어 있다.[94] 최근의 한 연구에 따르면, 흑인들이 거주하고 있는 동네는 유독성 대기오염 물질의 농도가 백인 동네보다 평균적으로 1.45배 더 높고 히스패닉 동네보다는 1.7배 더 높았다. 달리 표현하면, 연간 5만 달러 이상을 버는 흑인은 1만 달러 미만을 버는 백인보다 대기오염이 더 심한 동네에 거주한다.[95] 결과적으로, 다수의 국제적인 역학 연구는 대기오염 물질을 기대수명의 감소, 유아 및 성인 사망 위험의 증가, 병원 방문의 증가, 출산 결과의 악화, 천식 등과 연관시킨다.[96] 유해 폐기물 부지('브라운필드')와 가까울수록 암이나 기타 질병으로 인한 사망률이 더 높아진다.[97] 동네의 소수인종 구성과 아이들의 혈중 납 농도 증가 사이에는 강한 연관성이 있다.[98] 연구들에 따르면, 주택에서 이전에 사용된, 일반적으로 납을 주성분으로 한 변질된 페인트의 잔류물에 의해 발생되는 소량의 납 중독조차도 신생아들에게 해를 끼칠 수 있다.[99] 또한 납 중독은 정신발달, 지능지수(IQ), 아이들의 행동에 해를 끼친다.[100] 셋째, 가난한 소수인종 커뮤니티는 여가활동 기회 및 건강에 좋은 음식의 공급원이 근처에 없기 때문에 비만의 위험을 높인다.[101] 넷째, 개인의 스트레스 수준은 빈곤 지역에서 훨씬 더 높아서,[102] 아이들의 인지발달 및 행동발달에 영구적인 피해를 주고,[103]

신체 면역체계의 효능을 떨어뜨리며,[104] 심혈관 질환 유병률 및 성인의 조기 사망률을 증가시킨다.[105] 스트레스는 또한 흡연과 같이 건강에 좋지 않은 다양한 스트레스 감소 행동을 초래할 수 있다.[106] 다섯째, 범죄 및 폭력에 대한 노출은 빈곤집중 및 소수인종 거주 지역에서 훨씬 더 높다.[107] 목격자나 피해자로서 폭력에 노출된 청소년과 성인은 스트레스 증가와 정신건강의 저하에 시달린다.[108] 폭력에 대한 노출은 임신 예후 악화 및 저체중 출산,[109] 교육 성취결과의 악화,[110] 그리고 공격적인 행동의 심화[111] 등과 관련되어 있다. 폭력은 다른 측면에서 환경과 상호작용함으로써 상승작용적으로 건강을 서서히 약화시킨다. 이것은 스트레스 수준을 더 높이는 직접적인 원인이 된다. 범죄에 대한 두려움 때문에 보호자는 자신의 아이를 집 안에 두게 되며, 그에 따라 아이의 운동 선택대안은 줄어들고 비만 가능성은 한층 더 가중된다.[112] 폭력에 노출된 청소년은 흡연을 더 많이 하고 임신 위험이 더 높다.[113] 건강 불평등에 관한 이와 같은 모든 환경적 메커니즘의 순효과는 깜짝 놀랄 만하다. 동네의 경제적 배경 차이는 중년의 건강 상태 차이의 3분의 1 이상을 설명하는데, 예를 들어 빈곤율이 높은 동네에서 자란 55세 사람은 빈곤율이 낮은 동네에서 자란 75세 사람의 건강 상태와 거의 같다.[114]

고용에 대한 접근

대도시에서 일자리(특히 그다지 높지 않은 숙련요건만으로 괜찮은 임금을 지불하는 일자리)가 꾸준히 분산되고 있다는 점에 비추어 볼 때 소수인종 및 저임금 근로자의 고용 기회는 더 제한될 수 있다. 이는 일자리에 대한 근접성이 떨어짐에 따라 근로자의 학습능력과 통근 가능성이 낮아지기 때문이다. 학자들은 오랫동안 이것을 '공간적 불일치 가설the spatial mismatch hypothesis'이라고 이름 붙여왔다. 문화기술지 연구들이 크게 시사하는 바에 따르면, 저소득 청소년들은 시간제 고용으로부터 자원, 어른의 감독, 규칙화된 일정 등을 얻음으로써 많은 혜택을 볼 수 있지만,[115] 그들의 동네에는 일반적으로 그와 같은 일자리가 거의 없다.[116] 시카고의 고트로 프로그램에 대한 평가에서 볼 수 있듯이, 교외로 이주하는 저소득 흑인 청소년들은 도시 내에 그대로 남아 있는 흑인 청소년들보다 일자리를 가지고 있으면서 돈을 더 많이 벌 가능성이 더 높았다.[117] 통계적으로 엄격한 많은 연구들 또한 이 주제를 조사했다.[118] 이 연구들은 불일치가 적어도 일부 대도시에서는 공간적 기회 격차의 중요한 양상일 수 있다는 것을 일반적으로 확인시켜 주고 있다. 하지만 일반 일자리까지의 거리는 자신이 속한 인종 집단이 차지하고 있는 일자리까지의 거리보다 덜 중요할 수 있으며, 따라서 이는 단순히 거리뿐만 아니라 특정 민족에 국한된 네트워크의 존재 여부가 고용 접근성의 격차를 이해하는 데 결정적이라는 것을 시사한다.[119] 하지만 사람들이 일자리를 확보할 수 있다고 하더라도 공간적 불일치와 관련된 교통비는 중간 정도의 소득을 가진 사람의 예산 중 3분의 1까지 소모해 버릴 수 있으며, 하루 중 귀중한 시간까지 많이 소모해 버리는 것은 말할 것도 없다.[120]

요약하면, 앞에서 제시한 증거는 정태적 비형평성의 사례를 명확하게 보여 준다. 인종에 따른 거주지 분리와 경제적 거주지 분리는 비형평적인 형태로 다양하게 나타나는데, 이는 흑인, 히스패닉, 비교적 낮은 소득의 가구들에게 비용은 불균형적으로 부과하면서 관련 편익은 불균형적으로 제공하지 않기 때문이다.

사회적 비형평성: 동태적 관점

동태적 관점에서, 우리는 가구 및 금융 자원의 공간상 흐름이 소득이 비교적 낮은 가구 및 소수인종 가구의 후생에 불균형적인 방식으로 부정적인 영향을 미치는 동네변화를 어느 정도 야기하는지 살펴볼 수 있다. 나는 이들 동태적인 사회적 비형평성의 두 가지 영역, 즉 주택가치 상승으로 인한 부의 격차와 주거 퇴출로 인한 비자발적 이동을 살펴본다.

주택 소유 및 주택가치 상승률 차이로 인한 부의 격차

인종 간 부의 격차는 극적이며 오랫동안 계속되면서 확대되어 왔는데, 백인 가구 부의 중위값은 흑인 가구의 20배이며 히스패닉 가구의 18배이다.[121] 더구나 자산 불평등은 다음 세대의 교육, 직업, 소득 등에 있어서 인종적 불평등을 영속시키는 데 결정적이다.[122]

주택은 대다수의 미국인이 자신의 부를 보유하는 지배적인 형태이기 때문에, 이러한 부의 격차를 가져오는 일차적인 구성요소가 된다.[123] 우리는 주택으로 인한 부의 격차를 두 가지 요소, 즉 주택 소유율의 시점 간 차이와 주택가치 상승의 시점 간 차이로 분해할 수 있다. 20세기 대부분 동안에는, 대출기관에 의한 노골적인 차별로 인해 주택담보대출 융자라는 전통적인 수단이 제공되지 않았기 때문에, 소수인종이 주택을 소유할 기회는 극도로 제약되었다. 이것은 심지어 동네에 거주하고 있는 아주 적은 수의 소수인종 가구들에 근거하여 주택담보대출 보험을 거부하는 명시적인 연방 규정에 의해 종종 부추겨졌다.[124] 21세기에는 인종에 근거하여 주택담보대출 신용을 노골적으로 거부하는 일이 드물어졌지만, 소수인종이 자신이 구입한 주택을 계속 소유할 가능성을 낮게 만드는 그 밖의 차별적인 주택담보대출 관행들이 생겨났다. 이러한 관행에는 약탈적 대출이 포함된다. 즉, 주택 소유자들에게서 높은 수수료와 이자를 뜯어내어 결국에는 채무불이행 상태에 이르도록 설계된 주택담보대출을 기존 주택 소유자들에게 속여 판매하는데, 이러한 관행은 소수인종이 거주하는 가난한 동네에 집중되어 왔다.[125] 새로운 형태의 인종차별적인 주택담보대출은 주택압류 가능성을 차등적으로 악화시킴으로써 소수인종 가구 및 그들이 거주하고 있는 동네로부터 주택의 부를 체계적으로 빼앗아왔다. 실례로 제이컵 루Jacob Rugh, 렌 올브라이트Len Albright, 그리고 더글러스 매시는 동일한 품질의 백인 동네에서 주택을 소유하고 있는 동등한 자격을 갖춘 백인 대출자와 비교할 때, 볼티모어에서는 주로 흑인이 거주하는 동네에서 주택을 소유하고 있는 흑인 대출자가 21세기 첫 10년 동안 7.9%p 더 높은 압류 위험을 경험했다고 추정했다. 또한 그들은 주택환취로 인해 발생한 미수의accrued 주택 자기자본home equity에 있어서 200만 달러의 손실을 입었다. 저자들은 이러한 심각한 결과를 하나의 주요 대출기관 단독으로 행해진 인종적으로 상이한 패턴의 주택담보대출에까지 추적하여 밝혀냈다.[126] 이들의 추정치는, 이 장의 앞부분에서 상세히 설명한 바와 같이, 압류에 의해 인근 주택의 가치에 부과되는 실질적인 외부효과 비용을 포함하고 있지는 않다.[127]

주택으로 인한 부의 격차의 둘째 구성요소는 동네의 특징적인 맥락에 기초하여 시간이 지남에 따라 상이하게 상승하는 주택가치 변화율이다. 이 구성요소는 동네의 동태적 비형평성이라는 문제에 보다 핵심적이다. 달리 말하면, 동네변화를 가져오는 가구 및 재무적 자원의 공간상 흐름은 서로 다른 인종 집단이 자신이 소유하고 있는 주택의 가치 상승을 통해 부를 얻는 능력에 어느 정도 영향을 미치는가? 답은 동네의 경제적 구성과 인종적 구성의 초기 수준 및 그 이후의 변화에 따라 상당한 정도로 영향을 미친다는 것이다.

실질적이고 일관된 대다수의 증거가 분명히 말하고 있는 바는, 빈곤 가구의 점유율이 더 높은 동네 또는 빈곤 가구의 점유율이 증가하는 동네에 있는 주택이 보다 낮은 가치 상승을 경험한다는 것이다.[128] 체노아 플리픈Chenoa Flippen은 다양한 가구 특성 및 동네 특성을 통제한 후, 미국 대도시 지역 전체의 주택 소유자들에 대해 주택구입 시점에서의 동네빈곤 구성에 따라 차등적인 주택가치 상승의 명확한 패턴 및 이후의 동네변화 방식을 상세히 설명했다.[129] 플리픈은 이러한 차이의 크기를 잘 보여주는 실례로, (빈곤율이 5% 미만인 동네의 주택에 비해) 가난한 거주자의 초기 백분율이 30%를 초과할 때 주택가치가 30% 덜 상승한다는 것을 발견했다. 동네 빈곤율이 주택구입 시점 이후 10% 이상 증가할 경우 (빈곤율이 증가하지 않는 동네의 주택에 비해) 주택가치는 15% 덜 상승했다.

동네의 흑인 가구 점유율이 더 높거나 증가하는 것이 주택가치 상승에 미치는 부정적인 영향에 대해서는 비슷한 경험적 합의가 존재한다.[130] 플리픈은 (흑인 거주자가 전혀 없는 동네의 주택에 비해) 흑인 거주자의 초기 백분율이 65%를 초과할 때 주택가치는 10% 덜 상승하며, (흑인 거주자 수가 증가하지 않는 동네의 주택에 비해) 동네의 흑인 점유율이 주택 구입 시점 이후 10%p 이상 증가할 경우 주택가치는 7% 덜 상승한다는 것을 발견했다.[131]

히스패닉 가구의 동네 구성이 주택가치 상승에 미치는 영향에 관해서는 증거가 확실치 않다. 동네의 초기 히스패닉 가구 점유율이 높을수록 일반적으로 주택가치 상승률이 상당히 낮다.[132] 이와 대조적으로, 히스패닉 가구의 점유율이 증가하면 주택가치가 다소 상승하는 것으로 나타난다.[133] 플리픈은 (히스패닉 거주자가 전혀 없는 동네의 주택에 비해) 히스패닉 거주자의 초기 백분율이 10%를 초과할 때 주택가치가 28% 덜 상승하며, (히스패닉 거주자 수가 증가하지 않는 동네의 주택에 비해) 동네의 히스패닉 점유율이 주택구입 시점 이후 5%p 이상 증가할 경우 주택가치는 13% 더 상승한다고 추정한다.[134]

가난한 동네이거나 흑인 또는 히스패닉 거주자의 점유율이 상당히 높은 동네에서는 주택가치가 분명히 덜 상승한다는 매우 강력한 증거가 있지만, 그 이유가 무엇인지는 명확하지 않다. 의심할 여지없이 몇몇 요인이 원인이 될 수 있다. 제7장에서 상세히 설명하고 인종적으로 코드화된 신호에 관한 원리에서 요약한 바와 같이, 대부분의 백인 가구는 흑인 또는 히스패닉 거주자의 점유율이 사소한 정도를 넘어서는 동네에 있는 주택을 구입하기 꺼려하며, 따라서 이는 그와 같은 장소에 대한 총수요를 감소시킨다. 앞에서 언급한 바와 같이, 대출기관이 내미는 차별적인 주택담보대출 조건은 잠재적인 소수인종 주택 구매자의 유효수요를 서서히 약화시킬 수 있다. 위험성 대출 및 그에 따른 압류는 소수인종 동네에 차등적으로 집중되어 있으며, 그에 따라 주택가치에 부정적 외부효과를 발생시킨다. 인종구성이 금방이라도 바뀔 것 같다고 지각하면 주택을 소유하고 있는 백인들은 '공황매도panic selling'에 나설 수 있다. 다른 소유자들은 이러한 변화를 예상하고 자신들 주택의 유지관리를 줄일 것이다. 앞에서 설명한 바와 같이, 이와 같은 반응은 주택가치 하락에 대한 자기실현적 예언을 낳는다. 연구자들이 상세히 살펴본 바와 같이, 소수인종이 상당히 많이 거주하고 있는 동네에서 가치 상승을 제한하는 이러한 힘은 비교적 낮은 소득의 집단이 하향계승하기 더 쉽게 만든다.[135] 이와 같은 계승은 결과적으로 동네의 빈곤율을 높일 것이며, 앞에서의 증거가 말해주고 있듯이, 이는 상승작용적 방식으로 주택가치를 끌어내리는 효과를 더욱 확대할 것이다. 이러한 요인들의 순효과는, 소수인종 및 저소득 동네의 주택 소유자들이 다른 동네의 주택 소유자들이 누리는 것과 맞먹는 주택가치 상승을 누릴 수 있는 능력을 제한하는 집합적 방식으로, 가구(특히 백인이면서 가난하지 않은 가구)의 흐름, 주택 소유자의 투자 흐름, 금융기관의 투자 흐름 등을 제약하는 것이다.

이와 같은 동태적인 사회적 비형평성은 인종적으로 다양하고 소수인종이 지배적으로 거주하는 동네에서 흑인 및 히스패닉 주택 소유자들이 지나칠 정도로 많이 부담하고 있다. 흑인 및 히스패닉 주택 소유자들이 평균적으로 백인 주택 소유자들보다 훨씬 더 낮은 가치 상승을 경험하며 주택시장이 하락할 때 더 큰 가치 손실을 입는다는 명백한 증거가 있다.[136] 예를 들어, 플리픈의 모의 실험에 따르면, 만약 평균적인 흑인 주택 소유자가 평균적인 백인 주택 소유자와 동일한 특성을 가진 동네에 거주하고 있을 경우 주택의 가치는 39% 더 높고, 평균적인 히스패닉 주택 소유자의 경우 주택의 가치는 76% 더 높은 것으로 나타났다.[137]

하지만 비교적 낮은 소득의 주택 소유자들이 이러한 차등적인 가치 상승의 부담을 지나칠 정도로 많이 짊어지고 있는지는 확실하지 않다. 첫째, 주거용 부동산의 자가점유자와 부재소유자의 소득분포에 대한 정보 및 그러한 분포가 그들이 입지하고 있는 동네의 인종구성 및 경제적 구성에 따라 어떻게 달라지는지에 대한 결정적인 정보가 없다. 둘째, 더 낮게 평가되거나 더 높게 평가된 주택의 가치가 일반적으로 더 빠른 속도로 상승하는지에 대한 증거는 서로 일치하지 않으며, 따라서 대략적인 추론조차도 문제가 된다.[138]

주거퇴출로 인한 비자발적 이동성

동태적인 사회적 비형평성의 둘째 쟁점은 (제4장에서 소개된) 동네의 상향계승 (또는 '젠트리피케이션') 과정이 원래의 하위소득 (종종 소수인종) 거주자들에게 심각한 부담을 어느 정도 지우는지에 관한 것이다. 다시 말해, 상위소득 (전형적으로 백인) 가구의 전입이 원래 거주자들의 대규모 비자발적 전출(또는 퇴출)로 그리고 여전히 남아 있는 사람들에게 그 밖의 금전적 및 비금전적 비용의 부과로 이어지는가?

이 질문을 다룬 연구는 상당히 많은데, 이러한 연구는 특정한 사례연구 동네에서 수행되는 문화기술지부터 전국 대도시 자료집합에 기초하여 추정되는 다변량 통계 모형에 이르기까지 다양한 조사 전략을 채택하고 있다.[139] 21세기 동안 젠트리피케이션이 미국 동네의 보다 두드러진 특징이 되어가고 있다는 데에는 의문의 여지가 없다.[140] 보다 의심스러운 것은 이처럼 활성화되고 있는 동네의 원래 거주자들에게 이러한 동태적 과정이 어느 정도 해를 끼치는지에 대한 것이다.

활성화되고 있는 동네의 임대료 및 주택가치는 주택이 구조적으로 개선되었는지에 관계없이 상승한다. 왜냐하면 주택 소유자가 상위소득 고객에게 주택서비스를 제공하기 위해 적극적으로 주택품질을 향상시키기 때문일 뿐만 아니라, 더 높은 가치로 평가된 동네의 물리적 조건 및 모든 주택에 대한 사회경제적 특성의 가치가 임대료로 자본화됨에 따라 소극적으로도 주택품질이 향상되기 때문이다. 원칙적으로 이 과정은 이처럼 높은 임대료를 더 이상 감당할 수 없는 원래의 임차인들을 쉽게 '강제로 퇴출'시킬 수 있다.[141] 두 가지의 경험적인 도전적 과제는 믿을 수 없을 만큼 단순한 이 명제에 여러 가지 문제를 던진다. 첫째, 임대료에 대한 최신의 상세한 소규모 지역 자료가 부족하기 때문에 젠트리피케이션 지역에서 임대료가 얼마나 많이 오를지 확인하기 어려운 경우가 종종 있다. 둘째는 사실과 반대되는 조건을 명세화하는 과제인데, 임대료 상승이 없었어도 얼마나 많은 가구들이 이주했을 것인가 하는 것이다. 많은 연구가 서로 다른 자료집합과 통계 분석방법을 이용하여 이 질문에 답했지만 다음과 같은 공통적인 결론에 도달했다. 즉, 젠트리피케이션이 일어나고 있는 동네의 거주자 교체율은 젠트리피케이션이 일어나지 않는 하위소득의 동등한 동네보다 그다지 더 높지 않다는 것이다.[142] 다시 말해, 하위소득 가구들은 으레 임대료 상승과는 무관한 여러 다양한 이유로 자주 이사하기 때문에 비자발적 퇴출이 그다지 빈번하지 않을 수 있다. 하지만 라이 딩, 재클린 황, 그리고 아일린 디브링기Eileen Divringi는 사람들이 젠트리케이션이 일어나고 있는 지역에서 이사한 후 어디에 사는지를 분석하면서, 일부 비자발적 퇴출이 일어나고 있음을 시사한다.[143] 이들은 젠트리피케이션이 일어나고 있지 않은 지역에서 이사하는 비슷한 가구들보다, 젠트리피케이션이 일어나고 있는 동네의 하위소득 가구들이 하위소득 동네로 이사할 가능성이 더 높다는 것을 발견했다. 특히 원래 동네에서의 주택비용 상승이 더 높을 때 그러했다.

비록 높아진 임대료 때문에 비교적 낮은 소득의 거주자들이 어쩔 수 없이 이사하지는 않는다고 하더라도, 젠트리피케이션이 일어나고 있는 동네의 비교적 낮은 소득의 거주자들은 종종 자신의 임대료 부담과 로컬 소매 상품 및 서비스 가격이 올라가고 있다고 생각할 것이다.[144] 정량화하기는 더 어렵지만, 원래의 거주자 유지에 대한 다양한 비금전적 비용 또한 상세히 설명되어 왔다. 이들 비용은 정치적 영향력 및 시민참여의 축소, 그리고 '문화적 퇴출'의 형태를 취하며, 이는 집계적인 동네규범, 선호, 소매부문, 서비스 편의시설 등에서의 변화를 반영한다.[145] 이러한 사회동학은 종종 동네 내 사회적 긴장의 고조로 이어질 수 있다.[146]

하지만 공평하게 말하면, 몇몇 종류의 편익은 젠트리피케이션이 일어나고 있는 동네에 여전히 남아 있는 비교적 낮은 소득의 거주자들에게 발생한다. 비록 젠트리피케이션이 일어나고 있는 동네에서의 전반적인 고용 성장 및 이들 개선이 일어나는 그 밖의 과정에 관한 증거가 여러 가지로 해석될 수 있지만,[147] 소득 및 신용점수의 몇 가지 척도로 드러나듯이 비교적 소득이 낮은 거주자 유지의 경제적 상황은 개선되고 있는 것으로 보인다.[148] 젠트리피케이션은 일반적으로 안전감 및 만족감의 증가 그리고 비교적 소득이 낮은 거주자들이 누리는 보다 많은 편의시설과 관련되어 있다.[149] 마지막으로, (소득이 그다지 많지 않

은 많은 소수인종) 주택 소유자들은 자신의 주택 자기자본이 더 많이 증가한 것을 알게 된다.[150]

요약하면, 동네의 젠트리피케이션과 관련된 동태적 비형평성에 관한 결론은 명확하지 않다. 일부 하위소득 및 소수인종 거주자들은 비자발적 이주를 틀림없이 경험했다. 결과적으로, 그들은 사회적 연줄이 붕괴하고 더 나쁜 동네에서 거주하는 것과 같이 자신들이 직접 부담하는 비용과 함께 그 밖의 비용도 상당히 많이 부담했다. 하지만 젠트리피케이션으로 인해 그와 같은 비자발적 이동이 얼마나 많이 발생했는지는 확실하지 않다. 동네에 여전히 남아 있는 사람들이 얻는 여러 이득과 손실에 대한 엇갈린 증거 때문에 그들의 후생 수준이 어떻게 변화했는지는 훨씬 더 모호하다.

비효율성, 비형평성, 그리고 누적적 인과관계

이제 우리는 한 발 물러서서 지금까지 논의한 주제들에 대한 전체론적 관점에 다다를 것이다. 그림 9.7에서 나는 이러한 관점을 시각적으로 나타낸다. 제7장에서 그림 7.2에 압축적으로 요약한 바와 같이, 나는 인과과정의 상호강화적인 연계가 어떻게 우리의 동네와 학교를 인종과 경제적 계층으로 분리되도록 조장하는지 증거를 통해 보여주었다. 그림 9.7*의 왼쪽에는 인종 및 계층 편견, 차별, 로컬정치관할구역의 분절 및 분리주의 정책, 주택 구매력의 집단 간 차이 등 상승작용적인 힘들이 도식화되어 있다. 이 장에서 나는 주택 재고에 있어서 체계적인 과소투자 및 동네 거주지 분리를 발생시키는 인구 흐

* 원서에는 그림 9.6으로 잘못 표기되어 있어 바로잡았다._옮긴이

그림 9.7 | **인종, 계층, 분리, 과소투자 간 누적적 인과관계**

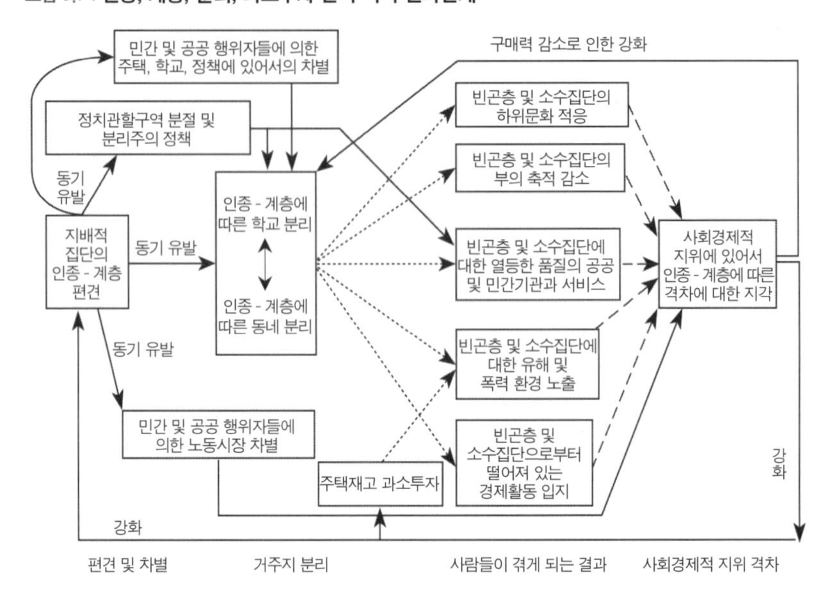

름은 사회 전체적인 관점에서 효율적이지 않으며, 특히 하위소득 흑인 및 히스패닉 가구들에게 부담이 된다고 주장했다. 특히 나는 그와 같이 사회경제적으로 혜택 받지 못한 가구들이 어떻게 하위문화에 대한 적응, 부의 축적 감소, 열등한 공공 및 민간 서비스와 제도적 자원, 건강에 좋지 않고 폭력적인 환경에 대한 노출의 심화, 자신의 숙련 수준에 적합한 고용 접근의 위축 등의 형태로 불공정한 부담을 지는지를 상세히 설명했다. 나는 그림 9.7의 중앙에 있는 점선 화살표로 이들 관계를 요약하여 나타낸다. 제8장에서 나는 동네의 특성이 어떻게 그리고 왜 개인에게 영향을 미치는지를 설명하고 이들 동네효과의 강도에 대한 증거를 제시했다. 여기서 나는 이러한 주장을 전개하여 제8장에서 언급한 이전의 논점, 즉 사회경제적으로 취약한 가구들이 직면한 다차원적으로 열등한 동네 맥락이 그들의 삶의 선택 기회에 영향을 미침으로써, 취약한 사회경제적 지위를 영속화하는 역할을 직간접적으로 한다는 점을 보다 효과적으로 논의한다. 나는 그 결과를 그림 9.7의 오른쪽에 있는 파선 화살표로 나타낸다.

우리가 살고 있는 동네에서 나타나는 비효율적 패턴과 비형평적 패턴 사이의 이러한 상호 관계는 상호 강화적이기 때문에 다루기가 훨씬 더 까다롭다.[151] 나는 '강화'라고 표시된 피드백 고리를 그림 9.7에 넣어 이를 도식적으로 나타낸다. 첫째, 사회경제적 지위에 있어서 인종 및 계층 격차는 동네 거주지 분리의 한 원인이 되는데, 이는 구매력이 그다지 높지 않은 사람은 소득이 더 높은 사람이 가격을 올려서 부르는 장소에 있는 주택을 구입하는 것이 재정적으로 덜 실현 가능하기 때문이다. 제7장에서 설명한 바와 같이, 가구들 사이의 경제적 격차가 더 클 경우, (종종 배제적 용도지역제exclusionary zoning의 실행으로 인해) 시장평가가치가 별로 차이 나지 않는 주택들의 공간적 군집 정도가 클수록 경제적 분리는 더 커질 것이다. 더욱이 이와 같이 시장평가가치가 비슷한 주택의 군집 정도가 강화되면, 소득 및 부의 분포에 있어서 인종 간 차이 때문에 인종에 따른 거주지 분리 또한 더 커질 것이다. 둘째, 인종 및 계층 격차는 주거용 부동산에 대한 과소투자로 이어진다. 물론 빈곤 가구가 많다는 것은 제3장과 제4장의 주택하위시장모형을 통해 설명한 바와 같이 저품질 주택에 대한 수요를 창출한다. 게다가 동네의 인종 변화에 의해 크게 영향을 받는 기대심리는 제5장에서 제시된 인종적으로 코드화된 신호에 관한 원리에서 구체화된 바와 같이, 주택 소유자에게 투자의 지표가 된다. 셋째, 그림 9.7의 아랫부분 오른쪽에서 왼쪽으로 이어지는 화살표로 표시된 것처럼, 인종 및 계층 격차는 일반적으로 빈곤하지 않은 유럽계 백인으로 구성된 지배적인 집단이 가지고 있는 편견을 강화한다. 다수의 백인들은 흑인과 히스패닉이 일할 의지가 별로 없으며, 범죄 집단과 마약에 연루되기 더 쉽고, 상대적으로 지능이 낮고 제대로 배우지 못했으며, 영어를 잘하지 못한다고 생각한다.[152] 어떤 경험적 현실이 이러한 고정관념적 믿음을 뒷받침하는 한, 정확히 이것은 인간이 초래하고 겪게 되는 결과로부터 그 전형을 볼 수 있는 현실이며, 그러한 결과는 대도시의 공간적 기회구조가 낳은, 공간적으로 자신에게 적절히 주어진 장소에 거주함으로써 비롯된다.

물론 편견은 그림 9.7에서 '동기 유발'이라고 표시된 화살표로 나타나듯이, 백인들의 다양한 행동에 동기를 부여한다. 편견은 백인들의 '이주' 및 '회피'를 통해 동네와 학교에서의 분리를 직접적으로 강화한다. 제6장에서 상세히 설명한 바와 같이, 다수의 백인들은 그들이 소수인종이나 빈곤층의 문턱 백분율을 초과할 때 동네와 학교를 떠나며, 다른 새로운 주거입지를 찾을 때 그와 같은 상황을 회피한다. 편견은 다음의 세 가지 방식으로 거주지 분리를 간접적으로 강화한다. 첫째, 편견은 민간 주택시장 대리인과 소유주의 (배제 및 바람 잡기 같은) 불법행위를 장려하는데, 이는 대리인들이 차별을 통해 동질적인 백인 동네를 보존함으로써 백인 고객들의 편견에 영합하는 것이 보다 수익성이 있을 것이라고 보기 때문이다.[153] 이와 비슷한 동기 부여로 공무원들은 공공주택 도시재개발, 학교, 그 밖의 공공부문 영역과 관련된 차별 정책을 채택해 왔다.[154] 둘째, 로컬정치행위 및 (배제적 용도지역제 같은) 공공정책의 세력들은 그들 동네의 특권적 지위를 유지하기 위해 보다 효과적으로 자원을 동원할 수 있도록 로컬정부관할구역의 분절을 조장한다. 결과적으로, 로컬의 이와 같은 정치적 분절은 앞에서 언급한 바와 같이 사회경제적으로 취약한 동네로 하여금 열등한 공공서비스와 학교로 인해 고통 받게 만드는 관할구역 간 재정적 격차를 발생시키는 선행 요건이다. 셋째, 로컬의 정치적 분절은 소수인종의 고용, 이직 방지, 보상, 승진 등과 관련된 노동시장에서의 차별로 이어진다. 분명히 이것은 피드백되어 사회경제적 지위에 있어서 인종 간 초기 격차를 더욱 심화시킨다.

그림 9.7의 누적적 인과관계에 대한 그림을 더 단순하게 요약하면 다음과 같다. 우리는 **뒤틀린 공간**warped space을 구성하고 있는 대도시 기회구조를 생각해 냈다. 가장 기본적인 핵심은 주택재고에 대한 과소투자가 부추기는 동네 및 학교의 인종-계층에 따른 거주지 분리이다. 이러한 기회구조는 사회경제적으로 취약한 가구들의 정신건강 및 신체건강을 직접적으로 손상시키고, 일자리에 접근하고 부를 쌓을 수 있는 능력을 감소시키며, 그들이 접하는 서비스와 시설의 품질을 떨어뜨린다. 이 모든 것은 사회경제적으로 취약한 가구들이 거주할 수밖에 없는 동네 때문이다. 기회구조는 이들 사회경제적 취약 동네에 거주하고 있는 많은 하위소득 소수인종 가구들로 하여금 그들의 선택대안 집합의 제약 내에서 합리적 행동을 취하도록 유도하지만, 궁극적으로는 그들의 사회경제적 열등함을 영속화하는 역할을 한다. 결과적으로, 이러한 행동은 비교적 낮은 소득 및 소수인종 가구들에 대해 지배적 집단이 가지고 있는 편견을 정당화하고, 사회경제적으로 취약한 동네에서의 거주지 분리 및 과소투자를 강화하는 주택시장 및 로컬정치관할구역에서의 합법적 및 불법적 행동과 구조를 지배적 집단의 관점에서 동기 부여하고 정당화한다.

비효율성, 비형평성, 불평등한 기회에 관한 명제

지금까지의 분석을 다음 세 가지 명제로 간략히 요약한다.

- **비효율성**에 관한 명제: 동네 간 자원의 흐름을 좌우하는 민간의 시장 지향적 의사결정자들은 대개 외부효과, 전략게임, 자기실현적 예언 등으로 인해 비효율적인 배분 상태에 도달하며, 체계적으로 주택에 대해 지나치게

적게 투자하고 인종 및 경제적 지위에 따른 분리는 지나치게 많이 만들어 낸다.

- 비형평성에 관한 명제: 비교적 사회경제적 지위가 낮은 흑인 및 히스패닉 가구와 주택 소유자는 일반적으로 거주지 분리, 과소투자, 동네 구성의 전환 과정 등과 관련된 재무적 비용과 사회적 비용을 불균형적으로 많이 부담하는 반면, 사회적 편익은 상대적으로 거의 얻지 못한다.

- 불평등한 기회에 관한 명제: 동네 맥락은 경제적 집단과 인종 집단에 걸쳐 매우 불평등함과 동시에 아이, 청소년, 어른에게 강력한 영향을 미치기 때문에, 공간은 사회발전에 대한 불평등한 기회를 영속화하는 방식이 된다.

결론

동네들 전체에 걸쳐 인적 자원 및 재무적 자원의 흐름을 결정하는 데 대한 우리의 시장 지배적 시스템은 주택투자는 지나치게 적게 이루어지는 방향으로 그리고 인종 및 경제적 지위에 따른 거주지 분리는 지나치게 많이 일어나는 방향으로 체계적 편향을 가져왔는데, 이 두 가지 모두 사회적으로 비효율적이며 비형평적이다. 비효율성은 기본적으로 몇 가지 종류의 외부효과, 전략게임, 자기실현적 예언 등이 존재하기 때문에 발생한다. 비형평성은 사회경제적으로 혜택 받지 못한 거주자들이 여러 영역에 있어서 열등한 동네에 지나치게 많이 직면하기 때문에 발생한다. 이와 같은 비효율적이고 비형평적인 동네 시스템을 유지하는 힘들은 미국의 인종 및 계층 격차를 영속화하는 역할을 하는 상호 강화적인 누적적 인과 시스템 내에서 서로 얽혀 있다.

만약 치명적인 시장실패의 전형적인 사례가 있다면, 그것은 바로 여기에 있다. 그러므로 공공정책을 통해 시장에 집합적으로 개입하는 데 대한 그리고 비효율적이고 비형평적인 결과를 교정하기 위해 계획하는 데 대한 명쾌한 논거가 있다. 다음 장에서 나는 시장 개입 및 계획의 원리와 실제에 대해 살펴본다.

부록

다양한 유형의 동네 외부효과 사례를 이용한 가장 효율적인 사회적 혼합에 관한 수리적 분석

제9장 부록에서는 앞 장에서 그림을 통해 직관적으로 주장한 것들을 보다 정밀하게 설명하고자 한다. 본문에서 설명한 것과 동일하게 단순화한 가정 및 기호 체계를 이용하여 비슷한 구성 방식으로 이어서 설명한다. 수리적으로 쉽게 다루기 위해 결론상에서 일반성을 잃지 않으면서 두 가지의 부가적인 가정을 추가한다. 첫째, 우리가 가설적으로 설정한 사회에는 총 200개의 가구가 있으며 이 가구들은 각각 100개의 가구로 이루어진 두 집단 A와 D로 범주화된다. 둘째, 사회에는 동일한 수(100개)의 가구로 이루어진 두 개의 동네가 있으며, 가구의 모든 잠재적 배치는 어느 하나의 동네에 거주하는 가구의 수 또는 백분율로 생각될 수 있다. 여기서 목표는 정형화된 두 동네에서 두 집단 A와 D가 어떻게 혼합되어 있을 때 총외부효과 지수 I_T가 최대화되는지 (또는 외부효과 지수가 모든 경우의 혼합에서 음수일 때 총외부효과 지수가 최소화되는지) 확인하는 것이다.

사례 1: 집단 D는 모든 이웃에 대해 일정한 크기의 부정적 한계외부효과 β를 발생시키며, 집단 A는 모든 이웃에 대해 일정한 크기의 긍정적 한계외부효과 φ를 발생시킨다.

$$I_D = \beta(\%D) + \beta(100 - \%D) = 100\beta \qquad \beta < 0$$

$$I_A = 100\varphi - \varphi(\%D) + 100\varphi - \varphi(100 - \%D) = 100\varphi \qquad \varphi > 0$$

$$I_T = I_D + I_A = 100(\beta + \varphi)$$

총외부효과 지수 I_T는 %D의 함수가 아니기 때문에 동네 혼합에 따라 달라지지 않을 것이며, I_T는 모든 혼합에 걸쳐 일정하다. I_T가 양(+)의 값을 가지는지 음(-)의 값을 가지는지는 β와 φ의 상대적 크기에 따라 결정된다.

사례 2: 집단 D는 문턱값 X를 넘어서면서 모든 이웃에 대해 일정한 크기의 부정적 한계외부효과 β를 발생시킨다.

$$I_D = \beta(100 - \%D - X) \text{ if } \%D \le X;$$

$$= \beta(\%D - X) + \beta(100 - \%D - X) = (100 - 2X)\beta \text{ if } X < \%D \le 100 - X$$

$$= \beta(\%D - X) \text{ if } \%D > 100 - X \qquad \beta < 0$$

$$I_A = 0$$

$$I_T = I_D + I_A = I_D$$

우리는 각 부분을 분리하여 살펴봄으로써 최소화할 수 있다. %D ≤ 1일 때, I_T는 %D= X가 됨으로써 최소화(= 100β)된다. $X < \%D \le 100 - X$일 때, I_T는 상수이다[= $(100 - 2X)\beta$]. $\%D > 100 - X$일 때, I_T는 %D를 가능한 한 작게 만듦으로써($\approx 100 - X$) 최소화되며, 따라서 $I_T = (100 - 2X)\beta$가 된다. 그러므로 하나의 동네에는 X%의 집단 D 가구들을 배치하고 다른 하나의 동네에는 $(100 - X)$%의 가구들을 배치함으로써 전반적으로 I_T는 최소화된다.

사례 3: 집단 A는 문턱값 Y를 넘어서면서 모든 이웃에 대해 일정한 크기의 긍정적 한계외

부효과 φ를 발생시킨다(여기서 문턱값 Y는 긍정적 한계외부효과 φ가 지속되는 동네에서의 최대 %D로 정의된다).

$$I_A = Y\varphi - \varphi(\%D) \text{ if } \%D \leq 100 - Y;$$
$$= Y\varphi - \varphi(\%D) + Y\varphi - \varphi(100 - \%D) = 2Y\varphi - 100\varphi \text{ if } 100 - Y < \%D \leq Y$$
$$= Y\varphi - \varphi(100 - \%D) \text{ if } \%D > Y \quad \varphi > 0$$
$$I_D = 0$$
$$I_T = I_D + I_A = I_A$$

우리는 집단 A의 각 부분을 분리하여 살펴봄으로써 최대화*할 수 있다. $\%D \leq 100 - Y$일 때, I_T는 %D$=0$이 됨으로써(즉, $dI_T/d\%D < 0$) 최대화된다($= Y\varphi$). $100 - Y < \%D \leq Y$일 때, I_T는 상수이다($= 2Y\varphi - 100\varphi$). $\%D > Y$일 때, I_T는 %D를 가능한 크게 만듦으로써(즉, $dI_T/d\%D > 0$) 최대화되며($= Y\varphi$), 따라서 $I_T = Y\varphi$가 된다. $Y < 100$이기 때문에, $2Y\varphi - 100\varphi < Y\varphi$임에 주의하라. 그러므로 하나의 동네에는 집단 D 가구를 100% 배치하고 다른 하나의 동네에는 집단 D 가구는 전혀 배치하지 않고 집단 A 가구를 최대한 수용할 수 있도록 배치함으로써 우리는 전반적으로 I_T를 최대화한다.

사례 4: 집단 D는 문턱값 X를 넘어서면서 모든 이웃에 대해 일정한 크기의 부정적 한계외부효과 β를 발생시키며, 문턱값 Y보다 작은 모든 이웃에 대해 일정한 크기의 긍정적 한계외부효과 φ를 발생시킨다(여기서 문턱값 Y는 %D로 표현되며 단순하게 $Y = 100 - X$로 정의된다).

---

* 원서에는 최소화(minimize)로 잘못 기재되어 있어 바로잡았다._옮긴이

If $X < Y$:

$$I_D = \beta(100 - \%D - X) \text{ if } \%D \le X;$$

$$= \beta(\%D - X) + \beta(100 - \%D - X) = \beta(100 - 2X) \text{ if } X < \%D \le 100 - X = Y$$

$$= \beta(\%D - X) \text{ if } \%D > Y \quad \beta < 0$$

$$I_A = Y\varphi - \varphi(\%D) \text{ if } \%D \le 100 - Y = X;$$

$$= Y\varphi - \varphi(\%D) + Y\varphi - \varphi(100 - \%D) = 2Y\varphi - 100\varphi \text{ if } X < \%D \le Y$$

$$= Y\varphi - \varphi(100 - \%D) \text{ if } \%D > Y \quad \varphi > 0$$

$$I_T = I_D + I_A$$

$$= \beta(100 - \%D - X) + Y\varphi - \varphi(\%D) \text{ if } \%D \le X;$$

$$= \beta(100 - 2X) + 2Y\varphi - 100\varphi \text{ if } X < \%D \le Y$$

$$= \beta(\%D - X) + Y\varphi - \varphi(100 - \%D) \text{ if } \%D > Y$$

If $X > Y$:

$$I_D = \beta(100 - \%D - X) \text{ if } \%D \le 100 - X = Y;$$

$$= 0 \text{ if } Y < \%D \le X$$

$$= \beta(\%D - X) \text{ if } \%D > X \quad \beta < 0$$

$$I_A = Y\varphi - \varphi(\%D) \text{ if } \%D \le Y;$$

$$= 0 \text{ if } Y < \%D \le X$$

$$= Y\varphi - \varphi(100 - \%D) \text{ if } \%D > X \quad \varphi > 0$$

$$I_T = I_D + I_A$$

$$= \beta(100 - \%D - X) + Y\varphi - \varphi(\%D) \text{ if } \%D \le Y;$$

$$= 0 \text{ if } Y < \%D \le X$$

$$= \beta(\%D - X) + Y\varphi - \varphi(100 - \%D) \text{ if } \%D > X$$

이제 $X < \%D \le Y$일 때면 항상 $dI_T/d\%D$이다. 따라서 사회는 $X - Y$의 범

위 내의 혼합에 개의치 않는다. 하지만 $|\varphi| > |\beta|$ 일 경우, $dI_T/d\%D$는 %D가 낮은 문턱값보다 작을 때에는 0보다 작을 것이며, %D가 높은 문턱값보다 클 때에는 $dI_T/d\%D$가 0보다 클 것이다. φ와 β의 상대적 크기가 반대일 때에는 부등호도 반대가 될 것이다. 또한 $I_T(\%D=0) = I_T(\%D=100) = Y\varphi + \beta(100-X)$이며 첫째 항은 0보다 크고 둘째 항은 0보다 작다는 것에 주의하라. 그러므로 최적을 위한 유일한 선택대안은 하나의 동네에는 집단 D 가구가 100% 있고 다른 하나의 동네에는 집단 D 가구가 전혀 없는 경우의 사이에 있거나 또는 두 동네가 $X-Y$의 범위에서 혼합되어 있는 경우이다. φ와 β의 상대적 크기에 대한 추가적인 정보가 없다면 어떤 선택대안이 더 선호될 것인지 우리는 확인할 수 없다. 집단 A로부터의 긍정적 외부효과가 집단 D로부터의 부정적 외부효과보다 훨씬 더 강력하다면, 다시 말해 $|\varphi| > |\beta|$ 라면, 혼합된 선택대안은 더 열등할 것이다. 우리는 하나의 동네에서는 %D=0을 가져야 하며 실행 가능할 경우 다른 하나의 동네에서는 그 나머지를 가져야 한다. 이와는 반대로, 집단 D로부터의 부정적 외부효과가 집단 A로부터의 긍정적 외부효과보다 훨씬 더 강력하다면, 다시 말해 $|\varphi| < |\beta|$ 라면, 혼합된 선택대안은 적어도 하나의 동네에서 $\%D < X$이면서 가질 수 있는 최대의 I_T 값을 가질 것이다. 물론 이 두 모수가 절대값으로 정확하게 같고 따라서 모든 배치가 동등하게 효율적이 되는 것은 수리적으로 가능할 수 있다.

사례 5: 집단 D는 집단 D 이웃에 대해서만 체증하는 부정적 한계외부효과를 발생시킨다.

여기서 부정적 한계외부효과는 특정 동네의 집단 D 가구의 수가 증가함에 따라 증가하는데, 이는 해당 외부효과에 의해 영향을 받는 집단 D 이웃이 더 많이 존재하기 때문이다. 따라서 해당 동네에 있는 집단 D에 대한 총외부효과 함수는 $\beta\%D^2/2$로 표현될 수 있다. 집단 A는 외부효과의 발신자 또는 수신자로서는 관련 없다고 가정된다. 두 동네에 대해 다음과 같이 쓸 수 있다.

$$I_D = \beta\%D^2/2 + \beta(100-\%D)^2/2 \qquad \beta < 0$$
$$= 5{,}000\beta - 100\beta\%D + \beta\%D^2$$
$$I_A = 0$$
$$I_T = I_D + I_A = I_D = 5{,}000\beta - 100\beta\%D + \beta\%D^2$$

이 경우 집단 D를 모두 하나의 동네 또는 다른 하나의 동네에 배치하면 $I_T = 5{,}000\beta$가 되며, 이는 집단 D가 모든 동네에 걸쳐 가능한 한 가장 작은 백분율로 동등하게 배치되는 경우(여기서는 50%)에서의 값 $I_T = 2{,}500\beta$보다 더 낮은 (더 부정적인) 값이다. 달리 표현하면, $dI_T/d\%D = -100\beta + 2\beta\%D$ 이며 $\%D = 50$일 때 최소화된다.

사례 6: 집단 A는 집단 D 이웃에 대해서만 체증하는 긍정적 한계외부효과를 발생시킨다.

여기서 집단 A의 개별 가구가 발생시키는 외부효과(φ)는 동네 내 집단 D의 개별 가구에게 혜택을 주며, 따라서 이는 $\varphi\%D$로 표현될 수 있다. 따라서 집단 A가 하나의 동네에서 발생시키는 총외부효과는 $\varphi\%DA$ 또는 $\varphi\%D(100-\%D) = 100\varphi\%D - \varphi\%D^2$이다. 마찬가지로, 다른 하나의 동네에서 집단 A가 발생시키는 총외부효과는 $100\varphi(100-\%D) - \varphi(100-\%D)^2$일 것이다. 단순화한 후 다음과 같이 쓸 수 있다.

$$I_D = 0$$

$$I_A = 200\varphi\%D - 2\varphi\%D^2 \qquad \varphi > 0$$

$$I_T = I_D + I_A = I_A = 200\varphi\%D - 2\varphi\%D^2$$

$dI_T/d\%D\,(=200\varphi - 4\varphi\%D)$를 0으로 설정함으로써 볼 수 있는 것처럼, I_T의 최댓값은 집단 D가 동네들 사이에서 50 대 50으로 나누어질 때 나타난다.

사례 7: 집단 D는 집단 D 이웃에 대해서만 체증하는 긍정적 한계외부효과를 발생시킨다.

여기서 긍정적 한계외부효과는 하나의 동네에 있는 집단 D 가구의 수(= $\beta\%D$)가 증가함에 따라 증가하는데, 이는 해당 외부효과에 의해 영향을 받는 집단 D 이웃이 더 많이 존재하기 때문이다. 따라서 해당 동네에 있는 집단 D에 대한 총외부효과 함수는 $\beta\%D^2/2$로 표현될 수 있다. 가정에 의해 집단 A는 외부효과의 발신자 또는 수신자로서는 관련 없다. 그러므로 두 동네에 대해 다음과 같이 쓸 수 있다.

$$I_D = \beta\%D^2/2 + \beta(100 - \%D)^2 \qquad \beta > 0$$

$$= 5{,}000\beta - 100\beta\%D + \beta\%D^2$$

$$I_A = 0$$

$$I_T = I_D + I_A = I_D = 5{,}000\beta - 100\beta\%D + \beta\%D^2$$

이 경우 집단 D를 모두 하나의 동네 또는 다른 하나의 동네에 배치하면 $I_T = 5{,}000\beta$가 되며, 이는 집단 D가 모든 동네에 걸쳐 가능한 한 가장 작은 백분율로 동등하게 배치되는 경우(여기서는 50%)에서의 값 $I_T = 2{,}500\beta$보다 더 큰 (양의) 값이다.

사례 8: 집단 A와 집단 D는 자신과 같지 않은 이웃에 대해서만 체증하는 긍정적 한계외부 효과를 발생시킨다.

이것은 사례 6과 수식적으로 유사하며, 집단 A와 D는 긍정적 외부효과를 발생시키는데, 그 한계편익은 해당 동네에 있는 다른 집단에 비례한다.

$$I_D = 200\beta\%D - 2\beta\%D^2 \qquad \beta > 0$$

$$I_A = 200\varphi\%D - 2\varphi\%D^2 \qquad \varphi > 0$$

$$I_T = I_D + I_A = 200\beta\%D - 2\beta\%D^2 + 200\varphi\%D - 2\varphi\%D^2$$

$$= 200(\beta+\varphi)\%D - 2(\beta+\varphi)\%D^2$$

$dI_T/d\%D$ $[= 200(\beta+\varphi) - 4(\beta+\varphi)\%D]$를 0으로 설정함으로써 볼 수 있는 것처럼, I_T의 최댓값은 사례 7에서처럼 집단 D가 동네들 사이에서 50 대 50으로 나누어질 때 나타난다.

사례 9: 집단 A와 집단 D는 자신과 같지 않은 이웃에 대해서만 체증하는 부정적 한계외부 효과를 발생시킨다.

이것은 사례 8과 수식적으로 유사하며, 집단 A와 D는 긍정적 외부효과 대신에 부정적 외부효과를 발생시키는데, 그 한계편익은 해당 동네에 있는 다른 집단에 비례한다.

$$I_D = 200\beta\%D - 2\beta\%D^2 \qquad \beta < 0$$

$$I_A = 200\varphi\%D - 2\varphi\%D^2 \qquad \varphi < 0$$

$$I_T = I_D + I_A = 200\beta\%D - 2\beta\%D^2 + 200\varphi\%D - 2\varphi\%D^2$$
$$= 200(\beta+\varphi)\%D - 2(\beta+\varphi)\%D^2$$

$dI_T/d\%D$ [$= 200(\beta+\varphi) - 4(\beta+\varphi)\%D$]를 0으로 설정함으로써 볼 수 있는 것처럼, I_T의 최솟값은 집단 D가 동네들 사이에서 50 대 50으로 나누어질 때 나타난다. 그러므로 I_T 값이 낮은 상황을 피하기 위해서는 집단 A와 D의 가구들의 거주지가 완전히 분리되어야 한다.

사례 10: 집단 D가 문턱값 Z를 초과할 경우, 집단 D는 모든 이웃에 대해 일정한 크기의 부정적 외부효과 β를 발생시킨다.

만약 $Z < 100 - Z$라면, 이러한 단순화된 상황에서 집단 D가 어떻게 배치되든지 간에 적어도 하나의 동네는 문턱값 Z를 초과할 것이며 부정적 외부효과가 발생할 것이다. 다시 말해, 외부효과 함수는 다음과 같이 명세화될 수 있다.

$$I_D = I_T$$
$$= \beta \text{ if } \%D \le Z;$$
$$= 2\beta \text{ if } Z < \%D \le 100 - Z$$
$$= \beta \text{ if } \%D > 100 - Z \quad \beta < 0$$

이 경우 하나의 동네가 해당 문턱값보다 낮도록 집단 D를 배치함으로써, 즉 다른 하나의 동네는 $\%D > 100 - Z$이면서 $\%D \le Z$가 되도록 집단 D를 배치함으로써 I_T의 감소가 최소화될 수 있다.

만약 $Z > 100 - Z$라면, 외부효과 함수는 다음과 같다.

$$
\begin{aligned}
I_{\mathrm{D}} &= I_{\mathrm{T}} \\
&= \beta \ \text{if} \ \%\mathrm{D} \le 100 - Z; \\
&= 0 \ \text{if} \ 100 - Z < \%\mathrm{D} \le Z \\
&= \beta \ \text{if} \ \%\mathrm{D} > Z \quad \beta < 0
\end{aligned}
$$

이 경우 두 동네 모두 문턱값보다 낮도록 집단 D를 배치함으로써, 즉 $100 - Z <$ $\%\mathrm{D} \le Z$가 되도록 집단 D를 배치함으로써 I_{T}의 감소를 피할 수 있다.

제 4 부

더 나은 우리 자신을 위해 다시 만드는 동네

제10장

공간적으로 국한된 동네지원 공공정책 모음

들어가면서: 세 갈래 동네개입 전략의 사례

앞의 제9장은 시장실패의 명백한 사례를 보여주고 있다. 여러 다양한 이유로, 공간상에서 가구 및 자원의 흐름 변화는 사회적으로 비효율적인 결과를 낳을 것이다. 나는 또한 이러한 결과가 비형평적이며 가장 취약한 가구에 아마도 가장 큰 불이익을 가져다줄 것이라고 말했다. 따라서 집합적 개입이 비공식적인 사회적 과정에서 비롯되는 것이든, 커뮤니티 기반의 비영리 조직, 정부 부문, 또는 이것들의 어떤 조합으로부터 비롯되는 것이든 간에, 모종의 집합적 개입에 대한 효율성 및 형평성의 근거에 관해서는 명백한 논거가 있다. 만약 우리에게 영향을 미치는 동네를 시장이 비효율적이고 비형평적으로 만드는 방식이 마음에 들지 않는다면 그리고 그 방식을 정말로 좋아하지 않는다면, 우리는 더 나은 우리 자신에 대한 이미지를 바탕으로 동네를 새롭게 다시 만들기 위해 개입해야 한다.[1]

비공식적인 사회적 과정은 이웃이 부여하는 제재와 보상의 형태를 취할 수 있는데, 이를 통해 시민으로서의 행동과 건물의 유지에 관한 집합규범을 준수하도록 강제한다. 커뮤니티 기반의 조직은 정치적으로 조직화할 수 있고, 상호 연대의 결속을 구축하거나 동네의 긍정적인 공적 이미지를 조성할 수 있다.[2] 정부는 기반시설 및 공공서비스에 대한 정보, 재정적 인센티브, 규제, 투자 등을 제공하며, 임계 문턱점에 있는 동네를 그 대상으로 삼을 수 있다. 이러한 조치는 동네의 주요 투자자들의 지각을 협력적으로 변화시켜 그들의 투자를 지렛대로 활용하고, 보상적 자원의 흐름을 제공하고, 파괴적 게임행동을 최소화하고, 외부효과를 내부화하고, 기대심리를 조정한다. 그럼으로써 결과적으로 자기실현적 예언을 약화시키는 데 도움이 될 수 있다. 정부는 일반적으로 아래에서 내가 지지하는 정책에 자금을 적절히 조달하는 데 필요한 세입의 주요 원천을 대표한다. 그렇기 때문에 나는 이러한 정책에 대해 몇 가지 권고사항을 제시할 것이다.

이 장에서 나는 동네의 세 가지 영역, 즉 물리적 품질, 경제적 다양성, 인종적 다양성의 영역에 있어서 일단의 정책 모음을 제안할 것이다. 총체적으로 그 영역들은 내가 '공간적으로 국한된 동네지원circumscribed, neighborhood-supportive' 권고사항의 집합이라고 부르는 것으로 구성되어 있다. 이들 권고사항의 목표는 세 가지이다.

1. 좋은 품질의 주거환경 상태를 유지하면서 낮은 품질의 주거환경 상태를 향상시키기
2. 해당 대도시 전역에 걸쳐 동네 및 로컬정치관할구역에서 경제적 다양성과 인종적 다양성을 증가시키기
3. 비효율적인 동네 인종구성 및 계층구성의 전환과 관련된 '강제적인' (비자발적) 주거 이동성을 감소시키기

분명히 말해, 가치 있는 목표라고 해서 그 목표를 달성하기 위한 모든 수단이 정당화되지는 않는다. 그렇기 때문에 정책결정자는 동네에 대한 투자와 거주가구의 다양성을 향상하기 위해 고려되는 특정 프로그램의 형평성 차원과 효능성 차원을 면밀하게 평가해야 한다. 나는 프로그램의 수단이 자발적voluntary이고 점진적gradualist이며 선택권을 강화option-enhancing하는 전략을 채택할 경우, 효율적이며 형평적일 가능성이 가장 높을 것이라고 주장할 것이다. 다음 절에서 나는 내가 지지하는 특정 정책 개혁을 위한 여과장치로 이 기준을 이용한다. 특히 내가 제안하는 권고사항은 가구 및 주택 소유자의 자발적[3]이지만 장려되는 선택기회를 강조한다. 이를 통해 도시와 교외의 동네를 궁극적으로 변화시켜 앞에서 언급한 목표를 향해 나아가도록 만들고자 한다. 현재 우리가 처해 있는 상태에 이르기까지 시장에 의해 주도되고 국가에 의해 방조된 거주지 분리 및 투자회수의 힘이 수세대에 걸쳐 있었으며, 우리가 원하는 상태에 이르기까지 아낌없이 노력한다고 하더라도 얼마간의 시간이 걸릴 것이라는 점에는 의심의 여지가 없다.

동네지원 정책은 어느 수준의 정부가 수행해야 하는가

그렇다면 동네에 대한 투자 및 거주가구의 다양성 증진을 위한 동력을 제공해야 할 공공부문의 전달체계는 어떠해야 하는가? 이상적으로, 그 답은 연방, 주, 로컬 수준에서의 상호 지원적 조치들을 수반할 것이다.

연방 수준에서 저소득 가구에 대해 더 나은 소득과 주택을 지원하고 비교적 낮은 소득의 관할구역에 대한 재정적 지원 등을 제공하는 다양한 프로그램은, 앞에서 언급한 동네지원 목표를 달성하는 데 매우 도움이 될 것이다. (1) 모든 시민의 권리로서 보조주택 그리고/또는 적절한 소득 지원을 보장하지 않거나 (2) 세입교부 또는 연방정부가 로컬관할구역 간 재정적 역량을 효과적으로 균등화할 수 있는 규모의 커뮤니티 개발 포괄보조금을 보장하지 않고서도 낮은 품질로 부실하게 유지된 동네를 없앨 수 있다는 것은 생각도 할 수 없다. 전자의 연방정부 지원보장은 주택 소유자가 기대할 수 있는 임대료의 흐름에 영향을 미칠 것이며, 이러한 보장 없이는 양질의 중간품질 주택을 공급할 수 없다. 미국에서 양질의 부담가능주택을 전액 지원받을 수 있는 권리로 만드는 것은 엄청나게 동네 친화적인 것이다. 이는 저품질 주택재고에 대한 수요가 없으므로 소유주가 저품질 주택재고를 제공할 재무적 인센티브를 제거할 것이기 때문이다.[4] 보다 강력한 근로소득세액공제와 같이, 일반화되고 보장된 소득지원 프로그램도 마찬가지일 것이다. 후자의 연방정부 지원보장은 로컬관할구역이 양질의 서비스, 기반시설, 시설, 기관 등에 자금을 조달할 수 있는 능력과 관련된 주거환경의 비주거적 측면에 영향을 미칠 것이다.[5] 이 두 가지 보장은 저품질의 주택하위시장을 가지려는 경제적 동기를 없앨 것이며, 사람 기반의person-based 또는 장소 기반의place-based 주택보조금을 받는 사람들이 현재보다 지리적으로 훨씬 덜 집중되도록 할 것이다.

주정부 또한 내가 연방정부에 대해 주장했던 것과 비슷한 형태로 사람 기반의 소득 및 주택 지원과 장소 기반의 재정적 지원을 수행할 수 있다. 실제로 많은 주가 그 범위 및 효능에 있어서 크게 다르기는 하지만, 사회복지지원, 보조주택, 정부 간 세입교부 등에 대한 자체 프로그램을 가지고 있다. 하지만 주정부는 보다 지역적이면서 대도시 범위에 걸쳐 있는 거버넌스 구조에 권한을 위임함으로써 훨씬 더 직접적으로 동네지원 정책을 가능하게 할 수 있다.[6] 의심할 여지없이, 포괄적이며 전체론적으로 동네에 개입하기 위한 가장 효능적인 거버넌스 구조는 규모에 있어서 대도시에 상응하는 거버넌스 구조일 것이며, 동네변화의 시장 주도적 힘은 해당 대도시의 주택하위시장들 전반에 걸쳐 영향을 미칠 것이다. 우리는 오리건주의 대도시 성장경계선growth boundaries과 같이, 동네들 전체에 걸쳐 재정적 자원 및 인적 자원의 흐름을 형성하는 핵심적인 힘과 씨름하는 '보다 큰' 정부구조의 몇 가지 사례를 가지고 있는데, 미니애폴리스-세인트 폴 대도시의 지역 세원공유regional tax base sharing, 노스캐롤라이나주 샬럿-메클런버그 카운티의 통합교육구unified school districts, 메릴랜드주 몽고메리Montgomery 카운티의 계층 혼합형 용도지역제inclusionary zoning 등이 그것이다.[7]

동네지원 정책이 연방, 주, 지역 수준에서 더 많이 있다는 데에는 분명 이점이 있다. 그럼에도 불구하고, 나는 여기서 그 이점들을 더 자세히 논의하지는 않을 것이다. 오히려 이 장에서 나는 서로 다른 수준의 정부, 재단, 커뮤니티 기반 조직 등으로부터 협력적, 재정적, 프로그램적 지원을 받는 정도에 관계없이 로컬정부가 수행할 수 있는 정책과 프로그램에 초점을 맞출 것이다. 확실히 로컬정부는 그와 같은 지원이 더 강력할 때 더욱 성공적일 것이다. 하지만 실제로 이 장의 마지막 부분에서 나는 로컬정부가 어쩔 수 없이 독자적으로 수행해야 한다면, 무엇을 성취할 수 있는지에 대해 매우 신중히 접근해야 한다고 제안할 것이다. 그럼에도 불구하고, 그와 같은 지원이 대규모일지라도 로컬정부가 동네지원 정책을 수행하는 데 있어서 반드시 해야 하는 필요 불가결한 역할이 있다. 아래에서 강조하겠지만, 로컬정부는 성공적인 동네 정책에 요구되는, 미묘한 차이가 반영된 전략적 표적화를 조작화할 수 있는 가장 좋은 위치에 있다.

동네지원 정책의 기초: 전략적 표적화

전략적 표적화는 정책결정자들이 동네지원 정책을 구성하는 효과적인 프로그램들을 고안하여 수행하도록 하는 하나의 틀을 제공한다. **전략적 표적화** strategic targeting란 정책결정자들이 대도시 주택하위시장에 대한 예상 결과의 맥락 내에서 전체론적으로 시책들을 개발한 다음, 민간 시장 행위자(특히 가구 및 주거용 부동산 소유자)의 행동이 해당 주택하위시장에서 실질적으로 변화할 수 있을 만큼의 충분한 강도로 해당 시책들을 특정 동네에 겨냥해야 한다는 것을 의미한다. 정책과 프로그램을 전체론적으로 고안하여 수립한다는 것은 관할구역 경계 내에 있는 그리고 경계를 가로질러 있는 동네들 간 인과적인 상호관계를 인식하고 동네 재투자, 경제적 다양성, 인종적 다양성이라는 세 개의 목표를 달성하고자 시도하는 것을 의미한다.

전략적 표적화를 조작화한다는 것은 **맥락**, **구성**, **집중** 등의 세 가지 영역에 있어서 의사결정하는 것을 의미한다.[8] **맥락**context은 대도시 주택시장이 제공하는 관할구역 동네의 변화경로에 대한 현재 및 장래 예상되는 기회와 제약조건을 가리킨다. 개입하는 방법과 장소를 논리적으로 결정할 수 있기 전에, 로컬에서의 조건뿐만 아니라 현재 및 장래 예상되는 지역적 맥락에 대해서도 알고 있어야 한다. 대도시 전체 범위에서의 인구, 소득, 고용, 기반시설 투자 등에 대한 장기적 예측이 전략적 표적화의 기초를 형성해야 한다. 이것은 제3장과 제4장에서 상세히 설명한 대도시 주택하위시장의 예측 논리를 이용하여, 해당 지역 전체에서 특정 동네에 가장 강력하게 영향을 미칠 가능성이 있는 힘을 예상하기 위해 필요하다. 해당 지역 전반의 적절한 계획기관 또는 정부위원회가 일반적으로 이와 같은 지리적으로 세분화된 예측을 수행할 것이다. 이상적으로, 전략적 표적화 계획은 해당 대도시 지역 전체에 대해 협력적으로 도출될 것이고 해당 지역 수준에서 포괄적으로 실행될 것이다. 하지만 이러한 강력한 지역기관이 미국에서는 드물기 때문에, 자동적으로 도시들이 전략적 표적화 계획에 대한 책임을 종종 떠맡게 될 것이다. 분권화된 방식으로 수행될 때조차도 이

표 10.1 | **동네에 대한 전략적 표적화 정책의 대표적인 유형**

물리적 조건에 대한 기대, 민간투자의 흐름	다양성에 대한 거주자의 기대	
	허용할 수 있음	허용할 수 없음
방치되어 있으며, 투자가 전혀 없는 상태	N/A	N/A
매우 노후되어 있으며, 투자가 충분하지 못한 상태	A	E
조금씩 노후되고 있으며, 투자가 충분하지 못한 상태	B	F
개조 보수 중이며, 투자가 충분한 상태	C	G
안정되어 있으며, 투자가 충분한 상태	D	H

러한 계획은 지역 전체 범위에서의 예측과 그 밖의 관할구역의 행동에 대해 인지하고 있어야 한다. 그러고 나서 비로소 자신의 관할구역을 구성하고 있는 동네들에서 어떤 종류의 변화를 어디에서 기대할 수 있는지 알게 될 것이고, 가장 효능적으로 자신의 희소한 자원을 합리적으로 표적화할 것이다. 전략적 표적화는 또한 과거 개입의 진행 상황을 추적 관찰하고 평가하며 새로운 개입의 방향을 지시하기 위해, 동네에서 계속 진행 중인 최신 정보에 의존한다. 함축적으로 이것은 도시들이 거의 실시간과 다름없는 일련의 동네지표에 접근 가능해야 한다는 것을 의미한다.[9]

구성composition이란 어떤 동네에 대해서든 숙고하고 있는 개입의 프로그램적 세부 사항이 해당 장소의 현재 및 장래 예상되는 특성과 해당 장소에 대한 특정 목표에 따라 달라져야 한다는 것을 의미한다. 분명히, 모든 동네가 개입을 필요로 하는 것은 아니며, 개입을 필요로 하는 동네가 모두 동일한 유형의 개입을 필요로 하지도 않는다. 나는 표 10.1에 제시된 동네 유형화를 이용하여 이 점을 강조한다.

전략적 표적화는 표 10.1에 있는 각 범주의 대략적인 윤곽을 구체적으로 명확히 그리기 위해, 계획 목적에 대한 관련 지리공간상에 있는 각 동네가 이와 비슷하게 범주화될 것을 요구한다. 해당 범주들은 직관적이며 다음과 같다.

- 방치되어 있으며, 투자가 전혀 없는 경우: 시장을 활성화시킬 수 있는 공공 투자가 전혀 없기 때문에 시장이 회생할 가능성이 있을 때까지 전혀 개입하지 않음
- 유형 C 또는 유형 D 동네: 원하는 투자 수준 및 허용할 수 있는 경제적 다양성과 인종적 다양성을 시장이 만들어내고 있기 때문에 개입할 필요가 전혀 없음
- 전형적으로 빈곤집중 지역이거나 사람이 살고 있는 '슬럼'일 수 있는 유형 A(흔치 않은 유형) 및 유형 E 동네: 민간투자를 자극하고 저소득 소수인종 가구들을 분산시키는 것을 목표로 개입함
- 유형 B 동네(이전의 일부 소득하향계승 때문에 물리적 쇠퇴 및 투자회수 초기에 있는 다양성 있는 구역): 민간투자를 자극하는 것을 목표로 개입함
- 유형 F 동네(물리적 쇠퇴 및 투자회수 초기에 있는 동질적인 구역): 민간투자를 자극하고 경제적 다양성 및 인종적 다양성을 증가시키는 것을 목표로 개입함
- 유형 G 동네(이전의 하위소득 거주자들이 대규모로 퇴출될 것으로 예상되는 젠트리피케이션이 일어나고 있는 구역): 경제적 다양성과 인종적 다양성을 보존하는 것을 목표로 개입함
- 유형 H 동네(좋은 품질의 동질적인 구역): 경제적 다양성 및 인종적 다양성을 증가시키는 것을 목표로 개입함

집중concentration이란 해당 목표 동네에 대해 민간 행위자들이 수행하는 긍정적 조치의 문턱값이 초과되도록 하기 위해 정책결정자들이 해당 목표 구역에

서 공간적 밀도가 충분한 곳에 실체적인 공공개입(이를테면, 재정적 보조, 기반 시설 투자, 커뮤니티 조성 등)을 해야 한다는 것을 의미한다. 동네의 인구 다양성을 촉진하기 위한 공공개입의 문턱값에 대한 증거는 부족하지만 물리적 투자의 문턱값에 대해서는 강력한 증거가 있다. 내가 제6장에서 이론과 증거가 동네 투자 문턱값의 존재를 강력하게 지지한다는 것을 보여주었던 사실을 상기하기 바란다. 이 문턱값을 넘어서고 나서야 민간 주택 소유자들은 자신의 주택을 개선하기 위해 자금을 쓸 것이다. 동네를 활성화하기 위한 로컬정부의 노력에 관한 네 개의 연구는, 이 문턱값들을 넘어서기 위해 얼마나 많은 양의 공공투자가 필요한지에 대해 놀라울 정도로 일관된 증거를 제공한다. 케네스 블리클리Kenneth Bleakly와 그의 동료들은 1979년부터 1981년까지의 기간 동안 20개 도시의 30개 동네전략구역Neighborhood Strategy Areas에서 커뮤니티 개발 포괄보조금Community Development Block Grant(CDBG)과 그 밖의 투자들을 공간적으로 표적화한 정책들을 검토했다. 그들은 동네의 물리적 조건이 실질적으로 개선되는 것은 블록당 평균 이상의 CDBG 지출이 집중될 때뿐이라고 보고했다.[10] 피터 태티언, 존 어코디노John Accordino, 그리고 나는 리치먼드의 블룸 동네Neighborhoods in Bloom 시책의 영향을 조사했는데, 이 계획은 1999년부터 2004년까지의 기간 동안 CDBG와 로컬시책지원공사Local Initiative Support Corporation의 기금을 일관되게 표적화했다. 우리는 또한 블록당 투자금액이 표본 평균금액을 초과할 때에만 주택가치가 크게 개선된다는 것을 발견했다.[11] 나는 크리스 워커Chris Walker, 크리스 헤이즈, 패트릭 박샐Patrick Boxall, 제니퍼 존슨Jennifer Johnson 등의 동료들과 함께, 1990년대 동안 17개 도시의 CDBG 지출과 그에 따른 다양한 동네지표의 변화 사이의 관계를 측정했다. 우리는 그와 같은 지출이 표본 평균지출을 초과하지 않는다면 인구총조사 집계구의 개선된 궤적과는 뚜렷한 관계가 없다는 것을 다시 한번 발견했다.[12] 마지막으로, 제니퍼 풀리Jennifer Pooley는 1990년부터 2009년까지의 기간 동안 필라델피아의 CDBG 기금 배분의 효과를 분석한 뒤, 그 지출액이 중위지출액 이상으로 표적화될 때에만 인구총조사 집계구의 주택가치가 유의미하게 개선되는 결과를 가져온다는 것을 밝혔다.[13] 이 네 개의 연구에서 분석된, 투자 기간 동안의 특정 투자금액, 공간 규모, 그리고 그 후의 물가상승 등을 조정할 경우, 지출액의 문턱값이 일관성 있게 나타난다. 처음 두 연구 결과에 따르면, 각 목표 블록에서 공공부문은 (2017년도 달러 기준으로) 5년 동안 매년 적어도 약 5만 4000달러 또는 3년 동안 매년 6만 2000달러의 투자를 필요로 한다. 마지막 두 연구 결과는 각 목표 인구총조사 집계구에서 (2017년도 달러 기준으로) 10년 동안 매년 13만 8000달러 또는 5년 동안 매년 27만 1000달러의 문턱값을 보여준다. 이는 사소한 금액이 아니며, 로컬관할구역은 '모든 동네를 위해 무엇인가를 하고 있다'는 유혹의 희생양이 되는 대신 자신의 동네에 대한 투자를 공간적으로 집중할 필요가 있다는 것을 암시한다.[14]

전략적 표적화는 동네 정책결정자들에게 맥락, 구성, 집중에 대해 주의 깊게 고려해야 한다는 것을 말해주고 있다. 하지만 정책결정자들이 표 10.1에 나와 있는 유형 중 어떤 유형의 동네를 개입의 목표로 선정해야 하는지에 대해서는 궁극적으로 상세히 말해주지 않는다. 대도시 주택시장에서는 여러 힘의 세부적인 특성, 특정 관할구역 동네의 경쟁적 지위와 처분 가능한 자원, 그리고 물론 로컬의 정치적 고려사항 등에 따라 적절한 의사결정이 이루어질 것이다. 기본적으로, 이것은 관할구역이 한정된 자원으로 가장 빈곤한 동네(유형 A와 E)에 개입하는지, 아니면 쇠퇴 초기의 징후를 일찌감치 보이는 동네(유형 B와 F)에 개입하는지에 대한 선택이다.

이 문제에 대해 고심하는 것은 선별분류triage 개념을 둘러싼 오랜 논쟁에 가담하는 것이다. 전쟁터의 응급진료에서 처음 만들어진 선별분류라는 용어로부터의 유추를 확장하기 위해, 동네는 그 부상의 심각성에 따라 '치명적 부상'(유형 A와 E), '위중한 부상'(유형 B와 F), '경미한 부상'(유형 C, D, G, H) 등의 세 집단으로 분류될 수 있다. 선별분류 접근방식은 우리가 신속하게 그리고 효과적으로 개입하기만 하면 '살릴' 수 있는 '위중한 부상' 집단에만 주의를 집중할 것을 지지한다. 이와 대조적으로, 선별분류 접근방식은 우리가 어떤 개입을 시도하든지 관계없이 첫째 집단은 숨을 거둘 것이고 셋째 집단은 개입하지 않아도 치유될 것이기 때문에, 둘째 집단 외의 나머지 집단에는 개입해서는 안 된다고 주장한다. 물론 충분할 만큼 막대한 투자를 하면 다 죽어가는 동네도 되살아나게 할 수 있기 때문에, 의학적으로 비유하는 것은 전적으로 적절하지 않다. 그럼에도 불구하고, 선별분류 접근방식은 한정된 공공자원이 어디에서 가장 효능적인 영향을 발생시킬 수 있는지에 대해 타당성 있게 고려할 필요가 있음을 시사한다.

그림 10.1을 이용하여 이러한 주장의 핵심을 설명할 수 있다. 그림 10.1은 시간이 지남에 따라 가상의 동네로 유입되는 공공투자 및 민간투자의 흐름을 보여주고 있다. 그림에서 보는 바와 같이, 가장 초기의 기간 동안 해당 동네는 완벽하게 건강한데(유형 D), 주거용 및 비주거용 건물의 유지를 목적으로 민간 주택 소유자들이 상당한 흐름의 금액을 투자하며, 또한 서비스, 시설, 기반시설 유지의 형태로 공공부문도 상당한 흐름의 금액을 투자한다. 하지만 어느 시점에서 대도시 주택하위시장 전반에 걸쳐 영향을 미치는 일부 특정되지 않는 외부적 힘이 해당 동네의 경쟁적 지위를 약화시키고, 그 결과 민간부문은 투자를 축소하기 시작한다(유형 B). 이와 같이 막 시작된 초기 쇠퇴를 저지하지 않으면 결과적으로 민간투자가 급격히 감소할 수 있는데, 이는 주거용 및 비주거용 건물의 부실관리 및 품질저하와 관련된 부정적 외부효과와 신호 보내기 행동으로 말미암아, 인근 소유자들이 자기강화적 반응을 일으키기 때문이다. 투

그림 10.1 | **선별분류에 기초한 개입의 근거: 동네로 유입되는 공공투자 및 민간투자의 대안적 흐름에 관한 두 가지 시나리오**

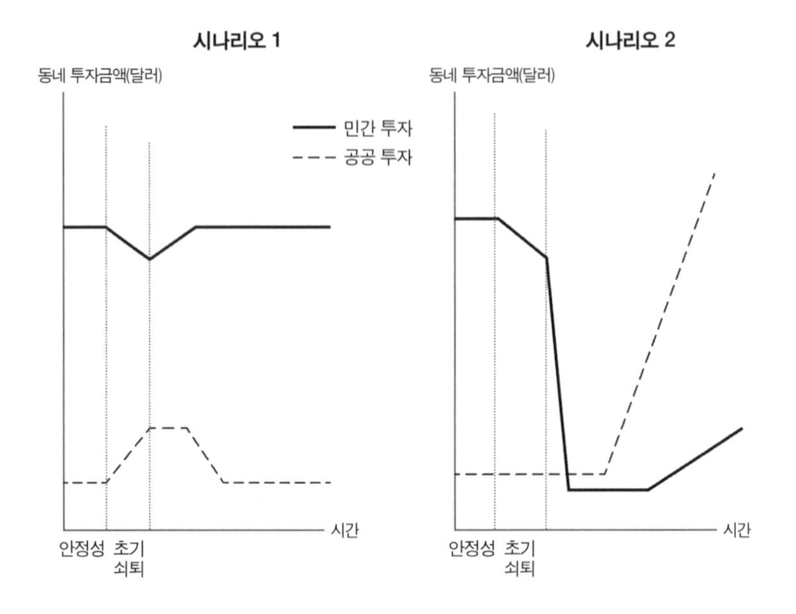

자 중단으로 인한 이러한 악순환적 하향 과정은 시나리오 2에서 볼 수 있는 것처럼 결과적으로 유형 A 동네 또는 방치된 동네를 만들어낸다.

선별분류 입장은 초기 쇠퇴가 가시화되자마자 유형 B 동네에 개입하는 것이 공공자원을 더 현명하게 사용하는 것이라고 주장한다. 정책결정자들은 비교적 짧은 기간에 걸쳐 사용되는 상대적으로 많지 않은 양의 신규 공공투자만 이러한 맥락에서 소유자의 재투자 문턱값을 넘어서기 위해 요구되며, 시나리오 1에서 볼 수 있는 것처럼 해당 동네를 완전히 건강한 상태로 신속히 되돌리기 위해 필요하다고 기대할 것이다. 이와 대조적으로, 다 죽어가는 동네에서 민간시장을 소생시키기 위해서는 시나리오 2에서 볼 수 있는 것처럼 공공자원의 막대한 투자가 요구될 것이다.

이러한 선별분류 입장의 핵심 주장은 매우 설득력 있다. 정책결정자들이 동네가 거의 죽음에 이르러 돈이 더 많이 드는 중환자 치료가 필요할 때까지 기다리는 대신에, 동네가 '경미한 질병'에서 회복할 수 있도록 돕는 데 그다지 많지 않은 금액을 투자하지 않을 이유가 무엇인가? 그럼에도 불구하고, 효율성과 형평성의 입장에서 몇 가지 설득력 있는 반론을 제기할 수 있다. 효과적인 선별분류를 위해, 동네의 초기 쇠퇴는 언제 시작되었는지, 그리고 어떤 문제 동네가 투자 중단의 임계 문턱값에 가장 가까이에 있는지 식별할 수 있는 지표들에 대한 신뢰성 있는 조기경보시스템이 필요하다. 어떤 한 관할구역이 이전에 유형 A로 된 동네에 직면할 때, 해당 동네를 유형 C로 밀어 넣는 외부적인 시장의 힘을 기다리면서 정말로 '선의의 방관benign neglect'이라는 입장을 무한정 유지해야 하는가? 그와 같은 유형 A 동네에 살고 있는 사람들은 해당 관할구역에서 사회경제적으로 가장 취약한 사람일 가능성이 높기 때문에, 일부 사람들은 형평성의 입장에서 그들의 삶의 질을 향상시키기 위해 설계된 개입은 정당화될 수 있다고 주장할 수 있다. 형평성이라는 동전의 이면에는 유형 B 동네에서 공공투자를 하면 가장 궁핍한 주민들 대신 기본적으로 중간계층 가구들과 주택 소유자들에게 혜택을 줄 것이라는 주장이 있다. 그럼에도 불구하고, 형평성에 기초하여 재반론을 제기할 수 있다. 선별분류에 기초한 개입은 관할구역의 지방세 세원을 보존하기 위한 재정적으로 가장 신중한 방법이며, 이는 사회경제적으로 취약한 최소한의 사람이 아닌 결과적으로 모든 주민의 편익을 높이는 양질의 공공서비스와 시설에 대한 토대를 제공한다. 궁극적으로, 선별분류 접근방식의 적절성은 특정 주택시장에 따라 그리고 해당 정책결정자가 직면한 재정적, 사회적, 정치적 상황에 따라 달라질 것이다.

선별분류 문제에 대해 어떤 입장을 취하든 간에 정책결정자와 계획가에게는 동네지원 개입을 전개하기 위한 지침 원리로 전략적 표적화를 채택하는 것이 반드시 필요하다. 로컬관할구역은 자신들이 바람직하다고 여기는 모든 동네변화를 가져오기 위해 자유롭게 이용할 수 있는 자원을 충분히 가지고 있지 못하다. 따라서 로컬관할구역은 동일한 목표를 겨냥하는 민간자원을 지렛대로 활용하기 위해 자신들의 귀중한 자원을 사용해야 한다. 이를 효과적으로 달성하기 위해서는 (1) 모든 동네에 유입되는 민간자원의 현재 및 장래 흐름, (2) 선정된 구역에서 구체적으로 어떤 프로그램이 이러한 흐름을 가장 강력하게 증가시킬 것인지, (3) 민간의 필수적인 지원 대응을 촉발하기 위해 이러한 프로그램이 해당 구역에서 얼마나 강력하게 적용되어야 하는지 등을 확인하기 위한 증거 기반의 체계를 채택하는 것이 요구된다.[15]

동네 투자 촉진

공공부문이 개입을 목적으로 전략적으로 표적화한 동네에서 추가적인 민간투자를 촉진하기 위해 추구할 수 있는 일반적인 프로그램 전략에는 세 가지가 있다. 첫째 전략은 주택 소유자를 둘러싸고 있는 주거 맥락의 물리적, 사회적, 심리적 측면을 다양한 방식으로 개선함으로써, 주택 소유자의 재투자 시도를 자극하는 것이다. 둘째 전략은 '당근(주택개량 비용을 부담하기 위한 보조금 또는 저금리 대출)'과 '채찍(주택법규 시행)'을 통해 직접적으로 재투자 활동을 장려하는 것이다. 셋째 전략은 자가점유 주택의 수를 증가시킴으로써 간접적으로 동네 전체의 유지 수준을 높이는 것이다. 아래에서 상세히 설명하는 것처럼, 후자의 두 전략은 동네 재투자 정책의 강력하고 효과적인 수단으로서 보다 많은 잠재력을 지니고 있다.

동네 맥락 개선

로컬 정책결정자들이 민간부문의 주거 재투자에 대한 자극제로 종종 채택하는 공통적인 프로그램은 동네의 공공 기반시설을 정비하고 개선하는 것이다. 여기에는 하수도, 차도, 보도 등의 개선, 장식조명 설비, 가로경관 개선 등이 포함될 것이다. 이와 같은 공공투자가 표적화된 블록의 물리적 품질과 주택가치를 향상시킨다는 데에는 의심의 여지가 없다. 하지만 훨씬 더 포괄적인 일단의 보조금 및 관련 구역 기반의 시책들을 포함하지 않는 한, 공공투자가 민간투자를 더 유도한다는 증거는 없다. 미니애폴리스와 우스터를 대상으로 한 연구에서, 나는 블록면에 있는 공공공간의 물리적 조건을 개선시키는 것은 주택소유자의 주택유지 행동에 최소한의 영향만 미친다는 것을 보여주었다.[16] 더군다나 이러한 개선작업은 해당 동네의 미래 삶의 질에 대한 주택 소유자의 낙관적인 전망을 크게 부추기기까지 했다. 기반시설 투자가 이루어진 블록 너머에서는 그 결과가 유해한 것으로 판명될 수 있는데, 이는 목표대상지로 선정되지 않은 블록의 주택 소유자들이 이제 자신들 구역의 상대적 품질이 떨어졌다고 생각할 수 있으며 무임승차자 게임행동에 가담할 가능성이 더 높기 때문이다. 그러므로 민간 재투자에 대한 집계적인 순결과는 양(+)의 값이 아닐 수도 있다.

토지이용·용도지역 규제는 동네의 물리적 환경에 영향을 주며, 따라서 민간투자를 자극하는 또 다른 잠재적 정책 대안이다. 하지만 앞에서 언급한 내 연구결과에 따르면, 토지이용이 현재 혼합적으로 이루어진 구역의 경우 동질적인 주거용도 구역보다 주택유지 수준이 더 낮다는 어떤 징조도 없다. 실제로 어떤 주택 소유자에게는 그 효과가 정반대였다.[17]

주택 소유자의 사회심리학적 환경을 변화시키는 것에 대해 내 연구의 증거는 좀 더 혼재되어 있다. 나는 거주 장소로서 해당 동네에 대한 낙관론을 북돋우는 방식으로 주택 소유자들의 기대심리를 움직임으로써 주택유지를 크게 향상시킬 수 있다는 것을 발견했다.[18] 유감스럽게도, 비교적 가치가 낮은 동네에서도 마찬가지로 그와 같은 낙관론이 주택가치에 대한 기대심리로 이어지면, 주택유지의 유익한 결과는 사라진다. 여기서 골치 아픈 정책 문제는, 주택가치에 대한 낙관적인 기대심리에 기인하는 무임승차자 행동을 유발하지 않는 동시에, 어떻게 하면 동네 품질 측면에서 낙관적인 기대심리를 통해 군중추종 행동을 일으킬 수 있는가 하는 것이다. 따라서 '동네확신조성building neighborhood confidence'은 반쪽의 진실로 가득 찬 정책 처방이며, 이를 성공적으로 수행하기 위한 입증된 정책 수단은 없는 처방이다.[19]

동네의 사회적 응집의 유지 및 창출을 목표로 하는 공공의 노력 또한 정책에 있어서 양날의 칼처럼 보인다. 한편으로는, 연대감과 집합적 일체감이 강한 동네는 다른 모든 것이 동일할 때 주택 소유자의 유지 활동 수준이 분명히 훨씬 더 높다. 이러한 동네는 주택유지의 외부효과를 내부화하는 사회적 수단을 제공하는 동시에, 해당 구역의 주택 소유자들에 의한 파괴적인 전략적 게임행동을 조정함으로써 효율성을 향상시킨다. 응집력이 없는 동네에 거주하는 평균적인 주택 소유자와 비교했을 때, 자신의 이웃과 가장 밀접한 일체감을 가지면서 응집력이 가장 높은 동네에 거주하는 주택 소유자들은 매년 주택유지 및 개량에 28%에서 45% 더 많은 금액을 지출하며, 주택 외부의 결함 가능성은 66% 더 낮다는 것을 나는 발견했다.[20] 다른 한편으로는, 응집력 강화에 수반될 수 있는 자기동네 중심주의neighborhood parochialism가 강화되는 위험은 사소한 것이 아닐 수 있다. 다시 말해, 로컬 계획가와 정책결정자가 잠재적 응집력 구축 프로그램으로부터 오로지 편익만을 얻을 수 있을 정도로 동네변화의 사회동태적 과정의 조작을 충분히 익혔는지는 의심스럽다. 그럼에도 불구하고, 동네 투자 수준을 안정화하는 데 대한 잠재적 이득은 매우 클 것으로 보이기 때문에 향후 상당히 많은 연구가 이루어질 것이다.

동네 맥락 바꾸기의 마지막 전략은 목표대상지로 선정된 동네로 주택 구입 및 개량을 위한 적절한 대출금이 유입되는 것을 보장하기 위해 (협력자로서 또는 커뮤니티 재투자법Community Reinvestment Act이나 공정대출fair lending 요구를 통한 맞상대로서) 금융기관과 협력하는 것이다. 우리는 분명히 그와 같은 행위들을 높이 평가할 수 있지만 그 자체로는 동네 재투자 정책의 주춧돌로 충분하지 않다. 대출기관들의 행동이 조화를 이루도록 함으로써 용의자의 딜레마 상황을 약화시켜 이익이 되게 하고 재정적 자원의 활용 가능성에 박차를 가할 수 있지만, 주택 재개발 활동에 대한 궁극적인 영향은 이들 자원을 이용하려는 주택 소유자들의 욕구에 달려 있다.

그러므로 개별 주택 소유자들의 유지 의사결정을 둘러싼 맥락을 변경하기 위한 전반적인 동네 재투자의 첫째 전략에는 분명히 심각한 한계가 있다. 물리적 하부구조가 변화하면 주택 소유자들이 주택에 훨씬 더 많이 투자하도록 유도될 것이라는 증거는 없다. 주택 소유자들의 유지 행동에 영향을 미치는 데에는 사회심리학적 맥락의 변화가 더 많은 잠재력을 가지고 있다. 유감스럽게도, 순편익이 발생하는 통제된 방식으로 기대심리 및 사회적 응집에 영향을 미치기 위한 프로그램 수단은 아직 개발되지 않았다. 더욱이 이 분야에서 공공정책의 중대한 실책이 야기하는 의도되지 않은 심각한 결과가 발생할 가능성이 매우 높다. 주택 구입 및 개량에 필요한 대출금의 흐름을 확대하기 위한 정책이 긍정적 효과를 가지고 있을 수 있지만, 더 취약한 동네에서 재투자 심리를 다루는 데에 이러한 정책이 적용될 가능성은 제한적이다.

현재 거주자의 품질향상 장려

둘째 전략의 일반적인 정책 접근방법은 전략적으로 선정된 목표대상 동네에 거주하고 있는 주택 소유자의 재투자 노력에 직접적으로 인센티브를 제공하는 것으로, 훨씬 더 효과적이고 의도하지 않은 결과도 덜 따른다. 인센티브 조정 정책은 긍정적 인센티브와 부정적 인센티브 모두 패키지에 포함해야 하며, 주택 소유자의 지불능력과 관련된 임시지출 그리고 보조금을 수령하는 조건으로 주택 소유자가 동의해야 하는 그 밖의 반대급부로 실행된다.

여기서 일차적인 긍정적 인센티브는 주택 재개발 목표대상지로 선정된 동네의 현재 주택 소유자에 대한 주택 재개발 보조금 및 저금리 (또는 상환면제) 대출로 구성된다.[21] 개리 헤서와 나는 미니애폴리스의 재개발 보조금 및 저금리 또는 이연대출deferred-loan 프로그램에 대한 비용-편익 분석을 실시했다.[22] 다른 모든 것이 동일하다고 했을 때, 주택 재개발을 위한 주택 소유자의 저금리 대출금 또는 보조금 수령은 대출금 100달러당 35달러와 수령 보조금 100달러당 262달러라는 상당히 높은 주택유지 지출액과 관련되어 있었다. 또한 그와 같은 대출금 및 보조금 정책이 수혜자의 이웃에 미치는 간접적인 영향도 어느 정도 있었다. 주택 소유자 개인적으로는 보조금을 받고 있지 않지만 다른 이웃은 보조금을 받고 있는 구역에 살고 있는 주택 소유자들은 자신의 동네의 장래 품질에 대해 보다 낙관적이었다. 결과적으로 이는 그들 동네에서 나오는 주택유지 지출 흐름은 4% 더 많이 발생시켰으며, 그들의 주택에서 나타나는 주택 외부 결함은 13% 더 적게 발생시켰다. 주택유지에 대한 그만큼의 증가액이 (예산이라는 엄격한 의미에서) 로컬에서의 공적자금을 배분할 만큼의 '가치'가 있는 것으로 판명되는지의 여부는 (1) 주택유지에 대한 그만큼의 증가액 및 긍정적 외부효과가 최종적으로 동네 주택가치로 자본화되는 방식, (2) 공공부문에서의 할인율, (3)

보조금 및 대출금 약관, (4) 관할구역의 재산세율 등에 대한 가정에 달려 있다.

헤서와 나는 로컬 공무원의 관점을 취하든지 아니면 지리적으로 더 광범위한 관점을 취하든지에 관계없이 폭넓은 범위의 그럴듯한 모수값에 대한 가정하에서, 재개발 대출금 그리고 특히 보조금의 편익비용비가 1보다 크다는 것을 발견했다. 하지만 로컬의 공공부문 예산의 관점에서 볼 때 대략 5년을 초과하는 기간에 걸쳐 상환된 대출금은 대부분 순편익을 발생시킬 가능성이 없었다. 예산상 편익비용비의 비교 측면에서, 대출금에 대한 보조금의 상대적 우위는 공공부문에서의 할인율(즉, 자금의 기회비용) 및 대출조건에 따라 달라진다. 일반적으로 보조금은 (1) 대출상환 유예 기간이 길수록, (2) 할인율이 높을수록, (3) 대출금리가 낮을수록, (4) 보조금을 이용한 간접적 투자 및 보조금의 외부효과가 낮을수록 선호되는 선택대안일 것이다. 8%의 높은 대출금리, 9%의 높은 할인율, 차입자본을 이용한 통 큰 간접적 투자와 외부효과 등을 가정하더라도, 소유자가 10년 이내에 상환할 수만 있다면 대출금이 보조금보다 더 낫다. 물론 정책결정자들이 주택매매 시에만 대출금이 상환될 수 있도록 구성하지 않는 한, 이와 같은 프로그램에 참여할 것으로 기대되는 많은 하위소득 주택 소유자에게 이것은 재정적으로 불가능할 수 있다. 따라서 가능하다면 주택 재개발 수행 능력이 있는 수혜자에게 보조금보다 더 높은 편익비용비의 대출금(즉, 낮지 않은 금리로 5년 이내에 상환될 수 있는 대출금)을 배정하는 방식으로 보조금을 제시한다면 주택 재개발 보조금 프로그램의 효율성은 개선될 것이다. 그렇다면 상환 가능성에 대한 우려 때문에 저금리 장기 상환 일정의 비효율적인 대출만 제공할 수 있는 상황에서, 정책결정자들은 수혜자들을 위해 보조금을 확보해 둘 것이다.

물론 앞 장들에서 설명한 주택 투자자들 사이의 긍정적 외부효과와 내생적 전염효과에만 의존하는 대신에, 동네 전반에서 민간부문 주택투자 증가액을 최대한으로 확보하기 위해 공공부문은 강제로 이익이 공유되도록 하는 것을 원할 수 있다.[23] 한 가지 방법은 주택법규를 표적화하여 집행하는 것이다. 위반자들은 벌금이 부과되기 전에 필요한 수리 및 개량 작업을 만족스럽게 마쳐야 하는 정해진 기간이 있을 것이다. 그러면 법규를 위반한 주택 소유자는 자격요건을 갖추었을 경우 앞에서 언급한 필요 기반의 보조금 또는 대출금을 자발적으로 신청할 수 있다.

보조금이 얼마나 관대하게 제공되는지에 따라 로컬 공공부문은 수혜 대상인 주택 소유자로부터 다양한 잠재적 혜택을 적절하게 뽑아낼 수 있다. 단독주택 자가거주자에 대해, 이것은 최소 거주요건의 사후보조금post-subsidy 형태를 취하거나 또는 보조금과 매매 시점 사이의 주택가격 상승으로 인한 자본이득의 일정 부분을 공유하는 것에 대한 협약 등의 형태를 취할 수 있다. 부재소유자에 대해, 그 반대급부는 임대료가 보조금 이전의 원래 수준에서 동결되는 기간으로 구성되거나 또는 시장요율보다 낮은 인플레이션율로 상승하도록 제한되는 기간으로 구성될 수 있다.

요약하면, 공공의 인센티브를 통해 주택 소유자의 재투자 셈법에 직접적으로 영향을 미치는 방식은 동네 재투자 전략의 중요한 도구로 추천된다. 보조금과 대출금 프로그램이 올바르게 제공된다면, 그것은 주거편익을 예산비용보다 훨씬 더 크게 증가시킬 수 있다. 이러한 편익은 대부분 — 전적으로는 아니더라도 — 관할구역의 주택가치 상승으로 나타나기 때문에, 장기적으로 그와 같은 주택 재개발 프로그램은 자체적으로 자금을 조달할 수 있다고 생각할 수 있다. 다시 말해, 로컬정부가 주택가치 상승으로 인한 이득의 일부만이라도 세금 목적을 위해 재사정해 부과하더라도, 재산세 수입은 당초에 제공된 보조금을 상쇄할 만큼 충분히 증가할 가능성이 있다. 이익공유를 보장하기 위한 표적화된 주택법규 집행 및 보조금 수혜자에게 요구되는 적절한 반대급부 메뉴와 결합될 경우, 이 전략은 충분히 권고할 만하다.

목표대상 동네에서의 주택 소유 확대

앞의 두 범주가 목표대상지로 전략적으로 선정된 동네의 주택 소유자 수가 사전에 결정된 것으로 간주하는 것과 달리, 동네 재투자 정책 선택대안의 셋째 일반적 범주는 그 수가 사전에 결정되지 않은 것으로 간주한다. 이 접근방식은 해당 대도시 주택시장 전체에 걸쳐, 특히 목표대상지에 거주하고 있는 소득이 비교적 낮은 가구들과 사람들 중에서, 주택 소유자 수를 순증가시키려고(그에 따라 부재소유자의 수를 감소시키려고) 노력한다. 결정적으로 이 정책은 기존의 주택 소유자를 한 동네에서 목표대상 동네로 옮기는 것을 목표로 하기보다는, 주택 소유자가 될 수 없거나 적어도 매우 빨리 주택 소유자가 될 수는 없는 사람을 돕는 것을 목표로 한다. 기본적으로 자가소유자들은 여러 형태의 긍정적 동네 외부효과를 발생시키기 때문에 이 전략은 성공할 가능성이 있다. 첫째, 거주자, 주택, 동네 특성 등에 있어서 보유기간 간 차이를 통제할 경우, 자가소유자는 부재소유자보다 월등히 우수한 수준으로 자신의 주택을 유지한다.[24] 둘째, 자가소유자는 로컬 사회조직과 시민단체에 더 적극적으로 참여함으로써 사회자본을 증가시킨다.[25] 셋째, 자가소유자는 건강하고 성취 수준이 높은 아이로 발달시키기 위한 우수한 환경을 조성함으로써 청소년들이 예의 없는 행동과 공공기물 파손 등으로 동네에 피해를 끼칠 가능성을 줄인다.[26] 넷째, 자가소유자는 이전의 결과들과 함께 보다 안전한 동네를 만들 수 있는 집합효능을 거의 틀림없이 더 많이 발생시킨다.[27]

소득이 중간 이하인 가구의 주택 소유를 가로막는 장벽을 극복하는 데 정책이 도움을 줄 수 있는 몇 가지 검증된 방법이 있다.[28] 하지만 이러한 개입은 관할구역의 전반적인 주택 소유율은 높이겠지만, 활성화 목적으로 목표대상지로 선정된 동네에서는 신규 주택 소유자들을 집중시키지 못할 가능성이 있다. 보다 바람직한 것은 목표대상지로 선정된 동네에 주택 소유권 획득을 위한 지원을 연결하는 프로그램이다. 여기에는 적어도 두 가지의 선택대안이 있다. 첫째, 목표대상 동네의 로컬 세무 당국에 의해 압류된 주택은 활성화될 목적으로 또는 저소득의 생애 최초 가구에게 시장시세보다 낮은 가격으로 전매될 목적으로 선정될 수 있다. 이러한 선정 과정은 노동 제공형 가옥 소유sweat equity* 구성요소, 구매 전후 상담 및 재무관리, 거주지 최소 체류, 주택가치 상승 획득 공유 등에 대한 신규 구매자의 요건과 대개 결합된다. 둘째, (선납금 보조금, 상담, 소득 개선 및 안정화를 목적으로 한 대상자 관리 등과 같은) 공간적으로 특정되지 않은 주택 소유권 지원은 신규 구입 주택이 지정 목표대상 구역에 있다는 조건에서만 승인될 수 있다.

프로그램의 세부 사항과는 상관없이, 정책결정자들이 적정한 비용으로 목표대상 동네의 주택 소유자를 더 많이 확대하고 유지할 수 있다면, 주택유지, 주택가치, 주거 안정성, 사회적 응집 등의 향상이라는 형태로 주어지는 보상은 분명 극적일 것이다. 베브 윌슨과 샤길 빈 카심은 인구총조사 집계구에서 주택 소유율이 10%p 증가하면 주택가치는 1.6% 더 상승한다는 것을 확인했다.[29] 에드워드 콜슨, 석준 황Seok-Joon Hwang, 그리고 수수무 이마이Susumu Imai는 초기에 주택 소유율이 낮은 동네에서는 부재자 소유에서 거주자 소유로 전환한 개별 주택의 사회적 한계편익이 6000달러인 것으로 추정했다.[30]

* 슬럼화된 주택을 공공융자와 입주자의 노동력으로 재개발하여 저렴한 임대료로 입주자에게 제공하고, 최종적으로는 그 소유권을 입주자에게 주는 제도_옮긴이

장소 속 사람 지향적 동네 재투자 전략을 향하여

앞에서의 정책적 논의에 동기를 제공한 제9장의 요지를 다시 떠올려보자. 인적 자원 및 재무적 자원의 동네 흐름을 결정하는 시장 지배적 시스템은 주택에 지나치게 적게 투자하는 방향으로 체계적 편향을 발생시켜 왔다. 이러한 비효율성은 기본적으로 여러 종류의 외부효과, 전략게임, 자기실현적 예언 등이 존재하기 때문에 발생한다. 여기서 나는 주택 소유자의 투자를 촉진하는 데 있어서 동네의 물리적 환경이나 거주자의 기대심리를 향상시키는 데 초점을 맞추는 정책이, 주택 소유자에 대한 재정적 인센티브와 거주자의 집계적인 거주특성을 바꾸는 데 초점을 두는 정책만큼 성공적이지는 못할 것 같다고 주장했다. 필요할 경우 보조금과 결부하여 주택개량 요구조건을 포함하는 전략은 재투자 수준을 비효율적으로 낮게 만드는 주요 원인인 소유자들 사이의 전략게임에 단호히 대처한다. 주택 소유권을 확대하는 전략은 투자 인센티브를 직접적으로 끌어올리고 동네 수준에서 조장된 사회적 일체감과 응집을 위한 전제조건을 확고히 하며, 이는 간접적으로 재투자를 더욱 강화한다. 요컨대, 나는 선정된 동네에서 주거용 부동산 소유자, 즉 상당 기간 동안 소유해 왔던 사람, 그리고 적용되고 있는 정책을 통해 안정적인 주택 소유권을 획득할 수 있는 사람 등에 초점을 맞추는, 전략적 표적화의 '장소 속 사람people-in-place'에 기반한 재투자 구성요소를 주장한다.

경제적 다양성이 있는 동네 장려

표 10.1에서 강조된 바와 같이, 적절한 투자 흐름을 제공받고는 있지만 동네

전체 거주자의 다양성은 적절하지 못한 동네에 대해 정책결정자들은 개입하기를 원할 수 있다. 이 절과 다음 절에서 나는 동네의 경제적 혼합 및 인종적 혼합을 변화시키기 위한 전략을 살펴보고자 한다.

동네의 경제적 다양성을 변화시키기 위한 정책은 기본적으로 특정 주택에 지원을 제공하든 하위소득 임차인에게 지원을 제공하든 일종의 지원주택에 의존한다. 아래에서 나는 이 두 가지를 살펴볼 것이다. '동네지원적neighborhood-supportive'이기 위해서, 공공 정책결정자, 개발사업자, (대상지 및 임차인에 기초한) 지원주택 운영자 등은 (1) 집중, (2) 개발 유형 및 규모, (3) 임차인에 대한 감시, (4) 건물 관리, (5) 동네와의 협업, (6) 홍보 등에 세심한 주의를 기울여야 한다. 이웃과 주택시장은 지원을 받는 가구가 양호하게 설계, 유지, 관리되어 있는 소규모 건물에 낮은 집중 수준으로 거주하고 있는 경우와 그렇지 않은 건물에 거주하고 있는 경우를 분명히 구별할 수 있다. 전자와 같이 일종의 '품질이 양호한' 지원주택은 동네 투자 중단 및 동네 쇠퇴의 원인이 될 수 있는 잠재적 우려사항으로 이웃에게 인지적으로 보이지 않을 수 있다.[31] 따라서 나는 전반적으로 잘 구상되어 제대로 운영되는 프로그램을 만들기 위해 노력함으로써, 분산형 지원주택에 대한 대중의 부정적인 고정관념을 깨뜨리기 위한 정책 권고안을 전체론적으로 설계한다. 동네에 대한 재무적 투자의 경우와 달리 연방 정책과 프로그램은 대부분의 지원주택이 로컬 수준에서 어떻게 작동하는지를 통제하기 때문에, 대부분의 권고안은 연방 수준에서의 정책 및 프로그램에 적용될 것이다.

전반적 개혁

특정 연방 지원주택 프로그램에 대한 개혁안을 살펴보기에 앞서, 나는 그와 같은 모든 프로그램을 아우르면서 동네지원적이지만 예산에 대한 부담도 없는 다섯 가지의 개혁안이 있다고 주장할 것이다.[32]

지역 지원주택 기관 형성

연방정부나 주정부가 동네지원적 주택정책을 위한 위의 기준 대부분을 이행할 수는 없으며, 보다 로컬 수준에서의 조직만이 이러한 목적을 달성할 수 있다. 의심할 여지없이, 일부 공공주택청(PHA)과 로컬정부는 성공적인 지원주택 프로그램을 감독하는 데 필요한 인적, 기술적, 재정적 자원을 가지고 있는 것으로 입증되었으나, 다른 조직은 분명 그렇지 않다. 더욱이 관할권이 있는 조직들조차도 지역 전반의 권한을 가지고 있는 경우는 거의 없다. 그렇다면 현재의 제도적 체계에서 전국의 각 대도시 지역에 걸쳐 프로그램 개혁이 일관되게 효과적인 방식으로 이행될 수 있는 방법은 무엇일까?

나는 우리가 대도시 전반의 동네민감형neighborhood-sensitive 지원주택 프로그램을 운영할 수 있는 제도적 역량을 강화하기 위한 최선의 방법을 찾기 위해서는 상당한 실험이 필요하다고 믿는다. 브루스 카츠Bruce Katz와 마저리 터너가 제시한 혁신적 제안이 실례를 보여주고 있다.[33] 그들은 주택도시개발부가 각 대도시 지역에 걸쳐 단일의 공공주택/주택선택바우처Housing Choice Voucher(HCV) 프로그램을 빈틈없이 수행하려면 각 기관 간 경쟁을 허용해야 한다고 주장한다. 주택도시개발부는 공공주택청, 주정부 주택청, 그 밖의 비영리조직으로부터 가격제시를 요청할 수 있다. 또한 이와 같은 지역 조직은 저소득층 임대주택 세액공제Low Income Housing Tax Credit(LIHTC) 프로그램을 수행하는 주정부 당국과 협력할 것이다. 어떤 새로운 조직 구조가 생겨나든 간에, 여러 다양한 프로그램 구성 기관이 대도시 지역 전역에 걸쳐 긴밀하게 협력하는 것이 중요하다.[34]

공정주택 법률 개정

새로운 법률 제정은 해당 법률이 인종, 피부색, 종교, 성별, 국적 등과 같은 계층을 다루는 방식과 유사하게, 보호등급으로서의 소득이라는 근거를 연방, 주, 로컬 공정주택 법률에 추가해야 한다. 바라건대, 이것은 '소유주들은 주택 지원 프로그램에 참여하기를 원하지 않는다'는 완전히 합법적인 근거로 바우처 보유자의 임대 요청을 쉽게 일축해 버릴 수 있는 소유주의 행동을 변화시킬 것이다. 정확한 숫자가 집계되지 않은 다수의 소유주는, 현재 보호받고 있는 임차인 계층에 대한 불법적인 차별 의도를 위장하기 위해 이러한 구실을 이용하고 있을지도 모른다. 바우처 임대차 계약 과정과 결부된 주택점검에 대한 소유주의 거부감, 로컬 주택 당국의 번거로운 관료주의적 절차, 보조받지 않는 임차인의 부정적인 반응 등의 이유로 인해 더 많은 소유주가 참여를 거부할 가능성이 있다. 물론 바우처 보유자에게 임대를 하지 않기 위한 수단 하나를 제거한다고 해서 그 수단들 모두가 제거되는 것은 아니다. 따라서 이러한 정책 개혁은 도움이 되기는 하겠지만 바우처 보유자에게 주택의 규모 및 지리적 범위를 실질적으로 증가시키기에는 그 자체로 충분하지 않을 것이다.[35] 아래에서 논의할 그 밖의 개혁안이 보완적으로 요구될 것이다.

빈틈없이 짜여진 대응 기준

앞에서 언급한 지역 주택 당국은 지원 가구 및 개발사업자 모두에 대해, 모든 유형의 동네에서 여러 다양한 형태의 지원주택의 집중 및 규모를 제한하는 규제들을 공표해야 한다.[36] 적어도 이 규제들은 더 이상의 장소 기반 또는 임차인 기반의 지원이 적격할 수 없는 빈곤 및 지원주택 집중의 문턱값을 설정해야 한다. 인종적 다양성을 장려하기 위해 인종적-민족적 상황 조건 또한 적용될 수 있다. 주택선택바우처 이용 제한에 대한 많은 선례는 공공주택청의 거주지 탈분리 사례를 해결하는 맥락에서 비롯되었다.[37] 마찬가지로, 분산방식 지원주택scattered-site assisted housing 개발사업자들은 어느 동네에 단위주택을 개발할 수 있는지, 분리된 특정 장소 내에서 얼마나 많이 개발할 수 있는지 등에 있어서 제한을 받아야 한다. 공급 측면에서 이와 같이 빈틈없이 짜여진 대응 기준impaction standards에 대한 선례 역시 충분할 정도로 많다.[38]

지원주택으로서의 건축물 재개발 장려

동네지원 정책의 핵심 구성요소에는 동네의 흉물스러운 건물을 잘 정비된 지원주택으로 전환하는 것이 포함되는데, 왜냐하면 이것이 상당한 크기의 긍정적 외부효과와 홍보 이득을 제공하기 때문이다.[39] 실현 가능한 범위 내에서, 장소 기반의 지원주택 프로그램은 빈집으로 형편없이 유지되어 온 주택을 취득하여 재개발하도록 시도해야 한다. 주택도시개발부는 신규건설보다 재개발을 통해 개발을 장려하는 방식으로 공공주택청에 대한 비용 변제 방식을 변경할 수 있다. 주정부 또한 재개발을 더 유인하기 위해 저소득층 임대주택 세액공제 신청에 대한 점수 산정 방식을 변경할 수 있다. 임차인 기반의 지원주택 프로그램은 특히 견실한 동네의 노후주택 소유자를 모집한 다음, 주택선택바우처 임대차 계약 만료 시 단위주택을 장기 이용할 가능성에 대한 대가로 해당 주택의 재개발을 위한 재정적 인센티브를 제공할 수 있다.

공정주택의 적극적 확대 규정에 포함되어 있는 다양성 인센티브

주택도시개발부의 2016년 '공정주택의 적극적 확대Affirmatively Furthering Fair Housing(AFFH)를 위한 최종규정'은 주택도시개발부 기금을 지원받고 있는 주정부와 로컬정부가 어떻게 주택 및 커뮤니티 개발 프로그램이 공정주택을 촉진하는지 보여줄 것을 요구하고 있지만, 해당 최종규정이 주요 변화를 이끌어낼 만한 충분한 위력은 부족하다.[40] 해당 장소를 구성하고 있는 동네들이 더 많은 경제적 다양성과 인종적 다양성의 방향으로 나아가도록 이들 장소에 재정적으로 인센티브를 제공해야 한다. 나는 변경된 방식의 커뮤니티 개발 포괄보조금 프로그램이나 일부 다른 수단을 통해 공급되는 '기회의 주택opportunity housing' 보너스를 로컬정부에 추천한다. 그와 같은 정책에 대해 주택 소유자가 유권자로서 보내는 정치적 지지는 국세청의 수정 규정을 통해 촉진될 수 있다. 예를 들어, 해당 거주자의 커뮤니티가 지원주택 대상지의 '공정분담fair share'을 충족시키거나 동네 다양화의 방향으로 나아갈 경우, 이들 규정을 통해 로컬 재산세 및 거주자의 연방세에 주택담보대출 이자 상환에 대한 공제 강화를 허용할 수 있다.[41]

장소 기반 지원 프로그램에 대한 개혁

적격 인구총조사 집계구 보너스 폐지 및 대체

현행 연방 규정에서는 빈곤율이 25% 이상인 '적격 인구총조사 집계구qualified census tract(QCT)'에 위치한 저소득층 임대주택 세액 공제 프로젝트의 개발사업자들이 보너스 공제를 받도록 규정하고 있다. 이러한 구역은 개발하기가 더 어렵기 때문에, QCT 조항이 타당하기는 하지만 왜곡되게 유인한다. 이는 대부분의 저소득층 임대주택 세액공제 단위주택이 소수인종의 빈곤집중이 강화되는 장소에서 개발되어 온 이유를 말해준다.[42] 이러한 보너스 체계는 부담가능주택이 거의 없으면서 기회가 풍부한 동네의 개발을 장려하도록 바뀌어야 하며, 이는 내가 제안한 빈틈없이 짜여진 대응 기준과 모순되지 않는다.

기존의 민간개발 지원에 대한 다양화/보존 인센티브

일부 민간 소유의 지원주택 단지에서 부담가능가격 계약이 향후 만료되면, 그 결과 소유자들은 특히 활황시장 상황에서 해당 단위주택을 시장요율로 전환할지도 모른다. 우리는 동네를 활성화하는 데 있어서 가격부담가능성에 맞물려 있는 이와 같은 기회를 단념하기보다는, 이들 단위주택에 대한 분담 몫을 계속 감당할 수 있도록 하기 위한 인센티브를 제공해야 한다. 이는 내가 제안한 빈틈없이 짜여진 대응 기준과 부합한다.[43]

동네 활성화에 있어서 공공주택의 보존[44]

때로 공공주택은 젠트리피케이션이 일어나고 있는 구역에 전략적으로 입지하며, 해당 구역에서 공공주택을 좋은 품질의 주택으로 유지하는 것은 부담 가능한 가격의 선택대안을 붙잡아두는 데 도움이 될 것이다. 새로운 임대지원 시범사업Rental Assistance Demonstration은 공공주택의 개보수 및 재건축 지원을 위한 그 밖의 프로그램과 결합함으로써 공공주택청이 주택도시개발부 기금을 활용할 수 있는 유연성을 더 많이 제공한다.[45] 주택도시개발부는 동네를 활성화하는 데 있어서 이와 같은 시책들이 가격부담가능성을 유지하는 방향으로 목표를 한층 더 잘 설정해야 한다.[46]

임차인 기반 프로그램에 대한 개혁

소구역 공정시장임대료 채택

표준적인 주택선택바우처 프로그램은 특정 주택 규모 각각에 대한 대도시 전체 임대료 분포의 제40백분위수로 정의되는 공정시장임대료fair market rent (FMR)에 기초하여 해당 개별 주택 규모에 대한 보조금을 설정한다.[47] 이러한 입안은 사회경제적 취약의 집중을 강화하는 왜곡된 유인 구조를 만든다. 공정시장임대료는 빈곤 수준이 높은 동네의 하위품질 주택에 대한 시장임대료보다 종종 높으며, 따라서 해당 동네에 있는 소유주들은 주택선택바우처 보유자들을 적극적으로 끌어들이려고 할 것이다. 이와 비슷하게, 주택선택바우처 보유자들은 공정시장임대료보다 낮은 가격으로 임대 중인 빈곤 수준이 높은 동네의 하위품질 주택에 정착한다면 임대료에 대한 자신들의 분담액을 줄일 수 있다는 것을 알게 될 것이다. 그와 같은 행동을 억제하는 정반대의 유인책들이 기회의 동네에 있는 소유주와 주택선택바우처 보유자에게 적용된다. 주택도시개발부는 공정시장임대료가 개별 우편번호에 대해 계산되는 정책을 채택함으로써 이들 왜곡된 유인책을 제거해야 한다.[48]

이동성에 대한 이주 전 및 이주 후 상담 제공

로컬 당국이 저소득 가구에게 바우처를 발급할 경우 저소득 가구는 주택 탐색 착수에 필요한 자원이 제약되어 있으며, 대체로 저소득 가구와 네트워크 내 다른 가구들은 기회의 동네에 대한 경험과 정보를 거의 가지고 있지 않다.[49] 로컬 바우처 제공기관은 개별 주택선택바우처 보유자가 기회의 동네에 있는 아파트를 찾아내어 세밀히 조사할 수 있도록 이동성에 대한 집중적이고 실제적인 상담 및 이주지원을 제공해야 한다. 또한 주택선택바우처 보유자들이 단념하는 것을 막고 이주를 희망하도록 하기 위한 상담, 정보, 그 밖의 지원 등을 제공하기 위해 이주 후 후속 조치를 취해야 한다.[50]

이주 후 부수적인 가족지원 제공

기회의 동네에 거주하는 주택선택바우처 보유자들이 주거 안정성 및 만족감을 가지기 위해서는 상담만으로 충분하지 않을 수 있다. 주택도시개발부 산하 기관 및 그 밖의 사회복지 기관은 주택선택바우처 보유자들에게 주간돌봄 및 중고자동차 등을 포함한 일단의 광범위한 지원을 제공해야 한다.

임대차 장벽 축소

주택선택바우처 프로그램의 관리자는 바우처 보유자들이 임대차 만기에 대한 좌절과 두려움을 줄이고 기회가 풍부한 구역에 있는 주택을 보다 신속하게 임차하는 것을 도울 수 있도록 몇 가지 개혁을 실행해야 한다.[51] 예를 들어 이러한 개혁에는 (1) 이주 비용, 가구 설비, 아파트 및 공과금 보증금에 대한 재정적 지원, (2) 주택선택바우처 지원자를 보다 기꺼이 받아들일 수 있는 소유주의 모집 및 커뮤니케이션, (3) 기존의 60일에서 90일까지 기간을 넘어서는 임대차 계약 만료 기간의 연장 등이 포함된다.

공공주택청을 주관하는 주택도시개발부의 규정에 있어서 다양화 유인책 변경

주택도시개발부는 제8절 관리 평가 프로그램Section Eight Management Assessment Program(SEMAP)을 통해 개별 공공주택청의 성과를 평가하여 보상하는데, 현행 규정 체계에 따르면 주택선택바우처 보유자들을 기회의 동네에 배치하는 것에 대해 보상하지 않으며 주택선택바우처 보유자들을 취약동네에 배치하는 것에 대해 공공주택청을 처벌하지도 않는다.[52] 더구나 관할구역 간에 바우처를 이동하지 못하도록 암묵적으로 막는다. 추가적인 관리 부담에도 불구하고, 관할구역 밖에서 들어오는 주택선택바우처 보유자들을 받아들이는 공공주택청이나 주택선택바우처 보유자가 원래 거주하던 곳의 공공주택청에 어떠한 추가적인 재정적 지원도 제공하지 않는다.[53] 물론 내가 제안한 빈틈없이 짜여진 강력한 대응 기준들이 제8절 관리 평가 프로그램의 일부로서 대체 기준으로 제정된다면, 이와 같은 평가 정책 및 이동성 규제를 개정하는 것이 반드시 필요하지는 않을 것이다.

저소득 가구들은 경제적으로 더 다양한 동네로 이주하기를 원하는가

나는 연방 지원주택 정책의 심각한 결점을 개혁해야 한다고 주장해 왔다. 왜냐하면 지금까지 연방 지원주택 정책이 경제적으로나 인종적으로 거주지 탈분리를 충분히 달성하지 못했으며, 기회가 풍부한 동네에 대한 저소득(종종 소수인종) 가구의 접근성 향상도 달성하지 못했기 때문이다.[54] 이 대목에서 나는 반대 견해가 존재한다는 것을 인정하지 않을 수 없다. 일부에서는 지원주택 프로그램이 빈곤을 분산하는 데 있어서 과거에 저조한 성과를 보인 이유가 프로그램 설계나 운영상의 결점 때문이 아니라, 저소득 가구들이 거주하는 동네가 '사회경제적으로 취약'하거나 심지어 '제대로 기능을 하지 못하는' 장소임을 통계 지표들이 집계적으로 보여주고 있음에도 불구하고 일반적으로 저소득 가구들이 자신이 현재 거주하고 있는 동네를 떠나고 싶어 하지 않기 때문이라고 주장해 왔다.[55] 거주자들이 머물기를 원하는 이유로 알려진 것에는 깊은 장소애착,[56] 강력한 친지 및 친구 네트워크,[57] 인종적으로나 계층적으로 자신과 비슷한 사람들과 어울리는 것에 대한 선호,[58] 그리고 안전, 쾌적, 커뮤니티, 궁극적으로 약간의 주거 만족 등을 얻기 위해 겉으로 보기에 바람직하지 않아 보이는 동네 내 미시공간을 잘 헤쳐 나가는 능력[59] 등이 포함된다.

나는 빈곤이 집중된 동네의 일부 — 어쩌면 다수 — 저소득 거주자들이 앞에서 언급한 많은 속성을 그대로 나타낸다는 것을 의심하지 않는다. 하지만 내가 이를 인정한다고 해서 앞에서 제안한 것과 유사한 맥락의 개혁 정책들의 바람직함과 효능성에 이의를 제기하는 것은 아니다. 그것은 다음의 두 가지 이유에서

이다. 첫째, 제5장에서 살펴본 행동경제학 및 심리학에 따르면, 사실상 모든 사람들은 현상유지 편향, 즉 대안과 비교하여 현재 상황을 과대평가하는 경향을 분명히 보여준다.[60] 거주지의 실질적인 변화를 유도하기 위해서는 일반적으로 상당한 유인책이 필요한데, 이는 현재의 지원주택 프로그램에 없거나 왜곡되어 있다. 그것은 '선호'의 문제도 '선택'의 문제도 아닌 오히려 관성의 문제이다. 둘째, 거주자들의 기존 선호는 결코 변하지 않는 것이 아니라 경험 여부에 따라 달라진다. 빈곤 수준이 높은 동네의 저소득 거주자들(또는 그들의 부모들)은 학교 시스템이 제대로 기능하는 고품질의 안전한 동네를 경험해 본 적이 거의 없기 때문에[61] 그들의 기대심리는 완전히 무너지게 된다. 그들은 장래의 모든 동네가 동일한 병폐를 겪을 것이라고 생각하기 때문에 이주로부터 얻는 장래 이득을 거의 지각하지 못한다. 스테파니 델루카, 피터 로젠블랫Peter Rosenblatt, 그리고 그들의 동료들은 볼티모어 주택 이동성 프로그램Baltimore Housing Mobility Program (BHMP)으로부터 수집한 최근의 증거를 통해 이 점을 강력하게 보여주었다.[62] 이들이 발견한 바에 따르면, 가난한 흑인 가족들이 보다 안전하고 좋은 학교가 있으면서 경제적으로나 인종적으로 다양한 동네에 노출되면, 그 자녀들은 이들 장소에서 살면서 겪는 긍정적인 경험 때문에 장래 이주에 대한 자신들의 선호를 바꾸었다. 매우 영향력 있는 이 연구는 사회구조, 개인적 경험, 정책 기회가 어떻게 진술선호stated preferences 및 현시선호revealed preferences에 영향을 미치는지를 보여준다.

중요하게도, 볼티모어 주택 이동성 프로그램은 앞에서 내가 주장한 구성요소를 많이 포함하고 있다. 특히 잠재적인 두 번째 이주와 관련된 이주 후 상담, 그리고 더 나은 동네에 있는 학교의 수준에 대한 정보 등은 표준 바우처 프로그램은 말할 것도 없고 고트로 또는 기회를 찾아 이주하기와 같은 앞에서의 실증 사례에서는 없었던 중요한 성공 요소였다. 지역적 관리는 임차인들이 교외 지역에서 사용할 목적으로 자신의 바우처를 '옮겨놓기' 위해 공공주택청과 협상할 필요가 없다는 것을 의미했다. 소유주 모집은 임차인들이 장래의 소유주가 자신을 거부하는 것에 의해 거의 좌절되지 않는다는 것을 의미했다.[63] 볼티모어 주택 이동성 프로그램은 동네지원 정책의 주된 특징을 구성하는 주택선택 바우처 프로그램 개혁의 핵심 구성요소에 대한 매우 중요한 원형을 나타낸다.

인종적 다양성이 있는 동네 장려

포괄적인 동네지원 정책의 마지막 영역은 인종적 다양성을 증진하기 위한 일단의 프로그램이다. 나는 이들 프로그램이 점진적이고, 선택권을 강화하며, 자발적인 (하지만 인센티브 주도적인) 시책을 대표하기 때문에 지지한다. 집합적으로 이들 프로그램은 목표대상 동네에서 안정적 통합 과정stable integrative process(SIP)을 달성하는 것을 목표로 한다.

안정적 통합 과정을 촉진하기 위한 프로그램

안정적 통합 과정은 주택을 구하는 둘 이상의 인종의 사람들이 관할구역 동네의 상당 부분에서 동종의 빈집을 장기간에 걸쳐 점유하고자 적극적으로 시도하는 주택시장의 동태적 과정이다. '상당 부분'의 의미는 지리적 맥락의 세부적인 특성에 따라 달라진다. 상대적으로 소수인종이 거의 없는 대도시 지역의 경우, 안정적 통합 과정은 소수인종 동네 중 더 작은 부분에서 둘 이상의 인종에 의한 수요가 활발히 나타날 것임을 의미한다고 기대할 수 있다. 따라서 안정적 통합 과정은 동네들 전체에 걸쳐 인종에 따른 여러 다양한 점유 결과들 그리고 그 결과들의 시점 간 여러 다양한 변화들과 양립한다. 따라서 안정적 통합 과정의 관점에서 볼 때, '통합integration'이란 유연하며 상황에 따라 달라질 수 있는 구성개념이다.[64]

'통합'이라는 정태적 결과를 낳는 동네에 여러 인종 집단이 정확히 어느 정도의 백분율로 거주하고 있는지의 측면에서 안정적 통합 과정의 목표를 바라보는 것은 잘못된 것이다. 우리가 안정적 통합 과정의 결과에 대해 분명히 말할 수 있는 것은, 시간이 지남에 따라 안정적 통합 과정은 인종적으로 동질적인 구역을 거주지 분리로부터 벗어나도록 하고 인종적으로 보다 다양한 구역을 촉진하는 경향이 있을 것이라는 사실이다. 만약 주택을 두고 기꺼이 경쟁할 의사와 능력을 비슷하게 지닌 인종적으로 다양한 일단의 가구가 제각기 비어 있는 주택에 반응을 보인다면, 동질적인 동네는 무한정 그렇게 남아 있을 수 없을 것이며, 다양성 있는 동네는 계속 그렇게 남아 있는 경향이 있을 것이다.

안정적 통합 과정을 그 반대되는 과정, 즉 주택을 구하는 하나의 인종의 사람들만 특정 동네의 빈집을 점유하려고 적극적으로 시도하는 과정과 대조함으로써 안정적 통합 과정을 아마도 보다 명확히 이해할 수 있을 것이다. 이와 같은 거주지 분리 과정은 두 가지 대안 중 하나로 이어진다. 전입자들의 인종이 전출자들의 인종과 계속적으로 일치한다면, 인종에 따른 안정적인 거주지 분리는 지속될 것이다. 전입자들의 인종이 장기간에 거쳐 전출자들의 인종과 다르다면, 일시적으로 인종이 통합된 다음 불가피하게 동네 인종구성의 전환 및 거주지 재분리가 뒤따를 것이다. 안정적 통합 과정은 다음에 설명하는 해당 구성요소 프로그램을 통해 이 두 가지 결과가 발생하는 것을 피하고자 한다.

공정주택 시행 강화

소수인종 집단들이 자신들의 경제적 상황과 선호가 지시하는 대로 동네선택을 자유롭게 수행하려면, 주택시장 및 주택담보대출시장 대리인들의 차등적 대우에 의한 차별을 억지하는 정책이 요구된다. 이것이 한낱 기존의 처벌을 강화하고, 피해자에게 그들의 권리와 보상 수단을 알리기 위해 지원을 확대하고, 사건의 판결 속도를 높이고, 차별이 발생하는 여러 다양한 도시 시장 맥락에 관련된 사람들에 대해 시민으로서의 평등권 교육을 확대하는 것만을 의미하는 것은 아니지만, 우리는 그러한 모든 노력에 박수를 보낼 수 있다. 좀 더 정확히 말하면, 억지력을 강화하기 위해서는 실행 가능한 차별 방지 장치를 만드는 시민권익기관의 매우 심화된 대응검정 조사에 근거한 시행 전략이 필요하다. 1986년 제정된(그리고 1988년에 강화된) 연방 공정주택법Fair Housing Act의 근본적인 결함은 차별이 의심되는 행위를 인지해서 공식적으로 불만을 제기하는 것을 해당 피해자에게 의존한다는 것이다.[65] 오늘날에는 차별이 늘 그렇듯이 교묘하게 행해지기 때문에 이와 같은 의존은 적절하지 못하다. 결과적으로, 위반자들이 적발이나 소송을 두려워할 가능성은 거의 없으며, 따라서 최소한의 억지력만 있을 뿐이다. 공정주택 시행 검정 프로그램은 주택이나 주택담보대출을 구하는 사람인 것처럼 가장한 대응 조사자 쌍을 이용하여 수행되는데, 차등적 대우에 의한 차별을 효과적으로 억지하기 위해서는 진행 중인 공정주택 시행에 대해 민간 및 정부의 공정주택 기관이 검정 프로그램을 수행할 수 있도록 힘을 실어주는 실질적인 자원 투입이 필요하다. 이러한 시행 검정 프로그램은 피해자로 추정되는 사람들의 불만에 대응할 뿐만 아니라, 다른 증거에 의해 미심쩍어 보이는 구역에서 또는 자원이 허용할 경우 시장 전체에 걸쳐 무작위로 찾아낸 구역에서 계속해서 존재할 것이다.[66] 중대한 처벌을 가하는 법적 소송에 의해 뒷받침되는 그와 같은 포괄적인 시행 검정 정책을 통해서만, 차별 경향이 있는 사람이 다른 사람의 기회를 제한하기 위해 인종을 이용하는 것을 억지할 수 있다.[67] 하지만 이 전략이 주택시장 및 주택담보대출시장에서의 차등적 대우에 의한 차별에 신뢰할 만한 억지력을 창출하려면 상당한 자금의 증가 및 그에 따른 시행 검정의 지리적 범위에서의 확대가 필요할 것이다.

차별 시정에 적극적인 마케팅

차별 시정에 적극적인 마케팅affirmative marketing은 내용, 매체, 배급 등을 통해, 검토 대상 장소에서 현재 과소대표되어 있는 인종 집단의 구성원인 가구들의 지각에 있어서 특정 주택이나 동네의 매력을 증진시키고자 시도하는 광고이다. 차별 시정에 적극적인 마케팅의 핵심 측면은 안정적 통합 정책을 달성하는 데 필수적인 특정 가구 집단의 대표성 증가를 촉진하는 것을 명시적으로 겨냥한다는 점이다. 표면적으로 이는 '바람 잡기'의 한 형태인 것처럼 보일 수 있다. 하지만 미국 대법원은 차별 시정에 적극적인 마케팅 및 거주지 탈분리가 목표일 경우 주택을 구하는 사람의 인종과 해당 동네의 인종에 근거하여 주택시장 정보를 선택적으로 제공하는 것을 인정해 왔다.

부동산 상담 서비스

로컬관할구역이나 비영리기관은 인종 집단이 과소대표되어 있는 커뮤니티에 대해, 예비 임차인과 주택 구매자에게 무료 정보를 제공하도록 설계된 기관을 후원할 수 있다. 상담에는 목표대상 동네를 직접 방문하는 것이 포함되는데, 되도록이면 고객과 상담원의 인종이 일치하는 것이 더 선호된다. 다양성이 있는 동네에 거주하면서 통합된 학교에 다니고 있는 자녀를 둔 이들 기관의 상담원들은 프로그램 구성요소를 성공적으로 만들기 위한 열쇠이다. 상담원이 예비 전입자를 학교, 쇼핑 지역, 여가시설, 그 밖의 커뮤니티 편의시설 등으로 안내하는 동안 동일 인종의 사람에게 자신이 가지고 있는 바를 경험하도록 할 수 있다는 것은 상당한 이점이 있다.

재정적 인센티브

정책결정자들은 가구들의 행동으로 안정적 통합 과정이 증진될 수 있는 동네로 가구가 이주하는 것을 장려하기 위해 여러 다양한 재정적 인센티브를 제도화해야 한다. 제9장에서 나는 인종적으로 보다 다양한 동네는 긍정적인 사회적 외부효과를 발생시킨다는 것을 설명했다. 다양성을 증진하는 방향으로 이주하도록 개인의 행동을 장려함으로써, 이를 달성하기 위한 직접적이고 자발적인 수단들이 제시될 수 있다. 안정적 통합 과정에 친화적인 재정적 인센티브의 몇 가지 형태는 과거부터 사용되어 왔다. 전국의 많은 자치단체는 동네의 주택 구매자들 — 로컬 정책결정자들에 의해 자신의 인종 집단이 과소대표된 것으로 여겨지는 — 에게 (때로는 매매 시점까지 지불유예를 승인하면서) 저금리의 2차 주택담보대출을 제공해 왔다.[68] 1980년대 동안 오하이오주는 다양성 지지를 목적으로 주에서 지정한 동네에서 주택을 구매하기로 동의한 모든 인종의 생애 최초, 저소득 주택 구입자가 독점적으로 이용할 수 있도록 저금리 주택담보대출 공동기금을 책정했다. 일리노이주 오크 파크Oak Park는 안정적 통합 과정을 달성할 수 있는 임대 건물의 소유주를 위한 주택수리 보조금 프로그램을 개발했다. 최신 미국 커뮤니티 서베이American Community Survey 자료에 근거하여 여러 다양한 수준의 정부는 가구들의 이주가 해당 동네의 인종적 다양성을 증가시켰을 때 이주비용을 돌려주기 위한 목적으로 보조금이나 세액공제를 제공할 수 있다.

부수적인 활동들

동네 및 학교의 사회자본, 기반시설, 품질 등과 관련된 커뮤니티 활동은 앞에서 언급한 다양성 지지 전략의 기둥을 이상적으로 강화할 수 있다.[69] 인종 간 네트워크가 구축되고 육성될 수 있도록 커뮤니티 조직은 대체로 블록이나 대규모 건물 수준에서 장려되어야 한다. 가능하다면, 공공부문은 인종적 다양성이 어떻게 공적 영역의 품질악화로 이어지는지에 대한 고정관념을 불식시키기 위해 기반시설의 품질을 유지하고 향상시켜야 한다. 또한 공립학교 관리자와 주택 다양성 관리자들은 자신들의 행동이 상호 강화되도록 서로 신중하게 조화를 이루어야 한다. 학교 관리자들은 학교 건물에 백인이 압도적으로 많거나 소수인종이 압도적으로 많아지는 것을 피하기 위해 한 학군의 수용인원지역 경계를 조정할 수 있다. 물론 공립학교 교육의 품질이 최우선 사항이어야 한다.

만약 사람들이 인종적으로 동질적인 동네에 거주하는 것을 선호한다면?

동네의 경제적 다양성을 촉진하는 정책에 관한 앞의 논의에서, 나는 저소득 가구들은 그와 같은 노력을 지지하지 않는다고 단언하는 반대의 입장이 있음을 인정하고 그에 대한 이의를 제기했다. 인종적 다양성 정책의 영역에서도 비슷한 비판이 있는데, 많은 가구는, 특히 대다수의 백인들은, 자신의 인종 집단의 거주자들로 압도적으로 구성된 동네를 선호한다는 것이다.[70] 이 주장에 따르면, '선천적이고' 결코 변치 않는 것으로 짐작되는 이와 같은 선호 때문에 내가 주장해 온 것과 같은 정책은 적절하지 않을 뿐만 아니라 효능적이지도 않다는 것이다. 제8장에서 상세히 살펴본 것처럼, 주거 이동성 패턴에 관한 여론조사와 분석결과가 크게 지지하는 바에 따르면 실제로 많은 가구는 자발적으로 거주지를 분리하기 원한다. 이 논쟁에서 논리적으로 잘못된 것은 이러한 선호가 여하튼 '선천적'이거나 바뀔 수 없다는 것이다. 이와는 반대로, 앞에서 언급된 스테파니 델루카와 그녀의 동료들의 연구가 분명히 보여주고 있는 것처럼, 사회구조, 개인적 경험, 정책 기회 등이 동네 속성에 대한 진술선호와 현시선호

에 영향을 미친다.[71]

인종에 따른 거주지 분리의 경우, 주택시장 및 주택담보대출시장에서 여러 세대에 걸친 합법적인 차별 대우 그리고 당시에는 불법적이었지만 여전히 널리 퍼져 있는 차별 대우의 유산이, 거주지 탈분리 및 인종적으로 다양한 동네가 무엇을 의미하는지에 대한 강력한 고정관념을 만들어냈다는 것은 분명하다. 백인 커뮤니티에서의 (제한특약restrictive covenants, 중개업자와 임대인의 배제적 관행 등과 같은) 차별 장벽은 소수인종 가구가 도심에서 가장 오래되고 가장 노후한 곳으로 밀집하도록 획책했으며, 거기서 비양심적인 소유주들은 몹시 부실하게 관리된 주택으로부터 과도한 임대료를 뽑아냈다. 역사적으로 볼 때, 소수인종의 일부 사람들이 이전에 완전히 백인만 있던 동네에 (종종 소수인종 사람들과 가까운 곳에) 들어온다는 것이 의미하는 바는, 임대인이 그 구역을 거래위험지구로 지정하기 시작하고, 으름장 거래업자가 들어와 백인 주택 소유자를 겁주어 쫓아버리며, 부동산 중개업자가 소수인종의 예비 전입자를 끌어오기 위해 바람 잡는 것과 동시에 백인 예비 전입자를 쫓아내기 위해 바람 잡기 시작할 것이라는 사실이었다. 이렇게 하여 동네들은 백인이라는 동질적인 상태에서 소수인종이라는 동질적인 상태로 급격하게 기울어져 갔다. 사회적 긴장의 고조, 폭력, 사회연결망의 붕괴, 백인들의 주택 자기자본 손실 등은 종종 이러한 돌발적인 기울어짐과 함께 일어났다. 그러고 나서 앞에서 언급한 일체의 이유들로 인해 새로이 만들어진 소수인종 거주 동네에서 물리적 쇠락의 과정이 진행되었을 것이며, 그 과정은 계속되었을 것이다. 또한 이러한 차별적 유산으로 인해 많은 소수인종 가구들은 백인 이웃들을 자신들의 존재에 잠재적으로 적대적인 것으로 여기고 소수인종 커뮤니티에 대한 '선호'를 표현할 것이라는 것도 예측할 수 있다. 인종차별주의의 역사와 함께 백인과 소수인종 양쪽 모두 대부분의 가구들이 인종적으로 다양한 동네에 거주하는 것이 무엇을 의미하는지에 대해 부정적인 태도를 지니고 있다는 것은 놀라운 일이 아니다! 제5장에서 설명한 것처럼, 실제로 이러한 유산은 해당 동네가 미래에 어떻게 될 것인지에 대한 신호로서 인종구성이 현 시점에서 지니고 있는 힘의 기초이다.

유산이 운명이 될 필요는 없다. 과거에 거주지 탈분리가 발생되어 온 방식이 미래에 그것이 어떻게 작동해야 하는지에 대한 지침은 아니다. 하지만 우리는 단지 인종 중립적 정책 입장을 채택하고 차별을 중단하는 것만으로는 우리의 차별적인 역사의 기세와 그와 관련된 고정관념을 멈추게 할 수 없다. 우리는 인습에 사로잡힌 고정관념을 깨뜨리는 거주지 선택 과정을 장려하고 인종적으로 다양하면서도 안정적이고 품질 높은 그리고 모두에게 호의적인 동네를 조성하기 위해 다양성을 지지하는 정책을 채택해야 한다. 사람들이 그와 같은 환경을 경험할 수 있다면 인종과 다양성에 대한 사람들의 태도가 현저히 바뀐다는 증거는 명백하다.

여기서 사회심리학과 관련된 문헌은 동등지위 주거접촉equal-status residential contact 개념과 관련 있는데, 이는 제9장에서 간략히 소개한 바 있다. 집단 간 관계에 관한 이러한 오래된 원리는, 특정 종류의 인종 간 접촉이 널리 퍼질 수 있다면 인종적 편견은 줄어들 수 있다는 것이다. 이러한 효과를 얻기 위해서는 그와 같은 접촉이 (1) 지속적이어야 하고, (2) 경쟁적이지 않아야 하며, (3) 개인적이고 비공식적이고 일 대 일이어야 하며, (4) 관련 공공 당국들에 의해 승인되어야 하고, (5) 양쪽 당사자에게 동등한 지위가 부여되도록 설계되어야 한다.[72] 안정적 통합 과정에 의해 만들어진 인종적으로 다양한 동네는 이 모든 조건을 충족한다. 이웃은 일반적으로 커뮤니티의 공동 관심사를 공유한다. 그들은 지속적인 근접성 때문에 대인관계를 발전시킬 가능성이 가장 높다. 안정적 통합 과정을 촉진하는 공공정책이 인종적으로 사회경제적 계층 배경이 서로 다른 인종들을 혼합하는 것과 마찬가지인 것은 아니기 때문에, 인종 간 접촉이 공식적으로 용인되며 본질적으로 동등지위일 것이다. 경험적 증거가 일관되게 보여주고 있는 바는, 특히 오직 백인만 이웃으로 두려는 백인들의 욕망과 관련해 동등지위의 인종 간 접촉이 백인들의 편견을 실질적으로 감소시켰다는 것이다.[73]

성공적인 인종적 다양성 프로그램은 가능한가

미국 역사에 거주지 분리를 배태시켜 온 인종주의적인 공공 및 민간 정책을 다면적인 안정적 통합 과정 정책을 통해 충분히 타개할 수 있는지 숙고하는 것은 당연한 일이다.[74] 나는 내 제안이 효능성을 보장한다고 생각하며, 이 점에 있어서 오하이오주 셰이커 하이츠Shaker Heights시가 고무적인 사례연구를 제공하고 있다고 믿는다. 셰이커 하이츠는 남동쪽으로 클리블랜드와 인접하고 있으며 약 3만 명의 주민이 거주하고 있는 독립적인 자치단체이다. 셰이커 하이츠는 주택재고의 유형 및 비용에 있어서 다양성이 상당히 높으며, 주택재고의 약 3분의 1을 임차인이 점유하고 있다. 1950년대 후반 이곳의 지도자들은 클리블랜드 동부 중심부에서 흑인 인구가 급격하게 증가함에 따라 앞에서 기술한 전형적인 동네 인종 티핑 패턴이 발생하고 있으며, 동부에 있는 몇몇 다른 교외에서 그랬던 것처럼 머지않아 셰이커 하이츠에서도 똑같은 현상이 위협적으로 계속될 것이라는 것을 깨달았다. 이에 대응하여 셰이커 하이츠시는 앞에서 내가 설명한 모든 구성요소를 궁극적으로 포함하고 있는 포괄적인 안정적 통합 과정을 달성하는 전략을 법제화했다.[75] 다행히도 클리블랜드 동부 교외의 광범위한 연합이 셰이커 하이츠 프로그램의 일부에 동참했다.

다중적인 지표로 볼 때, 안정적 통합 과정은 셰이커 하이츠에서 효과가 있었다.[76] 1960년 인구총조사에 따르면, 셰이커 하이츠의 인구는 백인이 99%였으며 흑인은 겨우 1% 정도에 불과했다. 몇몇 차원에 있어서 인종적 다양성은 그다음 반세기에 걸쳐 꾸준히 증가했으며, 2014년도까지 셰이커 하이츠의 인구는 백인 55%, 흑인 34%, 아시안 7%, 히스패닉 3%였다. 나는 통계 분석을 통해 처음에 백인에 의해 배타적으로 점유된 셰이커 하이츠의 동네들에서는 비슷한 유형의 주택재고일 경우 해당 카운티의 다른 동네들에서의 패턴에 기초하여 예측한 것보다 흑인 거주자가 훨씬 더 증가했다는 것을 보여주었다. 마찬가지로, 연구 기간이 시작될 때 이미 상당한 수의 흑인 거주지가 있었던 동네들은 달리 예측한 것보다 새로 주택을 구하는 백인의 수가 더 많다는 것을 보여주었다. 다시 말해, 이전에 안정적으로 거주지 분리된 백인 동네 그리고 통상적이라면 안정적이지 않으면서 일시적이었을 인종적으로 혼합된 동네 양쪽 모두에서 안정적 통합 과정이 나타났던 것이다.[77] 셰이커 하이츠는 또한 해당 카운티 전체보다 주택가격이 월등히 높게 상승하는 장기 패턴을 보여주었다. 브라이언 크롬웰Brian Cromwell은 셰이커 하이츠의 안정적 통합 과정 친화적 대출 프로그램을 평가한 결과, 정상적인 상황이라면 압도적인 흑인 점유 상태로 급격하게 기울어졌을 수도 있는 동네들에서 해당 프로그램이 인종구성 및 주택가격 상승에 대해 유의미한 안정화 효과를 가져다주었다는 것을 발견했다.[78] 중요한 것은 크롬웰이 자신의 결과에 대해 내린 해석인데, 그의 해석에 따르면 셰이커 하이츠에서 시행된 안정적 통합 과정의 재정적 인센티브 프로그램은 인종구성이 지닌 전통적인 신호 보내기 효과 — 이는 백인 주택 수요자들이 해당 장소의 미래에 대해 갖고 있는 기대심리에 영향을 미친다 — 를 깨뜨렸음을 보여준다.

동네지원 정책 간 상승작용

내가 주창한 동네지원 정책의 메뉴를 전체론적으로 살펴보면 다중적인 상승작용 및 상호 보완성이 부각되어 나타난다. 먼저, 경제적 다양성이 증가하는 영역을 살펴보자. 주택선택바우처 보유자의 관점에서 보면, 빈틈없이 짜여진 대응 기준에 따라 적격한 동네에서 주택선택바우처 보유자들의 탐색을 제한하는 제약조건은 소구역 공정시장임대료small area fair market rent(SAFMR), 이동성 상담 강화, 탐색 기간 확대, 차별 시정에 적극적인 소유주 모집, 공정주택 보호 등급으로서의 소득원 추가 등에 의해 상쇄될 것이다. 기회가 풍부한 동네의 거주자들이 해당 지역의 모든 동네에 걸쳐 엄격하게 집행되고 일관되게 적용되는 빈틈없이 짜여진 대응 기준이 있다는 것을 안다면, 새로운 이웃으로서 지원가구를 반대할 (그리고 잠재적인 결과를 두려워할) 가능성은 더 낮아질 것이다. 마찬가지로, 기회가 풍부한 동네에 있는 비지원 거주자들이 이러한 상황이 사실상 모든 동네에서 광범위하게 나타난다는 것을 안다면, 지원가구들이 있는 동네를 벗어나거나 회피할 가능성은 더 낮아질 것이다. 기회가 풍부한 동네에 있는 소유주들은 주택선택바우처 보유자에게 임대하는 것에 대해 거의 우려하지 않을 것인데, 왜냐하면 소유주들은 적절한 소구역 공정시장임대료를 받을 뿐만 아니라 빈틈없이 짜여진 대응 기준이 자신의 건물에 들어올 수 있는 지원가구의 수를 자동적으로 제한할 것임을 알기 때문이다.

만약 커뮤니티가 목표대상 동네의 물리적 조건을 향상시키기 위한 자신의 프로그램을 다양성 증진을 목표로 하는 프로그램과 창의적으로 통합한다면 유용한 상승작용 또한 발생할 수 있을 것이다. 예를 들어, 조세체납 압류주택은 종종 부실하게 관리되며 심한 경우에는 버려진다. 그와 같은 주택이 이와 달리 양호한 품질의 동네에 위치할 때 정책결정자들은 다양성 증진에 친화적인 프로그램의 수단으로서 그와 같은 주택을 목표대상으로 삼을 수 있다. 예를 들어, 로컬정부나 민간 비영리기관은 분산입지 부담가능 임대주택으로 운영하기 위해 그와 같은 주택을 취득할 수 있으며, 따라서 해당 장소의 경제적 다양성을 증진할 수 있다. 덴버 주택청Denver Housing Authority의 '분산주택dispersed housing' 프로그램은 그와 같은 계획을 성공적으로 채택함으로써, 이전에 압류되어 재개발된 주택들 가까이에 있는 주택의 가치를 끌어올렸다.[79] 부수적으로, 해당 장소의 인종적 다양성을 증진하기 위해 정책결정자들은 이들 주택을 적합한 것으로 시장에 내놓고 차별 시정을 위해 적극적으로 판매할 수 있을 것이다. 필요 기반의 재정적 지원과 결합하여 주택법규 시행은 안정적 통합 과정 정책으로 소수인종 전입자 점유율이 증가한 동네에 집중될 수 있을 것이다. 해당 정책 시행의 이와 같은 의도는 동네의 다양성 증진과 주거품질의 저하 사이의 관계에 대한 일반 통념이 틀렸음을 입증하는 것일 수 있다.

용의주도한 정책을 시행해야 하는 근본적인 이유: 주의사항, 제약사항, 잠재적 함정

나는 이 절의 제목에서 내가 제안한 동네지원 정책의 모음을 기술하기 위해 '용의주도한circumspect'이라는 형용사를 사용하고 있다. 나는 이 단어를 별다른 의도 없이 선택하지는 않았다. 이 영역에서 현명한 정책결정을 하기 위해서는 동네개입의 가능성뿐만 아니라 그 한계에 대해서도 날카롭게 이해할 필요가 있기 때문이다. 용의주도해야 하는 데에는 적어도 일곱 가지 이유가 있다.

추진력에 비해 정부개입의 효능성은 제한적

내가 제안한 대도시 주택하위시장모형은 동네변화의 근본적인 동인들, 즉 기본적으로 경제적이고 인구학적이며 기술적인 동인들은 로컬정부의 통제하에 있지 않다는 것을 분명히 하고 있다. 통신, 교통, 에너지 기술 등의 변화 및 대부분의 국제경제적 영향요인 같은 많은 동인들은 대체로 개별 국가, 지역계획 조직, 자치단체 등의 통제는 말할 것도 없고 국민국가의 통제에서도 벗어나 있다. 기껏해야 이들 하위 수준의 정부는 시장이 동네들 사이의 자원 흐름을 움직이는 방법에 있어서 자신들의 권한 범위 내에서 (규제나 경제적 인센티브를 통해) 단지 소규모의 직접적인 조정과 (공공서비스 및 세제 패키지를 통해) 간접적인 보완만 할 수 있을 뿐이다. 이들 공공개입은 일반적으로 외부의 더 강력한 영향요인에 비해 무기력하며, 따라서 자신들이 관리인일 수 있는 모든 동네의 전반적인 행로를 변화시킬 가능성은 거의 없다.

제4장에서 제시한 디트로이트와 로스앤젤레스의 사례연구들은 내가 설명한 요점을 잘 설명해 주고 있다. 한 도시가 경제 기반의 대부분을 잃고 인구가 급격히 감소하면, 대부분의 동네가 쇠락하고 많은 동네는 버려질 것이다. 해당 시와 아마 심지어 주정부조차도 이와 같은 쇠퇴를 거꾸로 돌리기 위한 충분한 자원을 목표대상으로 삼을 위치에 있지 않을 것이다. 이와는 반대로, 오래된 도시가 경제 기반을 위한 자금을 새로 투입받고 사람들이 이주해 오겠다고 아우성치면, 심지어 품질이 그다지 높지 않은 동네조차도 로컬정부가 아무것도 할 필요 없는 상향계승과 물리적 재개발을 목격할 것이다. 엄청나게 큰 규모의 이들 외부적 힘 앞에서 정부개입의 효능성은 상대적으로 제한적이다. 이것이 함의하는 바는 정책결정자들은 압도적으로 정반대되는 시장의 힘을 거슬러 개입하지 않도록 주의해야 하며, 성공에 대한 그들의 기대치를 적당히 유지해야

한다는 것이다.

정책 영향이 제로섬이 될 가능성

공공개입이 동네의 궤적을 바람직한 방향으로 변화시킬 만큼 충분히 강력하더라도, 또 다른 잠재적인 함정이 도사리고 있다. 목표대상 동네에 투자되어 증대된 민간자원(금융 및 가구 흐름)은 목표대상 동네가 경쟁하고 있는 다른 동네들로부터 그저 옮겨왔을 수 있으며, 따라서 해당 관할구역의 동네들에 대해 집계적으로 제로섬 효과를 발생시켰을 수 있다.

제로섬의 정책 결과는 소득이 어느 정도 상위이면서 교육을 더 잘 받은 가구들이 이주해 올 수 있도록 이주 흐름을 바꿀 수 있을 만큼 목표대상 구역의 절대적인 매력을 향상시킬 때 나타날 가능성이 가장 높다. 이는 결과적으로 목표대상 구역에 있는 가구들의 사회경제적 특성 및 보유 특성을 집계적 수준에서 변화시킬 것이며, 따라서 해당 구역에서 재투자 행위를 집계적 수준에서 확대시킬 것이다. 목표대상 동네의 근시안적 시각에서 바라보면, 이것은 흠잡을 데 없는 성공처럼 보인다. 하지만 해당 관할구역의 관점에서 볼 때에도 이것이 궁극적으로 이치에 맞는가? 최종적인 결과가 동일 관할구역 내의 서로 다른 동네들 사이에서 거주자들을 단지 이리저리 다시 뒤섞은 것이라면, 이것은 확실히 이치에 맞지 않는다. 이와 같은 경우에 제로섬 결과가 나타나며, 목표대상인 구역에서의 상향계승 및 주택유지 개선은 목표대상이 아닌 구역에서의 하향계승 및 주택유지 소홀로 정확히 상쇄된다.

분명히, 단일 로컬관할구역은 다른 관할구역의 거주자들을 대상으로 해당 목표대상 동네를 공격적으로 마케팅함으로써 그와 같은 제로섬 결과를 회피하려고 시도할 수 있다. 하지만 이 경우 비록 그것이 해당 로컬관할구역 자체의 관점에서는 성공적이라고 하더라도 보다 넓은 사회적 관점에서 보면 제로섬 결과가 끈질기게 지속된다. 왜냐하면 현재 재투자를 덜 받고 있는 동네의 가구들을 다른 관할구역으로부터 은연중에 빼앗기고 있기 때문이다. 물론 모든 관할구역이 다른 관할구역이 방금 한 대로 따라 하면서 이주 희망 가구를 놓고 경쟁하기 위해 투자한다면, 전반적인 결과는 어떤 관할구역도 순이득을 거의 얻지 못하는 공공자원의 낭비가 될 것이다. 그러므로 다른 곳에서 새로운 가구를 끌어들여옴으로써 목표대상 동네를 개선하려는 시도는 위험과 사회적 비효율성을 내포한 전략이다.

내가 주장해 온 동네지원 프로그램은 이러한 제로섬 문제를 회피한다. 물리적 재투자의 영역에 있어서, 자신의 주택을 잘 손질된 상태로 유지하지 못하는 사람들이 주택을 재개발하려는 시도를 장려하고 임차인이 동일 장소에서 주택 소유자가 되도록 촉진하는 장소 속 사람에 기반한 전략people-in-place strategies은 동네 상태를 상당한 수준으로 개선한다. 이것은 다른 장소에서의 주택투자 손실에 의해 상쇄되지 않는 순이득의 개선이다. 물론 미래의 이동성 패턴이 바뀌는 것처럼 동네 품질의 상대적 순위도 바뀔 수 있다. 하지만 제로섬 게임이 발생시키는 동태적 과정은 이 시점에서 더 적게 관련되는데, 동네 투자에 대한 자극이 이미 일어났기 때문이다. 동네 다양성 프로그램의 영역에 있어서, (경제적 지위나 인종 집단으로 분류되는) 특정 유형의 가구를 목표대상 동네로 끌어오는 것은, 그로 말미암아 다양성이 떨어지게 되는 다른 동네들로부터 해당 가구를 빼앗는 의도치 않은 효과를 가져올 수 있다. 그러나 이는 필연적인 결과는 아니다. 이와는 반대로, 한 가구가 어떤 하나의 동네에서 다른 하나의 동네로 이주할 때 두 동네 모두의 다양성을 증가시키는 것은 흔히 있는 일이다.

빈곤을 부분적으로 분산하는 것의 위험성

제6장과 제9장에서 나는 현재 많은 커뮤니티의 빈곤집중 상황이 사회적 관점에서 볼 때 어떠한 이유에서 비형평적일 뿐만 아니라 매우 비효율적이기도 한지를 보여주었다. 이는 동네 빈곤율이 약 15%에서 20%의 문턱값을 넘어서면 주택가치의 급격한 하락을 발생시키는 부정적인 개인행동이 급증하기 때문이다. 확실히 이러한 증거는 경제적 거주지 분리의 현재 패턴이 최적이 아니라는 것을 암시한다. 따라서 동네빈곤이 덜 집중되어 나타나는 어떤 패턴도 현상유지보다 더 낫다고 추론하는 것에 솔깃해지기 쉽다. 하지만 이것은 논리적으로 잘못된 추론이다. 그림 6.2에서 묘사한 바와 같이 빈곤집중과 부정적인 사회적 결과 사이의 독특한 이중문턱 관계 때문이다. 이와는 반대로, (빈곤율 40% 이상의) 극심한 빈곤집중보다는 덜하지만 (20~40% 수준으로) 중간 정도에 가까운 빈곤집중을 묘사하는 여러 시나리오들은 열등한 사회적 결과를 산출한다. 만약 정책이 (빈곤율 20% 미만의) 저소득 동네에 거주하고 있는 가난한 사람의 수를 증가시킬 수만 있다면, 우리는 최종적으로 사회적 효율성이 향상된다는 것을 알게 될 것이다.

나는 가설적인 숫자를 예로 들어 이 점을 설명하고자 한다. 앞서 그림 6.2에서 요약된 사회과학적 증거의 필수요소들은 표 10.2에서 제시된 정형화된 사실들을 통해 하나의 단순화된 '계단 함수step function'로 포착될 수 있다. 빈곤율의 백분율과 관련된 불특정 '사회문제지수social problem index'에 의해 측정된 바람직하지 않은 총 사회적 비용은 (1) 빈곤집중이 20% 미만일 때에는 매우 낮고, (2) 빈곤집중이 20%와 40% 사이일 때에는 훨씬 더 높으며, (3) 빈곤집중이 40% 이상일 때에는 단지 약간 더 높을 뿐이다. 이러한 중요한 증거를 기초로 표 10.2는 네 가지 대안적 시나리오에 따라 가상적 도시에서의 총 사회적 비용

표 10.2 | 동네빈곤을 부분적으로 분산하는 것의 위험성에 대한 가설적인 예

시나리오 A	사회적 비용	시나리오 B	사회적 비용
빈곤율 0%인 동네 8개	8×5=40	빈곤율 15%인 동네 10개	10×5=50
빈곤율 50%인 동네 1개	1×30=30		
빈곤율 100%인 동네 1개	1×30=30		
합계	100		50
시나리오 C	**사회적 비용**	**시나리오 D**	**사회적 비용**
빈곤율 0%인 동네 7개	7×5=35	빈곤율 0%인 동네 4개	4×5=20
빈곤율 50%인 동네 3개	3×30=90	빈곤율 25%인 동네 6개	6×20=120
합계	125		140

가난한 가구 150개와 가난하지 않은 가구 850개가 10개 동네에 균등하게 나누어져 있는 총 1000개 가구로 구성된 도시(전반적 빈곤율 15%)를 가정하자. 그뿐만 아니라 동네의 빈곤 백분율이 다음과 같을 때 발생하는 사회적 비용을 사회과학적으로 다음과 같이 보여줄 수 있다고 가정하자.
- 동네 빈곤율이 20% 미만이라면, 동네의 사회문제지수는 5이다.
- 동네 빈곤율이 20%와 40% 사이라면, 사회문제지수는 20이다.
- 동네 빈곤율이 40% 이상이라면, 사회문제지수는 30이다.
이제 이 도시에 있는 동네들 전체에 걸쳐 가난한 가구의 여러 가능한 분포를 고려하여 해당 도시에 대한 총 사회적 비용을 살펴보자.

에 대한 간단한 계산을 보여주고 있다. 쉽게 설명하기 위해 나는 시나리오 A를 비교 기준으로 고려한다. 두 개 동네에는 빈곤이 극심하게 집중되어 있으며, 사회문제지수로 측정했을 때 두 동네 모두 해당 도시의 총 사회적 비용에 30만큼 기여한다. 가난한 사람이 없는 다른 여덟 개의 동네는 사회적 비용에 각각 5만큼만 기여하며, 총 10개 동네 전체에 걸쳐서는 해당 도시의 총 사회적 비용이 100이 된다. 이에 비해 시나리오 C는 빈곤 및 부유의 집중이 덜 극심한 상황을 나타낸다. 즉, 시나리오 C에서는 동질적으로 빈곤한 동네는 없고 동질적으로 빈곤하지 않은 동네는 하나 더 적게 있다. 시나리오 D는 동네들 전체에 걸쳐 경제적 집단이 훨씬 더 다양하게 분포되어 있는 패턴을 나타낸다. 하지만 시나리오 C와 D에서 해당 도시의 사회후생은 경제적 거주지 분리의 극심한 정도가 더 큰 시나리오 A에서보다 더 악화된다(다시 말해, 총 사회적 비용이 더 높다)!

이러한 중요한 결과는 직관에 반하는 것처럼 보이며 경제적 거주지 분리가 어떻게 사회적으로 비효율적인지에 대해 제6장과 제9장에서 제기했던 주장과는 심지어 모순되는 것처럼 보인다. 어느 쪽도 그렇지 않다. 사회적 효율성 저하의 결과는 (이와 같은 비교정태적 사고실험에서 또는 이 장의 앞부분에서 논의된 실제 빈곤 분산 주택정책으로) 빈곤율 문턱값이 20% 이상인 동네에 거주하고 있는 가난한 사람의 수가 증가할 때에만 뒤따른다. 표 10.2는 문턱값에 못 미치는 동네에 거주하는 빈곤 가구의 실현 가능한 수가 가장 큰 상황, 즉 시나리오 B가 해당 도시 전체에 대해 단연코 가장 바람직하다는 것을 보여준다.[80] 물론 이는 제9장에서 사회적 효율성에 대해 이론적으로 논의하면서 사례 2에서 도달한 결론과 동일하다.

이제 우리는 표 10.2에서 묘사된 사고실험으로부터 실제 세계로 그 방향을 돌려볼 수 있다. 제9장에서 처음으로 제시한 다른 증거를 되풀이하는 것이 적절하며, 여기서 순 사회적 비용의 지표로 주택가격을 사용함으로써 관련 사회적 비효율성의 크기를 근사치로 계산한다. 동료들과 나는 만약 대도시 동네들 전체에 걸쳐 빈곤의 실제 분포가 어떤 동네도 (표 10.2의 시나리오 B와 같이) 빈곤율이 15% 이상이지 않은 분포로 대체된다면, 자가점유 주택들의 총 주택가치는 13% 상승하고 월 임대료는 4% 상승할 것이라는 것을 보여주었다.[81] 이러한 동네 다양화 시나리오에 있어서 사회적 비용의 감소에 대해 암묵적으로 추정되는 자본총액은 현재가격으로 거의 1조 달러이다! 이와 같은 엄청난 가치 상승은 빈곤율 문턱값이 현재 20%를 넘는 동네에서 주로 발생하며, 따라서 중간 정도의 소득을 가진 주택 소유자 및 소수인종 주택 소유자에게 불균형적으로 많은 편익을 발생시킬 것이다. 따라서 우리는 효율성과 형평성 모두에서 이득을 확보할 수 있을 것이다.

이러한 논의가 제시하는 경고성의 정책적 함의는 명확하다. 빈곤을 분산하고 경제적 거주지 분리를 감소하는 데 있어서의 진전은, 시나리오 D가 명쾌하게 보여주는 것처럼, 빈곤율이 40% 이상인 동네에 거주하고 있는 가난한 사람의 수를 단지 줄이는 것에 근시안적으로 초점을 맞춰서는 안 된다. 오히려 진전이 어느 정도 이루어졌는지는 빈곤율이 20% 이상인 동네 대신에 빈곤율이 20% 미만인 동네에 가난한 사람들이 얼마나 많이 거주하고 있는지에 의해 (그리고 마찬가지로 얼마나 많은 수의 가난하지 않은 사람이 가난한 사람과 완전히 고립되어 거주하고 있는지에 의해) 측정되어야 한다.[82] 의심할 여지없이, 이러한 평가 기준은 이 장의 앞부분에서 내가 주장한 일종의 경제적 다양화 전략들을 실행하는 정책결정자들에게 심각한 도전을 야기한다.

거버넌스의 지리적 규모의 부적합

대도시 지역은 동네 외부에서 발생되는 대부분의 동네변화의 힘들이 작동하는 규모인데, 일반적으로 로컬정치관할구역의 작은 지리적 규모와 대도시 지역의 지리적 규모 사이에는 상당한 불일치가 존재한다. 경쟁 관할구역들이 제안하는 공공서비스/세금/정책 패키지의 상대적 매력은 재정적 자원과 인적 자원의 동네 간 흐름에 영향을 준다. 그러므로 개별 관할구역이 시장에 기반한 자원 흐름을 해당 관할구역을 구성하고 있는 동네들로 향하게 하는 능력은 제한적일 수밖에 없다. 왜냐하면 지리적으로 훨씬 더 큰 구역을 두고 이루어지는 동네들의 상대주의적 비교가 기본적으로 이러한 흐름을 이끌기 때문이다. 함축적으로, 어느 한 로컬관할구역에서 이루어지는 동네 전략의 성공 여부는 해당 관할구역 자체의 노력뿐만 아니라 동일 영역에서 다른 경쟁 로컬관할구역들이 취하는 행동 또는 취하지 않은 행동에도 달려 있다. 이는 대부분의 미국 대도시 지역에 걸쳐 로컬정치관할구역들이 분절되어 있음으로 인해 나타나는 특성과 관련된 거버넌스governance의 문제이다. 이 장의 앞부분에서 언급한 것처럼, 만약 해당 장소가 대도시 전반에 걸친 계획 및 동네 정책 결정 시스템에 배태되어 있다면, 이와 같은 문제는 중요성이 떨어질 것이다.

연방정부 및 주정부의 정책과 로컬 파트너의 지원 부족

연방정부 및 주정부의 사회복지, 주택지원, 세입교부 정책들이 대도시 지역의 사회경제적 불평등을 악화시키는 만큼, 다양성 있는 고품질 동네를 장려하려는 로컬의 시도도 좌절될 것이다.[83] 마찬가지로, 로컬정부의 노력이 로컬커뮤니티 개발 조직 및 재단과 같은 강력한 집단의 지원을 결집시킬 수 없다면 로컬정부의 노력은 덜 효능적인 것으로 판명될 것이다.

로컬 공공재정 자원의 제약

우리가 정책을 용의주도하게 시행해야 하는 그다음 이유는 로컬정부의 예산 현실 때문이다(이는 정부 및 자선단체의 재원에서 나온 불충분한 로컬 재정 지원에 대해 앞에서 언급한 내용과 밀접하게 관련되어 있다). 대부분의 자치단체와 주는 특히 보건의료, 교육, 공적연금, 기반시설 등의 영역에 있어서 믿기 어려울 정도의 재정적 부채에 직면하고 있다. 예상과 달리, 동네에서의 과소투자 및 소수인종 빈곤의 집중과 같은 가장 심각한 문제를 겪고 있는 관할구역은 전형적으로 재정역량은 가장 취약하고 누적된 소요는 가장 큰 곳이다. 이러한 맥락에서 정책결정자들이 새롭고 형평성 있는 자원 조달 수단을 고안할 수 없다면, 동네지원 정책을 밀어붙이는 것은 어려운 일이다. 다음과 같은 아이디어를 제안하는 것은 바로 이러한 의미에서이다.

첫째, 조세담보금융tax-increment financing(TIF)에 대한 확립된 관행들은 TIF 구역이 전통적으로 지원해 왔던 것보다 더 광범위한 일단의 동네지원 프로그램에 대한 재원을 창출하기 위해 창의적으로 적용될 수 있을 것이다. 실례로, 캘리포니아주의 로컬커뮤니티 재개발 기관들은 부담가능주택 개발의 재원을 조달하기 위해 TIF를 이용한 오랜 이력을 가지고 있다.[84] 정책결정자들은 내가 앞에서 제안한 주택 재개발 보조금/대출 프로그램을 TIF에 의해 재원이 조달될 수 있도록 공간적으로 표적화할 수 있을 것이다.

둘째, 보다 실험적인 재원조달 아이디어로는 주택 자기자본 이득의 일부를 환수하는 것이 있다. 전략적 목표대상지 선정은 동네에서 삶의 질과 주택가치를 안정시키고 개선하기 위해 설계되기 때문에, 해당 동네의 주택 소유자들은 '일하지 않고 얻은' 자본이득의 일부를, 해당 목표대상지 프로그램을 위한 전용 재원을 제공하는 회전신탁기금revolving trust fund에 상환해야 할 의무가 있다. 특히 목표대상지에 있는 주택이 판매되어 권리증서가 이전됨에 따라, 자기자본 이득 일부 환수는 주택취득 체결 시점에서 평가되는 주택양도 수수료를 통해 일어날 것이다. 수수료는 (개량공사를 제외한) 해당 주택에 대한 자본이득의 일부일 것인데, 여기서 자본이득은 현재 판매가격에서 해당 목표대상지 프로그램이 시작되기 전에 설정된 기준 자본가치를 뺀 것으로 정의된다. 제9장에서 상세히 살펴본 동네변화의 동태적 과정과 관련된 일반적으로 역진적인 비형평성 때문에, 나는 누진적으로 매겨지는 환수율을 강력하게 추천한다. 여기서 과세백분율은 자본이득의 절대적인 달러 가치에 따라 증가하며, 소유자가 또한 거주자인 경우 특정 문턱 판매가격 이하로 양도하는 주택에 대해서는 대개 비과세된다.

효과적이고 포괄적인 일련의 동네지원 프로그램들을 로컬정부가 제도화할 수 있기 전에 우리는 의심할 여지없이 새로운 세입원을 확보할 필요가 있는데, 그와 같은 프로그램들이 해당 관할구역의 장기적인 재정역량에 해로운 영향을 미치지 않을 필요가 있다. 이와는 반대로, 전략적으로 현명하게 목표대상지를 선정하면 시간이 지남에 따라 해당 관할구역의 과세표준이 강화될 수 있다. 만약 해당 관할구역이 상당한 양의 민간자본을 지렛대로 활용하여 관할구역에서 상당한 액수의 가처분소득을 가진 가구의 수를 늘리거나 유지한다면, 목표대상지로부터 발생하는 주택, 소득, 판매, 기타 세금 및 수수료 수입 등의 할인된 현재가치의 순증가는 해당 관할구역의 초기 투자금액을 초과할 것이다. 이것은 앞에서 논의한 리치먼드의 블룸 동네 시책 사례에서 입증되었다.[85] 더할 나위 없이 바람직한 이와 같은 가능성이 실현되지는 못할지라도, 소유자가 자신의 주택을 팔 때 이자와 함께 일부 또는 전부 상환하는 재정적 인센티브를 이용함으로써 주택 소유자와 로컬 공공부문 모두 재정적 부담을 최소화할 수 있다.

빈곤 및 불평등 해소를 위한 만병통치약이라는 비현실적인 희망

정책을 용의주도하게 시행해야 하는 이유의 마지막 차원은 빈곤과 불평등이라는 포괄적인 쟁점과 비교하여 동네 정책이 무엇을 성취할 수 있는지에 대한 기대치와 관련이 있다. 동네 정책결정자들과 계획가들은 여기서 설명하는 동네지원 정책이 설령 가장 성공적이라 하더라도 사회경제적으로 불리한 조건이나 불평등에 대한 만병통치약이라고 순진하게 믿어서는 안 된다.[86] 동네의 물리적, 사회적, 심리적 환경을 개선하는 것만으로는 기본적인 인적자본, 사회적 숙련, 기회의 문을 여는 교통수단 등이 결여되어 있는 성인 거주자들의 경제적 성공 가능성을 근본적으로 변화시키기에 충분하지 않을 것이다. 마찬가지로, 청소년 거주자들의 경우 만약 그들의 네트워크가 그들이 이전에 속해 있었던 사회경제적 불이익이 집중된 사회 세계로 그들을 단단하게 연결시키고 있다면 또는 만약 열등하고 기대 이하의 성적을 내는 학교 시스템에 그들이 계속해서 다니고 있다면, 경제적으로 그리고 인종적으로 다양한 동네로부터 그들이 얻을 수 있는 보상은 거의 없을 것이다.[87] 동네를 물리적으로 개선하는 것은 인종주의의 구조적 장벽과 개인적 장벽을 약화시키는 데 거의 도움이 되지 못할 것이다(인종적으로 다양한 동네는 이 점에서 도움은 되겠지만 말이다). 빈곤과 불평등에 성공적으로 그리고 단호하게 대처하기 위해서는 다양하고 높은 품질의 동네라는 가상적인 세계에서조차 모든 시민에게 공정한 기회를 제공하기 위한 일련의 포괄적인 사회복지 개입 및 지원이 필요할 것이다. 다행히도, 이러한 맥락에서 주택, 교통, 소득지원, 육아, 보건 정책 사이에 전체론적 연계를 그려보는 창조적인 사고가 이미 진행되고 있다.[88]

나는 좋은 동네만으로는 빈곤과 불평등을 종식시키기에 **충분**하지 않을 것이라고 주장했지만, 서둘러 덧붙이자면 좋은 동네는 **필수적**이다. 제8장과 제9장에서 실례를 들어 설명한 것처럼, 우리가 우리의 동네를 만들어온 방식이 빈곤과 불평등을 만들어내고 영속시키는 주범인 것이다. 더구나 이 장 앞부분에서 주장한 것처럼, 연방정부와 주정부, 그리고 비영리조직들이 수행한 반(反)빈곤 노력은 그러한 노력이 '사람 기반'이든 '장소 기반'이든 관계없이 좋은 동네를 만들기 위한 로컬정부의 노력에 도움을 줄 것이다. 요약하면, 빈곤과 불평등을 줄이기 위한 서로 다른 독립적인 실체들의 노력은 상승작용적으로 작동한다. 그와는 반대로, 다른 관련 실체들로부터 실질적인 지원을 받지 않는다면 어떤 개별 실체도 이러한 문제를 스스로 해결할 수 없다.

결론

동네가 더 나은 우리 자신을 형성하도록 동네를 다시 만들기 위해, 우리는 물리적 품질, 경제적 다양성, 인종적 다양성 등 세 가지 동네 영역에서 '공간적으로 국한된 동네지원' 정책 모음을 제도화해야 한다. 집합적으로 그리고 상승작용적으로 그러한 정책들은 양질의 주거환경 조건을 유지하면서 낮은 품질의 주거환경 조건을 개선할 것이다. 그와 같은 정책들은 또한 대도시 지역 전체에 걸쳐 동네와 로컬정치관할구역의 경제적 다양성과 인종적 다양성을 증가시키고, 인종구성 및 계층구성의 비효율적 전환과 관련된 비자발적 주거 이동성을 감소시킬 것이다. 우리는 전략적 목표대상 선정의 원칙에 따라 프로그램을 개발해야 한다. 우리는 대도시 주택하위시장 예측의 맥락 내에서 시책들을 전체론적으로 고안한 다음, 민간 시장 행위자들, 특히 가구 및 주거용 부동산 소유자들의 행위가 이들 장소에서 실질적으로 변화할 수 있도록 충분한 강도로 이들 시책을 특정 동네로 향하게 해야 한다. 이러한 조치들은 서로 협력하여 동네의 주요 투자자들의 인식을 변화시켜야 하며, 그렇게 함으로써 그들의 투자금액을 지렛대로 활용하고 파괴적인 게임행동을 최소화하고 외부효과를 내부화하고 기대심리를 조정해야 하며, 결과적으로 자기실현적 예언을 완화시켜야 한다.

내가 주창한 동네지원 정책은 정치적 양극단과 지적 양극단 모두를 아우르고자 시도하는 중도적 입장을 대표한다. 정치적으로 나의 제안은 당파를 초월한 호소력을 분명 가지고 있다. 그것은 사회적 형평성과 다양성 쟁점에 대한 관심 때문에 진보주의자들의 마음에 와 닿을 것이다. 그것은 사회경제적으로 혜택 받지 못한 사람들에게 가장 큰 고통을 주는 동네변화의 동태적 과정과 결과들을 둔화시키는 동시에, 주거에 있어서 삶의 질을 향상시키고 사회경제적 계발을 위한 그들의 기회를 확대하는 것을 목표로 한다. 그것은 우리가 민간 및 공공의 희소한 자원을 배분하는 방식의 효율성을 향상시키는 것을 강조하기 때문에 보수주의자들의 관심을 끌 것이다. 그것은 점진주의적이고 자발적이며 선택기회를 넓혀주는 수단들을 통해 관심을 끄는 것을 목표로 한다. 그것은 장기적으로 빈곤의 사회적 발생과 불평등의 정도를 줄이기 위한 효과적이고 인도적인 방식으로 동네지원 정책의 틀을 구성함으로써 모두에게 매력적이어야 한다.

지적인 측면에서의 양극단에 관한 나의 제안은 주택 및 커뮤니티 개발 정책에서 오랫동안 지속되어 온 '사람 대 장소people versus place' 논쟁의 양쪽에 걸쳐 있다. 주택정책이 저소득 가정들이 사회경제적으로 취약한 동네에서 이주해 나가는 것을 지원하는 데 목표를 두어야 하는지, 아니면 차라리 저소득 가정들이 제자리에 머무르면서 지위가 올라갈 수 있도록 이들 동네의 조건을 개선시키는 데 목표를 두어야 하는지를 중심으로 이 논쟁은 전개된다.[89] 수십 년 동안 이 주제에 대한 담론은 점점 더 파벌화되어 왔지만,[90] 최근 들어 공통적인 기반을 찾기 위한 칭찬할 만한 노력들이 있었다.[91] 나는 또한 이러한 입장들 사이에서 종합하기 위한 충분한 근거가 있으며, 우리는 생산적인 상승작용을 확인할 수 있다고 믿는다. 실제로, 내가 제안한 '장소 속 사람people-in-place' 전략은 다양하고 안정적인 높은 품질의 동네를 궁극적으로 가장 지지하는 방식으로 '사람 기반'과 '장소 기반' 접근방법 모두의 요소들을 종합하고 있다.

제11장

맺음말

우리는 우리의 동네를 만든다. 분명한 방식으로, 우리는 주택 개발사업자이자 주택 소유자로서 주택과 그 지원 기반시설을 건설, 유지, 개조하기 위해 자원을 투자한다. 보다 미묘한 방식으로, 우리는 거주함으로써 우리의 동네를 만든다. 집합적으로 우리와 우리 이웃은 우리 동네의 거주자들이 지니는 사회경제적, 인구학적, 인종적-민족적 특성을 서로 중복적으로 만들어낸다. 마지막으로, 우리는 공식적으로나 비공식적으로, 일 대 일로나 집단으로, 우리가 관여하는 로컬에서의 사회적 상호작용을 통해 그리고 우리 이웃과 함께 발전시키는 조직을 통해 우리의 동네를 만든다.

동네에 거주하는 순간 동네는 우리를 만들기 시작한다. 동네는 오염물질과 폭력에 대한 우리의 노출 그리고 보건의료 서비스에 대한 우리의 접근성을 구체화하여 실현함으로써 우리의 신체건강과 정신건강에 영향을 미친다. 동네는 우리의 태도, 특히 주거생활의 질에 대한 우리의 만족감에 영향을 미친다. 동네는 우리가 세상에 대해 받아들이는 정보에 영향을 미치며, 정보를 어떻게 해석하고 평가하며 정보에 어떻게 반응하는지에 영향을 미친다. 그러므로 동네는 동네에 대한 우리의 투자 패턴을 움직이는 기대심리에 영향을 미치며, 우리가 언제 이주할 것인지 그리고 다음에는 어떤 동네로 이주할 것인지를 결정하는 이동성 행동에 영향을 미친다. 동네는 우리의 미래 전망을 구체화하는 주요 삶의 결정들, 예를 들어 교육, 출산, 직업, 합법적이거나 불법적인 행동 등에 영향을 미친다.

이 책은 우리와 우리의 동네가 서로 얽혀 있는 이러한 상호 인과적 역할에 대한 이해를 높이는 것을 목표로 하고 있다. 가장 기본적인 수준에서, 동네 안팎으로 드나드는 재정적 자원과 인적 자원의 시장 유도적 흐름이 그와 같은 상호 인과적 역할을 만들어낸다. 우리는 대도시 주택시장이 어떻게 작동하는지에 초점을 맞추고 있는 체계적인 접근을 통해 이러한 흐름을 가장 잘 이해할 수 있다. 이러한 체계적 설명에 있어서 경제적인 동인이 중요한 역할을 수행하지만, 그것만으로는 설명될 수 없다. 의사결정자들이 어떻게 정보를 수집하고 처리하며 기대심리를 형성하는지와 관련된 사회심리학적 측면이 동네를 변화시키는 사람과 돈의 흐름을 보다 완전하게 이해하는 데 매우 중요하다. 더욱이 왜 그렇게 많은 비선형적 효과와 문턱효과가 이러한 자원 흐름과 관련되어 있는 개인의 많은 행동을 특징짓는지에 대해 경제적 힘과 사회적 힘이 이를 함께 설명한다. 마지막으로, 이러한 자원 흐름은 경제적으로 그리고 인종적으로 거주지 분리된 동네를 만들어내는 경향이 있는데, 이러한 동네에서는 상호 인과적으로 서로 맞물려 있는 수많은 패턴이 분명히 나타나고 있다.

어떤 특정 기간 동안에도 동네는 일단의 물리적, 인구학적, 사회경제적, 사회상호작용적, 지리적, 제도적 특성을 가지고 있을 것이다. 이러한 특성은 거기서 살고 있는 아이들, 청소년들, 어른들에게 수많은 메커니즘을 통해 영향을 미칠 수 있다. 다중적인 여러 공간적 위계(동네, 관할구역, 대도시 지역) 전체에 걸쳐 지리적 맥락의 차이, 즉 '공간적 기회구조spatial opportunity structure'는 주어진 기간 동안 개인이 가지고 있는 속성으로부터 얻을 보수를 바꿈으로써 그리고 개인이 자신의 생애 동안 (소극적으로 그리고 적극적으로) 획득할 속성의 묶음에 영향을 줌으로써, 개인이 달성할 수 있는 사회경제적 성취결과에 영향을 미친다. 통계적인 증거는 이러한 맥락효과가 실질적임을 확신시켜 주고 있으며, 이는 미국에서 동네가 사회적 불평등을 발생시키고 영속시키는 데 핵심적인 구조적 연결고리를 제공한다는 결론에 가차 없이 이르게 한다.

동네 전체에 걸쳐 인적 자원과 재정적 자원의 흐름을 결정하는 시장 지배적 시스템은 특정 장소의 주택에 대한 지나치게 적은 투자 그리고 인종과 경제적 지위에 따른 지나치게 심한 거주지 분리의 방향으로 체계적 편향을 발생시켜 왔는데, 두 가지 모두 사회적으로 비효율적이며 비형평적이다. 비효율성은 외부효과, 전략게임, 자기실현적 예언 등으로 인해 일어난다. 비형평성은 사회경제적으로 혜택 받지 못한 거주자들이 여러 영역에 있어서 열등한 동네 환경을 과도하게 참아내기 때문에 발생한다. 비효율적이고 비형평적인 동네 시스템을 유지하는 힘은 미국에서 인종 및 계층 격차를 영속시키는 데 기여하는 상호강화적인 누적인과 시스템에 함께 연결되어 있다.

만약 치명적인 시장실패의 전형적인 예가 있다면, 그것은 바로 이 같은 사실이다. 우리의 시스템은 낭비적이고 불공정한 동네 패턴을 만들어내 왔다. 그러므로 경제적으로나 인종적으로 보다 다양하면서 보다 높은 품질의 장소를 대표하는 일단의 동네를 만드는 방향으로 작동하는 전략적으로 표적화된 개입을 통해 이러한 비효율성과 비형평성을 극복할 '동네지원neighborhood-supportive' 정책에 공격적으로 개입할 근거는 충분하다. 특히 우리는 동네 투자, 경제적 다양성, 인종적 다양성 등 그 효과성이 입증된 세 가지 영역 내에서 프로그램들을 제도화해야 한다. 비록 증진된 대안들 중에서 선택하는 상황에서 자발적이지만 장려된 행동 변화를 강조해야 하지만 말이다. 이러한 프로그램은 자원을 필요로 하지만, 어떤 프로그램도 공공부문의 실현 불가능한 확대를 의미하지는 않으며, 실제로 몇몇 프로그램은 효과적으로 자체 자금을 조달할 수 있다.

우리가 어떻게 우리의 동네를 만들고 우리가 만든 동네는 어떻게 다시 우리를 만드는지를 이해하는 것은 우리로 하여금 다음과 같은 중요한 규범적 질문을 던지게 한다. 우리 인간이 만든 동네는 우리 모두를 평등하게 만드는가? 안타깝게도 그 대답은 '아니오'이다. 경제적 지위와 인종적 지위에 따라 거주지가 분리된 낮은 품질의 환경이라는 가장 혹독한 평가에서 드러나듯이, 우리의 동네에 배태되어 있는 야만적 불평등은 '평등한 기회의 나라, 미국'이라는 우리가 소중하게 간직하고 있는 신념이 허구임을 폭로한다. 하나의 사회로서 우리가 더 나은 우리 자신을 확인하고, 공허한 약속 대신에 거룩한 전제로서 '평등한 기회equal opportunity'를 정당한 위치로 되돌려놓기를 원한다면, 우리는 대도시 공간에 걸쳐 자원의 흐름을 지배하는 시장 주도적 과정에 전략적으로 개입해야 한다.

감사의 글

이 책을 쓸 때 나는 이전 세대의 학자들 중 거인들의 어깨 위에 올라서 있는 이점을 분명히 누렸다. 펜실베이니아대학교University of Pennsylvania의 윌리엄 그릭스비William Grigsby 교수는 주택하위시장 개념을 처음으로 개발했으며, 뒤이어 MIT의 제롬 로텐버그Jerome Rothenberg 교수는 이를 포괄적인 신고전 경제모형으로 조작화했다. 나는 운 좋게도 이들 두 거인을 스승이자 공동연구자이자 멘토이자 친구로 두는 큰 특권을 누렸다. 나는 또한 앤서니 다운스Anthony Downs 박사와의 오랜 인연에 대해 감사하게 생각한다. 끊임없는 그의 격려 그리고 동네가 변화하는 이유에 대한 매우 영향력 있는 그의 저서는 없어서는 안 될 부적과 같았다.

정말 많은 근본적인 방식으로 이 책을 특징짓는 개념, 모형, 그리고 경험적 증거 등의 개발을 도와주는 데 있어서 몇몇 동료 또한 내 경력 내내 중요한 역할을 했다. 그들 중 가장 중요한 사람은 미시간주립대학교Michigan State University의 애나 마리아 샌티아고Anna Maria Santiago 교수로, 그녀는 공동연구자이자 친구로서 사반세기를 함께 보냈다. 우리의 놀라운 연구 동반자 관계가 없었다면 이 책은 제대로 완성되지 못했을 것이다. 웁살라대학교Uppsala University의 로저 안데르손Roger Andersson 교수와 암스테르담대학교University of Amsterdam의 세이코 머스터드Sako Musterd 교수는 14년이라는 공동연구 과정 동안 지적 자극을 주었으며, 희귀한 자료와 제도적인 자원을 제공하고 우애를 북돋우는 데 보기 드물 정도로 너그러웠다. 오그스버그대학교Augsburg University의 개리 헤서Gary Hesser 교수는 현장연구를 수행하는 데 매우 독창적인 길잡이를 제공했으며, 40여 년 전에 처음으로 나에게 동네사회학sociology of neighborhoods을 접하게 해 주었다.

나는 또한 글래스고대학교Glasgow University의 케네스 기브Kenneth Gibb, 에이드 컨스Ade Kearns, 키스 킨트리아Keith Kintrea, 마크 리빙스턴Mark Livingston 교수, 셰필드대학교Sheffield University의 귈림 프라이스Gwilym Pryce 교수, 쾰른대학교University of Cologne의 위르겐 프리드리히스Jurgen Friedrichs 교수, 만하임대학교Mannheim University의 프랑크 칼터Frank Kalter 교수, 웨스턴 시드니대학교University of Western Sydney의 마이클 다시Michael Darcy 교수, 델프트 테크니컬대학교Technical University of Delft의(현재는 훔볼트대학교Humboldt University에 재직 중인) 탈자 블록랜드Talja Blokland 교수, 뉴사우스 웨일즈대학교University of New South Wales의 핼 포슨Hal Pawson 교수, 연세대학교Yonsei University의 임업Up Lim 교수, 오슬로 아케르스후스 응용과학대학교Oslo and Akershus University College of Applied Sciences의 레나 매그누손 터너Lena Magnusson Turner, 비고 노르드빅Viggo Nordvik 교수, 덴마크 국립사회연구원Danish National Institute for Social Research의 가브리엘 폰스 로저Gabriel Pons Rotger 교수, 웁살라대학교Uppsala University의 레나 헤드먼Lena Hedman 교수에게 진심으로 감사드린다. 이들 모두는 내가 아이디어를 고안해 내는 데 그리고 동네효과, 가구 이동성, 집중된 불이익에 대한 경험적 이해를 얻는 데 큰 도움을 준 제도적 자원과 지적 자원을 제공해 주었다. 나는 정말 운 좋게도 더할 나위 없이 좋은 친구이기까지 한 최고의 공동연구자들과 함께해 왔다.

나는 여러 해 동안 동네와 관련한 중요한 연구를 공동으로 수행하는 데 이례적일 정도로 우수한 다른 많은 팀 동료들에게 깊은 감사를 표한다. 도시연구원

Urban Institute에서 나는 에린 고드프리Erin Godfrey, 크리스 헤이즈Chris Hayes, 리아 헨디Leah Hendey, 제니퍼 존슨Jennifer Johnson, 마리스 미켈슨즈Maris Mikelsons, 론 민시Ron Mincy, 캐스린 페팃Kathryn Pettit, 로베르토 쿠에르치아Roberto Quercia, 수전 팝킨Susan Popkin, 로빈 스미스Robin Smith, 피터 태티언Peter Tatian, 마저리 터너Margery Turner, 크리스 워커Chris Walker, 더그 위소커Doug Wissoker, 웬디 지머만Wendy Zimmermann 등과 함께 일했다. MDRC에서 나는 데이비드 그린버그David Greenberg, 소냐 윌리엄스Sonya Williams, 낸디터 버마Nandita Verma와 함께 일했다. 웨인주립대학교Wayne State University의 양적 연구자들과 과제관리자들을 절대로 빼놓을 수 없는데, 제이슨 부저Jason Booza, 알바로 코르테스Alvaro Cortes, 재키 컷신저Jackie Cutsinger, 제시카 루세로Jessica Lucero, 론 맬러거Ron Malega, 에리카 랄리Erica Raleigh, 애나 샌티아고-샌 로먼Anna Santiago-San Roman, 리사 스택Lisa Stack 등이 그들이다.

여러 정부기관과 재단으로부터의 재정적 지원이 없었다면 이 책으로 대표되는 내 작업의 많은 부분은 착수될 수 없었을 것이다. 이들의 지원에 대해 깊은 감사의 마음을 표한다. 특히 나는 동네 연구를 위해 다음의 공공부문 기관들로부터 도움을 받았다. 미국 주택도시개발부Department of Housing and Urban Development, 국립보건원National Institute of Mental Health 산하의 국립정신보건연구소/국립아동보건및인간발달연구소National Institute of Child Health and Human Development/National Institute of Health, 사회과학연구위원회Social Science Research Council, 오하이오주 정신보건부Department of Mental Health, 우스터시 등으로부터 지원 받은 연구비에 대해 감사의 뜻을 표한다. 다음의 민간재단들, 애니 케이시 재단Annie E. Casey Foundation, 패니 메이 재단Fannie Mae Foundation, 포드 재단Ford Foundation, 켈로그 재단Kellogg Foundation, 맥아더 재단MacArthur Foundation, 록펠러 재단Rockefeller Foundation 또한 연구비를 지원해 주었다. 무엇보다도 웨인주립대학교의 클래런스 힐버리 도시학 석좌교수직Clarence Hilberry Professorship of Urban Affairs은 1996년부터 2017년까지 비견할 수 없는 학문적 지원 플랫폼을 나에게 아낌없이 제공해 주었다.

도시의 동네와 같은 복잡한 주제를 광범위하게 다루려면, 우리는 오늘날 많은 사회과학 분야에서 이루어지고 있는 대학원 교육을 특징짓는 편협한 분과학문의 관점에서 벗어나야 한다. 이 경우 자신의 원래 분과학문으로부터 무시되는 대가를 종종 치러야 할 수도 있다. 다행히도 내 경우에는 개인적이며 전문적인 지지 그리고 일단의 다학제적 전문가 조직으로부터의 검증이라는 대체 원천을 찾을 수 있었는데, 그러한 조직의 부상은 우연히 내 학문적 경력과 일치했다. 특히 나는 미국 도시학회Urban Affairs Association, 미국 공공정책및관리학회Association of Public Policy and Management, 유럽 주택연구네트워크European Network for Housing Research, 미국 계획학회Association of Collegiate Schools of Planning와 그 임원, 직원, 회원들에게 감사를 표하고 싶다. 이들은 내가 이 책에서 제안한 아이디어들을 개발하는 데 지난 40년 동안 직간접적으로 헤아릴 수 없을 정도로 많은 도움을 주었다.

나는 웨인주립대학교 도시계획학 석사 프로그램에서 공부했던 여러 세대의 대학원생에게 빚지고 있음을 말하지 않을 수 없다. 동네변화의 동태적 과정에 대해 내가 체계화한 것을 실험하는 동안 내 수업의 학생들은 자신도 모르게 기니피그와 같은 실험대상의 역할을 수행했다. 그들의 창의적인 반응, 이의 제기, 제안은 동네변화의 동태적 과정에 대해 체계화한 것을 다듬는 데 매우 소중했다. 이들 중 세 명의 학생 나탈리 라이언스Natalie Lyons, 카트리나 라인하트Katrina Rinehart, 티머리 스웨드Timarie Szwed는 연구조교로서 이 책에 특히 더 중요하게 기여했다. 그들의 아낌없는 그리고 대단히 전문적인 노력에 대해 나는 그들에게 특별하고 깊은 감사의 마음을 표한다. 나는 또한 로스앤젤레스와 디트로이트의 동네에 대한 귀중한 정보를 각각 제공해 준 새라 모호터Sarah Mawhorter와 미건 엘리엇Meagan Elliot 박사의 너그러운 도움에 크게 감사드린다.

처음부터 이 원고를 열렬히 지지해 준 시카고대학교 출판부에 감사드린다. 특히 티모시 메널Timothy Mennel, 레날도 미갈디Renaldo Migaldi, 레이철 켈리Rachel Kelly의 노력에 감사드린다.

마지막으로, 가장 중요하게 낸시 갤스터Nancy Galster에게 감사의 마음을 전한다. 그녀는 이 책에 가장 소중한 감정적 자원을 투자한 사람이었지만 그 당시 그녀는 그 사실을 알지 못했을지도 모른다. 내가 저술 작업을 위해 집 안 서재에 있고 해외에 나가 있고 안식 기간을 가지는 동안 그녀는 고독의 시간을 보내는 대가를 치렀다. 나의 학문적 성과 그리고 그 성과를 통해 내가 이루고자 했던 사회변화에 대한 그녀의 변함없는 지원은 없어서는 안 되는 그야말로 필수적인 것이라고밖에 볼 수 없다. 사랑하는 낸시에게 거듭 감사의 마음을 전한다.

주

들어가면서

1 동네에 관한 사회과학적 문헌에 대한 포괄적인 고찰을 위해서는 Hunter 1979; Downs 1981; Schwirian 1983; Hallman 1985; Grigsby et al. 1987; Temkin and Rohe 1996; Chaskin 1997; Wilson 2011; Kinahan 2016; Mawhorter 2016 등을 참조하라.

2 실례로는 Birch et al. 1979; Clay 1979; Downs 1981; Taub, Taylor, and Dunham 1984; Grigsby et al. 1987; Galster 1987a; Skogan 1990; Sampson 2012 등이 있다.

3 실례로는 Brooks-Gunn, Duncan, and Aber 1997; Rubinowitz and Rosenbaum 2002; Goering and Feins 2003; Briggs, Popkin, and Goering 2010; van Ham et al 2012; Sampson 2012 등이 있다.

4 실례로는 Molotch 1972; Saltman 1978; Albrandt and Cunningham 1979; Goodwin 1979; Clay and Hollister 1983; Varady 1986; Galster 1987a; Varady and Raffel 1995; Keating and Krumholz 1999; Bright 2000; Zielenbach 2000; Peterman 2000; Massey et al. 2013; Pagano 2015; Chaskin and Joseph 2015; Brophy 2016 등이 있다.

5 동네의 원인, 결과, 정책 대응의 다중적인 영역을 망라하는 두 개의 영향력 있는 연구로는 Wilson (1987, 1996)의 연구가 있다.

6 Sharkey 2013.

7 Sampson 2012.

8 Sampson(2012)과 Sharkey(2013)에서 민간 주택시장은 사실상 보이지 않는다. 그들의 지수에는 다음과 같은 주택 관련 용어들이 단독으로 또는 공동으로 빠져 있는데, 주택방치(abandonment), 품질저하(downgrading), 주택여과(filtering), 투자(investment), 투자자(investor), 유지관리(maintenance), 시장(market), 가격(price), 이윤(profit), 부동산(property), 수익률(rate of return), 재투자(reinvestment), 임대료(rent), 품질향상(upgrading) 등이 그것이다. 대부분의 대도시 지역에서는 그와 비례적으로 주택시장의 작은 부분인 공공주택만 어느 정도 깊이 있게 고려된다.

9 이 점에서 나는 Sampson이 언급한 다음의 충고에 주의를 기울인다. "사회과학 분야는 아래로부터 위로 그리고 다시 아래로 인과관계의 맥락적 메커니즘에 보다 깊은 관심을 가지는 방향으로 전환함으로써 그리고 그 맥락적 메커니즘이 도시적 삶의 지속적인 공간적 논리와 우리가 거주하고 있는 상호 연결된 사회 세계에 의해 어떻게 형성되는지에 보다 깊은 관심을 가지는 방향으로 전환함으로써 도움을 얻을 것이다"(2012: 426).

제1장 머리말

1 Doff(2010)와 Hedman(2011)은 또한 동네효과와 주거 이동성 문헌을 개념적으로 연결하려는 독특하지만 보완적인 논의를 제공했다.

2 동네가 인간 행동의 원인이자 결과라고 생각한 것은 내가 처음은 아니다. 예를 들어, Sampson 2012: 22를 참조하라.

3 이 과정의 상세한 사항은 제5장의 주제이다.

4 주택 소유자의 이러한 결정에 관한 통합 모형에 대해서는 Galster 1987a: ch.3을 참조하라.

5 Clark and Onaka(1983)는 ('조정' 및 '유발된' 이동성을 포함하여) '자발적 이동'과 '강제된' 이동을 구별한다. 나는 전자만 논의한다.

6 도시 이동성에 관한 광범위한 해외 연구를 포괄적으로 검토하기 위해서는 Kingsley and Turner 1993; Clark and Dieleman 1996; Dieleman 2001; Strassman 2001을 참조하라.

7 Rossi(1955)와 Clark and Dieleman(1996)에서 매우 독창적으로 체계화되어 있다.

8 매우 영향력 있는 연구로는 Wolpert 1966; Brown and Moore 1970; Clark and Huff 1978 등이 있다.

9 Speare 1974; Speare, Goldstein, and Frey 1975; Morris, Crull, and Winter 1976; Newman and Duncan 1979 등의 연구가 매우 독창적이다.

10 중요한 연구로는 Goodman 1976; Quigley and Weinberg 1977; Hanushek and Quigley 1978 등이 있다.

11 Galster 1987a: ch.8.

12 제5장에서 충분히 다룬다.

13 이것은 가구들이 이주 근거로 언급하는 지배적인 이유라고 말하는 것은 아니며, 집단으로서의 동네 특성이 이동성에 대해 상대적으로 많은 부분을 설명한다는 것을 의미하지도 않는다. Newman and Duncan 1979; Clark and Onaka 1983; Böheim and Taylor 2002; Kearns and Parkes 2005; Clark and Ledwith 2006 등을 참조하라.

14 Boehm and Ihlanfeldt 1986; Clark and Huang 2003; Rabe and Taylor 2010.

15 Bailey and Livingston 2007; van Ham and Clark 2009; Lee 2014.

16 Galster 1990a, 1990c; South and Crowder 1998, 2000; Harris 1999; Sampson and Sharkey 2008; Sampson 2012; Lee 2014.

17 Harris 1999; Quillian 1999; Feijten and van Ham 2009.

18 Musterd et al. 2016; Galster and Turner 2017.

19 Sampson 2012.

20 Birch et al. 1979.

21 Sampson 2012; Hedman 2013; Spring et al. 2017.

22 Ioannides and Zabel 2003; Sampson 2012; Quillian 2014; Musterd et al. 2016.

23 Ellen 2000b; Ioannides and Zabel 2008; Quillian 2014.

24 Boehm 1981; Goodman 1988.

25 동시에 존재하는 이들 선택대안에 관한 수리적 모형과 경험적 검정에 대해서는 Boehm 1981; Goodman 1988; Ioannides and Kan 1996; Kan 2000 등을 참조하라.

26 Asmus and Iglarsh 1975; Chinloy 1980; Shear 1983; Boehm and Ihlanfeldt 1986 등의 매우 중요한 이론적 모형과 이를 지지하는 경험적 연구를 참조하라.

27 제5장에서 보다 충분히 다룬다.

28 예를 들어, Harris 1999를 참조하라.

29 제5장에서 보다 충분히 다룬다.

30 Hoff and Sen 2005.

31 그와 같은 집합적 영향은 노골적으로 그리고 미묘하게 발휘될 수 있다(경로 N). 이웃에게 부정적 외부효과를 발생시키는 개인의 행동(예를 들어, 주택을 부실하게 관리하는 행동)은 험악한 전화, 일반 대중의 경멸, 친구들로부터의 소외, 집단으로부터의 따돌림 등을 노골적으로 받을 수 있다. 반대로 긍정적 외부효과를 발생시키는 유지관리 행동은 많은 긍정적인 사회적 강화를 동반할 수 있다. 좀 더 섬세한 의미에서, 개별 주택 소유자는 자신이 이웃의 가치를 심어주고, 이웃의 규범을 내면화하며, 궁극적으로는 이웃의 이익과 동일시한다는 것을 시간이 지나면서 깨달을 수 있다. 이러한 연대감은 자기 이익을 도모하는 동시에 집단 이익을 도모하는 행동을 장려한다. Galster and Hesser 1982를 참조하라.

32 Galster 1983, 1987a.

33 공간 전체에 걸쳐 가구의 입지분류(sorting)가 내생적으로 어떻게 해당 공간의 특성을 변화시키는지에 관한 모형을 고찰하기 위해서는 Kuminoff, Smith, and Timmins 2010을 참조하라.

제2장 동네의 의미

1 Aber and Nieto 2000: 188. 학문적 공감대가 부족한 결정적인 이유는 아마 제2차 세계대전 이후에 도시의 동네에 대한 일반 대중의 개념화 및 표상이 역사적으로 상당한 진화를 겪어왔기 때문일 것이다(Looker 2015). 동네를 정의하는 것과 관련된 개념적 쟁점 및 조작적 쟁점에 대해 고찰하기 위해서는 Chaskin 1997; Kallus and Law-Tone 2000; Forrest and Kearns 2001; Nicotera 2007; Park and Rogers 2015 등을 참조하라.

2 Keller 1968: 89.

3 Morris and Hess 1975: 6.

4 Chaskin 1995: 1.

5 Pagano 2015: 6.

6 Hallman 1984: 13.

7 Warren 1981: 62.

8 Downs 1981: 15.

9 Schoenberg 1979: 69.

10 Lancaster 1966.

11 이 차원에 대한 자세한 내용을 검토하기 위해서는 Hunter 1979; Temkin and Rohe 1996 등을 참조하라.

12 이 차원에 대한 자세한 내용을 검토하기 위해서는 Warren 1975; Warren and Warren 1977; Fischer 1982; Sampson 1997, 2012; Sampson, Raudenbush, and Earls 1997; Sampson, Morenoff, and Earls 1999 등을 참조하라.

13 Greer 1962; Hunter 1974; Warren 1975. 동네 유형에 대한 보다 최근의 예를 살펴보기 위해서는 Vicino, Hanlon, and Short 2011; Kinahan 2016; Mawhorter 2016 등을 참조하라.

14 일하고 쇼핑하고 오락거리를 찾는 행위를 통해 방문자들 또한 자신이 거주하고 있지 않은 동네를 소비할 수 있다. 단순화를 위해, 동네변화의 주요 결정요인을 분석할 때 핵심 소비자로서 방문자는 제외한다.

15 내 견해는 몇몇 다른 학자가 표현한 것과 일치한다. Garner and Raudenbush는 "동네는 단일 차원의 공간 단위가 아니다. … 동네는 연구 문제의 유형 그리고 동네 특성과 연구 대상이 되는 현상들 사이에서 가정된 관계에 따라 그 정의가 다양하다"라고 말한다(1991: 252). Gephart(1997: 10)는 "동네가 지리적 지시대상물을 가지고 있는 한, 그 의미는 맥락과 작용에 따라 달라진다. 관련 단위들은 행동과 영역에 따라 다르며, 관심을 가지고 있는 결과나 과정에 따라 달라진다"라고 말한다. 이와 비슷하게, Peterman(2000: 21)은 "우리가 '동네'라고 여기는 것은 시간과 목적에 따라 상당히 다를 수 있다"라고 말한다.

16 Suttles 1972. Suttles는 Janowitz(1952)와 Greer(1962)의 매우 독창적인 통찰력에 기반했다.

17 이러한 통찰력이 가치 있는 만큼 단점도 있다. 첫째, 사람들이 동네에 대한 개인적 지각에서 집합적 표상으로 어떻게 옮겨가는지 명확하지 않다. 공간적 수준이 어떠하든, 한 개인의 지각에 의해 도출된 동네 경계가 어떻게 인근의 다른 거주자들의 지각에 의해 도출된 경계와 일치하는가? 개인들의 지각을 집계함으로써, 도시 공간상에서 상호 배제적이고 망라적으로 일단의 '동네'의 윤곽을 그리는 만장일치로 합의된 경계가 설정되는가? 그렇지 않다면(그렇지 않을 가능성이 높은데),

이러한 지각적 일치 정도에 있어서의 차이를 가져오는 요인은 무엇인가? 지각적 일치의 결여는 어떤 점에서 '동네'라는 존재를 문제가 되도록 만드는가? 둘째, 사회적 상호작용, 정서, 상징성 측면에서 유의미한 생태학적 동네를 특정할 수 있는 설득력 있는 선험적 이유는 없다. 이와 같은 차원은 동네 경계를 분명하게 특정하기 위한 충분조건일 수는 있지만 필요조건은 아니다. 셋째, 이들 사회적 차원에 의해서만 윤곽이 그려지는 공간적 측면의 동네는 특정 구역의 물리적 조건이나 인구학적 구성의 변화를 가져오는 투자나 이동 행위를 분석하려고 할 때 적절하지 못한 규모일 수 있다.

18 Keller 1968; Hunter 1974; Birch et al. 1979: ch.3; Guest and Lee 1984; Burton and Price-Spratlen 1999; Lee and Campbell 1997; Pebley and Vaiana 2002; Campbell et al. 2009; Pebley and Sastry 2009; Coulton et al. 2013.

19 해당 개인이 아니라 다른 사람들에 의해 시작된 변화는 외부효과 개념에 내포되어 있다.

20 경계를 정의하는 '실재론적(realist)' 접근과 '명목론적(nominalist)' 접근 사이의 뚜렷한 차이점에 대한 자세한 내용은 Laumann, Marsden, and Prensky 1983: 20~22를 참조하라.

21 이것은 동네가 객관적 측면과 주관적 측면을 내재적으로 지니고 있다는 다학제적 합의와 일치한다. Chaskin 1995; Wachs 1999; Lawton 1999; Sampson 2000 등을 참조하라.

22 동네에 대한 이러한 견해는 두 명의 학자가 독창적으로 제안한 것에 지적으로 빚지고 있다. Segal (1979: 6)은 동네는 외부효과의 측면에서 특정될 수 있다고 주장했으며, Warren(1972: ch.1)은 커뮤니티의 필수적 차원은 로컬 단위의 서비스 구역들이 일치하는 정도라고 지적했다.

23 이 용법은 경제학자들이 관례적으로 '외부효과(externality)'라는 용어를 사용하는 방식보다 다소 더 일반적이라는 점에 유의할 필요가 있다. Schreiber and Clemmer 1982를 참조하라.

24 외부 자극에 대한 개인의 행동 반응의 맥락에서 동네를 명시적으로 지정하는 접근방법은 Franz (1982)가 제안한 이론과 일치한다. 그는 동네의 경계가 경험적으로 드러나는 것은 오직 이러한 변동들에 대한 반응에서라고 단언한다.

25 개인이 도시 공간에 대한 '심상지도(mental maps)'를 뚜렷하게 만드는 능력은 해당 구역을 왕래하는 빈도에 의해 강화된다는 주장이 제기되어 왔다. Lynch 1960; Jacobs 1961; Milgram et al. 1972 등을 참조하라.

26 외부효과 공간이 규칙적인 형태를 가질 수밖에 없다고 추론해서는 안 된다. 아래에서 제시되는 알고리즘은 이와 관련하여 아무런 가정도 하지 않는다. 하지만 어떤 측정 도구도 유일하지 않으며, 위상학적으로 무수히 많은 배열 구성을 통해 합치성, 일반성, 부합성에 대해 동일한 값을 생성할 수 있다.

27 Hunter 1974.

28 이들 차원은 구별은 되지만 독립적이지는 않다. 제2장 부록을 참조하라.

29 여기서 사용된 합치성에 대한 정의는 Michelson(1976: 26)에서 사용된 것과는 매우 다르다. Michelson은 합치성을 '어떤 하나의 시스템에서 다른 대안적인 상태보다 또 다른 시스템에서의 변수 상태와 더 잘 공존하는 변수 상태'라고 정의한다.

30 하지만 부합성과 일반성의 값은 합치성이 가질 수 있는 값의 정도에 영향을 미친다는 점에 유의하라. 제2장 부록을 참조하라.

31 이러한 많은 학술적 연구는 외부효과의 공간적 범위를 산정하기 위해 '헤도닉 지수 방법론(hedonic index methodology)'을 사용한다. 예를 들어, 비주거용 및 다세대 토지이용(Grether and Mieszowski 1980), 인종구성(Galster 1982), 인적 서비스 시설(Gabriel and Wolch 1984) 등에 의해 발생되는 인근의 외부효과가 주택가치에 미치는 영향을 추정하기 위해 이러한 기법을 처음 응용하기 시작한 오래된 연구들이 있다.

32 거주자들이 동네에 대해 어떻게 생각하는지에 대해 해당 거주자들로부터 정보를 얻는 대안적 방법을 면밀히 고찰하기 위해서는 Nicotera 2007을 참조하라.

33 Pettigrew 1973; Farley et al. 1978.

34 Bruch and Mare 2012.

35 GIS가 동네 개념을 조작화하는 데 어떻게 응용될 수 있는지에 대한 실례를 보기 위해서는 Coulton et al. 2001; Lohmann and McMurran 2009; Coulton, Chan, and Mikelbank 2011; Coulton 2012 등을 참조하라.

36 Kramer 2017.

37 예를 들어, Hunter 1974; Pebley and Vaiana 2002; Pebley and Sastry 2009; Campbell et al. 2009; Hwang 2015 등을 참조하라.

38 Hunter 1974, 1979.

39 이 주제를 매우 중요하게 다루고 있는 연구를 검토하기 위해서는 Wellman 1979; Wellman and Leighton 1979 등을 참조하라.

40 Hunter 1974.

41 예를 들어, Hwang(2015)은 인종이 동네 경계를 지각하는 데 주요 결정요인이라는 것을 확인한다.

42 Lynch 1960; Jacobs 1961.

43 Hunter(1974: ch.2); Noonan(2005)은 이러한 연구결과에 대한 보다 최근의 반복 연구결과를 제시한다.

44 Grannis 2005.

45 Lynch 1960.

46 Suttles 1972. Birch et al.(1979)는 이러한 관찰을 반복했다. Sampson(2012: 361~362) 또한 동네의 다중적인 척도들에 대한 이러한 개념을 발전시켰는데, 각각은 잠재적으로 뚜렷한 영향을 미쳤다.

47 동네 유형을 고안하는 방법은 상당히 진화되어 왔다. Schoenberg and Rosenbaum 1980; Warren 1981; Mawhorter 2016; Kinahan 2016 등을 참조하라.

48 Gans 1962.

49 Wellman 1972, 1979; Wellman and Leighton 1979.

50 거주자들이 지각하는 경계는 행정적으로 정의되는 경계와 다르다는 것을 보여주는 여러 다양한 연구에 대해서는 Ahlbrandt, Charney and Cunningham 1977: 338; Schoenberg and Rosenbaum 1980: ch.7; Warren 1981: 88; Hallman 1984: 57~59; Vaskowics and Franz 1984: 152 등을 참조하라.

51 Social Science Panel 1974: 77.

제3장 동네변화의 원천

1 대도시 지역이 지역노동시장권 및 대부분의 부동산 매매 활동의 범위와 상응하는 한, 우리는 대도시 지역을 주택시장에 적합한 지리공간이라고 생각할 수 있다.

2 나는 개인들이 완전 정보에 기초하여 신중하고 합리적으로 분석하는 엄밀한 최적화 행동에 대한 표준적인 신고전 가정을 의도적으로 여기서 제기하지 않고 있다. 이와는 반대로, 제5장에서는 적극적인 시장탐색 과정에 근거할 수도 있지만 가구 및 투자자의 주택 관련 결정은 왜 불확실한 기대심리에 반드시 근거하는지에 대해 자세히 살펴본다. 제5장에서 나는 동네변화에 대한 그와 같은 불완전하고 공간적으로 편향된 정보의 함의를 고려할 것이다.

3 나는 주택묶음의 다양한 구성요소에 대해 가구들이 동일한 선호를 가지고 있다고 가정하지 않는다. 그와는 반대로, 우리는 특정 주택에 대한 가구들의 지불의사는 해당 건축물과 동네 특유의 요소들이 어떻게 가구의 개별 선호와 동조하는지에 달려 있을 것이라는 점을 알고 있다.

4 주택의 헤도닉 가치에 대해 상세히 논의하기 위해, 그리고 그 가치가 어떻게 추정될 수 있으며 하위시장을 특정하는 데 어떻게 사용될 수 있는지에 응용하기 위해서는 Rothenberg et al. 1991을 참조하라.

5 '품질(quality)' 측정 기준에 따라 대도시 지역의 주택재고를 배열한 다음, 이 스펙트럼을 하위시장으로 세분화하기 위해 헤도닉 지수가 어떻게 사용될 수 있는지에 대한 중요한 예시에 대해서는 Rothenberg et al. 1991을 참조하라.

6 나는 논의된 원칙들이 해당 주택이 임대되는지 아니면 판매되는지와는 독립적이라는 것을 암시하기 위해 '시장평가가치(market valuation)'라는 용어를 사용한다.

7 단순화를 위해, 여기서 나는 현재의 임차인으로 계속 거주하게 하는 것과 해당 주택을 다른 임차인에게 넘기는 것을 구분하지 않는다. 핵심은 소유자가 해당 주택이 점유되기를 희망하기에 현재의 시장평가가치(MV)가 충분한지 여부이다. 마찬가지로 나는 희망되는 거주자가 해당 소유자가 아닌 다른 임차인인지 또는 동일한 사람인지(즉, 자가점유인지) 여부에 대해 어떤 구별도 하지 않는다. 각 시장기간마다 자가거주자조차도 자신이 계속 거주하고 있을 때 '자신의 주택을 시장에 내놓는다'는 선택을 암묵적으로 하고 있다.

8 앞에서 언급한 주장들은 현재의 임대주택의 소유주 및 판매를 위해 투기적으로 건설된 주택의 개발사업자에게 가장 명확하다. 하지만 자가거주자에 대해서도 비슷한 주장을 할 수 있다. 자가거주자의 유보가격 결정은 다른 사람이 거주하도록 (그리고 아마 구입하도록) 주택을 시장에 내놓는 것이 해당 소유자의 의도된 이주를 의미한다는 사실 때문에 복잡해진다. 하지만 자가거주자의 유보가격은 대안적인 주택으로 이주하는 것과 관련된 가구 후생의 증가[만족감과 주거비용(이주비용 제외)의 차이]와 반비례하지만 또한 현재 하위시장의 장래 주거용 부동산 가치 추세에 대한 비관적 전망과도 반비례할 것으로 예상된다.

9 주택유지와 개조를 포함한 주택 소유자의 행동은 소비와 투자에 대한 동기부여가 더 복잡하게 결합되어 있다는 것을 보여준다(Galster 1987a: ch.3). 예를 들어, 비교적 높은 품질의 하위시장에서는 예상 수익이 유망함에 따라 주택 소유자의 행동이 자신의 소비 선호가 지시하는 것보다 품질을 보다 향상시키는 쪽으로 유도될 수 있으며, 품질 하향전환으로 예상되는 수익이 특히 유망할 경우에는 이들 선호와는 반대로 품질을 저하시키는 쪽으로 유도될 수 있다.

10 경제학자들은 일반적으로 해당 생산물을 위한 모든 생산설비가 재편성될 수 있는 상황에 대해 '장기(long run)'라는 용어를 마련해 두고 있다. 주택의 내구성과 불완전한 가변성 때문에, 이 용어는 주택에 대해 적절하지 않아 보인다.

11 미국 대도시 지역의 주택 공급 탄력성 결정요인들의 추정치에 대해서는 Saiz 2010을 참조하라.

12 보다 기술적인 용어로, 이는 모든 품질의 주택에 대한 가격탄력성과 교차가격탄력성 모두 1보다 작을 가능성(그리고 또한 교차가격탄력성은 대안적인 하위시장이 멀리 떨어져 있을수록 점점 더 작아지는 경향)이 있기 때문이라고 설명될 수 있다. 증거에 대해서는 Rothenberg et al. 1991을 참조하라.

13 보다 공식적으로, 경제학자들은 이 두 모수를 수요의 교차가격탄력성 및 중기 총공급의 탄력성이라고 부른다.

14 주택시장과 동네변화에 대한 대안적인 수리적 모형에 대해서는 Herbert and Stevens 1960; Anas 1978; Arnott 1980; Wheaton 1982; Braid 2001; Brueckner and Rosenthal 2009; Guerrieri, Hartley, and Hurst 2012 등을 참조하라. 동네변화의 예측변수들에 대한 다변량 통계 모형에 대해서는 Brueckner and Rosenthal 2009; Guerrieri, Hartley, and Hurst 2011; Jun 2013, 2014; Landis 2016 등을 참조하라.

제4장 동네의 품질저하와 품질향상

1 이것은 이론적인 해설이다. 미국의 대도시 동네에서 최근 실제로 일어나고 있는 일종의 변화에 대한 기술적 정보에 대해서는 Lee and Leigh 2007; Ellen and O'Regan 2008; Landis 2016 등을 참조하라.

2 이들 대안적 정의에 대해 고찰하기 위해서는 Myers 1983; Grigsby et al. 1987; Weicher and Thibodeau 1988; Baer and Williamson 1988 등을 참조하라.

3 Ratcliff 1949: 321~322; Lowry 1960: 363; Grigsby 1963: 97; Ahlbrandt and Brophy 1975: 9; Leven et al. 1976: 46 등을 참조하라.

4 이 두 가지 반응을 뒷받침하는 설득력 있는 통계적 증거가 있다. Ioannides 2002; Helms 2012; Bian 2017 등을 참조하라.

5 저품질 주택하위시장에서 소유주의 경제 상태에 대한 문화기술지 연구에 대해서는 Desmond 2016을 참조하라.

6 여기서 예외는 일부 '숨겨진' 가구가 이전에 다른 가구들과 같은 집에서 지낼 수밖에 없었던 점유자로 나타나거나 저품질 하위시장에서 처음부터 부담할 수 없는 시장평가가치로 인해 어떤 거처도 가질 만한 여유가 없었던 점유자로 나타날 수 있다는 것이다.

7 주택하위시장모형의 주택여과 메커니즘은 다른 메커니즘과는 상당히 다르다는 점에 유의할 필요가 있다. 특히 Grigsby 1963; Smith 1964; Sweeney 1974b; Ohls 1975 등을 참조하라. 이들 중 어떤 것도 유발된 품질전환 공급 반응, 특히 하위시장의 품질 스펙트럼에 걸쳐 있는 변동성을 모형화하는 데 큰 역할을 하지 못했다. 어떤 연구도 상대적 평가가치에 있어서 하위시장 간 변동 또는 품질 스펙트럼에 걸쳐 있는 변이에 의해 유발된 내생적 가구 이동을 모형화하지 않았다. 하지만 살펴본 바와 같이 주택여과의 결과를 평가하는 수단을 제공하는 것은 정확히 그와 같은 체계적이면서 일률적이지 않은 동태적 과정이다.

8 우리는 이러한 결론을 신규건설은 기존 동네나 그 인근에서 (아마 철거와 재건축을 포함하는) 빈 공간 채우기 개발의 형태를 취했다고 하는 정도까지 바꿀 수 있을 것이다.

9 도심지역의 로컬 소매부문에 대한 보다 포괄적인 분석에 대해서는 Chapple and Jacobus 2008을 참조하라.

10 Helms(2003)는 개보수 예측에 있어서 구체적인 주택 속성 및 동네 속성의 중요성을 확인했다.

11 Saiz 2010.

12 이 시나리오의 목적상 가구들의 이러한 성장이 대도시 지역 바깥으로부터의 이주로 인해 일어나는 것인지 아니면 대규모 연령 코호트의 인구학적 전환에 의한 것인지 여부는 관련이 없다.

13 여기서 주택하위시장모형을 적용함으로써, 이러한 하위시장 간 교차 비교를 통해 전체 대도시 주택시장에 걸쳐 있는 변화를 전체론적으로 묘사할 수 있다. 이것은 저품질 하위시장에 대해 근시안적으로 초점을 맞추는 경향이 있는 대부분의 이전 설명적 모형과 대조를 이룬다. Smith 1979; Lees 1994; Bostic and Martin 2003, Lees, Slater, and Wyly 2008; Skaburskis 2010; Hwang and Lin 2016. 하지만 예외를 보려면 Brueckner and Rosenthal 2009; Guerrieri, Hartley, Hurst 2011 등을 참조하라.

14 달리 언급되지 않는 한, 대도시 지역에 대해 인용된 모든 통계는 디트로이트 지역의 카운티[웨인(Wayne), 오클랜드(Oakland), 매콤(Macomb)]와 로스앤젤레스 지역의 카운티[로스앤젤레스(Los Angeles), 오렌지(Orange), 리버사이드(Riverside), 샌버나디노(San Bernardino), 벤투라 Ventura)]에 대해 집계된 인구총조사 자료를 필자가 계산하여 나온 것이다. 로스앤젤레스의 주택과 동네의 최근 동태적 변화 과정에 관한 통찰과 자료를 얻는 데서 나는 Mawhorter(2016)에게 큰 도움을 받았다. 그녀는 쉽게 이해하기 힘든 추세들을 해석하고 보충 정보를 제공해 주었다. 그녀가 베풀어준 도움에 감사한다.

15 Galster 2012a.

16 Saiz 2010.

17 이러한 동태적 과정에 대한 통계 모형에 대해서는 Goodman 2005; Guerieri, Hartley, and Hurst 2012 등을 참조하라.

18 Mawhorter 2016.

19 Saiz 2010.

20 Green, Malpezzi, and Mayo 2005; Pendall, Puentes, and Martin 2006.

21 Saiz 2010.

22 모형에 의해 예측된 바와 같이, 로스앤젤레스에서의 이러한 가격 상승은 하위시장들 전반에 걸쳐 거의 균일하게 나타났다. Mawhorter 2016.

23 Chafets 1990.

24 Raleigh and Galster 2015.

25 Data Driven Detroit 2010.

26 Detroit Blight Removal Task Force 2014.

27 Sampson, Schachner and Mare 2017.

28 Mawhorter 2016.

29 2012년 경기침체 이후에 대한 측정에 따르면, 두 도시 모두에서 소매업체와 고용이 위축되었다. 자료는 1997년과 2007년 디트로이트와 로스앤젤레스의 경제총조사(Economic Census) 소매거래업 부문에서 나왔다. 두 도시에 대한 1992년 NAICS 값은 1997년 두 도시의 해당 주별로 공표하고 있는 SIC와 NAICS 사이의 비를 이용해서 적절한 총고용 수치에 적용하여 추정되었다.

30 예상과는 달리 해당 도시의 재산세 및 소득세 과세표준은 운영비용이 증가함에 따라 동시에 서서히 약화되었다. 방화에 대처하기 위해 소방관들이 더 많이 필요했고, 여느 때처럼 더 가난한 주민들을 위해 보건 및 사회서비스가 더 많이 필요했으며, 버려진 건물들이 더 많이 철거되어야 했고, 버려진 주택에 대한 애매한 소유권들은 해당 토지가 장래에 판매되거나 재개발되기 위해 해당 도시에 이전될 수 있도록 더 많이 청산되어야 했다. 디트로이트 황폐지역 제거 대책위원회(Detroit Blight Removal Task Force, 2014)는 철거가 필요한 디트로이트 7만 2000개의 건축물 모두를 철거하는 데 15억 달러가 소요될 것이라고 추정했다.

31 2014년 11월에 디트로이트는 파산법원에 모습을 드러냈다. 디트로이트의 재정 압박은 교외지역 대부분에서의 재정 압박과 현저하게 대조된다. 대도시 지역 연구 조합(Metropolitan Area Research Corporation)은 2000년 재산세 과세표준, 즉 주거용 및 비주거용 부동산 모두의 평가가치가 디트로이트 거주자 1인당 2만 1546달러에 불과하며 지역 평균인 거주자 1인당 6만 8286달러의 3분의 1에도 미치지 못하는 것으로 추정했다. 하지만 디트로이트는 해당 과세표준에서 훨씬 더 많은 것을 짜내려고 시도한다. 평가된 주택가치 1000달러당 68달러의 재산세율은 대도시 전반의 중간값보다 28달러 더 높았으며, 이는 디트로이트 주택 소유자가 지역 중간값보다 평가가치에 있어서 10만 달러에 대해 재산세로 매년 2800달러 더 많이 지출한다는 것을 의미한다. Galster 2012a.

32 이 문단의 통계는 1992년 정부총조사(https://www.census.gov//govs/cog/historical data 1992.html) 및 2014년 정부총조사(공공 이용 형태의 개별 단위 파일은 https://www.census.gov/govs/local/에서 이용 가능)에 기초하여 필자가 계산한 것이다.

33 https://www.smartasset.com/taxes에 있는 자료에 기반한 세율.

34 쇠퇴가 디트로이트의 삶의 질에 있어서 무엇을 의미하는지에 대한 전체론적 분석을 위해서는 Galster 2012a를 참조하라.

35 Temkin and Rohe 1996.

36 Galster 1987a.

37 여기에 대한 보다 자세한 내용을 위해서는 예를 들어, Logan and Molotch 1987; Lees 1994 등을 참조하라.

38 동네변화의 이러한 측면들을 포괄적으로 다루고 있는 중요한 연구 사례에 대해서는 Goering and Wienk 1996; Squires 1997, 2004; Immergluck 2004, 2011 등을 참조하라.

39 이 이론들에 대한 보다 자세한 검토와 비평에 대해서는 Schwirian 1983을 참조하라. 공평하게 말하자면, 동네변화에 관해 이 세 범주로 깔끔하게 분류되지 않는 다른 이론들이 있다. Leven et al. 1976; Segal 1979; Downs 1981; Grigsby et al. 1987 등을 참조하라. 주택시장과 동네변화의 대안적인 수리적 모형에 대해서는 Herbert and Stevens 1960; Anas 1978; Arnott 1980; Wheaton 1982; Braid 2001; Brueckner and Rosenthal 2009; Guerrieri, Hartley, and Hurst 2012 등을 참조하라.

40 Hoyt 1933; Park 1936.

41 Public Affairs Counseling 1975.

42 Rosenthal 2008a; Brueckner and Rosenthal 2009.

43 이러한 힘은 가장 오래되고 품질이 가장 낮은 주택에 집중되는 하위소득 가구와 관련된 부정적 외부효과에 의해 유발될 수 있지만 말이다. Rosenthal 2008a, 2008b.

44 Ratcliff 1949; Fisher and Winnick 1951; Lowry 1960; Grigsby 1963.

45 이 과정에 대한 대안적인 체계적 설명에 대해서는 Sweeney 1974a; Weicher and Thibodeau 1988; Baer and Williamson 1988 등을 참조하라.

제5장 기대심리, 정보, 탐색, 동네변화

1 이러한 주장을 수정하면, 일부 속성들은 대기질의 경우에서처럼 어떤 수준 이하에서는 아무도 입찰하지 않는 절대 최소 문턱값 이하에서 예비 전입자, 투자자, 개발사업자와 관련되었을 수 있다는 것이다.

2 이러한 속성들의 평가를 정량화하기 위한 헤도닉 지수 접근에 대한 이론 및 증거를 검토하기 위해서는 Rothenberg et al. 1991; Malpezzi 2003 등을 참조하라.

3 Kurlat and Stroebel(2015)은 이에 대해 경험적으로 뒷받침했다.

4 나는 이러한 과정을 모형화하기 위한 다음과 같은 이전의 노력들을 인정한다. Speare, Goldstein, and Frey 1975; Clark 1982; Maclennan 1982; Tu and Goldfinch 1996; Wong 2002; Marsh and Gibb 2011; Maclennan and O'Sullivan 2012.

5 이러한 견해는 사회심리학에서 '상징적 상호작용(symbolic interaction)' 접근과 일치한다. Faules and Alexander 1978. '정보 처리자(information processors)'로서의 사람에 대한 개념은 Simon (1957); Newell and Simon(1972)에서 보다 완전하게 발전되었다.

6 Kahneman 2011.

7 주택시장 탐색에 관한 대안적 이론들을 포괄적으로 검토하기 위해서는 Dunning 2017을 참조하라.

8 내 설명은 Fishbein and Ajzen 1975에 힘입은 바가 크며, 인간의 정보 처리와 결과 행동을 개념화하기 위해 사회심리학에서 사용되는 전통적인 '인지-감정-행동(cognition-affectation-conation)' 삼자 관계의 연장선상에 있다.

9 나는 이 용어들을 Faules and Alexander(1978: ch.7)에서 빌려왔다.

10 Klapp 1978.

11 Fishbein and Ajzen 1975: 11.

12 오래된 실험 문헌은 의사결정의 불확실성에 대한 지각과 그에 따른 정보의 적극적 획득의 증가 사이에 직접적인 상관관계가 있음을 확인했다. Simon 1957; Lanzetta 1963; Newell and Simon

1972 등을 참조하라.

13 Clark 1971; Birch et al. 1979; Clark 1982; Maclennan and O'Sullivan 2012; Hedman 2013; Bader and Krysan 2015 등을 참조하라. 하지만 온라인 검색 엔진의 사용이 확대되면서 이러한 공간 편향은 약화되고 있다. Rae 2014.

14 Brown and Moore(1970)는 직접 정보를 얻는 영역인 '활동 공간(activity space)'과는 대조적으로 간접 정보를 얻는 영역을 '접촉 공간(contact space)'이라고 부른다.

15 DeLuca, Garboden, and Rosenblatt 2013; Darrah and Deluca 2014; DeLuca and Rosenblatt 2017. Desmond(2016) 등은 저소득 가구의 좁고 네트워크 주도적인 탐색 패턴에 대한 질적 증거를 제공한다.

16 Marsh and Gibb 2011.

17 이것은 '모호성 회피(ambiguity aversion)'와 '익숙함에 대한 선호(preference for the familiar)'라고도 불린다. DellaVigna 2009.

18 만족과 관련된 문헌을 검토하기 위해서는 Galster 1987a: ch.6; Hipp 2009 등을 참조하라. 도시 이동성과 관련된 문헌에 대해서는 Harris 1999, 2001; Dieleman 2001; Strassman 2001 등을 참조하라.

19 Wurdock 1981.

20 Galster 1987a: ch.8. 놀랍게도 동네의 장래 삶의 질에 대해 비관적일수록 그곳에 더 오래 머무르려는 계획을 가지고 있었다.

21 학자들은 이러한 모형들의 몇 가지 변형을 추정했으며, 각각은 주택가격(Li and Rosenblatt 1997), 인구밀도(Guest 1972, 1973), 소득 또는 사회계층(Guest 1974; Galster and Peacock 1985; Galster and Mincy 1993; Galster, Mincy, and Tobin 1997; Carter, Schill, and Wachter 1998; Wyly and Hammel 1999; 2000), 주택 소유율(Baxter and Lauria 2000), 여성 지도자 비율(Krivo et al. 1998), 인종구성(Schwab and Marsh 1980; Galster 1990a, 1990c; Ottensmann, Good, and Gleeson 1990; Denton and Massey 1991; Lee and Wood 1991; Ottensmann and Gleeson 1992; Lauria and Baxter 1999; Baxter and Lauria 2000; Crowder 2000; Ellen 2000b) 등과 같은 구체적인 동네 성취결과를 다루고 있다.

22 Hipp 2010.

23 Hipp(2010)가 예외였는데, 그는 실제로 내생적 피드백 관계를 확인했다.

24 Galster and Tatian 2009.

25 Hwang and Sampson 2014.

26 Hipp, Tita, and Greenbaum 2009.

27 Ellen, Lacoe, and Sharygin 2012.

28 Katz, Wallace, and Hedberg 2011.

29 Williams, Galster, and Verma 2013. 여기서 세 연구 모두 그랜저 인과성(Granger causality) 검정의 변형을 사용하여 선행 및 후행 동네지표에 대한 분석을 수행했다.

30 하지만 두 표본 모두 보다 큰 규모의 지역에 비해 흑인들이 비정상적으로 낮게 집중되어 있는 도시에서 추출되었기 때문에, 이러한 결과들은 일반화되지 못할 수 있다.

31 Galster(1987a: ch.6)가 이를 관찰했다.

32 Taub, Taylor, and Dunham 1984.

33 Quillian and Pager 2001.

34 Skogan 1990.

35 Sampson and Raudenbush 2004.

36 모든 경우들에 있어서 동네의 물리적 특성 및 계층구성 특성이 영상물들에서 동일함에도 불구

하고 이러한 결과는 유지되었다. Krysan, Couper, Farley, and Forman(2009)은 또한 흑인 응답자들이 인종적으로 혼합된 시나리오에 대해 가장 긍정적인 의견을 가지고 있다고 관찰했다. Emerson, Chai, and Yancey(2001)는 주택 구입 장소에 대한 백인들의 선호를 조사하기 위한 삽화 기반의 전국 서베이에서 동네에 대한 백인들의 고정관념에 관해 비슷한 결론을 도출했으며, 아시아계 및 히스패닉계 동네 구성은 백인들에게 중요하지 않다는 것을 발견했다. Lewis, Emerson, and Klineberg(2011)는 휴스턴 서베이 분석에서, 백인들은 범죄, 학교 품질, 주택가치와는 관계없이 흑인이나 히스패닉 거주자의 비율이 증가함에 따라 이웃들을 덜 매력적인 것으로 여긴다는 것을 발견했다. 이와 대조적으로, 인종구성은 히스패닉과 흑인들의 동네 선호에는 거의 영향을 미치지 않았다. 이와 비슷하게, Bader and Krysan(2015)은 시카고에서 백인(그리고 더 약하게는 히스패닉) 가구들이 보기에는 흑인 거주자의 백분율이 동네의 바람직함에 결정적으로 영향을 미친다는 것을 발견했다. 하지만 앞에서 언급한 서베이들은 백인들이 흑인들이 주로 거주하는 동네를 기피한다는 것을 드러내는 한 해석에 문제가 있다. 왜냐하면 백인들은 인종을 기대심리 또는 측정되지 않는 동네 특징에 대한 대리변수로 사용하거나 흑인 동네 자체를 혐오하기 때문이다.

37 Hipp(2012) 또한 이 결론에 대해 간접적으로 지지하지만 그의 연구는 거주자들이 장래 동네 조건의 예측변수로서 인종을 어떻게 사용하는지를 명시적으로 고려하지 않는다. 그는 인구총조사 집계구의 인종구성, 주택을 둘러싸고 있는 보다 작은 규모의 동네, 이전 거주자의 인종 등 이들 모두 다음 거주자의 인종이 무엇인지를 가리키는 강력한 신호력을 가지고 있다는 것을 발견했다.

38 Harris 1999.

39 Harris 2001.

40 Ellen 2000b: chs. 5~7.

41 하지만 그녀는 흑인 주택 소유자들이나 어느 한 인종의 임차인들에게서 이러한 관계를 발견하지는 못한다.

제6장 동네의 비선형 문턱효과

1 집합적 사회화에 관한 전형적인 설명에 대해서는 Simmel 1971; Weber 1978 등을 참조하라.

2 Wilson 1987.

3 Galster 1987a: ch.3.

4 경제학자들은 집합적 사회화 효과를 포함하는 몇 가지 수리적 모형을 개발했는데, 특정 가정하에서 문턱값이 복잡한 의사결정 문제의 해법으로 자주 등장한다. Akerlof 1980; Brock and Durlauf 1999 등을 참조하라.

5 Sampson and Groves 1989.

6 Lim and Galster 2009.

7 Schelling 1978.

8 Granovetter 1978.

9 Granovetter and Soong(1986)의 후속 연구는 동네변화의 다양한 차원들에 대한 이 연구를 기반으로 하여 일반화한다.

10 Galster 1987a: ch.3.

11 이러한 맥락에서 Schelling(1971, 1978); Schnare and MacRae(1975); Taub, Taylor, and Dunham(1984) 등은 매우 영향력 있는 연구를 수행했다.

12 Crane 1991.

13 Crane(1991)은 동네의 집계적 상황에 대한 이 과정의 함의를 도출했다. 그는 앞에서 언급한 거주

자 민감성의 두 조건이 동네 품질과 반대로 관계되어 있다고 가정하면서, 동네 품질이 떨어짐에 따라 사회문제들이 비선형적으로 증가한다는 가설을 설정했다. 그러므로 동네 품질 분포의 아래 부분 어딘가에서 문턱 관계가 존재해야 한다. 이는 사회문제 발생률이 극단적으로 크면서 급격하게 증가한다는 것을 의미한다.

14 Murphy, Shleifer, and Vishny(1993)는 소규모의 범죄 집단이 다른 동네 세력들 사이에서 어떻게 상승작용을 일으키는지를 보여주는 이론적 모형을 개발했다. 한 구역의 범죄자 수가 증가함에 따라, 세 가지 일이 동시에 일어날 수 있다. 첫째, 범죄가 수익의 일부를 흡수해 버림에 따라 비범죄 활동으로부터 발생하는 수익은 점차 줄어들 것이다. 둘째, 범죄 행동을 감시하고 보고하며 직접적으로 제재하는 개인의 수(즉, 집합효능)는 상대적으로 그리고 아마 절대적으로 감소할 것이다. 마지막으로, 범죄가 표준이 됨에 따라 범죄 활동과 관련된 낙인(즉, 집합규범)은 서서히 사라질 것이다. 비범죄 활동과 비교하여 이 세 가지 요인은 범죄로부터의 상대적인 경제적 수익 및 사회적 수익을 비선형적 방식으로 바꾸기 위해 서로 상호작용할 가능성이 있다.

15 Hipp and Yates 2011.

16 이 점에 대한 완전한 설명을 위해서는 Sharkey and Faber 2014를 참조하라.

17 Pinkster 2008.

18 Kleinhans 2004; Kleit 2008.

19 미국에서 유일한 예외는 Crane(1991)이며, 뒤에서 이에 대해 논의한다.

20 Turley 2003; Burdick-Will et al. 2010; Galster, Andersson, and Musterd 2010; Clampet-Lundquist et al. 2011; Sanbonmatsu et al. 2011; Ludwig 2012; Musterd et al. 2012; Andersson and Malmberg 2013; Chetty, Hendren, and Katz 2015; Galster, Santiago, and Lucero 2015; Galster, Santiago, Stack, and Cutsinger 2016.

21 Galster and Santiago 2006.

22 Wolf 1963. 이 분야의 초기 연구에 관한 검토에 대해서는 Goering 1978을 참조하라.

23 Crowder 2000.

24 Ellen 2000b.

25 Ioannides and Zabel(2008)은 잠재적 도착동네의 백인 거주자 백분율과 백인 가구가 그곳으로 이주할 확률 사이의 양(+)의 관계에 비선형성이 있다는 것을 관찰하지 못했다.

26 Quillian 2014.

27 Taub, Taylor and Dunham 1984: ch.6.

28 Galster 1987a: ch.9.

29 이러한 임계값은 각 변수에 대한 평균값인 것으로 추정되었다.

30 Vartanian 1999a, 1999b; Weinberg, Reagan, and Yankow 2004.

31 동네 조건과 개인의 성취결과 사이의 비선형적 관계에 대한 서유럽의 증거는 당연하게도 국가적 맥락의 다양함, 상이한 지표의 사용, 채택된 연구방법 등으로 인해 일관성이 떨어지며, 결론에 있어서는 일관성이 훨씬 더 떨어진다. Galster 2014의 문헌 고찰을 참조하라.

32 Crane 1991; Duncan et al. 1997; Chase-Lansdale et al. 1997.

33 Crane(1991: 1234, 1241)은 이러한 연구결과를 동네 내 사회적 상호작용과 일치하는 것으로 해석했지만, 지위가 높은 이웃들이 (긍정적 역할모델로서 작용하는 것과 같은) 내생적 효과 또는 (로컬의 시설과 서비스를 더 좋게 만드는 자원을 가져오는 것과 같은) 상관 효과를 발생시키는지를 식별할 수는 없었다.

34 하지만 Duncan et al.(1997)은 부유한 거주자들의 평균 백분율 또는 그 이하에 있는 임계점에 대해서는 명시적으로 검정하지 않았으며, 따라서 그들의 연구결과를 Crane(1991)의 연구결과와 직접 비교할 수는 없다.

35 Turley 2003. 유감스럽게도, 이 동네지표로는 그 관계가 부유한 거주자의 점유율에 의해 만들어지고 있는지 또는 가난한 거주자의 점유율에 의해 만들어지고 있는지 확신할 수 없다.

36 Galster, Santiago, Stack, and Cutsinger 2016. 사회적 취약성은 빈곤, 임차인, 여성 가구주 가구, 실업 등에 대한 동네 백분율의 합으로 측정되었다.

37 유감스럽게도, 인구총조사 집계구에 대한 자료는 이러한 연구들의 결과를 해석하는 데 제한을 가한다. 첫째, 자료의 집계적 특성으로 인해 우리는 전입자, 전출자, 체류자가 인구총조사 집계구의 관찰된 집계적 변화에 어느 정도 기여했는지를 식별할 수 없다. 둘째, 우리는 관찰된 비선형적 효과들이 일어나는 정확한 행동 메커니즘을 확인할 수 없다.

38 Giles et al. 1975; Galster 1990c; Lee and Wood 1991; Card, Mas, and Rothstein 2008; Lee, Seo, and Shin 2011, 2017. Crowder 2000; Ellen 2000b 등의 문헌 고찰을 참조하라.

39 Galster 1990c. Galster 1990c와 Crowder 2000 모두 비슷한 추정 형태를 가진 3차 모형을 추정한다는 점에 유의하라.

40 Hwang and Sampson 2014.

41 Ding 2014.

42 Schuetz, Been, and Ellen 2008.

43 Han 2017a.

44 Galster, Quercia, and Cortes 2000.

45 Galster, Cutsinger, and Lim(2007) 또한 표본 도시들 전체에 걸쳐 동네 빈곤율의 연간 변화를 모형화할 때 이와 동일한 자기안정화(self-stabilizing) 관계를 발견했다.

46 Galster, Quercia, and Cortes(2000) 또한 비전문직 고용 백분율이 77%에서 83%까지 상승했을 때 동네 여성 가구주 및 실업률에서 문턱 모양의 변화를 관찰했다. 이러한 연구결과는 Crane(1991)과 Chase-Lansdale et al.(1997)의 연구결과와 보완적이다.

47 Krivo and Peterson 1996.

48 Hannon 2005.

49 Lauritsen and White(2001) 또한 이변량 검정에서만 이를 조사했지만, 부당한 희생과 동네 취약에 대해 점점 증가하는 양(+)의 한계적 관계를 발견했다. McNulty(2001)는 강력범죄와 동네 취약 사이에 긍정적이지만 체감하는 한계적 관계를 발견했다고 주장했지만, Hannon and Knapp(2003)은 이는 범죄를 로그 변환함으로써 만들어진 결과라는 것을 보여주었다. 적절하게 변환한 후, Hannon and Knapp은 McNulty의 연구결과는 실제로 Hannon(2005)과 Lauritsen and White (2001)의 연구결과를 재현한 것이라고 주장했다.

50 이들의 연구는 (1) 25개 도시에 걸쳐 많은 수의 인구총조사 집계구를 대상으로 하고, (2) 다양한 비선형적 함수 형태를 검정하며, (3) 공간자기상관성을 통제하기 위해 범죄에 대한 공간래그(spatial lags)를 이용하고 있기 때문에 주목할 만하다.

51 Krivo and Peterson 1996.

52 Hipp and Yates 2011.

53 Hannon 2002.

54 Galster, Cutsinger, and Malega 2008.

55 Meen 2005.

56 Flippen(2004) 또한 이러한 20%의 빈곤율 문턱값을 관찰했지만, 그녀의 모형은 비선형적 함수 관계를 정확히 비교할 수 있도록 추정해 주지는 못했다.

57 부담가능주택이 동네에 미치는 영향을 조사하는 문헌을 보다 포괄적으로 검토하기 위해서는 Galster 2004; Dillman, Horn, and Verrilli 2016 등을 참조하라.

58 Schwartz, Ellen, and Voicu 2002.

59 Johnson and Bednarz(2002) 또한 저소득주택 세액공제 개발의 집중을 증가시켜서 긍정적 한계 영향을 감소시키는 것은, 일단 집중이 문턱값을 초과하면 부정적인 영향을 줄 수 있다는 것을 관찰했다.

60 Galster et al. 1999; Santiago, Galster, and Tatian 2001.

61 Galster et al. 1999; Galster, Tatian, and Smith 1999.

62 주택선택바우처 보유자가 동네에 미치는 영향에 대해 보다 상세히 검토하기 위해서는 Owens 2017을 참조하라.

63 Popkin et al. 2012.

64 Hendey et al. 2016.

65 Schuetz, Been, and Ellen 2008 또한 문턱값을 확인했는데, 일단 동네의 주택가치가 압류주택의 임계 집중 수준을 초과하자마자 동네의 주택가치는 오직 하락하기만 하는 문턱효과를 확인했다.

제7장 계층 및 인종에 따른 동네 거주지 분리

1 Watson 2009; Fry and Taylor 2012; Bischoff and Reardon 2014; Jargowsky 1996, 2003, 2015; Reardon and Bischoff 2011, 2016.

2 Rosenthal and Ross 2015의 문헌 고찰을 참조하라.

3 Reardon and Bischoff 2016.

4 2000년 이후 특히 흑인과 히스패닉 가족에 대해 인종 및 민족 집단들 내에서 경제적 분리가 시간이 지남에 따라 증가하고 있다. Bischoff and Reardon 2014.

5 Rosenthal and Ross 2015.

6 Galster, Booza, and Cutsinger 2008.

7 Galster and Booza 2007.

8 Booza, Cutsinger, and Galster(2006); Ioannides(2004); Talen(2006)은 동네의 소득 다양성과 관련이 있는 것들을 탐색하기 위해 다변량 기법을 사용했으며, 자가거주자 및 비백인 가구가 더 많고 밀도가 더 높으며 공실률과 주택가치가 더 낮고 점유기간과 가치에 따라 주택 다양성이 더 큰 동네에서 혼합의 가능성이 더 크다는 것을 발견했다. Galster et al.(2005)은 소득이 매우 낮은 가구가 소득 다양성이 높은 동네에 거주하는 정도에 영향을 미치는 대도시의 영향력에 관한 계량경제학 모형을 개발했다. 이것은 또한 이러한 기회를 확대하는 데 있어서 자가점유율 및 여유 임대시장이 지닌 중요성을 보여준다.

9 Reardon and Bischoff 2011; Bischoff and Reardon 2014; Pendall and Hedman 2015; Reardon and Bischoff 2016.

10 Jargowsky 2003, 2015.

11 Jargowsky 2015.

12 대안적인 측정 및 시간 분석의 틀에 관한 예시로서, Rosenthal(2008a)는 1950년부터 2000년까지 동네를 관찰하는 해당 연도 동안 35개 대도시 지역의 균형 패널에서 모든 인구총조사 집계구의 평균 소득 대비 동네의 평균 소득에 기초하여 사분위별로 동네를 범주화한다. Rosenthal(2008b)은 1970년부터 2000년까지의 기간 동안 모든 대도시 지역에 대해 절대적 동네 빈곤율의 다섯 개 범주를, 그리고 대도시 지역 및 연도 내에서 상대적 빈곤율과 관련된 사분위수에 기초하여 범주를 정의한다. Galster, Booza, Cutsinger(2008)는 1990년대 동안 모든 대도시 지역에 대해 해당 동네가 대도시 전역의 중위소득 대비 여섯 개 범위의 동네 중위소득 중 어느 범위에 속하는지에 기초하여 동네의 범주를 정의한다. Sampson, Mare, and Perkins(2015)와 Sampson, Schachner, and Mare(2017)는 1990년대 및 2000년대 동안 시카고와 로스앤젤레스 각각에 대해 전국 중위소

득 대비 동네 중위소득을, 그리고 소득 양극단에서의 집중 지수 대비 동네 중위소득을 이용한다.

13 Rosenthal 2008b.

14 Rosenthal(2008b)은 또한 동네 지위의 지속성이 대도시 지역일수록 더 크다는 것을 발견한다.

15 Galster, Quercia, Cortes, and Malaga 2003.

16 Rosenthal 2008a.

17 수많은 동네지표에 대해 동네변화의 동태적 과정이 평균회귀(mean reversion)의 영향하에 있다는 견해는 Galster, Cutsinger, and Lim(2007)에 의해 처음 제시되었다. Rosenthal(2008a)은 동네 빈곤율이 안정적인 장기 평균값을 중심으로 변동한다는 것을 발견함으로써 이러한 주장을 뒷받침했다.

18 젠트리피케이션에 대한 다양한 다학제적 모형과 경험적 연구에 대해서는 Smith 1979; Lees 1994; Bostic and Martin 2003; Lees, Slater, and Wyly 2008; Brueckner and Rosenthal 2009; Skaburskis 2010; Guerrieri, Hartley, and Hurst 2011; Hwang and Sampson 2014; Hwang and Lin 2016 등을 참조하라.

19 Ellen and Ding 2016.

20 Rosenthal 2008a, 2008b.

21 Vandell 1981; Rosenthal 2008b; Ellen and O'Regan 2008; Hwang and Sampson 2014; Jun 2016.

22 Baxter and Lauria 2000; Rosenthal 2008b.

23 Quillian 2012.

24 학자들은 가장 흔히 다음의 세 가지 지수로 거주지 분리를 측정한다. (1) 상이지수(dissimilarity index): 대도시 지역의 동네들 전체에 걸쳐 두 인종 또는 민족 집단의 전반적인 분포의 상대적 균등성을 나타내는 지수, (2) 고립지수(isolation index): 특정 인종 또는 민족 집단의 구성원들이 동일 집단의 구성원들이 거주하는 동네에 살고 있는 정도를 나타내는 지수, (3) 노출지수(exposure index): 특정 인종 또는 민족 집단의 구성원들이 다른 집단의 구성원들이 거주하는 동네에 살고 있는 정도를 나타내는 지수.

25 Logan, Stults, and Farley 2004; Logan and Stults 2011; Glaeser and Vigdor 2012; De la Roca, Ellen, and O'Regan 2014.

26 앞에서 말한 모든 통계는 Logan(2011)에서 나온 것이다. 거주지 분리의 또 다른 흥미로운 측면은 사회경제적으로 지위가 높은 소수인종 집단이 주로 백인 중산층이나 상류층이 거주하는 쇠퇴하지 않은 교외 동네로 이주하는 정도이다['공간적 동화(spatial assimilation)']. Smith, Pride, and Schmitt-Sands(2017)는 이 과정이 수십 년 동안 진행된 후 2000년대 동안에는 중단되었음을 발견했다.

27 Owens 2017.

28 Ellen, Horn, and O'Regan 2012.

29 특히 백인 거주자 점유율을 유지할 수 없게 된 통합된 동네들이 평균적으로 더 높은 소수인종 집단의 점유율로 10년을 시작했다는 증거는 없었으며, 따라서 인종적 티핑 포인트에 대한 통념에 약간의 의구심을 던져주었다. 하지만 변화를 측정하는 방식이 세련되지 못했으며 다변량 모형화도 이용되지 않았기 때문에 이러한 결과는 매우 신중히 해석되어야 한다.

30 Ellen and Ding 2016.

31 동네들이 어떻게 인종구성 및 계층구성을 함께 변화시키는지에 대한 대안적 모형에 대해서는 Bond and Coulson 1998을 참조하라.

32 이것은 이 주제를 전통적으로 다루어왔던 방식과는 근본적으로 다르다는 점에 주목하라. Schelling(1971)은 백인들이 동네를 떠나도록 만드는 내생적 과정에 초점을 맞췄으며, 빈집은 모두 흑인에

의해 점유될 것이라고 단순하게 가정했다.

33 Schnare and MacRae(1978)가 이 모형을 처음으로 개발했으며, 뒤이어 Colwell(1991)과 Card, Mas, and Rothstein(2008)이 이를 수정했다. Taub, Taylor and Dunham(1984)은 이 접근방법과 관련된 형태의 모형을 고안했다.

34 설명을 단순화하기 위해, 임대나 구입을 통해 주택이 배분되는지 여부는 중요하지 않다.

35 여기서 Schelling(1971)의 모형에 따라 백인들이 인종적으로 동기부여되어 전출하는 속도 또한 가속화될 수 있지만, 이러한 내생적 과정은 공식적으로 지불의사 모형과 관련된 동태적 과정이 아니다.

36 이 분야의 초기 연구는 Bailey(1959, 1966)에 의해 이루어졌는데, Bailey는 다른 가구 집단과의 거리에 대한 선호에 초점을 맞췄다. Schelling(1971, 1972, 1978)은 사회적으로 상호작용하는 개인들 사이에서 주거선택 행동이 종종 의도하지 않고 원하지 않는 거주지 분리라는 거시적 결과를 만들어낸다는 개념적 모형을 개발했다. Rose-Akerman(1975), Yinger(1976), Courant and Yinger (1977) 등은 고전적인 단핵도시 주거입지 모형에 거주지 분리주의적인 선호를 포함시키려는 초기 노력을 시작했다. 그들은 인종 내 그리고 인종 간 지불의사에 있어서의 차이를 발생시키는 인종 내 소득 차이가 존재하기 때문에 편견만으로는 많은 거주지 분리를 설명하기에 충분하지 않다고 결론 내렸다.

37 예를 들어, Zhang 2004; Pancs and Vriend 2007; Fossett 2011 등을 참조하라.

38 Bruch and Mare 2006.

39 선호가 거주지 분리를 대부분 설명할 수 있다고 주장하는 반대 견해에 대해서는 Clark 2009를 참조하라.

40 Myrdal(1944)은 인종적 편견, 거주지 분리, 인종 간 경제적 격차가 어떻게 누적인과(cumulative causation)의 상호 강화적 패턴으로 연결되는지에 대한 매우 영향력 있는 체계적인 설명을 수행했다. 나는 Galster(1988a, 1992a, 2012b)에서 인종에 따른 거주지 분리에 관한 이러한 종류의 개념적 모형을 정교화하고 확대했다. 나는 Galster(1987b, 1991); Galster and Keeny(1988) 등에서 이 모형의 통계학적 형태의 모수들을 조작화하고 추정했다. 내가 알기로는, 누구도 누적인과의 통합된 모형 안에서 계층과 인종에 따른 거주지 분리의 원인을 이해하려고 노력하지 않았다. Bayer and McMillan(2012)과 Bayer, Fang, and McMillan(2014)은 계층 및 인종에 따른 거주지 분리를 결과로서 포함하는 정태적인 이론적 모형을 개발했다. Smith, Pride, and Schmitt-Sands (2017)는 대도시 동네들이 1970년 이후 어떻게 경제적 구성과 인종적 구성을 함께 변화시켰는지에 대해 풍부하게 기술한다.

41 나는 거주지 분리의 여러 다양한 원인들 중 어느 것이 가장 설명력 있는지에 대한 오랜 논쟁에 대해 언급을 피한다. 예를 들어, Galster(1988b, 1989)와 비교하여 Clark(1986, 1989)를 참조하라. 누적인과모형에서 원인과 결과는 궁극적으로 모호해지기 때문에, 이러한 논쟁은 아무런 소득이 없는 것처럼 보인다. 더욱이 나는 내 모형이 아마 다소 다른 설명력을 가지고 있다는 것을 인정한다. 다시 말해, 서로 다른 연결의 강도는 어떤 인종 집단이 고려되고 있는지에 따라 달라진다. 예를 들어, 흑인과 히스패닉에 대해 거주지 분리와 서로 관련 있는 것들은 다소 다르다는 것이 잘 알려져 있다. Santiago and Galster 1995; Bayer, McMillan, and Rueben 2004; Iceland and Nelson 2008; Rugh and Massey 2014 등을 참조하라.

42 Sampson and Sharkey(2008)와 Sampson(2012)은 시카고 동네들 전체에 걸쳐 인구이동 흐름을 구조화하는 데 있어서 인종과 계층의 강력한 교차점을 상세히 살펴보았다.

43 계층에 따른 거주지 분리의 원인을 검토하기 위해서는 Grigsby et al. 1987; Rosenthal and Ross 2015 등을 참조하라.

44 소득 집단들이 이러한 대안들을 어떻게 평가하는지에 대한 가정과 증거에 있어서 상당한 발전이 있었다. 고전적 도시모형에 대한 초기의 체계적 설명에서, Alonso(1964); Mills(1967); Muth

(1969) 등은 시간의 한계가치는 주택소비의 한계가치만큼 소득에 따라 빠르게 증가하지 않는다고 가정했다. 따라서 상위소득 가구들은 고용에서 더 멀리 떨어진 위치, 이를테면 대개 기성 대도시 지역의 가장자리 인근에 있는 위치에 대해 다른 집단들을 앞지를 것이다. 하지만 Wheaton(1977)은 이러한 상대적 평가가치가 소득에 따라 크게 다르지 않다는 것을 발견했다. 최근에 Glaeser, Kahn, and Rappaport(2008)는 고전모형의 상대적 가중치가 정반대로 뒤바뀌었다고 주장했다.

45 Rosenthal 2008a, 2008b; Brueckner and Rosenthal 2009.

46 Brueckner, Thisse, and Zenou 1999; Bayer, McMillan, and Rueben 2005; Epple, Gordon, and Sieg 2010.

47 Banzhof and Walsh 2008.

48 Glaeser, Kahn, and Rappaport 2008; Brueckner and Rosenthal 2009.

49 Guerrieri, Hartley, and Hurst 2011.

50 Musterd et al. 2016; Galster and Turner 2017.

51 Benabou 1993, 1996; Bayer, Ferreira, and McMillan 2007.

52 O'Sullivan 2005; Guerrieri, Hartley, and Hurst 2013.

53 Tiebout 1956. 새로운 이론적 체계화 및 경험적 검정에 대해서는 Epple and Romer 1991; Alesina, Baquir, and Easteerly 1999; Ross and Yinger 1999; DeBartoleme and Ross 2003, 2008; Nechyba and Walsh 2004 등을 참조하라.

54 Calabrese, Epple, Romer, and Sig(2006)는 이러한 분류입지(sorting)에 관한 모형을 제시한다. 거주지 분리 연구에서 여러 다른 척도를 이용한 증거에 따르면, 자녀가 있는 가구들은 자녀가 없는 가구보다 경제적 지위가 (그리고 인종이나 민족 구성이) 다른 동네에 걸쳐 고르게 분포되어 있지 않다. Logan et al. 2001; Jargowsky 2015; Owens 2017. 학교에서 계층 및 인종에 따른 거주지 분리의 경향에 관한 요약에 대해서는 Galster and Sharkey 2017을 참조하라.

55 Eberts and Gronberg 1981.

56 Vandell 1995.

57 Massey and Kanaiaupuni 1993; Rosenthal 2008b.

58 인종에 따른 거주지 분리의 원인을 검토하기 위해서는 Galster 1988a, 1988b; Massey and Denton 1993; Ellen 2000b; Charles 2003; Dawkins 2004; Massey 2008 등을 참조하라.

59 Taeuber and Taeuber 1965; Darden and Kamel 2000. Crowder, South, and Chavez 2006, Iceland and Wilkes 2006; Kucheva and Sander 2017 등은 인종 간 소득 및 부의 차이가 인종에 따른 거주지 분리에 얼마나 기여하는지를 추정했다.

60 Pascal 1965.

61 Farley, Danziger, and Holzer 2000; Emerson, Chai, and Yancey 2001; Krysan, Couper, Farley, and Forman 2009; Clark 2009; Lewis, Emerson, and Klineberg 2011; Bader and Krysan 2015; Havekes et al. 2016.

62 Galster 1977, 1982; Cutler, Glaeser, and Vigdor 1999.

63 Bayer, McMillan, and Rueben 2004; Bayer, Fang, and McMillan 2014.

64 대응표본 검정(paired-testing) 방법을 이용하여 주택시장 차별에 대해 두 국가를 대상으로 수행한 연구에 관해서는 Turner et al. 2002, 2013을 참조하라. 그들은 임대시장에서는 흑인에 대한 차별의 발생이 감소했지만 주택판매시장에서는 그리고 히스패닉에 대해서는 완강하게 높은 수준을 유지하고 있다는 것을 밝혔다. Adelman(2005)과 Havekes et al.(2016)이 제시하는 서베이 자료가 시사하는 바에 따르면, 소수인종들은 자신들이 원하는 인종구성을 가지고 있으면서 자신들이 주택을 탐색한 동네로 이주하지 못할 수 있다. 차별과 관련된 이들 이슈에 관한 폭넓은 논의에 대해서는 Goering 2007과 Quillian 2006을 참조하라.

65 Ross 2011.

66 Galster and Godfrey 2005; Besbirs and Faber 2017.

67 Gotham 2002.

68 Roychoudhury and Goodman 1992; Ondrich, Ross, and Yinger 2003; Fisher and Massey 2004; Galster and Godfrey 2005.

69 주택담보대출시장에서 일어나는 인종차별에 관한 증거에 대해서는 Yinger 1995; Ladd 1998; Turner and Skidmore 1999; Ross and Yinger 2002; Engel and McCoy 2008; Immergluck 2011; Rugh, Albright, and Massey 2015 등을 참조하라.

70 Hirsch 1983; Sugrue 1996; Freund 2007; Massey 2008.

71 Galster 2012c.

72 Farley, Danziger, and Holzer 2002.

73 Bader and Krysan 2015.

74 이들 로컬 토지이용 규제가 거주지 분리에 얼마나 기여하는지에 관한 경험적 추정치에 대해서는 Pendall 2000a; Rothwell and Massey 2009 등을 참조하라.

75 Galster 1990b.

76 Yinger 1995.

77 주요 대출기관을 상대로 한 최근의 몇몇 연방 법률 소송이 주장하는 바에 따르면, 많은 소수인종 신청자들이 사실상 우대금리 자격이 더 낮거나 약탈적 대출 관행의 표적이 되었을 때 비우량주택담보대출(subprime martgage) 이자율을 더 높이 차별적으로 부과받았다고 한다. Engel and McCoy 2008; Immergluck 2011.

78 Yinger 1995; Ondrich, Ross, and Yinger 2003.

79 1960년대에 이 가설이 체계화된 이후 이 가설로부터 산출된 방대한 문헌을 검토하기 위해서는 Kain 1968, 1992, 2004; Turner 2008 등을 참조하라.

80 Sturdivant 1969.

81 Fusfeld and Bates 1984.

82 Bates 1997.

83 Massey and Denton 1993; Massey 2008.

84 Clark 1989.

85 Allport 1979; Jackman and Crane 1986; Pettigrew and Tropp 2011.

86 Fischel 2001.

87 Acs et al. 2017.

제8장 동네가 개인의 사회경제적 성취결과에 미치는 영향

1 Galster and Killen(1995)은 '기회구조(opportunity structure)'와 '기회의 지리(geography of opportunity)'라는 유사한 개념을 소개했다. 이 틀의 규범적 함의에 관한 분석에 대해서는 Dawkins 2017을 참조하라.

2 물론 언급된 모든 영역에서 일어나는 맥락적 변화는 이 세 가지 기본적 공간 규모 중 어느 하나의 규모 내에 있을 수 있다.

3 우리는 인간의 의사결정에 관해 방대한 문헌이 있다는 것 그리고 가장 적절한 모형에 대해 상당한 논쟁이 있다는 것을 인정한다(Galster and Killen 1995의 문헌 고찰을 참조하라). 우리는 이러한 삶의 선택이 순수하게 본능적이거나 무작위적이며 현재와 미래의 현실에 관한 사회적 구성(social

construction)과는 아무런 관계가 없다는 생각을 거부하는 한, 어떤 특정 관점을 취하는 것이 우리 모형과는 무관하다고 생각한다. 우리는 이러한 선택들이 '제한된 합리성(bounded rationality)', 이를테면 불완전한(아마 정확하지 않기도 한) 정보, 주관적 평가, 해당 상황에 관한 많은 개인적 측면과 맥락적 측면에 따른 충동 및 갑작스러운 판단과 비교하여 다양한 정도의 냉정하고 분석적인 사고 등에 기초하여 일반적으로 설명될 수 있다고 생각한다. 내 모형은 Eriskon and Jobsson (1996)과 Becker(2003)의 '합리적 행위자(rational actor)' 모형과 공통적인 특징이 많지만, 우리는 사회공간적 맥락이 개인의 기대편익 및 기대비용의 평가에 관계된 정보 및 가치의 주요 원천임을 강조한다.

4 McConnell et al. 2010; Lovasi et al. 2011.

5 Rau, Reyes, and Urzúa 2013.

6 Sharkey and Sampson 2010; Sharkey et al. 2012, 2014.

7 O'Regan 1993.

8 Wilson 1987.

9 Haveman and Wolfe 1994.

10 Galster and Santiago 2006.

11 Sharkey 2013.

12 Jencks and Mayer 1990; Duncan, Brooks-Gunn, and Aber 1997; Gephart 1997; Ellen and Turner 1997; Wandersman and Nation 1998; Friedrichs 1998; Green and Ottoson 1999; Atkinson et al. 2001; Booth and Crouter 2001; Sampson 2001; Ellen, Mijanovich, and Dillman 2001; Haurin, Dietz, and Weinberg 2002; Sampson, Morenoff, and Gannon-Rowley 2002; Ellen and Turner 2003; Ioannides and Loury 2004; Pinkster 2008; Phibbs 2009.

13 이와 대조적으로 Manski(1995)는 15개의 동네효과 메커니즘을 '내생적' 범주, '외생적' 범주, '상관관계적' 범주로 분류한다. Ellen and Turner(1997)는 이 메커니즘을 집중, 위치, 사회화, 물리적, 서비스 등 다섯 가지 범주로 분류한다. Leventhal and Brooks-Gunn(2000)은 '제도적 자원', '관계', '규범/집합효능' 등의 항목을 사용한다.

14 Sampson, Morenoff, and Earls 1999.

15 이 논의는 내가 Galster(2008)에서 썼던 투약-반응 관계의 크기를 정확하게 측정하는 방법에 관한 질문과 관계있지만 그것과는 뚜렷이 구별된다는 점에 유의하라.

16 내가 아는 한 경쟁과 상대적 박탈 메커니즘을 구별할 수 있는 현존하는 통계 증거는 거의 없기 때문에 나는 이 두 메커니즘을 결합한다.

17 메커니즘들에 대해 검토하면서 나는 미국에 기반한 연구만 인용하고 있지만, 미국, 유럽, 오스트레일리아 등에서 나오는 학술 문헌에 일반화된다. 이 문헌을 포괄하는 보다 광범위한 검토를 위해서는 Galster 2012b를 참조하라.

18 여기서 나는 동네의 사회적 상호관계에 관한 연구에 초점을 맞춘다. 학교 내에서의 이와 같은 효과를 검토하기 위해서는 Ross 2012; Sharkey and Faber 2014를 참조하라.

19 Darling and Steinberg 1997; Simons et al. 1996; Dubow, Edwards, and Ippolito 1997; Gonzales 1996.

20 Case and Katz 1991.

21 Billings, Deming, and Ross 2016. 사회경제적으로 혜택 받지 못한 동네에서의 역할모델(role model)과 또래효과(peer effects)의 중요성을 지지하는 더 많은 증거에 대해서는 Sinclair et al. 1994; Briggs 1997a; South and Baumer 2000; Ginther, Haveman, and Wolfe 2000; South 2001 등을 참조하라.

22 하지만 그와 같은 부정적 사회화가 인종 전체에 걸쳐 어느 정도로 일반적인지에 대해서는 확실하지 않다. Turley(2003)는 동네의 중위 가족소득과 청소년의 행동 및 심리 테스트 점수 사이에 전반적으로 양(+)의 상관관계가 있음을 발견하는 것을 넘어, 또래 상호작용 횟수와 동네에서 보낸 시간에 대한 대리변수와의 상호작용 효과가 있는지 조사한다. 그녀는 표본에서 흑인이 아닌 백인 청소년들에 대해 그와 같은 강한 상호작용 효과가 있는 것을 발견했으며, "동네 사회화의 차이는 동네 소득이 왜 흑인과 백인 아이들에게 다른 영향을 미치는지 설명할 수 있다"(2003: 70)라는 결론을 내렸다.

23 Rosenbaum 1991, 1995; Rosenbaum et al. 2002.

24 Rosenbaum 1991.

25 Patillo-McCoy 1999; Freeman 2006; Boyd 2008; Hyra 2008.

26 Chaskin and Joseph 2015.

27 Fernandez and Harris 1992; O'Regan 1993; Tiggs, Brown, and Greene 1998.

28 Bertrand, Luttmer, and Mullainathan 2000.

29 Bayer, Ross, and Topa 2004.

30 Bayer, Ross, and Topa 2004.

31 Briggs 1998.

32 Popkin, Harris, and Cunningham 2002; Rosenbaum, Harris, and Denton 2003.

33 Schill 1997; Clampet-Lundquist 2004; Kleit 2001a, 2001b, 2002, 2005, 2008; Kleit and Carnegie 2009; Chaskin and Joseph 2015.

34 Sampson 1992; Sampson and Groves 1989; Sampson, Raudenbush, and Earls 1997; Morenoff, Sampson and Raudenbush 2001; Sampson 2012.

35 Sampson, Morenoff, and Gannon-Rowley 2002의 검토를 참조하라.

36 Aneshensel and Sucoff(1996)는 동네의 사회적 응집이 동네의 사회경제적 상태와 청소년 우울증 사이에 존재하는 관계의 큰 부분을 설명한다는 것을 발견한다. Kohen et al.(2002)은 동네 무질서는 아이들의 언어능력과 부정적으로 관계되어 있고 동네 응집은 아이들의 언어능력과 긍정적으로 관계되어 있다는 것을 확인했으며, (비록 무질서는 아니지만) 동네 응집은 아이들의 행동장애와 부정적으로 관련되어 있다는 것을 발견했다.

37 Galster and Santiago 2006.

38 Ginther, Haveman, and Wolfe 2000; Galster, Santiago, and Stack 2016; Galster, Santiago, Stack, and Cutsinger 2016; Galster, Santiago, Lucero, and Cutsinger 2016.

39 Compare Freeman 2006; Hyra 2008; Boyd 2008.

40 Klebanov et al. 1997; Spencer 2001.

41 Elder et al. 1995; Linares et al. 2001.

42 Klebanov et al. 1994; Earls, McGuire, and Shay 1994; Simons et al. 1996; Briggs 1997a.

43 Simons et al. 1996.

44 Greenberg et al. 1999.

45 Briggs 1997a, 1997b; Goering and Feins 2003.

46 Katz, Kling, and Liebman 2000; Goering and Feins 2003; Sanbonmatsu et al. 2011.

47 Aneshensel and Sucoff 1996; Martinez and Richter 1993; Ceballo et al. 2001; Hagan et al. 2001.

48 Ganz 2000.

49 Geronimus 1992.

50 Linares et al. 2001; Guerra, Huesmann, and Spindler 2003.

51 Ross et al. 2001.

52 Stansfeld, Haynes, and Brown 2000; Schell and Denham 2003; Van Os 2004.

53 Lopez, Russell, and Hynes 2006.

54 Goering and Feins 2003; Sanbonmatsu et al. 2011.

55 Holguin(2008)과 Mills et al.(2009)은 오염이 건강 위험을 발생시킬 수 있는 잠재적인 생리학적 메커니즘을 설명했다. 오염과 건강에 관한 방대한 연구 문헌을 비판적으로 검토, 논의, 평가한 것에 대해서는 Bernstein et al. 2004; Stillerman et al. 2008; Ren and Tong 2008; Chen, Goldberg, and Villeneuve 2008; Clougherty et al. 2009 등을 참조하라.

56 McConnochie et al. 1998; Brunekreef and Holgate 2002; Ritz, et al. 2002; Clancy et al. 2002; McConnell et al. 2002; Kawachi and Berkman 2003; Chay and Greenstone 2003a, 2003b; Neidell 2004; Currie and Neidell 2005; Brook 2008; Hassing et al. 2009.

57 Ebenstein, Lavy, and Roth 2016.

58 Litt, Tran, and Burke 2009.

59 Needleman and Gastsonis 1991; Pocock et al. 1994; Reyes 2005. 납 중독 증거에 관한 최근의 연구에 대해서는 Muller, Sampson, and Winter 2018을 참조하라.

60 문헌 고찰을 하기 위해서는 Kain 1992; Ihlanfeldt and Sjoquist 1998 등을 참조하라.

61 Sullivan 1989; Newman 1999; Wilson 1997.

62 Cutler and Glaeser 1997; Weinberg, Reagan, and Yankow 2004; Dawkins, Shen, and Sanchez 2005.

63 Kozol 1991; Lankford, Loeb, and Wyckoff 2002; Condron and Roscigno 2003.

64 Jargowsky and Komi 2010.

65 Loeb et al. 2004.

66 Andersen et al. 2002.

67 Rasmussen 1994; Bauder 2001.

68 Galster and Santiago 2006; Phibbs 2009.

69 Jarrett 1997.

70 Morland et al. 2002; Block, Scribner, and DeSalvo 2004; Zenk et al. 2005.

71 Briggs 1997b.

72 Gallagher 2006, 2007; Morland, Wing, and Diez-Roux 2002.

73 Wilson 1996; Wacquant 2008.

74 Leventhal and Brooks-Gunn(2000)은 자신들의 문헌 고찰 결과를 바탕으로 청소년 행동에 영향을 미치는 주요 동네 영향요인으로 규범, 집합효능(비공식적인 사회적 통제), 또래 등이 결합하여 수행하는 역할을 가장 강력하게 지지하는 것으로 보인다고 비슷하게 결론지었다.

75 나이, 성별, 민족에 따른 동네효과의 조건 상황을 둘러싼 경험적 합의가 증가하고 있다. Galster, Andersson, and Musterd 2010; Sharkey and Faber 2014; Galster, Santiago and Stack 2016; Galster, Santiago, Stack, and Cutsinger 2016; Galster, Santiago, Lucero, and Cutsinger 2016; Galster and Santiago 2017a 등을 참조하라.

76 폭넓은 논의에 대해서는 Galster 2008을 참조하라.

77 Manski 1995, 2000; Duncan et al. 1997; Ginther, Haveman, and Wolfe 2000; Dietz 2002.

78 편의의 방향은 논쟁의 대상이 되어 왔으며, Jencks and Mayer(1990)와 Tienda(1991)는 측정된 맥락적 영향이 상향 편의되어 있다고 주장했고, Brooks-Gunn, Duncan, and Aber(1997)는 그

반대를 주장했다. Gennetian, Ludwig, and Sanbonmatsu(2011)는 이러한 편의들이 맥락효과의 크기와 방향에 대한 결론을 심각하게 왜곡할 만큼 상당히 클 수 있음을 보여준다.

79 이러한 접근방법들에 대해 개념적으로 그리고 경험적으로 비교하기 위해서는 Galster and Hedman 2013을 참조하라.

80 실례로는 Bolster et al. 2007; Galster et al. 2008; Musterd et al. 2008; Van Ham and Manley 2009; Galster, Andersson, and Musterd 2010 등이 있다.

81 실례로는 Weinberg, Reagan, and Yankow 2004; Musterd, Galster, and Andersson 2012 등이 있다.

82 실례로는 Duncan et al. 1997; Crowder and South 2003; Crowder and Teachman 2004; Galster et al. 2007; Kling, Liebman, and Katz 2007; Ludwig et al. 2008; Cutler, Glaeser, and Vigdor 2008; Sari 2012; Hedman and Galster 2013; Damm 2014 등이 있다.

83 Bayer, Ross, and Topa 2008.

84 Weinhardt 2014.

85 Sharkey 2010; Sharkey et al. 2012, 2014.

86 Harding 2003.

87 Sharkey and Elwert(2011)는 여러 세대에 걸쳐 동네빈곤에 노출될 경우 인지발달에 어떠한 영향을 미치는지 그 누적 효과를 추정하기 위해 수리적인 민감도 분석과 함께 이 방법을 사용한다.

88 실례로는 Sharkey 2012; Galster and Hedman 2013; Gibbons, Silva, and Weinhardt 2013, 2014 등이 있다.

89 Aaronson 1998.

90 Rosenbaum 1991; Briggs 1997; Fauth, Leventhal, and Brooks-Gunn 2007.

91 Schwartz 2010; Casciano and Massey 2012.

92 Santiago et al. 2014.

93 Oreopoulos 2003; Damm 2009, 2014; Rotger and Galster 2017.

94 Edin, Fredricksson, and Åslund 2003; Åslund and Fredricksson 2009.

95 Smolensky 2007; Sanbonmatsu et al. 2011; Ludwig 2012.

96 Clampet-Lundquist and Massey 2008; Sampson 2008; Burdick-Will et al. 2010; Briggs, Popkin, and Goering 2010; Briggs et al. 2008, 2011; Sanbonmatsu et al. 2011; Ludwig 2012 등을 참조하라.

97 Patrick Sharkey와 함께 이 절을 썼으며, 그에게 감사를 표한다.

98 성향점수 매칭(propensity score matching)을 이용하여 Ahern et al.(2008)은 개인의 음주 성향과 동네의 알코올 소비문화가 관련 있다는 것을 발견했지만, Novak et al.(2006)은 소매 담배 판매점의 밀도가 청소년 흡연에 미치는 영향이 미미하고 거의 확인할 수 없다는 것을 확인했다. Jokela(2014)는 고정효과모형(fixed-effect modeling)을 이용하여 동네의 사회경제적 취약 상황이 흡연 확률에 아무런 영향을 미치지 못한다는 것을 발견했다. Gibbons, Silva, and Weinhardt (2013) 또한 고정효과모형을 이용했지만 사회경제적으로 지위가 낮은 이웃이 많을수록 10대 소년들이 공공장소에서의 낙서, 공공시설물 파손, 가게에서 물건 훔치기, 싸움, 공공장소에서의 소란 등과 같은 반사회적 행동에 관여할 가능성이 높다는 것을 발견했다. 역확률 가중치(inverse probability weighting)[한계구조모형(marginal structural model)] 방법을 이용한 두 접근방법은 동네빈곤과 폭음 확률(Cerda et al. 2010) 및 약물 주입 확률(Nandi et al. 2010) 사이에 강한 관계가 있음을 확인했다.

99 Sanbonmatsu et al. 2011.

100 Santiago, et al. 2017.

101 Niewenhuis and Hooimeijer 2014; Sharkey and Faber 2014.

102 문헌 고찰을 위해 Sastry 2012; Sharkey and Faber 2014 등을 참조하라.

103 Sampson, Sharkey, and Raudenbush 2008.

104 Sharkey and Elwert 2011.

105 Sharkey 2010.

106 Sharkey et al. 2012.

107 Sanbonmatsu et al. 2006, 2011.

108 Sanbonmatsu et al. 2006.

109 Turner et al. 2012.

110 Ludwig, Ladd, and Duncan 2001; Burdick-Will et al. 2011; Sanbonmatsu et al. 2011.

111 성향점수 매칭(Harding 2003), 형제 비교(Aaronson 1998; Plotnick and Hoffman 1999), 고정효과(Plotnick and Hoffman 1999; Vartanian and Gleason 1999; Jargowsky and El Komi 2011), 도구변수(Duncan, Connell, and Klebanov 1997; Crowder and South 2003; Galster, et al. 2007a), 비이동자(Gibbons, Silva, and Weinhardt 2014), 외생적 사건 발생 시기(Sharkey et al. 2014; Weinhardt 2014; Carlson and Cowan 2015) 등의 방법이 있다.

112 Plotnick and Hoffman(1999)는 미국 자료를 이용했으며, Gibbons, Silva, and Weinhardt (2013)와 Weinhardt(2014)는 영국 자료를 이용했다.

113 Rosenbaum 1995; Fauth, Leventhal, and Brooks-Gunn 2007; DeLuca et al. 2010.

114 Jacob 2004; Clampet-Lundquist 2007.

115 Schwartz 2010; Casciano and Massey 2012.

116 Tach et al. 2016.

117 Santiago et al. 2014; Galster et al. 2015, Galster, Santiago, and Stack 2016; Galster, Santiago, Stack, and Cutsinger 2016; Galster, Santiago, Lucero, and Cutsinger 2016; Galster and Santiago 2017a.

118 Jacobs(2004)에서는 맥락효과가 거의 관찰되지 않았는데, 실험집단 가구들이 자신들 동네의 특성을 유의미하게 바꾸기 위해 자신들의 바우처를 사용하지 않았기 때문이다.

119 Chetty, Hendren, and Katz 2015. 이러한 연구결과는 Galster and Santiago(2017b)가 분석한 자연실험(natural experiment)에서 재현되었다.

120 Plotnick and Hoffman(1999)은 자매들에 대한 관찰만으로 고정효과모형을 이용했을 때 10대 출산에 대한 동네효과가 사라지는 것을 발견한 반면, Harding(2003)은 성향점수 매칭에도 불구하고 동네효과가 여전히 유의하다는 것을 확인했으며, 동네의 사회경제적 조건이 10대 출산에 미치는 인과적 영향을 배제하기 위해서는 선택편의(selection bias)가 터무니없이 클 필요가 있을 것이라고 주장했다.

121 Santiago et al. 2014.

122 Popkin, Leventhal, and Weismann 2010; Sanbonmatsu et al. 2011.

123 Chetty, Hendren, and Katz 2015.

124 Oakes et al.(2015)은 최근 건강에 대한 동네효과와 관련된 경험적 연구에 대해 포괄적인 검토를 완료했다. 1369개의 논문을 검토한 후, 그들은 내가 채택한 것과 비슷한 기준을 이용하여 단지 1% 정도의 논문만 인과적 추정치를 타당성 있게 산출했다고 결론 내렸다.

125 Schootman et al. 2007; Johnson et al. 2008; Hearst et al. 2008.

126 Do, Wang, and Elliott 2013.

127 Glymour et al. 2010.

128 Jokela 2014.

129 Ludwig et al. 2011; Sanbonmatsu et al. 2011.

130 Leventhal and Brooks-Gunn 2003; Kessler et al. 2014.

131 Moulton, Peck, and Dillman 2014.

132 Cohen et al. 2006.

133 Vortuba and King 2009.

134 Santiago et al. 2014.

135 Santiago et al. 2014.

136 미국 자료를 이용한 일부 연구(Weinberg, Reagan, and Yankow 2004; Dawkins, Shen, and Sanchez 2005; Cutler, Glaeser, and Vigdor 2008; Bayer, Ross, and Topa 2008; Sharkey 2012), 스웨덴 자료를 이용한 몇몇 연구(Galster et al. 2008; Galster, Andersson, and Musterd 2010, 2015, 2017; Musterd, Galster, and Andersson 2012; Hedman and Galster 2013), 덴마크를 대상으로 한 연구(Damm 2014), 프랑스를 대상으로 한 연구(Sari 2012) 등은 소득 및 고용률과 같은 여러 노동시장 성과에 대해 사소하지 않은 동네효과가 있다는 것을 확인했다. 미국을 대상으로 한 연구(Plotnick and Hoffman 1999)와 영국을 대상으로 한 세 연구(Bolster et al. 2007; Propper et al. 2007; van Ham and Manley 2010)는 설령 동네효과가 있다고 하더라도 사소한 정도의 동네효과가 있음을 확인하고 그 대신 지리적 선택이 지배적임을 시사한다.

137 Rosenbaum(1991, 1995); Rubinowitz and Rosenbaum(2000); DeLuca et al.(2010); Galster, Santiago, and Lucero(2015a, 2015b); Galster et al.(2015); Galster and Santiago(2017b); Chyn(2016) 등은 미국을 대상으로 분석을 수행했다. Edin, Fredricksson, and Åslund(2003)와 Åslund and Fredricksson(2009)은 스웨덴에서 자연실험을 수행했으며, Damm(2009, 2014)은 덴마크에서, Oreopoulos(2003)는 캐나다에서 자연실험을 수행했다.

138 Oreopoulos 2003.

139 Ludwig, Duncan, and Pinkston 2005; Katz, Kling, and Liebman 2001; Ludwig, Ladd, and Duncan 2001; Ludwig, Duncan, and Hirschfield 2001; Orr et al. 2003; Kling, Leibman, and Katz 2007; Ludwig et al. 2008; Sanbonmatsu et al. 2011; Ludwig 2012.

140 Clampet-Lundquist and Massey 2008; Turner et al. 2012.

141 Chetty, Hendren, and Katz 2015.

142 Livingston et al. 2014.

143 Santiago et al. 2014.

144 Damm and Dustmann 2014.

145 Rotger and Galster 2017.

146 Billings, Deming, and Ross 2016.

147 Katz, Kling, and Liebman 2001; Ludwig, Duncan, and Hirshfeld 2001.

148 Kling, Ludwig, and Katz 2005; Sanbonmatsu et al. 2011.

149 이것은 Sharkey(2016)가 도달한 결론과 일치한다.

제9장 동네, 사회적 효율성, 사회적 형평성

1 경제학자들은 후자의 측면을 명백한 '사회후생함수(social welfare function)'의 결여라고 언급한다.

2 사회적 효율성의 변화를 평가하기 위한 충분조건을 경제학자들은 '파레토 개선(Pareto improvement)'이라고 부른다.

3 비효율성의 또 다른 덜 중요한 원천은 정보 비대칭성(information asymmetries)이다. 특정 동네에 거주하거나 주택을 소유하고 있는 사람은 자신의 직접적인 경험과 보다 촘촘한 사회연결망 때문에 예비 전입자와 주택 구매자보다 해당 장소에 대한 정보를 더 많이 가지고 있다. 이는 시장이 동네에서의 삶의 질과 가치평가 전망에 대한 '내부 정보(inside information)'를 시장평가 가치로 정확하게 자본화할 수 없기 때문에 예비 전입자와 주택 구매자의 비효율적 선택을 야기할 수 있다.

4 Scafidi et al. 1998.

5 Seo and Von Rabenau(2011)는 그와 같은 명시적 척도를 자신들의 헤도닉 주택가격모형에 포함했으며, 통상적 기준에 따르면 해당 추정치가 통계적으로 유의하지는 않았지만 판매 주택에 인접해 있는 노후주택의 가치는 약 10%까지 하락한다는 것을 확인했다.

6 Galster 1987a: ch.7.

7 Simons, Quercia, and Maric 1998; Whitaker and Fitzpatrick 2013.

8 Immergluck and Smith 2006; Schuetz, Been, and Ellen 2008; Mikelbank 2008; Harding, Rosenblatt, and Yao 2009; Han 2013.

9 Lin, Rosenblatt, and Yao 2007; Schuetz, Been, and Ellen 2008; Zhang, Leonard, and Murdoch 2016.

10 Han 2013; Griswold and Norris 2007; Shlay and Whitman 2006 등을 참조하라. 비록 Han (2017a)은 범죄율이 높은 동네일수록 영향이 더 크다는 것을 보여주고 있지만 말이다.

11 Seo and von Rabenau 2011.

12 Han 2013. 하지만 Mikelbank 2008을 참조하라.

13 Ding and Knaap 2003.

14 Ellen et al. 2001.

15 Galster, Tatian, and Accordino 2006; Rossi-Hansberg, Sarte, and Owens 2010.

16 Wilson and Bin Kashem 2017.

17 Coulson and Li 2013.

18 Coulson, Hwang, and Imai 2003.

19 Wilson and Bin Kashem 2017.

20 Lang and Nakamura 1993.

21 Ding 2014.

22 Taub, Taylor, and Dunham 1984: ch.6.

23 Taub, Taylor, and Dunham 1984: 134.

24 Galster 1987a: ch.10.

25 이 관계는 주택 가치상승에 대한 기대심리를 통제했다. Galster 1987a: ch.10.

26 Ioannides 2002; Helms 2012.

27 Vigdor 2010.

28 예를 들어, Putnam(2007)은 동네 다양성이 사회자본(social capital)을 잠식한다고 주장했다.

29 시간이 지남에 따라 소득은 확실히 변할 수 있다. 사실 일부 잠재적인 동네 내 외부효과는 집단 A 또는 집단 D 거주자들의 소득에 영향을 미칠 것으로 예상되며, 그것은 외부효과 그 자체의 본질이다.

30 나는 Galster(2002)에서 이와 같이 주목할 만하고 중요한 결론을 더 자세히 설명한다.

31 이러한 문턱값을 여기서는 비례적 용어로 표현한다는 점에 유의하라. 그것은 동네 인구가 고정되어 있다는 단순화된 가정하에서 절대적 수와 이론적으로 동등하다. 하지만 경험적 연구에 있어서는 문턱값이 집단의 절대적 수에 기초하는지 아니면 비례적 수에 기초하는지를 확인하는 것이 중

요하다.

32 문턱값을 넘어서면서 해당 관계가 왜 선형적인지에 대한 필연적 이유는 없으나, 단순화를 위해 여기서 나는 이와 같이 가정한다.

33 그림 9.2는 Y > X를 나타내지만, 이것은 필연적인 것은 아니며 원문대로의 논의는 이에 의존하지 않는다.

34 DeBartolomé(1990)와 Benabou(1993)는 수식으로 이 사례를 모형화한다. 그들은 상위 숙련 거주자들(또는 그들의 자녀)이 전하는 긍정적 역할모델 그리고/또는 또래효과가 숙련 습득의 비용과 궁극적으로는 경제활동참가 비용을 감소시킨다고 가정한다. 여기서의 결론과 동일하게, 이들의 모형은 상위 숙련 거주자들의 거주지 분리는 경제 전반에 비효율적이라는 결론에 도달한다.

35 Pettigrew and Tropp 2011.

36 이 메커니즘의 대안적 형태, 이를테면 연속적인 방식으로 %D와 부정적으로 관련되어 있는 외부효과를 발생시키는 메커니즘을 상상해 볼 수 있다. 이것은 사례 2에 해당하며, 따라서 여기서 반복하지는 않는다.

37 제6장에서 나는 동네 빈곤율 변화와 관련되어 있는 비선형적 행동 반응 및 주택가치의 동태적 변화에 관한 통계적 증거를 검토했는데, 이는 이 메커니즘에 암묵적으로 내재된 문턱값 개념을 뒷받침한다.

38 동네의 경제적 다양성이 가난한 사람들을 위한 고용 정보 및 그 밖의 자원을 향상시킬 수 있는 집단 간 친밀한 사회적 상호작용, 사회연결망, 집합적 사회화를 발생시킨다는 견해를 받아들이지 않는 실질적이고 일관된 연구들이 있다. Rosenbaum 1991; Briggs 1997a, 1997b, 1998; Schill 1997; Kleit 2001a, 2001b, 2002; Rosenbaum, Harris, and Denton 2003; Chaskin and Joseph 2015 등을 참조하라. 혼합된 동네에서 서로 다른 소득 집단들 사이의 사회적 상호작용에 관한 이러한 동일한 연구들은 사회경제적으로 혜택 받지 못한 이웃들에게 해를 끼치는 상대적 박탈(relative deprivation)이 집단 간 경쟁에 관한 설득력 있는 증거를 보여주지 못하고 있다는 점도 주목할 만하다.

39 Briggs, Popkin, and Goering 2010; Sanbonmatsu et al. 2011; Chaskin and Joseph 2015; Galster and Santiago 2017a. 오스트레일리아의 한 연구 또한 그 결과가 일반적이라는 가정하에 이러한 주장을 뒷받침하는 간접적인 증거를 제공한다. Baum, Arthurson, and Rickson(2010)은 저소득 개인들이 소득 다양성이 더 높고 고소득 대비 저소득 가구의 비가 더 낮은 장소에 거주한다면, 그들은 자신의 동네에 훨씬 더 쉽게 만족할 것 같다는 것을 발견한다.

40 Galster, Cutsinger, and Malega(2008). 인접 동네들에 미치는 확산효과를 무시한 채, 빈곤집중(concentrated poverty)과 관련되어 있는 모든 부정적 외부효과가 동네 내 주택가치와 임대료로 자본화한다고 가정하고 있기 때문에, 이것은 하한 추정치이다. 더욱이 조기 퇴학, 10대 임신, 수감비용 등으로부터의 생산성 손실과 같이 주거용 부동산 시장은 다른 많은 외부효과를 사회에 자본화하지 않을지도 모른다.

41 Galster 1991; Cutler and Glaeser 1997.

42 Galster and Santiago 2017b.

43 Ellen, Steil, and De la Roca 2016.

44 Acs et. al. 2017.

45 해당 연구들 간 결론의 차이는 관찰의 단위, 인종에 따른 거주지 분리의 척도, 통제 등의 차이 때문일 수 있다. 두 연구 모두 타당한 인과적 추정치를 제공하도록 설계된 방법을 채택하지 않는다.

46 Hipp 2007. 이 결과는 Boessen and Chamberlain 2017에 의해 재현되었다.

47 Putnam 2007.

48 가구들이 실제로 그것을 경험한 후에는 특정 유형의 동네에 대한 자신의 선입견을 극적으로 바꿀

수 있다는 증거가 있다. Darrah and DeLuca 2014를 참조하라.

49 Allport 1954. 하지만 이러한 편익이 발생하기 위해서는 몇 가지 전제조건이 요구된다는 점에 유의하라(Gans 1961: 176).

50 예를 들어, Ihlanfeldt and Scafidi 2002; Emerson, Kimbro, and Yancey 2002; Pettigrew and Tropp 2006, 2011 등의 문헌 고찰을 참조하라.

51 Sampson and Raudenbush 2004.

52 Taub, Taylor, and Dunham 1984.

53 Downs(1981: 16~19)가 이를 처음으로 주장했으며, 나중에 Galster(1987a)와 Helms(2012)가 경험적으로 확인했다.

54 인종적 거주지 분리 및 경제적 거주지 분리의 해악에 관한 자세한 논의에 대해서는 Dreier, Mollenkopf and Swanstrom 2014를 참조하라. 동네 맥락에서 인종에 따른 비형평성에 관한 자세한 내용에 대해서는 Firebaugh et al. 2015; Ellen, Steil, and De la Roca 2016; Firebaugh and Farrell 2016; Intrator, Tannen, and Massey 2016 등을 참조하라. 동네 맥락에서 계층에 기초한 비형평성에 관한 자세한 내용에 대해서는 Pendall and Hedman 2015를 참조하라.

55 이것의 역사를 검토하기 위해서는 Galster and Santiago 2017a를 참조하라.

56 이들 정교한 통계 조사는 도구변수 기법(Galster 1987b; 1991; Galster and Keeney 1988; Santiago and Galster 1995; Cutler and Glaeser 1997) 또는 대도시 지역에 내재된 개인의 성취 결과에 관한 다층모형(Price and Mills 1985; Ellen 2000a; Chang 2006; Lee and Ferraro 2007; Nelson 2013; Steil, De la Roca. and Ellen 2015; Ellen, Steil, and De la Roca 2016)을 이용한다.

57 Steil, De la Roca, and Ellen 2015. 이들의 모형은 명확한 인과적 추론을 가능하게 하는 방식으로 추정되지 않았다는 점에 유의하라. 또한 Ellen, Steil, and De la Roca 2016을 참조하라.

58 흑인의 경제적 성공 가능성에 대한 인종적 거주지 분리의 해악을 뒷받침하는 증거는 Acs et al.(2017)에 의해 최근에 제시되었는데, 이들은 대도시 인종적 거주지 분리의 수준이 높을수록 해당 대도시 지역 흑인들의 중위소득, 1인당 소득, 대학 졸업률 등은 낮아진다는 것을 발견했다. 히스패닉 또한 이러한 관계를 명확히 나타냈지만 통계적으로 유의하지는 않았다. 이들의 모형은 명확한 인과적 추론을 가능하게 하는 방식으로 추정되지 않았다는 점에 유의하라.

59 이러한 문헌을 검토하기 위해서는 Sharkey 2016을 참조하라.

60 Chetty et al. 2014.

61 Graham and Sharkey 2013.

62 Acs et al. 2017.

63 Acs et al.(2017)은 인종적 차원 및 경제적 차원에서 대도시 거주지 분리의 수준이 높을수록 해당 대도시 지역 흑인들의 중위소득, 1인당 소득, 대학 졸업률이 일관되게 낮아졌다는 것을 발견한다. Logan(2011)은 대도시에서 인종 간 소득 차이가 아니라 인종에 따른 거주지 분리가 사회경제적으로 혜택 받지 못한 장소에 대한 노출의 인종 간 차이를 예측하는 주요 변수임을 확인한다. Woldoff and Ovadia(2009)는 거주지 분리가 흑인들이 자신의 소득, 부, 교육을 주거품질로 전환하는 것을 훨씬 더 어렵게 하는 맥락을 만들어낸다는 것을 발견한다.

64 Logan 2011. 평균적인 아시아인이 동네빈곤에 노출되어 있는 정도는 겨우 5% 더 높다.

65 가난한 아시아인들은 가난한 백인들보다 동네 빈곤율에 41% 더 높게 노출되어 있으며, 인종 간 격차는 부유한 소수인종들에게 조금 더 낮다. Logan 2011.

66 Jargowsky 2015.

67 Sharkey 2014.

68 Reardon, Fox, and Townsend 2015.

69 흑인과 히스패닉이 인종적으로 거주지 분리되어 있는 구역에 거주하면서 후생에 있어서 절대적 손실을 입는다는 증거는 명확하다. 인종에 따른 거주지 분리로부터 백인들이 (단지 상대적이기보다는) 절대적 측면에서 어느 정도로 이득을 얻는지에 대한 증거는 혼재되어 있다. Ellen, Steil, and De la Roca 2016; Acs et. al. 2017 등을 참조하라.

70 최근에 와서야 연구자들은 이러한 메커니즘들 중 어떤 메커니즘이 인종에 따른 거주지 분리가 사회경제적 격차에 미치는 영향을 중재하는 데 가장 강력한지를 구분하기 위한 통계적 노력을 기울였다. Cutler and Glaeser(1997)는 흑인들의 고등학교 졸업, 취업, 소득, 한부모 양육 등의 집계율에 관한 대도시 지역 간 모형에 세 개의 변수를 추가했는데, 이 변수들은 흑인들이 중심도시 자치단체에 상대적으로 집중되어 있는 정도, 흑인들이 대학 교육을 받은 이웃들에게 노출되어 있는 정도, 흑인들이 해당 대도시 지역에서 자신의 근무지로부터 떨어져 거주하고 있는 정도 등을 측정한다. 이 변수들의 추가는 거주지 분리에 관한 상이지수의 계수를 40%까지 감소시켰는데, 이는 흑인들을 열등한 장소로 제한함으로써 거주지 분리의 해로운 효과들 중 극히 일부만 작동하고 있다는 것을 시사한다. 하지만 대도시 지역을 관찰의 단위로 이용하는 것은 이러한 추론을 약화시킨다. 그것은 흑인들이 자신의 동네에서 경험할 수 있는 광범위한 조건들을 측정할 수 없도록 한다. Steil, De La Roca, and Ellen(2015)은 대도시 지역의 대규모 표본에 걸쳐 민간 사업체, 학교 품질, 강력범죄, 자신의 인종 집단에서 대학 교육을 받은 구성원들 등의 밀도에 있어서 동네 수준의 차이를 측정함으로써 이러한 약점을 극복하려고 시도했다. 그들은 후자의 세 가지 요인이 흑인과 히스패닉에 대한 대도시 수준의 거주지 분리와 그들의 다양한 사회경제적 성취결과들 사이에 강한 관계가 있다는 것을 확립하는 데 중요한 역할을 한다고 결론지었다. Galster and Santiago(2017a)는 덴버의 저소득 흑인과 히스패닉 청소년 및 젊은 성인들에 대한 일단의 유사한 성취결과가 다른 인종 집단에 대한 어린 시절의 노출에 따라 다르다는 것을 발견했다. Steil, De La Roca, and Ellen과 일치되게, 그들은 재산범죄에 대한 노출과 직업 지위가 더 높은 이웃들에 대한 노출이 거주지 분리와 관련된 흑인 및 히스패닉 가구들의 더 높은 동네 수준 집중이 발생시키는 모든 부정적 효과를 사실상 매개한다는 것을 보여주었다.

71 Bleachman 1991.

72 Clark 1965; Anderson 1994; Massey 1996.

73 Kirschenman and Neckerman 1991; Wilson 1996.

74 MacDonald and Nelson 1991; Shaffer 2002.

75 Moore and Roux 2006.

76 Caskey 1994; Steil, De La Roca, and Ellen 2015.

77 Fellowes 2008.

78 Fellowes and Mabanta 2008.

79 Wyly et al. 2006; Been, Ellen, and Madar 2009; Richter and Craig 2010; Faber 2013; Hyra et al. 2013; Hwang, Hankinson, and Brown 2015.

80 Rugh, Albright, and Massey 2015.

81 Galster, Wissoker, and Zimmermann 2001; Galster 2006; Galster and Booza 2008.

82 Dreier, Mollenkopf, Swanstrom 2014.

83 Kozol 1991; Wilson 1991; Wolman et al. 1991; Card and Krueger 1992, Lankford, Loeb, and Wyckoff 2002; Condron and Roscigno 2003; Steil, De La Roca, and Ellen 2015.

84 Ennett et al. 1997; Teitler and Weiss 1996.

85 Hedges, Laine, and Greenwald 1994; Jargowsky and Komi 2010.

86 Logan 2011. 아시아 학생들에 대한 비교 가능한 수치는 42%이다.

87 Fuller et al. 1997; Steil, De La Roca, and Ellen 2015.

88 McKnight 1995; Minkler 1997.

89 Galster and Santiago 2006; Phibbs 2009.

90 Jarrett 1997.

91 Kawachi and Berkman 2003; Acevedo-Garcia and Osypuk 2008; Currie 2011.

92 Farr and Dolbeare 1996; Acevedo-Garcia and Osypuk 2008.

93 Ross 2001.

94 US Environmental Protection Agency 1992; Litt, Tran, and Burke 2009; Saha 2009.

95 Downey and Hawkins 2008.

96 McConnochie et al. 1998; Brunekreef and Holgate 2002; Ritz, et al. 2002; Clancy et al. 2002; McConnell et al. 2002; Kawachi and Berkman 2003; Chay and Greenstone 2003a, 2003b; Neidell 2004; Currie and Neidell 2005; Brook 2008; Hassing et al. 2009.

97 Litt, Tran, and Burke 2009.

98 Lanphear 1998.

99 Reyes 2005.

100 Needleman and Gastsonis 1991; Pocock et al. 1994.

101 Walker, Kane, and Burke 2010.

102 Sanbonmatsu et al. 2011.

103 Acevedo-Garcia and Osypuk 2008; Budrys 2010; Currie 2011.

104 Geronimus 1992.

105 Kawachi, Kennedy, and Wilkinson 1999.

106 Fick and Thomas 1995; Ganz 2000.

107 Hipp(2007)와 달리, Sampson(2012), Papachristos(2013), Hegerty(2017) 등은 인종구성을 통제했을 때 범죄와 동네빈곤 사이에 긍정적 관계가 있다는 것을 발견했다. Morenoff, Sampson, and Raudenbush(2001)와 달리, Hipp(2007), Peterson and Krivo(2010), Hegerty(2017), Boessen and Chamberlain(2017) 등은 빈곤율을 통제한 후 범죄율과 해당 동네의 인종구성 사이에 긍정적 관계가 있다는 것을 확인했다.

108 Aneshensel and Sucoff 1996; Martinez and Richter 1993; Ceballo et al. 2001; Hagan et al. 2001.

109 Zapata et al. 1992; Duncan and Laren 1990.

110 Hagan et al. 2001; Lord and Mahoney 2007; Harding 2009; Sampson and Sharkey 2014; Sharkey et al. 2014.

111 Linares et al. 2001; Guerra, Huesmann, and Spindler 2003.

112 Galster and Santiago 2006.

113 Fick and Thomas 1996; Linares et al. 2001.

114 Johnson 2011.

115 Sullivan 1989; Newman 1999.

116 Newman 1999; Wilson 1996; Li, Campbell, and Fernandez 2013; Kneebone and Holmes 2015.

117 Rosenbaum 1995.

118 문헌 고찰을 위해 Kain 1992; Ihlanfeldt 1999 등을 참조하라. 최근의 증거에 대해서는 Li, Campbell, and Fernandez 2013을 참조하라.

119 Waldinger 1996; Hellerstein, Neumark, and McInerney 2008; Hellerstein, Kutzbach, and

Neumark 2014.

120 Lipman 2006.

121 Oliver and Shapiro 1995; Kochhar, Fry, and Taylor 2011; Shapiro, Meschede, and Osoro 2013.

122 Conley 1999.

123 Kochhar, Fry, and Taylor(2011); Kuebler and Rugh(2013); Shapiro, Meschede, and Osoro(2013) 등은 지난 25년간 인종 간 부의 격차 증가에 있어서 단일 구성요소로는 가장 크게 전체의 27%가 주택 소유와 관련 있다고 추정하지만, 그들은 주택 소유와 해당 주택의 가치를 분리하지는 않는다.

124 Galster 1992b; Cloud and Galster 1993; Yinger 1995; Ross and Yinger 2002; Freund 2007.

125 Wyly et al. 2006; Been, Ellen, and Madar 2009; Richter and Craig 2010; Faber 2013, Hyra et al. 2013; Hwang, Hankinson, and Brown 2015.

126 Rugh, Albright, and Massey 2015.

127 또한 압류로 인해 소수인종 커뮤니티에 미치는 부정적 외부효과의 총비용 추정치에 대해서는 Gruenstein, Bocian, Smith, and Li 2012를 참조하라.

128 Pandey and Coulton 1994; Kim 2000, 2003; Flippen 2004; Galster, Cutsinger, and Malega 2008.

129 Flippen 2004.

130 Kim(2000, 2003); Flippen(2004); Anaker(2010, 2012) 등은 모두 흑인 가구 점유의 정태적 수준이 가치를 떨어뜨린다는 것을 발견했지만, Macpherson and Sirmans(2001). Phares(1971); Devaney and Rayburn(1993); Macpherson and Sirmans(2001); Flippen(2004); Coate and Schwester(2011) 등은 모두 흑인 가구의 점유가 증가하면 가치가 떨어진다는 것을 확인했다.

131 Flippen 2004.

132 Flippen 2004; Anaker 2010, 2012. 하지만 Macpherson and Sirmans(2001)는 이들의 연구결과를 재현할 수 없었다.

133 Macpherson and Sirmans 2001; Flippen 2004.

134 Flippen 2004. 이 결과는 외국인 거주자의 점유 증가와 관련되어 있다는 점에 유의하라.

135 Vandell 1981; Jun 2016.

136 예를 들어, Rugh, Albright, and Massey(2015)는 2000년부터 2006~2007년 해당 동네의 구체적인 최고점 시기 때까지 볼티모어의 로컬 주택가격이 주요 대출기관의 백인 대출자 표본에 대해 167% 증가한 것과 비교하여, 흑인 대출자 표본에 대해서는 139% 상승했다는 것을 발견했다. 2008년부터 2012년까지 후자에서는 40% 감소했지만 전자에서는 35%만 감소했다. 또한 Oliver and Shapiro 1995; Loving, Finke, and Salter 2012; Faber and Ellen 2016 등을 참조하라.

137 Flippen 2004.

138 Gyourko and Linneman(1993)은 (구체적인 시기에 따라 성장률이 달라지기는 하지만) 1960년 최하 10분위의 주택가치에서 시작한 주택은 1960년부터 1989년까지 전반적으로 연간 약 1%의 성장률로 가치가 상승한 반면, 제90백분위수에서 시작한 주택은 연간 3.67%의 성장률로 가치가 상승했다는 것을 발견했다. 이와 대조적으로, Oliver and Shapiro(1995), Loving, Finke, and Salter(2012) 등은 상이한 시간 척도, 가격 설명, 자료집합 등을 사용하여 비교적 낮은 가치의 주택이 더 빠르게 가치가 상승한다는 것을 발견했다.

139 이들 연구에 관한 문헌을 검토 및 개괄하기 위해서는 Freeman 2006; Lees, Slater, and Wyly 2008, 2010; Brown-Saracino 2010; Hyra 2008, 2017 등을 참조하라.

140 Hwang and Lin 2016.

141 Newman and Wyly 2006.

142 Vigdor, Massey, and Rivlin 2002; Freeman and Braconi 2004; Freeman 2005; Ellen and O'Regan 2011; McKinnish, Walsh, and White 2010; Ellen and O'Regan 2011; Landis 2016.

143 Ding, Hwang, and Divringi 2016.

144 Dastrup and Ellen 2016.

145 Knotts and Haspel 2006; Martin 2007; Zukin 2010; Hyra 2014; Michener and Wong 2015; Elliott 2017. 하지만 로컬 소매업자들의 퇴출은 과장될 수 있음을 유의하라. Meltzer 2016.

146 Hyra 2017.

147 Lester and Hartley 2014; Meltzer and Ghorbani 2015 등을 참조하라.

148 Hartley 2013; Ellen and O'Regan 2011; Ding and Hwang 2016; Dastrup and Ellen 2016.

149 Freeman 2006, Ellen and O'Regan 2011.

150 Flippen(2004)은 동네의 인종구성과 여러 다른 특성에 있어서의 변화를 통제한 후, 주택을 구입한 이후 자신들 동네에서 빈곤율의 감소를 경험한 소유자들은 빈곤율의 변화를 전혀 경험하지 않은 소유자들보다 3% 더 높은 주택가치 상승을 확인했다는 것을 보여준다.

151 Sampson and Sharkey(2008)는 시카고 동네들 전체에 걸쳐 인종적으로 그리고 경제적으로 뚜렷이 구별되는 가구들의 흐름이 어떻게 거주지 분리와 불평등의 자기영속적 패턴을 만들어내는지에 관한 증거를 제공한다.

152 Farley 1998.

153 Yinger(1995)는 차별의 동기에 관한 영향력 있는 논문을 썼다. 그와 같은 동기의 증거에 관한 최근의 문헌을 검토하기 위해서는 Oh and Yinger 2015; Galster, MacDonald, Nelson 2018 등을 참조하라.

154 Freund 2007.

제10장 공간적으로 국한된 동네지원 공공정책 모음

1 동네계획(neighborhood planning)이 어떻게 전개되어 왔는지를 검토하기 위해서는 Rohe 2009를 참조하라. 미국 동네의 다양한 측면을 개선하기 위한 공공정책을 평가하고 제안하는 오랜 다학제적 문헌이 있다. 실례로는 Molotch 1972; Saltman 1978; Albrandt and Cunningham 1979; Goodwin 1979; Clay and Hollister 1983; Varady 1986; Galster 1987a; Varady and Raffel 1995; Keating and Krumholz 1999; Bright 2000; Zielenbach 2000; Peterman 2000; Massey et al. 2013; Pagano 2015; Chaskin and Joseph 2015; Brophy 2016 등이 있다.

2 효능적인 커뮤니티 개입에 관한 고무적인 사례에 대해서는 Deng et al 2018을 참조하라.

3 과거의 많은 동네재생 전략, 특히 민간임대주택이나 공공주택단지의 대규모 구역을 철거하는 전략은 사회경제적으로 혜택 받지 못한 가구들을 비자발적으로 이주시킴으로써 이 가구들에게 큰 비용을 부과했다. 예를 들어, Goetz 2003, 2018을 참조하라.

4 Bratt, Stone, and Hartman 2006.

5 유감스럽게도, 그렇게 하기 위한 주요 연방 프로그램인 커뮤니티 개발 포괄보조금 프로그램(Community Development Block Grant Program)은 1978년 최고점 이후 인플레이션 조정 1인당 가치가 6분의 5씩 꾸준히 감소했다. Rohe and Galster 2014.

6 그렇게 하는 근거와 그와 같은 개혁이 수반하는 정치적 도전에 관한 자세한 내용에 대해서는 Rusk 1993, 1999; Orfield 1997 등을 참조하라.

7 이들 여러 다양한 전략에 관한 자세한 내용에 대해서는 Rusk 1993, 1999; Orfield 1997; Dreier, Mollenkopf, and Swanstrom 2014 등을 참조하라.

8 커뮤니티들이 전략적 표적화의 운영 체제를 어떻게 개발할 수 있는지에 관한 실제적 지침에 대해서는 Accordino and Fasulo 2013을 참조하라.

9 Galster, Hayes, and Johnson(2005)은 단순하지만 예측력이 강력한 일단의 동네지표를 제시한다. 연구자들이 새로운 지리정보시스템 기술을 이용하여 어떻게 동네지표를 개발하고 사용할 수 있는지에 관한 포괄적인 논의에 대해서는 Kingsley, Coulton, and Pettit 2014; Chapple and Zuk 2016 등을 참조하라.

10 Bleakly et al. 1982.

11 Galster, Tatian, and Accordino 2006.

12 Galster et al. 2004.

13 Pooley 2014.

14 내 권고는 앞에서 미국 정부회계감사원(Government Accountability Office)과 수많은 학자들, 이를테면 Thomson 2008, 2011; Accordino and Fasulo 2013; Wilson and Bin Kashem 2017 등이 제안한 내용을 반향하고 있다.

15 전략적 표적화에 관한 심화된 논의 및 정당성에 대해서는 Thomson 2008, 2011; Accordino and Fasulo 2013 등을 참조하라.

16 Galster 1987a.

17 Galster 1987a.

18 Galster 1987a.

19 Goetze(1976)는 동네신뢰조성 전략의 유명한 옹호자였다.

20 이 영향은 주택 소유자들 소득의 2만 달러 차이와 관련된 것보다 규모가 더 컸다. Galster 1987a.

21 세금감면구역(reduced-tax zones)은 이러한 정책의 범주에 맞는 또 다른 전략이다. 하지만 나는 세금감면구역이 수평적 불평등과 수직적 불평등을 크게 유발하고 제로섬 행동 반응을 상당 부분 유발하기 때문에 이를 지지하지 않는다.

22 Galster and Hesser 1988.

23 Ioannides 2002; Rossi-Hansberg, Sarte, and Owens 2010; Helms 2012; Wilson and Kashem 2017.

24 Galster 1983.

25 Haurin, Dietz, and Weinberg 2002; Rohe, van Zandt, and McCarthy 2013 등에 있는 문헌 고찰을 참조하라.

26 Green and White 1997; Haurin, Parcel, and Haurin 2002; Harkness and Newman 2003; Dietz and Haurin 2003; Galster et al. 2007b; Green, Painter, and White 2012.

27 Hipp(2007)와 Hegerty(2017) 둘 다 거주자들의 경제적 구성과 인종적 구성을 통제한 후, 주택 소유율이 높을수록 동네 범죄율은 낮아진다는 것을 발견했다.

28 비교적 낮은 소득의 가구들 사이에서 주택 소유율을 향상시키기 위한 대안적 프로그램 수단을 검토하기 위해서는 Galster and Santiago 2008; Lubbell 2016 등을 참조하라. Santiago, Galster, and Smith(2017)는 이와 관련하여 덴버 주택청(Denver Housing Authority)이 개발한 특히 혁신적이고 효과적인 프로그램을 호의적으로 평가했다.

29 Wilson and Bin Kashem 2017.

30 Coulson, Hwang, and Imai 2003.

31 Galster et al. 2003.

32 (다른 것들 중에서) 나는 연방 주택 지원의 지리적 분포를 개선하기 위해 25년 동안 이루어진 광범위한 정책 개혁 제안들에 대한 논의로부터 이 점을 끌어낸다. Goering 1986; Turner 1998; Katz and Turner 2001, 2008; Pendall 2000b; Galster et al. 2003; Grigsby and Bourassa 2004;

Popkin et al. 2004; Khadduri 2005; McClure 2008; Khadduri and Wilkins 2008; de Souza Briggs, Popkin, and Goering 2010; Landis and McClure 2010; Kleit 2013; Sard and Rice 2014; Pendall and Hendey 2016; Turner 2017; Boggs 2017 등을 참조하라.

33 Katz and Turner 2001.

34 많은 대도시 지역들에 있어서 상당한 조직적 역량 그리고 구상된 유형에 관한 절차적 선례가 존재한다. 12건 이상의 공공주택청의 인종에 따른 거주지 탈분리 소송에 있어서 법원이 명령한 화해 처분은 탈집중 주택선택바우처 프로그램을 관리하기 위한 유사한 종류의 조직 간 경쟁을 의무화했다.

35 Freeman 2012; Freeman and Yunjing 2014; Metzger 2014; Tighe, Hatch, and Mead 2017.

36 De Souza Briggs 1997; Hartung and Henig 1997.

37 예를 들어, 고트로 개선책은 수령자가 흑인 거주자가 인구의 30% 이하를 구성하는 동네에서 자신의 바우처를 사용하도록 요구했고, 멤피스와 신시내티 법원의 합의 조정서는 40%로 제한을 두었으며, 댈러스 화해 처분은 주택선택바우처의 사용을 인구총조사 집계구당 10개 미만의 바우처가 있는 구역으로 제한했다(Goering, Stebbins, and Siewert 1995). 보다 최근에 볼티모어 주택 이동성 프로그램(Baltimore Housing Mobility Program)은 참가자들의 바우처를 빈곤율 10%, 흑인 인구 30%, 지원 가구 5% 이하 집계구에서 사용하도록 제한했다(DelLuca and Rosenblatt 2017).

38 회계연도 2001년 주택도시개발부 세출 예산안은 공공주택청이 새로 개발한 어떤 아파트 단지에서도 프로젝트 기반 지원을 받는 최대 25%의 주택단위를 설정했다. 볼티모어의 공공주택 거주지 탈분리 소송을 해결한 1996년 법원의 합의 조정서는 관계 부처들이 26% 미만의 소수인종, 10% 미만의 빈곤율, 5% 미만의 지원 가구가 있는 지역에서 분산방식 공공주택을 건설할 것을 요구했다. 1984년 신시내티 공공주택 소송을 해결한 법원의 합의 조정서는 신규 분산방식 공공주택의 절반 이상이 소수인종 20% 미만이며 정부지원주택이 15% 미만인 구역에서 건설될 것을 요구했다(Varady and Preiser 1998). 1990년대 초부터 덴버는 분산방식 공공주택 및 지원주택이 집중되는 것을 제한해 왔다(Galster et al. 2003).

39 Galster et al. 2003.

40 O'Regan 2016. 법원에서 이의가 제기되고 있지만, 주택도시개발부 장관 벤 카슨(Ben Carson)을 통해 행동을 취하고 있는 트럼프 행정부는 연방 보조금 수령자들에게 AFFH 문서를 제출하도록 요구하는 것을 일시적으로 정지시켰다.

41 Boger 1996.

42 Galster 2013.

43 Levy, Comey, and Padilla 2006a, 2006b; Lubbell 2016.

44 젠트리피케이션 동네의 다양성을 보존하고 촉진하기 위해 제안된 연방, 주, 로컬 시책에 관한 광범위한 논의에 대해서는 Levy, Comey, and Padilla 2006a, 2006b; Lees and Ley 2008; Lubbell 2016 등을 참조하라.

45 O'Regan 2016.

46 Lubbell 2016.

47 주택선택바우처 프로그램이 빈곤을 분산하기 위한 보다 효과적인 수단이 되는 데 도움이 될 수 있는 연방 정책뿐만 아니라 주 정책과 로컬 정책 및 프로그램에 관한 폭넓은 논의에 대해서는 Turner 1998; Katz and Turner 2001, 2008; Pendall 2000; Grigsby and Bourassa 2004; Khadduri 2005; McClure 2008; Khadduri and Wilkins 2008; Mallach 2008; de Souza Briggs, Popkin, and Goering 2010; Landis and McClure 2010; Sard and Rice 2014; Pendall and Hendey 2016; Freeman and Schuetz 2017 등을 참조하라.

48 주택도시개발부는 이미 여러 대도시 지역에서 이러한 계획을 실험하기 시작했다. 초기 평가는 빈

곤을 분산하는 데 소구역 공정시장임대료(SAFMR)의 영향력에 대한 낙관적인 원인을 제시한다(Collinson and Ganong 2016). 유감스럽게도, 이 글을 쓰고 있는 동안 트럼프 행정부는 주택도시개발부 장관 벤 카슨을 통해 행동을 취하면서 소구역 공정시장임대료의 집행을 중단했다.

49 DeLuca, Garboden, and Rosenblatt 2013; Darrah and DeLuca 2014.

50 Deluca and Rosenblatt 2017.

51 Sard and Rice 2014.

52 DeLuca, Garboden, and Rosenblatt 2013.

53 Greenlee 2011.

54 최근의 문헌 고찰에 대해서는 Galster 2013; DeLuca, Garboden, and Rosenblatt 2013; Schwartz, McClure, and Taghavi 2016 등을 참조하라.

55 Imbroscio 2012; Diamond 2012; Shelby 2017.

56 Manzo 2014.

57 Stack 1975.

58 Clark 2008.

59 Hunter et al. 2016; Shelby 2017; Basolo and Yerena 2017.

60 Marsh and Gibb 2011.

61 Sharkey 2013.

62 DeLuca, Garboden, and Rosenblatt 2013; Darrah and DeLuca 2014; Deluca and Rosenblatt 2017.

63 DeLuca, Garboden, and Rosenblatt 2013.

64 안정적 통합 과정(SIP) 및 통합 개념에 대한 더 자세한 내용은 Galster 1998을 참조하라.

65 Galster 1990d.

66 로컬 민간 공정주택 집단이 연방 공정주택 시책 프로그램(Fair Housing Initiatives Program)의 후원을 통해 지지된 것처럼 클린턴 행정부와 오바마 행정부의 법무부는 그와 같은 정책을 추진했다(Squires 2017).

67 차별에 관해 잘 알려진 법원 조사 결과와 큰 처벌이 결합됨으로써, 시장 대리인들에 의한 차별이 억제된다는 강력한 증거가 있다(Ross and Galster 2006).

68 Saltman 1990.

69 이러한 점들에 관한 상세한 설명에 대해서는 Carmon 1976, 1997을 참조하라.

70 이러한 입장을 지지하는 중심인물은 윌리엄 클라크(William Clark)이다. 예를 들어, Clark 2008을 참조하라.

71 시간이 지남에 따라 이동성 행동이 변화되는 것과 관련된 최근의 통계적 증거가 시사하는 바에 따르면, 동네의 인종구성에 대한 선호는 시간이 지남에 따라 변경될 수 있다는 것이다. 2000년대 동안 백인 가구들은 이전 수십 년 동안보다 소수인종이 점유한 지역으로 이주하는 것을 기피하는 경향이 적은 것으로 나타났다(Lee 2017).

72 Pettigrew 1973, 2011; Jackman and Crane 1986.

73 포괄적인 검토를 위해서는 Pettigrew and Tropp 2006; Pettigrew 2011 등을 참조하라.

74 Smith 1993.

75 세이커 하이츠시의 안정적 통합 과정 프로그램에 관한 보다 깊은 논의 및 상세 사항에 대해서는 DeMarco and Galster 1993을 참조하라. 다른 커뮤니티에서 비교할 만한 프로그램의 역사에 대해서는 Saltman 1978, 1990을 참조하라.

76 DeMarco and Galster 1993.

77 Galster 1990a.

78 Cromwell 1990.

79 Galster et al. 2003.

80 나는 Galster(2003)에서 이 명제들을 보다 수식적으로 설명한다.

81 Galster, Cutsinger, and Malega 2008.

82 나는 논평가들이 1990년대 동안 동네 빈곤율의 변화된 분포를 어떻게 보았는지에 관한 사례에서 이와 같은 잘못된 추론을 밝혀냈다(Galster 2005).

83 안타깝게도 이것이 연방 수준에서 일어나고 있는 일이다. 이 글을 쓰고 있는 동안, 주택도시개발부가 제안한 회계연도 2018년 예산은 주택선택바우처를 3분의 1로 삭감했다.

84 Blount et al. 2014; Freeman and Schuetz 2017.

85 Galster, Tatian, and Accordino 2006.

86 Joseph 2006.

87 Briggs et al. 2010.

88 Briggs et al. 2010; Fraser et al. 2013; Hyra 2013; Joseph 2013; Khare 2013; Chaskin and Joseph 2015.

89 Goetz 2003; Galster 2017.

90 Shelby 2017; Squires 2017 등에서의 문헌 검토 고찰을 참조하라.

91 Turner 2017; O'Regan 2017; Boggs 2017; Squires 2017; Goetz 2018; Dawkins 2018.

참고문헌

Aaronson, Daniel. 1998. "Using Sibling Data to Estimate the Impact of Neighborhoods on Children's Educational Outcomes." *Journal of Human Resources* 33(4): 915~946.

Aber, Mark S., and Martin Nieto. 2000. "Suggestions for the Investigation of Psychological Wellness in the Neighborhood Context: Toward a Pluralistic Neighborhood Theory." In *The Promotion of Wellness in Children and Adolescents*, edited by Dante Cicchetti, Julian Rappaport, Irwin Sandler, and Roger P. Weissberg, 185~219. Washington: CWLA Press.

Accordino, John, and Fabrizio Fasulo. 2013. "Fusing Technical and Political Rationality in Community Development: A Prescriptive Model of Efficiency-Based Strategic Geographic Targeting," *Housing Policy Debate* 23(4): 615~642.

Acevedo-Garcia, Dolores, and Theresa L. Osypuk. 2008. "Impacts of Housing and Neighborhoods on Health: Pathways, Racial/Ethnic Disparities and Policy Directions." In *Segregation: The Rising Costs for America,* edited by James H. Carr and Nandine K. Kutty, 197~235. New York: Routledge.

Acs, Gregory, Rolf Pendall, Mark Treskon, and Amy Khare. 2017. *The Cost of Segregation: National Trends and the Case of Chicago*, 1990~2010. Washington: Urban Institute. Available at http://www.urban.org/policy-centers/metropolitan-housing-and-communities-policy-center/projects/cost-segregation.

Adelman, Robert M. 2005. "The Roles of Race, Class, and Residential Preferences in the Neighborhood Racial Composition of Middle-Class Blacks and Whites." *Social Science Quarterly* 86(1): 209~228.

Ahern, Jennifer, Sandro Galea, Alan Hubbard, Lorraine Midanik, and S. Leonard Syme. 2008. "'Culture of Drinking' and Individual Problems with Alcohol Use." *American Journal of Epidemiology* 167(9): 1041~1049.

Ahlbrandt, Roger S., and Paul C. Brophy. 1975. *Neighborhood Revitalization: Theory and Practice*. Lexington, MA: Lexington Books / D. C. Heath and Co.

Ahlbrandt, Roger S., Margaret Charney, and James V. Cunningham. 2000. "Citizen Perceptions of Their Neighborhoods." *Journal of Housing* 7:338~341.

Akerlof, George. 1980. "A Theory of Social Custom, of Which Unemployment May Be One Consequence." *Quarterly Journal of Economics* 94(4): 749~775.

Albrandt, Roger S., and James V. Cunningham. 1979. *A New Public Policy for Neighborhood Preservation*. New York: Praeger Publishers.

Alesina, Alberto, Reza Baqir, and William Easterly. 1999. "Public Goods and Ethnic Divisions." *Quarterly Journal of Economics* 114(4): 1243~1284.

Allport, Gordon W. 1954. *The Nature of Prejudice*. Cambridge, MA: Perseus.

______. 1979. *The Nature of Prejudice: 25th Anniversary Edition*. New York: Basic Books.

Alonso, William. 1964. *Location and Land Use*. Cambridge, MA: Harvard University Press.

Anacker, Katrin B. 2010. "Still Paying the Race Tax? Analyzing Property Values in Homogeneous and Mixed-Race Suburbs." *Journal of Urban Affairs* 32(1): 55~77.

Anacker, Katrin B. 2012. "Shaky Palaces? Analyzing Property Values and Their Appreciation in Minority First Suburbs." *International Journal of Urban and Regional Research* 36(4):

791~816.

Anas, Alex. 1978. "Dynamics of Urban Residential Growth." *Journal of Urban Economics* 5(1): 66~87.

Andersson, Eva. 2004. "From Valley of Sadness to Hill of Happiness: The Significance of Surroundings for Socioeconomic Career." *Urban Studies* 41(3): 641~659.

Andersson, Eva, and Bo Malmberg. 2013. "Contextual Effects on Educational Attainment in Individualized Neighborhoods: Differences across Gender and Social Class." Paper presented at ENHR Conference, Tarragona, Spain, June.

Anderson, Ronald M., Hongjian Yu, Roberta Wyn, Pamela L. Davidson, and E. Richard Brown. 2002. "Access to Medical Care for Low-Income Persons: How Do Communities Make a Difference?" *Medical Care Research and Review* 59(4): 384~411.

Aneshensel, Carol S., and Clea A. Sucoff. 1996. "The Neighborhood Context and Adolescent Mental Health." *Journal of Health and Social Behavior* 37(4): 293~310.

Arnott, Richard J. 1980. "A Simple Urban Growth Model with Durable Housing." *Regional Science and Urban Economics* 10(1): 53~76.

Åslund, Olof, and Peter Fredriksson. 2009. "Peer Effects in Welfare Dependence: Quasi-Experimental Evidence." *Journal of Human Resources* 44(3): 798~825.

Asmus, Karl H., and Harvey J. Iglarsh. 1975. "Dynamic Model of Private Incentives to Housing Maintenance: Comment." *Southern Economic Journal* 42(2): 326~329.

Atkinson, Rowland, and Keith Kintrea. 2001. "Area Effects: What Do They Mean for British Housing and Regeneration Policy?" *European Journal of Housing policy* 2(2): 147~166.

Bader, Michael D. M., and Maria Krysan. 2015. "Community Attraction and Avoidance in Chicago: What's Race Got to Do with it?" *The Annals of the American Academy of Political and Social Science* 660(1): 261~281.

Baer, William C., and Christopher B. Williamson. 1988. "The Filtering of Households and Housing Units." *Journal of Planning Literature* 3(2): 127~152.

Bailey, Martin J. 1959. "A Note on the Economics of Residential Zoning and Urban Renewal." *Land Economics* 35(3): 288~292.

______. 1966. "Effects of Race and Other Demographic Factors on Values of Single-Family Homes." *Land Economics* 42(2): 215~220.

Bailey, Nick, and Mark Livingston. 2007. *Population Turnover and Area Deprivation*. Bristol, UK: Policy Press.

Banzhaf, H. Spencer, and Randall P. Walsh. 2008. "Do People Vote with Their Feet? An Empirical Test of Tiebout's Mechanism." *American Economic Review* 98(3): 843~863.

Basolo, Victoria, and Anaid Yerena. 2017. "Residential Mobility of Low-Income, Subsidized Households: A Synthesis of Explanatory Frameworks." *Housing Studies* 32(6): 841~862.

Bates, Timothy. 1997. *Race, Self-Employment and Upward Mobility*. Washington and Baltimore: Woodrow Wilson Center Press and Johns Hopkins University Press.

Bauder, Harald. 2001. "Culture in the Labor Market: Segmentation Theory and Perspectives of Place." *Progress in Human Geography* 25(1): 37~52.

Baum, Scott, Kathryn Arthurson, and Kara Rickson. 2010. "Happy People in Mixed-Up Places: The Association Between the Degree and Type of Local Socioeconomic Mix and Expressions of Neighborhood Satisfaction." *Urban Studies* 47(3): 467~485.

Baxter, Vern, and Mickey Lauria. 2000. "Residential Mortgage Foreclosures and Neighborhood

Change." *Housing Policy Debate* 11(3): 675~699.

Bayer, Patrick, Hangming Fang, and Robert McMillan. 2014. "Separate When Equal? Racial Inequality and Residential Segregation." *Journal of Urban Economics* 82:32~48.

Bayer, Patrick, and Robert McMillan. 2012. "Tiebout Sorting and Neighborhood Stratification." *Journal of Public Economics* 96(11): 1129~1143.

Bayer, Patrick, Robert McMillan, and Kim Rueben. 2004. "What Drives Racial Segregation? New Evidence Using Census Microdata." *Journal of Urban Economics* 56(3): 514~535.

______. 2005. "Residential Segregation in General Equilibrium." National Bureau of Economic Research, NBER Working Paper no. 11095, January.

Bayer, Patrick, Fernando Ferreira, and Robert McMillan. 2007. "A Unified Framework for Measuring Preferences for Schools and Neighborhoods." *Journal of Political Economy* 115(4): 588~638.

Bayer, Patrick, Stephen Ross, and Giorgio Topa. 2004. "Place of Work and Place of Residence: Informal Hiring Networks and Labor Market Outcomes." Working paper, Economics Department, Yale University.

______. 2008. "Place of Work and Place of Residence: Informal Hiring Networks and Labor Market Outcomes." *Journal of Political Economy* 116(6): 1150~1196.

Becker, Rolf. 2003. "Educational Expansion and Persistent Inequalities of Education." *European Sociological Review* 19(1): 1~24.

Been, Vicki, Ingrid Gould Ellen, and Josiah Madar. 2009. "The High Cost of Segregation: Exploring Racial Disparities in High-Cost Lending." *Fordham Urban Law Journal* 36: 361~393.

Benabou, Roland. 1993. "Workings of a City: Location, Education, and Production." *Quarterly Journal of Economics* 108(3): 619~652.

______. 1996. "Heterogeneity, Stratification, and Growth: Macroeconomic Implications of Community Structure and School Finance." *American Economic Review* 86(3): 584~609.

Bender, Annah, Molly Metzger, Vithya Murugan, and Divya Ravindranath. 2016. "Housing Choices as School Choices: Subsidized Renters' Agency in an Uncertain Policy Context." *City & Community* 15 (4): 444~467.

Bernstein, Jonathan A., Neil Alexis, Charles Barnes, I. Leonard Bernstein, Andre Nel, David Peden, David Diaz-Sanchez, Susan M. Tarlo, and P. Brock Williams. 2004. "Health Effects of Air Pollution." *Journal of Allergy and Clinical Immunology* 114(5): 1116~1123.

Bertrand, Marianne, Ezro F. P. Luttmer, and Sendhil Mullainathan. 2000. "Network Effects and Welfare Cultures." *Quarterly Journal of Economics* 115(3): 1019~1055.

Besbirs, Max, and Jacob W. Faber. 2017. "Investigating the Relationship between Real Estate Agents, Segregation, and House Prices: Steering and Upselling in New York State." *Sociological Forum* 32(4): 850-873.

Bian, Xun. 2017. "Housing Equity Dynamics and Home Improvements." *Journal of Housing Economics* 37:29~41.

Billings, Stephen, David Deming, and Stephen Ross. 2016. "Partners in Crime: Schools, Neighborhoods and the Formation of Criminal Networks." Cambridge, MA: NBER Working Paper w21962.

Birch, David L., Eric S. Brown, Richard P. Coleman, Dolores W. da Lomda, William L. Parsons, Linda C. Sharpe, and Sheryll A. Weber. 1979. *The Behavioral Foundations of*

Neighborhood Change. Washington: Office of Policy Development and Research, US Department of Housing and Urban Development.

Bischoff, Kendra, and Sean Reardon. 2014. "Residential Segregation by Income: 1970~2009." In *Diversity and Disparities: America Enters a New Century*, edited by John R. Logan, 208~234. New York: Russell Sage Foundation.

Bleachman, Eileen. 1991. "Mentors for High-Risk Minority Youth: From Effective Communication to Bicultural Competence." *Journal of Clinical Child Psychology* 21(2): 160~169.

Bleakly, Kenneth, Mary Joel Holin, Laura Fitzpatrick, and Constance Newman. 1982. *A Case Study of Local Control over Housing Development: The Neighborhood Strategy Area Demonstration.* Washington: Office of Policy Development and Research, US Department of Housing and Urban Development.

Block, Jason P., Richard A. Scribner, and Karen B. DeSalvo. 2004. "Fast Food, Race/Ethnicity, and Income: A Geographic Analysis." *American Journal of Preventive Medicine* 27(3): 211~217.

Blount, Casey, Wendy Ip, Ikuo Nakano, and Elaine Ng. 2014. "Redevelopment Agencies in California: History, Benefits, Excesses and Closure." Washington: US Department of Housing and Urban Development, Economic Market Analysis Working Paper Series no. EMAD-2014~01.

Boehm, Thomas. 1981. "Tenure Choice and Expected Mobility: A Synthesis." *Journal of Urban Economics* 10(3): 375~389.

Boehm, Thomas, and Keith Ihlanfeldt. 1986. "The Improvement Expenditures of Urban Homeowners." *American Real Estate and Urban Economics Association Journal* 14(1): 48~60.

Boessen, Adam, and Alyssa Chamberlain. 2107. "Neighborhood Crime, the Housing Crisis, and Geographic Space: Disentangling the Consequences of Foreclosure and Vacancy." *Journal of Urban Affairs* 39(8): 1122~1137.

Boger, John C. 1996. "Toward Ending Racial Segregation: A Fair Share Proposal for the Next Reconstruction." *North Carolina Law Review* 71(5): 1573~1618.

Boggs, Erin. 2017. "People and Place in Low-Income Housing Policy: Unwinding Segregation in Connecticut." *Housing Policy Debate* 27(2): 320~326.

Böheim, Ren., and Mark P. Taylor. 2002. "Tied Down or Room to Move? Investigating the Relationships between Housing Tenure, Employment Status and Residential Mobility in Britain." *Scottish Journal of Political Economy* 49(4): 369~392.

Bolster, Anne, Simon Burgess, Ron Johnston, Kelvyn Jones, Carol Propper, and Rebecca Sarker. 2007. "Neighbourhoods, Households and Income Dynamics: A Semi-Parametric Investigation of Neighbourhood Effects." *Journal of Economic Geography* 7(1): 1~38.

Bond, Eric W., and N. Edward Coulson. 1989. "Externalities, Filtering, and Neighborhood Change." *Journal of Urban Economics* 26(2): 231~249.

Booth, Alan, and Ann C. Crouter, eds. 2001. *Does It Take a Village? Community Effects on Children, Adolescents and Families.* London and Mawah, NJ: Lawrence Erlbaum Publishers.

Booza, Jason A., Jackie M. Cutsinger, and George C. Galster. 2006. *Where Did They Go? The Decline of Middle-Income Neighborhoods in Metropolitan America.* Washington: Brookings Institution.

Bostic, Raphael, and Richard Martin. 2003. "Black Home-owners as a Gentrifying Force? Neighbourhood Dynamics in the Context of Minority Home-ownership." *Urban Studies* 40: 2427~2449.

Boyd, Michelle R. 2008. *Jim Crow Nostalgia: Reconstructing Race in Bronzeville.* Minneapolis: University of Minnesota Press.

Braid, Ralph M. 2001. "Spatial Growth and Redevelopment with Perfect Foresight and Durable Housing." *Journal of Urban Economics* 49(3): 425~452.

Bratt, Rachel G., Michael E. Stone, and Chester Hartman, eds. 2006. *A Right to Housing: Foundation for a New Social Agenda.* Philadelphia: Temple University Press.

Briggs, Xavier de Souza. 1997a. "Moving Up versus Moving Out: Neighborhood Effects in Housing Mobility Programs." *Housing Policy Debate* 8(1): 195~234.

______. 1997b. *Yonkers Revisited: The Early Impacts of Scattered-Site Public Housing on Families and Neighborhoods.* New York: Teachers College, Columbia University.

______. 1998. "Brown Kids in White Suburbs: Housing Mobility and the Many Faces of Social Capital." *Housing Policy Debate* 9(1), 177~221.

Briggs, Xavier de Souza, ed. 1995. *The Geography of Opportunity.* Washington: Brookings Institution Press.

Briggs, Xavier de Souza, Elizabeth Cove, Cynthia Duarte, and Margery Austin Turner. 2011. "How Does Leaving High-Poverty Neighborhoods Affect the Employment Prospects of Low-Income Mothers and Youth?" In *Neighborhood and Life Chances: How Place Matters in Modern America*, edited by Harriet Newburger, Eugenie Birch, and Susan Wachter, 179~203. Philadelphia: University of Pennsylvania Press.

Briggs, Xavier de Souza, Kadija Ferryman, Susan Popkin, and Maria Rendon. 2008. "Why Did the Moving to Opportunity Experiment Not Get Young People into Better Schools?" *Housing Policy Debate* 19(1): 53~91.

Briggs, Xavier de Souza, Susan J. Popkin, and John Goering. 2010. *Moving to Opportunity: The Story of an American Experiment to Fight Ghetto Poverty.* New York: Oxford University Press.

Bright, Elsie M. 2000. *Reviving America's Forgotten Neighborhoods: An Investigation of Inner City Revitalization Efforts.* New York and London: Garland Press.

Brock, William, and Steven Durlauf. 1999. "Interactions-Based Models." Paper presented at the Neighborhood Effects Conference, Joint Center for Poverty Research, Chicago.

Brook, Robert D. 2008. "Cardiovascular Effects of Air Pollution." *Clinical Science* 115(6): 175~187.

Brooks-Gunn, Jeanne, Greg J. Duncan, and J. Lawrence Aber, eds. 1997. *Neighborhood Poverty: Volume 1. Context and Consequences for Children.* New York: Russell Sage Foundation.

Brophy, Paul, ed. 2016. *On the Edge: America's Middle Neighborhoods.* New York: American Assembly, Columbia University.

Brown, Lawrence A., and Eric G. Moore. 1970. "The Intra-Urban Migration Process: A Perspective." *Geografiska Annaler B, Human Geography* 52(1): 1~13.

Brown-Saracino, Japonica. 2010. *The Neighborhood That Never Changes: Gentrification, Social Preservation, and the Search for Authenticity.* Chicago: University of Chicago Press.

Bruch, Elizabeth E., and Robert D. Mare. 2006. "Neighborhood Choice and Neighborhood Change." *American Journal of Sociology* 112(3): 667~709.

______. 2012. "Methodological Issues in the Analysis of Residential Preferences, Residential

Mobility, and Neighborhood Change." *Sociological Methodology* 42:103~154.

Brueckner, Jan, and Stuart Rosenthal. 2009. "Gentrification and Neighborhood Cycles: Will America's Future Downtowns Be Rich?" *Review of Economics and Statistics* 91(4): 725~743.

Brueckner, Jan, Jacques-François Thisse, and Yves Zenou. 1999. "Why Is Central Paris Rich and Downtown Detroit Poor? An Amenity-Based Theory." *European Economic Review* 43(1): 91~107.

Brunekreef, Bert, and Stephen T. Holgate. 2002. "Air Pollution and Health." *The Lancet* 360 (9341): 1233~1242.

Budrys, Grace. 2010. *Unequal Health; How Inequality Contributes to Health and Illness*. 2nd ed. Lanham, MD: Rowman and Littlefield.

Burdick-Will, Julia, Jens Ludwig, Stephen W. Raudenbush, Robert J. Sampson, Lisa Sanbonmatsu, and Patrick W. Sharkey. 2010. *Converging Evidence for Neighborhood Effects on• Children's Test Scores: An Experimental, Quasi-Experimental, and Observational Comparison*. Washington: Brookings Institution.

Burton, Linda M., and Townsand Price-Spratlen. 1999. "Through the Eyes of Children: An Ethnographic Perspective on Neighborhoods and Child Development." In *Cultural Processes in Child Development*, edited by Ann S. Masten, 77~96. Mahwah, NJ: Lawrence Erlbaum Associates.

Calabrese, Stephen, Dennis Epple, Thomas Romer, and Holger Sieg. 2006. "Local Public Good Provision: Voting, Peer Effects, and Mobility." *Journal of Public Economics* 90(6): 959~981.

Campbell, Elizabeth, Julia R. Henly, Delbert S. Elliott, and Katherine Irwin. 2009. "Subjective Constructions of Neighborhood Boundaries: Lessons from a Qualitative Study of Four Neighborhoods." *Journal of Urban Affairs* 31(4): 461~490.

Card, David, and Alan B. Krueger. 1992. "Does School Quality Matter? Returns to Education and the Characteristics of Public Schools in the United States." *Journal of Political Economy* 100(1): 1~40.

Card, David, Alexandre Mas, and Jesse Rothstein. 2008. "Tipping and the Dynamics of Segregation." *Quarterly Journal of Economics* 123(1): 177~218.

Carlson, Deven, and Joshua Cowen. 2015. "Student Neighborhoods, Schools, and Test Score Growth: Evidence from Milwaukee, Wisconsin." *Sociology of Education* 88(1): 38~55.

Carmon, Naomi. 1976. "Social Planning of Housing." *Journal of Social Policy* 5(1): 49~59.

______. 1997. "Neighborhood Regeneration: The State of the Art." *Journal of Planning Education and Research* 17(2): 131~144.

Carter, William H., Michael H. Schill, and Susan M. Wachter. 1998. "Polarisation, Public Housing, and Racial Minorities in US Cities." *Urban Studies* 35(10): 1889~1911.

Casciano, Rebecca, and Douglas Massey. 2012. "School Context and Educational Outcomes: Results from a Quasi-Experimental Study." *Urban Affairs Review* 48(2): 180~204.

Case, Anne C., and Lawrence F. Katz. 1991. *The Company You Keep: The Effects of Family and Neighborhood on Disadvantaged Youth*. NBER Working Paper 3705. Cambridge, MA: National Bureau of Economic Research, May.

Caskey, John P. 1994. *Fringe Banking: Check-Cashing Outlets, Pawnshops, and the Poor*. NY: Russell Sage Foundation.

Ceballo, Rosario, Trayci A. Dahl, Maria T. Aretakis, and Cynthia Ramirez. 2001. "Inner-City Children's Exposure to Community Violence: How Much Do Parents Know?" *Journal of Marriage and Family* 63(4): 927~940.

Cerd., Magdalena, Ana Diez-Roux, Eric Tchetgen Tchetgen, Penny Gordon-Larsen, and Catarina Kiefe. 2010. "The Relationship between Neighborhood Poverty and Alcohol Use: Estimation by Marginal Structural Models." *Epidemiology* 21(4): 482~489.

Chafets, Ze'ev. 1990. *Devil's Night and Other True Tales of Detroit*. New York: Random House.

Chang, Virginia W. 2006. "Racial Residential Segregation and Weight Status Among US Adults." *Social Science & Medicine* 63(5): 1289~1303.

Chapple, Karen, and Rick Jacobus. 2008. "Retail Trade as a Route to Neighborhood Revitalization." In *Urban and Regional Policy and Its Effects: Building Resilient Regions*, edited by Margery Austin Turner, Howard Wial, and Harold Wolman, 19~68. Washington: Brookings Institution Press.

Chapple, Karen, and Miriam Zuk. 2016. "Forewarned: The Use of Neighborhood Early Warning Systems for Gentrification and Displacement." *Cityscape* 18(3): 109~130.

Charles, Camille Zubrinsky. 2003. "The Dynamics of Racial Residential Segregation." *Annual Review of Sociology* 29: 167~207.

Chase-Lansdale, P. Lindsay, Rachel A. Gordon, Jeanne Brooks-Gunn, and Pamela K. Klebanov. 1997. "Neighborhood and Family Influences on the Intellectual and Behavioral Competence of Preschool and Early School-Age Children." In *Neighborhood Poverty: Volume 1. Context and Consequences for Children*, edited by Jeanne Brooks-Gunn, Greg J. Duncan, and J. Lawrence Aber, 79~118. New York: Russell Sage Foundation.

Chaskin, Robert J. 1995. *Defining Neighborhoods: History, Theory, and Practice*. Chicago: Chapin Hall Center for Children, University of Chicago.

______. 1997. "Perspectives on Neighborhood and Community: A Review of the Literature." *Social Service Review* 71(4): 521~547.

Chaskin, Robert J., and Mark Joseph. 2015. *Integrating the Inner City: The Promise and Perils of Mixed-Income Public Housing Transformation*. Chicago: University of Chicago Press.

Chay, Kenneth Y., and Michael Greenstone. 2003. "The Impact of Air Pollution on Infant Mortality: Evidence from Geographic Variation in Pollution Shocks Induced by a Recession." *Quarterly Journal of Economics* 118(3): 1121~1167.

Chen, Hong, Mark S. Goldberg, and Paul J. Villeneuve. 2008. "A Systematic Review of the Relation between Long-Term Exposure to Ambient Air Pollution and Chronic Diseases." *Reviews on Environmental Health* 23(4): 243~297.

Chetty, Raj, Nathaniel Hendren, Patrick Kline, and Emmanuel Saez. 2014. "Where Is the Land of Opportunity? The Geography of Intergenerational Mobility in the United States." *Quarterly Journal of Economics* 129(4): 1553~1623.

Chetty, Raj, Nathanial Hendren, and Lawrence Katz. 2015. "The Effects of Exposure to Better Neighborhoods on Children: New Evidence from the Moving to Opportunity Experiment." NBER Working Paper no. 21156. Cambridge, MA: National Bureau of Economic Research.

Chinloy, Peter. 1980. "The Effect of Maintenance Expenditures on the Measurement of Depreciation in Housing." *Journal of Urban Economics* 8(1): 86~107.

Chyn, Eric. 2016. "Moved to Opportunity: The Long-Run Effect of Public Housing Demolition on Labor Market Outcomes of Children." Unpublished working paper, Department of Economics, University of Michigan.

Clampet-Lundquist, Susan. 2004. "HOPE VI Relocation: Moving to New Neighborhoods and

Building New Ties." *Housing Policy Debate* 15(3): 415~447.
______. 2007. "No More Bois Ball: The Impact of Relocation from Public Housing on Adolescents." *Journal of Adolescent Research* 22(3): 298~323.
Clampet-Lundquist, Susan, Kathryn Edin, Jeffery R. Kling, and Greg J. Duncan. 2011. "Moving At-Risk Youth Out of High-Risk Neighborhoods: Why Girls Fare Better Than Boys." *American Journal of Sociology* 116(4): 1154~1189.
Clampet-Lundquist, Susan, and Douglas Massey. 2008. "Neighborhood Effects on Economic Self-Sufficiency: A Reconsideration of the Moving to Opportunity Experiment." *American Journal of Sociology* 114(1): 107~143.
Clancy, Luke, Pat Goodman, Hamish Sinclair, and Douglas W. Dockery. 2002. "Effect of Air Pollution Control on Death Rates in Dublin, Ireland." *The Lancet* 360(9341): 1210~1214.
Clark, Kenneth B. 1989. *Dark Ghetto: Dilemmas of Social Power.* 2nd ed. Middletown, CT: Wesleyan University Press.
Clark, William A.V. 1971. "A Test of Directional Bias in Residential Mobility." In *Perspectives in Geography 1: Models of Spatial Variations*, edited by H. McConnell and D. Yaseen, 1~27. DeKalb: Northern Illinois University Press.
______. 1982. *Modeling Housing Market Search.* London: Palgrave Macmillian.
______. 1986. "Residential Segregation in American Cities: A Review and Interpretation." *Population Research and Policy Review* 5(2): 95~127.
______. 2008. "Reexamining the Moving to Opportunity Study and Its Contribution to Changing the Distribution of Poverty and Ethnic Concentration." *Demography* 45(3): 515~535.
______. 2009. "Changing Residential Preferences across Income, Education, and Age: Findings from the Multi-City Study of Urban Inequality." *Urban Affairs Review* 44(3): 334~355.
Clark, William A.V., and Frans M. Dieleman. 1996. *Households and Housing: Choices and Outcomes in the Housing Market.* New Brunswick, NJ: Rutgers University Center for Urban Policy Research.
Clark, William A.V., and Youquin Huang. 2003. "The Life Course and Residential Mobility in British Housing Markets." *Environment and Planning A* 35(2): 323~339.
Clark, William A. V., and James O. Huff. 1978. "Cumulative Stress and Cumulative Inertia: A Behavioral Model of Decision to Move." *Environment and Planning A* 10(10): 1357~1376.
Clark, William A.V., and Valerie Ledwith. 2006. "Mobility, Housing Stress, and Neighborhood Contexts: Evidence from Los Angeles." *Environment and Planning A* 38(6): 1077~1093.
Clark, William A.V., and Jun L. Onaka. 1983. "Life Cycle and Housing Adjustment as Explanations of Residential Mobility." *Urban Studies* 20(1): 47~57.
Clay, Phillip L. 1979. *Neighborhood Renewal: Middle-Class Resettlement and Incumbent Upgrading in American Neighborhoods.* Lexington, MA: Lexington Books.
Clay, Phillip L., and Robert M. Hollister. 1983. *Neighborhood Policy and Planning.* Lexington, MA: Lexington Books.
Cloud, Cathy, and George C. Galster. 1993. "What Do We Know about Racial Discrimination in Mortgage Markets?" *Review of Black Political Economy* 22:101~120.
Clougherty, Jane E., and Laura D. Kubzansky. 2009. "A Framework for Examining Social Stress and Susceptibility to Air Pollution in Respiratory Health." *Environmental Health Perspectives* 117(9): 1351~1358.

Coate, Douglas, and Richard W. Schwester. 2011. "Black-White Appreciation of Owner-Occupied Homes in Upper Income Suburban Integrated Communities: The Cases of Maplewood and Montclair, New Jersey." *Journal of Housing Research* 20(2): 127~139.

Cohen, Deborah, Bonnie Ghosh-Dastidar, Richard Scribner, Angela Miu, Molly Scott, Paul Robinson, Thomas Farley, Ricky Bluthenthal, and Didra Brown-Taylor. 2006. "Alcohol Outlets, Gonorrhea, and the Los Angeles Civil Unrest: A Longitudinal Analysis." *Social Science and Medicine* 62(12): 3062~3071.

Collinson, Robert A., and Peter Ganong. 2016. "The Incidence of Housing Voucher Generosity." Available at http://dx.doi.org/10.2139/ssrn.2255799.

Colwell, Peter F. 1991. "Economic Views of Segregation and Integration," *ORER Letter* (summer) 8~11. Champaign-Urbana: Office of Real Estate Research, University of Illinois.

Condron, Dennis J., and Vincent J. Roscigno. 2003. "Disparities Within: Unequal Spending and Achievement in an Urban School District." *Sociology of Education* 76(1): 18~36.

Conley, Dalton. 1999. *Being Black, Living in the Red: Race, Wealth, and Social Policy in America*. Berkeley and Los Angeles: University of California Press.

Coulson, N. Edward, Seok-Joon Hwang, and Susumu Imai. 2003. "The Benefits of Owner-Occupation in Neighborhoods." *Journal of Housing Research* 14(1): 21~48.

Coulson, N. Edward, and Herman Li. 2013. "Measuring the External Benefits of Homeownership." *Journal of Urban Economics* 77:57~67.

Coulton, Claudia J. 2012. "Defining Neighborhoods for Research and Policy." *Cityscape* 14(2): 231~236.

Coulton, Claudia J., Tsui Chan, and Kristen Mikelbank. 2011. "Finding Place in Community Change Initiatives: Using GIS to Uncover Resident Perceptions of Their Neighborhoods." *Journal of Community Practice* 19(1): 10~28.

Coulton, Claudia J., M. Zane Jennings, and Tsui Chan. 2012. "How Big Is My Neighborhood? Individual and Contextual Effects on Perceptions of Neighborhood Scale." *American Journal of Community Psychology* 51(1-2): 140~150.

Coulton, Claudia J., Jill Korbin, Tsui Chan, and Marilyn Su. 2001. "Mapping Residents' Perceptions of Neighborhood Boundaries: A Methodological Note." *American Journal of Community Psychology* 29(2): 371~383.

Courant, Paul N., and John M. Yinger. 1977. "On Models of Racial Prejudice and Urban Residential Structure." *Journal of Urban Economics* 4(3): 272~291.

Crane, Jonathan. 1991. "The Epidemic Theory of Ghettos and Neighborhood Effects on Dropping Out and Teenage Childbearing." *American Journal of Sociology* 96: 1226~1259.

Cromwell, Brian. 1990. "Prointegrative Subsidies and Their Effect on the Housing Market: Do Race-Based Loans Work?" Working paper #9018, Federal Reserve Bank of Cleveland.

Crowder, Kyle. 2000. "The Racial Context of White Mobility: An Individual-Level Assessment of the White Flight Hypothesis." *Social Science Research* 29(2): 223~257.

Crowder, Kyle, and Scott J. South. 2003. "Neighborhood Distress and School Dropout: The Variable Significance of Community Context." *Social Science Research* 32(4): 659~698.

Crowder, Kyle, Scott J. South, and Erick Chavez. 2006. "Wealth, Race, and Inter-Neighborhood Migration." *American Sociological Review* 71(1): 72~94.

Crowder, Kyle, and Jay Teachman. 2004. "Do Residential Conditions Explain the Relationship between Living Arrangements and Adolescent Behavior?" *Journal of Marriage and the Family* 66(3): 721~738.

Currie, Janet. 2011. "Health and Residential Location." In *Neighborhood and Life Chances: How Place Matters in Modern America*, edited by Harriett B. Newburger, Eugenie L. Birch, and Susan M. Wachter, 3~17. Philadelphia: University of Pennsylvania Press.

Currie, Janet, and Matthew Neidell. 2005. "Air Pollution and Infant Health: What Can We Learn from California's Recent Experience?" *Quarterly Journal of Economics* 120(3): 1003~1030.

Cutler, David M., and Edward Glaeser. 1997. "Are Ghettos Good or Bad?" *Quarterly Journal of Economics* 112(3): 827~872.

Cutler, David M., Edward L. Glaeser, and Jacob L. Vigdor. 1999. "The Rise and Decline of the American Ghetto." *Journal of Political Economy* 107(3): 455~506.

______. 2008. "When Are Ghettos Bad? Lessons from Immigrant Segregation in the United States." *Journal of Urban Economics* 63(3): 759~774.

Damm, Anna Piil. 2009. "Ethnic Enclaves and Immigrant Labor Market Outcomes: Quasi-Experimental Evidence." *Journal of Labor Economics* 27(2): 281~314.

______. 2014. "Neighborhood Quality and Labor Market Outcomes: Evidence from a Quasi-Random Neighborhood Assignment of Immigrants." *Journal of Urban Economics* 79: 139~166.

Damm, Anna Piil, and Christian Dustmann. 2014. "Does Growing Up in a High Crime Neighborhood Affect Youth Criminal Behavior?" *American Economic Review* 104(6): 1806~1832.

Darden, Joe T., and Sameh M. Kamel. 2000. "Black Residential Segregation in the City and Suburbs of Detroit: Does Socioeconomic Status Matter?" *Journal of Urban Affairs* 22(1): 1~13.

Darling. Nancy, and Lawrence Steinberg. 1997. "Assessing Neighborhood Effects Using Individual-Level Data." In *Neighborhood Poverty: Vol. 2. Policy Implications in Studying Neighborhoods*, edited by Jeanne Brooks-Gunn, Greg J. Duncan, and J. Lawrence Aber, 120~131. New York: Russell Sage Foundation.

Darrah, Jennifer, and Stefanie DeLuca. 2014. "'Living Here Has Changed My Whole Perspective': How Escaping Inner-City Poverty Shapes Neighborhood and Housing Choice." *Journal of Policy Analysis and Management* 33(2): 350~384.

Dastrup, Samuel, and Ingrid Gould Ellen. 2016. "Linking Residents to Opportunity: Gentrification and Public Housing." *Cityscape* 18(3): 87~107.

Data Driven Detroit. 2010. Detroit Residential Parcel Survey. Accessed at http://datadriven detroit.org.

Dawkins, Casey. 2004. "Recent Evidence on the Continuing Causes of Black-White Residential Segregation." *Journal of Urban Affairs* 26(3): 379~400.

______. 2017. "Putting Equality in Place: The Normative Foundations of Geographic Equality of Opportunity." *Housing Policy Debate* 27(6): 897~912.

______. 2018. "Toward Common Ground in the US Fair Housing Debate." *Journal of Urban Affairs* 40(4): 475~493.

Dawkins, Casey, Qing Shen, and Thomas Sanchez. 2005. "Race, Space and Unemployment Duration." *Journal of Urban Economics* 58(1): 91~113.

DeBartolom., Charles A.M. 1990. "Equilibrium and Inefficiency in a Community Model with Peer Group Effects." *Journal of Political Economy* 98(1): 110~133.

DeBartolom., Charles A.M., and Stephen L. Ross. 2003. "Equilibria with Local Governments and Commuting: Income Sorting vs. Income Mixing." *Journal of Urban Economics* 54(1): 1~20.

______. 2007. "The Race to the Suburb: The Location of the Poor in a Metropolitan Area." Economics Department, University of Colorado at Boulder. Accessed at Accessed at https://ssrn.com/abstract=1011203.

De la Roca, Jorge, Ingrid Gould Ellen, and Katherine M. O'Regan. 2014. "Race and Neighborhoods in the 21st Century: What Does Segregation Mean Today?" *Regional Science and Urban Economics* 47:138~151.

Della Vigna, Stefano. 2009. "Psychology and Economics: Evidence from the Field." *Journal of Economic Literature* 47(2): 315~372.

DeLuca, Stefanie, and Peter Rosenblatt. 2017. "Walking Away from the Wire: Housing Mobility and Neighborhood Opportunity in Baltimore." *Housing Policy Debate* 27(4): 519~546.

DeLuca, Stefanie, Greg J. Duncan, Michere Keels, and Ruby M. Mendenhall. 2010. "Gautreaux Mothers and Their Children: An Update." *Housing Policy Debate* 20(1): 7~25.

DeLuca, Stefanie, Philip M. E. Garboden, and Peter Rosenblatt. 2013. "Segregating Shelter: How Housing Policies Shape the Residential Locations of Low-Income Minority Families." *Annals of the American Academy of Political and Social Science* 647(1): 268~299.

DeMarco, Donald, and George Galster. 1993. "Prointegrative Policy: Theory and Practice." *Journal of Urban Affairs* 15(2): 141~60.

Deng, Lan, Eric Seymour, Margaret Dewar, and June Manning Thomas. 2018. "Saving Strong Neighborhoods from the Destruction of Mortgage Foreclosures: The Impact of Community-Based Efforts in Detroit, Michigan." *Housing Policy Debate* 28(2): 153~179.

Denton, Nancy A., and Douglas S. Massey. 1991. "Patterns of Neighborhood Transition in a Multiethnic World: US Metropolitan Areas, 1970~1980." *Demography* 28(1): 41~63.

Desmond, Matthew. 2016. *Evicted: Poverty and Profit in the American City*. New York: Broadway Books.

Detroit Blight Removal Task Force. 2014. Detroit Blight Removal Task Force Plan. Accessed at http://report.timetoendblight.org/.

Devaney, Michael, and William B. Rayburn. 1993. "Neighborhood Racial Transition and Housing Returns: A Portfolio Approach." *Journal of Real Estate Research* 8(2): 239~252.

Diamond, Michael. 2012. "Deconcentrating Poverty: Deconstructing a Theory and the Failure of Hope." In *Community, Home, And Identity*, 47~76. Farnham, UK: Ashgate.

Dieleman, Frans M. 2001. "Modelling Residential Mobility: A Review of Recent Trends in Research." *Journal of Housing and the Built Environment* 16(3): 249~265.

Dietz, Robert D. 2002. "The Estimation of Neighborhood Effects in the Social Sciences." *Social Science Research* 31(4): 539~575.

Dietz, Robert D., and Donald Haurin. 2003. "The Social and Private Micro-Level Consequences of Homeownership." *Journal of Urban Economics* 54: 401~450.

Dillman, Keri-Nicole, Keren Mertens Horn, and Ann Verrilli. 2017. "The What, Where, and When of Place-Based Housing Policy's Neighborhood Effects." *Housing Policy Debate* 27(2): 282~305.

Ding, Chengri, and Gerrit Knaap. 2003. "Property Values in Inner-City Neighborhoods: The Effects of Homeownership, Housing Investment and Economic Development." *Housing Policy Debate* 13(4): 701~727.

Ding, Lei. 2014. "Information Externalities and Residential Mortgage Lending in the Hardest Hit Housing Market: The Case of Detroit." *Cityscape* 16(1): 233~252.

Ding, Lei, Jackelyn Hwang, and Eileen Divringi. 2016. "Gentrification and Residential Mobility in Philadelphia," *Regional Science and Urban Economics* 61(1): 38~51.

Do, Phuong, Lu Wang, and Michael Elliott. 2013. "Investigating the Relationship between Neighborhood Poverty and Mortality Risk: A Marginal Structural Modeling Approach." *Social Science & Medicine* 91: 58~66.

Doff, Wenda. 2010. *Puzzling Neighbourhood Effects*. Amsterdam: IOS Press.

Downey, Liam, and Brian Hawkins. 2008. "Race, Income, and Environmental Inequality in the United States." *Sociological Perspectives* 51(4): 759~781.

Downs, Anthony. 1981. *Neighborhoods and Urban Development*. Washington: Brookings Institution.

Dreier, Peter, John Mollenkopf, and Todd Swanstrom. 2014. *Place Matters: Metropolitics for the Twenty-First Century*. 3rd ed. Lawrence: University Press of Kansas.

Dubow, Eric F., Stanley Edwards, and Maria F. Ippolito. 1997. "Life Stressors, Neighborhood Disadvantages, and Resources: A Focus on Inner City Children's Adjustment." *Journal of Clinical Child Psychology* 26(2): 130~144.

Duncan, Greg J., and J. Lawrence Aber. 1997. "Neighborhood Models and Measures." In *Neighborhood Poverty, Volume 1: Context and Consequences for Children*, edited by Jeanne Brooks-Gunn, Greg J. Duncan, and J. Lawrence Aber, 219~250. New York: Russell Sage Foundation.

Duncan, Greg J., Jeanne Brooks-Gunn, and J. Lawrence Aber, eds. 1997. *Neighborhood Poverty: Context and Consequences for Children*, vol. 1. New York: Russell Sage Foundation.

Duncan, Greg J., James Patrick Connell, and Pamela Klebanov. 1997. "Conceptual and Methodological Issues in Estimating the Causal Effects of Neighborhood and Family Conditions on Individual Development." In *Neighborhood Poverty: Context and Consequences for Children*, edited by Jeanne Brooks-Gunn, Greg J. Duncan, and J. Lawrence Aber, 219~250. New York: Russell Sage Foundation.

Duncan, Greg J., and Deborah Laren. 1990. *Neighborhood and Family Correlates of Low Birthweight: Preliminary Results on Births to Black Women from the PSID Geocode File*. Ann Arbor, MI: Survey Research Center.

Dunning, Richard J. 2017. "Competing Notions of Search for Home: Behavioural Economics and Housing Markets." *Housing, Theory, and Society* 34(1): 21~37.

Earls, Felton, Jacqueline McGuire, and Sharon Shay. 1994. "Evaluating a Community Intervention to Reduce the Risk of Child Abuse: Methodological Strategies in Conducting Neighborhood Surveys." *Child Abuse and Neglect* 18(5): 473~485.

Ebenstein, Avraham, Victor Lavy, and Sefi Roth. 2016. "The Long-Run Economic Consequences of High-Stakes Examinations: Evidence from Transitory Variation in Pollution." *American Economic Journal: Applied Economics* 8(4): 36~65.

Eberts, Randall W., and Timothy J. Gronberg. 1981. "Jurisdictional Homogeneity and the Tiebout Hypothesis." *Journal of Urban Economics* 10(2): 227~239.

Edin, Per-Anders, Peter Fredricksson and Olof slund. 2003. "Ethnic Enclaves and the Economic

Success of Immigrants: Evidence from a Natural Experiment." *Quarterly Journal of Economics* 118(1): 329~357.

Elder, Glen H., Jacquelynne S. Eccles, Monika Ardelt, and Sarah Lord. 1995. "Inner-City Parents under Economic Pressure: Perspectives on the Strategies of Parenting." *Journal of Marriage and the Family* 57(3): 771~784.

Ellen, Ingrid Gould. 2000a. "Is Segregation Bad for Your Health? The Case of Low Birth Weight." *Brookings-Wharton Papers on Urban Affairs*, 203~238.

Ellen, Ingrid Gould. 2000b. *Sharing America's Neighborhoods: The Prospects for Stable Racial Integration*. Cambridge, MA: Harvard University Press.

Ellen, Ingrid Gould, and Lei Ding. 2016. "Guest Editors' Introduction: Advancing Our Understanding of Gentrification." *Cityscape* 18(3): 3~8.

Ellen, Ingrid Gould, Keren Horn, and Katherine O'Regan. 2012. "Pathways to Integration: Examining Changes in the Prevalence of Racially Integrated Neighborhoods." *Cityscape* 14(3): 33~53.

Ellen, Ingrid Gould, Johanna Lacoe, and Claudia Ayanna Sharygin. 2012. "Do Foreclosures Cause Crime?" *Journal of Urban Economics* 74: 59~70.

Ellen, Ingrid Gould, Tod Mijanovich, and Keri-Nicole Dillman. 2001. "Neighborhood Effects on Health: Exploring the Links and Assessing the Evidence." *Journal of Urban Affairs* 23(3-4): 391~408.

Ellen, Ingrid Gould, and Brenan O'Flaherty. 2013. "How New York Housing Policies Are Different—and Maybe Why." In *New York City-Los Angeles: The Uncertain Future*, edited by Andrew Beveridge and David Halle, 286~309. New York: Oxford University Press.

Ellen, Ingrid Gould, and Katherine O'Regan. 2008. "Reversal of Fortunes? Lower-Income Urban Neighbourhoods in the US in the 1990s." *Urban Studies* 45(4): 845~869.

______. 2011. "How Low-Income Neighborhoods Change: Entry, Exit, and Enhancement." *Regional Science and Urban Economics* 41(2): 89~97.

Ellen, Ingrid Gould, Michael H. Schill, Scott Susin, and Amy Ellen Schwartz. 2001. "Building Homes, Reviving Neighborhoods: Spillovers from Subsidized Construction of Owner-Occupied Housing in New York City." *Journal of Housing Research* 12(2): 185~216.

Ellen, Ingrid Gould, Justin P. Steil, and Jorge De la Roca. 2016. "The Significance of Segregation in the 21st Century." *City & Community* 15(1): 8~13.

Ellen, Ingrid Gould, and Margery Austin Turner. 1997. "Does Neighborhood Matter? Assessing Recent Evidence." *Housing Policy Debate* 8(4): 833~866.

______. 2003. "Do Neighborhoods Matter and Why?" In *Choosing a Better Life? Evaluating the Moving to Opportunity Experiment*, edited by John M. Goering and Judith D. Feins, 313~338. Washington: Urban Institute Press.

Elliott, Meagan. 2017. "Cultural Displacement: Making Sense of Population Growth alongside Decline in Contemporary Detroit." Unpublished PhD dissertation, Department of Sociology, University of Michigan.

Emerson, Michael O., Karen J. Chai, and George Yancey. 2001. "Does Race Matter in Residential Segregation? Exploring the Preferences of White Americans." *American Sociological Review* 66(6): 922~935.

Emerson, Michael O., Rachel Tolbert Kimbro, and George Yancey. 2002. "Contact Theory Extended: The Effects of Prior Racial Contact on Current Social Ties." *Social Science*

Quarterly 83(3): 745~761.

Engle, Kathleen C., and Patricia A. McCoy. 2008. "From Credit Denial to Predatory Lending: The Challenge of Sustaining Minority Homeownership." In *Segregation: The Rising Costs for America*, edited by James H. Carr and Nandinee K. Kutty, 81~124. New York: Routledge.

Ennett, Susan T., Robert L. Flewelling, Richard C. Lindrooth, and Edward C. Norton. 1997. "School and Neighborhood Characteristics Associated with School Rates of Alcohol, Cigarette, and Marijuana Use." *Journal of Health and Social Behavior* 38(1): 55~71.

Epple, Dennis, Brett Gordon, and Holger Sieg. 2010. "A New Approach to Estimating the Production Function for Housing." *American Economic Review* 100(3): 905~924.

Epple, Dennis, and Thomas Romer. 1991. "Mobility and Redistribution." *Journal of Political Economy*, 99(4): 828~858.

Erikson, Robert, and Jan Jonsson. 1996. "Explaining Class Inequality in Education: The Swedish Test Case." In *Can Education Be Equalized? The Swedish Case in Comparative Perspective*, edited by Robert Erikson and Jan Jonsson, 1~63. Boulder, CO: Westview Press.

Faber, Jacob. 2013. "Racial Dynamics of Subprime Mortgage Lending at the Peak." *Housing Policy Debate* 23(2): 328~349.

Faber, Jacob, and Ingrid Gould Ellen. 2016. "Race and the Housing Cycle: Differences in Home Equity Trends among Long-Term Homeowners." *Housing Policy Debate* 26(3): 456~473.

Farley, Reynolds, Sheldon Danziger, and Harry J. Holzer. 2000. *Detroit Divided*. A volume in the Multi-City Study of Urban Inequality. New York: Russell Sage Foundation.

Farley, Reynolds, Howard Schuman, Suzanne Bianchi, Diane Colastano, and Shirley Hatchett. 1978. "Chocolate City, Vanilla Suburbs: Will the Trend toward Racially Separate Communities Continue?" *Social Science Research* 7(4): 319~344.

Farr, Nick, and Cushing Dolbeare. 1996. "Childhood Lead Poisoning: Solving a Health and Housing Problem." *Cityscape* 2(3): 176~182.

Faules, Don, and Dennis Alexander. 1978. *Communication and Social Behavior: A Symbolic Interaction Perspective*. Reading, MA: Addison-Wesley.

Fauth, Rebecca, Tama Leventhal, and Jeanne Brooks-Gunn. 2007. "Welcome to the Neighborhood? Long-Term Impacts of Moving to Low-Poverty Neighborhoods on Poor Children's and Adolescents' Outcomes." *Journal of Research on Adolescence* 17(2): 249~284.

Feijten, Peteke, and Maarten van Ham. 2009. "Neighbourhood Change . . . Reason to Leave?" *Urban Studies* 46(10): 2103~2122.

Fellowes, Matt. 2008. "Reducing the High Cost of Being Poor." Testimony before the House Committee on Financial Services, Subcommittee on Housing and Community Opportunity, March 8.

Fellowes, Matt and Mia Mabanta. 2008. *Banking on Wealth: America's New Retail Banking Infrastructure and Its Wealth-Building Potential*. Washington: Brookings Institution Metropolitan Policy Program.

Fernandez, Roberto, and David Harris. 1992. "Social Isolation and the Underclass." In *Drugs, Crime, and Social Isolation: Barriers to Urban Opportunity*, edited by Adele V. Harrell and George E. Peterson, 257~293. Washington: Urban Institute.

Fick, Ana Correa, and Sarah Moody Thomas. 1996. "Growing Up in a Violent Environment:

Relationship to Health-Related Beliefs and Behavior." *Youth and Society* 27(2): 136~147.

Firebaugh, Glenn, and Chad R. Farrell. 2016. "Still Large, but Narrowing: The Sizable Decline in Racial Neighborhood Inequality in Metropolitan America, 1980~2010." *Demography* 53(1): 139~64.

Firebaugh, Glenn, John Iceland, Stephen A. Matthews, and Barrett A. Lee. 2015. "Residential Inequality: Significant Findings and Policy Implications." *Annals of the American Academy of Political and Social Science* 660: 360~366.

Fischel, William A. 2001. *The Homevoter Hypothesis: How Home Values Influence Local Government Taxation, School Finance, and Land Use Policies*. Cambridge, MA: Harvard University Press.

Fischer, Claude. 1982. *To Dwell among Friends*. Chicago: University of Chicago Press.

Fischer, Mary, and Douglas Massey. 2004. "The Ecology of Racial Discrimination." *City & Community* 3(3): 221~241.

Fishbein, Martin, and Icek Ajzen. 1975. *Belief, Attitude, Intention and Behavior*. Reading, MA: Addison-Wesley.

Fisher, Ernest M, and Louis Winnick. 1951. "A Reformulation of the Filtering Concept." *Journal of Social Issues* 7(1-2): 47~58.

Flippen, Chenoa A. 2004. "Unequal Returns to Housing Investments? A Study of Real Housing Appreciation among Black, White, and Hispanic Households." *Social Forces* 82(4): 1527~1555.

Forrest, Ray and Ade Kearns. 2001. "Social Cohesion, Social Capital and the Neighbourhood." *Urban Studies* 38(12): 2125~2143.

Fossett, Mark. 2011. "Generative Models of Segregation: Investigating Model-Generated Patterns of Residential Segregation by Ethnicity and Socioeconomic Status." *Journal of Mathematical Sociology* 35(1~3): 114~145.

Franz, P. 1982. "Zur Analyse der Bezlehung von sozialokologischen Prozessen und socialen Problemen." In *Zur Raumbezogenheit socialer Probleme*, edited by L. Vaskovics, 96~119. Opladen, Germany: Springer.

Fraser, James C., Robert J. Chaskin, and Joshua Theodore Bazuin. 2013. "Making Mixed-Income Neighborhoods Work for Low-Income Households." *Cityscape* 15(2): 83~100.

Freeman, Lance. 2005. "Displacement or Succession? Residential Mobility in Gentrifying Neighborhoods." *Urban Affairs Review* 40(4): 463~491.

______. 2006. *There Goes the Hood: Views of Gentrification from the Ground Up*. Philadelphia: Temple University Press.

______. 2012. "The Impact of Source of Income Laws on Voucher Utilization." *Housing Policy Debate* 22(2): 297~318.

Freeman, Lance, and Hillary Botein. 2002. "Subsidized Housing and Neighborhood Impacts: A Theoretical Discussion and Review of the Evidence." *Journal of Planning Literature* 16(3): 359~378.

Freeman, Lance, and Frank Braconi. 2004. "Gentrification and Displacement: New York City in the 1990s." *Journal of the American Planning Association* 70(1): 39~52.

Freeman, Lance, and Yunjing Li. 2014. "Do Source of Income Anti-Discrimination Laws Facilitate Access to Less Disadvantaged Neighborhoods?" *Housing Studies* 29(1): 88~107.

Freeman, Lance, and Jenny Schuetz. 2017. "Producing Affordable Housing in Rising Markets: What Works?" *Cityscape* 19(1): 217~236.

Freund, David M. P. 2007. *Colored Property: State Policy and White Racial Politics in Suburban America*. Chicago: University of Chicago Press.

Friedrichs, Jürgen. 1998. "Do Poor Neighborhoods Make their Residents Poorer? Context Effects of Poverty Neighborhoods on their Residents." In *Empirical Poverty Research in a Comparative Perspective*, edited by Hans-Jürgen Andre, 77~99. Aldershot, UK: Ashgate.

Fry, Richard, and Paul Taylor. 2012. *The Rise of Residential Segregation by Income*. Washington: Pew Research Center.

Fuller, Bruce, Casey Coonerty, Fran Kipnis, and Yvonne Choong. 1997. "An Unfair Head Start: California Families Face Gaps in Preschool and Child Care Availability: Second Edition." Education Resources Information Center. Accessed at https://eric.ed.gov/?id=ED417799.

Fusfeld, Daniel R. and Timothy Bates. 1984. *The Political Economy of the Black Ghetto*. Carbondale and Edwardsville: Southern Illinois University Press.

Gabriel, Stuart, and Jennifer Wolch. 1984. "Spillover Effects of Human Service Facilities in a Racially Segmented Housing Market." *Journal of Urban Economics* 16(3): 339~350.

Gallagher, Mari. 2006. *Examining the Impact of Food Deserts on Public Health in Chicago*. Chicago: Mari Gallagher Research and Consulting Group.

Galster, George C. 1977. "A Bid-Rent Analysis of Housing Market Discrimination," *American Economic Review* 67(2): 144~155.

______. 1982. "Black and White Preferences for Neighborhood Racial Composition." *American Real Estate and Urban Economics Association Journal* 10(1): 39~66.

______. 1983. "Empirical Evidence on Cross-Tenure Differences in Home Maintenance and Conditions." *Land Economics* 59(1): 107~113.

______. 1987a. *Homeowners & Neighborhood Reinvestment*. Durham, NC: Duke University Press.

______. 1987b. "Residential Segregation and Interracial Economic Disparities: A Simultaneous-Equations Approach." *Journal of Urban Economics* 21(1): 22~44.

______. 1988a. "Assessing the Causes of Residential Segregation: A Methodological Critique." *Journal of Urban Affairs* 10(4): 395~407.

______. 1988b. "Residential Segregation in American Cities: A Contrary Review." *Population Research and Policy Review* 7(2): 93~112.

______. 1990a. "Neighborhood Racial Change, Segregationist Sentiments, and Affirmative Marketing Policies." *Journal of Urban Economics* 27(3): 344~361.

______. 1990b. "Racial Steering by Real Estate Agents: Mechanisms and Motives." *Review of Black Political Economy* 19(39): 39~63.

______. 1990c. "White Flight from Racially Integrated Neighbourhoods in the 1970s: The Cleveland Experience." *Urban Studies* 27(3): 385~399.

______. 1990d. "Federal Fair Housing Policy: The Great Misapprehension," In *Building Foundations: Housing and Federal Policy*, edited by Denise DiPasquale and Langley C. Keyes, 137~157. Philadelphia: University of Pennsylvania Press.

______. 1991. "Housing Discrimination and Urban Poverty of African-Americans." *Journal of Housing Research* 2(2): 87~122.

______. 1992a. "A Cumulative Causation Model of the Underclass: Implications for Urban

Economic Development Policy." In *The Metropolis in Black and White: Place, Power, and Polarization*, edited by George C. Galster and Edward W. Hill, 190~215. New Bruswick, NJ: Rutgers University Press / Transaction Publishers.

______. 1992b. "Research on Discrimination in Housing and Mortgage Markets: Assessment and Future Directions." *Housing Policy Debate* 3(2): 639~684.

______. 1998. "A Stock/Flow Model of Defining Racially Integrated Neighborhoods." *Journal of Urban Affairs* 20(1): 43~51.

______. 2002. "An Economic Efficiency Analysis of Deconcentrating Poverty Populations." *Journal of Housing Economics* 11(4): 303~329.

______. 2003. "MTO's Impact on Sending and Receiving Neighborhoods." In *Choosing a Better Life? Evaluating the Moving to Opportunity Social Experiment*, edited by John Goering and Judith Feins, 365~382. Washington: Urban Institute Press.

______. 2004. "The Effects of Affordable and Multifamily Housing on Market Values of Nearby Homes." In *Growth Management and Affordable Housing: Do They Conflict*, edited by Anthony Downs, 176~201. Washington: Brookings Institution Press.

______. 2005. "Consequences from the Redistribution of Urban Poverty during the 1990s: A Cautionary Tale." *Economic Development Quarterly* 19(2): 119~125.

______. 2006. "Do Home Insurance Base Premium-Setting Policies Create Disparate Racial Impacts? The Case of Large Insurance Companies in Ohio." *Journal of Insurance Regulation* 24 (4): 7~20.

______. 2008. "Quantifying the Effect of Neighbourhood on Individuals: Challenges, Alternative Approaches and Promising Directions." *Journal of Applied Social Science Studies [Schmollers Jahrbuch / Zeitscrift fur Wirtschafts-und Sozialwissenschaften]* 128(1): 7~48.

______. 2012a. *Driving Detroit: The Quest for Respect in the Motor City*. Philadelphia, PA: University of Pennsylvania Press.

______. 2012b. "The Mechanism(s) of Neighbourhood Effects: Theory, Evidence, and Policy Implications." In *Neighbourhood Effects Research: New Perspectives*, edited by Maarten van Ham, David Manley, Nick Bailey, Ludi Simpson, and Duncan Maclennan, 23~56. Dordrecht, Netherlands: Springer.

______. 2012c. "Urban Opportunity Structure and Racial/Ethnic Polarization." In *Research on Schools, Neighborhoods, and Communities: Toward Civic Responsibility*, edited by William F. Tate IV, 47~66. Lanham, MD: Rowman and Littlefield.

______. 2013. US Assisted Housing Programs and Poverty Deconcentration: A Critical Geographic Review. In *Neighbourhood Effects or Neighbourhood Based Problems?: A Policy Context*, edited by David Manley, Maarten van Ham, Nick Bailey, Ludi Simpson, and Duncan Maclennan, 215~249. Dordrecht, Netherlands: Springer.

______. 2014. "Nonlinear and Threshold Aspects of Neighborhood Effects." In *Soziale Kontexte und soziale Mechanismen [Social Contexts and Social Mechanisms]*, edited by Jurgen Friedrichs and Alexandra Nonnenmacher, 117~133. Wiesbaden, Germany: Springer.

______. 2017. "People versus Place, People and Place, or More? New Directions for Housing Policy." *Housing Policy Debate* 27(2): 261~265.

Galster, George C., Roger Andersson, and Sako Musterd. 2010. "Who Is Affected by Neighbourhood Income Mix? Gender, Age, Family, Employment and Income Differences." *Urban Studies* 47(14): 2915-2944.

______. 2015. "Are Males' Incomes Influenced by the Income Mix of Their Male Neighbors?

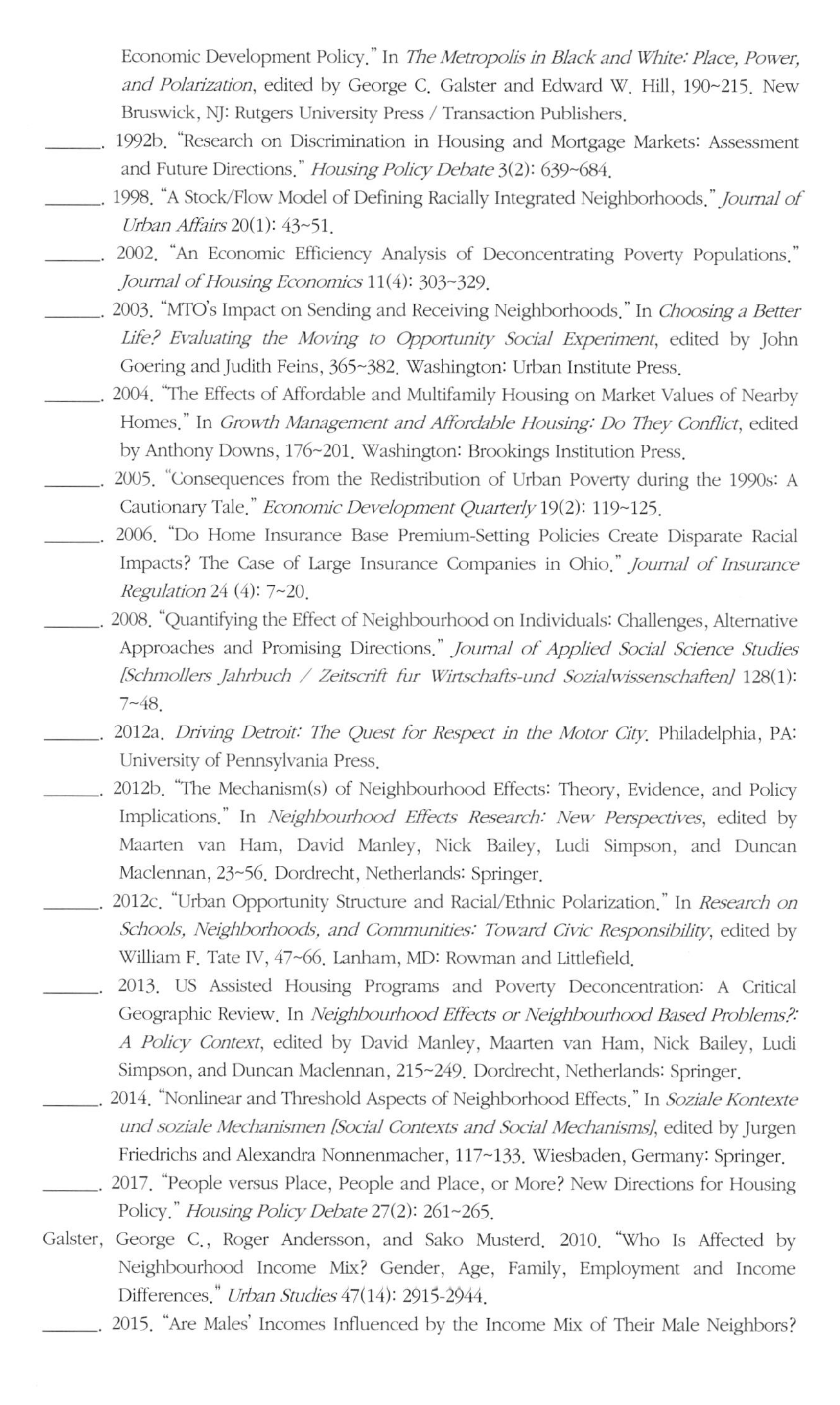

Explorations into Nonlinear and Threshold Effects in Stockholm." *Housing Studies* 30(2): 315~343.

______. 2017. "Neighborhood Social Mix and Adults' Income Trajectories: Longitudinal Evidence from Stockholm," *Geografisker Annaler B Human Geography* 98(2): 145~170.

Galster, George C., Roger Andersson, Sako Musterd, and Timo Kauppinen. 2008. "Does Neighborhood Income Mix Affect Earnings of Adults?" *Journal of Urban Economics* 63(3): 858~870.

Galster, George C., and Jason A. Booza. 2007. "The Rise of the Bipolar Neighborhood." *Journal of the American Planning Association* 73(4): 421~435.

______. 2008. "Are Home and Auto Insurance Policies Excessively Priced in Cities? Recent Evidence from Michigan." *Journal of Urban Affairs* 30(5): 507~527.

Galster, George C., Jason A. Booza, and Jackie M. Cutsinger. "Income Diversity within Neighborhoods and Very Low-Income Families." *Cityscape* 10(2): 257~300.

Galster, George C., Jason A. Booza, Jackie M. Cutsinger, Kurt Metzger, and Up Lim. 2005. *Low-Income Households in Mixed-Income Neighborhoods: Extent, Trends, and Determinants.* Washington: Office of Policy Development and Research, US Department of Housing and Urban Development.

Galster, George C., Jackie M. Cutsinger, and Up Lim. 2007. "Are Neighborhoods Self-Stabilizing? Exploring Endogenous Dynamics." *Urban Studies* 44(1): 1~19.

Galster, George C., Jackie M. Cutsinger, and Ron Malega. 2008. "The Costs of Concentrated Poverty: Neighborhood Property Markets and the Dynamics of Decline." In *Revisiting Rental Housing: Policies, Programs, and Priorities*, edited by Nicolas P. Retsinas and Eric S. Belsky, 93~113. Washington: Brookings Institution Press.

Galster, George C., and Erin Godfrey. 2005. "By Words and Deeds: Racial Steering by Real Estate Agents in the US in 2000." *Journal of the American Planning Association* 71(3): 1~19.

Galster, George C., Chris Hayes, and Jennifer Johnson. 2005. "Identifying Robust, Parsimonious Neighborhood Indicators." *Journal of Planning Education and Research* 24(3): 265~280.

Galster, George C., and Lina Hedman. 2013. "Measuring Neighborhood Effects Non-Experimentally: How Much Do Alternative Methods Matter?" *Housing Studies* 28(3): 473~498.

Galster, George C., and Gary W. Hesser. 1981. "Residential Satisfaction: Compositional and Contextual Correlates." *Environment and Behavior* 13(6): 735~758.

______. 1982. "The Social Neighborhood: An Unspecified Factor in Homeowner Maintenance?" *Urban Affairs Quarterly* 18(2): 235~254.

______. 1988. "Evaluating and Redesigning Subsidy Policies for Home Rehabilitation." *Policy Sciences* 21(1): 67~95.

Galster, George C., and W. Mark Keeney. 1988. "Race, Residence, Discrimination, and Economic Opportunity: Modeling the Nexus of Urban Racial Phenomena." *Urban Affairs Quarterly* 24(1): 87~117.

Galster, George C. and Sean Killen. 1995. "The Geography of Metropolitan Opportunity: A Reconnaissance and Conceptual Framework." *Housing Policy Debate* 6(1): 7~44.

Galster, George C., Heather MacDonald, and Jacqueline Nelson. 2018. "What Explains the Differential Treatment of Renters Based on Ethnicity? New Evidence from Sydney."

Urban Affairs Review 54(1): 107~136.

Galster, George C., David Marcotte, Marvin Mandell, Hal Wolman, and Nancy Augustine. 2007a. "The Impact of Childhood Neighborhood Poverty on Young Adult Outcomes." *Housing Studies* 22(5): 723~752.

______. 2007b. "The Impacts of Parental Homeownership on Children's Outcomes during Early Adulthood." *Housing Policy Debate* 18:785~827.

Galster, George C., and Ronald B. Mincy. 1993. "Understanding the Changing Fortunes of Metropolitan Neighborhoods." *Housing Policy Debate* 4(3): 303~352.

Galster, George C., Ronald B. Mincy, and Mitchell Tobin. 1997. "The Disparate Racial Neighborhood Impacts of Metropolitan Economic Restructuring." *Urban Affairs Review* 32(6): 797~824.

Galster, George C., and Stephen Peacock. 1985. "Urban Gentrification: Evaluating Alternative Indicators." *Social Indicators Research* 18(3): 321~337.

Galster, George C., Roberto G. Quercia, and Alvaro Cortes. 2000. "Identifying Neighborhood Thresholds: An Empirical Exploration," *Housing Policy Debate* 11(3): 701~732.

Galster, George C., Roberto G. Quercia, Alvaro Cortes, and Ron Malega. 2003. "The Fortunes of Poor Neighborhoods." *Urban Affairs Review* 39(2): 205~227.

Galster, George C., and Jerome Rothenberg. 1991. "Filtering in Urban Housing: A Graphical Analysis of a Quality-Segmented Market." *Journal of Planning Education and Research* 11(1): 37~50.

Galster, George C., Anna M. Santiago. 2006. "What's the Hood Got to Do with It? Parental Perceptions about How Neighborhood Mechanisms Affect Their Children." *Journal of Urban Affairs* 28(3): 201~226.

______. 2008 "Low-Income Homeownership as an Asset-Building Tool: What Can We Tell Policymakers?" In *Urban and Regional Policy and Its Effects*, edited by Margery A. Turner, Harold Wial, and Howard Wolman, 60~108. Washington: Brookings Institution Press.

______. 2017a. "Do Neighborhood Effects on Low-Income Minority Children Depend on Their Age? Evidence from a Public Housing Natural Experiment." *Housing Policy Debate* 27(4): 584~610.

______. 2017b. "Neighborhood Ethnic Composition and Outcomes for Low-Income Latino and African American Children." *Urban Studies* 54(2): 482~500.

Galster, George C., Anna M. Santiago, and Jessica Lucero. 2015. "Adrift at the Margins of Urban Society: What Role Does Neighborhood Play?" *Urban Affairs Review* 51(1): 10~45.

Galster, George C., Anna M. Santiago, Jessica Lucero, and Jackie Cutsinger. 2016. "Adolescent Neighborhood Context and Young Adult Economic Outcomes for Low-Income African Americans and Latinos." *Journal of Economic Geography* 16(2): 471~503.

Galster, George C., Anna M. Santiago, Robin Smith, and Peter Tatian. 1999. *Assessing Property Value Impacts of Dispersed Housing Subsidy Programs*. Washington: Office of Policy Development and Research, US Department of Housing and Urban Development.

Galster, George C., Anna M. Santiago and Lisa Stack. 2016. "Elementary School Difficulties of Low-Income Latino and African American Youth: The Role of Geographic Context." *Journal of Urban Affairs* 38(4): 477~502.

Galster, George C., Anna M. Santiago, Lisa Stack, and Jackie Cutsinger. 2016. "Neighborhood Effects on Secondary School Performance of Latino and African American Youth: Evidence from a Natural Experiment in Denver." *Journal of Urban Economics* 93:

30~48.

Galster, George C., and Patrick Sharkey. 2017. "Spatial Foundations of Inequality: An Empirical Overview and Conceptual Model." *RSF: The Russell Sage Journal of the Social Sciences* 3(2): 1~34.

Galster, George C., and Peter Tatian. 2009. "Modeling Housing Appreciation Dynamics in Disadvantaged Neighborhoods." *Journal of Planning Education and Research* 29(1): 7~23.

Galster, George C., Peter Tatian, and John Accordino. 2006. "Targeting Investments for Neighborhood Revitalization." *Journal of the American Planning Association* 72(4): 457~474.

Galster, George C., Peter Tatian, Anna M. Santiago, Kathryn A. Pettit, and Robin Smith. 2003. *Why NOT in My Backyard? The Neighborhood Impacts of Assisted Housing.* New Brunswick, NJ: Rutgers University / Center for Urban Policy Research / Transaction Press.

Galster, George C., Peter Tatian, and Robin Smith. 1999. "The Impact of Neighbors Who Use Section 8 Certificates on Property Values." *Housing Policy Debate* 10(4): 879~917.

Galster, George C., and Lena Magnusson Turner. 2017. "Status Discrepancy as a Driver of Residential Mobility: Evidence from Oslo." *Environment and Planning* A 49(9): 2155~2175.

Galster, George C., Christopher Walker, Chris Hayes, Patrick Boxall, and Jennifer Johnson. 2004. "Measuring the Impact of Community Development Block Grant Spending on Urban Neighborhoods." *Housing Policy Debate* 15(4): 903~934.

Galster, George C., Doug Wissoker, and Wendy Zimmermann. 2001. "Testing for Discrimination in Home Insurance: Results from New York City and Phoenix." *Urban Studies* 38(1): 141~156.

Gans, Herbert. 1961. "The Balanced Community: Homogeneity or Heterogeneity in Residential Areas?" *Journal of the American Institute of Planners* 27(3): 176~184.

______. 1962. *The Urban Villagers.* New York: Free Press.

Ganz, M. L. 2000. "The Relationship between External Threats and Smoking in Central Harlem." *American Journal of Public Health* 90(3), 367~371.

Garner, Catherine L., and Stephen W. Raudenbush. 1991. "Neighborhood Effects on Educational Attainment: A Multilevel Analysis." *Sociology of Education* 64(4): 251~262.

Gennetian, Lisa A., Lisa Sanbonmatsu, and Jens Ludwig. 2011. "An Overview of Moving to Opportunity: A Random Assignment Housing Mobility Study in Five US Cities." In *Neighborhood and Life Chances: How Place Matters in Modern America*, edited by Harriet B. Newburger, Eugenie L. Birch, and Susan M. Wachter, 163~178. Philadelphia: University of Pennsylvania Press.

Gephart, Martha A. 1997. "Neighborhoods and Communities as Contexts for Development." In *Neighborhood Poverty, Volume 1: Context and Consequences for Children*, edited by Jeanne Brooks-Gunn, Greg J. Duncan, and J. Lawrence Aber, 1~43. New York: Russell Sage Foundation.

Geronimus, Arline T. 1992. "The Weathering Hypothesis and the Health of African-American Women and Infants: Evidence and Speculations." *Ethnicity & Disease* 2(3): 207~221.

Gibbons, Stephen, Olmo Silva, and Felix Weinhardt. 2013. "Everybody Needs Good Neighbours? Evidence from Students' Outcomes in England." *Economic Journal*

123(571): 831~874.

Gibbons, Stephen, Olmo Silva, and Felix Weinhardt. 2014. "Neighbourhood Turnover and Teenage Achievement." Discussion paper 8381, Institute for the Study of Labour (IZA), Bonn, Germany.

Giles, Michael W., Everett F. Cataldo, and Douglas S. Gatlin. 1975. "White Flight and Percent Black: The Tipping Point Re-examined." *Social Science Quarterly* 56(1): 85~92.

Ginther, Donna, Robert Haveman, and Barbara Wolfe. 2000. "Neighborhood Attributes as Determinants of Children's Outcomes." *Journal of Human Resources* 35(4): 603~642.

Glaeser, Edward L., Matthew E. Kahn, and Jordan Rappaport. 2008. "Why Do the Poor Live in Cities? The Role of Public Transportation." *Journal of Urban Economics* 63(1): 1~24.

Glaeser, Edward, and Jacob Vigdor. 2012. *The End of the Segregated Century: Racial Separation in America's Neighborhoods, 1890~2010*. New York: Manhattan Institute for Policy Research.

Glymour, M. Maria, Mahasin Mujahid, Qiong Wu, Kellee White, and Eric J. Tchetgen. 2010. "Neighborhood Disadvantage and Self-Assessed Health, Disability, and Depressive Symptoms: Longitudinal Results from the Health and Retirement Study." *American Journal of Epidemiology* 20(11): 856~861.

Goering, John M. 1978. "Neighborhood Tipping and Racial Transition: A Review of Social Science Evidence." *Journal of the American Institute of Planners* 44(1): 68~78.

Goering, John. M., ed. 1986. *Housing Desegregation and Federal Policy*. Chapel Hill: University of North Carolina Press.

Goering, John M., ed. 2007. *Fragile Rights within Cities: Government, Housing, and Fairness*. Lanham, MD: Rowman and Littlefield.

Goering, John M., and Judith Feins, eds. 2003. *Choosing a Better Life? Evaluating the Moving to Opportunity Experiment*. Washington: Urban Institute Press.

Goering, John M., Helene Stebbins, and Michael Siewert. 1995. "Promoting Housing Choice in HUD's Rental Assistance Programs: A Report to Congress." Office of Policy Development and Research, US Department of Housing and Urban Development.

Goering, John M., and Ron Wienk, eds. 1996. *Mortgage Lending, Racial Discrimination, and Federal Policy*. Washington: Urban Institute Press.

Goetz, Edward. 2003. *Clearing the Way: Deconcentrating the Poor in Urban America*. Washington: Urban Institute Press.

______. 2018. *The One-Way Street of Integration: Fair Housing and the Pursuit of Racial Justice in American Cities*. Ithaca, NY: Cornell University Press.

Goetze, Rolf. 1976. *Building Neighborhood Confidence*. Cambridge, MA: Ballinger.

______. 1983. *Rescuing the American Dream*. New York and London: Holmes and Meier Publishers.

Goetze, Rolf, and Kent W. Colton. 1980. "The Dynamics of Neighborhood: A Fresh Approach to Understanding Housing and Neighborhood Change." *Journal of the American Planning Association* 46(2): 184~194.

Golab, Caroline. 1982. "The Geography of Neighborhood." In *Neighborhoods in Urban America*, edited by R. Bayor, 70~85. Port Washington, NY: Kennikat.

Goodman, Allen. 1988. "An Econometric Model of Housing Price, Permanent Income, Tenure Choice, and Housing Demand." *Journal of Urban Economics* 23(3): 27~353.

______. 2005. "Central Cities and Housing Supply: Growth and Decline in US Cities." *Journal of Housing Economics* 14(4): 315~335.

Goodman, John, Jr. 1976. "Housing Consumption Disequilibrium and Local Residential Mobility." *Environment and Planning A* 8(8): 855~874.

Goodwin, Carol. 1979. *The Oak Park Strategy*. Chicago: University of Chicago Press.

Gotham, Kevin Fox. 2002. "Beyond Invasion and Succession: School Segregation, Real Estate Blockbusting, and the Political Economy of Neighborhood Racial Transition." *City & Community* 1(1): 83~111.

Graham, Bryan, and Patrick Sharkey. 2013. *Mobility and the Metropolis: The Relationship Between Inequality in Urban Communities and Economic Mobility*. Washington: Pew Charitable Trusts.

Grannis, Richard. 2005. "T-Communities: Pedestrian Street Networks and Residential Segregation in Chicago, Los Angeles, and New York." *City & Community* 4(3): 295~321.

Granovetter, Mark. 1978. "Threshold Models of Collective Behavior." *American Journal of Sociology* 83(6): 1420~1443.

Granovetter, Mark, and Ronald Soong. 1986. "Threshold Models of Diversity: Chinese Restaurants, Residential Segregation, and the Spiral of Silence." *Sociological Methodology* 18: 69~104.

Gray, Robert, and Steven Tursky. 1986. "Location and Racial/Ethnic Occupancy Patterns for HUD-Subsidized Family Housing in Ten Metropolitan Areas." In *Housing Desegregation and Federal Policy*, edited by John M. Goering, 232~252. Chapel Hill: University of North Carolina Press.

Green, Lawrence W., and Judith M. Ottoson. 1999. *Community and Population Health*, 8th ed. Boston: WCB/McGraw-Hill.

Green, Richard. K., and Stephen Malpezzi. 2003. *A Primer on US Housing Markets and Housing Policy*. Washington: Urban Institute Press.

Green, Richard K., Stephen Malpezzi, and Stephen K. Mayo. 2005. "Metropolitan-Specific Estimates of the Price Elasticity of Supply of Housing, and Their Sources." *American Economic Review* 95(2): 334~339.

Green, Richard, and Michelle White. 1997. "Measuring the Benefits of Homeowning: Effects on Children." *Journal of Urban Economics* 41: 441~461.

Green, Richard, Garry Painter, and Michelle White. 2012. *Measuring the Benefits of Homeowning: Effects on Children Redux*. Washington: Research Institute for Housing America.

Greenlee, Andrew J. 2011. "A Different Lens: Administrative Perspectives on Portability in Illinois' Housing Choice Voucher Program." *Housing Policy Debate* 21(3): 377~403.

Greenberg, Mark T., Liliana J. Lenqua, John D. Coie, Ellen E. Pinderhughes. 1999. "Predicting Developmental Outcomes at School Entry Using Multiple-Risk Model: Four American Communities." *Developmental Psychology* 35(2): 403~417.

Greer, Scott. 1962. *The Emerging City*. New York: Free Press.

Grether, David, and Peter Mieszkowlki. 1980. "The Effects of Nonresidential Land Use on the Prices of Adjacent Housing: Some Estimates of Proximity Effects." *Journal of Urban Economics* 8(1): 1~15.

Grigsby, William G. 1963. *Housing Markets and Public Policy*. Philadelphia: University of Pennsylvania Press.

Grigsby, William G., Morton Baratz, George C. Galster, and Duncan Maclennan. 1987. *The Dynamics of Neighborhood Change and Decline*. Progress in Planning Series #28.

London: Pergamon.
Grigsby, William G., and Steven C. Bourassa. 2004. "Section 8: The Time for Fundamental Program Change?" *Housing Policy Debate* 15(4): 805~834.
Griswold, Nigel G., and Patricia E. Norris. 2007. *Economic Impacts of Residential Property Abandonment and the Genesee County Land Bank in Flint, Michigan.* Flint: Michigan State University Land Policy Institute.
Gruenstein Bocian, Debbie, Peter Smith, and Wei Li. 2012. Collateral Damage: *The Spillover Costs of Foreclosures.* Washington: Center for Responsible Lending.
Guerra, Nancy, L. Rowell Huesmann, and Anja Spindler. 2003. "Community Violence Exposure, Social Cognition, and Aggression among Urban Elementary School Children." *Child Development* 74(5): 1561~1576.
Guerrieri, Veronica, Daniel Hartley, and Erik Hurst. 2012. "Within-City Variation in Urban Decline: The Case of Detroit." *American Economic Review: Papers and Proceedings* 102(3).
______. 2013. "Endogenous Gentrification and Housing Price Dynamics." *Journal of Public Economics* 100: 45~60.
Guest, Avery M. 1972. "Urban History, Population Densities, and Higher-Status Residential Location." *Economic Geography* 48(4): 375~387.
______. 1973. "Urban Growth and Population Densities." *Demography* 10(1): 53~69.
______. 1974. "Neighborhood Life Cycles and Social Status." *Economic Geography* 50(3): 228~243.
Guest, Avery M., and Barret A. Lee. 1984. "How Urbanites Define Their Neighborhoods." *Population and Environment* 7(1): 32~56.
Gyourko, Joseph, and Peter Linneman. 1993. "The Affordability of the American Dream: An Examination of the Last 30 Years." *Journal of Housing Research* 4(1): 39~72.
Hagan, John, and Holly Foster. 2001. "Youth Violence and the End of Adolescence." *American Sociological Review* 66(6): 874~899.
Hallman, Howard W. 1984. *Neighborhoods: Their Place in Urban Life.* Sage Library of Social Research, vol. 154. Beverly Hills: Sage Publications.
Han, Hye-Sung. 2013. "The Impact of Abandoned Properties on Nearby Property Values." *Housing Policy Debate* 24(2): 311~334.
______. 2017a. "Exploring Threshold Effects in the Impact of Housing Abandonment on Nearby Property Values." *Urban Affairs Review*, accessed at https://doi.org/10.1177/1078087417720303.
______. 2017b. "Neighborhood Characteristics and Resistance to the Impacts of Housing Abandonment." *Journal of Urban Affairs* 39(6): 833~856.
Hannon, Lance E. 2002. "Criminal Opportunity Theory and the Relationship between Poverty and Property Crime." *Sociological Spectrum* 22(3): 363~381.
______. 2005. "Extremely Poor Neighborhoods and Homicide." *Social Science Quarterly* 86(1): 1418~1434.
Hannon, Lance, and Peter Knapp. 2003. "Reassessing Nonlinearity in the Urban Disadvantage / Violent Crime Relationship: An Example of Methodological Bias from Log Transformation." *Criminology* 41(4): 1427~1448.
Hanushek, Eric, and John Quigley. 1978. "An Explicit Model of Intra-Metropolitan Mobility." *Land Economics* 54: 411~429.
Harding, David. 2003. "Counterfactual Models of Neighborhood Effects: The Effect of

Neighborhood Poverty on Dropping Out and Teenage Pregnancy." *American Journal of Sociology* 109(3): 676~719.
Harding, John P., Eric Rosenblatt, and Vincent W. Yao. 2009. "The Contagion Effect of Foreclosed Properties." *Journal of Urban Economics* 66(3): 164~178.
Harkness, Joseph, and Sandra Newman. 2003. "Differential Effects of Homeownership on Children from Higher-and Lower-Income Families." *Journal of Housing Research* 14: 1~19.
Harris, David R. 1999. "Property Values Drop When Blacks Move In, Because . . .: Racial and Socioeconomic Determinants of Neighborhood Desirability." *American Sociological Review* 64(3): 461~479.
______. 2001. "Why Are Whites and Blacks Averse to Black Neighbors?" *Social Science Research* 30: 100~116.
Hartley, Daniel. 2013. "Gentrification and Financial Health." *Federal Reserve Bank of Cleveland Economic Trends*. Accessed at https://www.clevelandfed.org/newsroom-and-events/publications/economic-trends/2013-economic-trends/et-20131106-gentrification-and-financial-health.aspx.
Hartung, John M., and Jeffrey R. Henig. 1997. "Housing Vouchers and Certificates as a Vehicle for Deconcentrating the Poor: Evidence from the Washington, DC, Metropolitan Area." *Urban Affairs Review* 32(3): 403~419.
Hassing, Carlijne, Marcel Twickler, Bert Brunekreef, Flemming Cassee, Pieter Doevendans, John Kastelein, and Maarten Jan Cramer. 2009. "Particulate Air Pollution, Coronary Heart Disease and Individual Risk Assessment: A General Overview." *European Journal of Preventitive Cardiology* 16(1): 10~15.
Haurin, Donald R., Robert D. Dietz, and Bruce A. Weinberg. 2002. "The Impact of Neighborhood Homeownership Rates: A Review of the Theoretical and Empirical Literature." Department of Economics Working Paper, Ohio State University.
Haurin, Donald R., Toby Parcel, and Ruth J. Haurin. 2002. "Does Home Ownership Affect Child Outcomes?" *Real Estate Economics* 30: 635~666.
Havekes, Esther, Michael Bader, and Maria Krysan. 2016. "Realizing Racial and Ethnic Neighborhood Preferences? Exploring the Mismatches between What People Want, Where They Search, and Where They Live." *Population Research and Policy Review* 35(1): 101~126.
Haveman, Robert, and Barbara Wolfe. 1994. *Succeeding Generations: On the Effects of Investments in Children*. New York: Russell Sage Foundation.
Hearst, Mary, Michael Oakes, Pamela Johnson. 2008. "The Effect of Racial Residential Segregation on Black Infant Mortality." *American Journal of Epidemiology* 168(11): 1247~1254.
Hedges, Larry V., Richard D. Laine, and Rob Greenwald. 1994. "An Exchange: Part 1: Does Money Matter? A Meta-Analysis of Studies of the Effects of Differential School Inputs on Student Outcomes." *Educational Researcher* 23(3): 5~14.
Hedman, Lina. 2011. "The Impact of Residential Mobility on Measurements of Neighbourhood Effects." *Housing Studies* 26(4): 501~519.
______. 2013. "Moving Near Family? The Influence of Extended Family on Neighbourhood Choice in an Intra-Urban Context." *Population, Space and Place* 19: 32~45.
Hedman, Lina, and George Galster. 2013. "Neighborhood Income Sorting and the Effects of Neighborhood Income Mix on Income: A Holistic Empirical Exploration." *Urban*

Studies 50(1): 107~127.

Hedman, Lina, Maarten van Ham, and David Manley. 2011. "Neighbourhood Choice and Neighbourhood Reproduction." *Environment and Planning A* 43(6): 1381~1399.

Hegerty, Scott. 2017. "Crime, Housing Tenure, and Economic Deprivation: Evidence from Milwaukee, Wisconsin." *Journal of Urban Affairs* 39(8): 1103~1121.

Hellerstein, Judith, Mark. Kutzbach, and David Neumark. 2014. "Do Labor Market Networks Have an Important Spatial Dimension?" *Journal of Urban Economics* 79: 39~58.

Hellerstein, Judith, David Neumark, and Melissa McInerney. 2008. "Spatial Mismatch or Racial Mismatch?" *Journal of Urban Economics* 64(2): 464~479.

Helms, Andrew C. 2003. "Understanding Gentrification: An Empirical Analysis of the Determinants of Urban Housing Renovation." *Journal of Urban Economics* 54(3).

______. 2012. "Keeping Up with the Joneses: Neighborhood Effects in Housing Renovation." *Regional Science and Urban Economics* 42(1-2): 303~313.

Hendey, Leah, George C. Galster, Susan J. Popkin, and Chris Hayes. 2016. "Housing Choice Voucher Holders and Neighborhood Crime: A Dynamic Panel Analysis from Chicago." *Urban Affairs Review* 52(4): 471~500.

Herbert, John D., and Benjamin H. Stevens. 1960. "A Model for the Distribution of Residential Activity in Urban Areas." *Journal of Regional Science* 2(2): 21~36.

Hipp, John R. 2007. "Income Inequality, Race and Place: Does the Distribution of Race and Class Within Neighborhoods Affect Crime Rates?" *Criminology* 45(3): 665~697.

______. 2009. "Specifying the Determinants of Neighborhood Satisfaction: A Robust Assessment in 24 Metropolitan Areas over Four Time Points." *Social Forces* 88: 395~424.

______. 2010. "A Dynamic View of Neighborhoods: The Reciprocal Relationship between Crime and Neighborhood Structural Characteristics." *Social Problems* 57(2): 205~230.

______. 2012. "Segregation Through the Lens of Housing Unit Transition: What Roles Do the Prior Residents, the Local Micro-Neighborhood, and the Broader Neighborhood Play?" *Demography* 49(4): 1285~1306.

Hipp, John R., George E. Tita, and Robert T. Greenbaum. 2009. "Drive-Bys and Trade-Ups: Examining the Directionality of the Crime and Residential Instability Relationship." *Social Forces* 87(4): 1777~1812.

Hipp, John R., and Daniel K. Yates. 2011. "Ghettos, Thresholds, and Crime: Does Concentrated Poverty Really Have an Accelerating Increasing Effect on Crime?" *Criminology* 49(4): 955~990.

Hirsch, Arnold R. 1983. *Making the Second Ghetto: Race and Housing in Chicago, 1940~1960.* Cambridge: Cambridge University Press.

Hoff, Karla, and Arijit Sen. 2005. "Homeownership, Community Interactions, and Segregation." *American Economic Review* 95(4): 1167~1189.

Holguin, Fernando. 2008. "Traffic, Outdoor Air Pollution, and Asthma." *Immunology and Allergy Clinics in North America* 28(3): 577~588.

Hoyt, Homer. 1933. *A Hundred Years of Land Values in Chicago.* Chicago: University of Chicago Press.

Hunter, Albert. 1974. *Symbolic Communities.* Chicago: University of Chicago Press.

______. 1979. "The Urban Neighborhood: Its Analytical and Social Contexts." *Urban Affairs Quarterly* 14(3): 267~288.

Hunter, Marcus Anthony, Mary Pattillo, Zandria F. Robinson, and Keeanga Yamahtta Taylor. 2016. "Black Placemaking: Celebration, Play and Poetry." *Theory, Culture and Society*

33(7-8): 31~56.

Hwang, Jackelyn. 2015. "The Social Construction of a Gentrifying Neighborhood: Reifying and Redefining Identity and Boundaries in Inequality." *Urban Affairs Review* 52(1): 98~128.

Hwang, Jackelyn, Michael Hankinson, and Kreg Steven Brown. 2015. "Racial and Spatial Targeting: Segregation and Subprime Lending within and across Metropolitan Areas." *Social Forces* 93(3): 1081~1108.

Hwang, Jackelyn, and Jeffrey Lin. 2016. "What Have We Learned about the Causes of Recent Gentrification?" *Cityscape* 18(3): 9~26.

Hwang, Jackelyn, and Robert J. Sampson. 2014. "Divergent Pathways of Gentrification: Racial Inequality and the Social Order of Renewal in Chicago Neighborhoods." *American Sociological Review* 79 (4): 726~751.

Hyra, Derek S. 2008. *The New Urban Renewal: The Economic Transformation of Harlem and Bronzeville*. Chicago: University of Chicago Press.

______. 2013. "Mixed-Income Housing: Where Have We Been and Where Do We Go from Here?" *Cityscape* 15(2): 123~134.

______. 2014. "The Back-to-the-City Movement: Neighborhood Redevelopment and Processes of Political and Cultural Displacement." *Urban Studies* 52(10): 1753~1773.

______. 2017. *Race, Class and Politics in Cappuccino City*. Chicago: University of Chicago Press.

Hyra, Derek S., Gregory D. Squires, Robert N. Renner, and David S. Kirk. 2013. "Metropolitan Segregation and the Subprime Lending Crisis." *Housing Policy Debate* 23(1): 177~198.

Iceland, John, and Kyle A. Nelson. 2008. "Hispanic Segregation in Metropolitan America: Exploring the Multiple Forms of Spatial Assimilation." *American Sociological Review* 73(5): 741~765.

Iceland, John, and Rima Wilkes. 2006. "Does Socioeconomic Status Matter? Race, Class, and Residential Segregation." *Social Problems* 53(2): 248~273.

Ihlanfeldt, Keith R. 1999. "The Geography of Economic and Social Opportunity in Metropolitan Areas." In *Governance and Opportunity in Metropolitan America*, edited by Alan Altshuler, William Morrill, Harold Wolman, and Faith Mitchell, 213~250. Washington: National Academy Press.

Ihlanfeldt, Keith, and Benjamin Scafidi. 2002. "The Neighborhood Contact Hypothesis." *Urban Studies* 39: 619~641.

Ihlanfeldt, Keith R., and David L. Sjoquist. 1998. "The Spatial Mismatch Hypothesis: A Review of Recent Studies and their Implications for Welfare Reform." *Housing Policy Debate* 9(4): 849~892.

Imbroscio, David. 2012. "Beyond Mobility: The Limits of Liberal Urban Policy." *Journal of Urban Affairs* 34(1): 1~20.

Immergluck, Dan. 2011. *Foreclosed: High-Risk Lending, Deregulation, and the Undermining of America's Mortgage Market*. Ithaca, NY: Cornell University Press.

______. 2004. *Credit to the Community: Community Reinvestment and Fair Lending Policy in the United States*. New York: M. E. Sharpe.

Immergluck, Dan, and Geoff Smith. 2006. "The External Costs of Foreclosure: The Impact of Single-Family Mortgage Foreclosures on Property Values." *Housing Policy Debate* 17(1): 57~79.

Intrator, Jake, Jonathan Tannen, and Douglas S. Massey. 2016. "Segregation by Race and Income in the United States 1970~2010." *Social Science Research* 60: 45~60.

Ioannides, Yannis. 2002. "Residential Neighborhood Effects." *Regional Science and Urban Economics* 32: 145~165.

Ioannides, Yannis, and Kamhon Kan. 1996. "Structural Estimation of Residential Mobility and Housing Tenure Choice." *Journal of Regional Science* 36(3): 335~363.

Ioannides, Yannis, and Linda Datcher Loury. 2004. "Job Information Networks, Neighborhood Effects, and Inequality." *Journal of Economic Literature* 42(4): 1056~1093.

Ioannides, Yannis, and Jeffrey Zabel. 2003. "Neighborhood Effects and Housing Demand." *Journal of Applied Econometrics* 18: 563~584.

______. 2008. "Interactions, Neighborhood Selection, and Housing Demand." *Journal of Urban Economics* 63(1): 229~252.

Jackman, Mary R., and Marie Crane. 1986. "Some of My Best Friends are Black: Interracial Friendship and Whites' Racial Attitudes." *Public Opinion Quarterly* 50(4): 459~486.

Jacob, Brian. 2004. "Public Housing, Housing Vouchers, and Student Achievement: Evidence from Public Housing Demolitions in Chicago." *American Economic Review* 94(1): 233~58.

Jacobs, Jane. 1961. *The Death and Life of Great American Cities*. New York: Random House.

Janowitz, Morris. 1952. *Community Press in an Urban Setting*. New York: Free Press.

Jargowsky, Paul A. 2015. *The Architecture of Segregation: Civil Unrest, the Concentration of Poverty, and Public Policy*. New York: Century Foundation.

Jargowsky, Paul A., and Mohamed El Komi. 2011. "Before or After the Bell? School Context and Neighborhood Effects on Student Achievement." In *Neighborhood and Life Chances: How Place Matters in Modern America*, edited by Harriet B. Newburger, Eugenie L. Birch, and Susan M. Wachter, 50~72. Philadelphia: University of Pennsylvania Press.

Jarret, Robin L. 1997. "Bringing Families Back In: Neighborhoods' Effects on Child Development." In *Neighborhood Poverty: Volume 2. Policy Implications in Studying Neighborhoods*, edited by Jeanne Brooks-Gunn, Greg J. Duncan, and J. Lawrence Aber, 48~64. New York: Russell Sage Foundation.

Jencks, Cristopher, and Susan Mayer. 1990. "The Social Consequences of Growing Up in a Poor Neighborhood." In *Inner-City Poverty in the United States*, edited by Lawrence Lynn and Michael MacGeary, 111~186. Washington: National Academy Press.

Johnson, Jennifer, and Beata Bednarz. 2002. *Neighborhood Effects of the Low-Income Housing Tax Credit Program: Final Report*. Washington: Office of Policy Development and Research, US Department of Housing and Urban Development.

Johnson, Pamela Jo, J. Michael Oakes, and Douglas L. Anderton. 2008. "Neighborhood Poverty and American Indian Infant Death: Are the Effects Identifiable?" *American Journal of Epidemiology* 18(7): 552~559.

Johnson, Rucker C. 2011. "The Place of Race in Health Disparities: How Family Background and Neighborhood Conditions in Childhood Impact Later-Life Health." In *Neighborhood and Life Chances: How Place Matters in Modern America*, edited by Harriett B. Newburger, Eugenie L. Birch, and Susan M. Wachter, 18~36. Philadelphia: University of Pennsylvania Press.

Jokela, Markus. 2014. "Are Neighborhood Health Associations Causal? A 10-Year Prospective Cohort Study with Repeated Measurements." *American Journal of Epidemiology*

180(8): 776~784.
Joseph, Mark L. 2006. "Is Mixed-Income Development an Antidote to Urban Poverty?" *Housing Policy Debate* 17(2): 209~234.
______. 2013. "Cityscape Mixed-Income Symposium Summary and Response: Implications for Antipoverty Policy." *Cityscape* 15(2): 215~222.
Jun, Hee-Jung. 2013. "Determinants of Neighborhood Change: A Multilevel Analysis." *Urban Affairs Review* 49(3): 319~352.
______. 2014. "The Role of Municipal-level Factors in Neighborhood Economic Change." *Journal of Urban Affairs* 36(3): 447~464.
______. 2016. "The Effect of Racial and Ethnic Composition on Neighborhood Economic Change: A Multilevel and Longitudinal Look." *Housing Studies* 31(1): 102~125.
Kahneman, Daniel. 2011. *Thinking, Fast and Slow*. New York: Farrar, Strauss and Giroux.
Kain, John F. 1992. "The Spatial Mismatch Hypothesis: Three Decades Later." *Housing Policy Debate* 3(2): 371~460.
Kallus, Rachel, and Hubert Law-Yone. 2000. "What Is a Neighbourhood? The Structure and Function of an Idea." *Environment and Planning B: Planning and Design* 27(6): 815~826.
Kan, Kamhon. 2000. "Dynamic Modeling of Housing Tenure Choice." *Journal of Urban Economics* 48(1): 46~69.
Katz, Bruce, and Margery Turner. 2001. "Who Should Run the Housing Voucher Program? A Reform Proposal." *Housing Policy Debate* 12(2): 239~262.
______. 2008. "Rethinking US Rental Housing Policy: A New Blueprint for Federal, State and Local Action." In *Rethinking Rental Housing: Policies, Programs and Priorities*, edited by Nichola Retsinas and Eric Belsky, 319~358. Washington: Brookings Institution.
Katz, Charles M., Danielle Wallace, and E. C. Hedberg. 2013. "A Longitudinal Assessment of the Impact of Foreclosure on Neighborhood Crime." *Journal of Research in Crime and Delinquency* 50(3): 359~389.
Katz, Lawrence, Jeffrey Kling, and Jeffrey Leibman, 2001. "Moving to Opportunity in Boston: Early Results of a Randomized Mobility Experiment." *Quarterly Journal of Economics* 116(2): 607~654.
Kawachi, Ichiro., and Lisa F. Berkman. 2003. *Neighborhoods and Health*. New York: Oxford University Press.
Kawachi, Ichiro., Bruce P. Kennedy, and Richard G. Wilkinson. 1999. *The Society and Population Health Reader: Volume I: Income Inequality and Health*. New York: The New Press.
Kearns, Ade, and Alison Parkes. 2005. "Living in and Leaving Poor Neighbourhood Conditions." In *Life in Poverty Neighbourhoods: European and American Perspectives*, edited by Jürgen Friedrichs, George C. Galster, and Sako Musterd Sako, 31~56. London: Routledge.
Keating, W. Dennis, and Norman Krumholz, eds. 1999. *Rebuilding Urban Neighborhoods: Achievements, Opportunities and Limits*. Thousand Oaks, CA; London; and New Delhi: Sage Publications.
Keller, Suzanne. 1968. *The Urban Neighborhood: A Sociological Perspective*. New York: Random House.
Kessler, Ronald, Greg Duncan, Lisa Gennetian, Lawrence Katz, Jeffrey Kling, Nancy Sampson, Lisa Sanbonmatsu, Alan Zaslavsky, and Jens Ludwig. 2014. "Associations of Housing

Mobility Interventions for Children in High-Poverty Neighborhoods with Subsequent Mental Disorders during Adolescence." *Journal of the American Planning Association* 311(9): 937~948.
Khadduri, Jill. 2005. "Comment on Basolo and Nguyen. 'Does Mobility Matter?'" *Housing Policy Debate* 16(3-4): 325~334.
Khadduri, Jill, and Charles Wilkins. 2008. "Designing Subsidized Rental Housing Programs: What Have We Learned?" In *Rethinking Rental Housing: Policies, Programs, and Priorities*, edited by Nicholas P. Retsinas, and Eric S. Belsky, 161~190. Washington: Brookings Institution.
Khare, Amy T. 2013. "Market-Driven Public Housing Reforms: Inadequacy for Poverty Alleviation." *Cityscape* 15(2): 193~204.
Kim, Sunwoong. 2000. "Race and Home Price Appreciation in Urban Neighborhoods: Evidence from Milwaukee, Wisconsin." *Review of Black Political Economy* 28(2): 9~28.
______. 2003. "Long-Term Appreciation of Owner-Occupied Single-Family House Prices in Milwaukee Neighborhoods." *Urban Geography* 24(3): 212~231.
Kinahan, Kelly L. 2016. "Neighborhood Revitalization and Historic Preservation in US Legacy Cities." Unpublished PhD dissertation, Maxine Goodman Levin College of Urban Affairs, Cleveland State University.
Kingsley, G. Thomas, and Margery Austin Turner, eds. 1993. *Housing Markets and Residential Mobility*. Washington: Urban Institute Press.
Kingsley, G. Thomas, Claudia Coulton, and Kathryn Pettit, eds. 2014. *Strengthening Communities with Neighborhood Data*. Washington: Urban Institute Press.
Kirschenman, Joleen, and Kathryn M. Neckerman. 1991. "We'd Love to Hire Them, but. . . .: The Meaning of Race for Employers." In *The Urban Underclass*, edited by Christopher Jencks and Paul E. Peterson, 203~232. Washington: Brookings Institution.
Klapp, Orrin. 1978. *Opening and Closing: Strategies of Information Adaptation in Society*. Cambridge: Cambridge University Press.
Kleinhans, Reinout. 2004. "Social Implications of Housing Diversification in Urban Renewal: A Review of Recent Literature." *Journal of Housing and the Built Environment* 19(4): 367~390.
Kleit, Rachel Garshick. 2001a. "Neighborhood Relations in Scattered-Site and Clustered Public Housing." *Journal of Urban Affairs* 23(3~4): 409~430.
______. 2001b. "The Role of Neighborhood Social Networks in Scattered-Site Public Housing Residents' Search for Jobs." *Housing Policy Debate* 12(3): 541~573.
______. 2002. "Job Search Networks and Strategies in Scattered-Site Public Housing." *Housing Studies* 17(1): 83~100.
______. 2005. "HOPE VI New Communities: Neighborhood Relationships in Mixed-Income Housing." *Environment and Planning A* 37(8), 1413~1441.
______. 2008. "Neighborhood Segregation, Personal Networks, and Access to Social Resources." In *Segregation: The Rising Costs for America*, edited by James H. Carr and Nandinee K. Kutty, 237~260. New York: Routledge.
______. 2013. "False Assumptions About Poverty Dispersal Policies." Cityscape 15(2): 205~209.
Kleit, Rachel Garshick, and Nicole Bohme Carnegie. 2011. "Integrated or Isolated? The Impact of Public Housing Redevelopment on Social Network Homophily." *Social Networks* 33(2): 152~165.
Klenbanov, Pamela Kato, Jeanne Brooks-Gunn, and Greg J. Duncan. 1994. "Does

Neighborhood and Family Poverty Affect Mothers' Parenting, Mental Health, and Social Support?" *Journal of Marriage and the Family* 56(2): 441~455.

Klenbanov, Pamela Kato, Jeanne Brooks-Gunn, P. Lindsay Chase-Lansdale, and Rachel A. Gordon. 1997. "Are Neighborhood Effects on Young Children Mediated by Features of the Home Environment?" In *Neighborhood Poverty: Vol. 1. Context and Consequences for Children*, edited by Jeanne Brooks-Gunn, Greg J. Duncan, and J. Lawrence Aber, 119~145. New York: Russell Sage Foundation.

Kling, Jeffrey, Jens Ludwig, and Lawrence Katz. 2005. "Neighborhood Effects on Crime for Female and Male Youth: Evidence from a Randomized Housing Voucher Experiment." *Quarterly Journal of Economics* 120(1): 87~131.

Kling, Jeffrey., Jeffrey Liebman, and Lawrence Katz. 2007. "Experimental Analysis of Neighborhood Effects." *Econometrica* 75(1): 83~119.

Knapp, Elijah. 2017. "The Cartography of Opportunity: Spatial Data Science for Equitable Urban Policy." *Housing Policy Debate* 27(6): 913~940.

Kneebone, Elizabeth, and Natalie Holmes. 2015. *The Growing Distance between People and Jobs in Metropolitan America*. Washington: Brookings Institution.

Knotts, H. Gibbs, and Moshe Haspel. 2006. "The Impact of Gentrification on Voter Turnout." *Social Science Quarterly* 87(1): 110~121.

Kochhar, Rakesh, Richard Fry, and Paul Taylor. 2011. *Twenty-to-One: Wealth Gaps Rise to Record Highs between Whites, Blacks, and Hispanics*. Washington: Pew Research Center.

Kohen, Dafna E., Jeanne Brooks-Gunn, Tama Leventhal, and Clyde Hertzman. 2002. "Neighborhood Income and Physical and Social Disorder in Canada: Associations with Young Children's Competencies." *Child Development* 73(6): 1844~1860.

Kozol, Jonathan. 1991. *Savage Inequalities: Children in America's Schools*. New York: Crown.

Kramer, Rory. 2017. "Defensible Spaces in Philadelphia: Exploring Neighborhood Boundaries through Spatial Analysis." *RSF: The Russell Sage Foundation Journal of the Social Sciences* 3(2): 81~101.

Krivo, Lauren J., and Ruth D. Peterson. 1996. "Extremely Disadvantaged Neighborhoods and Urban Crime." *Social Forces* 75(2): 619~648.

Krivo, Lauren J., Ruth D. Peterson, Helen Rizzo, and John R. Reynolds. 1998. "Race, Segregation, and the Concentration of Disadvantage: 1980~1990." *Social Problems* 45(1): 61~80.

Krysan, Maria, Mick P. Couper, Reynolds Farley, and Tyrone A. Forman. 2009. "Does Race Matter in Neighborhood Preferences? Results from a Video Experiment." *American Journal of Sociology* 115(2): 527~559.

Kucheva, Yana, and Richard Sander. 2017. "Structural versus Ethnic Dimensions of Housing Segregation." *Journal of Urban Affairs* 40(3): 329~348.

Kuebler, Meghan, and Jacob Rugh. 2013. "New Evidence on Racial and Ethnic Disparities in Homeownership." *Social Science Research* 42(5): 1357~1374.

Kuminoff, Nicolai V., Kerry Smith, and Christopher Timmins. 2010. *The New Economics of Equilibrium Sorting and Its Transformational Role for Policy Evaluation*. Working paper 16349, National Bureau of Economic Research, Cambridge, MA.

Kurlat, Pablo, and Johannes Stroebel. 2015. "Testing for Information Asymmetries in Real Estate Markets." *Review of Financial Studies* 28(8): 2429~2461.

Ladd, Helen F. 1998. "Evidence on Discrimination in Mortgage Lending." *Journal of Economic*

Perspectives 12(2): 41~62.

Lancaster, Kelvin J. 1966. "A New Approach to Consumer Theory." *Journal of Political Economy* 74(2): 132~157.

Landis, John D. 2015. "Tracking and Explaining Neighborhood Socioeconomic Change in US Metropolitan Areas between 1990 and 2010." *Housing Policy Debate* 26(1): 2~52.

Landis, John D., and Kirk McClure. 2010. "Rethinking Federal Housing Policy." *Journal of the American Planning Association* 76(3): 319~348.

Lang, William M., and Leonard I. Nakamura. 1993. "A Model of Redlining." *Journal of Urban Economics* 33(2): 223~234.

Lankford, Hamilton, Susanna Loeb, and James Wyckoff. 2002. "Teacher Sorting and the Plight of Urban Schools: A Descriptive Analysis." *Educational Evaluation and Policy Analysis* 24(1): 37~62.

Lanphear, Bruce P. 1998. "The Paradox of Lead Poisoning Prevention." *Science* 281(5383): 1617~1618.

Lanzetta, John T. 1963. "Information Acquisition in Decision Making." In *Motivation and Social Interaction*, edited by O. J. Harvey, 239~265. New York: Ronald Press.

Laumann, Edward O., Peter V. Marsden, and David Prensky. 1983. "The Boundary Definition Problem in Network Analysis." In *Applied Network Analysis*, edited by Ronald Burt and M. Michael Minor. Beverly Hills, CA: Sage Publications.

Lauria, Mickey, and Vern Baxter. 1999. "Residential Mortgage and Racial Transition in New Orleans." *Urban Affairs Review* 34(6): 757~786.

Lauritsen, Janet L., and Norman A. White. 2001. "Putting Violence in Its Place: The Influence of Race, Gender, Ethnicity and Place on the Risk for Violence," *Criminology and Public Policy* 1(1): 37~59.

Lawton, M. Powell. 1999. "Environmental Taxonomy: Generalizations from Research with Older Adults." In *Measuring Environment across the Life Span: Emerging Methods and Concepts*, edited by Sarah L. Freidman and Theodore D. Wachs, 91~126. Washington: American Psychological Association.

Lee, Barrett A., and Karen E. Campbell. 1997. "Common Ground? Urban Neighborhoods as Survey Respondents See Them." *Social Science Quarterly* 78(4): 922~936.

Lee, Barrett A., R. S. Oropesa, and James W. Kanan. 1994. "Neighborhood Context and Residential Mobility." *Demography* 31(2): 249~270.

Lee, Barrett A., and Peter B. Wood. 1991. "Is Neighborhood Racial Succession Place-Specific?" *Demography* 28(1): 21~40.

Lee, Chang-Moo, Dennis P. Culhane, and Susan M. Wachter. 1999. "The Differential Impacts of Federally Assisted Housing Programs on Nearby Property Values: A Philadelphia Case Study." *Housing Policy Debate* 10(1): 75~93.

Lee, Kwan O. 2014. "Why Do Renters Stay in or Leave Certain Neighborhoods?" *Journal of Regional Science* 54(5): 755~787.

______. 2017. "Temporal Dynamics of Racial Segregation in the United States: An Analysis of Household Residential Mobility." *Journal of Urban Affairs* 39(1): 40~67.

Lee, Min-Ah, and Kenneth F. Ferraro. 2007. "Neighborhood Residential Segregation and Physical Health among Hispanic Americans: Good, Bad, or Benign?" *Journal of Health and Social Behavior* 48(2): 131~148.

Lee, Sokbae, Myung Hwan Seo, and Youngki Shin. 2011. "Testing for Threshold Effects in Regression Models." *Journal of the American Statistical Association* 106(493):

220~231.
______. 2017. "Testing for Threshold Effects in Regression Models: Correction." *Journal of the American Statistical Association* 112(518): 883.
Lee, Sugie, and Nancy Green Leigh. 2007. "Intrametropolitan Spatial Differentiation and Decline of Inner-Ring Suburbs: A Comparison of Four US Metropolitan Areas." *Journal of Planning Education and Research* 27(2): 146~164.
Lees, Loretta. 1994. "Rethinking Gentrification: Beyond the Positions of Economics or Culture." *Progress in Human Geography* 18(2): 137~150.
Lees, Loretta, and David Ley. 2008. "Introduction to Special Issue on Gentrification and Public Policy." *Urban Studies* 45(12): 2379~2384.
Lees, Loretta, Thomas Slater, and Elvin K. Wyly. 2008. *Gentrification*. New York: Routledge.
______. 2010. *The Gentrification Reader*. New York: Routledge.
Lester, William T., and Daniel A. Hartley. 2014. "The Long-Term Employment Impacts of Gentrification in the 1990s." *Regional Science and Urban Economics* 45: 80~89.
Leven, Charles, James Little, Hugh Nourse, and R. Read. 1976. *Neighborhood Change: Lessons in the Dynamics of Urban Decay*. Cambridge, MA: Ballinger.
Leventhal, Tama, and Jeanne Brooks-Gunn. 2000. "The Neighborhoods They Live In: The Effects of Neighborhood Residence on Child and Adolescent Outcomes." *Psychological Bulletin* 126(2): 309~337.
______. 2003. "Moving to Opportunity: An Experimental Study of Neighborhood Effects on Mental Health." *American Journal of Public Health* 93(9): 1576~1582.
Levy, Diane K., Jennifer Comey, and Sandra Padilla. 2006a. *In the Face of Gentrification: Case Studies of Local Efforts to Mitigate Displacement*. Washington: Urban Institute.
______. 2006b. *Keeping the Neighborhood Affordable: A Handbook of Housing Strategies for Gentrifying Areas*. Washington: Urban Institute.
Lewis, Valerie A., Michael O. Emerson, and Stephen L. Klineberg. 2011. "Who We'll Live with: Neighborhood Racial Composition Preferences of Whites, Blacks and Latinos." *Social Forces* 89(4): 1385~1407.
Li, Huiping, Harrison Campbell, and Steven Fernandez. 2013. "Residential Segregation, Spatial Mismatch, and Economic Growth across US Metropolitan Areas." *Urban Studies* 50(13): 2642~2660.
Li, Ying, and Eric Rosenblatt. 1997. "Can Urban Indicators Predict Home Price Appreciation? Implications for Redlining Research." *Real Estate Economics* 25(1): 81~104.
Lim, Up, and George C. Galster. 2009. "The Dynamics of Neighborhood Property Crime Rates." *Annals of Regional Science* 43(4): 925~945.
Lin, Zhenguo, Eric Rosenblatt, and Vincent W. Yao. 2007. "Spillover Effects of Foreclosures on Neighborhood Property Values." *Journal of Real Estate Finance and Economics* 38(4): 387~407.
Linares, L. Oriana, Timothy Heeren, Elisa Bronfman, Barry Zuckerman, Marilyn Augustyn, and Edward Tronick. 2001. "A Mediational Model for the Impact of Exposure to Community Violence on Early Child Behavior Problems." *Child Development* 72(2): 639~652.
Lipman, Barbara. 2006. A Heavy Load: The Combined Housing and Transportation Burden of Working Families. Washington: Center for Housing Policy, available at: http://www.cnt.org.
Litt, Jill S., Nga L. Tran, and Thomas A. Burke. 2009. "Examining Urban Brownfields through

the Public Health 'Macroscope.'" In *Urban Health: Readings in the Social, Built, and Physical Environments of U.S. Cities*, edited by H. Patricia Hynes and Russ Lopez, 217~236. Sudbury, MA: Jones and Bartlett Publishers.

Livingston, Mark, George Galster, Ade Kearns, and Jon Bannister. 2014. "Criminal Neighborhoods: Does the Density of Prior Offenders in an Area Encourage Others to Commit Crime?" *Environment and Planning A* 46(10): 2469~2488.

Loeb, Susanna, Bruce Fuller, Sharon Lynn Kagan, Bidemi Carrol. 2004. "Child Care in Poor Communities: Early Learning Effects of Type, Quality, and Stability." *Child Development* 75(1): 47~65.

Logan, John R. 2011. *Separate and Unequal: The Neighborhood Gap for Blacks, Hispanics, and Asians in Metropolitan America.* Providence, RI: Brown University.

Logan, John R., and Harvey L. Molotch. 1987. *Urban Fortunes: The Political Economy of Place.* Berkeley and Los Angeles: University of California Press.

Lohmann, Andrew, and Grant Mcmurran. 2009. "Resident-Defined Neighborhood Mapping: Using GIS to Analyze Phenomenological Neighborhoods." *Journal of Prevention and Intervention in the Community* 37(1): 66~81.

Looker, Benjamin. 2015. *A Nation of Neighborhoods: Imagining Cities, Communities, and Democracy in Postwar America.* Chicago: University of Chicago Press.

Lopez, Russell, and Patricia Hynes. 2006. "Obesity, Physical Activity, and the Urban Environment: Public Health Research Needs." *Environmental Health* 5(1): 25~35.

Lord, Heather, and Joseph L. Mahoney. 2007. "Neighborhood Crime and Self-Care: Risks for Aggression and Lower Academic Performance." *Developmental Psychology* 43(6): 1321~1333.

Lovasi, Gina, James Quinn, Virginia Rauh, Frederica Perera, Howard Andrews, Robin Garfinkel, Lori Hoepner, Robin Whyatt, and Andrew Rundle. 2011. "Chlorpyrifos Exposure and Urban Residential Environment Characteristics as Determinants of Early Childhood Neurodevelopment." *American Journal of Public Health* 101(1): 63~70.

Loving, Ajamu C., Michael S. Finke, and John R. Salter. 2012. "Does Home Equity Explain the Black Wealth Gap?" *Journal of Housing and the Built Environment* 27(4): 427~451.

Lowry, Ira. 1960. "Filtering and Housing Standards: A Conceptual Analysis." *Land Economics* 36(4): 362~370.

Lubbell, Jeffrey. 2016. "Preserving and Expanding Affordability in Neighborhoods Experiencing Rising Rents and Property Values." *Cityscape* 18(3): 131~150.

Ludwig, Jens. 2012. "Moving to Opportunity: Guest Editor's Introduction." *Cityscape* 14(2): 1~28.

Ludwig, Jens, Greg J. Duncan, and Paul Hirschfield. 2001. "Urban Poverty and Juvenile Crime: Evidence from a Randomized Experiment." *Quarterly Journal of Economics* 116(2): 655~679.

Ludwig, Jens, Greg J. Duncan, and Joshua Pinkston. 2005. "Neighborhood Effects on Economic Self-Sufficiency: Evidence from a Randomized Housing-Mobility Experiment." *Journal of Public Economics* 89(1): 131~156.

Ludwig, Jens, Helen Ladd, and Greg J. Duncan. 2001. "The Effects of Urban Poverty on Educational Outcomes: Evidence from a Randomized Experiment." In *Brookings-Wharton Papers on Urban Affairs*, edited by William Gale and Jennifer Pack, 147~201. Washington: Brookings Institution.

Ludwig, Jens, Jeffrey Liebman, Jeffrey Kling, Greg Duncan, Lawrence Katz, Ronald Kessler, and

Lisa Sanbonmatsu. 2008. "What Can We Learn about Neighborhood Effects from the Moving to Opportunity Experiment?" *American Journal of Sociology* 114(1): 144~188.

Ludwig Jens, Lisa Sanbonmatsu, Lisa Gennetian, Adam Emma, Greg Duncan, and Lawrence Katz. 2011. "Neighborhoods, Obesity, and Diabetes: A Randomized Social Experiment." *New England Journal of Medicine* 365(16): 1509~1519.

Lynch, Kevin. 1960. *The Image of the City*. Cambridge, MA: MIT Press.

MacDonald, James M., and Paul E. Nelson. 1991. "Do the Poor Still Pay More? Food Price Variations in Large Metropolitan Areas." *Journal of Urban Economics* 30(3): 344~359.

Maclennan, Duncan. 1982. *Housing Economics: An Applied Approach*. Singapore: Longman Group.

Maclennan, Duncan, and Tony O'Sullivan. 2012. "Housing Markets, Signals and Search." *Journal of Property Research* 29(4): 324~340.

Macpherson, David A., and G. Stacy Sirmans. 2001. "Neighborhood Diversity and House-Price Appreciation." *Journal of Real Estate Finance and Economics* 22(1): 81~97.

Mallach, Alan. 2008. *Managing Neighborhood Change: A Framework for Sustainable and Equitable Revitalization*. Montclair, NJ: National Housing Institute.

Malpezzi, Stephen. 2003. "Hedonic Pricing Models." In *Housing Economics and Public Policy*, edited by Tony O'Sullivan and Kenneth Gibb, 67~89. Oxford, UK: Blackwell Publishing.

Manski, Charles. 1995. *Identification Problems in the Social Sciences*. Cambridge, MA: Harvard University Press.

______. 2000. "Economic Analysis of Social Interactions." *Journal of Economic Perspectives* 14(3): 115~136.

Manzo, Lynne C. 2014. "On Uncertain Ground: Being at Home in the Context of Public Housing Redevelopment." *International Journal of Housing Policy* 14(2): 389~410.

Marsh, Alex, and Kenneth Gibb. 2011. "Uncertainty, Expectations, and Behavioural Aspects of Housing Market Choices." *Housing Theory and Society* 28(3): 215~235.

Martin, Leslie. 2007. "Fighting for Control: Political Displacement in Atlanta's Gentrifying Neigh borhoods." *Urban Affairs Review* 42(5): 603~628.

Martinez, Pedro, and John E. Richters. 1993. "The NIMH Community Violence Project: II. Children's Distress Symptoms Associated with Violence Exposure." *Psychiatry* 56(1): 22~35.

Massey, Douglas S. 1996. "The Age of Extremes: Concentrated Affluence and Poverty in the Twenty-First Century." *Demography* 33(4): 395~412.

Massey, Douglas S., Len Albright, Rebecca Casciano, Elizabeth Derickson and David N. Kinsey. 2013. *Climbing Mount Laurel: The Struggle for Affordable Housing and Social Mobility in an American Suburb*. Princeton, NJ: Princeton University Press.

Massey, Douglas S., and Nancy A. Denton. 1993. *American Apartheid: Segregation and the Making of the Underclass*. Cambridge, MA: Harvard University Press.

Massey, Douglas S., and Shawn M. Kanaiaupuni. 1993. "Public Housing and the Concentration of Poverty." *Social Science Research* 74(1): 109~122.

Mawhorter, Sarah L. 2016. "Reshaping Los Angeles: Housing Affordability and Neighborhood Change." Unpublished PhD dissertation, Sol Price School of Public Affairs, University of Southern California.

McClure, Kirk. 2008. "Deconcentrating Poverty with Housing Programs." *Journal of the American Planning Association* 74(1): 90~99.

McConnell, Rob, Kiros Berhane, Frank Gilliland, Stephanie J. London, Talat Islam, W. James Gauderman, Edward Avol, Helene G. Margolis, and John M. Peters. 2002. "Asthma in Exercising Children Exposed to Ozone: A Cohort Study." *The Lancet* 359(9304): 386~391.

McConnell, Rob, Talat Islam, Ketan Shankardass, Michael Jerrett, Fred Lurmann, Frank Gilliland, Jim Gauderman, Ed Avol, Nino Künzli, Ling Yao, John Peters, and Kiros Berhane. 2010. "Childhood Incident Asthma and Traffic-Related Air Pollution at Home and School." *Environmental Health Perspectives* 118(7): 1021~1026.

McConnochie, Kenneth, Mark Russo, John McBride, Peter Szilagyi, Ann-Marie Brooks, and Klaus Roghmann. 1999. "Socioeconomic Variation in Asthma Hospitalization: Excess Utilization or Greater Need?" *Pediatrics* 103(6): 75~82.

McKinnish, Terra, Randall Walsh, and T. Kirk White. 2010. "Who Gentrifies Low-Income Neighborhoods?" *Journal of Urban Economics* 67(2): 180~193.

McKnight, John. 1995. *The Carless Society: Community and Its Counterfeits*. New York: Basic Books.

McNulty, Thomas L. 2001. "Assessing the Race-Violence Relationship at the Macro Level: The Assumption of Racial Invariance and the Problem of Restricted Distributions." *Criminology* 39(2): 467~488.

Meen, Geoffrey. 2005. "Local Housing Markets and Segregation in England." *Economic Outlook* 29(1): 11~17.

Meltzer, Rachel. 2016. "Gentrification and Small Business: Threat or Opportunity?" *Cityscape* 18(3): 57~85.

Meltzer, Rachel, and Pooya Ghorbani. 2015. "Does Gentrification Increase Employment Opportunities in Low-Income Neighborhoods?" Paper presented at the 37th annual fall conference of the Association for Public Policy and Management, Miami, November 13.

Metzger, Molly. 2014. "The Reconcentration of Poverty: Patterns of Housing Voucher Use, 2000~2008." *Housing Policy Debate* 24(3): 544~567.

Michelson, William. 1976. *Man and His Urban Environment: A Sociological Approach*. Reading, MA: Addison-Wesley.

Michener, Jamila, and Diane Wong. 2015. "Gentrification and Political Destabilization: What, Where & How." Paper presented at the 45th Urban Affairs Association Annual, Miami, April 10.

Mikelbank, Brian A. 2008. "Spatial Analysis of the Impact of Vacant, Abandoned and Foreclosed Properties." Cleveland: Office of Community Affairs, Federal Reserve Bank of Cleveland. Accessed online at https://www.clevelandfed.org/newsroom-and-events/publications/special−reports/sr-200811-spatial-analysis-of-impact-ofvacant-abandoned-foreclosed-properties.aspx.

Milgram, Stanley, Judith Greenwald, Suzanne Kessler, Wendy McKenna, and Judith Waters. 1972. "A Psychological Map of New York City." *American Scientist* 60(2): 194~200.

Mills, Nicholas L., Ken Donaldson, Paddy W. Hadoke, Nicholas A. Boon, William Mac-Nee, Flemming R. Cassee, Thomas Sandstr.m, Anders Blomberg, and David E. Newby. 2009. "Adverse Cardiovascular Effects of Air Pollution." *Nature Clinical Practice Cardiovascular Medicine* 6(1): 36~44.

Minkler, Meredith. 1997. "Community Organizing among the Elderly Poor in San Francisco's Tenderloin District." In *Community Organizing & Community Building for Health*, edited by Meredith Minkler, 244~260. New Brunswick, NJ, and London: Rutgers University Press.

Molotch, Harvey. 1972. *Managed Integration*. Berkeley: University of California Press.

Morenoff, Jeffrey D., Robert J. Sampson, and Stephen W. Raudensbush. 2001. "Neighborhood Inequality, Collective Efficacy, and the Spatial Dynamics of Homicide." *Criminology* 39(3): 517~560.

Moore, Latetia V., and Ana Diez Roux. 2006. "Associations of Neighborhood Characteristics with the Location and Type of Food Stores." *American Journal of Public Health* 96(2): 325~331.

Morland, Kimberly, Steve Wing, Ana Diez-Roux, and Charles Poole. 2002 "Neighborhood Characteristics Associated with the Location of Food Stores and Food Service Places." *American Journal of Preventive Medicine* 22(1): 23~29.

Morris, David J., and Karl Hess. 1975. *Neighborhood Power: The New Localism*. Boston: Beacon Press.

Morris, Earl W., Sue R. Crull, and Mary Winter. 1976. "Housing Norms, Housing Satisfaction, and the Propensity to Move." *Journal of Marriage and the Family* 38(2): 309~320.

Moulton, Stephanie, Laura Peck, and Keri-Nicole Dillman. 2014. "Moving to Opportunity's Impact on Health and Well-Being among High-Dosage Participants." *Housing Policy Debate* 24(2): 415~445.

Muller, Christopher, Robert Sampson, and Alix Winter. 2018. "Environmental Inequality: The Social Causes and Consequences of Lead Exposure." *Annual Review of Sociology* (forthcoming).

Murphy, Kevin M., Andrei Shleifer, Robert W. Vishny. 1993. "Why Is Rent Seeking So Costly to Growth?" *American Economic Review* 83: 409~414.

Musterd, Sako, Roger Andersson, George Galster, and Timo Kauppinen. 2008. "Are Immigrants' Earnings Influenced by the Characteristics of their Neighbours?" *Environment and Planning A* 40(4): 785~805.

Musterd, Sako, George Galster, and Roger Andersson. 2012. "Temporal Dimensions and the Measurement of Neighbourhood Effects." *Environment and Planning A* 44(3): 605~627.

Musterd, Sako, Wouter P. C. van Gent, Marjolijn Das, and Jan Latten. 2016. "Adaptive Behaviour in Urban Space: Residential Mobility in Response to Social Distance." *Urban Studies* 53(2): 227~246.

Myers, Dowell. 1983. "Upward Mobility and the Filtering Process." *Journal of Planning Education and Research* 2(2): 101~112.

Nandi, Arijit, Thomas Glass, Stephen Cole, Haitao Chu, Sandro Galea, David Celentano, Gregory Kirk, David Vlahov, William Latimer, and Shruti Mehta. 2010. "Neighborhood Poverty and Injection Cessation in a Sample of Injection Drug Users." *American Journal of Epidemiology* 171(4): 391~398.

Needleman, H., and B. Gatsonis. 1991. "Meta-Analysis of 24 Studies of Learning Disabilities Due to Lead Poisoning." *Journal of the American Medical Association* 265: 673~678.

Neidell, Matthew. 2004. "Air Pollution, Health, and Socio-Economic Status: The Effect of Outdoor Air Quality on Childhood Asthma." *Journal of Health Economics* 23(6): 1209~1236.

Nelson, Kyle Anne. 2013. "Does Residential Segregation Help or Hurt? Exploring Differences in the Relationship Between Segregation and Health Among US Hispanics by Nativity and Ethnic Subgroup." *Social Science Journal* 50(4): 646~657.

Newell, Allen, and Herbert Simon. 1972. *Human Problem Solving*. Englewood Cliffs, NJ: Prentice-Hall.

Newman, Kathe, and Elvin K. Wyly. 2006. "The Right to Stay Put, Revisited: Gentrification and Resistance to Displacement in New York City." *Urban Studies* 43(1): 23~57.

Newman, Katherine S. 1999. *No Shame in My Game: The Working Poor in the Inner City*. New York: Knopf Doubleday and Russell Sage Foundation.

Newman, Sandra J., and Greg J. Duncan. 1979. "Residential Problems, Dissatisfaction, and Mobility." *Journal of the American Planning Association* 45(2): 154~166.

Nicotera, Nicole. 2007. "Measuring Neighborhood: A Conundrum for Human Services Researchers and Practitioners." *American Journal of Community Psychology* 40(1): 26~51.

Nieuwenhuis, Jaap, and Pieter Hooimeijer. 2016. "The Association between Neighbourhoods and Educational Achievement: A Systematic Review and Meta-Analysis." *Journal of Housing and the Built Environment* 31(2): 321~347.

Noonan, Douglas S. 2005. "Neighbours, Barriers and Urban Environments: Are Things 'Different on the Other Side of the Tracks?'" *Urban Studies* 42(10): 1817~1835.

Novak, Scott, Sean Reardon, Stephen Raudenbush, and Stephen Buka. 2006. "Retail Tobacco Outlet Density and Youth Cigarette Smoking: A Propensity-Modeling Approach." *American Journal of Public Health* 96(4): 670~676.

Oakes, Michael, Kate Andrade, Ifrah Biyoow, and Logan Cowan. 2015. "Twenty Years of Neighborhood Effect Research: An Assessment." *Current Epidemiology Reports* 2(1): 1~8.

Oh, Sun Jung, and John Yinger. 2015. "What Have We Learned from Paired Testing in Housing Markets?" *Cityscape* 17(3): 15~59.

Ohls, James C. 1975. "Public Policy toward Low-Income Housing and Filtering in Housing Markets." *Journal of Urban Economics* 2(2): 144~171.

Oliver, Melvin L., and Thomas M. Shapiro. 1995. *Black Wealth/White Wealth: A New Perspective on Racial Inequality*. New York: Routledge.

O'Regan, Katherine M. 1993, "The Effect of Social Networks and Concentrated Poverty on Black and Hispanic Youth Unemployment," *Annals of Regional Science* 27(4): 327~342.

______. 2016. "Commentary: A Federal Perspective on Gentrification." *Cityscape* 18(3): 151~162.

______. 2017. "People and Place in Low-Income Housing Policy." *Housing Policy Debate* 27(2): 316~319.

Oreopoulos, Philip. 2003. "The Long-Run Consequences of Living in a Poor Neighborhood." *Quarterly Journal of Economics* 118(4): 1533~1575.

Orfield, Myron. 1997. *Metropolitics*. Washington: Brookings Institution.

Orr, Larry, Judith Feins, Robin Jacob, Eric Beecroft, Lisa Sanbonmatsu, Lawrence Katz, Jeffrey Liebman, and Jeffrey Kling. 2003. *Moving to Opportunity: Interim Impacts Evaluation*. Washington: Office of Policy Development and Research, US Department of Housing and Urban Development.

Ottensmann, John R., David H. Good, and Michael E. Gleeson. 1990. "The Impact of Net Migration on Neighborhood Racial Composition." *Urban Studies* 27(5): 705~717.

Ottensmann, John R., and Michael E. Gleeson. 1992. "The Movement of Whites and Blacks into Racially Mixed Neighborhoods: Chicago, 1960~1980." *Social Science Quarterly* 73(3):

645~662.

Owens, Ann. 2017. "How Do People-Based Housing Policies Affect People (and Place)?" *Housing Policy Debate* 27(2): 266~281.

Pagano, Michael A., ed. 2015. *The Return of the Neighborhood as an Urban Strategy.* Urbana, Chicago, and Springfield: University of Illinois Press.

Pandey, Shanta, and Claudia Coulton. 1994. "Unraveling Neighborhood Change Using Two-Wave Panel Analysis: A Case Study of Cleveland in the 1980s." *Social Work Research* 18(2): 83~96.

Papachristos, Andrew. 2013. "48 Years of Crime in Chicago: A Descriptive Analysis of Serious Crime Trends from 1965 to 2013." Working paper ISPS 13-023, ISPS, Institution for Social and Policy Studies, Yale University.

Park, Robert E. 1936. "Succession, an Ecological Concept." *American Sociological Review* 1(2): 171~179.

Park, Yunmi, and George O. Rogers. 2015. "Neighborhood Planning Theory, Guidelines, and Research: Can Area, Population, and Boundary Guide Conceptual Framing?" *Journal of Planning Literature* 30(1): 18~36.

Pascal, Anthony H. 1965. *The Economics of Housing Segregation.* Santa Monica, CA: Rand Corporation.

Patillo-McCoy, Mary. 1999. *Black Picket Fences: Privilege and Peril in the Black Middle Class.* Chicago: University of Chicago Press.

Pebley, Anne R., and Narayan Sastry. 2009. "Our Place: Perceived Neighborhood Size and Names in Los Angeles." Working paper #2009~026. Los Angeles: California Center for Population Research. Accessed at http://papers.ccpr.ucla.edu/papers/PWP-CCPR-/2009~026/ PWP-CCPR-2009~026.pdf.

Pebley, Anne, and Mary Vaiana. 2002. *In Our Backyard.* Santa Monica, CA: Rand Corporation.

Pendall, Rolf. 2000a. "Local Land Use Regulation and the Chain of Exclusion." *Journal of the American Planning Association* 66(2): 125~142.

______. 2000b. "Why Voucher Holder and Certificate Users Live in Distressed Neighbourhoods." *Housing Policy Debate* 11(4): 881~910.

Pendall, Rolf, and Carl Hedman. 2015. *Worlds Apart: Inequality between American's Most and Least Affluent Neighborhoods.* Washington: Urban Institute.

Pendall, Rolf, Robert Puentes, and Jonathan Martin. 2006. "From Traditional to Reformed: A Review of the Land Use Regulations in the Nation's 50 Largest Metropolitan Areas." Research brief. Brookings Institution, Washington.

Peterman, William. 2000. *Neighborhood Planning and Community-Based Development: The Potential and Limits of Grassroots Action.* Thousand Oaks, CA; London; and New Delhi: Sage Publications.

Peterson, Ruth D., and Lauren J. Krivo. 2010. *Divergent Social Worlds: Neighborhood Crime and the Racial-Spatial Divide.* New York: Russell Sage Foundation.

Pettigrew, Thomas W. 1973. "Attitudes on Race and Housing: A Social-Psychological View. In *Segregation in Residential Areas: Papers on Racial and Socioeconomic Factors in Choice of Housing,* edited by Amos H. Hawley and Vincent P. Rock, 21~84. Washington: National Academy of Sciences.

Pettigrew, Thomas, and Linda R. Tropp. 2006. "A Meta-Analytic Test of Intergroup Contact Theory." *Journal of Personality and Social Psychology* 90(5): 751~783.

______. 2011. *When Groups Meet: The Dynamics of Intergroup Contact.* New York:

Psychology Press.

Phares, Donald. 1971. "Racial Change and Housing Values: Transition in an Inner Suburb." *Social Science Quarterly* 52(3): 560~573.

Phibbs, Peter. 2009. *The Relationship between Housing and Improved Health, Education and Employment Outcomes: The View from Australia.* Paper delivered at the 50th annual Association of Collegiate Schools of Planning conference, Crystal City, VA.

Pinkster, Fenne M. 2009. "Living in Concentrated Poverty." Unpublished PhD dissertation, Department of Geography, Planning, and International Development Studies, University of Amsterdam.

Plotnick, Robert, and Saul Hoffman. 1999. "The Effect of Neighborhood Characteristics on Young Adult Outcomes: Alternative Estimates." *Social Science Quarterly* 80(1): 1~18.

Pocock, Stuart J., Marjorie Smith, and Peter Baghurst. 1994. "Environmental Lead and Children's Intelligence: A Systematic Review of the Epidemiological Evidence." *British Medical Journal* 309(6963): 1189~1197.

Pooley, Jennifer. 2014. "Using Community Development Block Grant Dollars to Revitalize Neighborhoods: The Impact of Program Spending in Philadelphia." *Housing Policy Debate* 24(1): 172~191.

Popkin, Susan J., George C. Galster, Kenneth Temkin, Carla Herbig, Diane K. Levy, and Elise K. Richer. 2003. "Obstacles to Desegregating Public Housing: Lessons Learned from Implementing Eight Consent Decrees." *Journal of Policy Analysis and Management* 22(2): 179~200.

Popkin, Susan J., Laura E. Harris, and Mary K. Cunningham. 2002. *Families in Transition: A Qualitative Analysis of the MTO Experience.* Washington: US Department of Housing and Urban Development.

Popkin, Susan J., Bruce Katz, Mary K. Cunningham, Karen D. Brown, Jeremy Gustafson, and Margery A. Turner. 2004. *A Decade of HOPE VI: Research Findings and Policy Challenges.* Washington: Urban Institute and Brookings Institution.

Popkin, Susan J., Tama Leventhal, and Gretchen Weismann. 2010. "Girls in the Hood: How Safety Affects the Life Chances of Low-Income Girls." *Urban Affairs Review* 45(6): 715~744.

Popkin, Susan J., Michael J. Rich, Leah Hendey, Christopher R. Hayes, Joe Parilla, and George C. Galster. 2012. "Public Housing Transformation and Crime: Making the Case for Responsible Relocation." *Cityscape* 14(3): 137~160.

Price, Richard, and Edwin Mills. 1985. "Race and Residence in Earnings Determination." *Journal of Urban Economics 17(1): 1~18.*

Propper, Carol, Simon Burgess, Anne Bolster, George Leckie, Kelvyn Jones, and Ron Johnston. 2007. "The Impact of Neighbourhood on the Income and Mental Health of British Social Renters." *Urban Studies* 44(2): 393~415.

Public Affairs Counseling. 1975. *The Dynamics of Neighborhood Change.* Policy Development and Research Report 108. Washington: Office of Policy Development and Research, US Department of Housing and Urban Development.

Putnam, Robert. 2007. "E Pluribus Unum: Diversity and Community in the Twenty-First Century: The 2006 Johan Skytte Prize Lecture." *Scandinavian Political Studies* 30(2): 137~174.

Quigley, John M., and Daniel H. Weinberg. 1977. "Intra Urban Residential Mobility: A Review and Synthesis." *International Regional Science Review* 2(1): 41~66.

Quillian, Lincoln. 1999. "Migration Patterns and the Growth of High-Poverty Neighborhoods, 1970~1999." *American Journal of Sociology* 105(1): 1~37.

______. 2006. "New Approaches to Understanding Racial Prejudice and Discrimination." *Annual Review of Sociology* 32(1): 299~328.

______. 2012. "Segregation and Poverty Concentration: The Role of Three Segregations." *American Sociological Review* 77(3): 354~379.

______. 2014. "Race, Class, and Location in Neighborhood Migration: A Multidimensional Analysis of Locational Attainment." Unpublished working paper, Department of Sociology, Northwestern University.

Qillian, Lincoln, and Devah Pager. 2001. "Black Neighbors, Higher Crime? The Role of Racial Stereotypes in Evaluations of Neighborhood Crime." *American Sociological Review* 107(3): 717~767.

Rabe, Birgitta, and Mark Taylor. 2010. "Residential Mobility, Quality of Neighbourhood and Life Course Events." *Journal of the Royal Statistical Society A: Statistics in Society* 173(3): 531~555.

Rae, Alistair. 2014. "Online Housing Search and the Geography of Submarkets." *Housing Studies* 30(3): 453~472.

Raleigh, Erica, and George C. Galster. 2015. "Neighborhood Disinvestment, Abandonment and Crime Dynamics." *Journal of Urban Affairs* 37(4): 367~396.

Ratcliff, Richard U. 1949. *Urban Land Economics*. New York: McGraw Hill.

Rau, Tomás, Loreto Reyes, and Sergio Urzúa. 2013. "The Long-Term Effects of Early Lead Exposure: Evidence from a Case of Environmental Negligence." NBER working paper no. 18915. Cambridge, MA: National Bureau of Economic Research. Accessed at http://www.nber.org/papers/w18915.

Reardon, Sean, and Kendra Bischoff. 2011. "Income Inequality and Income Segregation." *American Journal of Sociology* 116(4): 1092~1153.

______. 2016. "The Continuing Increase in Income Segregation, 2007~2012." Retrieved from Stanford Center for Education Policy Analysis. Accessed at http://cepa.stanford.edu/ /content/continuing-increase-income-segregation-2007-2012.

Reardon, Sean, Lindsay Fox, and Joseph Townsend. 2015. "Neighborhood Income Composition by Race and Income, 1990~2009." *Annals of the American Academy of Political and Social Science* 660(1): 78~97.

Ren, Cizao, and Shilu Tong. 2008. Health Effects of Ambient Air Pollution: Recent Research Development and Contemporary Methodological Challenges. *Environmental Health* 7(1): 56~66.

Reyes, Jessica. 2005. "The Impact of Prenatal Lead Exposure on Health." Working paper, Department of Economics, Amherst College.

Richter, Francisca, and Ben Craig. 2010. "Lending Patterns in Poor Neighborhoods." Working paper 10-06, Federal Reserve Bank of Cleveland.

Ritz, Beate, Fei Yu, Scott Fruin, Guadalupe Chapa, Gary M. Shaw, and John A. Harris. 2002. "Ambient Air Pollution and Risk of Birth Defects in Southern California." *American Journal of Epidemiology* 155(1): 17~25.

Rohe, William M. 2009. "From Local to Global: One Hundred Years of Neighborhood Planning." *Journal of the American Planning Association* 75(2): 209~230.

Rohe, William M., and George C. Galster. 2014. "The Community Development Block Grant Program Turns 40: Proposals for Program Expansion and Reform." *Housing Policy*

Debate 24(1): 3~13.

Rohe, William M., Shannon van Zandt, and George McCarthy. 2013. "The Social Benefits and Costs of Homeownership: A Critical Review of the Research." In *The Affordable Housing Reader*, edited by J. Rosie Tighe and Elizabeth J. Mueller, 196~213. New York: Routledge.

Rose-Ackerman, Susan. 1975. "Racism and Urban Structure." *Journal of Urban Economics* 2(1): 85~103.

Rosenbaum, Emily, Laura Harris, and Nancy A. Denton. 2003. "New Places, New Faces: An Analysis of Neighborhoods and Social Ties Among MTO Movers in Chicago." In *Choosing a Better Life? Evaluating the Moving to Opportunity Experiment*, edited by John Goering and Judith D. Feins, 275~310. Washington: Urban Institute Press.

Rosenbaum, James E. 1991. "Black Pioneers: Do Moves to the Suburbs Increase Economic Opportunity for Mothers and Children?" *Housing Policy Debate* 2(4): 1179~1213.

______. 1995. "Changing the Geography of Opportunity by Expanding Residential Choice: Lessons from the Gautreaux Program." *Housing Policy Debate* 6(1): 231~269.

Rosenbaum, James E., Lisa Reynolds, and Stefanie DeLuca. 2002. "How Do Places Matter? The Geography of Opportunity, Self-Efficacy, and a Look Inside the Black Box of Residential Mobility." *Housing Studies* 17(1): 71~82.

Rosenthal, Stuart. 2008a. "Old Homes, Externalities, and Poor Neighborhoods: A Model of Urban Decline and Renewal." *Journal of Urban Economics* 63(3): 816~840.

Rosenthal, Stuart. 2008b. "Where Poor Renters Live in Our Cities: Dynamics and Determinants." In *Revisiting Rental Housing: Policies, Programs, and Priorities*, edited by Nicolas P. Retsinas, and Eric S. Belsky, 59~92. Washington: Brookings Institution.

Rosenthal, Stuart, and Stephen L. Ross. 2015. "Change and Persistence in the Economic Status of Neighborhoods and Cities." In *Handbook of Regional and Urban Economics*, Vol. 5, edited by Gilles Duranton, J. Vernon Henderson, and William C. Strange, 1047~1120. Amsterdam: Elsevier B.V.

Ross, Catherine E., John Mirowksy, and Shana Pribesh. 2001. "Powerlessness and the Amplification of Threat: Neighborhood Disadvantage, Disorder, and Mistrust." *American Sociological Review* 66(4): 443~478.

Ross, Stephen L. 2001. "Employment Access, Neighborhood Quality, and Residential Location Choice." Conference paper, Lincoln Institute of Land Policy.

______. 2011. "Understanding Racial Segregation: What Is Known about the Effect of Housing Discrimination?" In *Neighborhood and Life Chances*, edited by Harriet Newburger, Eugenie Birch, and Susan Wachter, 288~301. Philadelphia: University of Pennsylvania Press.

______. 2012. "Social Interactions Within Cities: Neighborhood Environments and Peer Relationships." In *The Oxford Handbook of Urban Economics and Planning*, edited by Nancy Brooks, Kieran Donaghy, and Gerrit-Jan Knaap, 203~229. Oxford and New York: Oxford University Press.

Ross, Stephen L., and George C. Galster. 2006. "Fair Housing Enforcement and Changes in Discrimination between 1989 and 2000: An Exploratory Study." In *Fragile Rights within Cities*, edited by John Goering, 177~202. Plymouth, UK: Rowman and Littlefield.

Ross, Stephen L., and John Yinger. 1999. "Sorting and Voting: A Review of the Literature on Urban Public Finance." In *Handbook of Regional and Urban Economics*, Vol. 3, edited by Edwin S. Mills and Paul Cheshire, 2001~2060. Amsterdam: Elsevier B.V.

______. 2002. *The Color of Credit: Mortgage Discrimination, Research Methodology and Fair-Lending Enforcement.* Cambridge, MA: MIT Press.

Rossi, Peter H. 1955. *Why Families Move.* Beverly Hills, CA, and London: Sage Publications.

Rossi-Hansberg, Esteban, Pierre-Daniel Sarte, and Raymond Owens III. 2010. "Housing Externalities." *Journal of Political Economy* 118(3): 485~535.

Rotger, Gabriel Pons, and George Galster. 2017. "Neighborhood Context and Criminal Behaviors of the Disadvantaged: Evidence from a Copenhagen Natural Experiment." Paper presented at the Allied Social Sciences Association meetings, Chicago.

Rothenberg, Jerome, George C. Galster, Richard V. Butler, and John R. Pitkin. 1991. *The Maze of Urban Housing Markets: Theory, Evidence, and Policy.* Chicago: University of Chicago Press.

Rothwell, Jonathan, and Douglas S. Massey. 2009. "The Effect of Density Zoning on Racial Segregation in US Urban Areas." *Urban Affairs Review* 44(6): 779~806.

Roychoudhury, Canopy, and Allen C. Goodman. 1992. "An Ordered Probit Model for Estimating Racial Discrimination Through Fair Housing Audits." *Journal of Housing Economics* 2(4): 358~373.

Rubinowitz, Leonard S., and James A. Rosenbaum. 2002. *Crossing the Class and Color Lines: From Public Housing to White Suburbia.* Chicago: University of Chicago Press.

Rugh, Jacob S., and Douglas S. Massey. 2013. "Segregation in Post-Civil Rights America: Stalled Integration or End of the Segregated Century?" *Du Bois Review: Social Science Research on Race* 11(2): 205~32.

Rugh, Jacob. S., Len Albright, and Douglas S. Massey. 2015. "Race, Space, and Cumulative Disadvantage: A Case Study of the Subprime Lending Collapse." *Social Problems* 62(2): 186~218.

Rusk, David. 1993. *Cities without Suburbs.* Washington: Woodrow Wilson Center Press.

______. 1999. *Inside Game Outside Game: Winning Strategies for Saving Urban America.* Washington: Brookings Institution.

Saha, Robin. 2009. "A Current Appraisal of Toxic Wastes and Race in the United States— 2007." In *Urban Health: Readings in the Social, Built, and Physical Environments of U.S. Cities*, edited by Patricia Hynes and Russ Lopez, 237~260. Sudbury, MA: Jones and Bartlett Publishers.

Saiz, Albert. 2010. "The Geographic Determinants of Housing Supply." *Quarterly Journal of Economics* 125(3): 1253~1296.

Saltman, Juliet. 1978. *Open Housing: Dynamics of a Social Movement.* New York: Praeger.

______. 1990. *A Fragile Movement: The Struggle for Neighborhood Stabilization.* New York: Greenwood Press.

Sampson, Robert J. 1992. "Family Management and Child Development: Insights from Social Disorganization Theory." In *Facts, Frameworks, and Forecasts: Advances in Criminological Theory*, Vol. 3, edited by Joan McCord, 63~93. New Brunswick, NJ: Transaction Books.

______. 1997. "Collective Regulation of Adolescent Misbehavior: Validation Results for Eighty Chicago Neighborhoods." *Journal of Adolescent Research* 12(2): 227~244.

______. 2000. "Whither the Sociological Study of Crime?" *Annual Review of Sociology* 26(1): 711~714

______. 2001. "How Do Communities Undergird or Undermine Human Development? Relevant

Contexts and Social Mechanisms." In *Does It Take a Village? Community Effects on Children, Adolescents and Families*, edited by Alan Booth and Ann C. Crouter, 3~30. London and Mawah, NJ: Lawrence Erlbaum Publishers.

______. 2008. "Moving to Inequality: Neighborhood Effects and Experiments Meet Social Structure." *American Journal of Sociology* 114(11): 189~231.

______. 2012. *Great American City: Chicago and the Enduring Neighborhood Effect.* Chicago: University of Chicago Press.

Sampson, Robert J., and W. Byron Groves. 1989. "Community Structure and Crime: Testing Social Disorganization Theory." *American Journal of Sociology* 94(4): 774~802.

Sampson, Robert J., Robert D. Mare, and Kristin L. Perkins. 2015. "Achieving the Middle Ground in an Age of Concentrated Extremes: Mixed Middle-Income Neighborhoods and Emerging Adulthood." *Annals of the American Academy of Political and Social Science* 660(1): 156~174.

Sampson, Robert J., Jeffrey Morenoff, and Felton Earls. 1999. "Beyond Social Capital: Spatial Dynamics of Collective Efficacy for Children." *American Sociological Review* 64(5): 633~660.

Sampson, Robert J., Jeffrey D. Morenoff, and Thomas Gannon-Rowley. 2002. "Assessing 'Neighborhood Effects': Social Processes and New Directions in Research." *Annual Review of Sociology* 28: 443~478.

Sampson, Robert J., and Stephen W. Raudenbush. 2004. "Seeing Disorder: Neighborhood Stigma and the Social Construction of 'Broken Windows.'" *Social Psychology Quarterly* 67(4): 319~342.

Sampson, Robert J., Stephen W. Raudenbush, and Felton Earls. 1997. "Neighborhoods and Violent Crime: A Multilevel Study of Collective Efficacy." *Science* 277(5328): 918~924.

Sampson, Robert J., Jared N. Schachner, and Robert D. Mare. 2017. "Urban Income Inequality and the Great Recession in Sunbelt Form: Disentangling Individual and Neighborhood-Level Change in Los Angeles." *RSF: The Russell Sage Foundation Journal of the Social Sciences* 3(2): 102~128.

Sampson, Robert J., and Patrick Sharkey. 2008. "Neighborhood Selection and the Social Reproduction of Concentrated Racial Inequality." *Demography* 45(1): 1~29.

Sampson, Robert J., Patrick Sharkey, and Stephen W. Raudenbush. 2008. "Durable Effects of Concentrated Disadvantage on Verbal Ability among African-American Children." *Proceedings of the National Academy of Sciences* 105(3): 845~852.

Sanbonmatsu, Lisa, Jeffrey Kling, Greg J. Duncan, and Jeanne Brooks-Gunn. 2006. "Neighborhoods and Academic Achievement: Evidence from the Moving To Opportunity Experiment." *Journal of Human Resources* 41(4): 649~691.

Sanbonmatsu, Lisa, Jens Ludwig, Lawrence F. Katz, Lisa A. Gennetian, Greg J. Duncan, Ronald C. Kessler, Emma Adam, Thomas W. McDade, and Stacy Tessler Lindau. 2011. *Impacts of the Moving to Opportunity for Fair Housing Demonstration Program after 10 to 15 Years.* Washington: Office of Policy Development and Research, US Department of Housing and Urban Development.

Santiago, Anna, and George C. Galster. 1995. "Puerto Rican Segregation: Cause or Consequence of Economic Status?" *Social Problems* 42(3): 361~389.

Santiago, Anna, George C. Galster, Jessica Lucero, Karen Ishler, Eun Lye Lee, Georgios Kyp-riotakis, and Lisa Stack. 2014. *Opportunity Neighborhoods for Latino and African American Children.* Washington: Office of Policy Development and Research, US

Department of Housing and Urban Development.
Santiago, Anna M., George C. Galster, and Richard J. Smith. 2017. "Evaluating the Impacts of an Enhanced Family Self-Sufficiency Program." *Housing Policy Debate* 27(5): 772~788.
Santiago, Anna, George C. Galster, and Peter Tatian. 2001. "Assessing the Property Value Impacts of the Dispersed Housing Subsidy Program in Denver." *Journal of Policy Analysis and Management* 20(1): 65~88.
Santiago, Anna, Eun Lye Lee, Jessica Lucero, and Rebecca Wiersma. 2017. "How Living in the Hood Affects Risky Behaviors Among Latino and African American Youth." *RSF: The Russell Sage Foundation Journal of the Social Sciences* 3(2): 170~209.
Sard, Barbara, and Douglas Rice. 2014. *Creating Opportunity for Children: How Location Can Make a Difference.* Washington: Center on Budget and Policy Priorities.
Sari, Florent. 2012. "Analysis of Neighbourhood Effects and Work Behaviour: Evidence from Paris." *Housing Studies* 27(1): 45~76.
Sastry, Narayan. 2012. "Neighborhood Effects on Children's Achievement: A Review of Recent Research." In *Oxford Handbook on Child Development and Poverty*, edited by Rosalind King and Valerie Maholmes, 423~447. New York: Oxford University Press.
Scafidi, Benjamin. P., Michael H. Schill, Susan M. Wachter, and Dennis P. Culhane. 1998. "An Economic Analysis of Housing Abandonment." *Journal of Housing Economics* 7(4): 287~303.
Schell, Lawrence M., and Melinda Denham. 2003. "Environmental Pollution in Urban Environments and Human Biology." *Annual Review of Anthropology* 32: 111~134.
Schelling, Thomas C. 1971. "Dynamic Models of Segregation." *Journal of Mathematical Sociology* 1(2): 143~186.
______. 1972. "A Process of Residential Segregation: Neighbourhood Tipping." I*n Racial Discrimination in Economic Life*, edited by Anthony H. Pascal, 157~184. Lexington, MA: Lexington Books, D. C. Heath.
______. 1978. *Micro-Motives and Macro-Behavior.* New York: Norton.
Schill, M. 1997. "Chicago's New Mixed-Income Communities Strategy: The Future Face of Public Housing?" In *Affordable Housing and Urban Redevelopment* in the United States, edited by Willem van Vliet, 135~157. Thousand Oaks, CA: Sage Publications.
Schnare, Ann B., and C. Duncan MacRae. 1978. "A Model of Neighbourhood Change." *Urban Studies* 15(3): 327~331.
Schoenberg, Sandra Pearlman. 1979. "Criteria for the Evaluation of Neighborhood Viability in Working Class and Low Income Areas in Core Cities." *Social Problems* 27(1): 69~78.
Schoenberg, Sandra Pearlman, and Patricia L. Rosenbaum. 1980. *Neighborhoods That Work: Sources for Viability in the Inner City.* New Brunswick, NJ: Rutgers University Press.
Schootman, Mario, Elena Andresen, Fredric Wolinsky, Theodore Malmstrom, Philip Miller, and Douglas Miller. 2007. "Neighbourhood Environment and the Incidence of Depressive Symptoms among Middle-Aged African Americans." *Journal of Epidemiology and Community Health* 61(6): 527~32.
Schreiber, Arthur, and Richard Clemmer. 1982. *Economics of Urban Problems.* 3rd ed. Boston: Houghton-Mifflin.
Schuetz, Jenny, Vicki Been, and Ingrid Gould Ellen. 2008. "Neighborhood Effects of Concentrated Mortgage Foreclosures." *Journal of Housing Economics* 17(4): 306~319.
Schwab, William A., and E. Marsh. 1980. "The Tipping-Point Model: Prediction of Change in

the Racial Composition of Cleveland, Ohio, Neighborhoods, 1940~1970." *Environment and Planning A* 12(4): 385~398.

Schwartz, Alex F. 2015. *Housing Policy in the United States*. 3rd Edition. New York and London: Routledge.

Schwartz, Alex F., Kirk McClure, and Lydia B. Taghavi. 2016. "Vouchers and Neighborhood Distress: The Unrealized Potential for Families with Housing Choice Vouchers to Reside in Neighborhoods with Low Levels of Distress." *Cityscape* 18(3): 207~227.

Schwartz, Amy Ellen, Ellen Ingrid Gould, and Ioan Voicu. 2002. "Estimating the External Effects of Subsidized Housing Investment on Property Values." Report presented at National Bureau of Economic Research Universities Research Conference, Cambridge, MA.

Schwartz, Heather. 2010. *Housing Policy Is School Policy: Economically Integrative Housing Promotes Academic Achievement in Montgomery County, MD*. New York: Century Foundation.

Schwartz, Heather, Kata Mihaly, and Breann Gala. 2017. "Encouraging Residential Moves to Opportunity Neighborhoods: An Experiment Testing Incentives Offered to Housing Voucher Recipients." *Housing Policy Debate* 27(2): 230~260.

Schwirian, Kent. 1983. "Models of Neighborhood Change." *Annual Review of Sociology* 9: 83~102.

Segal, David. 1979. *The Economics of Neighborhood*. New York: Academic Press.

Seo, Wonseok, and Burkhard von Rabenau. 2011. "Spatial Impacts of Microneighborhood Physical Disorder on Property Resale Values in Columbus, Ohio." *Journal of Urban Planning and Development* 137(3): 337~345.

Shaffer, Amanda. 2002. *The Persistence of L.A.'s Grocery Gap*. Los Angeles: Occidental Col-lege Center for Food and Justice.

Shapiro, Thomas, Tatjana Meschede, and Sam Osoro. 2013. *Widening Roots of the Racial Wealth Gap: Explaining the Black-White Economic Divide*. Waltham, MA: Institute on Assets and Social Policy, Brandeis University.

Sharkey, Patrick. 2010. "The Acute Effect of Local Homicides on Children's Cognitive Performance." *Proceedings of the National Academy of Sciences* 107(26): 11733~11738.

______. 2012. "An Alternative Approach to Addressing Selection into and out of Social Settings: Neighborhood Change and African American Children's Economic Outcomes." *Sociological Methods and Research* 41(2): 251~293.

______. 2013. *Stuck in Place*. Chicago: University of Chicago Press.

______. 2014. "Spatial Segmentation and the Black Middle Class." *American Journal of Sociology* 119(4): 903~954.

______. 2016. "Neighborhoods, Cities, and Economic Mobility." *RSF: The Russell Sage Foundation Journal of the Social Sciences* 2(2): 159~177.

Sharkey, Patrick, and Felix Elwert. 2011. "The Legacy of Disadvantage: Multigenerational Neighborhood Effects on Cognitive Ability." *American Journal of Sociology* 116(6): 1934~1981.

Sharkey, Patrick, and Jacob W. Faber. 2014. "Where, When, Why, and For Whom Do Resi-dential Contexts Matter? Moving Away from the Dichotomous Understanding of Neighborhood Effects." *Annual Review of Sociology* 40(1): 559~579.

Sharkey, Patrick, and Robert J. Sampson. 2010. "The Acute Effect of Local Homicides on Children's Cognitive Performance." *Proceedings of the National Academy of Sciences*

of the United States of America 107(26): 11733~11738.
Sharkey, Patrick, Amy Ellen Schwartz, Ingrid Gould Ellen, and Johanna Lacoe. 2014. "High Stakes in the Classroom, High Stakes on the Street: The Effects of Community Violence on Students' Standardized Test Performance." *Sociological Science* 1:199~220.
Sharkey, Patrick, Nicole Tirado-Strayer, Andrew Papachristos, and C. Cybele Raver. 2012. "The Effect of Local Violence on Children's Attention and Impulse Control." *American Journal of Public Health* 102(12): 2287.
Shear, William B. 1983. "Urban Housing Rehabilitation and Move Decisions." *Southern Economic Journal* 49(4): 1030~1052.
Shelby, Hayden. 2017. "Why Place Really Matters: A Qualitative Approach to Housing Preferences and Neighborhood Effects." *Housing Policy Debate* 27(4): 547~569.
Shlay, Anne B., and Gordon Whitman. 2006. "Research for Democracy: Linking Community Organizing and Research to Leverage Blight Policy." *City & Community* 5(2): 153~171.
Simmel, George. 1971. *George Simmel on Individuality and Social Forms*. Chicago: University of Chicago Press.
Simon, Herbert A. 1957. *Models of Man: Social and Rational*. New York: John Wiley and Sons.
Simons, Robert A., Roberto G. Quercia, and Ivan Maric. 1998. "The Value Impact of New Residential Construction and Neighborhood Disinvestment on Residential Sales Price." *Journal of Real Estate Research* 15(1/2): 147~161.
Simons, Ronald L., Christine Johnson, Jay Beaman, Rand D. Conger, and Les B. Whitbeck. 1996. "Parents and Peer Group as Mediators of the Effect of Community Structure on Adolescent Behavior." *American Journal of Community Psychology* 24(1): 145~171.
Sinclair, Jamie J., Gregory S. Petit, Amanda W. Harrist, Kenneth A. Dodge, and John E. Bates. 1994. "Encounters with Aggressive Peers in Early Childhood: Frequency, Age Differences, and Correlates of Risk Behaviour Problems." *International Journal of Behavioral Development* 17(4): 675~696.
Skaburskis, Andrejs. 2010. "Gentrification in the Context of 'Risk Society.'" *Environment and Planning A* 42(4): 895~912.
Skobba, Kimberly, and Edward G. Goetz. 2013. "Mobility Decisions of Very Low-Income Households." *Cityscape* 15(2): 155~171.
Skogan, Wesley G. 1990. *Disorder and Decline: Crime and the Spiral of Decay in American Neighborhoods*. Berkeley: University of California Press.
Smith, Neil. 1979. "Toward a Theory of Gentrification: A Back to the City Movement by Capital, Not People." *Journal of the American Planning Association* 45:538~548.
Smith, Richard A. 1993. "Creating Stable, Racially Integrated Communities: A Review." *Journal of Urban Affairs* 15(2): 115~140.
Smith, Richard J., Theodore T. Pride, and Catherine E. Schmitt-Sands. 2017. "Does Spatial Assimilation Lead to Reproduction of Gentrification in the Global City?" *Journal of Urban Affairs* 39(6): 745~763.
Smith, Wallace F. 1964. *Filtering and Neighborhood Change*. Center for Real Estate and Urban Economics Research Report, Institute of Urban and Regional Development: University of California, Berkeley.
Smolensky, Eugene. 2007. "Children in the Vanguard of the US Welfare State." *Journal of Economic Literature* 45(4): 1011~1023.

Social Science Panel. 1974. *Toward an Understanding of Metropolitan America.* San Francisco: Canfield Press / National Academy of Sciences.

South, Scott J. 2001. "Issues in the Analysis of Neighborhoods, Families, and Children." In *Does It Take a Village? Community Effects on Children, Adolescents and Families*, edited by Alan Booth and Ann C. Crouter, 87~94. London and Mawah, NJ: Lawrence Erlbaum Publishers.

South, Scott J., and Eric P. Baumer. 2000. "Deciphering Community and Race Effects on Adolescent Pre-Marital Childbearing." *Social Forces* 78(4): 1379~1407.

South, Scott J., and Kyle D. Crowder. 1998. "Leaving the 'Hood': Residential Mobility between Black, White, and Integrated Neighborhoods." *American Sociological Review* 63(1): 17~26.

______. 2000. "The Declining Significance of Neighborhoods? Marital Transitions in Community Context." *Social Forces* 78(3): 1067~1099.

Speare, Alden Jr. 1974. "Residential Satisfaction as an Intervening Variable in Residential Mobility." *Demography* 11(2): 173~188.

Speare, Alden Jr., Sidney Goldstein, and William H. Frey. 1975. *Residential Mobility, Migration and Metropolitan Change.* Cambridge, MA: Ballinger.

Spencer, Margaret Beale. 2001. "Resiliency and Fragility Factors Associated with the Contextual Experiences of Low-Resource Urban African-American Male Youth and Families." In *Does It Take a Village? Community Effects on Children, Adolescents and Families*, edited by Alan Booth and Ann C. Crouter, 51~78. London and Mawah, NJ: Lawrence Erlbaum Publishers.

Squires, Gregory D. 2017. *The Fight for Fair Housing: Causes, Consequences, and Future Implications of the 1968 Federal Fair Housing Act.* New York and London: Routledge.

Squires, Gregory D., ed. 1997. *Insurance Redlining: Disinvestment, Reinvestment, and the Evolving Role of Financial Institutions.* Washington: Urban Institute Press.

______. 2004. *Why the Poor Pay More: How to Stop Predatory Lending.* Westport, CT: Praeger.

Stack, Carol B. 1975. *All Our Kin: Strategies for Survival in a Black Community.* New York: Harper and Row.

Stansfeld, Stephen, Mary Haynes, and Bernadette Brown. 2000. "Noise and Health in the Urban Environment." *Reviews on Environmental Health* 15(1-2): 43~82.

Steil, Justin, Jorge de la Roca, and Ingrid Gould Ellen. 2015. "Desvinculado y Desigual: Is Segregation Harmful to Latinos?" *Annals of the American Academy of Political and Social Science* 660(1): 92~110.

Stillerman, Karen Perry, Donald R. Mattison, Linca C. Giudice, and Tracey J. Woodruff. 2008. "Environmental Exposures and Adverse Pregnancy Outcomes: A Review of the Science." *Reproductive Sciences* 15(7): 631~650.

Strassmann, W. Paul. 2001. "Residential Mobility: Contrasting Approaches in Europe and the United States." *Housing Studies* 16(1): 7~20.

Sturdivant, Frederick D., ed. 1969. *The Ghetto Marketplace.* New York: The Free Press.

Sugrue, Thomas J. 1996. *The Origins of the Urban Crisis.* Princeton, NJ: Princeton University Press.

Sullivan, Mercer L. 1989. *Getting Paid: Youth Crime and Work in the Inner City.* Ithaca, NY: Cornell University Press.

Suttles, Gerald. 1972. *The Social Construction of Communities.* Chicago: University of Chicago Press.

Sweeney, James L. 1974a. "A Commodity Hierarchy Model of the Rental Housing Market." *Journal of Urban Economics* 1(3): 288~323.

Sweeney, James L. 1974b. "Quality, Commodity Hierarchies, and Housing Markets." *Econometrica: Journal of the Econometric Society* 42(1): 147~168.

Tach, Laura, Sara Jacoby, Douglas Wiebe, Terry Guerra, and Therese Richmond. 2016. "The Effect of Microneighborhood Conditions on Adult Educational Attainment in a Subsidized Housing Intervention." *Housing Policy Debate* 26(2): 380~397.

Talen, Emily. 2006. "Neighborhood-Level Social Diversity: Insights from Chicago." *Journal of the American Planning Association* 72(4): 431~446.

Taub, Richard P., D. Garth Taylor, and Jan Dunham. 1984. *Paths of Neighborhood Change: Race and Crime in Urban America.* Chicago: University of Chicago Press.

Taeuber, Karl E., and Alma F. Taeuber. 1965. *Negroes in Cities: Residential Segregation & Neighborhood Change.* Chicago: Aldine.

Teitler, Julian O., and Christopher C. Weiss. 1996. "Contextual Sex: The Effect of School and Neighborhood Environments on the Timing of the First Intercourse." Paper presented at the annual meeting of the Population Association of America, New Orleans.

Temkin, Kenneth, and William Rohe. 1996. "Neighborhood Change and Urban Policy." *Journal of Planning Education and Research* 15(3): 159~170.

Thomson, Dale. 2008. "Strategic, Geographic Targeting of Housing and Community Development Resources: A Conceptual Framework and Critical Review." *Urban Affairs Review* 43(5): 629~662.

______. 2011. "Strategic Geographic Targeting in Community Development: Examining the Congruence of Political, Institutional, and Technical Factors." *Urban Affairs Review* 47(4): 564~594.

Tiebout, Charles M. 1956. "A Pure Theory of Local Expenditures." *Journal of Political Economy* 64(5): 416~424.

Tienda, Marta. 1991. "Poor People and Poor Places: Deciphering Neighborhood Effects on Poverty Outcomes." In *Macro-Micro Linkages in Sociology*, edited by Joan Huber. Newbury Park, CA: Sage.

Tigges, Leann M., Irene Browne, and Gary P. Green. 1998. "Social Isolation of the Urban Poor." *Sociological Quarterly* 39(1): 53~77.

Tighe, J. Rosie, Megan E. Hatch, and Joseph Mead. 2017. "Source of Income Discrimination and Fair Housing Policy." *Journal of Planning Literature* 32(1): 3~15.

Tu, Yong, and Judy Goldfinch. 1996. "A Two-Stage Housing Choice Forecasting Model." *Urban Studies* 33(3): 517~538.

Turley, Ruth N. Lopez. 2003. "When Do Neighborhoods Matter? The Role of Race and Neighborhood Peers." *Social Science Research* 32(1):61~79.

Turner, Margery A. 1998. "Moving Out of Poverty: Expanding Mobility and Choice Through Tenant-Based Housing Assistance." *Housing Policy Debate* 9(2): 373-394.

______. 2008. "Residential Segregation and Employment Inequality." In *Segregation: The Rising Costs for America*, edited by James H. Carr and Nandinee K. Kutty, 151~196. New York: Routledge.

______. 2017. "Beyond People versus Place: A Place-Conscious Framework for Investing in Housing and Neighborhoods." *Housing Policy Debate* 27(2): 306~314.

Turner, Margery Austin, Jennifer Comey, Daniel Kuehn, and Austin Nichols. 2012. *Residential Mobility, High-Opportunity Neighborhoods, and Outcomes for Low-Income Families:*

Insights from the Moving to Opportunity Demonstration. Washington: Office of Policy Development and Research, US Department of Housing and Urban Development.

Turner, Margery Austin, Stephen L. Ross, George C. Galster, and John Yinger. 2002 *Dis-crimination in Metropolitan Housing Markets*. Washington: Office of Policy Development and Research, US Department of Housing and Urban Development.

Turner, Margery Austin, Rob Santos, Diane Levy, Doug Wissoker, Claudia Aranda, and Rob Pitingolo. 2013. *Housing Discrimination against Racial and Ethnic Minorities*. Wash-ington: Office of Policy Development and Research, US Department of Housing and Urban Development.

Turner, Margery Austin, and Felicity Skidmore. 1999. *What We Know about Mortgage Lending Discrimination in America*. Washington: Urban Institute Press.

US Government Accounting Office. 2005. *Community Development Block Grant Formula: Targeting Assistance to High-Need Communities Could Be Enhanced*. Washington: GAO-05~622T.

US Environmental Protection Agency. 1992. *Environmental Equity: Reducing Risks for All Communities*. Vols. 1~2. Washington: Policy, Planning, and Evaluation, Environmental Protection Agency.

Van Ham, Maarten, and William A. V. Clark. 2009. "Neighbourhood Mobility in Context: Household Moves and Changing Neighbourhoods in the Netherlands." *Environment and Planning* A 41(6): 1442~1459.

Van Ham, Maarten, and David Manley. 2009. "The Effect of Neighbourhood Housing Tenure Mix on Labor Market Outcomes: A Longitudinal Perspective." Discussion paper IZA DP no. 4094, Institute for the Study of Labor, Bonn, Germany.

______. 2010. "The Effect of Neighbourhood Housing Tenure Mix on Labour Market Outcomes: A Longitudinal Investigation of Neighbourhood Effects." *Journal of Economic Geography* 10(2): 257~282.

Van Ham, Maarten, David Manley, Nick Bailey, Ludi Simpson, and Duncan Maclennan,eds. 2012. *Neighbourhood Effects Research: New Perspectives*. Dordrecht, Netherlands: Springer.

Van Os, Jim. 2004. "Does the Urban Environment Cause Psychosis?" *British Journal of Psychiatry* 184(4): 287~288.

Vandell, Kerry D. 1981. The Effects of Racial Composition on Neighbourhood Succession. *Urban Studies* 18(3): 315~333.

______. 1995. "Market Factors Affecting Spatial Heterogeneity among Urban Neighborhoods." *Housing Policy Debate* 6(1): 103~139.

Varady, David P. 1986. *Neighborhood Upgrading: A Realistic Assessment*. Albany: State University of New York Press.

Varady, David P., and Wolfgang F. E. Preiser. 1998. "Scattered-Site Public Housing and Satisfaction: Implications for the New Public Housing Program." *Journal of the American Planning Association* 64(2): 189~207.

Varady, David P., and Jeffrey A. Raffel. 1995. *Selling Cities: Attracting Homebuyers through Schools and Housing Programs*. Albany: State University of New York Press.

Vartanian, Thomas P. 1999a. "Adolescent Neighborhood Effects on Labor Market and Economic Outcomes." *Social Service Review* 73(2): 142~167.

______. 1999b. "Childhood Conditions and Adult Welfare Use: Examining Neighborhood and Family Factors." *Journal of Marriage and Family* 67(1): 225~237.

Vartanian, Thomas, and Philip Gleason. 1999. "Do Neighborhood Conditions Affect High School Dropout and College Graduation Rates?" *Journal of Socio-Economics* 28(1):21~24.

Vaskowics, Laszlo, and Peter Franz. 1984. "Residential Areal Bonds in the Cities of West Germany." In *The Residential Areal Bond: Local Attachments in Delocalized Societies*, edited by Paul Peachey, Erich Bodzenta, and Wlodzimierz Mirowski. New York: Irvington.

Vicino, Thomas J., Bernadette Hanlon, and John Rennie Short. 2011. "A Typology of Urban Immigrant Neighborhoods." *Urban Geography* 32(3): 383~405.

Vigdor, Jacob L. 2010. "Is Urban Decay Bad? Is Urban Revitalization Bad Too?" *Journal of Urban Economics* 68(3): 277~289.

Vigdor, Jacob L., Douglas, S. Massey, and Alice M. Rivlin. 2002. "Does Gentrification Harm the Poor?" *Brookings-Wharton Papers on Urban Affairs,* 133~182.

Votruba, Mark Edward, and Jeffrey Kling. 2009. "Effects of Neighborhood Characteristics on the Mortality of Black Male Youth: Evidence from Gautreaux, Chicago." *Social Science and Medicine* 68(5): 814~823.

Wachs, Theodore D. 1999. "Celebrating Complexity: Conceptualization and Assessment of the Environment. In *Measuring Environment across the Life Span: Emerging Methods and Concepts*, edited by Sarah L. Freidman and Theodore D. Wachs, 357~392. Washington: American Psychological Association.

Wacquant, Loic. 2008. *Urban Outcasts: A Comparative Sociology of Advanced Marginality*. Malden, MA: Polity Press.

Waldinger, Roger. 1996. *Still the Promised City? African Americans and New Immigrants in Postindustrial New York*. Cambridge, MA: Harvard University Press.

Walker, Renee E., Christopher R. Kaine, and Jessica J. Burke. 2010. "Disparities and Access to Healthy Food in the United States: A Review of the Food Deserts Literature." *Health and Place* 16(5): 876~884.

Wandersman, Abraham, and Maury Nation. 1998. "Urban Neighborhoods and Mental Health: Psychological Contributions to Understanding Toxicity, Resilience, and Interventions." *American Psychologist* 53(6): 647~656.

Warren, Donald I. 1975. *Black Neighborhoods: An Assessment of Community Power*. Ann Arbor: University of Michigan Press.

______. 1981. *Helping Networks: How People Cope with Problems in Urban Community*. Notre Dame, IN: University of Notre Dame Press.

Warren, Rachelle B., and Donald I. Warren. 1977. *The Neighborhood Organizer's Handbook*. Notre Dame, IN: University of Notre Dame Press.

Warren, Ronald L. 1972. *The Community in America*. 2nd ed. Chicago: Rand McNally.

Watson, Tara. 2009. "Inequality and the Measurement of Residential Segregation by Income." *Review of Income and Wealth* 55(3): 820~844.

Weber, Max. 1978. *Economy and Society*. Vols. 1~2. Berkeley: University of California Press.

Weicher, John C., and Thomas G. Thibodeau. 1988. "Filtering and Housing Markets: An Empirical Analysis." *Journal of Urban Economics* 23(1): 21~40.

Weinberg, Bruce A., Patricia B. Reagan, and Jeffrey J. Yankow. 2004. "Do Neighborhoods Affect Work Behavior? Evidence from the NLSY79." *Journal of Labor Economics* 22(4): 891~924.

Weinhardt, Felix. 2014. "Social Housing, Neighborhood Quality and Student Performance."

Journal of Urban Economics 82:12~31.
Wellman, Barry. 1972. "Who Needs Neighborhoods?" In *The City: Attacking Modern Myths,* edited by Alan T. Powell. Toronto: McClelland and Stewart.
______. 1979. "The Community Question: The Intimate Networks of East Yorkers." *American Journal of Sociology* 84(5): 1201~1231.
Wellman, Barry, and Barry Leighton. 1979. "Networks, Neighborhoods and Communities." *Urban Affairs Quarterly* 14(3): 363~390.
Wheaton, William C. 1977. "Income and Urban Residence: An Analysis of Consumer Demand for Location." *American Economic Review* 67(4): 620~631.
______. 1982. "Urban Spatial Development with Durable but Replaceable Capital." *Journal of Urban Economics* 12: 53~67.
Whitaker, Stephan, and Thomas J. Fitzpatrick IV. 2013. "Deconstructing Distressed-Property Spillovers: The Effects of Vacant, Tax-delinquent, and Foreclosed Properties in Housing Submarkets." *Journal of Housing Economics* 22(2): 79~91.
Williams, Sonya, George C. Galster, and Nandita Verma. 2013. "Home Foreclosures as Early Warning Indicator of Neighborhood Decline." *Journal of the American Planning Association* 79(3): 201~210.
Wilson, Bev, and Shakil Bin Kashem. 2017. "Spatially Concentrated Renovation Activity and Housing Appreciation in the City of Milwaukee, Wisconsin." *Journal of Urban Affairs* 39(8): 1085~1102.
Wilson, Florence L. 2011. "Subsidized Housing and Neighborhood Change." Unpublished PhD dissertation, Graduate Program in Social Welfare, University of California, Berkeley.
Wilson, William Julius. 1987. *The Truly Disadvantaged.* Chicago: University of Chicago Press.
______. 1991. "Another Look at 'The Truly Disadvantaged.'" *Political Science Quarterly* 106(4): 639~656.
______. 1996. *When Work Disappears: The World of the New Urban Poor.* New York: Vintage.
Woldoff, Rachael, and Seth Ovadia. 2009. "Not Getting Their Money's Worth: African-American Disadvantages in Converting Income, Wealth, and Education into Residential Quality." *Urban Affairs Review* 45: 66~91.
Wolf, Eleanor. 1963. "The Tipping-Point in Racially Changing Neighborhoods." *Journal of the American Institute of Planners* 29(3): 217~222.
Wolman, Hal, Cary Lichtman, and Suzie Barnes. 1991. "The Impact of Credentials, Skill Levels, Worker Training, and Motivation on Employment Outcomes: Sorting Out the Implications for Economic Development Policy." *Economic Development Quarterly* 5(2): 140~151.
Wolpert, J. 1966. "Migration as an Adjustment to Environmental Stress." *Journal of Social Issues* 22(4): 92~102.
Wong, G. 2002. "A Conceptual Model of the Household's Housing Decision-Making Process: The Economic Perspective." *Review of Urban and Regional Development Studies* 14(3): 217~234.
Wurdock, Clarence J. 1981. "Neighborhood Racial Transition: A Study of the Role of White Flight." *Urban Affairs Review* 17(1): 75~89.
Wyly, Elvin K., Mona Atia, Holly Foxcroft, Daniel J. Hammel, and Kelly Phillips-Watts. 2006. "American Home: Predatory Mortgage Capital and Neighbourhood Spaces of Race and Class Exploitation in the United States." *Geografiska Annaler* 88(1): 105~132.

Wyly, Elvin K., and Daniel J. Hammel. 1999. "Islands of Decay in Seas of Renewal: Housing Policy and the Resurgence of Gentrification." *Housing Policy Debate* 10(4): 711~771.
______. 2000. "Capital's Metropolis: Chicago and the Transformation of American Housing Policy." *Geografiska Annaler: Series B, Human Geography* 82(4): 181~206.
Yinger, John M. 1976. "Racial Prejudice and Racial Residential Segregation in an Urban Model." *Journal of Urban Economics* 3(4): 383~406.
______. 1995. *Closed Doors, Opportunities Lost.* New York: Russell Sage Foundation.
Zapata, B. Cecilia, Annabella Rebolledo, Eduardo Atalah, Beth Newman, and Mary-Claire King. 1992. "The Influence of Social and Political Violence on the Risk of Pregnancy Complications." *American Journal of Public Health* 82(5): 685~690.
Zenk, Shannon N., Amy J. Schulz, Barbara A. Israel, Sherman A. James, Shuming Bao, and Mark L. Wilson. 2005. "Neighborhood Racial Composition, Neighborhood Poverty, and Spatial Accessibility of Supermarkets in Metropolitan Detroit." *American Journal of Public Health* 95(4): 660~667.
Zhang, Junfu. 2004. "Residential Segregation in an All-Integrationist World." *Journal of Economic Behavior and Organization* 54(4): 533~550.
Zhang, Lei, Tammy Leonard, and James C. Murdoch. 2016. "Time and Distance Heterogeneity in the Neighborhood Spillover Effects of Foreclosed Properties." *Housing Studies* 31(2): 133~148.
Zielenbach, Sean. 2000. *The Art of Revitalization: Improving Conditions in Distressed Inner-City Neighborhoods.* New York: Garland Publishing.
Zukin, Sharon. 2010. *Naked City: The Death and Life of Authentic Urban Places.* New York: Oxford University Press.

찾아보기

주제어

ㄹ

ㅁ

ㅇ

ㅈ

인명

지명

옮기고 나서

지난 수십 년 동안 도시학자들은 동네가 정확히 무엇인지를 정의하기 위해 많은 노력을 해왔다. 하지만 이처럼 답하기 힘든 실존적 질문 다음에 '우리는 어떻게 하면 효율적이며 형평적인 동네를 만들 수 있을까?'라는 훨씬 더 모호한 규범적 질문이 뒤따른다. 『우리가 만드는 동네, 우리를 만드는 동네Making Our Neighborhoods, Making Our Selves』에서 갤스터는 지금의 미국 동네가 사회적으로, 재정적으로, 정서적으로 충분히 효율적이고 형평적인지, 만약 그렇지 않다면 우리는 그것을 바꾸기 위해 어떠한 노력을 해야 하는지에 대한 질문을 깊이 있게 파고든다. 이 책에서 갤스터는 주택시장을 비롯해 우리를 둘러싼 공간적 기회구조의 불평등을 해소하기 위한 구체적인 정책대안들을 제시하면서 사람 대 장소의 근본적인 관계를 재정립하는 것을 목표로 하고 있다. 갤스터는 경제학, 사회학, 지리학, 심리학, 사회복지학, 계획학 등을 아우르는 통합적인 분석틀에 기초하여, 동네란 무엇인지, 동네는 어떻게 형성되는지, 동네는 어떻게 되어야 하는지에 대한 명확한 지침을 제공해 주고 있다.

『우리가 만드는 동네, 우리를 만드는 동네』라는 책 제목에서 알 수 있듯이, 우리는 동네에 거주함으로써 우리의 동네를 만들고, 우리가 동네에 거주하는 순간 동네는 우리를 만든다. 우리 자신과 우리 동네는 계층 격차를 영속시키는데 기여하는 상호 강화적인 누적인과 시스템에 함께 연결되어 있다. 이 책은 우리와 우리의 동네가 이처럼 서로 얽혀 있는 상호 인과적 메커니즘에 대한 이해를 높이는 것을 목표로 하고 있다. 얼핏 보면 이 책은 주택시장의 작동 원리를 정교한 방법론을 동원하여 이해하고자 하는 것처럼 보일 수 있다. 하지만 이 책을 통해 갤스터가 궁극적으로 목표하는 바는 단순히 주택시장을 분석하는 것이 아니라, 우리가 우리의 동네를 만들 수 있듯이 우리가 살고 있는 동네가 우리 자신을 만들 수 있다는 동네변화의 동태적 과정과 그 메커니즘을 밝히는 것이다.

갤스터는 동네와 동네변화에 대한 이전의 거의 모든 연구와 달리, 몇 가지 측면에서 차별적인 논의를 시도하고 있다. 첫째, 전체론적 관점에서 경제학, 사회학, 지리학, 심리학, 사회복지학, 계획학 등 여러 사회과학 분야로부터 제시된 다양한 패러다임, 개념, 증거에 기초하여 다학제적 접근을 시도한다. 특히 인간의 합리성과 비합리성이라는 양극단의 견해들 사이에서 상식적인 절충안을 명확하게 제시한다. 둘째, 다층적 관점에서 동네변화의 동태적 과정과 그 메커니즘을 이해하기 위해 대도시, 로컬관할구역, 동네, 개인 등 네 가지 스케일이 상호 인과적 방식으로 연결되어 있는 개념적 틀에 기초하여 하나의 통합된 방식으로 설명한다. 갤스터는 대도시 내 모든 동네의 전체 거주자들이 지닌 집계적 특성과 물리적 특성이 집합적으로 개인의 선택행위에 영향을 미칠 뿐만 아니라 해당 대도시 전반의 주택시장과 상호 연결되어 있는 개별 가구와 주택 소유자가 수요자와 공급자로 함께 참여함으로써 시장이 형성되며, 시장신호는 다시 개인의 이동성, 점유형태, 투자 결정에 영향을 미친다고 본다. 셋째, 우리는 동네를 어떻게 만들며 동네는 우리를 어떻게 만드는지를 이해하기 위해 여덟 가지의 명제를 제시한다. 외부에서 초래된 변화, 비대칭적 정보력, 인종적으로 코드화된 신호, 문턱효과의 연계, 비효율성, 비형평성, 다면적 효과, 불평등한 기회 등에 관한 명제들이 그것이다. 넷째, 동네변화의 동태적 과정을 이들 여덟 가지 명제로 명쾌하게 진단 분석한 다음, 사실상의 시장실패를 해결하기 위해 전략적으로 표적화된 공공정책의 개입을 주장한다. 전략적 표적화 원리를 통해 가구와 주택 소유자의 자발적이지만 유인된 행동을 강조하고, '장소 속 사람' 전략을 통해 동네의 사회경제적 지형을 바꿀 수 있는 구체적인 처방을 제시한다. 마지막으로, 공간적으로 국한된 동네지원 공공정책이 설령 성공적이라고 하더라도 빈곤 및 불평등 해소를 위한 만병통치약이라고 순진하게 믿어서는 안 된다는 점을 분명히 밝히고 있다. 좋은 동네만으로는 빈곤과 불평등을 줄이기에 충분하지 않으며, 서로 다른 독립적인 실체들의 상승작용적 노력이 필수적이라고 주장한다.

일전에 갤스터 교수가 개인적으로 밝힌 것처럼, 이 책은 그가 동네변화의 동태적 과정, 대도시 주택시장, 도시빈곤 등을 주제로 일생 동안 연구한 결과를 집대성한 최종의 업적이자 최고의 성취이다. 갤스터 교수 스스로 이 책을 자신의 일생의 연구 경력에서 이룬 정점으로 보고 있는 만큼, 독자의 학문적 배경에 관계없이 이 책이 자극적이고 통찰력 있고 도발적인 기회가 되기를 바란다.

덧붙여, 번역서에 역자의 후기를 얹는다는 것이 저자에 대한 예의에 어긋나지는 않을지, 독자에게는 저자의 이야기보다 역자의 귀띔이 먼저 전달될 수도 있지 않을지 염려된다. 역자 후기를 쓰는 것이 옳은 선택이었는지 망설여지는 것도 사실이다. 원문에 충실하되 한국어로도 자연스럽도록 번역하고자 노력했으나 그 노력이 충분하지 못했던 것은 아닌지 마음이 불편하다. 역자의 어설픈 귀띔이지만 독자가 원서를 이해하는 데 조금이라도 도움이 된다면 그리고 도움이 되었다면 저자의 집필 의도를 해치는 일은 아닐 것이라고 조심스럽게 위안하면서 역자 후기를 마친다.

지은이

조지 C. 갤스터(George C. Galster)는 MIT에서 경제학 박사학위를 받았다. 현재는 웨인 주립대학교 도시학 클래런스 힐버리 교수이자 석좌교수이다. 대도시 주택시장, 거주지 분리, 동네변화의 동태적 과정, 동네효과, 도시빈곤 등을 주제로 지금까지 160편 이상의 논문을 학술지에 게재하고 아홉 권의 저서를 발간한 도시학 분야의 세계적 석학이다. 그의 논문과 저서는 2만 3000회 이상 인용될 만큼 도시학 분야에서 매우 큰 영향력을 지니고 있다. 특히 1990년부터 2010년까지 피인용 횟수를 기초로 한 사회과학인용지수에서 도시학 연구 분야 세계 8위를 차지했으며, 지난 30년간 가장 영향력 있는 도시학자 중 한 명으로 꼽히고 있다. 도시학 분야의 발전에 기여한 점을 인정받아 2016년에는 미국도시학회에서 수여하고 도시학 분야에서 최고의 영예로 꼽히는 공로상을 수상했다. 저서로 *Driving Detroit*(2012), *Why NOT in My Back Yard?*(2003), *Homeowners and Neighborhood Reinvestment*(1987) 등이 있다.

옮긴이

임업은 서울대학교 신문학과(현 언론정보학과)를 졸업하고 동 대학교 환경대학원에서 도시계획학 석사학위를, 텍사스대학교 오스틴캠퍼스에서 도시 및 지역계획학 박사학위를 받았다. 2005년부터 연세대학교 도시공학과 교수로 재직하고 있으며, 한국지역학회 회장을 역임했다. 도시경제학의 주요 주제 중에서 대도시 노동시장, 거주지 분리, 일자리 양극화, 임금격차 등에 관심이 있으며, 특히 동네효과, 지식외부효과, 인적자본 외부효과의 메커니즘에 주목하고 있다. 저서로 『지역·도시경제학』(공저), 『사회적 기업과 지속가능한 지역발전』(공저)이 있으며, *Urban Studies*, *Environment and Planning A*, *Annals of Regional Science* 등에 다수의 논문을 게재했다.

한울아카데미 2437

우리가 만드는 동네, 우리를 만드는 동네

지은이 조지 C. 갤스터
옮긴이 임업
펴낸이 김종수
펴낸곳 한울엠플러스(주)
편집 신순남

초판 1쇄 인쇄 2023년 3월 20일
초판 1쇄 발행 2023년 4월 10일

주소 10881 경기도 파주시 광인사길 153 한울시소빌딩 3층
전화 031-955-0655
팩스 031-955-0656
홈페이지 www.hanulmplus.kr
등록번호 제406-2015-000143호

Printed in Korea.
ISBN 978-89-460-7437-8 93530(양장)
978-89-460-8257-1 93530(무선)

※ 책값은 겉표지에 표시되어 있습니다.
※ 무선제본 책을 교재로 사용하시려면 본사로 연락해 주시기 바랍니다.